W0256288

Lewandowski · Leitschuh · Koß
Schadstoffe im Boden

Jörg Lewandowski
Stephan Leitschuh
Volker Koß

# Schadstoffe im Boden

## Eine Einführung in Analytik und Bewertung

*– mit Versuchsanleitungen –*

Mit 120 Abbildungen

 Springer

**Dipl.-Ing. Jörg Lewandowski**
Friesenweg 4
33102 Paderborn

**Dipl.-Ing. Stephan Leitschuh**
Pfeilschifterstraße 18
86415 Mering

**Dr. rer. nat. habil. Volker Koß**
Dorfstraße 49
23562 Lübeck

Die Deutsche Bibliothek - CIP-Einheitsaufnahme

**Lewandowski, Jörg:**
Schadstoffe im Boden : eine Einführung in Analytik und Bewertung ;
mit Versuchsanleitungen / Jörg Lewandowski ; Stephan Leitschuh ;
Volker Koss. - Berlin ; Heidelberg ; New York ; Wien ; Barcelona ;
Budapest ; Paris ; Singapore ; Tokyo : Springer, 1997

ISBN 978-3-642-63886-2        ISBN 978-3-642-59184-6 (eBook)
DOI 10.1007/978-3-642-59184-6

# Dank

Wir möchten allen danken, die uns dabei unterstützt haben, dieses Buch zu schreiben. Für uns war es eine sehr anregende und lehrreiche Zeit. Eine wichtige Voraussetzung war das ausgezeichnete und produktive Arbeitsklima am Fachgebiet Umweltchemie der Technischen Universität Berlin.

Prof. Wagemann und Wim Görts haben uns in allen Fragen zum didaktischen Aufbau des Lehrbuches geholfen. Else Schnakenberg und Ulrike Förster standen uns bei der Arbeit im Labor zur Seite. Jessica Ahrens, Dipl.-Ing. Roland Borchmann, Prof. Brühl, Dipl.-Ing. Kathrin Buchholz, Dipl.-Geoökol. Olaf Cirpka, Dirk Fiedler, Inka Greusing, Dr. Gricia Grossi, Dipl.-Phys. Norbert Hörmann, Esther Hoffmann, Maike Janßen, Dipl.-Ing. Silke Karcher, Dipl.-Ing. Christina Lampe, Dr. Winfried Link, Dipl.-Ing. Andreas Maile, Dr. Ralf Martens-Menzel, Heike Podey, Dipl.-Ing. Almut Reichel, Dipl.-Ing. Joachim Reinelt, Dr. Martin Steiof und Prof. Wilke berieten uns bei der inhaltlichen Konzeption dieses Buches, lasen unsere Entwürfe, korrigierten Fehler und gaben uns viele Tips, Anregungen und Verbesserungsvorschläge.

Ganz besonders möchten wir Dipl.-Geol. Sabine Huck danken. Ohne ihre unermüdliche Unterstützung bei allen kleinen und großen Problemen gäbe es dieses Buch nicht.

Und auch Ihnen, liebe Leserin oder lieber Leser, möchten wir schon jetzt danken, denn wir hoffen, daß Sie uns Ihre Kritik und Ihre Anregungen schicken werden.

Berlin, im April 1997                    Volker Koß, Stephan Leitschuh, Jörg Lewandowski

# Vorwort

Liebe Leserin, lieber Leser,

Sie werden in diesem Buch direkt angesprochen und zum Nachdenken über die stoffliche Beschaffenheit des Bodens angeregt. Sie können viel lernen über Stoffumsetzungen und Schadstoffverhalten in Böden. Mehr noch: Sie können nach dem Verständnis dieser Praktikumsanleitung analytisch begründet objektiv beurteilen, ob und welche Gefahren für die Bodengesundheit am Ort Ihrer Probenahme bestehen. Sie werden überdies, nachdem Sie die leichtverständlichen theoretischen Betrachtungen begriffen haben, in der Lage sein, auch fremde Bodenuntersuchungsergebnisse kritisch zu werten und deren Aussagen zu beurteilen.

Sie lesen einen Text, der Ihnen neben seiner wissenschaftlich-gründlichen Form der Darlegungen eine Menge Verständnishilfen bietet und didaktisch wirksam gestaltet ist. Angesichts konventionell geschriebener Skripten und Anleitungen zu Laborpraktika ist dieses Werk mit Lust "gegen den Strich gebürstet": Sie finden eine Menge eingestreuter Comics, die Ich- und Wir-Form ist gebraucht, manchmal werden Sie verulkt mit lustigen Fußnoten, die oft aber auch sehr klug und interessant sind. Sprachlich holpert's im Text dazu vernehmlich im Bemühen der Autoren um eine perfekte "sexual correctness", wohl als Zeichen der persönlichen Zuwendung zu Ihnen, "der LeserIn".

Prof. Dr. Hanskarl Brühl
Freie Universität Berlin
Institut für Geologie

# Vorwort

Es hat in Berlin lange und breite Tradition, daß Studierende Lehrveranstaltungen betreuen. An der Technischen Universität war zeitweise jede zweite Lehrperson eine StudentIn im Hauptstudium, die die Universität als TutorIn angestellt hatte. TutorInnen betreuen "Übungen in kleinen Gruppen". Immer gab es daneben aber auch die Idee, daß sie Veranstaltungen betreuen, um ein eigenes Thema mit den anderen Studierenden selbständig zu bearbeiten. Wissenschaftliches Studium im eigentlichen Sinn.

Ein solches Vorhaben steht am Anfang einer Geschichte, die in das vorliegende Buch über Schadstoffe im Boden mündet:

Im Studiengang Technischer Umweltschutz gab es kein Praktikum zur Analytik von Schadstoffen im Boden. Die beiden erstgenannten Autoren entwickelten im Rahmen ihrer Diplomarbeit Versuche, konzipierten und verfaßten ein Skript. Nun liegt es als Lehrbuch vor, nachdem es zusammen mit Prof. Koß nochmals überarbeitet wurde.

Die Verfasser versuchen in besonderem Maß, didaktische Qualität zu erreichen. Sie gliedern den Text nach verschiedenen Handlungsebenen und lassen sich für die Darstellung durch das Hamburger Verständlichkeitskonzept anregen. Die natürliche Didaktik, die Studierenden eigen ist, empfinde ich als noch wichtiger: StudentInnen als Lehrende haben ein enges Verhältnis zum Lernen, wissen noch, wo Erklärungen notwendig sind und auf welchen Ebenen von Anschauung und Konkretheit Verständnis angeregt werden kann, wie Theorien dazu beitragen, etwas zu sehen, was man ohne sie nicht sieht, und welche Theorien eher verdunkeln.

Man spürt diese Didaktik beim Lesen des Buches, und StudentInnen werden es daher besonders fruchtbar nutzen können.

Prof. Carl-Hellmut Wagemann
Technische Universtität Berlin
Institut für Medienpädagogik
und Hochschuldidaktik

# Die Wiederfindung der Ich-Form

"Heinz L. Kretzenbacher hat in einem Referat über die Sprache der Wissenschaft
... darauf hingewiesen, wie sehr diese Sprache dominiert wird von der 3. Person
des Verbs. Er hat dies sogar mit einer Prozentzahl untermauert, der ich, weil sie
mir gefällt, auch glauben will, nämlich 'weit über 90 Prozent aller finiten Verben'
kommen in der 3. Person vor, also 'man konnte beobachten, es wurde beobachtet,
es war zu beobachten, die Beobachtung ergab' usw. Die 2. Person kommt praktisch überhaupt nicht vor, und die 1. Person, und das wäre ja der Mensch, der
diese Beobachtung macht, unter bestimmten Umständen, und der schreiben
könnte 'Ich habe beobachtet', dieser Mensch ist mit den lumpigen Restprozenten
vertreten, mit anderen Worten, er ist aus der normalen  Wissenschaft eliminiert.
Diese Haltung ist in meinen Augen eine Denkkatastrophe.

Hat nicht Kant schon die reine Vernunft kritisiert und darauf aufmerksam gemacht, daß es keine Wahrnehmung gibt außerhalb unserer Wahrnehmungs-
organe?

Die 3. Person täuscht Objektivität vor, die außerhalb unserer Wahrnehmung so
und nicht anders vorhanden sei, die sich selbst beobachtet. ...

Mir fehlt das Ich in der Wissenschaft.

Nicht mein persönliches Ich, sondern das Ich der wissenschaftlich Denkenden
und Forschenden. Und damit diejenigen, die sich mit Notizblättern ausgerüstet
haben, auch einmal etwas aufschreiben können, stelle ich jetzt eine Forderung:

Ich verlange von der Wissenschaft
die Wiedereinführung der Ich-Form."

(Franz Hohler, Schweizer Kabarettist und Schriftsteller, In: unizürich Nr. 2, 1993, S. 60)

# Inhaltsverzeichnis



---

[1] V bedeutet, daß in diesem Kapitel eine Versuchsdurchführung enthalten ist.

# Abkürzungen und Formelzeichen

## Abkürzungen

| | |
|---|---|
| AAS | Atomabsorptionsspektrometrie, -meter |
| AC | Wechselstrom (Alternating Current) |
| Abb. | Abbildung |
| AbfKlärV | Klärschlammverordnung |
| ads. | adsorbiert |
| AES | Atomemissionsspektrometrie, -meter |
| AOX | Adsorbierbare organische Halogenverbindungen |
| B | Berliner Liste |
| bidest. | bidestilliert |
| Blind | Blindwert |
| BTX | Benzol, Toluol, Xylol |
| BUND | Bund für Umwelt und Naturschutz Deutschland e. V. |
| BW | Bodenwert |
| CEC | Cation Exchange Capacity |
| DC | Dünnschichtchromatographie |
| DCM | Dichlormethan |
| DEHP | Di-(2-ethylhexyl)phthalat |
| dest | destilliert |
| d. h. | das heißt |
| DIN | Deutsches Institut für Normung e. V. |
| DOP | Di-octylphthalat |
| ECD | Elektroneneinfang-Detektor |
| EDTA | Ethylendiamintetra-Essigsäure |
| FID | Flammenionisations-Detektor |
| FLD | Fluoreszenz-Detektor |
| GefStoffV | Gefahrstoffverordnung |
| ggf. | gegebenenfalls |
| gel. | gelöst |
| GC | Gaschromatographie, Gaschromatograph |
| GLC | Gas-Flüssig-Chromatographie |
| GSC | Gas-Fest-Chromatographie |
| GV | Glühverlust |
| HPLC | Hochdruckflüssigkeitschromatographie (engl.: High Pressure Liquide Chromatography) oder Hochleistungsflüssigkeitschromatographie (engl.: High Performance Liquide Chromatography) |
| IC | Ionenchromatographie |
| ICP-AES | Atomemissionsspektrometer mit Plasmaanregung |
| i. d. R. | in der Regel |
| idF | in der Fassung |
| int. Std. | Interner Standard |
| IR | Infrarot |
| ISE | Ionenselektive Elektrode |
| IUPAC | International Union for Pure and Applied Chemistry |
| k. A. | keine Angabe |
| KAK | Kationenaustauschkapazität |
| Kap. | Kapitel |
| Klär | Klärschlammverordnung |
| Klo | Eikmann-Kloke-Liste |
| KW | Kohlenwasserstoff |
| LCKW | leichtflüchtige Chlorkohlenwasserstoffe |
| log | dekadischer Logarithmus |
| ln | natürlicher Logarithmus |
| L, l | Lehm, lehmig |
| LLC | Flüssig-Flüssig-Chromatographie (engl.: Liquid-Liquid-Chromatography) |
| LSC | Flüssig-Fest-Chromatographie (engl.: Liquid-Solid-Chromatography) |
| Me | Metall |
| $Me^+$, $Me^{2+}$ | Metallion |
| Min | Mindestuntersuchungsprogramm Kulturboden |
| MKW | Mineralölkohlenwasserstoffe |
| mp | Millipore |
| MS | Massenspektrometer |

| | | | | |
|---|---|---|---|---|
| MVA | Müllverbrennungsanlage | | s. | siehe |
| N. N. | Normal Null | | s. u. | siehe unten |
| N. N. | nomen nescio | | S. | Seite |
| NATO | North Atlantic Treaty Organization, westliches Verteidigungsbündnis | | SC | Säulenchromatographie |
| | | | SEV | Sekundärelektronenvervielfacher |
| Nl | Niederländische Liste | | Skt. | Skalenteile |
| NOEL | No-Observed-Effect-Level | | Std. | Standard |
| o. ä. | oder ähnliche | | Stdlsg. | Standardlösung |
| o. J. | ohne Jahr | | T, t | Ton, tonig |
| OCDD | Octachlordibenzodioxin | | TCDD | Tetrachlordibenzodioxin |
| p. a. | per analysis | | TCE | Trichlorethan |
| PAK | Polyzyklische Aromatische Kohlenwasserstoffe, auch PAH, engl.: Polycyclic Aromatic Hydrogen | | TE | Toxizitätsäquivalent |
| | | | TEF | Toxizitätsäquivalenzfaktor |
| | | | Tri | Trichlorethen |
| PC | Papierchromatographie | | TS | Trockensubstanz |
| PCB | Polychlorierte Biphenyle | | TVO | Trinkwasserverordnung |
| PCP | Pentachlorphenol | | U, u | Schluff, schluffig |
| PCDD | Polychlorierte Dibenzodioxine | | u. a. | unter anderem |
| PCDF | Polychlorierte Dibenzofurane | | UBA | Umweltbundesamt |
| PE | Polyethylen | | UV | Ultraviolett |
| Per | Tetrachlorethen | | v. a. | vor allem |
| PSE | Periodensystem der Elemente | | ve | voll entsalzt |
| PVC | Polyvinylchlorid | | VIS | visible (= sichtbares Licht) |
| PZC | point of zero charge, Ladungsnullpunkt | | VwV | Verwaltungsvorschrift |
| RFA | Röntgen-Fluoreszenz-Analyse | | WLD | Wärmeleitfähigkeits-Detektor |
| RI | Refraction Index, Brechungsindex | | WS | Wassersäule |
| RPC | Reversed-phase-Chromatographie | | z. B. | zum Beispiel |
| S, s | Sand, sandig | | z. T. | zum Teil |

## Formelzeichen

| | | |
|---|---|---|
| $a$ | [L/µg] | Steigung der Kalibriergeraden |
| $A$ | [-] | spektrales Absorptionsmaß (nach DIN an Stelle von E zu verwenden) |
| $A$ | [mm$^2$] | Peakfläche |
| $A, B$ | [-], [L/µg] | Regressionskoeffizienten: y-Achsenabschnitt bzw. Steigung der Kalibriergeraden |
| $c$ | [m/s] | Lichtgeschwindigkeit ($2{,}998 \cdot 10^8$ m/s) |
| $C$ | [µg/L], [mol/L] | Konzentration |
| $C$ | [mg/kg]; [ppm] | Gehalt |
| $C_{gel}$ | [mol/L] | Konzentration des gelösten Stoffes in der Bodenlösung |
| $C_{org}$ | [-] | organischer Kohlenstoffgehalt |
| $C_{Sorp}$ | [mol/kg] | Gehalt des an der Bodenmatrix adsorbierten Stoffes |
| $C_W$ | [mg/L] | Wasserlöslichkeit |
| $d$ | [m] | Länge der Absorptionsstrecke |
| $E$ | [J] | Energie des Lichtquants |
| $E$ | [-] | Extinktion (nach DIN ersetzt A die Extinktion E) |
| $E$ | [V] | Redoxpotential |
| $E_o$ | [-] | Extinktion der Nullwertlösung |
| $E_o$ | [V] | Referenzpotential |
| $E^o$ | [V] | Standardpotential |

| Symbol | Einheit | Bedeutung |
|---|---|---|
| $E_a$ | [V] | Potential außen an der Glasmembran der pH-Elektrode |
| $E_A$ | [V] | Potential der Ableitelektrode |
| $E_B$ | [V] | Potential der Bezugselektrode |
| $E_D$ | [V] | Diffusionsspannung |
| $E_i$ | [V] | Potential innen an der Glasmembran der pH-Elektrode |
| $\Delta E$ | [V] | Summe der Einzelpotentiale, Potentialdifferenz |
| $f$ | [U/min] | Umdrehungszahl |
| $F$ | [As/mol] | Faraday-Konstante (96485 As/mol) |
| GV | [-] | Glühverlust |
| $h$ | [J s] | Plancksches Wirkungsquantum ($6,62 \cdot 10^{-34}$ J s) |
| $H$ | [mm] | Trennstufenhöhe |
| $I$ | [A] | Stromstärke |
| $I_{Em}$ | [J/s] | Intensität der Eigenemission |
| $I_o$ | [J/s] | Intensität der ungeschwächten Strahlung (nach DIN ersetzt $\Phi_{in}$ $I_o$) |
| $I_t$ | [J/s] | Intensität der transmittierten Strahlung (nach DIN ersetzt $\Phi_{ex}$ $I_t$) |
| $\Delta I$ | [J/s] | Intensitätsabnahme |
| $k'$ | [-] | Kapazitätsfaktor |
| $K$ | [-] | Verteilungskoeffizient |
| $K_d$ | [L/kg] | $K_d$-Wert |
| $k_f$ | [m/s] | Durchlässigkeitsbeiwert |
| $K_F$ | [L/kg] | Freundlich-Adsorptionskoeffizient |
| $K_L$ | [stoffabhängig] | Löslichkeitsprodukt |
| $K_{OC}$ | [L/kg] | auf den Kohlenstoffgehalt bezogener Freundlich-Adsorptionskoeffizient |
| $K_{ow}$ | [-] | n-Octanol/Wasser-Verteilungskoeffizient |
| $L$ | [m] | Länge der Trennstrecke |
| $m$ | [g] | Masse |
| $M$ | [g/mol] | Molmasse |
| $N$ | [-] | Trennstufenzahl |
| $n$ | [-] | Anzahl der Meßwerte; Anzahl der Bodenpartikeln |
| $p$ | [Pa] | Druck |
| $P^o$ | [Pa] | Dampfdruck |
| PV | [-] | Porosität |
| PWP | [Gew.-%] | Permanenter Welkepunkt |
| $r$ | [-] | Korrelationskoeffizient |
| $r$ | [mm] | Radius |
| $R$ | [J mol$^{-1}$ K$^{-1}$] | universelle Gaskonstante ($R = 8,314$ J mol$^{-1}$ K$^{-1}$) |
| $R_f$ | [-] | Retentionsfaktor |
| RF | [ng/mm$^2$] | Responsefaktor |
| $s$ | [größenabh.] | Standardabweichung |
| $s_{\bar{x}}$ | [größenabh.] | Standardabweichung des Mittelwertes |
| $S$ | [L/µg] | Empfindlichkeit |
| $t_{\frac{1}{2}}$ | [a] | Halbwertszeit |
| $t_o$ | [s] | Totzeit |
| $t_R$ | [s] | Bruttoretentionszeit |
| $t'_R$ | [s] | Nettoretentionszeit |
| $T$ | [K] | Temperatur |
| $U$ | [V] | Spannung |
| $V$ | [L] | Volumen |
| VK | [%] | Variationskoeffizient |

| | | |
|---|---|---|
| $VK_{Ges}$ | [%] | Gesamtfehler |
| $VK_i$ | [%] | Fehler der einzelnen Analysenschritte |
| $W$ | [-] | Wassergehalt der Bodenprobe |
| $x_i$ | [stoffabhängig] | Meßwert der i-ten Messung |
| $\bar{x}$ | [stoffabhängig] | arithmetischer Mittelwert der Meßwerte |
| $\Delta x$ | [m] | Schichtdicke |
| $z$ | [-] | Wertigkeit; Anzahl der bei der Redoxreaktion auftretenden Elektronen |

## Griechische Formelzeichen

| | | |
|---|---|---|
| $\alpha$ | [m²/µg] | Proportionalitätsfaktor |
| $\alpha$ | [-] | Relative Retention |
| $\epsilon$ | [L m⁻¹ mg⁻¹] | dekadischer Extinktionskoeffizient (nach DIN wird $\epsilon$ durch $\chi_n$ ersetzt) |
| $\lambda$ | [m] | Wellenlänge |
| $\nu$ | [1/s] | Frequenz der Strahlung |
| $\rho$ | [kg/L] | Dichte |
| $\Phi_{in}$ | [-] | eingedrungene Strahlungsleistung (nach DIN ist $\Phi_{in}$ an Stelle von $I_o$ zu den) |
| $\Phi_{ex}$ | [-] | austretende Strahlungsleistung (nach DIN ist $\Phi_{ex}$ an Stelle von $I_t$ zu verwenden) |
| $\chi_n$ | [L m⁻¹ mg⁻¹] | dekadischer Extinktionskoeffizient (nach DIN ist $\chi_n$ an Stelle von $\epsilon$ zu verwenden) |

## Tiefgestellte Indices

| | | | |
|---|---|---|---|
| A, B | Substanzen A bzw. B | P | Poren |
| B | Boden | P | Probenlösung, Bodenprobe |
| Blind | Blindprobe | RefElek | Referenzelektrode |
| f | feucht | Sorp | Sorption |
| Ges | Gesamt | stat | stationär |
| gel | gelöst | Std. | Standard |
| gem. | gemessen | Stdlsg. | Standardlösung |
| int. Std. | Interner Standard | eff | effektiv |
| korr | korrigiert | pot | potentiell |
| mob | mobil | t | trocken |
| org | organisch | | |

## Einheiten

| | | | |
|---|---|---|---|
| a | Jahr | M | Molar (1 mol/L) |
| bar | Bar (1 bar = $10^5$ Pa = 9,81 mWS) | mg Cu/kg | Milligramm Kupfer pro Kilogramm Boden |
| C | Coulomb (1 C = 1 A s) | min | Minute |
| °C | Grad Celsius | mol | Mol |
| d | Tag | Pa | Pascal (1 Pa = $10^{-5}$ bar) |
| g | Gramm | ppb | parts per billion = $10^{-9}$ |
| Gew.-% | Prozent = $10^{-2}$, bezogen auf das Gewicht | ppm | parts per million = $10^{-6}$ |
| h | Stunde | rpm | rotations per minute (Umdrehungen pro Minute) |
| ha | Hektar (1 ha = 10000 m²) | | |
| J | Joule ( 1 J = 1 N m = 1 m² kg s⁻² = 1 W s = 1 V A s) | s | Sekunde |
| | | S | Siemens |
| K | Kelvin | U/min | Umdrehungen pro Minute |
| L | Liter | V | Volt |
| m | Meter | Vol.-% | Prozent = $10^{-2}$, bezogen auf das Volumen |

| | |
|---|---|
| M | Mega $\equiv 10^6$ |
| k | Kilo $\equiv 10^3$ |
| c | Centi $\equiv 10^{-2}$ |
| m | Milli $\equiv 10^{-3}$ |
| $\mu$ | Mikro $\equiv 10^{-6}$ |
| n | Nano $\equiv 10^{-9}$ |

## Chemische Formelzeichen

| | |
|---|---|
| $Ag, Ag^+$ | Silber, -ion |
| $AgCl$ | Silberchlorid |
| $Ag_2S$ | Silber(I)-sulfid |
| $Al$ | Aluminium |
| $Al_2O_3$ | Aluminiumoxid |
| $Al(OH)_3$ | Aluminiumhydroxid (Hydrargillit) |
| $AlOOH$ | Aluminiumoxidhydrat, Böhmit |
| $Ar$ | Argon |
| $As$ | Arsen |
| $AsH_3$ | Arsenhydrid |
| $Ba$ | Barium |
| $BaCl_2$ | Bariumchlorid |
| $BaSO_4$ | Bariumsulfat |
| $BH_3$ | Borhydrid |
| $C$ | Kohlenstoff |
| $Ca, Ca^{2+}$ | Calcium, -ion |
| $CaCl_2$ | Calciumchlorid |
| $CaCO_3$ | Calciumcarbonat, Kalk |
| $CaCO_3 \cdot MgCO_3$ | Dolomit |
| $CaO$ | Calciumoxid, gebrannter Kalk |
| $Ca(OH)_2$ | Calciumhydroxid, gelöschter Kalk |
| $Cd, Cd^{2+}$ | Cadmium, -ion |
| $Cd(CO_3)$ | Cadmiumcarbonat |
| $CdCl_2$ | Cadmiumchlorid |
| $CdF_2$ | Cadmiumfluorid |
| $CHO^+$ | Methanal-Kation |
| $CH_3COOH$ | Essigsäure |
| $CH_3COONa$ | Natriumacetat |
| $CH_3COONH_4$ | Ammoniumacetat |
| $CH_4$ | Methan |
| $Cl_2, Cl^-$ | Chlor, Chlorid |
| $CN^-$ | Cyanidion |
| $-COOH$ | Caboxylgruppe |
| $CO_2$ | Kohlendioxid |
| $Cr$ | Chrom |
| $Cr^{[III]}_2(SO_4)_3$ | Chrom(III)-Sulfat |
| $Cs$ | Cäsium |
| $Cu, Cu^{2+}$ | Kupfer, -ion |
| $[Cu(NH_3)_4]^{2+}$ | Tetraamminkupfer(II) |
| $CuS$ | Kupfersulfid |
| $e^-$ | Elementarladung |
| $Fe, Fe^{3+}$ | Eisen, -ion |
| $[Fe(CN)_6]^{3-}$ | Hexacyanoferrat(III) |
| $Fe(OH)_3$ | Eisenhydroxid |
| $Fe^{[III]}_2(SO_4)_3$ | Eisen(III)-Sulfat |
| $FeOOH$ | Eisenoxidhydrat, Goethit |
| $H_2, H^+$ | Wasserstoff, -ion |
| $H_2O$ | Wasser |
| $H_2O_2$ | Wasserstoffperoxid |
| $H_2S$ | Schwefelwasserstoff |
| $H_2SO_4$ | Schwefelsäure |
| $H_3O^+$ | Hydroniumion |
| $HCl$ | Salzsäure |
| $HClO_4$ | Perchlorsäure |
| $HCO_3^-$ | Hydrogencarbonat |
| $He$ | Helium |
| $HF$ | Hydrogenfluorid, Flußsäure |
| $Hg, Hg^+, Hg^{2+}$ | Quecksilber, -ion |
| $HNO_3$ | Salpetersäure |
| $In$ | Indium |
| $K$ | Kalium |
| $K_2Cr^{[VI]}_2O_7$ | Kaliumdichromat |
| $K_2SO_4$ | Kaliumsulfat |
| $KCl$ | Kaliumchlorid |
| $K_2CO_3$ | Kaliumcarbonat |
| $LaF_3$ | Lanthanfluorid |
| $La(OH)_3$ | Lanthanhydroxid |
| $Li$ | Lithium |
| $Mg$ | Magnesium |
| $MgCl_2$ | Magnesiumchlorid |
| $N_2$ | Stickstoff |
| $Na, Na^+$ | Natrium, -ion |
| $Na_2SO_4$ | Natriumsulfat |
| $NaBH_4$ | Natriumborhydrid |
| $NaCl$ | Natriumchlorid |
| $Na_2CO_3$ | Natriumcarbonat |
| $Ne$ | Neon |
| $NH_2OH\text{-}HCl$ | Hydroxylammoniumchlorid |
| $NH_3$ | Ammoniak |
| $NH_4\text{-}EDTA$ | Ammonium-Ethylen-Diamin-Tetra-Acetat |
| $NH_4NO_3$ | Ammoniumnitrat |
| $Ni$ | Nickel |
| $^{63}Ni$ | radioaktives Nickel |
| $NO_3^-$ | Nitrat |
| $O_2$ | Sauerstoff |
| $-OH$ | Hydroxylgruppe |

| | | | |
|---|---|---|---|
| $OH^-$ | Hydroxidion | $S, S^{2-}$ | Schwefel, Sulfid |
| $Pb, Pb^{2+}$ | Blei, -ion | $Si$ | Silizium |
| $PbCO_3$ | Bleicarbonat, Cerussit | $SiO_2$ | Siliziumdioxid, Kieselgel |
| $PbCrO_4$ | Bleichromat, Krokoit | $SO_4^{2-}$ | Sulfat |
| $PbMoO_4$ | Bleimolybdat, Wulfenit | $Th$ | Thorium |
| $PbS$ | Bleisulfid, Bleiglanz | $U$ | Uran |
| $5PbS \cdot 2Sb_2S_3$ | Boulangerit | $Zn$ | Zink |
| $PbSO_4$ | Bleisulfat, Anglesit | $Zn_3(PO_4)_2$ | Zinkphosphat |
| $PbWO_4$ | Bleiwolframat, Stolzit | | |

(Von: Klaus Pitter. Aus: Greisenegger, Ingrid ; Katzmann, Univ.-Doz. Dr. Werner ; Pitter, Klaus: Umweltspürnasen : Aktivbuch Boden. © 1989 by Verlag Orac im Verlag Kremayr und Scheriau, Wien, S. 11)

# 1 Konzeption des Buches



Im Kap. 1.1 beschreiben wir kurz, wie dieses Buch entstand, und nach welchen Kriterien die Inhalte ausgewählt wurden. Daran anschließend stellen wir im Kap. 1.2 zwei didaktische Konzepte vor, die bei der Entstehung dieses Buches eine zentrale Rolle gespielt haben. Im Kap. 1.3 erläutern wir, wie auf der Grundlage dieses Buches Laborpraktika an Fachhochschulen, Universitäten und anderen Bildungseinrichtungen durchgeführt werden können. Das darauf folgende Kap. 1.4 sollten alle LeserInnen unbedingt lesen. Es macht Sie mit dem z. T. etwas ungewöhnlichen Aufbau unseres Buches vertraut. Schließlich gehen wir im Kap. 1.5 auf die Lernziele dieses Buches ein.

## 1.1 Auswahl der Inhalte

**Vorgehen**

Die "Bodenanalytik" ist ein sehr neues Gebiet. Es gibt zwar umfangreiche bodenkundliche Literatur, aber wenig Bücher zum Thema "Schadstoffe im Boden". Das heißt aber keineswegs, daß sich nicht sehr viel zu diesem Thema schreiben läßt. Die Schwierigkeit ist eher zu entscheiden, was das Wichtigste ist und was weggelassen werden kann. Um diese Auswahl der Inhalte auf eine möglichst breite Basis zu stellen, befragten wir Fachleute aus Analytiklaboren, Ingenieurbüros und Hochschulinstituten: "Welche Kenntnisse soll ein Buch 'Schadstoffe im Boden' vermitteln? Welche Analysenverfahren halten Sie für besonders wichtig?" Auf der Grundlage dieser Befragungen und einer umfangreichen Literaturrecherche entwickelten wir das Konzept dieses Buches.

**Auswahl der Versuche**

Zwei Kriterien sind uns bei der Auswahl der Versuche besonders wichtig gewesen: Einerseits sollen die Versuche praxisrelevant sein, andererseits sollen sie aber auch Arbeits- und Umweltschutzgesichtspunkten gerecht werden.

Leider ist es oft gar nicht so einfach, Praxisrelevanz und Umweltschutz unter einen Hut zu bringen.[1]

**Überblick** Gesamtzusammenhänge sind uns wichtiger als Detailwissen! Deshalb beschreiben wir die komplexen Abläufe einer Bodenanalyse bereits vor den genauen Versuchsbeschreibungen. Wir haben diesen ungewöhnlichen Weg gewählt, weil wir hoffen, daß Sie sich dann viel intensiver mit dem grundsätzlichen Ablauf einer Bodenanalyse auseinandersetzen und bei den jeweiligen Versuchsdurchführungen immer wieder auf die entsprechenden Schaubilder zurückkommen werden.

# 1.2 Didaktik

**Verständlichkeit** JedeR kennt das Problem: Nicht jede WissenschaftlerIn ist eine gute LehrerIn. Es ist schwer, Wissen erfolgreich zu vermitteln. Ein PsychologInnenteam der Universität Hamburg hat die Verständlichkeit von Texten untersucht und daraus das **Hamburger Verständlichkeitskonzept** entwickelt. Wir haben uns an diesem Konzept orientiert und bemüht, möglichst verständlich zu schreiben.

**Exkurs** *Hamburger Verständlichkeitskonzept*

**Dimensionen** *Das PsychologInnenteam der Universität Hamburg hat vier Dimensionen identifiziert, die einen Text verständlich bzw. unverständlich machen: Einfachheit, Gliederung - Ordnung, Kürze - Prägnanz und zusätzliche Stimulanz. Diese vier Dimensionen haben je zwei Pole, zwischen denen sich ein Text bewegen kann (Tabelle 1.1). Verständliche Texte sind einfach, gegliedert, geordnet, kurz, aber nicht zu kurz und enthalten stimulierende Elemente in Maßen.*

**Vorteile** *Verständliche Texte erzielen bei den LeserInnen bessere Lernleistungen im Sinne von Verstehen, Behalten und Wiedergeben. Dies ist unabhängig von Intelligenz, Schulbildung und Altersstufe. Nach der Hamburger Studie schreiben über 90 % der LehrerInnen schwer verständliche Texte.*

**Einfachheit** *Wir versuchten, bei der Entwicklung des Buches die vier in Tabelle 1.1 beschriebenen Dimensionen zu berücksichtigen, um das Buch leicht lesbar und verständlich zu machen. Wir formulierten nur kurze einfache Sätze und verwendeten geläufige Wörter. Fachwörter, die wir benutzten, werden in Fußnoten erklärt und zwar auch dann, wenn sie vermutlich nur wenigen LeserInnen fremd sind. Theoretische Sachverhalte werden anhand von Beispielen kon-*

---

[1] Ganz grob läßt sich sagen: Je giftiger eine Substanz ist, um so größer sind die mit ihr verbundenen Probleme und um so praxisrelevanter ist die Analytik dieser Substanz. Da die Schadstoffanalytik jedoch in aller Regel künstliche Standards erfordert, die die entsprechenden Schadstoffe enthalten, gelangen durch die Analytik zusätzliche hochgiftige Substanzen in die Umwelt. Nicht gerade umweltfreundlich, oder?

**Tabelle 1.1.** Die vier Dimensionen der Verständlichkeit (nach Frey 1993, S. 9f)

| Dimension Einfachheit | Einfachheit ↔ Kompliziertheit | |
| --- | --- | --- |
| | ++ + O – – – | |
| | einfache Darstellung . . . . . . . . . . | . . . . . . . . . komplizierte Darstellung |
| | kurze, einfache Sätze . . . . . . . . . . | . . . . . . . . lange, verschachtelte Sätze |
| | geläufige Wörter . . . . . . . . . . . . | . . . . . . . . . . . . . ungeläufige Wörter |
| | Fachwörter erklärt . . . . . . . . . . . | . . . . . . . . . Fachwörter nicht erklärt |
| | konkret . . . . . . . . . . . . . . . . . | . . . . . . . . . . . . . . . . . . . abstrakt |
| | anschaulich . . . . . . . . . . . . . . . | . . . . . . . . . . . . . . . unanschaulich |
| Dimension Gliederung - Ordnung | Gliederung - Ordnung ↔ Unübersichtlichkeit | |
| | ++ + O – – – | |
| | gegliedert . . . . . . . . . . . . . . . | . . . . . . . . . . . . . . . . . ungegliedert |
| | folgerichtig . . . . . . . . . . . . . | . . . . . . . . . zusammenhanglos, wirr |
| | übersichtlich . . . . . . . . . . | . . . . . . . . . . . . . . . . unübersichtlich |
| | Unterscheidung in Wesent- | keine Trennung in Wesent- |
| | liches und Unwesentliches . . . . . . | . . . . . . . . liches und Unwesentliches |
| | der rote Faden bleibt sichtbar . . . . | . . . . man verliert oft den roten Faden |
| | alles kommt schön der Reihe nach . | . . . . . . . . . . alles geht durcheinander |
| Dimension Kürze - Prägnanz | Kürze - Prägnanz ↔ Weitschweifigkeit | |
| | ++ + O – – – | |
| | zu kurz . . . . . . . . . . . . . . . . | . . . . . . . . . . . . . . . . . . . zu lang |
| | aufs Wesentliche beschränkt . . . . . | . . . . . . . . . . . . viel Unwesentliches |
| | gedrängt . . . . . . . . . . . . . . . | . . . . . . . . . . . . . . . . . . . . breit |
| | auf das Lehrziel konzentriert . . . . . | . . . . . . . . . . . . . . . abschweifend |
| | knapp . . . . . . . . . . . . . . . . | . . . . . . . . . . . . . . . . . ausführlich |
| | jedes Wort ist notwendig . . . . . . . | . . vieles hätte man weglassen können |
| | fast nur Formeln . . . . . . . . . . . | . . . sehr viel alltagssprachlicher Text |
| Dimension Zusätzliche Stimulanz | zusätzliche Stimulanz ↔ keine zusätzliche Stimulanz | |
| | ++ + O – – – | |
| | zum Mitdenken anregend . . . . . . . | . . keine Anregungen zum Mitdenken |
| | lebendig . . . . . . . . . . . . . . . | . . . . . . . . . . . . . . . . . . . nüchtern |
| | interessant . . . . . . . . . . . . . | . . . . . . . . . . . . . . . . . . . . farblos |
| | abwechslungsreich . . . . . . . . . . | . . . . . . . . . . gleichbleibend neutral |
| | persönlich . . . . . . . . . . . . . . | . . . . . . . . . . . . . . . . . unpersönlich |
| Legende: Die Skala "+ +" bis "– –" gibt an, wie stark die beiden Pole einer Dimension ausgeprägt sind. Die Graustufen bewerten diese Skala. Keine Schattierung steht für optimale Verständlichkeit. | | |

*kretisiert und anschaulich erklärt. Wir bemühten uns, Inhalte einfach und übersichtlich darzustellen und benutzten daher – wo nötig – Bilder und Tabellen. Viele Bilder, die wir in anderen Büchern fanden, wandelten wir stark ab. Dabei legten wir den Schwerpunkt auf die Verständlichkeit: Die Bilder sollen keine unnötigen Informationen enthalten und das Wesentliche möglichst einfach erklären.*

**Gliederung**
**- Ordnung**

*Der Gesamtaufbau des Buches soll übersichtlich sein. Daher verwendeten wir für Überschriften maximal drei Gliederungsebenen. Außerdem enthält das Buch eine Randleiste, damit der rote Faden ständig sichtbar bleibt. In ihr ist der Inhalt des jeweiligen Absatzes stichwortartig zusammengefaßt. Zur leichteren Unterscheidung in Wesentliches und Unwesentliches gibt es drei Textebenen: Der "normale" Text enthält die wichtigsten Inhalte. Zusatzinformationen werden in Exkursen oder Fußnoten geliefert. Sie unterscheiden sich optisch vom gewöhnlichen Text durch eine kleinere Schrift. Die wichtigsten Begriffe eines Absatzes sind fett hervorgehoben, damit sie leicht zu finden sind. Besonders wichtige Hinweise – Gefahrenhinweise –, die auf keinen Fall übersehen werden dürfen, sind mit einer Hand (☞) gekennzeichnet. Versuchsdurchführungen sind nicht als fortlaufender Text geschrieben. Statt dessen beginnt jede Arbeitsanweisung in einer neuen Zeile hinter dem Symbol "❏". So können Sie den Versuch besser Punkt für Punkt bearbeiten.*

**Kürze**
**- Prägnanz**

*Wir hoffen, daß der Text weder zu gedrängt noch zu weitschweifig ist. Wir bemühten uns, Sachverhalte knapp zu beschreiben, ohne die Verständlichkeit zu beeinträchtigen. Formeln wurden nur benutzt, wenn sie das Verständnis erleichtern. Außerdem gehört zu jeder Formel eine ausführliche Legende. Damit der Text weder zu kurz noch zu lang wird, packten wir weniger wichtige Inhalte in Exkurse und Fußnoten. Diese können von Ihnen übersprungen werden, d. h. Sie können die Länge des Textes Ihrem "Wissensdurst" anpassen.*

**Zusätzliche**
**Stimulanz**

*Wir möchten mit dem Buch zum Mitdenken anregen. Deshalb beschrieben wir nicht nur Fakten und Ergebnisse, sondern auch unsere Gedankengänge. Außerdem soll der Text lebendig sein. Manche Fußnoten enthalten daher kleine "Leckerbissen" oder Provokationen und Cartoons sollen Pep in die oft schwierige Materie bringen. Wir versuchten, einen persönlichen Kontakt zur LeserIn herzustellen. Daher schrieben wir nicht – wie in der Wissenschaft üblich – ausschließlich in der "dritten Person", sondern auch in der "ersten Person" und der "zweiten Person".*

**Fragen**

Wir formulierten zu jedem Kapitel des Buches Fragen. Sie haben so die Möglichkeit, ihren Lernerfolg selbst zu kontrollieren. Dabei haben wir uns bemüht, möglichst anspruchsvolle[2] Fragen zu stellen. Das im folgenden Exkurs vorgestellte Fragenkonzept nach Benjamin Bloom war uns dabei eine große Hilfe.

## Exkurs *Fragenkonzept nach Benjamin Bloom*

**Problem**

*Die meisten Lehrenden wollen anspruchsvolle Fragen stellen. In der Realität werden jedoch leider meist Fragen gestellt, die diesem Wunsch nicht gerecht werden. Untersuchungen an Hochschulen zeigen, daß rund 75 % aller Fragen reine Wissensfragen sind. Sie verlangen kein tieferes Verstehen. Weitere 20 % der Fragen sind Verständnisfragen. Nur weniger als 5 % gelten höheren kognitiven Leistungen. Höhere kognitive Leistungen sind Denkleistungen wie ein Anwenden, eine Analyse, eine Synthese oder ein Beurteilen des Gelernten. (Frey 1993, Kap. 26 S. 1)*

**kognitive Niveaus** *Benjamin Bloom von der Universität Chicago hat in den 50er Jahren ein System geschaffen, mit dem anspruchsvolle Fragen konstruiert werden können. Die Fragen werden in die sechs kognitiven Niveaus K 1 bis K 6 eingeteilt (Tabelle 1.2). Diese Stufen sind hierarchisch an-*

---

[2] Anspruchsvoll bedeutet nicht unbedingt schwer! (s. Exkurs Fragenkonzept nach Benjamin Bloom)

**Tabelle 1.2.** Die kognitiven Niveaus des Fragenkonzeptes nach Benjamin Bloom (Frey 1993, Kap. 26 S. 6ff)

| kognitives Niveau | Beschreibung |
| --- | --- |
| K 1 Wissen | ■ auswendig Gelerntes und Definitionen wiedergeben<br>■ Routine-Arbeiten durchführen, z. B. ein Gerät bedienen<br>■ bekannte Aufgaben mit neuen Zahlen lösen<br>■ Antworten blitzartig ohne längeres Nachdenken geben |
| K 2 Verständnis | ■ einem Laien einen Sachverhalt mit eigenen Worten ohne Fachausdrücke erklären<br>■ etwas am Gegenteil erläutern<br>■ eine Tatsache begründen |
| K 3 Anwendung | ■ theoretisch Gelerntes zum ersten Mal in der Praxis einsetzen<br>■ Wissen auf eine neue Situation anwenden (Transferdenken)<br>■ Teile des Gelernten modifizieren |
| K 4 Analyse | ■ ein hinter etwas stehendes Prinzip herausfinden<br>■ den Aufbau eines Ganzen bestimmen<br>■ komplexe Zusammenhänge strukturieren, Beziehungen erkennen |
| K 5 Synthese | ■ Gelerntes aus verschiedenen Fachgebieten kombinieren<br>■ konstruktive Kritik einbringen und Schwachpunkte verbessern<br>■ kreativ sein und mitdenken<br>■ ein neues Problem lösen<br>■ bekannte Fakten ergänzen |
| K 6 Bewertung | ■ Bewertungskriterien aufstellen<br>■ etwas in einem größeren Zusammenhang bewerten |

*geordnet. Jede höhere Stufe schließt Denkleistungen der niedrigeren Stufen mit ein. Auf den kognitiven Niveaus K 3 bis K 6 wird vorausgesetzt, daß die entsprechenden Denkleistungen neu sind. Dies bedeutet umgekehrt: Wenn in unserem Buch bereits eine Beurteilung enthalten ist, dann handelt es sich bei einer Frage, die die gleiche Beurteilung verlangt, um eine Wissens- oder Verständnisfrage. Die Einteilung der kognitiven Niveaus hat nichts mit dem Schwierigkeitsgrad einer Frage zu tun, sondern ausschließlich mit dem Niveau der verlangten Denkleistungen. Für jedes kognitive Niveau sind leichte und schwierige Fragen denkbar. (Frey 1993, Kap. 26 S. 1)*

**Vorgehen**

*Bei dem System von Benjamin Bloom teilt man die eigenen Fragen in die sechs kognitiven Niveaus ein. Dann schaut man sich an, wieviele Fragen in welches Niveau fallen. Allein aufgrund dieser Einteilung in die kognitiven Niveaus werden nach kurzer Zeit anspruchsvollere Fragen gestellt. Ziel ist es, viele Fragen zu stellen, die höhere kognitive Leistungen verlangen. Wir haben jede unserer Fragen einem der sechs kognitiven Niveaus zugeordnet und unsere Einschätzung im Anhang F Antworten vermerkt. Außerdem ermittelten wir die Verteilung der Fragen auf die sechs Niveaus. Es gelang uns nicht, zu allen kognitiven Niveaus gleich viele Fragen zu entwickeln. Auch im Taxieren geübte PädagogInnen haben Schwierigkeiten, ausreichend viele Fragen zu konstruieren, die in die Dimensionen K 5 und K 6 fallen. In Tabelle 1.3 stellen wir die Verteilung unserer Fragen zwei anderen Verteilungen gegenüber.*

**Tabelle 1.3.** Taxierung der Fragen in diesem Buch im beispielhaften Vergleich zu Lehrbuchfragen von PädagogInnen, die im Taxieren geübt sind, und PädagogInnen, die ihre Fragen nicht taxieren (nach Frey 1993, Kap. 26 S. 16)

| Kognitives Niveau | Fragen in diesem Lehrbuch | Lehrbuchfragen im Taxieren geübter PädagogInnen | Lehrbuchfragen im Taxieren ungeübter PädagogInnen |
|---|---|---|---|
| K 1 Wissen | 26 % | 22 % | 85 % |
| K 2 Verständnis | 21 % | 22 % | 2 % |
| K 3 Anwendung | 26 % | 22 % | 11 % |
| K 4 Analyse | 15 % | 22 % | 2 % |
| K 5 Synthese | 9 % | 8 % | 0 % |
| K 6 Bewertung | 3 % | 4 % | 0 % |

# 1.3 Durchführung als Laborpraktikum

Die in diesem Buch beschriebenen Versuche können als Laborpraktikum an Hochschulen, Fachhochschulen und anderen Bildungseinrichtungen durchgeführt werden. So werden beispielsweise auf der Grundlage dieses Buches seit mehreren Jahren zweiwöchige Blockpraktika an der TU Berlin durchgeführt. Im Anhang E sind alle dazu notwendigen Materialien und Chemikalien aufgelistet.

**Exkurs** *Leistungsnachweise einmal etwas anders*

*Falls Sie dieses konzeptionell neuartige Buch als Grundlage für ein Laborpraktikum verwenden, müssen Sie zum Schluß wahrscheinlich eine Prüfung abnehmen. Wir möchten Ihnen vorschlagen, nicht einfach eine "stinknormale" Prüfung durchzuführen, sondern für den Leistungsnachweis – passend zu diesem Buch – einen ungewöhnlichen Weg zu gehen: Lassen Sie die StudentInnen in kleinen Gruppen zusammenarbeiten und je nach Wunsch ein Referat, Poster oder Gutachen erstellen. Hier die entsprechende Arbeitsanweisung für die StudentInnen:*

**Aufgabe**  *Stellen Sie sich vor, Sie sind auf einem Kongreß zum Thema "Schadstoffanalytik in der Altlastensanierung". ExpertInnen stellen ihre Arbeiten in **Referaten** vor. In der Kaffeepause kann eine **Poster**-Ausstellung zu neuesten Forschungsergebnissen besucht werden. Interessierte können auch "**Gutachten**" zu verschiedenen Sanierungsfällen einsehen. Jede Gruppe wählt <u>eine</u> Form der Präsentation, also Referat, Poster <u>oder</u> Gutachten, aus. Die Präsentation ist dann gleichzeitig Ihr Leistungsnachweis.*

**Inhalte**  *Wir erwarten keine Beschreibung der einzelnen Versuche, sondern vielmehr eine Interpretation aller Ergebnisse in ihrem Zusammenhang. Die folgenden Fragen sind nur als*

*<u>Anregung</u> für Ihre Bearbeitung gedacht. Weitere Vorschläge zur Auswertung finden Sie im Kap. 10.*

- *Beleuchten Sie die Aussagekraft der Meßwerte kritisch! Welche Fehlerquellen sind zu berücksichtigen?*
- *Wie stehen die einzelnen Meßgrößen zueinander in Beziehung?*
- *Schätzen Sie das Gefahrenpotential anhand der Meßwerte ein! Sind Maßnahmen zu ergreifen?*

**Didaktik ...**

*Bitte haben Sie nicht den Anspruch, alle folgenden didaktischen "Weisheiten" zu erfüllen. Das ist unmöglich – auch dann, wenn Sie sieben Wochen Vorbereitungszeit hätten. Wir haben hier dennoch alle didaktischen Hinweise, die uns besonders wichtig erscheinen, aufgeschrieben. Um gute Referate zu halten, geniale Poster zu entwickeln oder ausgezeichnete Gutachten zu schreiben, muß man ein Leben lang üben. Und genau deshalb haben wir diese didaktischen Hinweise in das Buch aufgenommen. Sie sollen Ihnen beim Üben helfen. Nehmen Sie sich am besten für jedes Referat, das Sie in Zukunft halten, ein oder zwei Hinweise besonders zu Herzen und versuchen Sie, Ihren Vortrag in diesem einen Punkt zu verbessern ...*

**... Referat**

*Das Referat soll ca. 20 Minuten dauern. Beschränken Sie sich deshalb auf das Wesentliche. Am Anfang des Vortrages sollen Sie bei Ihren ZuhörerInnen das Interesse für das Thema wecken. Das ist gar nicht so einfach, denn bestimmt sind Sie aufgeregt. Vielleicht hilft es Ihnen, die ersten Einleitungssätze auswendig zu lernen. Allerdings sollten Sie danach unbedingt frei sprechen, wenn möglich sogar ohne Spickzettel. Die ZuhörerInnen können dann besser mitdenken, und Ihr Vortrag wird wesentlich lebendiger. Bemühen Sie sich, laut und deutlich zu sprechen. Reden Sie in kurzen, verständlichen Sätzen. Es ist nicht einfach, sich für die ganze Dauer des Vortrags die Aufmerksamkeit der KongreßteilnehmerInnen zu sichern. Halten Sie daher zu ihnen Blickkontakt. Benutzen Sie Tafelbilder, Folien oder andere Visualisierungsmethoden! Jede neu aufgelegte Folie steigert die Aufmerksamkeit und weckt evtl. abgetauchte ZuhörerInnen wieder aus ihrem Halbschlaf. Wenn Sie Folien verwenden, sollten Sie die entsprechenden Punkte vorlesen und erst danach kommentieren. Auch ein RednerInnenwechsel erhöht die Aufmerksamkeit. Sie können nacheinander verschiedene Blöcke vortragen, oder noch besser Teile des Vortrags gemeinsam in Dialogform halten. Manche RednerInnen neigen dazu, zu schnell zu reden. Achten Sie deshalb darauf, im Redefluß Pausen einzulegen. Vergessen Sie nicht, am Schluß des Referats noch einmal die wesentlichen Gedanken zusammenzufassen und ein Fazit zu ziehen. Der erste Eindruck ist entscheidend, der letzte bleibt! Nach dem Vortrag sollte es eine Diskussion geben. Überlegen Sie sich am besten schon vorher eine provokative These, mit der Sie ein möglicherweise diskussionsfaules Publikum in Schwung bringen können. Ungünstig ist es, wenn die Vortragenden selbst die Diskussionsleitung übernehmen. Die DiskussionsleiterIn sollte sich nämlich inhaltlich weitgehend zurückhalten.*

**Poster**

*Sie werden keinen Vortrag zu Ihrem Poster halten. Das bedeutet, der geschriebene Text muß sich selbst erklären und alleine verständlich sein.[3] Achten Sie darauf, daß das Poster nicht nur Ergebnisse präsentiert, sondern auch das zugrundeliegende Problem beschreibt und die Fragestellung nennt. Denken Sie daran, daß KongreßteilnehmerInnen sich noch 37 andere Poster anschauen und nur vor einem ansprechenden Poster länger als 20 Sekunden stehen bleiben. Beschränken Sie sich auf das Wesentliche. Versuchen Sie, nur ein oder zwei Probleme auf dem Poster darzustellen. Weniger ist manchmal mehr! Überlegen Sie sich gut, wie Sie Ihre*

---

[3] Dies gilt übrigens analog für Folien, die beim Referat verwendet werden.

Inhalte auf dem Poster anordnen wollen. Das Poster soll übersichtlich sein. Beachten Sie dabei, daß der Blick der BetrachterIn von links oben nach rechts unten über das Blatt läuft. Sinneinheiten sollen optisch zusammengefaßt werden. Überschriften und Zwischenüberschriften helfen, die Aussagen klar zu gliedern. Freiflächen lockern das Blatt auf und sind angenehm für das Auge. Skizzen, Diagramme und der Einsatz von Farben gestalten das Poster ansprechend.[4] Der Text kann auf einzelne farbige Zettel geschrieben werden. Verwenden Sie dabei geläufige Wörter und formulieren Sie die Aussagen in kurzen aber verständlichen Sätzen. Achten Sie darauf, daß Schrift und Bilder nicht zu klein sind. Man muß Ihr Plakat auch noch aus ein paar Metern Entfernung lesen können. Schreiben Sie am besten in Druckbuchstaben, aber auf keinen Fall ausschließlich in Großbuchstaben. Eine Schrift mit großen Mittellängen und kleinen Ober- und Unterlängen ist am besten lesbar. Ordnen Sie die Zettel wie gewünscht auf dem Posterpapier an. Vergesen Sie nicht, den optischen Eindruck des Posters mit etwas Abstand auf sich wirken zu lassen. Kleben Sie die Zettel erst ganz zum Schluß auf dem Poster fest.

**"Gutachten"**

Im "Gutachten" müssen Sie auf maximal acht Seiten beschreiben, zu welchen Ergebnissen Sie gekommen sind, und welche Überlegungen, Abwägungen und Berechnungen zu Ihren Schlußfolgerungen geführt haben. Zusätzlich sollte Ihr "Gutachten" eine kurze Zusammenfassung der Ergebnisse enthalten. Wichtig ist uns, daß Sie einen verständlichen Text schreiben.[5] Versuchen Sie, so zu schreiben, daß auch Leute, die nicht am Praktikum teilgenommen haben, das "Gutachten" verstehen können. Am besten stellen Sie sich vor, der Text sei für eine Bürgerinitiative oder eine PolitikerIn bestimmt. Stellen Sie den Sachverhalt deshalb möglichst

"Das gibt schon wieder Papier für ein Dutzend Gutachten."

(Aus: Offene Schule Waldau Kassel (Hrsg.): Der Wald ist selber schuld : Neues aus der Schwarzwaldklinik. 6. überarb. Aufl., Eigenverlag, 1995, S. 52)

---

[4]  Ein besonderer Gag ist es, das Poster dreidimensional zu gestalten, also ein Diagramm, einen Gegenstand oder ähnliches aus der Blattfläche herausragen zu lassen.

[5]  Siehe Exkurs Hamburger Verständlichkeitskonzept im Kap. 1.2.

*einfach dar. Verwenden Sie geläufige Wörter und formulieren Sie kurze Sätze. Erklären Sie Fachbegriffe anschaulich. Gliedern Sie den Text klar und übersichtlich. Beschreiben Sie die Inhalte der Reihe nach. Der rote Faden muß sichtbar bleiben. Unterscheiden Sie Wesentliches vom Unwesentlichen. Und denken Sie daran: In der Kürze liegt die Würze. Das "Gutachten" sollte weder zu knapp noch zu ausführlich sein. Benutzen Sie stimulierende Elemente, denn sie regen zum Mitdenken an. Versuchen Sie, die trockene Materie eines Sanierungsfalls lebendig und abwechslungsreich zu vermitteln. Vielleicht gelingt Ihnen das mit Beispielen, rhetorischen Fragen, Provokationen oder ...*

## 1.4 Gebrauchsanweisung

**Haupttext**

Wir haben den Text in **drei Stufen** gegliedert: Haupttext, Exkurse und Fußnoten. Der Haupttext enthält alles Wesentliche. Sie sollten ihn unbedingt lesen.

**Exkurs** *Was ist ein Exkurs?*

*Exkurse sind an der kleinen kursiven Schrift zu erkennen. Sie enthalten Informationen, die nur am Rande interessieren. Einige Exkurse wiederholen Grundlagen. Wir haben sie in dieses Buch aufgenommen, damit Sie nicht ständig in anderen Büchern nachschlagen müssen. Der Inhalt anderer Exkurse geht über den wesentlichen Stoff hinaus. Wenn Sie ein Detailproblem besonders interessiert, dann finden Sie vielleicht dort eine Antwort. Falls Sie aber nicht genügend Zeit haben, alles zu einem Thema zu lesen, dann sollten Sie die Exkurse überspringen.*

**Fußnoten**

Schließlich gibt es noch Fußnoten[6]. Sie enthalten genauso wie Exkurse Grundlagen, gehen auf nicht ganz so wichtige Detailprobleme ein, lockern das Buch auf oder erklären Begriffe, die Ihnen vielleicht fremd sind. Wenn Sie das nicht mögen und Ihnen der normale Text ausreicht, dann können Sie die Fußnoten einfach auslassen.[7]

**Versuchsdurchführung** *"mit Überschrift"*

Zu jedem Versuch gibt es einen Abschnitt Versuchsdurchführung, der deutlich mit einem Randbalken gekennzeichnet ist. So finden Sie im Labor leicht Ihre "Kochrezepte". Damit Sie wissen, welche Versuchsergebnisse Sie festhalten sollten, enthalten die Anhänge A bis D Protokolle für die einzelnen Versuche. Hinweisen möchten wir Sie auch noch auf den Anhang E. Diese Material- und Chemikalienliste gibt einen Überblick, welche Geräte für die jeweilige Versuchsdurchführung notwendig sind.

---

[6] Herzlichen Glückwunsch! Sie haben diese Fußnote gefunden.

[7] Dann entgehen Ihnen aber leider die besten Sprüche.

<table>
<tr><td>"Lernziel"</td><td>Mit den Lernzielen ist das so eine Sache. JedeR wird unterschiedliche Dinge lernen. Egal was Sie für sich als wichtig erachten – alles Gelernte hat seinen Stellenwert. Deshalb wollen wir die Lernziele nicht fest vorgeben. Einige Dinge, die <u>uns</u> wichtig erscheinen, haben wir im Kap. 1.5 zusammengestellt. Außerdem haben wir in jedem Kapitel die Punkte, die <u>uns</u> zentral erscheinen und vielleicht am ehesten den Namen Lernziel verdienen, in einen Kasten gepackt.</td></tr>
</table>

**Fragen**  Am Ende eines jeden Kapitels können Sie anhand von Fragen wichtige Inhalte des entsprechenden Themas wiederholen und vertiefen. Ihre Antworten können Sie mit unseren Antworten im Anhang F vergleichen. Die Auswahl der Fragen erhebt keinen Anspruch auf Vollständigkeit. Das Anspruchsniveau der Fragen ist sehr verschieden. Einige Fragen erfordern viel Geduld und Knobelei. Andere sind einfach. Wieder andere gehen weit über den wesentlichen Stoff hinaus.

**Randleiste**  Damit Sie den Roten Faden nicht verlieren, gibt es in diesem Buch eine Randleiste. Hier finden Sie in Stichwörtern den Inhalt des jeweiligen Absatzes. Die Randleiste eignet sich gut für eigene Notizen, Bemerkungen und Fragezeichen[8].

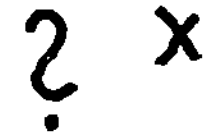

**Wichtige Begriffe**  **Wesentliche Begriffe**, deren Bedeutung Sie sich auf jeden Fall einprägen sollten, sind fett hervorgehoben. Sie sollen Ihnen das Wiederholen erleichtern. <u>Betonte Wörter</u>, die für das Verständnis eines Satzes oder Absatzes zentral sind, sind unterstrichen. *Begriffe*, in denen sich ein Satz von einer analogen Formulierung eines vorhergehenden Satzes unterscheidet, sind kursiv geschrieben.

Die Hand bedeutet "Vorsicht!", "Achtung!", "Unbedingt lesen!" Sie steht vor allem bei Gefahrenhinweisen.

**Gesamtübersicht**  Angesichts der vielen Versuche, die in diesem Buch einhalten sind, ist es leicht möglich, den Überblick über Sinn und Zusammenhang der einzelnen Analysen zu verlieren. Eine Gesamtübersicht (s. Kap. 2.2) über die Methoden der Bodenanalytik und Querverweise im Text helfen Ihnen dabei, "auf dem Boden" zu bleiben und Wutausbrüche in Grenzen zu halten.

**Verzeichnisse**  Selbstverständlich beginnt das Buch mit einem Inhaltsverzeichnis. Darin integriert sind Verweise auf die einzelnen Versuche. Außerdem gibt es am Ende des Buches ein Stichwortverzeichnis, damit das Suchen nicht zum Alptraum wird.

---

[8] Eigentlich sollten ja keine Fragen offen bleiben, aber ...

## 1.5 Lernziele

**Lernziele sind**
**subjektiv**

Was sind die Lernziele dieses Buchs? Eine schwierige Frage! Mit Sicherheit gibt es keine eindeutige Antwort. JedeR lernt etwas anderes. Jeder/Jedem ist etwas anderes wichtig. Die Auswahl ist subjektiv. Wir haben uns überlegt, welche Schwerpunkte uns wichtig sind. Aber möglicherweise haben Sie ganz andere Vorstellungen. Vielleicht ist es Ihnen wichtiger, dekantieren zu lernen, als endlich die pH-Elektrode zu verstehen. Vielleicht ist es Ihnen wichtiger, einen Überblick über verschiedene Meßmethoden zu bekommen, als zu wissen, wie ein Gaschromatograph im einzelnen aufgebaut ist. Vielleicht ist es Ihnen wichtiger zu lernen, in einer Gruppe zu arbeiten, als zu wissen, wie man welches Schwermetall nachweist.

**Ihre Lernziele**

Bevor Sie weiterlesen, nehmen Sie sich doch bitte fünf Minuten Zeit. Schreiben Sie hier auf, was Sie von diesem Buch erwarten und was Sie gerne lernen möchten[9]:

_______________________________________________

_______________________________________________

_______________________________________________

_______________________________________________

_______________________________________________

_______________________________________________

_______________________________________________

_______________________________________________

_______________________________________________

_______________________________________________

_______________________________________________

---

[9] Legen Sie eine gute Musik auf, setzen Sie sich entspannt hin und lassen Sie Ihren Gedanken freien Lauf.

**Didaktischer Hinweis**     Nö! So nicht! Blättern Sie sofort zurück und füllen Sie die Lernziele aus. Danach dürfen Sie auf dieser Seite weiterlesen, vorher nicht. Falls Sie unsere Warnung ignorieren, dann lehnen wir jede Verantwortung für Ihren Lernerfolg ab.[10]

**unsere Lernziele**     Mit dem folgenden Exkurs wollen wir Ihnen <u>unser</u> wichtigstes Lernziel nahebringen:

## Exkurs *Exakte Wissenschaft*

*"Mir ist aufgefallen, daß ich beim Wort Wissenschaft immer zuerst an die Naturwissenschaft denke und nicht zum Beispiel an die Literaturwissenschaft, die ich schließlich einmal studiert habe, wenn auch nicht zu Ende. Ich verbinde also mit dem Begriff der Wissenschaft nicht das Nachdenken über einen Vers wie*

*Meine eingelegten Ruder triefen*
*Tropfen fallen langsam in die Tiefen*

*denn dazu kann man sich sehr viele verschiedene Dinge denken, sie sind nicht auf ein Naturgesetz reduzierbar, obwohl die Tropfen bestimmt mit $gt^{2/2}$ vom Ruder fallen.[11]*

*Der Begriff Wissenschaft wird, auch für mich, zunehmend besetzt durch die exakte Wissenschaft, die ihre Erkenntnisse in Zahlen, Formeln und Prozenten ausdrückt. Allerdings ist die Verführung groß, diese Zahlen, Formeln und Prozente tatsächlich zu glauben.*

*Nehmen Sie eine beliebige Zahl wie 9,84 Prozent. Völlig unabhängig davon, worauf sie sich bezieht, wirkt sie an sich schon überzeugend, sie steht da wie ein gut angezogener Mensch mit einem Aktenköfferchen. 'Wir haben festgestellt, daß in 9,84 Prozent aller Fälle ...', und schon greifen die Presseleute zum Notizblock und schreiben auf: 9,84 Prozent.*

*Aber aus Ihrem normalen Leben wissen Sie, daß gutangezogenen Menschen mit Aktenköfferchen nicht a priori zu trauen ist, vielleicht haben Sie sogar die Erfahrung gemacht, daß ihnen speziell zu mißtrauen ist. Es sind die, die uns erklären, wieso der Mietzins auch bei sinkenden Hypothekarzinsen steigen muß, wieso auch das Bezirksspital Willisau einen eigenen Computertomographen braucht, oder die Balgrist-Klinik eine MRI-Anlage, wieso bei der Sandoz-Katastrophe niemand zu Schaden kam, und wieso die Schuhfabrik Bally ihren Stellenbestand reduzieren muß, um ein Zehntel vielleicht, genauer gesagt, um 9,84 Prozent.*

*In meiner Kindheit galt Spinat als speziell gesund, weil er einen geradezu unglaublich hohen Eisengehalt haben sollte, nämlich 31 mg/100 g. Aufgrund dieser Eisenzahl wurden in unendlich vielen Haushalten der ganzen Welt qualvolle Spinatmittagessen heruntergewürgt, zu deren besserer Vertilgung sogar Kindermythen wie Captain Popeye geschaffen wurden, und leider mußte ich erwachsen werden, bis jemand diese Eisenzahl nochmals nachrechnete, vor etwa 40 Jahren, und herausfand, daß sich der frühere Jemand um eine Kommastelle geirrt hatte. Spinat enthält 3,1 mg Eisen/100 g, halb soviel wie Peterli[12]." (Franz Hohler, Schweizer Kabarettist und Schriftsteller, In: unizürich Nr. 2, 1993, S. 60)*

---

[10] Unser didaktisch ausgereiftes Konzept funktioniert nämlich nur dann, wenn Sie brav und artig das tun, was wir Ihnen sagen.

[11] Nachdem fast alle unsere KorrekturleserInnen darüber gestolpert sind: $gt^{2/2}$ ist richtig und steht so im Original. $gt^{2/2}$ = gt = v = Fallgeschwindigkeit eines Tropfens.

[12] Peterli ist auf hochdeutsch nichts anderes als $(\male + (\female \setminus e) + (Peterli \setminus \male) + (\female \setminus si))$.

**9,84 = 10 ?!**   Bevor Sie in Ihrer Auswertung angeben, daß im Boden 9,84 mg/kg Kupfer[13] enthalten sind, sollten Sie sich erst einmal überlegen, ob Ihr gesamtes Analysenverfahren eine solche Genauigkeit erlaubt. Möglicherweise gaukeln Sie nur eine nicht vorhandene Genauigkeit vor. Ein paar Punkte sollten Sie berücksichtigen:

- Gerade im Umweltmedium Boden findet man enorme Schwankungen der Substanzkonzentrationen auf engstem Raum. Es ist daher fast unmöglich, eine wirklich repräsentative Probe zu entnehmen.
- Bei der Aufbereitung gibt es jede Menge Fehlerquellen. Die Exaktheit[14] des Ergebnisses wird vom ungenauesten Analysenschritt bestimmt.
- Das Ergebnis und damit seine Beurteilung werden entscheidend von dem eingesetzten Analysenverfahren[15] beeinflußt.

Es hat also wenig Sinn, 9,84 mg/kg Kupfer anzugeben, wenn zwar das Analysengerät eine solche Meßgenauigkeit hat, Probenahme und Aufbereitung aber eine beispielsweise hundertmal schlechtere Genauigkeit aufweisen. Geben Sie dann also statt der "9,84 mg/kg Kupfer" lieber "10 mg/kg Kupfer" an. Falls sich der Fehler abschätzen oder berechnen[16] läßt, wird der Meßwert auch in der Form "9,8 ± 0,7 mg/kg Kupfer" angegeben.

**unsere weiteren Lernziele**   Außerdem sollen Sie natürlich lernen, wie Sie zu den Zahlen kommen, die Sie interpretieren sollen. Deshalb möchten wir, daß Sie bei der Arbeit mit unserem Buch folgende Kenntnisse erwerben:

- Welche Bodenverunreinigungen gibt es?
- Mit welchen Verfahren wird welcher Schadstoff im Boden analysiert?
- Welche Arbeitsschritte gehören zur Analyse von Bodenproben?
- Welche Bodenparameter müssen erfaßt werden, um den ermittelten Schadstoffgehalt beurteilen zu können?
- Wie funktionieren Atomabsorptionspektrometrie, Gaschromatographie und Hochdruckflüssigkeitschromatographie?
- Wie geht man in der Spurenanalytik mit Geräten und Chemikalien um?

---

[13] "mg/kg Kupfer" bedeutet "mg Kupfer pro kg Trockensubstanz des Bodens".

[14] Statt des umgangssprachlichen Wortes *Exaktheit* wäre es wissenschaftlich exakt, das Wort *Richtigkeit* zu verwenden. Es ist dagegen unrichtig, hier das Wort *Genauigkeit* zu benutzen. Der Unterschied zwischen den beiden Wörtern Genauigkeit und Richtigkeit wird im Kap. 10.2 erklärt.

[15] Beim Bewerten von Böden mit Grenz- oder Richtwerten ist darauf zu achten, welches Analyseverfahren zu verwenden ist. Beispielsweise beziehen sich die Grenzwerte in der Klärschlammverordnung auf mit dem Königswasseraufschluß ermittelte Gesamtgehalte. Ergebnisse, die mit anderen Aufschlüssen gewonnen wurden, können nicht ohne weiteres mit den Grenzwerten der Klärschlammverordnung verglichen werden.

[16] Eine Möglichkeit, den Fehler bei genügend großen Datensätzen zu berechnen, ist die Standardabweichung. Die entsprechend unserer Versuchsdurchführungen erhobenen Datenmengen reichen jedoch nicht aus, um die Standardabweichung zu berechnen. Der Meßfehler kann bestenfalls grob abgeschätzt werden (s. Kap. 10.2.).

- Was macht eine Zusammenarbeit im Team aus, und wie koordiniert man die Versuchsdurchführung?

**Lernprozeß**    Vergleichen Sie Ihre Lernziele mit unseren Lernzielen. Möglicherweise ist ein Teil Ihrer Lernziele identisch mit unseren. Vielleicht haben Sie aber ganz andere Vorstellungen und Erwartungen von diesem Buch. Das ist vollkommen in Ordnung. Sicherlich werden auch Ihre Erwartungen in irgendeiner Weise erfüllt, wenn Sie unser Buch durcharbeiten, auch wenn wir nicht bewußt an diese Aspekte gedacht haben. Oft findet der Lernprozeß gar nicht so direkt statt, wie wir es uns bei der Konzeption des Buches ausgedacht haben. Vielmehr werden Ihnen erst später, möglicherweise erst Wochen später, Zusammenhänge und Verbindungen klar, die während der Lektüre des Buches unverständlich geblieben sind.

(Aus: Offene Schule Waldau Kassel (Hrsg.): Der Wald ist selber schuld : Neues aus der Schwarzwald-klinik. 6. überarb. Aufl., Eigenverlag, 1995, S. 63)

# 2 Einleitung

## 2.1 Boden: Ein Umweltmedium in Gefahr

**Definition Boden** Boden ist im Gegensatz zu Mineralen, Pflanzen oder Tieren kein scharf und eindeutig abgrenzbarer Naturkörper. Daher wird der Begriff Boden von verschiedenen AutorInnen unterschiedlicher Disziplinen anders verwendet. Wir benutzen den Begriff Boden in diesem Buch für den schmalen Grenzbereich der Erdoberfläche, in dem sich Lithosphäre, Hydrosphäre, Atmosphäre und Biosphäre[1] überlagern, d. h. nur für die obersten Dezimeter bzw. Meter der Lithosphäre. Der Boden ist nach oben durch eine Vegetationsdecke bzw. die Atmosphäre begrenzt und nach unten durch festes oder lockeres Gestein bzw. den Grundwasserleiter. Wir verstehen unter Boden ausschließlich die **ungesättigte Zone**[2]. Boden ist für uns also der Bereich der mit Wasser, Luft und Lebewesen durchsetzt ist. Der Boden ist unter dem Einfluß verschiedenster Umweltfaktoren entstanden und entwickelt sich im Laufe der Zeit weiter. Er besteht aus Mineralen unterschiedlicher Art und Größe sowie organischen Stoffen, dem Humus. Der Boden ist Filter-, Reinigungs-, Transport- und Puffersystem. Er ist in der Lage, höheren Pflanzen als Standort zu dienen. Er ist damit nicht nur Lebensraum für Mensch und Tier, sondern auch Lebensgrundlage. (Sticher 1993a, S. I)

**Wunder Boden** Der Boden ist nicht einfach totes Material, das beliebig erzeugt und genutzt werden kann. Gesunder Boden ist vielmehr Ursprung und Lebensraum für eine ungeheure Vielfalt von Lebewesen. In einer Handvoll humusreicher Erde leben mehr Organismen als Menschen auf der Erde. Diese Haut der Erde ist nur 30 cm dünn, aber sie stellt unsere Lebensgrundlage dar. (Brucker 1988, S.5 und Preuschen 1988, S. 34).

---

[1] Lithosphäre = Gesteinsmantel der Erde; Hydrosphäre = Wasserhülle der Erde; Atmosphäre = Lufthülle der Erde; Biosphäre = mit Lebewesen besiedelte Zonen der Erde.

[2] "Ungesättigt" bedeutet, "oberhalb des Grundwasserleiters". In der ungesättigten Zone ist das Porensystem des Bodens nicht vollständig mit Wasser gefüllt. Bodenluft ist vorhanden.

**Geringschätzung des Bodens**

"Der Boden als Abfalleimer der Nation, als Standort für Industrie, Wohnsiedlungen und Autobahnzubringer, als Haltesubstanz für den hochtechnisierten Pflanzenanbau – der Boden als etwas, auf dem man herumtrampeln kann, das man verzweckt, verdinglicht, benutzt, gebraucht. Alles, was man nicht mehr nutzen kann, für das man keinen Platz mehr findet, was unerwünscht "anfällt", landet dort – im Boden und damit auch in der Nahrungskette, in Tieren und Pflanzen, in uns." (Sanwald 1988, S. 10)

**Die übersehene Katastrophe**

Anfang der 80er Jahre machte die Menschheit eine alarmierende Entdeckung. Der Boden verliert eine seiner wesentlichsten Fähigkeiten, die Fähigkeit zur Pufferung von Schadstoffen. Damals titelte der Spiegel: "Eine übersehene Katastrophe". Der BUND nannte es ein "unerklärliches Phänomen": Jahrzehntelang ist zwar über Wasser- und Luftreinhaltung debattiert worden, aber die schleichende Verseuchung des Umweltmediums Boden ist kaum zur Kenntnis genommen worden (Bölsche 1984, S. 9).

**Warum?**

Ohne Zweifel sind Umweltsünden, wie die Luftverschmutzung, die den Himmel verdunkelt, oder wie die Wasserverschmutzung, die Fische "bauchoben" schwimmen läßt, **auffälliger** als die Vergiftung des Bodens. Bodenschäden sind lange Zeit nicht erkannt worden, weil der Boden verzögert auf Belastungen reagiert und die Selbstreinigungskraft des Bodens stark **überschätzt** worden ist. SANWALD (1988, S. 9) sieht auch **politisch-psychologische** Gründe: In unseren Köpfen existiert der Boden nicht wirklich als Teil der Natur, für uns ist er vor allem Produktionsfaktor. Wir denken an ihn in Verbindung mit "Besitzen", "Bebauen" und "Ausbeuten". Vielleicht liegt das daran, daß der Boden mehr als Wasser und Luft nicht der Allgemeinheit zugänglich ist, sondern als Eigentum erworben werden kann. Sein Besitzrecht hat der Mensch schon immer dazu benutzt, Macht auszuüben: über andere Menschen, über Tiere und Pflanzen, über die ganze Natur.

**Die globale Katastrophe**

Die aus der Luft oder dem Wasser herausgefilterten Stoffe bleiben oft lange im Boden. Sie werden dort nur zum Teil abgebaut und sammeln sich an, immer mehr, bis der Zeitpunkt erreicht wird, an dem die Aufnahmekapazität des Bodens erschöpft ist. Dann aber setzen viele Reaktionen zugleich ein: Plötzlich **brechen Abwehrmechanismen zusammen**, eine Welle bisher ruhender Schadstoffe wird frei. Die vorher nur schleichende Vergiftung breitet sich schlagartig aus. In wenigen Jahrzehnten hat die Menschheit die Grenzen der Bodenbelastbarkeit überschritten – der Boden stirbt. Seine Lebensfähigkeit geht verloren, er kann sich immer weniger selbst reinigen, die fruchtbare Ackerkrume verringert sich in rasender Geschwindigkeit. Nitrat, Pflanzenschutzmittel und Schwermetalle gelangen ungehindert ins Grundwasser und vergiften unser Trinkwasser! (Sanwald 1988, S. 9ff)

<table>
<tr><td>Ausmaß</td><td>Bereits 1984 schreibt BÖLSCHE (S. 13): "Im Erdboden ... sei 'die nächste ökologische Katastrophe vergraben, die der des Waldsterbens in nichts nachsteht.'" 1994 schreibt der wissenschaftliche Beirat "Globale Umweltveränderungen" der Bundesregierung in seinem Jahresgutachten: In zwei bis drei Jahrzehnten werden die Bodenzerstörungen sogar die Klimaveränderungen[3] an Tragweite übertreffen. (Ökologische Briefe 1994, S. 11)</td></tr>
</table>

**Und wir?** Wir alle sind VerursacherInnen und Opfer der Bodenzerstörung, wir müssen uns gleichermaßen einschränken und wehren. Wir wissen viel, handeln aber zu wenig. Wir vergessen gerne, daß auch wir es sind, die der Natur den Boden entziehen: Sei es mit dem Häuschen im Grünen oder dem Flug in die Ferne.

**Zum Buch** Messungen und Analysen, um die es in diesem Buch geht, sind wichtig. Für geeignete Maßnahmen muß bekannt sein, welche Schadstoffe im Boden sind, und welche Gefahren von ihnen ausgehen können. Aber vor lauter Messerei dürfen wir nicht vergessen, Maßnahmen zu ergreifen. Es muß sofort gehandelt werden, um die globale Katastrophe zu verhindern oder wenigstens abzumildern! Die meisten Probleme sind ausreichend genau analysiert. Lösungsvorschläge liegen auf dem Tisch. Das Buch "Schadstoffe im Boden" kann daher wenn überhaupt nur einen kleinen Beitrag zur "Rettung des Bodens" leisten. Die Entwicklung dieses Buches hat uns, den Autoren, viele Zusammenhänge drastisch vor Augen geführt. Wir hoffen, daß es uns gelingt mit diesem Buch einiges davon weiterzugeben, Vernetzungen zu veranschaulichen und Betroffenheit zu erzeugen, ja vielleicht sogar Aktionen zu initiieren.

## 2.2  Gesamtübersicht über die Bodenanalytik

**Stellenwert der Bodenanalytik** Warum wird Boden analysiert?  Vielleicht will ein Häuslebauer wissen,  ob er auf einem Grundstück sein ersehntes Traumhaus bauen kann, ohne dabei auf eine Giftmülldeponie zu stoßen. Vielleicht will ein Bauer wissen, ob er auf seinem Acker Klärschlamm ausbringen darf.[4] Vielleicht will eine Kleingartenbesitzerin wissen, ob sie die selbst angebauten Tomaten beruhigt essen kann. Vielleicht will eine Wissenschaftlerin wissen, wie sich die Bodenbelastung mit der Zeit verändert. Vielleicht will Greenpeace wissen, wie stark der Boden in der Region Bitterfeld/Halle verseucht ist. Es gibt also viele Fälle, in denen die Analyse von Bodenproben erforderlich sein kann.

---

[3]  Ein Grund mehr, sich auf der Stelle für den Klimaschutz zu engagieren!

[4]  In diesem Buch schauen wir mit der "Schadstoffbrille" auf die Welt. Dagegen interessiert sich der Bauer in der Praxis meistens eher dafür, ob die Bodenfruchtbarkeit ausreicht, bzw. welche Pflanzennährstoffe im Boden fehlen.

**(Kontaminierter) Standort**

**Bestandsaufnahme zur Erfassung potentieller Altlasten**

Sinnvollerweise werden als erstes Zeitungsartikel, Karten, Luftbilder, Grundbücher, Gewerbekataster etc. ausgewertet (historische Erkundung). Außerdem können AnwohnerInnen und Behörden befragt werden. Dies gibt Aufschluß über die ehemalige Verwendung und damit erste Anhaltspunkte über den heutigen Zustand eines Standortes.

**Theoretische Beurteilung**

Die Ergebnisse der Bestandsaufnahme führen zu einer ersten Einschätzung des zu untersuchenden Geländes. Bei Verdacht auf eine potentielle Altlast folgt eine analytische Voruntersuchung.

**Analytische Voruntersuchung**

Verschiedene Summen- und Leitparameter werden erfaßt. Eventuell ergibt sich aus der Bestandsaufnahme, welche Stellen mit besonders hoher Wahrscheinlichkeit kontaminiert sind. Dort werden dann gezielte Schadstoffanalysen durchgeführt. (AGW 1993, S. 10)

**Erstbewertung der Gefährdung**

Die analytischen Voruntersuchungen ermöglichen es, zu bewerten, welche Gefahren für Mensch und Umwelt vom vorhandenen Bodenkörper ausgehen. Erhärtet sich der Verdacht, daß eine Altlast vorliegt, so wird eine Detailuntersuchung durchgeführt. Werden keine Anzeichen für eine Altlast gefunden, kann das Gelände ohne Sanierung genutzt werden.

**Analytische Detailuntersuchung**

Art, Lage und Umfang aller auf dem Areal vorhandenen Schadstoffe werden detailliert ermittelt. Die Ergebnisse sind Grundlage für die Risikoanalyse.

**Risikoanalyse**

In der Risikoanalyse werden die kurz-, mittel- und langfristigen Auswirkungen der belasteten Fläche auf Mensch und Umwelt dargestellt (Was _kann_ passieren?). Es ist zu bewerten, welche Belastungen zulässig sind (Was _darf_ passieren?). Gegebenenfalls werden in der Risikoanalyse die Sanierungsziele festgelegt und Empfehlungen für mögliche Sanierungsmaßnahmen ausgearbeitet. (AGW 1993, S. 11)

**Sanierung**

Für die Sanierung stehen thermische, mechanische (chemisch/physikalisch) und biologische Verfahren zur Verfügung. Die AltlasteneigentümerIn muß sich für Maßnahmen entscheiden, mit denen die von der Altlast ausgehenden Gefahren vermindert werden können. Das Ziel der Sanierung ist die "Reinigung" des Bodens bis zu den vorgegebenen Grenzwerten. Der Boden* kann dann wieder genutzt werden.

**Analytische Erfolgskontrolle**

Weitere Schadstoffanalysen müssen den Erfolg der Sanierung bestätigen. Die Sanierung ist erfolgreich, wenn die in der Risikoanalyse festgelegten Sanierungsziele erreicht sind.

**Langzeitüberwachung**

Die Langzeitüberwachung soll das Restrisiko minimieren, das von der sanierten Altlast ausgeht.

**Abb. 2.1.** Fließschema für die Bearbeitung einer potentiellen Altlast (nach AGW 1993, Beilage 12)

* Nach einer thermischen Behandlung ist es vielleicht etwas übertrieben, noch von Boden zu reden.

In Abb. 2.1 stellen wir beispielhaft die wesentlichen Bearbeitungsschritte einer **potentiellen Altlast**[5] dar. Beachten Sie jedoch, daß jeder Altlastenfall spezifische Eigenschaften aufweist, die immer gesondert untersucht und beurteilt werden müssen. Ein generell und immer anwendbares Schema gibt es nicht. Das Vorgehen muß jedesmal für den Einzelfall überprüft und festgelegt werden. (AGW 1993, S. 9)

Ziel einer Bodenuntersuchung ist es in der Regel, den Boden in Abhängigkeit von der Nutzung zu bewerten. Die Analytik ist ein **Mittel zu diesem Zweck**. Sie ist wesentlich, um richtige Entscheidungen treffen zu können. Die Analytik allein führt jedoch in einem komplexen Fall nicht zu dem gewünschten Ergebnis. Historische Recherchen und die Festlegung von Bewertungskriterien sind mindestens genauso wichtig.

**Prinzipieller Ablauf der Analytik**  In Abb. 2.1 gibt es drei Kästchen, hinter denen sich die Bodenanalytik verbirgt: die **analytische Voruntersuchung**, die **analytische Detailuntersuchung** und die **analytische Erfolgskontrolle**. Den möglichen Inhalt jedes einzelnen dieser drei Kästchen stellt Abb. 2.2 genauer dar. Auch hierzu ist anzumerken, daß es in der Bodenanalytik kein starres Vorgehen geben darf. Je nach den Eigenheiten des Falles, dem Stand der Untersuchungen und der Fragestellung werden einzelne Schritte weggelassen bzw. mehr oder weniger stark modifiziert.

**Ablauf im Buch**  Für dieses Buch haben wir aus der Gesamtheit der in Abb. 2.2 angegebenen Versuche einige[6] ausgewählt und in der Abb. 2.2 mit einem **✗** gekennzeichnet. Auf diese Versuche gehen wir genauer ein und beschreiben deren Durchführung sowie die ihnen zugrundeliegende Theorie. Damit Sie nicht den Gesamtzusammenhang aus den Augen verlieren, enthält Abb. 2.3 ein Fließschema, das die Abfolge der einzelnen Versuche darstellt.

**Fragen**  1. Welches Vorgehen ist bei der Bearbeitung potentieller Altlasten immer und grundsätzlich anwendbar?

2. Welchen Stellenwert hat die Analytik bei der Altlastensanierung?

---

[5]  "Altlasten" sind hier kontaminierte Standorte, deren Schadstoffe Mensch oder Umwelt gefährden können. Es kann sich dabei um Standorte von Anlagen oder Altanlagen, Ablagerungsplätze oder Unfallorte handeln.

[6]  Warum wir gerade diese Versuche ausgewählt haben, können Sie in Kap. 1.1 nachlesen.

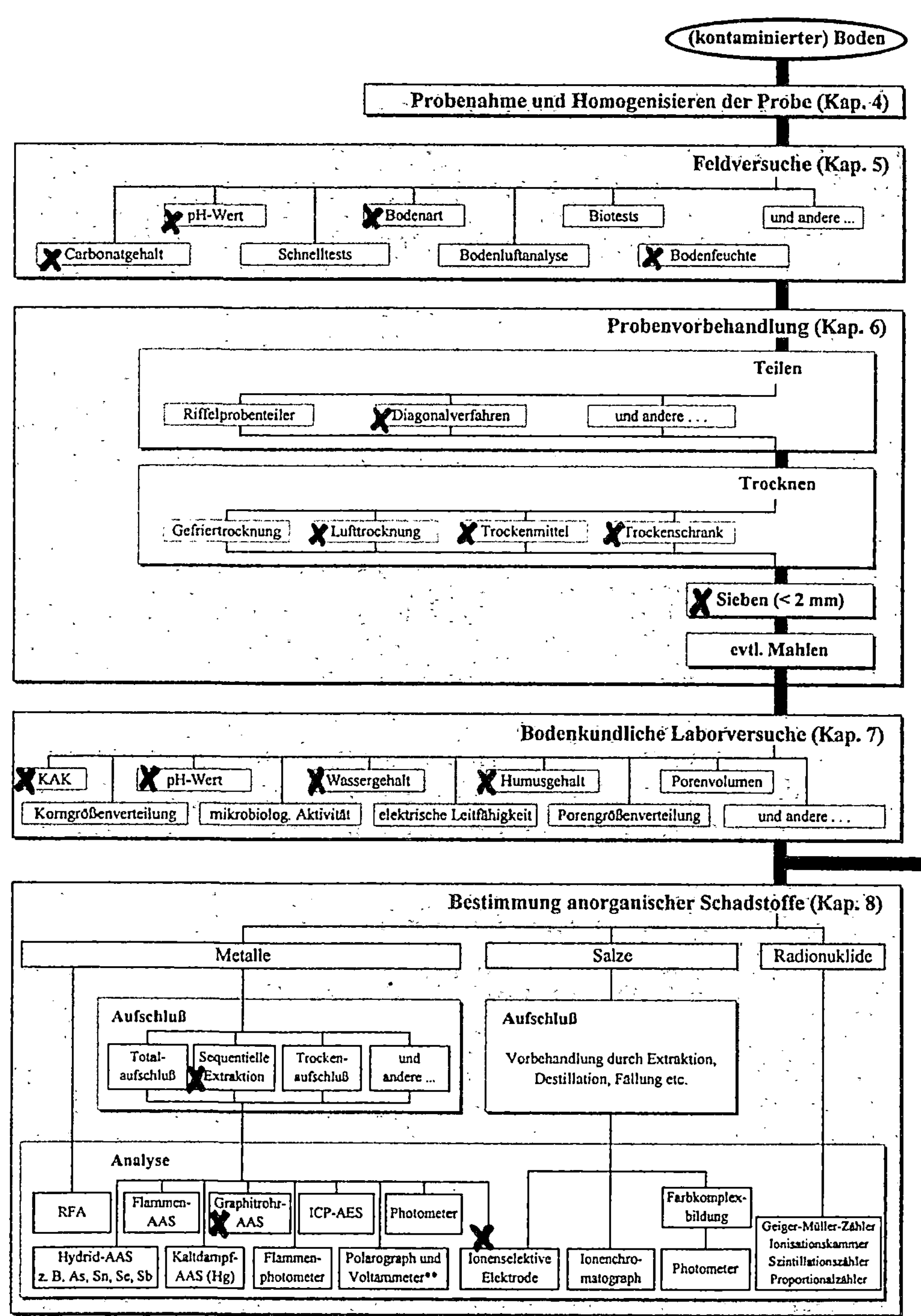


**Abb. 2.2** Fließschema für analytische Bodenuntersuchungen (nach AbfKlärV 1992, Hein 1992 und Hein 1994)

**Legende:**

| | |
|---|---|
| AAS: | Atomabsorptionsspektrometer |
| Aliph. KW: | Aliphatische Kohlenwasserstoffe |
| Arom. KW: | Aromatische Kohlenwasserstoffe |
| BTX: | Benzol, Toluol, Xylol |
| GC-ECD: | Gaschromatograph mit Elektroneneinfang-Detektor |
| GC-FID: | Gaschromatograph mit Flammenionisations-Detektor |
| GC-MS: | Gaschromatograph mit Massenspektrometer als Detektor |
| HKW: | halogenierte Kohlenwasserstoffe |
| HPLC-UV: | Hochdruckflüssigkeitschromatograph mit Ultraviolett-Detektor |
| ICP-AES: | Atomemissionsspektrometer mit Plasmaanregung |
| KAK: | Kationenaustauschkapazität |
| MKW: | Mineralölkohlenwasserstoffe |
| PAK: | Polyzyklische aromatische Kohlenwasserstoffe |
| PCB: | Polychlorierte Biphenyle |
| RFA: | Röntgenfloureszenz-Analyse |
| **✗**: | Versuche, deren Durchführung im Buch beschrieben wird |

*  Am einfachsten lassen sich aliphatische Kohlenwasserstoffe mit einem IR-Spektrometer analysieren. Dabei werden deren C-H Bindungen zu Schwingungen angeregt und diese Schwingungen für die Analyse genutzt. Dies bedeutet aber, daß für die IR-Spektrometrie nur C-H-freie Extraktionsmittel benutzt werden können. Dementsprechend werden bevorzugt chlorierte Kohlenwasserstoffe für die Extraktion verwendet. Die DIN 38 409 Teil 18 schreibt eine Extraktion mit Frigen (Trichlorfluormethan) vor. Die Produktion von Frigen ist mittlerweile wegen seines Treibhauspotentials verboten. Auch Tetrachlormethan ($CCl_4$) wird als Extraktionsmittel verwendet. Es steht allerdings im Verdacht, karzinogen zu sein (Koch 1991, S. 386). Außerdem fällt es ebenfalls unter die FCKW-Halon-Verbots-Verordnung. Wegen der vielen Probleme mit chlorierten Kohlenwasserstoffen haben wir in unserem Schema versucht, auf chlorfreie Extraktionsmittel auszuweichen. Aliphatische Kohlenwasserstoffe können problemlos mit Hexan (vermutlich allerdings auch karzinogen), Cyclohexan oder Pentan extrahiert werden. Allerdings ist in diesem Fall die Verwendung eines IR-Spektrometers ausgeschlossen. Die Analyse muß dann mit einem GC-FID vorgenommen werden und wird aufwendiger. (Steiof 1995)

**  Nachdem wir uns mit mehreren KorrekturleserInnen über die Schreibweise von Voltammetrie gestritten hatten, mußten wir feststellen, daß es zwei verschiedene gibt:
Voltameter (hier nicht gemeint): ein elektrochemisches Analysengerät zum Verfolgen von Titrationsvorgängen.
Voltammeter (kommt von <u>Volt</u>- und <u>Amperometer</u>): Gerät zur Elektroanalyse von Ionenlösungen für Konzentrationen im Spurenbereich (Brockhaus 1989, Bd. 5, S. 220).

(nach AbfKlärV 1992, Hein 1992 und Hein 1994)

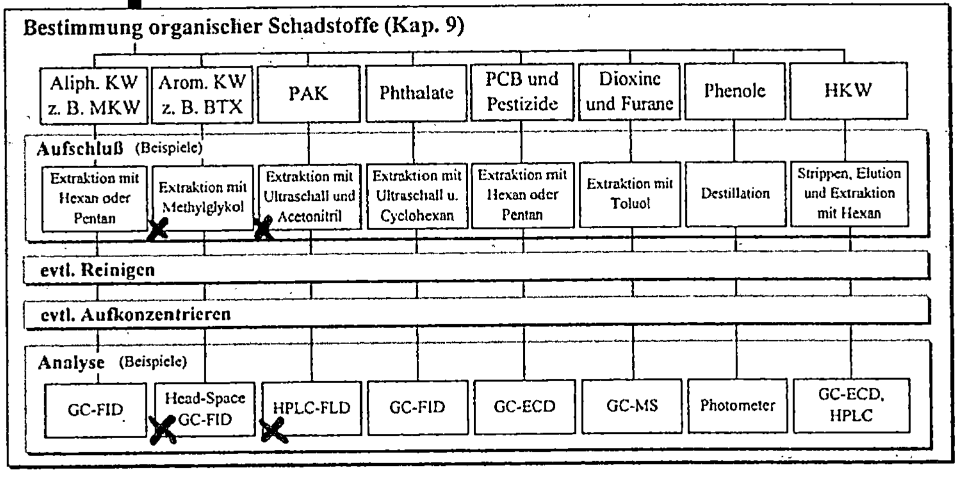

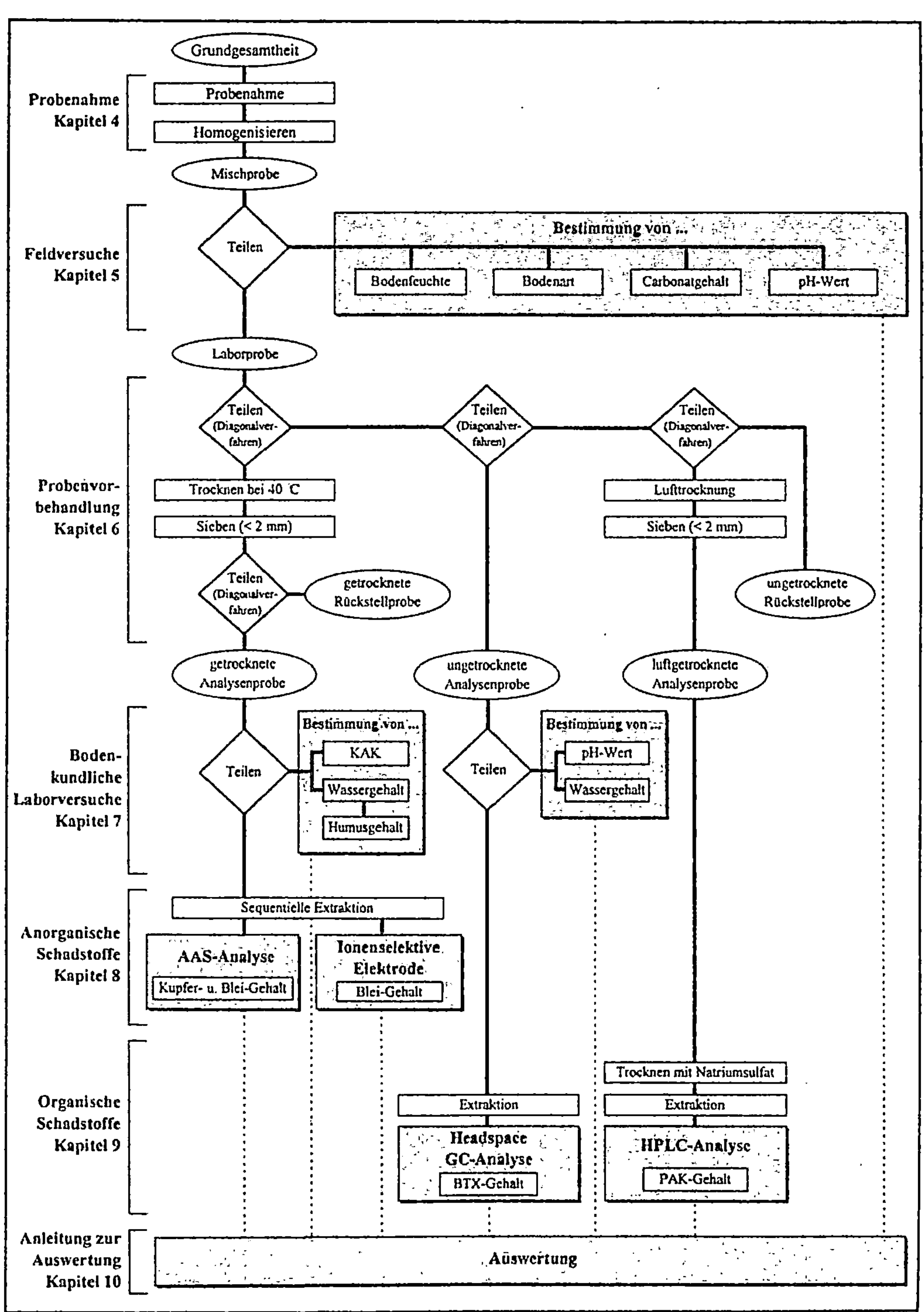


**Abb. 2.3** Fließschema zur Abfolge der in diesem Buch beschriebenen Versuche

# 3 Arbeiten im Labor

**Gefahrstoff-**
**verordnung**

Nach § 20 der Gefahrstoffverordnung (GefStoffV) müssen alle Personen, die eine Tätigkeit in chemischen Laboratorien aufnehmen, zuvor über Gefahren und Schutzmaßnahmen beim Umgang mit gefährlichen Stoffen informiert werden. Diese **Sicherheitsunterweisung** muß mündlich <u>und</u> schriftlich erfolgen. Als Gedächtnisstütze nennen wir im Folgenden stichwortartig die wichtigsten Regeln:

**Verhalten**
**im Labor**

- Stets einen langärmeligen Baumwollkittel[1] anziehen;
- lange Hose und geschlossene Schuhe tragen;
- Schutzbrille aufsetzen;
- in den Laborräumen nicht essen, trinken oder rauchen;
- Hände nach der Arbeit gründlich waschen, auch wenn Sie nur eine kleine Pause einlegen;
- ... und wenn doch etwas passiert: Erste Hilfe leisten und NotärztIn rufen.

**Umgang mit**
**Chemikalien**

- Sauber arbeiten; Verunreinigungen des Arbeitsplatzes sofort beseitigen;
- unbedingt den Kontakt von Chemikalien mit Haut, Augen und Schleimhäuten vermeiden; ggf. Handschuhe tragen[2]; ggf. Schutzcreme verwenden[3];
- Flaschen, die mit Chemikalien, insbesondere mit gefährlichen wie z. B. Säuren, gefüllt sind, in Eimern transportieren;

---

[1] Kittel nie in Büros oder Aufenthaltsräume mitnehmen und nicht zusammen mit anderen Gegenständen in einer Tasche aufbewahren. Verwenden Sie einen Plastikbeutel!

[2] Handschuhe sollen Sie vor dem Kontakt mit Chemikalien schützen. Beachten Sie aber unbedingt, daß Sie mit kontaminierten Handschuhen keine Gegenstände berühren, die andere Leute ohne Handschuhe anfassen könnten. Treffen Sie deshalb in Ihrem Labor beispielsweise Absprachen darüber, welche Knöpfe an den Geräten mit und welche ohne Handschuhe bedient werden.
Säurehandschuhe müssen Sie vor dem Ausziehen gründlich von außen abspülen. Kontaminierte Einweghandschuhe beim Ausziehen auf links ziehen und wie lösungsmittelhaltige Feststoffe entsorgen.

[3] Handcremes sind eine zusätzliche Vorsichtsmaßnahme: Hautschutzcremes auf Wasserbasis verringern die Aufnahme fettlöslicher Schadstoffe durch die Haut, Hautschutzcremes auf Fettbasis schützen Sie vor wasserlöslichen Schadstoffen.

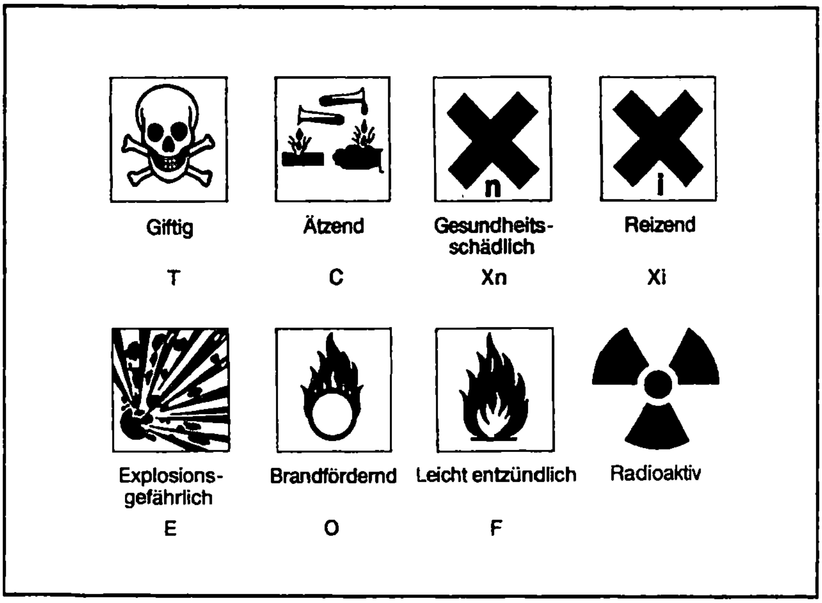

**Abb. 3.1.** Gefahrensymbole und Gefahrenbezeichnungen (nach GefStoffV Anhang I Nr. 1.2)

- Reagenzien nicht in Vorratsflaschen zurückschütten;
- konzentrierte Säuren unter ständigem Rühren langsam ins Wasser gießen, nicht umgekehrt[4];
- Gefahrensymbole und Gefahrenbezeichnungen (s. Abb. 3.1) sowie R- und S-Sätze (s. Exkurs R- und S-Sätze) auf den Chemikalienverpackungen beachten.

**Abfallbeseitigung**
- Lösemittelabfälle in den bereitgestellten Lösemittelabfallbehälter kippen;
- Barium-, Kupfer-, Blei- und $H_2O_2$-Abfälle in die entsprechenden Abfallbehälter füllen;
- Säureabfälle in den Säureabfallbehälter schütten;
- Glasbruch und Glasabfälle[5] in den Glasabfallbehälter legen;
- brennbare und giftige Abfälle nur unter dem Abzug umfüllen.

**Spülen und**
**Aufräumen**
- Alle benutzten Geräte nach Gebrauch gründlich reinigen[6];
- den Arbeitsplatz sauber hinterlassen.

---

[4] Eselsbrücke: Erst das Wasser, dann die Säure, sonst passiert das Ungeheure.

[5] Z. B. gebrauchte Pasteurpipetten. Allerdings nur unkontaminiertes Glas, z. B. keine Lösemittelflaschen, die noch Reste enthalten, und keine PAK-kontaminierte Trichter.

[6] Wer ißt schon gern von dreckigem Geschirr?! — Wehe Ihnen, wenn Sie im Labor essen ...

**Exkurs** *R- und S-Sätze*

*Die R-Sätze enthalten Hinweise auf besondere Gefahren. Die S-Sätze geben **Sicherheitsratschläge** für den Umgang mit Chemikalien. Die R- und S-Sätze sind jeweils durchnumeriert. Sie werden auf den Chemikalienverpackungen und in den Sicherheitsdatenblättern angegeben (z. B. R 26 oder S 14). Dies hat den Vorteil, daß die Hinweise und Ratschläge nicht immer ausgeschrieben werden müssen[7]. Die im Folgenden abgedruckten R- und S-Sätze sollten in jedem Labor aushängen.*

**R-Sätze**

| | | |
|---|---|---|
| R 1 | *In trockenem Zustand explosionsgefährlich.* | |
| R 2 | *Durch Schlag, Reibung, Feuer oder andere Zündquellen explosionsgefährlich.* | |
| R 3 | *Durch Schlag, Reibung, Feuer oder andere Zündquellen besonders explosionsgefährlich.* | |
| R 4 | *Bildet hochempfindliche explosionsgefährliche Metallverbindung.* | |
| R 5 | *Beim Erwärmen explosionsfähig.* | |
| R 6 | *Mit und ohne Luft explosionsfähig.* | |
| R 7 | *Kann Brand verursachen.* | |
| R 8 | *Feuergefahr bei Berührung mit brennbaren Stoffen.* | |
| R 9 | *Explosionsgefahr bei Mischung mit brennbaren Stoffen.* | |
| R 10 | *Entzündlich.* | |
| R 11 | *Leichtentzündlich.* | |
| R 12 | *Hochentzündlich.* | |
| R 13 | *Hochentzündliches Flüssiggas.* | |
| R 14 | *Reagiert heftig mit Wasser.* | |
| R 15 | *Reagiert mit Wasser unter Bildung leicht entzündlicher Gase.* | |
| R 16 | *Explosionsgefährlich in Mischung mit brandfördernden Stoffen.* | |
| R 17 | *Selbstentzündlich an der Luft.* | |
| R 18 | *Bei Gebrauch Bildung explosionsfähiger/leichtentzündlicher Dampf-Luftgemische möglich.* | |
| R 19 | *Kann explosionsfähige Peroxide bilden.* | |
| R 20 | *Gesundheitsschädlich beim Einatmen.* | |
| R 21 | *Gesundheitsschädlich bei Berührung mit der Haut.* | |
| R 22 | *Gesundheitsschädlich beim Verschlucken.* | |

| | |
|---|---|
| R 23 | *Giftig beim Einatmen.* |
| R 24 | *Giftig bei Berührung mit der Haut.* |
| R 25 | *Giftig beim Verschlucken.* |
| R 26 | *Sehr giftig beim Einatmen.* |
| R 27 | *Sehr giftig bei Berührung mit der Haut.* |
| R 28 | *Sehr giftig beim Verschlucken.* |
| R 29 | *Entwickelt bei Berührung mit Wasser giftige Gase.* |
| R 30 | *Kann bei Gebrauch leicht entzündlich werden.* |
| R 31 | *Entwickelt bei Berührung mit Säure giftige Gase.* |
| R 32 | *Entwickelt bei Berührung mit Säure sehr giftige Gase.* |
| R 33 | *Gefahr kumulativer Wirkungen.* |
| R 34 | *Verursacht Verätzungen.* |
| R 35 | *Verursacht schwere Verätzungen.* |
| R 36 | *Reizt die Augen.* |
| R 37 | *Reizt die Atmungsorgane.* |
| R 38 | *Reizt die Haut.* |
| R 39 | *Ernste Gefahr irreversiblen Schadens.* |
| R 40 | *Irreversibler Schaden möglich.* |
| R 41 | *Gefahr ernster Augenschäden.* |
| R 42 | *Sensibilisierung durch Einatmung möglich.* |
| R 43 | *Sensibilisierung durch Hautkontakt möglich.* |
| R 44 | *Explosionsgefahr bei Erhitzen unter Einschluß.* |
| R 45 | *Kann Krebs erzeugen.* |
| R 46 | *Kann vererbbare Schäden verursachen.* |
| R 47 | *Kann Mißbildungen verursachen.* |
| R 48 | *Gefahr ernster Gesundheitsschäden bei längerer Exposition.* |

**Kombinierte R-Sätze**

| | | |
|---|---|---|
| R 14/15 | *Reagiert heftig mit Wasser unter Bildung leicht entzündlicher Gase.* |
| R 15/29 | *Reagiert mit Wasser unter Bildung giftiger und leicht entzündlicher Gase.* |
| R 20/21 | *Gesundheitsschädlich beim Einatmen und bei Berührung mit der Haut.* |

---

[7] *... und den Nachteil, daß ohne Liste keineR weiß, wofür die jeweilige Abkürzung steht.*

*R 21/22*    *Gesundheitsschädlich bei Berührung mit der Haut und beim Verschlucken.*

*R 20/22*    *Gesundheitsschädlich beim Einatmen und Verschlucken.*

*R 20/21/22*  *Gesundheitsschädlich beim Einatmen, Verschlucken und Berührung mit der Haut.*

*R 23/24*    *Giftig beim Einatmen und bei Berührung mit der Haut.*

*R 24/25*    *Giftig bei Berührung mit der Haut und beim Verschlucken.*

*R 23/25*    *Giftig beim Einatmen und Verschlucken.*

*R 23/24/25*  *Giftig beim Einatmen, Verschlucken und Berührung mit der Haut.*

*R 26/27*    *Sehr giftig beim Einatmen und bei Berührung mit der Haut.*

*R 27/28*    *Sehr giftig bei Berührung mit der Haut und beim Verschlucken.*

*R 26/28*    *Sehr giftig beim Einatmen und Verschlucken.*

*R 26/27/28*  *Sehr giftig beim Einatmen, Verschlucken und Berührung mit der Haut.*

*R 36/37*    *Reizt die Augen und die Atmungsorgane.*

*R 37/38*    *Reizt die Atmungsorgane und die Haut.*

*R 36/38*    *Reizt die Augen und die Haut.*

*R 36/37/38*  *Reizt die Augen, Atmungsorgane und die Haut.*

*R 42/43*    *Sensibilisierung durch Einatmen und Hautkontakt möglich.*

**S- Sätze**

*S 1*   *Unter Verschluß aufbewahren.*

*S 2*   *Darf nicht in die Hände von Kindern gelangen.*

*S 3*   *Kühl aufbewahren.*

*S 4*   *Von Wohnplätzen fernhalten.*

*S 5*   *Unter .... aufbewahren (geeignete Flüssigkeit vom Hersteller anzugeben).*

*S 6*   *Unter .... aufbewahren (inertes Gas vom Hersteller anzugeben).*

*S 7*   *Behälter dicht geschlossen halten.*

*S 8*   *Behälter trocken halten.*

*S 9*   *Behälter an einem gut gelüfteten Ort aufbewahren.*

*S 12*  *Behälter nicht gasdicht verschließen.*

*S 13*  *Von Nahrungsmitteln, Getränken und Futtermitteln fernhalten.*

*S 14*  *Von .... fernhalten (inkompatible Substanzen vom Hersteller anzugeben).*

*S 15*  *Vor Hitze schützen.*

*S 16*  *Von Zündquellen fernhalten - nicht rauchen.*

*S 17*  *Von brennbaren Stoffen fernhalten.*

*S 18*  *Behälter mit Vorsicht öffnen und handhaben.*

*S 20*  *Bei der Arbeit nicht essen und trinken.*

*S 21*  *Bei der Arbeit nicht rauchen.*

*S 22*  *Staub nicht einatmen.*

*S 23*  *Gas/Rauch/Dampf/Aerosol nicht einatmen (geeignete Bezeichnung[en] vom Hersteller anzugeben.*

*S 24*  *Berührung mit der Haut vermeiden.*

*S 25*  *Berührung mit den Augen vermeiden.*

*S 26*  *Bei Berührung mit den Augen gründlich mit Wasser abspülen und Arzt konsultieren.*

*S 27*  *Beschmutzte, getränkte Kleidung sofort ausziehen.*

*S 28*  *Bei Berührung mit der Haut sofort abwaschen mit viel ... (vom Hersteller anzugeben).*

*S 29*  *Nicht in die Kanalisation gelangen lassen.*

*S 30*  *Niemals Wasser hinzugießen.*

*S 33*  *Maßnahmen gegen elektrostatische Aufladungen treffen.*

*S 34*  *Schlag und Reibung vermeiden.*

*S 35*  *Abfälle und Behälter müssen in gesicherter Weise beseitigt werden.*

*S 36*  *Bei der Arbeit geeignete Schutzkleidung tragen.*

*S 37*  *Geeignete Schutzhandschuhe tragen.*

*S 38*  *Bei unzureichender Belüftung Atemschutzgerät anlegen.*

*S 39*  *Schutzbrille/Gesichtsschutz tragen.*

*S 40*  *Fußboden und verunreinigte Gegenstände mit ... reinigen (vom Hersteller anzugeben).*

*S 41*  *Explosions- und Brandgase nicht einatmen.*

*S 42*  *Beim Räuchern/Versprühen geeignetes Atemschutzgerät anlegen (geeignete Bezeichnung[en] vom Hersteller anzuge-*

*ben).*

*S 43    Zum Löschen ... (vom Hersteller anzugeben) verwenden (wenn Wasser die Gefahr erhöht, anfügen: Kein Wasser verwenden).*

*S 44    Bei Unwohlsein ärztlichen Rat einholen (wenn möglich, dieses Etikett vorzeigen).*

*S 45    Bei Unfall oder Unwohlsein sofort Arzt zuziehen (wenn möglich, dieses Etikett vorzeigen).*

*S 46    Bei Verschlucken sofort ärztlichen Rat einholen und Verpackung oder Etikett vorzeigen.*

*S 47    Nicht bei Temperatur über ... °C aufbewahren (vom Hersteller anzugeben).*

*S 48    Feucht halten mit ... (geeignetes Mittel vom Hersteller anzugeben).*

*S 49    Nur im Originalbehälter aufbewahren.*

*S 50    Nicht mischen mit ... (vom Hersteller anzugeben).*

*S 51    Nur in gut gelüfteten Bereichen verwenden.*

*S 52    Nicht großflächig für Wohn- und Aufenthaltsräume zu verwenden.*

*S 53    Exposition vermeiden - vor Gebrauch besondere Anweisungen einholen.*

**Kombinierte S-Sätze**

*S 1/2    Unter Verschluß aufbewahren und für Kindern unzugänglich aufbewahren.*

*S 3/7/9    Behälter dicht geschlossen halten und an einem kühlen, gut gelüfteten Ort aufbewahren.*

*S 3/9    Behälter an einem kühlen, gut gelüfteten Ort aufbewahren.*

*S 3/14    An einem kühlen Ort, entfernt von ... aufbewahren (die Stoffe, mit denen Kontakt vermieden werden muß, sind vom Hersteller anzugeben).*

*S 3/9/14    An einem kühlen, gut gelüfteten Ort, entfernt von ... aufbewahren (die Stoffe, mit denen Kontakt vermieden werden muß, sind vom Hersteller anzugeben).*

*S 3/9/49    Nur im Originalbehälter an einem kühlen, gut gelüfteten Ort aufbewahren.*

*S3/9/14/49    Nur im Originalbehälter an einem kühlen, gut gelüfteten Ort, entfernt von ... aufbewahren (die Stoffe, mit denen Kontakt vermieden werden muß, sind vom Hersteller anzugeben).*

*S 7/8    Behälter trocken und dicht geschlossen halten.*

*S 7/9    Behälter dicht geschlossen an einem gut gelüfteten Ort aufbewahren.*

*S 20/21    Bei der Arbeit nicht essen, trinken, rauchen.*

*S 24/25    Berührung mit den Augen und der Haut vermeiden.*

*S 36/37    Bei der Arbeit geeignete Schutzhandschuhe und Schutzkleidung tragen.*

*S 36/39    Bei der Arbeit geeignete Schutzkleidung und Schutzbrille/Gesichtsschutz tragen.*

*S 37/39    Bei der Arbeit geeignete Schutzhandschuhe und Schutzbrille/Gesichtsschutz tragen.*

*S 36/37/39    Bei der Arbeit geeignete Schutzkleidung, Schutzhandschuhe und Schutzbrille/Gesichtsschutz tragen.*

*S 47/49    Nur im Originalbehälter bei einer Temperatur von nicht über ... °C (vom Hersteller anzugeben) aufbewahren.*

**Fragen**    1. Überlegen Sie sich für jeden der oben genannten Arbeitshinweise ( ■ ...) mindestens einen Grund!

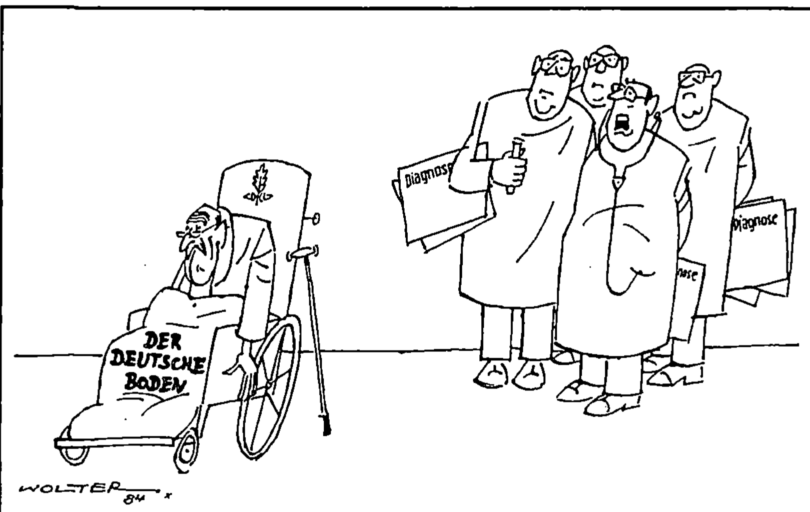


"Jetzt nur keinen hektischen Aktionismus! Die Obduktion wird schon zeigen, woran es gelegen hat!"

(Aus: Offene Schule Waldau Kassel (Hrsg.): Der Wald ist selber schuld : Neues aus der Schwarzwald-klinik. 6. überarb. Aufl., Eigenverlag, 1995, S. 57)

# 4 Probenahme

**Problemstellung** Möglicherweise werden Sie eines Tages vor dem Problem stehen, eine Fläche auf ihren Schadstoffgehalt hin untersuchen und ihr Gefahrenpotential abschätzen zu müssen. Die zu untersuchende Fläche wird auch **Grundgesamtheit**[1] genannt. Genaugenommen wird natürlich nicht die Fläche, sondern der Bodenkörper untersucht. Oft interessiert auch gar nicht die Verteilung der Schadstoffe in der Fläche, sondern ihre Ausbreitung in der Tiefe.

Selbstverständlich ist es nicht möglich, eine vollständige Analyse des gesamten Materials der Grundgesamtheit durchzuführen. Daher muß versucht werden, eine für die Grundgesamtheit **repräsentative Probe** zu ziehen. Anhand der Analysenergebnisse dieser repräsentativen Probe können dann Aussagen über die Grundgesamtheit getroffen werden.

**Stellenwert der Probenahme** Vielleicht denken Sie, die Probenahme ist im Vergleich zur nachfolgenden aufwendigen Analyse nur eine Nebensache. Weit gefehlt! Dieser Arbeitsschritt ist wichtiger als man im ersten Augenblick vermutet.

> *Die chemische Analyse kann nicht besser sein als die ihr zugrunde liegende Probe. KeinE AnalytikerIn kann die Fehler korrigieren, die bei der Probenahme durch mangelnde Sorgfalt oder fehlende Sachkenntnis entstanden sind. Probenahmefehler setzen sich über die ganze Analyse fort. Der hohe apparative Aufwand der Spurenanalytik gaukelt dann nur noch eine nicht vorhandene Genauigkeit vor.* (Heinrichs 1990, S. 65)
>
> *"Der Mangel an mathematischer Bildung gibt sich durch nichts so auffallend zu erkennen wie durch maßlose Schärfe im Zahlenrechnen."* (C. F. Gauss)

---

[1] StatistikerInnen verstehen unter der Grundgesamtheit die statistische Untersuchungseinheit, über die eine Aussage getroffen werden soll, also z. B. einen gesamten Bodenkörper, ein ganzes Fließgewässer oder eine komplette Deponie.

Die Analysenergebnisse werden oft als Grundlage für weitreichende Schlußfolgerungen und Maßnahmen herangezogen. Wenn die stichpunktartigen Bodenproben das zu untersuchende Problem nicht repräsentativ widerspiegeln, kann dies zu verfehlten **Schlußfolgerungen** und Maßnahmen führen. Auf diese Weise kann es beispielsweise zu einer Verharmlosung der tatsächlichen Situation kommen. (Heinrichs 1990, S. 65)

**Fehlerquellen**    Drei grundsätzliche und nicht mehr zu korrigierende Probenahmefehler sind denkbar:

- Die Analysenprobe wird aus der Grundgesamtheit **nicht repräsentativ** entnommen.
- Die Probe wird **durch Fremdmaterial kontaminiert.** (Heinrichs 1990, S. 65)
- Es kommt zu **Stoffverlusten**, z. B. durch Verdampfen leichtflüchtiger Verbindungen.

Deshalb empfehlen wir Ihnen dringend, vor der Durchführung der Probenahme das Kap. 10.1 "Kontaminationen in der Spurenanalytik" zu lesen.

**Definitionen**    Die zu untersuchende Fläche wird **Grundgesamtheit** genannt. Unter einer **Einzelprobe** wird das Material verstanden, welches der Grundgesamtheit in einem einzigen Probenahmevorgang entnommen wird. Einzelproben sind nicht repräsentativ für die Grundgesamtheit. Eine **repräsentative Mischprobe** erhält man durch Vereinigen mehrerer Einzelproben. Die Gewinnung einer solchen Mischprobe aus der Grundgesamtheit stellt die **Probenahme** dar[2]. (Heinrichs 1990, S. 66)

## 4.1 Planung einer repräsentativen Probenahme

> *Die Planung der Bodenprobenahme ist stark vom jeweiligen Einzelfall abhängig und richtet sich in erster Linie nach dem Ziel der Bodenuntersuchung. Der internationale Normenausschuß zur Bodenprobenahme ist "sich darüber einig, daß es ein starres Vorgehen für die Bodenprobenahme nicht geben darf."* (Paetz 1990, S. 7)

Sie müssen folgende Größen festlegen, wenn Sie eine repräsentative Probenahme für einen konkreten Fall planen:

---

[2] Strenggenommen beinhaltet die Probenahme auch die Probenvorbehandlung (s. Kap. 6).

- Zeitpunkt der Probenahme[3],
- Probenahmetiefe,
- Anzahl der Einzelproben und Anzahl der Mischproben,
- Größe der Probenahmefläche,
- Anordnung der Probenahmepunkte[4] und
- Art der Probenahmegefäße und -werkzeuge.

Zwei Ziele sind bei der Festlegung dieser Größen zu beachten:
- die Repräsentativität der Bodenprobe für die Grundgesamtheit und
- die Minimierung der Probenanzahl und damit des Zeitaufwandes.

Es gibt für die verschiedenen Fälle keine Patentrezepte. Das Abwägen der beiden Ziele führt dazu, daß jede AutorIn andere Strategien vorschlägt.[5]

**Aufgabe**

Anhand von Beispielen wollen wir einige Strategien zur Bodenprobenahme vorstellen. Auf dieser und der nächsten Seite sind Fallbeispiele beschrieben. Überlegen Sie sich selbst jeweils eine sinnvolle Strategie zur Probenahme. Die Lösungen finden Sie auf der übernächsten und den darauffolgenden Seiten.

**Fallbeispiel 1**

Herr Maier[6] sorgt sich um seinen Sohn Florian. Beim Spielen im **Sandkasten** hat er etwas Sand verschluckt. Am Abend hat er starke Kopfschmerzen, und sein ganzer Körper ist bleich. Die Hausärztin diagnostiziert eine akute Bleiintoxikation. Der aufgeregte Vater beschwert sich beim Bezirksamt. Der Spielplatz wird unverzüglich gesperrt und eine Sanduntersuchung veranlaßt.

Feld zum Einzeichnen des Probenahmeplanes
(O: Probenahmepunkt für Einzelprobe
●: Probenahmestelle für Mischprobe)

---

[3] Beispiel: Bei landwirtschaftlichen Flächen ist der Zeitraum nach der Ernte und vor der nächsten Klärschlammaufbringung zu wählen (AbfKlärV 1992, S. 927). Um die zeitliche Entwicklung von Schadstoffgehalten zu ermitteln, ist die Probenahme mehrfach zu wiederholen.

[4] Der **Probenahmepunkt** ist der Punkt, an der eine Einzelprobe entnommen wird (VwV Bodenproben 1993, S. 1017). Im Gegensatz dazu verstehen wir unter **Probenahmestelle** eine Stelle, an der mehrere Einzelproben gezogen werden, und aus denen eine Mischprobe erstellt wird.

[5] Beim Lesen verschiedener Literatur sind wir immer wieder auf andere Angaben für die Probenahmetiefe, die Anzahl der Proben und die Größe der Probenahmefläche gestoßen. Jede AutorIn stellt ihre Methode dar, als ob es keine andere Möglichkeit gäbe und überhaupt nicht daran zu rütteln wäre ...

[6] Jörg meint, das sei nicht der Herr Maier mit "ai", sondern der Herr Meier mit "ei" gewesen.

**Fallbeispiel 2**

Bauer Huber will seinen **Feldern** etwas Gutes tun. Er möchte wertvollen Klärschlamm ausbringen. Die Klärschlammverordnung schreibt ihm vor, den Boden vorher auf Schwermetalle zu untersuchen.

Feld zum Einzeichnen des Probenahmeplanes
(O: Probenahmepunkt für Einzelprobe
●: Probenahmestelle für Mischprobe
ℰ: Emittent)

**Fallbeispiel 3**

In Hinterdupfing steht seit sieben Jahren eine **Müllverbrennungsanlage.** Familie Besserwisser behauptet, daß MVAs giftige Substanzen emittieren. Seit zwei Jahren wächst das Gemüse in ihrem Garten nicht mehr richtig. Gemeinsam mit der örtlichen BürgerInneninitiative geben sie eine Studie in Auftrag, die klären soll, inwieweit die MVA zur Belastung der Böden beiträgt.

Feld zum Einzeichnen des Probenahmeplanes
(O: Probenahmepunkt für Einzelprobe
●: Probenahmestelle für Mischprobe
ℰ: Emittent)

**Fallbeispiel 4**

Böden im Randbereich von **Verkehrswegen** sind mit organischen Schadstoffen belastet. Der BUND möchte Zahlen über die Pestizidbelastung entlang von Eisenbahntrassen wissen. Eine Untersuchung des Freiburger Ökoinstitutes soll darüber Aufschluß geben.

Feld zum Einzeichnen des Probenahmeplanes
(O: Probenahmepunkt für Einzelprobe
●: Probenahmestelle für Mischprobe
ℰ: Emittent)

**Fallbeispiel 5**   In der Schweiz gibt es seit Anfang der 90er Jahre ein Programm zur **Überwachung der Böden des ganzen Landes**. Damit sollen langfristige Entwicklungen verfolgt werden, um rechtzeitig vorsorgende Maßnahmen ergreifen zu können und den Erfolg durchgeführter Maßnahmen zu kontrollieren. Dabei interessieren in erster Linie großräumige Schwankungen der Schadstoffkonzentrationen und nicht kleinräumige Variabilitäten. Mit einem Pilotprojekt wurde eine adäquate Probenahmestrategie erarbeitet.

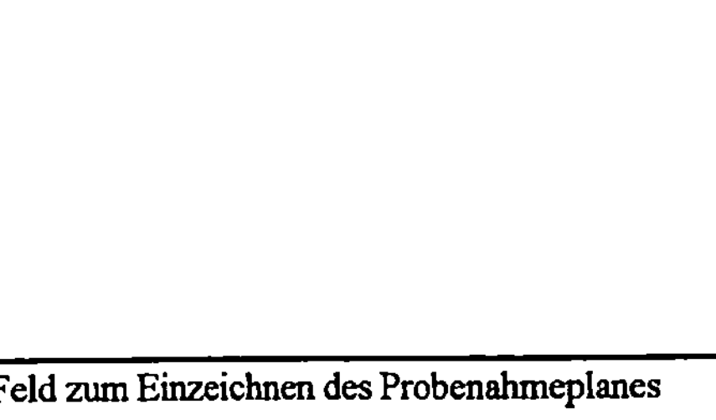

Feld zum Einzeichnen des Probenahmeplanes
(O: Probenahmepunkt für Einzelprobe
●: Probenahmestelle für Mischprobe
ℰ: Emittent)

Überlegen Sie nun für jeden Fall eine **Probenahmestrategie**. Wie würden Sie die Einzelproben auf die Gesamtfläche verteilen, um jeweils ein repräsentatives Ergebnis zu erhalten?

(Von: Klaus Pitter. Aus: Greisenegger, Ingrid ; Katzmann, Univ.-Doz. Dr. Werner ; Pitter, Klaus: Umweltspürnasen : Aktivbuch Boden. © 1989 by Verlag Orac im Verlag Kremayr und Scheriau, Wien, S. 86)

**Fallbeispiel 1:**
**Probenahme im**
**Zufallsverfahren**

Aus Sandkästen wird eine Mischprobe der Sandfüllung bis zum festen Boden entnommen (VwV Bodenproben 1993, S. 1020). Ca. 20 Einstiche werden zufällig im Sandkasten verteilt (s. Abb. 4.1).[7]

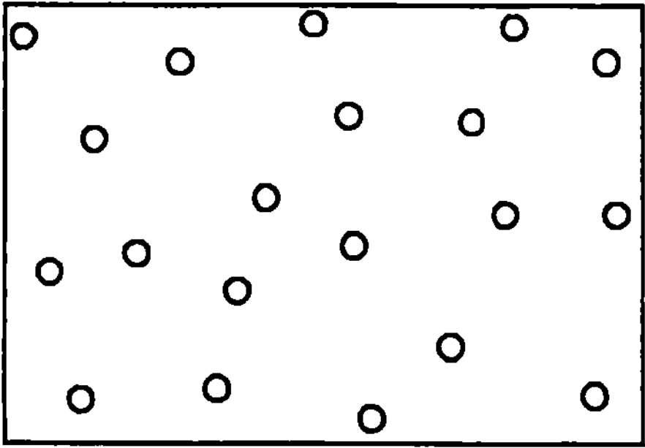

Abb. 4.1. Probenahme im Zufallsverfahren
(○: Probenahmepunkt für Einzelprobe)

**Fallbeispiel 2:**
**Probenahme im**
**unsystemati**
**schen Muster**

In der Landwirtschaft kann von einer **relativ großen Homogenität** des Bodens bezüglich Zusammensetzung und Nutzung ausgegangen werden, d. h. die Variabilität in der Fläche ist gering. Die **Klärschlammverordnung** schreibt für landwirtschaftliche Nutzflächen folgendes vor: Es sind mindestens 20 Einzelproben[8] zu ziehen und zu einer Mischprobe zu vereinigen. Dies gilt für eine Flächengröße bis zu einem Hektar. Bei größeren Flächen muß je Hektar eine Mischprobe

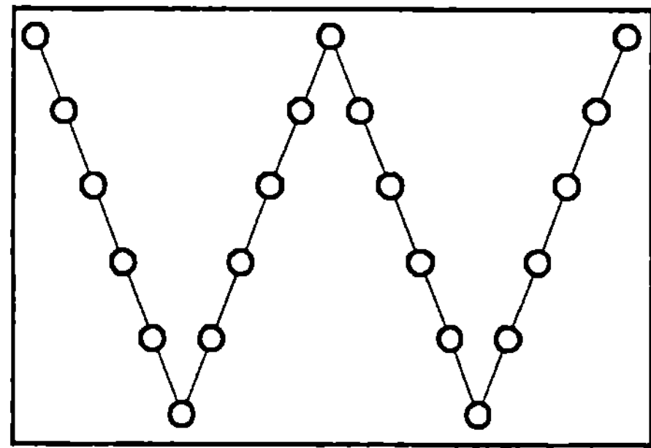

Abb. 4.2. Probenahme im unsystematischen Muster
(○: Probenahmepunkt für Einzelprobe)

erstellt werden. Die einzelnen Einstiche sind gleichmäßig über die Fläche zu verteilen. (AbfKlärV 1992, S. 997) Dafür kann ein unsystematisches Muster, wie in Abb. 4.2 dargestellt, herangezogen werden. Wichtig dabei ist, daß die Einstiche nicht parallel zur Bearbeitungsrichtung erfolgen[9].

**Fallbeispiel 3:**
**Probenahme im**
**kreisförmigen**
**Raster**

Im Umfeld eines Schadstoffemittenten – wie einer MVA – werden kreisförmige Raster angewendet, um Bodenkontaminationen zu erfassen. An jeder **Probenahmestelle**[10] wird eine **repräsentative Mischprobe** aus 10 bis 20 Einzelproben einer Fläche von 3 x 3 m² gewonnen. Im Gegensatz zur Probenahme im unsystematischen Muster wird hier keine Mischprobe aus den in Abb. 4.3 eingezeichneten Probenahmestellen hergestellt. Das kreisförmige Raster kann je nach Bedarf variiert werden. Zum Beispiel kann es sinnvoll sein, in der

---

[7] Dabei bitte nicht die Sandburgen der Kinder zerstören!

[8] Einstich bis zur Bearbeitungstiefe, d. h. ca. 30 cm.

[9] Wenn die Einstiche parallel zur Bearbeitungsrichtung (Fahrtrichtung des Traktors) erfolgen würde, könnte ein systematischer Fehler auftreten. Möglicherweise hat der Bauer bei der Bestellung seines Feldes manche Streifen intensiver und andere weniger intensiv gedüngt oder gespritzt.

[10] Siehe Fußnote 4 in diesem Kapitel.

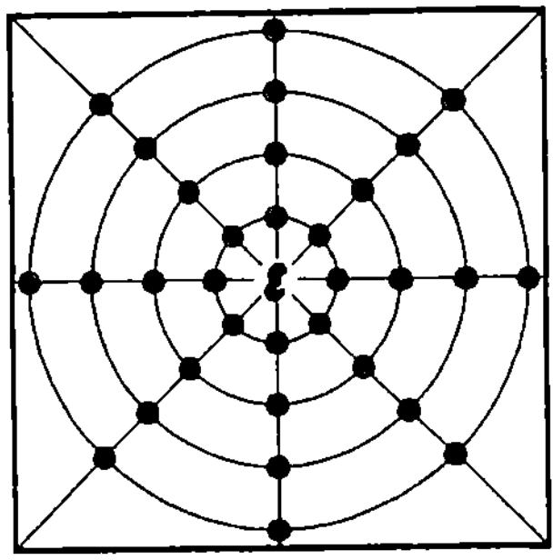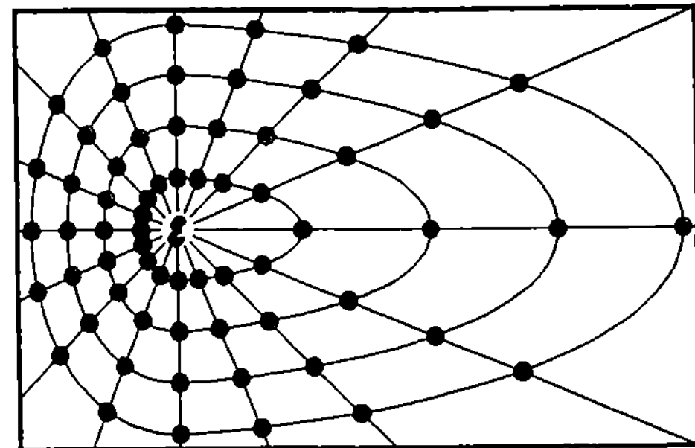

**Abb. 4.3.** Probenahme im kreisförmigen Raster (nach Paetz 1994, S. 5)

(●: Probenahmestelle für Mischprobe; $\ell$: Emittent)

Hauptwindrichtung die Anzahl der Probenahmestellen zu verdichten und/oder das Raster in Windrichtung zu verzerren. (Paetz 1994, S. 5)

**Fallbeispiel 4:**
**Probenahme im**
**Linienmuster**

Wenn der Emittent linienförmig ist (z. B. Verkehrsweg, Pipeline, Leitung), dann muß auch die **Probenahme parallel zu dieser Linie** erfolgen (s. Abb. 4.4). Es gibt grundsätzlich zwei Möglichkeiten der Beprobung: Alle Einzelproben in gleicher Entfernung von der Linienquelle werden zu einer Mischprobe vereinigt. Ebenso ist es möglich, an jeder Probenahmestelle eine Mischprobe[11] zu erstellen und unabhängig von den anderen Stellen zu analysieren.

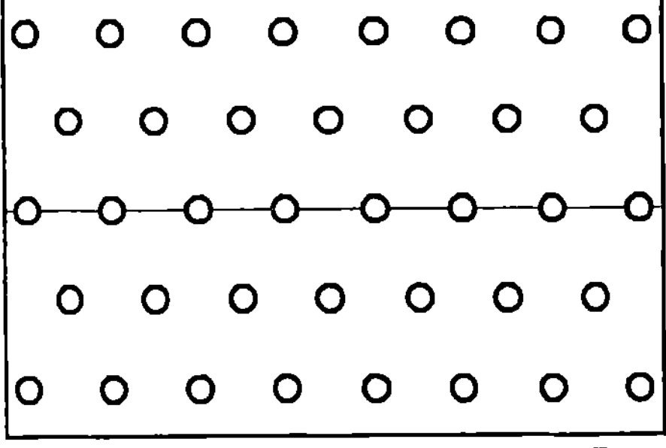

**Abb. 4.4.** Probenahme im Linienmuster (Paetz 1994, S. 6) (○: Probenahmepunkt für Einzelprobe)

**Fallbeispiel 5:**
**Systematische**
**Probenahme**

Um den Bodenzustand einer größeren Region flächendeckend zu erfassen, verwendet man am besten die systematische Probenahme. Wie Abb. 4.5 zeigt, wird dafür ein **Raster[12] über das zu untersuchende Gebiet gelegt**. An jedem Rasterpunkt wird eine Mischprobe aus einer Fläche von $3 \times 3\ m^2$ erstellt. Die vorab festgelegten Probenahmestellen sind im Gelände relativ leicht einzu-

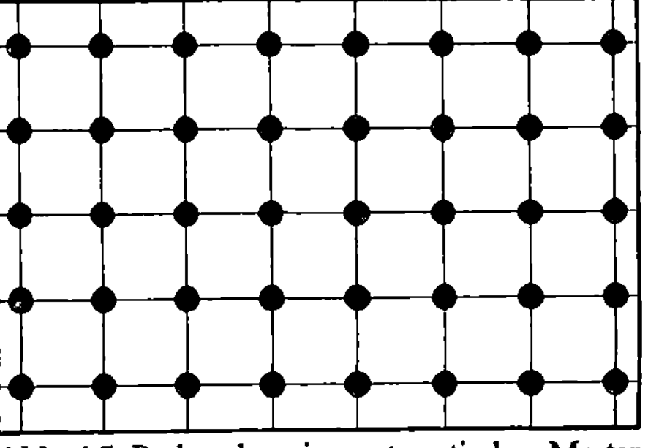

**Abb. 4.5.** Probenahme im systematischen Muster (nach Paetz 1994, S. 7)

(●: Probenahmestelle für Mischprobe)

---

[11] Z. B. aus einer Fläche von $3 \times 3\ m^2$.

[12] Der Rasterabstand liegt bei diesem Beispiel in der Größenordnung von 1 km.

messen. Außerdem ist die Interpolation zwischen den Probenahmestellen leicht durchführbar. Bei mehrfacher Wiederholung ist die Methode geeignet, langfristige und großräumige Veränderungen festzustellen. (Paetz 1994, S. 7)

**Fazit**

Die Beispiele zeigen, daß die Probenahmestrategie von der konkreten Situation abhängt. Von Fall zu Fall ist die Probenahme **individuell** zu gestalten. Die in der Versuchsdurchführung vorgestellte Probenahme ist also keineswegs gedankenlos auf andere Situationen übertragbar.

## *Exkurs Wo? Wieviel? Wie tief?*

**Probenahmetiefe**

*Die Probenahmetiefe ist abhängig von der Nutzung und Beschaffenheit der Fläche (s. Tabelle 4.1). Die Bodenbelastung ist im allgemeinen in den obersten Zentimetern am größten. Deshalb empfiehlt FIEDLER (1993, S. 32) für Ballungsgebiete eine Probenahmetiefe von 0 bis 2 cm oder 0 bis 5 cm. "Liegen Anhaltspunkte für eine oberflächige Kontamination vor, ist ... die Lage von 0 bis 2 cm Tiefe zu beproben. In Sandkästen ist eine Mischprobe aus der Sandfüllung bis zum festen Boden zu entnehmen." (VwV Bodenproben 1993, S. 20)*

**Anzahl der Proben: flächige Untersuchungen**

*Die Zahl der Probenahmepunkte hängt von der **Heterogenität** der Fläche ab. Bei der Untersuchung von 1000 m² (0,1 ha) Waldboden auf Spurenelemente werden mehr als 50 Proben benötigt[3]. Untersuchungen mit weniger Bodeneinstichen sind nicht repräsentativ. Bei landwirtschaftlichen Nutzflächen kommt es vor, daß für 100 ha nur 20 Einstiche vorgenommen werden. Die Aussagekraft einer solchen Untersuchung ist mit Vorsicht zu genießen. (Fiedler 1993, S. 30) MEIWES (o. J., S. 7) empfiehlt für eine Fläche von 0,25 ha, 20 Einzelproben zu*

**Tabelle 4.1.** Probenahmetiefen bei unterschiedlicher Nutzung und unterschiedlichen Schutzgütern (nach VwV Bodenproben 1992, S. 1019f)

| Nutzung | Probenahmetiefe bei der Prüfung hinsichtlich der Beeinträchtigung des Schutzgutes | | | |
|---|---|---|---|---|
|  | Edaphon[a] | Pflanzen | Wasser | Mensch[b] |
| Acker, Garten, Sonderkulturen usw. | 0 - 20 cm | 0 - 30 cm | 0 - 30 cm |  |
| Grünland, Ödland | 0 - 10 cm | 0 - 10 cm | 0 - 30 cm |  |
| Fläche mit Kraut- oder Strauchbewuchs, Wald | 0 - 10 cm | 0 - 30 cm | 0 - 30 cm |  |
| Wohn- und Spielflächen ohne Vegetation |  |  |  | 0 - 2 cm und 0 - 10 cm |
| Wohn- und Spielflächen mit Vegetation |  |  |  | 0 - 5 cm und 5 - 10 cm |
| Hausgärten |  |  |  | 0 - 10 cm |

[a] Das Edaphon ist die Gesamtbiomasse des Bodens, also der im Boden lebende Anteil von Fauna und Flora (Scheffer/Schachtschabel 1992, S. 367).

[b] Liegen Anhaltspunkte für eine tieferreichende Kontamination vor, ist zusätzlich die Lage von 10 bis 30 cm Tiefe zu beproben (VwV Bodenproben 1992, S. 1020f).

*entnehmen. Die VwV Bodenproben (1993, S. 1019) fordert für eine Fläche von bis zu 1 ha 50 bis 100 Proben. Laut VDLUFA (1991, S. 6 in A 1.0) reichen auf einer Fläche von 1 bis 4 ha 10 bis 20 Einstiche aus.*

**Anzahl der Proben: punktförmige Untersuchungen**

*Für gründliche punktförmige Untersuchungen werden Bodengruben gegraben.[14] Das Bodenprofil wird sichtbar. Etwa 0,5 - 1 kg Material wird je Horizont mit der Handschaufel lose in ein Gefäß gegeben. (Fiedler 1990, S. 30) Wenn keine Bodengrube angelegt werden kann, müssen die Proben hilfsweise von der Bodenoberfläche aus gezogen werden. An der Probenahmestelle wird eine Mischprobe aus mehreren Einzelproben erstellt. HOFFMANN (1981, S. 443) schlägt 25 Einstiche je Probenahmestelle vor. FIEDLER (1993, S. 32) empfiehlt maximal 10 Einstiche je Probenahmestelle. ECKER (1993) hält 8 Einstiche für ausreichend.*

**Größe der Probenahmefläche**

*Die Größe der Probenahmefläche wird bestimmt durch:*
- *die Aufgabenstellung,*
- *die Art der Nutzung (Spielplatz, Siedlungsfläche, Gewerbefläche, Park, landwirtschaftliche Nutzfläche, Wald, Golfplatz) und*
- *die Art der Bodenoberfläche (Rasen, Wiese, Acker, unbewachsene Fläche, Wald).*

**Anordnung der Probenahmepunkte**

*Die einzelnen Probenahmepunkte müssen so über die Gesamtfläche verteilt werden, daß eine repräsentative Mischprobe der Grundgesamtheit entsteht. Dabei haben Sie verschiedene Möglichkeiten: Sie können jeden einzelnen Punkt nach einem Zufallsverfahren festlegen oder Sie wählen eine systematische Anordnung der Probenahmepunkte. Die Punkte können regelmäßig über die Fläche verteilt sein oder sich gezielt an einem Emittenten orientieren.*

## 4.2 Ausführung

**Einzelprobe**

Es wird zwischen ungestörten und gestörten Einzelproben unterschieden. Von **ungestörten Bodenproben** spricht man, wenn das Bodengefüge erhalten ist und die bodenmechanischen Eigenschaften unverändert sind[15]. Bei der Bestimmung von Umweltschadstoffen spielt das Bodengefüge keine Rolle. Deshalb genügt es in diesem Fall, eine **gestörte Probe** zu entnehmen.

**Geräte**

Zur Entnahme von Bodenproben gibt es eine Vielzahl von Geräten[16]. Zum Teil werden sie manuell in den Boden getrieben und herausgezogen. Zum Teil arbeiten sie mit Motorkraft und sind dann auch für größere Tiefen geeignet.

---

[13] Mit einer Wahrscheinlichkeit von 95 % ist bei dieser Probenanzahl der Fehler nicht größer als 10 % (Fiedler 1993, S. 30).

[14] Das UBA (1989, S. 123) geht in seinen Forderungen noch weiter. Es fordert: Die Probenahme sollte generell nur aus Profilgruben erfolgen. Viel Spaß beim Buddeln! Wir empfehlen als Probenahmestelle die Grünfläche am Bismarckplatz 1 in Berlin.

[15] Dies ist z. B. wichtig wenn die hydraulische Leitfähigkeit (s. Fußnote 82 im Kap. 7.5) eines Bodens ermittelt werden soll.

[16] Beispiele: Pürckhauer-Bohrstock, Schnecke, Spirale, Kernrohre, Hohlmeißel, Peilstange.

Das einfachste **Handbohrgerät** zur Entnahme von Bodenproben ist der Pürckhauer-Bohrstock[17].

**Pürckhauer-Bohrstock**

Der Pürckhauer-Bohrstock (s. Abb. 4.6) kann benutzt werden, um ein **Bodenprofil bis zu 1 m Tiefe** grob abzuschätzen. Aus dem Bodenprofil können die Horizonte des Bodens abgelesen werden. Wir verzichten darauf, zu beschreiben wie ein Bodenprofil aufgenommen wird, weil die Auswertung sehr aufwendig und Inhalt bodenkundlicher Bücher ist. Mit dem Pürckhauer-Bohrstock lassen sich kleine Probenmengen für die **Bodenanalyse** ziehen.

Handbohrungen liefern ein ungefähres Bild der Verteilung von Schadstoffen in der oberen Bodenschicht (TUB 1994a, S. 11). Sie können relativ schnell und kostengünstig durchgeführt werden. Allerdings ist das Einschlagen des Pürckhauer-Bohrstockes bis zu einer Tiefe von 1 m nicht ganz ungefährlich. Es bedarf gewisser organisatorischer Voraussetzungen, wie der folgende Exkurs zeigt.

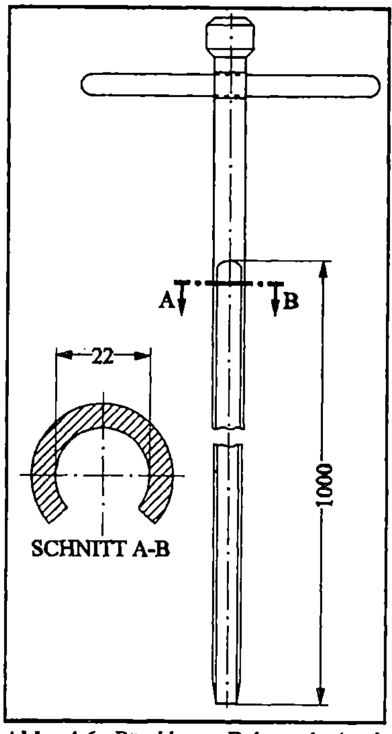



**Abb. 4.6.** Pürckhauer-Bohrstock (nach DIN 19 671 Blatt 1)

**Exkurs** *Unverhofft kommt oft*

*Bevor in städtischen Gebieten Bodenproben gezogen werden können, sollten zahlreiche Behörden und Institutionen[18] eingeschaltet werden. Zum Schutz vor Munition und Blindgängern aus dem 2. Weltkrieg sind in besonders gefährdeten Bereichen Unterlagen bei den Kampfmittelräumdiensten oder anderen zuständigen Behörden einzusehen. Altstadtbereiche unterstehen oft einem besonderen Schutz, so daß vor einer Bohrung auch die Genehmigung des Denkmalamtes einzuholen ist. Die Kontaktaufnahme zu den Behörden muß frühzeitig erfolgen. Unmittelbar vor Beginn der Bodenuntersuchung ist die zuständige Polizeibehörde über die Arbeiten zu informieren.*

*Bei den Behörden sind die Leitungspläne einzusehen. Kabel sind gewöhnlich in einer Tiefe von 60 bis 100 cm verlegt. Die Lage und Tiefe der Ver- und Entsorgungsleitungen in den Plänen kann auf gemittelten Werten beruhen und bietet damit keine Garantie für den tatsächlichen Verlauf der Leitung. Zur zusätzlichen Absicherung ist deshalb neben der Einsicht in die*

---

[17] Laut DIN 19 671 Blatt 1 heißt dieses Gerät auch Rillenbohrer.

[18] Baubehörde, Polizei, Denkmalamt, Gaswerk, Wasserwerk, Elektrizitätswerk, Fernmeldeamt, Kampfmittelräumung.

(Von: Peter Ruge. Aus: Rösler, Markus ; Rösler, Stefan: Aktionsbuch Naturschutz : Leitfaden für die Jugendarbeit. Stuttgart : Franckh-Kosmos, 1989, S. 140)

*Pläne der Ver- und Entsorgungsleitungen die Verwendung eines Stromkabelsuchgerätes sinnvoll.*

*Beschädigungen von Leitungen stellen eine erhebliche Gefahr sowohl für die ProbenehmerIn als auch für Dritte dar. Bei Beschädigung von Ent- und Versorgungsleitungen ist grundsätzlich der Verursacher zum Schadensersatz verpflichtet. Neben der Haftung für den unmittelbaren Schaden ist die VerursacherIn zusätzlich auch für mögliche Folgeschäden verantwortlich. Ist ein Stromkabel erkennbar getroffen, sollte das Sondiergerät auch bei offensichtlicher Stromfreiheit nicht mehr berührt werden. Die Elektrizitätswerke speisen in der Regel in automatisch abgeschaltete Leitungen nochmals Strom ein. (UBA 1989, S. 34)*

**Mischprobe**

Aus mehreren Einzelproben wird meist vor Ort eine Mischprobe erstellt. Sie soll ein repräsentativer Durchschnitt der zu untersuchenden Grundgesamtheit sein. Die Einzelproben werden dazu in einer Porzellanschüssel homogenisiert, d. h. vermischt. Grobstoffe wie Wurzeln, Steine, Kleinlebewesen werden vor Ort entfernt, sofern sie nicht einen wesentlichen Masseanteil des Bodens ausmachen[19].

**Probenahme-protokoll**

Über die Probenahme ist genau Protokoll zu führen. Alle Umstände der Probenahme und die gewonnenen Daten sind sofort ausführlich zu dokumentieren. Können Sie sich sonst nach einer Woche noch daran erinnern, ob in Probe siebzehn Strich drei Ameisen enthalten waren oder ob es Probe 18 / 4 war? Und selbst wenn Sie sich noch daran erinnern können: Eine Probe läuft meist durch mehr als eine Hand. Die AnalytikerIn ist in der Regel nicht identisch mit derjenigen Person, die die Probenahme durchgeführt hat. Das als Anhang A abgedruckte Probenahmeprotokoll gibt einen Eindruck davon, welche Angaben festzuhalten sind.

**Proben-**
**beschriftung**
Alle Probenbehälter sind deutlich mit dem Namen der ProbennehmerIn, Datum, Ort und Tiefe der Probenahmestelle zu beschriften. Verwenden Sie dazu einen wasserfesten Stift. Die Beschriftung ist grundsätzlich außen anzubringen.

## *Versuchsdurchführung Probenahme*

**Ein- und**
**Austräge**
Um den Ein- und Austrag von Schadstoffen zu minimieren, beachten Sie bitte unbedingt folgende Ratschläge:

- Achten Sie darauf, daß die Proben nicht unnötig lange an der freien Luft stehen. Beispielsweise die leichtflüchtigen BTX, die später analysiert werden sollen (s. Kap. 9.4.6), können leicht verdampfen.
- Verwenden Sie als Probenahmegefäße Glasgefäße mit Glasschliffstopfen. Falls keine solchen Gefäße vorhanden sind, besteht die Gefahr, daß organische Schadstoffe aus den Kunststoffteilen (z. B. Dekkel, Dichtungen) durch Ad- bzw. Desorption aus- bzw. eingetragen werden und so die Schadstoffgehalte der Proben verfälschen. Hilfsweise kann in diesem Fall der Kontakt zwischen Probe und Kunststoffteilen durch Alufolie verhindert werden. Achten Sie beim Zuschrauben darauf, daß die Folie nicht reißt.
- Die Proben sollten nicht unnötig lange dem Sonnenlicht ausgesetzt sein. Bestimmte Schadstoffe, beispielsweise die PAK, die später analysiert werden sollen (s. Kap. 9.5.7), können durch photochemische Reaktionen abgebaut oder verändert werden.

**Probenahmetiefe**
In dieser Versuchsdurchführung beschreiben wir, daß die Bodenproben aus zwei Tiefen gezogen werden sollen: 0 - 5 cm und 5 - 10 cm. Bei diesen Zahlenangaben handelt es sich aber nur um ein Beispiel. Je nach Nutzung und Schutzgut können andere Probenahmetiefen besser geeignet sein (s. Tabelle 4.1). Außerdem können Sie, falls der von Ihnen beprobte Boden eine gut erkennbare Schichtung zeigt, die Probenahmetiefen an diese Schichten an-

---

[19] Wenn der Gewichtsanteil des Bodenskelettes (Partikel > 2 mm) groß ist, dann wird i. d. R. der Anteil des Bodenskelettes bestimmt und im Probenahmeprotokoll angegeben. Ist der Gewichtsanteil des Bodenskelettes dagegen gering, wird meist auf eine Bestimmung verzichtet und der Anteil des Bodenskelettes vernachlässigt. (s. Kap. 6.3)

passen. Entscheiden Sie sich je nach vorliegendem Fall für die optimalen Probenahmetiefen.[20]

**Anordnung der Probenahmepunkte**

Genau wie die Probenahmetiefen ist auch die Anordnung der Probenahmepunkte vom jeweiligen Einzelfall abhängig. Beispielsweise können Sie an einer Probenahmestelle mit Nägeln, Schnur und einem Maßband ein Quadrat von $3 \times 3\ m^2$ markieren und innerhalb dieses Quadrates 50 Einzelproben mit dem Pürckhauer-Bohrstock ziehen. Oder Sie suchen sich verteilt auf der ganzen Probenahmefläche 50 beliebige Einstichstellen aus und ziehen so Ihre Einzelproben[21].

**Vorbereitung**

❐ Überlegen Sie sich welche Probenahmestrategie für ihren Fall am besten geeignet ist und zeichnen Sie ihre Probenahmepunkte in der Lageskizze im Anhang A ein.

❐ Beschriften Sie die beiden braunen 1000 mL Glasflaschen mit Datum, Ihrem Namen, Ort und Tiefe der Probenahme.

**Ziehen der Einzelproben**

❐ Begeben Sie sich zum Probenahmepunkt. Schlagen Sie den Pürckhauer-Bohrstock mit dem Kunststoffhammer[22] 10 cm tief in den Boden, und drehen Sie ihn wieder heraus.

❐ Verwenden Sie den Griff des Bohrstocks, um die Bodenprobe (5 - 10 cm Tiefe) aus dem Bohrstock herauszuschieben. Füllen Sie die Probe in die erste Porzellanschüssel. Sammeln Sie den Rest (0 - 5 cm Tiefe) in der zweiten Schüssel. Decken Sie die Schüssel zwischenzeitlich mit Alufolie ab, damit weder Schadstoffe ein- oder ausgetragen werden können, noch der Wassergehalt der Probe verfälscht wird.

❐ Wiederholen Sie die beiden letzten ❐ mit den übrigen 49 Probenahmepunkten.

**Homogenisieren der Mischprobe**

❐ Mischen Sie die 50 Einzelproben in den Porzellanschüsseln. Zerdrücken Sie dabei grobe Körner. Entfernen Sie Steine, Wurzeln und Kleinlebewesen.[23] Die Probe soll nach dem Rühren weitgehend homogen sein.

❐ Füllen Sie die Mischproben in die beschrifteten Glasflaschen ab. Die Flaschen sollten nach Möglichkeit randvoll mit Boden gefüllt werden.

---

[20] Falls Sie sich für andere Tiefen als 0 - 5 cm und 5 - 10 cm entscheiden sollten, dann dürfen Sie sich nicht von den Angaben 0 - 5 cm und 5 - 10 cm, die in fast allen Anhängen und Versuchsbeschreibungen auftauchen, verwirren lassen.

[21] Beachten Sie, daß dies kein Zufallsverfahren ist, weil die Probenahmepunkte vor Ort festgelegt werden. Von einem reinen Zufallsverfahren wäre zu fordern, daß alle Punkte mit der gleichen Wahrscheinlichkeit als Probenahmepunkte ausgewählt werden.

[22] Jugend trainiert für Olympia. Wir trainieren für "Hau' den Lukas".

[23] Falls die Masse des Bodenskeletts erfaßt werden soll, müssen diese Bestandteile des Bodens getrennt aufbewahrt und im Labor gewogen werden (s. Kap 6.3).

Einen kleinen Rest der Mischproben müssen Sie für die Feldversuche aufheben.

**Feldversuche**
- ❏ Führen Sie die Feldversuche, wie im Kap. 5 beschrieben, durch.
- ❏ Füllen Sie das Probenahmeprotokoll (s. Anhang A) aus.

**Aufbewahrung**
- ❏ Falls die Probenvorbereitung und die Probenaufbereitung nicht innerhalb von 48 Stunden nach der Bodenprobenahme erfolgen, dann sind die Proben unter Lichtabschluß und gekühlt bei + 4 °C aufzubewahren.

## *Fragen zum gesamten Kapitel vier*

1a. Definieren Sie die Begriffe "Grundgesamtheit", "Einzelprobe" und "repräsentative Mischprobe"!

1b. Sind "repräsentative Mischproben" repräsentativ?

2a. Was verstehen Sie unter einer repräsentativen Probenahme? Definieren Sie den Begriff!

2b. Erklären Sie anschaulich den Ablauf einer repräsentativen Probenahme!

3. Diskutieren Sie die Vor- und Nachteile eines Pürckhauer-Bohrstocks und geben Sie sein Anwendungsgebiet an!

4a. Wie und mit welchen Angaben sind Proben zu beschriften? 4b. Warum?

5. Überlegen Sie sich drei Beispiele, wie die Art der Probenahme das Analysenergebnis direkt beeinflussen kann!

6. Was können Ziele einer Beprobung sein? Nennen Sie zwei Beispiele und geben Sie an, wie die Ziele die Probenahme beeinflussen!

(Von: Klaus Pitter. Aus: Greisenegger, Ingrid ; Katzmann, Univ.-Doz. Dr. Werner ; Pitter, Klaus: Umweltspürnasen : Aktivbuch Boden. © 1989 by Verlag Orac im Verlag Kremayr und Scheriau, Wien, S. 26)

# 5 Feldversuche

> *Die Feldversuche werden vor Ort und unmittelbar nach der Probenahme ausgeführt. Wir beschreiben, wie die Bodenart, die Bodenfeuchte, der pH-Wert und der Carbonatgehalt mit simplen Methoden ermittelt werden können. Dabei lernen Sie, daß man anhand einfacher Verfahren und etwas Erfahrung viele Rückschlüsse auf Eigenschaften und Belastungssituation eines Bodens ziehen kann. Alle Ergebnisse der Feldversuche werden im Probenahmeprotokoll (Anhang A) eingetragen.*

## 5.1 Bodenart

> *Jeder Boden besteht aus unterschiedlichen Mengen größerer und kleinerer Partikeln. Die Zusammensetzung des Bodens aus diesen verschieden großen Partikeln führt zu unterschiedlichen Bodenarten. Die Bodenart kann im Gelände mit der Fingerprobe bestimmt werden. Im Labor kann die Korngrößenverteilung (s. Kap. 7.5) und damit die Bodenart genauer ermittelt werden. Die Korngrößenverteilung hat einen entscheidenden Einfluß auf die physikalischen, chemischen und biologischen Eigenschaften des Bodens.*

**Korngrößen** — Zunächst teilt man "den Boden bezüglich Korngröße ein in **Bodenskelett** (> 2 mm) und **Feinerde** (< 2 mm)[1]. Diese Grenze ist nicht willkürlich. Skelettbestandteile (Kies, Steine, Blöcke usw.) speichern kaum Wasser, liefern kaum Nährstoffe, tragen wenig zur Gefügebildung bei und bilden für die Wurzeln ein Hindernis. Die Feinerde dagegen kann Nährstoffe und Wasser speichern, kann

---

[1] Vergleichen Sie mit dem Versuch zum Absieben im Kap. 6.3.

zu Krümeln aggregieren und bildet damit das ideale Medium für das Pflanzen-wachstum" (Sticher 1993a, S. 77).

**Unterteilung der Feinerde**  Die Feinerde wird unterteilt in die folgenden drei Korngrößenklassen:

| | |
|---|---|
| **Sandfraktion** | 2 mm - 0,063 mm |
| **Schlufffraktion** | 0,063 mm - 0,002 mm |
| **Tonfraktion** | < 0,002 mm |

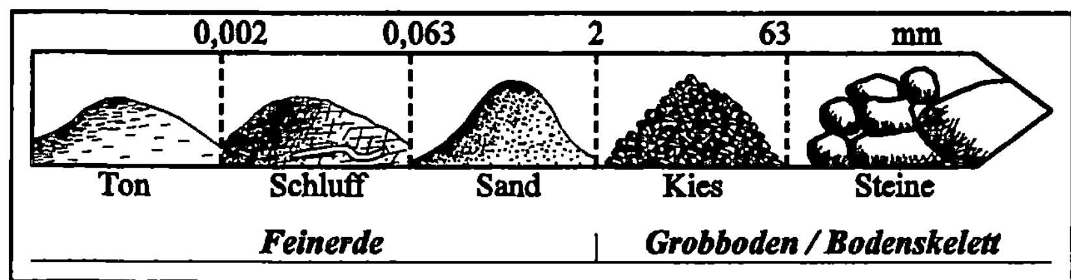


**Abb. 5.1.** Korngrößenfraktionen der Feinerde und des Bodenskeletts (nach Forkel 1988, S. 9)

Jede Fraktion kann weiter unterteilt werden in eine Fein-, Mittel- und Grob-fraktion[2] (Schroeder 1984, S. 32).

**Bedeutung der kleinsten Partikel**  Je kleiner Teilchen sind, desto größer ist ihre **spezifische Oberfläche**[3]. Die kleinsten Teilchen tragen den Hauptanteil zur **internen Oberfläche** des Bodens und damit zur Sorptionskapazität bei[4]. Deshalb reichern sich Schad-stoffe vor allem in den feineren Fraktionen an, obwohl die kleinsten Teilchen gewichtsmäßig nur einen bescheidenen Anteil ausmachen. Je feinkörniger der Boden ist,

- desto höher ist seine Krümelbarkeit,
- desto kleiner sind die Poren zwischen den Teilchen,
- desto geringer ist seine Luftkapazität,
- desto geringer ist seine Wasserdurchlässigkeit und
- desto größer sind seine Wasser- und Wärmekapazität. (Sticher 1993a, S. 80f)

**tS oder sT ?**  Gemische aus Sand, Schluff und Ton werden als **Bodenarten** bezeichnet und mit Buchstabensymbolen abgekürzt. Bei (massenmäßigem) Vorherrschen von Sand, Schluff bzw. Ton spricht man von Sandboden (S), Schluffboden (U)

---

[2] Beispiel für die, die es ganz genau wissen wollen: Feinsand von 0,063 bis 0,2 mm.

[3] Die spezifische Oberfläche gibt die gesamte Oberfläche pro Masseneinheit an. Zur Veranschaulichung ein Beispiel: Ein Würfel mit 100 mm Kantenlänge wird nach und nach zerteilt. Teilchenanzahl und Gesamtoberfläche werden jeweils bestimmt:

| Kantenlänge (mm) | 100 | 10 | 1,0 | 0,1 |
|---|---|---|---|---|
| Teilchenanzahl | $10^0$ | $10^3$ | $10^6$ | $10^9$ |
| Gesamtoberfläche (m²) | 0,06 | 0,6 | 6 | 60. |

[4] Vergleichen Sie mit dem Versuch zur Kationenaustauschkapazität im Kap. 7.2.

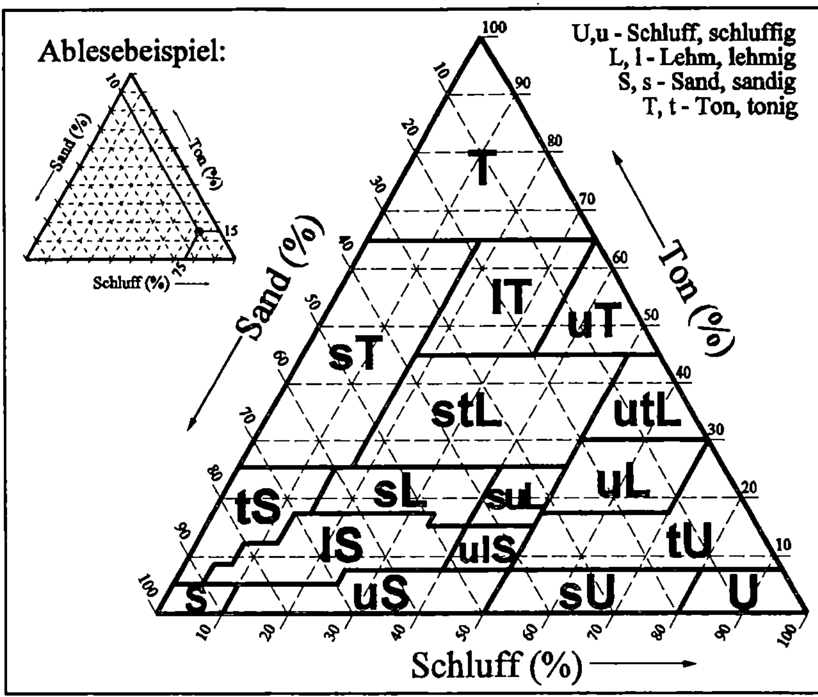


**Abb. 5.2.** Darstellung der Bodenarten im Dreiecksdiagramm (Slaby 1988, A 1)

bzw. Tonboden (T). Kommen neben der dominierenden Fraktion noch andere Fraktionen im Boden vor, so fließen diese in die Bezeichnung der Bodenart mit ein. Die zweitwichtigste Fraktion wird der vorherrschenden Fraktion als Adjektiv vorangestellt. Beispiel: 15 Gew.-% Ton, 75 Gew.-% Schluff, 10 Gew.-% Sand stellen einen tonigen Schluff dar[5]. Abgekürzt wird das ganze mit tU[6]. Lehme (L) enthalten alle drei Fraktionen in nennenswerten Anteilen. Auch hier erfolgt eine Untergliederung mit Adjektiven. Anschaulich können die Bodenarten in einem sogenannten **Dreiecksdiagramm**[7] dargestellt werden (s. Abb. 5.2).

**Eigenschaften der Bodenarten**

- **Sandböden**: Nährstoffarm und trocken; sie nehmen Temperaturschwankungen extrem stark auf; Humuszugaben wirken i. d. R. verbessernd[8].
- **Lehmböden**: Die goldene Mitte aller Böden; beste Böden, wenn sie

---

[5] Die Prozentangaben können in einem gewissen Rahmen variieren. Auch 15 Gew.-% Ton, 69 Gew.-% Schluff, 16 Gew.-% Sand stellen einen tonigen Schluff dar. Sicherlich fällt Ihnen auf, daß 15 Gew.-% Ton weniger sind als 16 Gew.-% Sand. Trotzdem sind die 15 Gew.-% Ton die zweitwichtigste Fraktion. Warum? - 15 Gew.-% Ton beeinflussen die Bodeneigenschaften wesentlich stärker als 16 Gew.-% Sand.

[6] Stephan meint, wir sollten die Frage stellen, warum Schluff mit U abgekürzt wird? Liegt es vielleicht daran, daß S schon für Sand und L schon für Lehm vergeben ist?

[7] Das Dreiecksdiagramm heißt nach DIN 4220 Dreieckskoordinatensystem.

neutral, tiefgründig und voller Lebewesen sind.

- **Tonböden**: Speichern Feuchtigkeit sehr lange; Gefahr der Staunässe; erwärmen sich nur langsam; trockene Tonböden sind steinhart und verkrustet. (Forkel 1988, S. 9)

**Fingerprobe**

Zur Bestimmung der Bodenart vor Ort kann die sogenannte **Fingerprobe** benutzt werden. Als Kriterien dienen die Rollfähigkeit, die Schmierfähigkeit und die Rauhigkeit einer feuchten Bodenprobe:

- **Ton** ist gut formbar, schmutzt, zeigt eine glänzende Gleitfläche.
- **Schluff** ist mäßig formbar, mehlig, schmutzt nicht, zeigt eine rauhe Gleitfläche.
- **Sand** ist nicht formbar, schmutzt nicht, ist körnig.
- **Lehm** ist formbar, bleistiftdick rollbar. (Scheffer/Schachtschabel 1992, S. 23)

## *Versuchsdurchführung Bodenart*

Im folgenden wird die Bodenart mit der **Fingerprobe** bestimmt. Diese Bestimmung erfolgt getrennt für die Proben 0 - 5 cm und 5 - 10 cm.

❏ Nehmen Sie dazu etwas Erde in die Hand. Befeuchten Sie diesen Boden gut, und kneten Sie ihn im Handteller, bis der Glanz des Wassers gerade verschwindet.

❏ Führen Sie dann die folgende Bestimmungsübung durch. Damit läßt sich die Bodenart leicht ermitteln[9]:

1. Versuchen Sie, die Probe zwischen den Handtellern schnell zu einer bleistiftdicken Wurst auszurollen!
   a) nicht ausrollbar, zerfällt:          Gruppe der Sande, weiter bei 2.
   b) ausrollbar:                                           weiter bei 4.
2. Prüfen Sie die Bindigkeit der Probe zwischen Daumen und Zeigefinger!
   a) nicht bindig, nicht formbar:                         weiter bei 3.
   b) etwas bindig, haftet schwach an den Fingern:      lehmiger Sand (lS)
3. Zerreiben Sie die Probe auf der Handfläche!
   a) in den Handlinien kein toniges Material sichtbar:          Sand (S)
   b) in den Handlinien toniges Material sichtbar:      schluffiger Sand (uS)
4. Versuchen Sie, sie zu einer Wurst von halber Bleistiftstärke auszurollen!
   a) nicht ausrollbar:                                    weiter bei 5.
   b) ausrollbar:                                          weiter bei 9.

---

[8]  Es gibt natürlich auch sandliebende Pflanzen, wie z. B. Spargel, bei denen eine Humuszugabe nicht verbessernd wirkt.

[9]  Viel Spaß beim Mantschen! Wir haben die Anleitung aus vielen verschiedenen Beschreibungen zusammengebastelt und hoffen, keine Endlosschleifen eingebaut zu haben. Zusammengestellt aus VwV Bodenproben 1993, S. 1023; Slaby 1988, A1; Schlichting 1966; Steubing 1992, S. 20; Hanel 1992, S. V; Benzler 1982, S. 80.

5. Prüfen Sie die Bindigkeit zwischen Daumen und Zeigefinger!
    a) bindet, haftet deutlich am Finger:      weiter bei 6.
    b) nicht oder schwach bindig, wenig Sandkörner:      weiter bei 7.

6. Beurteilen Sie die Menge an Feinsubstanz!
    a) wenig Feinsubstanz:      toniger Sand (tS)
    b) viel Feinsubstanz:      stark sandiger Lehm (s̄L[10])

7. Prüfen Sie die Körnigkeit!
    a) Sandkörner sicht- und fühlbar:      sandiger Schluff (sU)
    b) Sandkörner nicht oder kaum sicht- und fühlbar:      weiter bei 8.

8. Prüfen Sie die Bindigkeit zwischen Daumen und Zeigefinger!
    a) nicht bindig, samtartig mehlig, wenig formbar,
    reißt und bricht stark:      Schluff (U)
    b) schwach bindig, mehlig, reißt und bricht leicht,
    formbar:      schwach lehmiger Schluff (l'U)

9. Prüfen Sie die Körnigkeit!
    a) deutlich bindig, Sandkörner kaum fühlbar,
    schwach bindig, reißt und bricht kaum:      stark lehmiger Schluff (l̄U)
    b) etwas mehlig, wenig Sandkörner,
    schwach bindig, formbar:      schluffiger Lehm (uL)
    c) nicht mehlig:      weiter bei 10.

10. Quetschen Sie die Probe zwischen Daumen und Zeigefinger in Ohrnähe!
    a) starkes Knirschen:      sandiger Lehm (sL)
    b) kein oder schwaches Knirschen:      Gruppe der Tone, weiter bei 11.

11. Versuchen Sie, die Wurst zu einem Ring zu formen!
    a) schlecht formbar:      sandiger Ton (sT)
    b) gut formbar:      weiter bei 12.

12. Beurteilen Sie die Gleitfläche bei der Quetschprobe!
    a) Gleitfläche matt:      toniger Lehm (tL)
    b) Gleitfläche glänzend:      weiter bei 13.

13. Prüfen Sie ein wenig Erde zwischen den Zähnen. Lesen Sie vorher unbedingt Fußnote [11]!
    a) Knirschen:      lehmiger Ton (lT) oder schluffiger Ton (uT)
    b) butterartige Konsistenz, keine Körner sicht- oder fühlbar:      Ton (T)

---

[10] "s'" bedeutet "schwach sandig", und "s̄" bedeutet "stark sandig"; Analog werden die Zeichen " ' " und " ⁻ " für "l" und "u" benutzt.

[11] Hmm, lecker PCBs. Der Küchenchef empfiehlt: Mit schwermetallhaltigem Salat schmecken sie besonders gut ... Wer länger leben möchte, unterläßt aus Gründen des Gesundheitsschutzes diese Prüfung, wenn der Verdacht einer Kontamination besteht. Das gilt beispielsweise für alle Stadtböden. Allein wegen des starken Autoverkehrs ist in der Stadt von dieser Prüfung abzuraten.

**Achtung!**

Die Bestimmung der Bodenart ist bei höheren Gehalten an **organischer Substanz** schwierig. Die organische Substanz erhöht Bindigkeit und Formbarkeit. Daher müssen Sie – vor allem bei Sanden – je nach Humusgehalt die ermittelte Bodenart um ein bis zwei Körnungsklassen zurückstufen. (Brümmer 1988, S. 13)

**Fragen**

1. Vielleicht kennen Sie das folgende Spielchen noch aus der Sesamstraße: Wir haben hier vier Begriffe aufgeschrieben. Welcher paßt nicht in die Reihe: Ton, Sand, Lehm oder Schluff?

2. Welche Bodenart stellt die folgende Korngrößenzusammensetzung dar: 10 Gew.-% Ton, 18 Gew.-% Schluff, 72 Gew.-% Sand?

3. Die Grenze bei der Einteilung der Korngrößenfraktionen liegt bei $2 \cdot 10^n$ oder $6{,}3 \cdot 10^m$ ($n,m \in Z$). Warum die krumme Zahl 6,3?

4. In welcher Korngrößenfraktion ist i. d. R. der höchste Schadstoffgehalt zu finden?

5. Warum wird der Boden vor der Durchführung der Fingerprobe angefeuchtet?

## 5.2  Bodenfeuchte

<table>
<tr><td>Bedeutung des Wassers</td><td>Pflanzenwurzeln und Bodentiere "benötigen zum Leben Wasser und Luft in einem ausgeglichenen Verhältnis - sowohl Dürre als auch Staunässe (Sauerstoffmangel) führen zum Verkümmern oder Absterben[12]. Krümel bestehen zum großen Teil aus Ton, der das Wasser gut speichern ... und festhalten kann. Pflanzenwurzeln müssen mit ihren Saugkräften dagegen arbeiten, wollen sie Wasser aufnehmen." Problemlos können sie leicht gebundenes Wasser nutzen, darüberhinaus das stärker gebundene Wasser nur bis zu einem gewissen Maße. Neben der Ökologie des Bodens beeinflußt das Wasser auch die Bodenentwicklung[13]. (Forkel 1988, S. 12)</td></tr>
</table>

**Feuchte und Wassergehalt**

Die **Feuchte** ist der aktuelle Sättigungsgrad des Bodens mit Wasser. Feuchte und **Wassergehalt** sind nicht identisch. Aus der Feuchte läßt sich in Abhängigkeit von der Bodenart der Wassergehalt[14] ermitteln. Der Wassergehalt eines Boden ist für die Analytik von großem Interesse. Die Analysenergebnisse (z. B. Schadstoffgehalte) werden i. d. R. auf die Trockensubstanz[15] bezogen.

---

[12]  Einmal abgesehen von Spezialisten extremer Vegetationen.

[13]  Die Bodenentwicklung wird auch Pedogenese genannt.

[14]  Den Wassergehalt werden Sie auch analytisch im Labor bestimmen (s. Kap. 7.3).

[15]  Masse des Bodens ohne Wasser.

Um den Zusammenhang zwischen der Feuchte und dem Wassergehalt zu erklären, müssen wir etwas weiter ausholen. Wenn Sie nicht genügend Zeit haben, überspringen Sie den Exkurs einfach. Beschäftigen Sie sich dann gleich mit der Versuchsdurchführung.

**Exkurs** *Wassergehalt, Wasserspannung und Feuchte*

*In den Bodenporen wird das Wasser durch Kapillarkräfte festgehalten. Dieses Wasser wird deshalb als Kapillarwasser[16] bezeichnet. Je feiner die Poren sind, desto mehr Energie müssen die Pflanzen aufwenden, um ihnen das Wasser zu entziehen. Die Wasserspannung gibt an, wie fest das Wasser im Boden gehalten wird. Die Wasserspannung ist ein Maß für die Feuchte. Je größer die Wasserspannung, desto weniger feucht fühlt sich der Boden an. Übersteigt die Wasserspannung 15 bar, können die Pflanzen kein Wasser mehr aufnehmen. Sie stellen das Wachstum ein. Der Wassergehalt im Boden, der einer Wasserspannung von 15 bar entspricht, wird als Permanenter Welkepunkt (PWP) bezeichnet.[17] (Sticher 1993a, S. IV; Hartge 1991, S. 180; AG Boden 1996, S. 312 und Scheffer/Schachtschabel 1992, S. 192)*

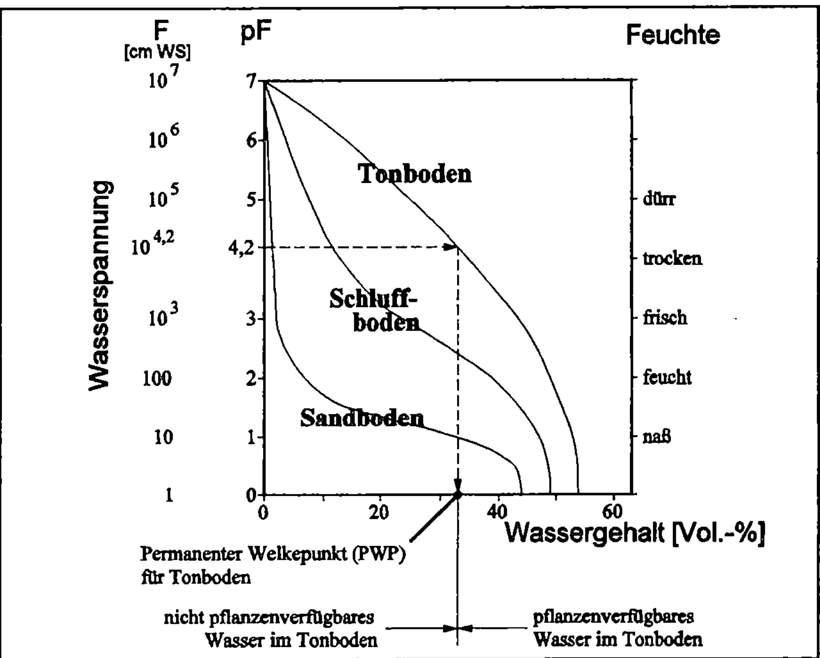


**Abb. 5.3.** Beziehung zwischen Wasserspannung und Wassergehalt (pF-Kurven) bei verschiedenen Böden (PWP = Permanenter Welkepunkt) (nach Scheffer/Schachtschabel 1992, S. 178)

---

[16] Durch die **Kapillarkräfte** steigt Wasser in einem dünnen Glasröhrchen höher als in der Umgebung. Dies beruht auf zwischenmolekularen Anziehungskräften zwischen Wasser und Glaswand, den Van-der-Waalsschen Kräften. Die Wechselwirkungen zwischen den Wassermolekülen und den "Wandmolekülen" sind stärker als die Wechselwirkungen zwischen den Wassermolekülen. Daher "zieht" sich das Wasser an der Glaswand nach oben. Im Boden entsprechen die Poren dem Glasröhrchen. Das **Kapillarwasser** ist also das in den Bodenporen mittels Kapillarkräften festgehaltene Wasser. Je kleiner die Poren sind, desto stärker ist das Wasser in ihnen gebunden.

*Die Wasserspannung wird gemessen in cm WS[18]. BodenkundlerInnen geben die Wasserspannung als pF-Wert[19] an. p steht für den dekadischen Logarithmus. Wasserspannung: pF = lg F mit F in cm WS[20].*

*Beispiel:     15 bar entspricht annähernd $15 \cdot 10^3$ cm WS. Der lg davon beträgt 4,2. D. h. bei einer Wasserspannung von 15 bar liegt der pF-Wert bei 4,2.*

*Je feiner die Poren sind, desto stärker ist das Wasser in ihnen gebunden. Dies bedeutet, daß die Wasserspannung von der Verteilung der Porengrößen abhängig ist. Angenommen, ein Sand- und ein Tonboden haben den gleichen Wassergehalt. In diesem Fall fühlt sich der Tonboden trockener als der Sandboden an. Die Wasserspannung ist im Tonboden höher. Um aus der Wasserspannung den Wassergehalt ableiten zu können, ist es notwendig, die Bodenart zu kennen. Dieser Zusammenhang ist in Abb. 5.3 dargestellt.*

## Versuchsdurchführung Bodenfeuchte

"Die Bodenfeuchte wird im Gelände mit einem vereinfachten Verfahren abgeschätzt. Die im folgenden beschriebene Versuchsdurchführung ist für jede Probe (0 - 5 cm und 5 - 10 cm) durchzuführen.

**Tabelle 5.1.** Bestimmung der Bodenfeuchte (nach Brucker 1990, S. 26; Brümmer 1988, S. 22)

| Zerdrücken | Formen (zu einem Ball) | Reiben | Befeuchten (in warmer Hand) | Feuchte | pF* |
|---|---|---|---|---|---|
| staubt | bindet nicht | nicht heller | dunkelt stark | dürr | 5 |
| staubt nicht | bindet nicht | kaum heller | dunkelt etwas | trocken | 4 |
| staubt nicht[b] | formbar | merklich heller | dunkelt nicht | frisch | 3 |
| klebt | etwas freies Wasser | merklich heller | dunkelt nicht | feucht | 2 |
| freies Wasser | zerfließt bzw. Wasser tropft ab | merklich heller | dunkelt nicht | naß | 1 |

* Der pF-Wert ist ein Maß für die "Wasserspannung". Er gibt an, wie fest das Wasser im Boden gebunden ist und wird in diesem Kapitel im Exkurs "Wassergehalt, Wasserspannung und Feuchte" genauer erläutert.

[b] Außer Sand.

---

[17] Der Begriff PWP ist in der Literatur nicht einheitlich definiert. Manche AutorInnen bezeichnen die Saugspannung 4,2 als PWP (Scheffer/Schachtschabel 1992, S. 178 und AG Boden 1996, S. 291). Dementsprechend finden sich unterschiedliche Einheiten für den PWP: Vol.-%, Gew.-% und hPa (AG Boden 1996, S. 291 und Hartge 1991, S. 180).

[18] "cm WS" steht für "Zentimeter-Wassersäule" und ist eine nicht SI-konforme Druckeinheit. Ein Druck von 1 bar (= 1000 hPa) entspricht dem Druck am Boden einer 9,81 m hohen Wassersäule.

[19] Wir haben stundenlang herumgerätselt und schlaue Bücher gewälzt. Um Ihnen unnötiges Rätselraten zu ersparen, möchten wir Sie darauf hinweisen, daß F nicht von Feuchte kommt, sondern genau das Gegenteil von Feuchte, nämlich die Trockenheit bezeichnet. Die WissenschaftlerInnen nennen die Trockenheit Wasserspannung.

[20] Sowohl F als auch pF werden als Wasserspannung bezeichnet. pF ist der gebräuchlichere Wert.

      ❏ Zerdrücken, formen, reiben und befeuchten Sie etwas Boden!

      ❏ Bestimmen Sie dabei nach dem Schema in Tabelle 5.1 die Feuchte!

**zum Exkurs** ❏ Falls Sie den Exkurs "Wassergehalt, Wasserspannung und Feuchte" gelesen haben, dann können Sie nun mit dem pF-Wert und der Bodenart (s. Kap. 5.1) den Wassergehalt des Bodens abschätzen. Benutzen Sie dazu die Abb. 5.3.

**Fragen**     1. Welche Bedeutung hat das Wasser im Boden?

**zum Exkurs**     2. Wie hängen die Feuchte und der pF-Wert zusammen?

**zum Exkurs**     3. Bei einem schluffigen Boden wird ein pF-Wert von 3 ermittelt. Welchen Wassergehalt weist dieser Boden ungefähr auf?

# 5.3 pH-Wert

**Bedeutung**     Der pH-Wert ist ein wichtiges chemisches Merkmal des Bodens. Er beeinflußt die Verwitterung der mineralischen Partikeln. Außerdem ist er wichtig für die physikalischen, chemischen und biologischen Eigenschaften des Bodens.[21]

| | |
|---|---|
| **Bestimmungs-methoden** | *Der pH-Wert des Bodens kann vor Ort mit einfachen Methoden bestimmt werden. Drei Methoden sind üblich: Messung mit tragbarer pH-Elektrode, mit Indikatorstäbchen oder mit dem Hellige-pH-Meter[22]. Die beiden letzten Methoden beruhen auf der Farbreaktion eines Indikators und zählen daher zu den "kolorimetrischen Methoden".* |

(Von: Klaus Pitter. Aus: Greisenegger, Ingrid ; Katzmann, Univ.-Doz. Dr. Werner ; Pitter, Klaus: Umweltspürnasen : Aktivbuch Boden. © 1989 by Verlag Orac im Verlag Kremayr und Scheriau, Wien, S. 93)

---

[21] Näheres zur Theorie des pH-Wertes im Kapitel Sieben Punkt Eins.

[22] Genaugenommen heißt das Hellige-pH-Meter nicht Hellige-pH-Meter, sondern HELLIGE-PEHAMETER.

Bei der Messung mit Indikatorstäbchen oder mit einer tragbaren pH-Elektrode muß zuerst eine Aufschlämmung des Bodens mit Wasser[23] hergestellt werden.

**Hellige-pH-Meter**

In der Versuchsdurchführung weiter unten wird das Hellige-pH-Meter benutzt. Dieses kleine, handliche pH-Meter ist für orientierende, schnelle Messungen recht gut geeignet. Durch die Zugabe einer Speziallösung wird eine Aufschlämmung hergestellt und gleichzeitig der Farbindikator zugegeben. Je nach Acidität weist die Lösung eine andere Färbung auf. Diese Färbung wird mit einer Farbskala verglichen, der bestimmte pH-Werte zugeordnet sind.

**Aufbau**

Das Hellige-pH-Meter (s. Abb. 5.4) besteht aus einer kleinen Kunststoffplatte. Ein kleiner Löffel dient zum Einfüllen der Bodenprobe in eine runde Vertiefung ①. Von dieser Vertiefung aus führt eine schmale Rinne zu einer Verbreiterung am Ende der Platte ③. Neben der Rinne befinden sich Vergleichsfarben für pH-Werte zwischen 4 und 9. Eine Flasche mit der Indikatorflüssigkeit ② gehört ebenfalls zum pH-Meter.

## Versuchsdurchführung *pH-Wert-Bestimmung mit dem Hellige-pH-Meter*

Die im folgenden beschriebene Versuchsdurchführung ist für jede Probe (0 - 5 cm und 5 - 10 cm) getrennt durchzuführen.

❑ Nehmen Sie zur pH-Wert-Bestimmung den frisch entnommenen und gut gemischten Boden.

❑ Entfernen Sie Wurzeln, Steine und größere Lebewesen.

❑ Füllen Sie ein wenig Boden mit dem Löffel bis zur Höhe der Längsrinne in die kreisförmige Vertiefung des Hellige-pH-Meters.

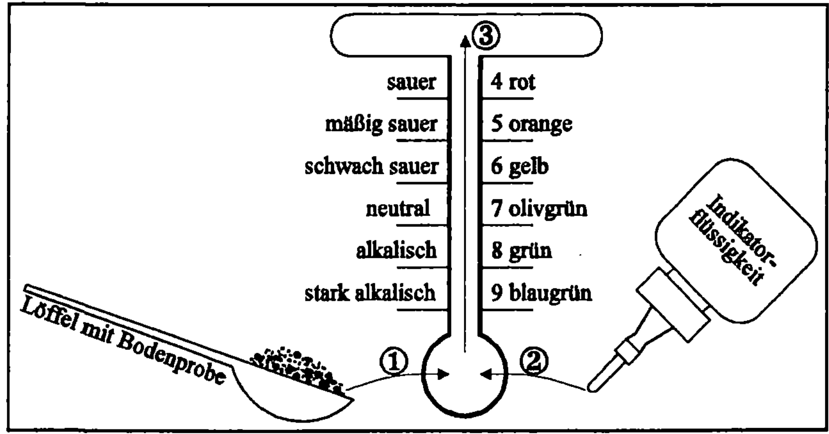


**Abb. 5.4.** Bestimmung des pH-Wertes einer Bodenprobe mit einem pH-Meter nach Hellige (Brucker 1990, S. 25)

---

[23] Am besten wird für die Aufschlämmung eine $CaCl_2$-Lösung verwendet. Die Erklärung dafür finden Sie im Kap. 7.1.

❑ Fügen Sie den Universalindikator tropfenweise hinzu. Zum Schluß soll etwas Flüssigkeit über dem Bodenbrei stehen. Rühren Sie kurz um, und warten Sie 2 bis 3 Minuten.

❑ Lassen Sie dann die überstehende Indikatorflüssigkeit durch schwaches Neigen des pH-Meters durch die Rinne abfließen. Vergleichen Sie dabei die Farbe der Indikatorflüssigkeit mit der Farbskala am Rinnenrand. Die ähnlichste Farbe gibt den dazugehörigen pH-Wert an. (Steubing 1992, S. 28)

**Auswertung**    ❑ Tragen Sie das Ergebnis in das Protokoll (Anhang A) ein und vergleichen Sie es später mit dem pH-Wert, den Sie im Labor mit einer exakteren Methode (s. Kap. 7.1) ermitteln werden.

**Fragen**    1. Welche grundsätzlichen Methoden gibt es, den pH-Wert im Feld zu bestimmen?

2. Überlegen Sie, welche Fehler bei der von Ihnen durchgeführten pH-Wert-Bestimmung auftreten können!

## 5.4  Carbonatgehalt

**Carbonate**    In Böden treten Carbonate überwiegend als **Calciumcarbonat [CaCO₃]** oder **Dolomit [CaCO₃ · MgCO₃]** auf. Umgangssprachlich wird der Carbonatgehalt auch als **Kalkgehalt**[24] bezeichnet.

| |
|---|
| **Carbonatpuffer** *Carbonathaltige Böden weisen ein ausgesprochen hohes Puffervermögen gegenüber Protonen, also Säuren, auf.[25] Das hohe Puffervermögen bewirkt, daß in carbonathaltigen Böden auch bei hoher Protonenbelastung der pH-Wert lange im Bereich um 7 konstant bleibt.[26]* |

**Exkurs** *Puffersystem Boden und Saurer Regen*

**Puffer**    *Eine wichtige Eigenschaft des Bodens besteht in seiner Fähigkeit, den Säurepegel selbst zu regulieren. Sogar die von außen hereingetragenen Säuren (Saurer Regen) werden in einem gewissen Maß vom Boden aufgenommen, ohne daß sie seinen pH-Wert ändern (Puffer-*

---

[24] Dies ist nicht ganz richtig. Kalk ist keine Sammelbezeichnung für Carbonatverbindungen, sondern eine umgangssprachliche Bezeichnung für die Calciumverbindung CaCO₃, auch kohlensaurer Kalk genannt. Einige AutorInnen zählen zum Kalk auch CaO (gebrannter Kalk) und Ca(OH)₂ (gelöschter Kalk). (Streit 1991, S. 351)

[25] Im Boden gibt es noch weitere Puffersysteme. Andere puffernde Bodenbestandteile sind Tonminerale, Huminstoffe, Silikate und Hydroxide (Sticher 1993a, S. 173).

[26] Das gilt nur dann, wenn das Carbonat fein verteilt, also mit großer reaktiver Oberfläche, im Boden vorhanden ist. Ansonsten löst es sich zu langsam, um puffernd zu wirken.

*wirkung). Im Boden ist in Gegenwart von Kalk zunächst ein pH-Wert von 8 bis 6,2 zu erwarten. Eingebrachte Säure kann durch Kalk abgepuffert werden (**Kalkpuffer**). Ist kein Kalk mehr im Boden vorhanden, dann sinkt der pH-Wert unter 6,2, und als Puffersubstanz treten Silikate an dessen Stelle. Sie puffern bis pH 5 (**Silikatpuffer**). Diese Pufferreaktion verläuft jedoch extrem langsam. Daher kann der pH-Wert bei zu schnellem Säureeintrag unter pH 5 sinken, obwohl noch große Mengen an Silikaten im Boden vorhanden sind. Unter pH 5 beginnen Aluminiumverbindungen, das Puffergeschehen zu beherrschen (**Aluminiumpuffer**).[27] Toxische Aluminiumverbindungen gehen in Lösung. (Slaby 1988, C 3; Sticher 1993, S. 172ff)*

**Saurer Regen**

*Langfristig kann der **Saure Regen** katastrophale Auswirkungen auf das Ökosystem Boden haben. Wenn die Pufferkapazität des Bodens erschöpft ist[28], dann steigt die Konzentration der $H_3O^+$-Ionen im Bodenwasser an. Diese $H_3O^+$-Ionen konkurrieren mit anderen positiven Ionen, Pflanzennährstoffen und Schwermetallen um die Adsorptionsplätze im Boden.[29] Übersäuertes Bodenwasser **laugt** so wichtige **Pflanzennährstoffe**[30] aus dem Boden aus und **mobilisiert Schwermetalle**. Einige gelöste Schwermetalle wirken toxisch auf Bodenflora und -fauna (Myers 1985, S. 118). Manche Schwermetalle wie Blei, Cadmium, Kupfer und Quecksilber stammen vorwiegend aus anthropogenen Quellen. Aluminium[31] kommt natürlicherweise in großen Mengen im Boden vor. Unterhalb pH 5 liegen gelöste Aluminiumionen in der Bodenlösung vor und wirken zelltoxisch. Dies ist eine von vielen Ursachen für das Waldsterben (Streit 1991, S. 687). Ein **hoher Carbonatgehalt** ist vorteilhaft, weil er der Versauerung entgegenwirkt. Aber nicht nur zu niedrige Carbonatgehalte, sondern auch **zu hohe Carbonatgehalte** können nachteilige Folgen haben[32].*

**Prinzip der Carbonatgehaltsbestimmung**

Nach Zugabe von Säure entwickelt sich **aus den Carbonaten $CO_2$**:

$$CaCO_3 + 2\ HCl \rightleftarrows CaCl_2 + H_2O + CO_2 \uparrow$$

Dies kann zur Bestimmung des Carbonatgehaltes im Boden ausgenutzt werden.

**Methode**

Mit Säuren reagiert Carbonat unter Gasentwicklung, die je nach Carbonatgehalt sicht- oder hörbar ist. In der Versuchsdurchführung beschreiben wir, wie Sie den Carbonatgehalt vor Ort bestimmen können: durch einfaches

---

[27] Interessieren Sie sich genauer für die einzelnen Puffer? Dann können Sie z. B. bei SCHEFFER/SCHACHTSCHABEL (1992, S. 116 - 118) mehr darüber nachlesen.

[28] Es gibt Böden mit einem sehr geringen Carbonatgehalt, z. B. die meisten Böden in Schweden. Solche Böden haben ein geringeres Puffervermögen und versauern deshalb schnell.

[29] Mehr Hintergrundwissen zu Adsorptionsvorgängen im Boden erfahren Sie in den Kap. 7.2 und 8.2.

[30] Nährstoffmangel wird nicht nur durch Auslaugung verursacht. Bei niedrigem pH verläuft der mikrobielle Abbau der organischen Substanz langsamer. Die Nährstoffe bleiben gebunden und sind daher nicht pflanzenverfügbar.

[31] Aluminium ist das weitestverbreitete Metall der Erdrinde. Wichtige Aluminiumverbindungen im Boden sind: Feldspäte und Glimmer (Aluminiumsilikate), Tone (Verwitterungsprodukte von Aluminiumsilikaten), Korund (Aluminiumoxid) und Bauxit (Aluminiumhydroxid) (Hollemann/Wiberg 1985, S. 864).

[32] Fe und Mn sind auf Carbonatstandorten für Pflanzen schlecht verfügbar, weil sich bei pH-Werten über 7 schwer lösliche Fe- und Mn-Hydroxide bilden. Außerdem ist auf reinen Carbonatstandorten oftmals K-Mangel bei Pflanzen zu beobachten. Eine ausreichende Versorgung mit diesem wichtigen Nährelement ist nicht gewährleistet, weil die hohe Konzentration zweiwertiger $Ca^{2+}$-Ionen in der Bodenlösung die Aufnahme der in geringen Mengen vorhandenen $K^+$-Ionen stark beeinträchtigt. (LMU 1994, VIII)

**Abschätzen** der Stärke der $CO_2$-Bildung, also der Stärke des **Aufschäumens**. Eine genauere quantitative Bestimmung des $CaCO_3$ ist im Labor möglich. Dieser Methode liegt die gleiche chemische Reaktion zugrunde. Dabei wird das entstehende $CO_2$ **volumetrisch** mit einem Gerät namens "Scheiblerscher Apparat" erfaßt. Die Durchführung dieser Untersuchung beschreiben wir hier nicht genauer.

**Fehlerquellen**    Intensität und Geschwindigkeit der $CO_2$-Entwicklung werden nicht nur von der Höhe des Carbonatgehaltes bestimmt. Sie sind auch abhängig von

- der Bodenart,
- dem Porengehalt und der Porengrößenverteilung,
- dem Wassergehalt,
- der Carbonatverteilung im Boden[33] sowie
- der Art der Carbonatverbindungen[34].

Im allgemeinen erlaubt die HCl-Probe nur bei großer Erfahrung[35] im gleichen Kartiergebiet und bei gleichem Ausgangsgestein ein annäherndes[36] Abschätzen des Prozentgehaltes an Carbonaten. (Benzler 1982, S. 96)

## *Versuchsdurchführung Carbonatgehalt*

Diese Versuchsdurchführung ist für jede Probe (0 - 5 cm und 5 - 10 cm) getrennt durchzuführen.

☐ Die zu untersuchende Probe wird auf einem Uhrglas mit einigen Tropfen 10 - 15 %iger Salzsäure versetzt. Wenn keine Blasenbildung sichtbar ist, dann müssen Sie ein zweites Uhrglas mit der Wölbung nach unten (!!!)

**Tabelle 5.2.** Bestimmung des Carbonatgehaltes (nach Benzler 1982, S. 94 und Brümmer 1993, S. 12)

| Beobachtung | Carbonatgehalt | |
| --- | --- | --- |
| keine sichtbare Blasenbildung | carbonatfrei | 0 % |
| sichtbare Blasenbildung nur unter einem zweiten Uhrglas | sehr carbonatarm | 0,5 % |
| schwaches Aufbrausen, kaum sichtbar | carbonatarm | 0,5 - 2 % |
| deutliches, nicht anhaltendes Aufbrausen | carbonathaltig | 2 - 10 % |
| starkes, lang anhaltendes Aufbrausen | carbonatreich | über 10 % |

---

[33] "Carbonatkörner (Düngekalk, Kalksteinsplitter) werden im Vergleich zu feinverteiltem Carbonat oft überbewertet." (Benzler 1982, S. 96)

[34] "Vorherrschen von Calcit ($CaCO_3$) bedingt rasche, von Dolomit ($CaMg(CO_3)_2$) ... je nach Anteil mehr oder weniger verzögerte $CO_2$-Entwicklung." (Benzler 1982, S. 96)

[35] Üben, üben, üben ...

[36] So genau wollen wir es gar nicht wissen.

auf die angesäuerte Bodenprobe legen.[37] Je nach Dauer und Heftigkeit des Aufbrausens kann man mit Tabelle 5.2 auf den Kalkgehalt schließen.

❏  Tragen Sie das Ergebnis im Anhang A ein.

*Fragen*

1. Beschreiben Sie die Wirkung und die Mechanismen eines Puffers[38] im Vergleich zu reinem Wasser!

2a. Stellen Sie das chemische Gleichungssystem auf, das das Puffervermögen von Carbonaten angibt (Kalk-Kohlensäure-Gleichgewicht[39])!

2b. Beschreiben Sie anhand des Gleichungssystems, was der Saure Regen in einem carbonathaltigen Boden bewirkt!

2c. Inwieweit finden im realen Boden tatsächlich die theoretisch beschriebenen Vorgänge statt?

3. Diskutieren Sie Vor- und Nachteile der Feldmethode zur Bestimmung des Carbonatgehaltes!

# 5.5  Schnelltests

Die wichtigsten Anforderungen an eine Analysenmethode sind Schnelligkeit, Richtigkeit, Genauigkeit, Empfindlichkeit[40], Handhabbarkeit und Gefahrlosigkeit. Schnelltests[41] können nicht alle Forderungen in gleichem Maße erfüllen. Ihre hohe Schnelligkeit schlägt sich in geringerer Empfindlichkeit, Genauigkeit und Richtigkeit nieder. Sie bieten damit die Möglichkeit, mit geringem Aufwand schnell und gefahrlos qualitative und halbquantitative Aussagen zu erhalten. Daher können sie für erste Überblicksuntersuchungen hilfreich sein.

**Anwendungs-gebiete**

Auf dem Markt gibt es Schnelltests für viele Anwendungen:

- Bodenuntersuchungen in Landwirtschaft und Gartenbau (pH, Nährstoffe etc.),
- Bodenuntersuchungen bei Altlasten (nur bedingt möglich, s. u.),
- Untersuchung von Trink-, Brauch-, Oberflächen- und Grundwässern,
- Abwasseruntersuchungen,
- Qualitätskontrolle in der Fabrikation und Lebensmittelindustrie und
- Ermittlung von Luftverunreinigungen. (Merck 1991)

---

[37] Falls winzige Blasen entstehen, können sie nun nicht mehr entweichen. Sie werden langsam größer und so unter dem Uhrglas sichtbar.

[38] Gemeint sind hier chemische Puffer, nicht Kartoffelpuffer!

[39] Kann man in vielen schlauen Büchern nachlesen!

[40] Die statistischen Begriffe "Richtigkeit", "Genauigkeit" und "Empfindlichkeit" werden im Kap. 10.2 erklärt.

[41] Schnelltests sind auch unter dem Namen "Screening-Tests" in der Literatur zu finden.

<table>
<tr><td>Eignung für<br>Bodenanalysen</td><td>Für die Bodenschadstoffanalytik sind Schnelltests nur bedingt geeignet. Die meisten Schnelltestverfahren sind nicht in der Lage, Konzentrationen im unteren Spurenbereich nachzuweisen.</td></tr>
</table>

**Verfahren**    Viele Schnelltestverfahren beruhen auf einer Farbreaktion. Dabei reagiert die zu analysierende Substanz spezifisch mit einem Farbreagenz. Anschließend wird die Farbe mit einem Feldphotometer oder per Augenschein mit einer Farbskala ausgewertet. Tabelle 5.3 gibt einen Überblick über die wichtigsten Schnelltestverfahren.

**Tabelle 5.3.** Verschiedene Schnelltestverfahren

| Verfahren | Meßgröße | Meßmedium | Meßprinzip | Auswertung | Eignung für Boden |
|---|---|---|---|---|---|
| Teststäbchen | anorganische An- und Kationen (z. B. $Zn^{2+}$, $NO_3^-$) | Lösung | kolorimetrisch | Ein Plastikstäbchen[*] mit einem fest aufgebrachten chemischen Farbreagenz wird in die Meßlösung getaucht. | Farbe mit einer Farbskala vergleichen. | sehr schlecht |
| Küvettentests | anorganische An- und Kationen (z. B. $Zn^{2+}$, $NO_3^-$) | Lösung | kolorimetrisch | Ein chemisches Farbreagenz wird der Meßlösung zugegeben. | Farbe mit Farbskala vergleichen oder mit einem Feldphotometer messen. | schlecht |
| Immunoassays[b] | organische Schadstoffe (z. B. PCP, PCB[c]) | Lösung | kolorimetrisch | Die Meßlösung wird in ein mit Antikörpern präpariertes Reagenzglas (Farbreaktion) gegeben. | Farbe mit einem Feldphotometer messen. | mäßig |
| Prüfröhrchen[d] | anorganische und organische Gase (z. B. $CO_2$, Benzol) | (Boden)-Luft | kolorimetrisch | Eine definierte Luftmenge wird durch ein Prüfröhrchen mit Reaktionssubstanz (Farbreaktion) gesaugt. | Länge der Farbreaktionszone messen. | gut bis mäßig |
| Elektrochemische Verfahren | Summenparameter, anorganische An- und Kationen (z. B. Fluorid) | Lösung | elektrometrisch | Eine ionensensitive Elektrode wird in die Meßlösung getaucht. | Elektrische Spannung bzw. Stromstärke messen. | sehr gut bis mäßig |
| Biosensoren | Summenparameter für biologische Schadstoffwirkungen (z. B. Leuchtbakterientest) | Boden oder Lösung | biologisch | Das Meßmedium wird speziellen Bakterienkulturen zugegeben. | Hemmung einzelner Enzymsysteme bzw. Lebensfunktionen (z. B. $CO_2$-Produktion) messen. | gut |

[*] Beispiel: Plastikstäbchen der Firma Merck sind 7,4 cm lang und 0,6 cm breit. Auf ihnen ist eine 0,5 bis 4 cm lange Reaktionsfläche fixiert.

[b] siehe Exkurs "Immunoassays" in diesem Kapitel.

[c] PCB = Polychlorierte Biphenyle, PCP = Pentachlorphenol

[d] Nach der Herstellerfirma Dräger unter dem Namen Dräger-Röhrchen bekannt.

## Exkurs *Immunoassays*[42]

**Prinzip**

*Die Firma MILLIPORE (1994) entwickelte Schnelltests zum Nachweis organischer Schadstoffe im Wasser, im Boden bzw. in Lebensmitteln. Diese Schadstoff-Schnelltests basieren auf der sogenannten Immunoassay-Technologie, einer Technik die sich in der medizinischen Diagnostik schon seit 15 Jahren bewährt hat. Kernstück sind dabei Antikörper. Sie werden in einem biologischen Prozeß[43] hergestellt und auf der Innenwand eines Reagenzglases fixiert. Dieses Reagenzglas ist das Herzstück des High-Tech-Schnelltests. Der Test nutzt nun die Spezifität des Antikörpers aus, um ein spezielles Molekül unter Tausend anderen Kontaminanten einer Lösung zu "erkennen". Das Molekül wird am Antikörper angelagert. Anschließend wird mit einer spezifischen Farbreaktion festgestellt, wieviele Plätze an den Antikörpern frei geblieben sind. Je intensiver die Probe gefärbt ist, desto höher ist die Konzentration des Schadstoffes. Sie kann mit einem Feldphotometer bestimmt werden.*

**Analysierbare Substanzen**

*Jeder Test detektiert nur eine bestimmte Verbindung, diese jedoch äußerst spezifisch. Andere Verbindungen werden ignoriert. Für jeden weiteren Schadstoff muß ein eigener Antikörper entwickelt werden. Millipore entwickelte Schnelltests zur Untersuchung von **PCBs, PCPs und Pestiziden.***

**Vorteile**

*Die Probenvorbehandlung und die Analyse können direkt am Ort der Probenahme durchgeführt werden[44]. Dies ist in kurzer Zeit (15 min) möglich. Dabei können laut Millipore Kontaminationen bis im ppm- oder ppb-Bereich gemessen werden. Die Ergebnisse sollen eine gute Übereinstimmung mit instrumentellen Analysenmethoden wie HPLC (Hochdruckflüssigkeitschromatographie) oder GC (Gaschromatographie) zeigen und seien sehr gut reproduzierbar. Außerdem sind die Immunoassays verglichen mit den Labormethoden wesentlich billiger. Die Kosten für eine Analyse belaufen sich auf ca. 30,00 DM. Unseres Erachtens können die Immunoassays jedoch GC- und HPLC-Analysen nicht ersetzen, höchstens ergänzen.*

**Fragen**

1. Wieviel Quadratmeter Reaktionsfläche hat ein Teststäbchen der Firma Merck?

2. Kann mit Teststäbchen oder Küvettentests der Gesamtgehalt eines Schadstoffes ermittelt werden? Diese Frage können Sie erst beantworten, wenn Sie Kap. 8.3 gelesen haben.

3. Nennen Sie Vor- und Nachteile von Schnelltestverfahren!

---

[42] Englisch: assay = Analyse, Test.

[43] Hinter dem Begriff "biologischer Prozeß" verbirgt sich ein Tierversuch. Der nachzuweisende Schadstoff, z. B. Atrazin, wird auf ein Carrierprotein aufgebracht. Dieses Molekül wird einem Hasen oder einer Maus eingespritzt. Nun hofft man darauf, daß das Immunsystem des Tieres als Abwehrreaktion gegen den Fremdstoff Antikörper bildet. Diese Antikörper können dann aus dem Blut gewonnen und in Zellkulturen vermehrt werden.

[44] Wasserproben können direkt in das Reagenzglas gegeben werden, Bodenproben werden vorher extrahiert. Probleme bei einer Extraktion im Feld stellen die Eignung der Immunoassays als Feldmethode in Frage.

# 6 Probenvorbehandlung

*Folgende Vorbehandlungen sind gebräuchlich: Mischen, Probenteilung, Trocknen, Sieben und evtl. Mahlen.[1] In der Praxis müssen Sie sich von Fall zu Fall überlegen, welche Vorbehandlungen sinnvoll sind.*

**Einzelfall-entscheidung**

Ein paar Beispiele:

- Ihre Analysensubstanz zersetzt sich bei 30 °C. Dann würde es nicht gerade für Ihre Intelligenz sprechen, wenn Sie den Boden bei 40 °C trocknen würden.[2]
- Sie wollen den Boden auf Zink analysieren. In diesem Fall sollten Sie keine zinkhaltigen Siebe benutzen.[3]
- Sie wollen den Boden auf Phthalate, in Kunststoffen enthaltene Weichmacher, analysieren. Arbeiten Sie ohne Kunststoffhandschuhe[4], oder behalten Sie Ihre Analysenergebnisse besser für sich.
- Sie wollen den pH-Wert des Bodens ermitteln. Da die pH-Messung in wässriger Lösung erfolgt, macht es keinen Sinn, den Boden vorher zu trocknen.[5]
- Sie möchten das im Boden oberflächengebundene Cadmium bestimmen. Mahlen wäre jetzt nicht sonderlich klug.[6]

**Aufbereitung**

<u>Nach der Probenvorbehandlung</u> und vor der Analyse organischer und anorganischer Schadstoffe folgen weitere Aufbereitungsschritte. Der zu untersuchende Schadstoff muß von der **Bodenmatrix**[7] getrennt werden und in eine der Analysenmethode entsprechende Form überführt werden.

---

[1] Die Probenvorbehandlung ist in der DIN ISO 11 464 (Entwurf) zusammengestellt.

[2] Außer wenn Sie eine Kontamination des Bodens mit der Analysensubstanz vertuschen möchten.

[3] Außer wenn Sie eine real gar nicht vorhandene Kontamination nachweisen wollen.

[4] Stattdessen können Sie z. B. Baumwollhandschuhe benutzen.

[5] Außer wenn Sie die Bekanntgabe des Analysenergebnisses verzögern wollen.

[6] Außer wenn Sie mit uralten Geräte arbeiten und deren Nachweisgrenze nicht unterschreiten möchten.

[7] Als Matrix wird die Substanz bezeichnet, die die zu analysierenden Stoffe umgibt.

## 6.1 Probenteilung

<table>
<tr><td>Ziel</td><td>Für eine einzelne Analyse wird nur ein kleiner Teil der Proben benötigt. Bei der Probenteilung muß darauf geachtet werden, daß die Repräsentativität der Probe erhalten bleibt. Die Probe wird so oft geteilt, bis man die benötigte Analysenmenge erhalten hat.</td></tr>
</table>

**Methoden**

Die Teilung kann mit dem sogenannten **Riffelprobenteiler** (s. Abb. 6.1) durchgeführt werden.[8] In der weiter unten angegebenen Versuchsdurchführung verwenden wir das manuelle **Diagonalverfahren** (s. Abb. 6.2). Die Probe wird noch einmal gut gemischt, also homogenisiert. Danach wird sie in dünner Schicht auf einer ebenen Unterlage ausgebreitet. Mit zwei zueinander senkrechten Schnitten wird die Probe in vier gleiche Portionen geteilt. Die jeweils diagonal gegenüberliegenden Portionen werden vereinigt. Dieser Vorgang wird solange wiederholt, bis die erforderliche Probenmenge erreicht ist.

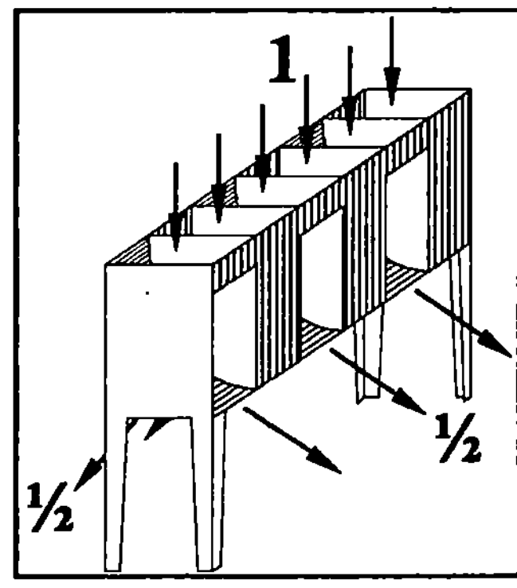


**Abb. 6.1.** Riffelprobenteiler

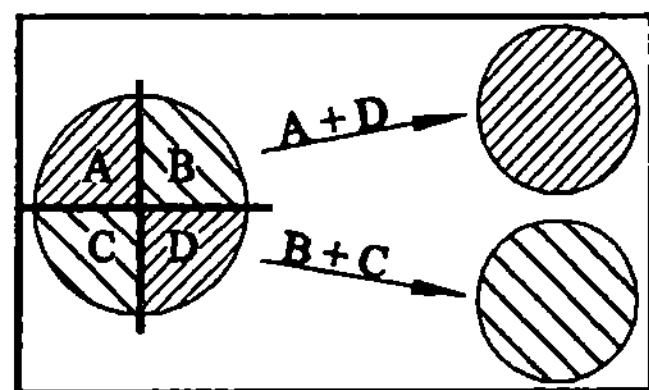


**Abb. 6.2.** Probenteilung nach dem Diagonalverfahren

**Praxis**

In der Praxis wird häufig darauf verzichtet, die Probe nach einem wissenschaftlich exakten Verfahren zu teilen. Stattdessen wird die Probe kräftig gerührt und damit **homogenisiert**. Ist die Probe ausreichend homogen, kann die benötigte Analysenmenge direkt als repräsentative Teilprobe entnommen werden.

### Versuchsdurchführung Probenteilung

Gewöhnlich wird die Probe vor Beginn der Analysen in eine **Analysenprobe** und eine **Rückstellprobe** geteilt. Die Rückstellprobe wird aufbewahrt für den Fall, daß einzelne Analysenschritte wiederholt werden müssen, aber nicht mehr genug von der Analysenprobe übrig ist. Für diesen Teilungsschritt beschreiben wir das **Diagonalverfahren**[9]. Dagegen erfolgt die Entnahme von Proben für die einzelnen Analysen direkt aus den Glasflaschen, die die Analysenproben enthalten.

---

[8]  "Dieser teilt die Probe in zwei gleiche Teile. Die Größe der einzusetzenden Geräte muß so gewählt werden, daß sie der Korngröße des zu teilenden Materials Rechnung trägt." (DIN ISO 11 464, S. 7)

Falls Sie alle in diesem Buch angegebenen Versuche durchführen wollen, dann können Sie der Abb. 2.3 entnehmen, an welchen Stellen wir es für sinnvoll halten, die Probe mit dem Diagonalverfahren zu teilen. Dabei ist die Teilung für jede Probe (0 - 5 cm und 5 - 10 cm) durchzuführen.

☐ Mischen Sie die Probe auf einem Labortischpapier bis sie homogen ist.

☐ Teilen Sie die Probe mit zwei zueinander senkrechten Schnitten in vier gleiche Portionen. Vereinigen Sie dann jeweils die beiden diagonal gegenüberliegenden Haufen. Verfahren Sie gemäß Abb. 6.2.

☐ Füllen Sie die Proben, mit denen Sie nicht sofort weiterarbeiten, zur Aufbewahrung in braune, beschriftete Glasflaschen ab.

## 6.2 Trocknen

**Anforderung**  Wie aus Abb. 2.3 hervorgeht, wird ein Teil der Analysen an getrockneten Proben vorgenommen. Die Trocknung hat nicht nur schnell, sondern auch schonend zu erfolgen: **Schnell**, weil nach der Entnahme der Bodenprobe keine chemischen Reaktionen und keine mikrobiologischen Prozesse mehr ablaufen sollen. **Schonend**, damit die Probe nicht durch zu hohe Temperaturen verändert wird.

**Gründe**  Die Aufbereitung einer trockenen Bodenprobe ist einfacher als die Aufbereitung einer nassen Probe.

■ Die Probe muß getrocknet werden, weil sonst ein **Absieben** der Fraktion > 2 mm[10] nicht oder nur sehr bedingt möglich ist.

■ Für bestimmte Analysen muß die Probe zuerst auf eine Größe von z. B. < 2 µm **gemahlen** werden. Nur getrocknete Proben können gemahlen werden, da die Mahlwerkzeuge sonst verkleben.

■ Organische Schadstoffe liegen im Boden sowohl adsorbiert an die feste Phase als auch gelöst in der wässrigen flüssigen Phase (Bodenlösung) vor. Für die Analyse ist es erforderlich, die Schadstoffe aus beiden

---

[9] Jetzt werden Sie sicher denken: "Sind die doof. Die wissen auch nicht, was sie wollen. Erst schreiben sie, daß das Diagonalverfahren in der Praxis nicht eingesetzt wird. Und im nächsten Augenblick lassen sie es mich durchführen. Ist das Beschäftigungstherapie?" – Nein! Ganz im Gegenteil! Es geht hier jetzt darum, aus der Mischprobe eine Rückstellprobe und eine Probe für die weiteren Analysen zu gewinnen. Die Mischprobe ist verhältnismäßig groß. Sie soll in zwei möglichst gleich zusammengesetzte Proben geteilt werden. Bei solch großen Probenmengen kommt es leicht zu Inhomogenitäten, die durch einfaches Rühren nicht zu beseitigen sind. Deshalb wird in dieser Versuchsbeschreibung das Diagonalverfahren zur Probenteilung verwendet.

[10] Diese Fraktion leistet nur einen geringen Beitrag zu bodenchemisch relevanten Größen wie Schadstoffkonzentration, KAK, pH-Wert, Wassergehalt oder Carbonatpuffer. Genauer ist dies im Kap. 5.1 nachzulesen.

Phasen in eine flüssige organische Phase zu überführen (**Extraktion**[11]). Dieser Extraktionsschritt ist einfacher, wenn die Schadstoffe nur an der festen Phase gebunden sind. Durch eine Trocknung der Bodenprobe läßt sich die flüssige Phase eliminieren. Anschließend werden die Schadstoffe von der festen Phase in die flüssige organische Phase überführt.

---

**Trocknungsarten** *Es gibt vier Möglichkeiten, Bodenproben zu trocknen:*

- *Gefriertrocknung,*
- *Lufttrocknung,*
- *Trocknen mit Trockenmitteln und*
- *Trocknung bei 40 °C im Trockenschrank.[12]*

---

**Gefriertrocknung** Bei der Gefriertrocknung wird das Wasser dem **tiefgefrorenen Boden** bei - 40 °C entzogen. Das Wasser geht aus der festen Phase (Eis) direkt in den gasförmigen Zustand (Wasserdampf) über.[13] Treibende Kraft für den Wasserentzug ist dabei ein **Unterdruck** (Vakuum). Die Gefriertrocknung ist schonend, und die meisten chemischen Verbindungen bleiben qualitativ und quantitativ unverändert (Christ 1994, S. 6). Außerdem hat sie den Vorteil, daß die zu trocknende Probe selten zu Klumpen zusammenbackt. Sie ist jedoch aufwendiger als andere Methoden.

**Lufttrocknung** Die Lufttrocknung erfolgt an der **Laborluft**. Die Bodenprobe wird in eine Schale gegeben, größere Aggregate werden zerdrückt, und die Probe wird mehrfach gerührt. Das gesamte Bodenmaterial wird in einer Schicht von höchstens 15 mm Dicke ausgebreitet. Die Schale darf keine Bodenfeuchtigkeit adsorbieren und den Boden nicht kontaminieren. Direkte Sonneneinstrahlung ist zu vermeiden. Vorteil dieser Methode ist es, daß keine besonderen Geräte benötigt werden. Problematisch ist ein möglicher **Schadstoffeintrag** aus der Laborluft in die Probe und ein **Schadstoffaustrag** aus der Probe. Nachteilig wirkt sich außerdem – je nach Wassergehalt – die **lange Trocknungszeit** aus. Mikrobiologische Prozesse können die Probe während der Trocknung verändern. Für die PAK-Analysen (s. Kap. 9.5.7) verwenden wir eine luftgetrocknete Probe.

---

[11] Im Lexikon haben wir nachgeschaut, was "Extraktion" bedeutet: Die MedizinerIn versteht unter Extraktion das Herausziehen des Kindes aus dem Mutterleib oder das Ziehen eines Zahnes. Nein – das meinen wir nicht! Extraktion bedeutet hier selektives Herauslösen bestimmter Substanzen aus flüssigen oder festen Stoffgemischen mit Hilfe von Lösemitteln. Der Extrakt besteht aus dem Lösemittel und den herausgelösten Substanzen. (Mackensen 1982; Brockhaus 1989) Genauer finden Sie dies im Kap. 8.3.

[12] In manchen Fällen wird auch bei 105 °C getrocknet. Beachten Sie die jeweiligen Vorschriften (z. B. 18128).

[13] Die PhysikerIn nennt das Sublimation.

**Trocknen mit**
**Trockenmitteln**

Das Wasser kann einer feuchten Probe mit Trockenmitteln wie z. B. Natriumsulfat[14] entzogen werden. Dabei wird in der Probe vorhandenes Wasser als **Kristallwasser** im Natriumsulfat **eingelagert** ($Na_2SO_4 \cdot 10\ H_2O$). Zu diesem Zweck wird die Probe mit Natriumsulfat in einem Mörser verrieben. Vorteile dieser Methode sind:

- geringe Kontaminationen,
- kurze Probenvorbehandlung,
- kaum mikrobiologische und chemische Veränderungen der Schadstoffe
- und eine schnelle und einfache Trocknung. (Furtmann 1993, S. 78)

Wenn Sie diese Methode verwenden, dann müssen Sie auf jeden Fall den Wassergehalt der feuchten Probe und die zugegebene Menge $Na_2SO_4$ bestimmen. Sie müssen beide Größen berücksichtigen, wenn Sie den Schadstoffgehalt im Boden berechnen.[15]

**Trocknen**
**bei 40 °C im**
**Trockenschrank**

In mehreren Versuchsdurchführungen wird eine im **Trockenschrank** getrocknete Probe benötigt. Dazu breiten Sie das gesamte Probenmaterial in einer Porzellanschale aus. Danach stellen Sie die Schale in einen belüfteten Trokkenschrank und trocknen die Probe bei einer Temperatur von höchstens 40 °C $(\pm\ 2)^{16}$.

***Versuchsdurchführung*** *Trocknen im Trockenschrank bei 40 °C*

Die im folgenden beschriebene Trocknung ist für jede Probe (0 - 5 cm und 5 - 10 cm) durchzuführen. Die so getrocknete Probe wird für die Versuche Bestimmung der KAK, Bestimmung des Wassergehaltes und die AAS-Analyse benötigt.

- ❏ Beschriften Sie eine Porzellanschale mit Probenbezeichnung, Datum und Ihrem Namen.
- ❏ Geben Sie etwa 100 g der Bodenprobe in die sorgfältig gereinigte Schale. Die Höhe der Bodenschicht sollte nicht mehr als 15 mm betragen.
- ❏ Zerdrücken Sie größere Klumpen vorsichtig mit einem Spatel[17].
- ❏ Stellen Sie die Schale in den Trockenschrank, und stellen Sie den Thermostatregler auf 40 °C ein.
- ❏ Nehmen Sie die Probe nach 24 h[18] aus dem Trockenschrank, und stellen Sie sie zum Abkühlen in einen Exsikkator.

---

[14] Fastenfreaks genießen dies auch unter dem Namen Glaubersalz.

[15] Zum "Warum?" und "Wie?" finden Sie im Kap. 7.3 eine Aufgabe.

[16] Diese Genauigkeit von ±2 °C wird von der DIN gefordert.

[17] Bodenpartikel < 2 mm, die im feuchten Bodenzustand nur lose aneinander haften, müssen getrennt werden. Nach dem Trocknen würden diese Klumpen sonst fest zusammenbacken und dann beim Sieben fälschlicherweise dem Siebrückstand zugerechnet werden. Außerdem beschleunigt ein Zerkleinern der Klumpen die Trocknung.

**Versuchsdurchführung** *Lufttrocknung*

Die im folgenden beschriebene Trocknung ist für jede Probe (0 - 5 cm und 5 - 10 cm) durchzuführen. Die so getrocknete Probe wird für die PAK-Analyse mit dem HPLC-Gerät benötigt.

- ☐ Beschriften Sie eine Porzellanschale mit Probenbezeichnung, Datum und Ihrem Namen.
- ☐ Geben Sie etwa 50 g der Bodenprobe in die sorgfältig gereinigte Schale. Die Höhe der Bodenschicht sollte nicht mehr als 15 mm betragen.
- ☐ Zerdrücken Sie größere Klumpen vorsichtig mit einem Spatel[19].
- ☐ Stellen Sie die Schale an einen sicheren Ort ohne direkte Sonneneinstrahlung oder Zugluft.
- ☐ Wenn die Probe nach ein paar Tagen endlich trocken ist, dann füllen Sie sie in eine braune Glasflasche um oder führen Sie direkt die PAK-Analyse durch.

## 6.3 Sieben

| Grund | *Bei der Fraktion > 2 mm handelt es sich um das Bodenskelett (s. Abb. 5.1). Diese Fraktion leistet nur einen geringen Beitrag[20] zu bodenchemisch relevanten Größen wie Schadstoffgehalt, Kationenaustauschkapazität, pH-Wert, Carbonatpuffer. Das Bodenskelett würde die Menge einer als repräsentativ anzusehenden Teilprobe unnötig erhöhen und wird daher abgetrennt.* |
|---|---|
| **Vorgehen** | Der Boden wird deshalb **bei 2 mm abgesiebt**. Klumpen im Boden werden zerkleinert. Der Gewichtsanteil des Bodenskelettes wird bestimmt und im |

---

[18] "Im Trockenschrank beträgt die Trocknungsdauer für sandige Böden üblicherweise nicht mehr als 24 Stunden, für Tonböden mehr als 48 Stunden, und für Böden mit hohem Gehalt an frischem organischem Material (z. B. Pflanzenwurzelresten) können 72 Stunden bis 96 Stunden erforderlich sein." Falls Sie also einen Tonboden oder einen Boden mit hohem Gehalt an frischem organischen Material vorliegen haben, dann müssen Sie entsprechend länger trocknen. (DIN ISO 11 464, S. 6)

[19] Bodenpartikel < 2 mm, die im feuchten Bodenzustand nur lose aneinander haften, müssen getrennt werden. Nach dem Trocknen würden diese Klumpen sonst fest zusammenbacken und dann beim Sieben fälschlicherweise dem Siebrückstand zugerechnet werden. Außerdem beschleunigt ein Zerkleinern der Klumpen die Trocknung.

[20] Warum diese Fraktion nur einen geringen Beitrag zu den aufgezählten Größen leistet, haben Sie bereits gelesen. Sie erinnern sich doch noch! Oder etwa nicht? Wirklich nicht? Dann gehen Sie direkt ins Kap. 5.1. Begeben Sie sich direkt dorthin. Gehen Sie nicht über Los. Ziehen Sie keine 4000,-- DM ein. (Monopoly, Parker Brothers USA 1936)

Probenahmeprotokoll vermerkt. Häufig wird jedoch auf diese Bestimmung verzichtet[21]. Für weitere Berechnungen wird die Masse des Bodenskelettes nicht benötigt, weil Schadstoffkonzentrationen und andere Größen **auf die Masse des trockenen Feinbodens** bezogen werden.

## *Versuchsdurchführung 7*

Das Sieben ist für jede getrocknete (sowohl luft- als auch bei 40 °C getrocknete) Probe (0 - 5 cm und 5 - 10 cm) getrennt durchzuführen:

- ☐ Sieben Sie die Bodenproben mit einem Stahlsieb bei 2 mm ab. Zerkleinern Sie auf dem Sieb mit einem Spatel lose aneinander haftende Bodenklumpen.
- ☐ Ermitteln sie die Masse des Siebrückstandes (Bodenskelett)[22] und tragen Sie sie im Probenahmeprotokoll (Anhang A) ein.

# 6.4 Mahlen

| | |
|---|---|
| **Grund** | *Für manche chemischen Analysen ist es zweckmäßig, die Proben staubfein zu mahlen[23]. Die DIN ISO 11 464 schreibt vor, daß Analysenproben von weniger als 2 g in jedem Fall zerkleinert werden. Zerkleinert sind bereits kleine Teilproben repräsentativ[24], und damit sind geringere Mengen für die Analysen notwendig. Gemahlene Proben haben eine größere Oberfläche und lassen sich deshalb vollständiger und schneller extrahieren.* |

**Nachteile**     Mahlen ist aber nur zulässig, wenn **Gesamtgehalte** ermittelt werden sollen[25]. Mahlen ist unzulässig, wenn oberflächenabhängige Größen analysiert werden:

---

[21] Häufig ist der Gewichtsanteil des Bodenskelettes gering und braucht dann nicht genau ermittelt zu werden. Dagegen ist diese Angabe bei Böden sinnvoll, die einen größeren Anteil an Bodenskelett haben. Will man den Anteil, den das Bodenskelett ausmacht, erfassen, darf bei der Probenahme nichts verworfen werden (s. Versuchsdurchführung im Kap. 4.2).

[22] Auf die Bestimmung des Siebrückstandes wird oft verzichtet (s. dazu auch Fußnote 21).

[23] Zum Mahlen der Proben können z. B. Mikroschnellmühlen, Kugelmühlen oder Scheibenschwingmühlen verwendet werden. Wegen der Abriebgefahr müssen die Mühlen aus Stoffen bestehen, die nicht analysiert werden sollen, z. B. Borcarbid.

[24] Stellen Sie sich vor: Sie haben 2 g Boden, und die Körner haben einen Durchmesser von 2 mm. Zählen Sie in Gedanken die Körner. 1, 2, 3 ... Na, was schätzen Sie, welche Zahl hat das letzte Korn? Wenn Sie richtig geschätzt haben, dann stellen Sie fest, daß die Zusammensetzung jedes einzelnen Kornes einen entscheidenden Einfluß auf die Gesamtprobe hat. Die Repräsentativität ist also nicht unbedingt gewährleistet. Hilfe zur Überprüfung Ihrer Schätzung finden Sie in der Frage 1.

[25] Beispiele: Gesamt-Metall-Bestimmung oder Humusgehalt nach dem Kaliumdichromat-Verfahren (s. Kap. 7.4).

z. B. die Kationenaustauschkapazität (s. Kap. 7.2), die pflanzenverfügbaren Schwermetalle (s. Kap. 8.2 und 8.3) oder die pflanzenverfügbaren Nährstoffe. (Brümmer 1993, S. 4)

## *Fragen zum gesamten Kapitel sechs*

1. Sicher wollen Sie wissen, ob Ihre Schätzung (Fußnote 24 in diesem Kapitel) gut war. Mit dieser Aufgabe können Sie sie überprüfen. Berechnen Sie, aus wie vielen Körnern 2 g Boden bestehen. Nehmen Sie an, daß die Körner ideale Kugeln mit einem Durchmesser von 2 mm sind. Nehmen Sie für die Dichte des Bodens (ohne Porenraum) einen Wert von 2,65 kg/L[26] an.

2. Was wird in diesem Buch zur "Probenvorbehandlung" und was zur "Probenaufbereitung" gezählt?[27] Erklären Sie die beiden Begriffe! Falls Sie diese Frage nach diesem Kapitel noch nicht beantworten können, dann ist das nicht so schlimm. Wir erwarten aber von Ihnen, daß Sie sie beantworten können, wenn Sie die Kap. 8 und 9 durchgearbeitet haben.

3. Aus welchen Schritten besteht die Probenvorbehandlung? Warum werden die entsprechenden Schritte durchgeführt?

4. Überlegen Sie sich, welche der in Tabelle 6.1 angegebenen Probenvorbehandlungsschritte für die Bestimmung der verschiedenen Parameter geeignet sind!

**Tabelle 6.1.** Notwendige Vorbehandlungsschritte bei verschiedenen Bestimmungen

| Probenvorbehandlung | Wassergehalt | Korngrößenverteilung | Kationenaustauschkapazität | mikrobiologische Aktivität | leicht flüchtige org. Verb. (ab 0 °C) | thermisch leicht zersetzbare org. Verb. (ab 40 °C) | Schwermetallgesamtgehalte (DIN 38 414 Teil 7) |
|---|---|---|---|---|---|---|---|
| Mischen | | | | | | | |
| Aussortieren von Grobstoffen | | | | | | | |
| Trocknen — Gefriertrocknung | | | | | | | |
| Trocknen — Lufttrocknung | | | | | | | |
| Trocknen — mit Trockenmitteln | | | | | | | |
| Trocknen — Trockenschrank (40 °C) | | | | | | | |
| Sieben (< 2 mm) | | | | | | | |
| Probenteilung | | | | | | | |
| Mahlen | | | | | | | |

---

[26] 2,65 kg/L ist die Dichte von Quarz. Die Dichte der Mineralkörner des Bodens liegt meist zwischen 2,4 und 2,65 kg/L. Sie wird in erster Linie vom Gehalt an organischer Substanz beeinflußt. (Schroeder 1984, S. 63)

[27] Wir unterscheiden in diesem Buch zwischen "Probenvorbehandlung" und "Probenaufbereitung"! In der uns zur Verfügung stehenden Literatur haben wir auch noch die Begriffe "Probenbearbeitung" und "Probenvorbereitung" gefunden. Diese Begriffe werden von verschiedenen Autoren unterschiedlich verwendet. Deshalb macht es wenig Sinn, die Begriffe mit ihrer zugehörigen Definition auswendig zu lernen. Im nächsten Buch ist wieder alles anders. Trotzdem sollten Sie sich aber den inhaltlichen Unterschied der von uns verwendeten Begriffe "Probenvorbehandlung" und "Probenaufbereitung" klar machen!

# 7 Bodenkundliche Laborversuche

## 7.1 pH-Wert

**Einflußfaktoren**  Der pH-Wert ist eine wichtige Kenngröße eines Bodens. Folgende Faktoren beeinflussen den pH-Wert:

- das Ausgangsgestein,
- der Humusgehalt und die Humusform eines Bodens,
- die Lebewesen,
- das Bodenwasser,
- das Klima und
- das Alter des Bodens. (Sticher 1993a, S. 169)

**Wirkungen**  Der pH-Wert beeinflußt:

- die chemische Verwitterung mineralischer Bodenpartikel,
- das Bodengefüge,
- den Wasser- und Lufthaushalt des Bodens,
- die Verfügbarkeit an Pflanzennährstoffen,

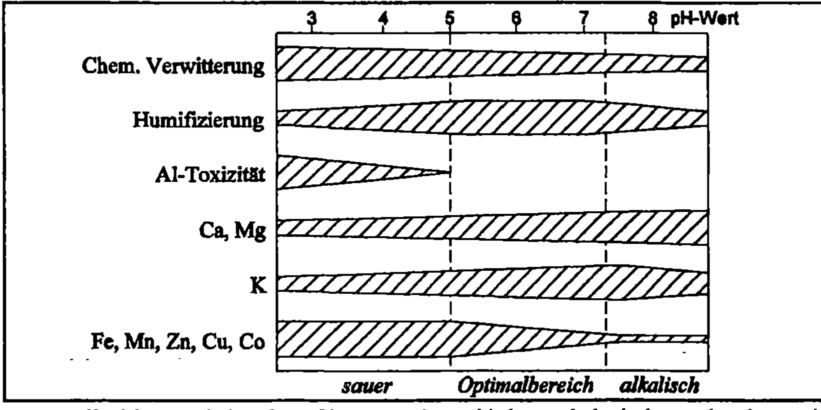


**Abb. 7.1.** Beziehung zwischen dem pH-Wert und verschiedenen ökologischen und pedogenetischen Faktoren (nach Schroeder 1984, S. 80)

- die Aktivität der Mikroorganismen und
- die **Mobilität von giftigen Schwermetall- und Aluminiumionen.**

Damit beeinflußt der pH-Wert direkt und indirekt die Lebensbedingungen der Bodenorganismen. (Brucker 1990, S. 24 und Slaby 1988, C1) Wie die Abb. 7.1 zeigt, kann der pH-Bereich **zwischen 5 und 7,3 als Optimalbereich** angesehen werden. Je breiter das Band in der Abbildung, desto intensiver ist der Vorgang bzw. die Verfügbarkeit der Elemente. (Sticher 1993b, S. 91)

> **pH = - log [H₃O⁺]** *Unter dem pH-Wert der Bodenlösung[1] versteht man den negativen dekadischen Logarithmus der H₃O⁺-Konzentration[2]. Um den Kontakt des pH-Meßgerätes mit der Bodenlösung sicherzustellen, verwendet man für die Messung eine Aufschlämmung von 1 Teil Boden und 2,5 Teilen Wasser oder CaCl₂-Lösung. In dieser Bodensuspension wird der pH-Wert elektrometrisch gemessen.*

**CaCl₂**

Laut STICHER (1993a, S. 168) liegen die Meßergebnisse in CaCl₂ um eine halbe pH-Einheit tiefer als jene in reinem Wasser. Sie sind **besser reproduzierbar und geben die Verhältnisse im Boden besser wieder**[3]. In der weiter unten beschriebenen Versuchsdurchführung stellen Sie (DIN-gerecht) eine Bodensuspension mit CaCl₂ her.

**pH-Schwankungen**

Unterschiede von bis zu 2 pH-Einheiten können innerhalb weniger Meter auftreten. Dies trifft vor allem für naturbelassene Standorte, wie zum Beispiel Waldböden, zu. Durch die anthropogene Bodenbearbeitung werden solche kleinräumigen Unterschiede verwischt. Ackerflächen weisen daher homogene pH-Werte auf. Auch durch andere **menschliche Einflüsse** kann der ursprüngliche pH-Wert wesentlich geändert werden, z. B. durch Düngung oder saure Niederschläge.

---

[1]  Der pH-Wert der Bodenlösung wird umgangssprachlich "pH-Wert des Bodens", fachsprachlich "Bodenacidität" genannt.

[2]  Genaugenommen muß es statt "Konzentration" "Aktivität" heißen. Die Aktivität erfaßt nur die "wirksamen" H₃O⁺-Ionen. Bei höherer Konzentration behindern sich die H₃O⁺-Ionen gegenseitig. Von den insgesamt vorhandenen H₃O⁺-Ionen ist nur ein etwas geringerer Anteil "aktiv". (s. dazu auch Frage 1 im Kap. 8.5)

[3]  Die Bodenlösung im realen Boden enthält Ionen. Würde man destilliertes Wasser zugeben, um den pH-Wert zu messen, so würde dies <u>nicht</u> die realen Verhältnisse im Boden widerspiegeln. Zur Einstellung eines Gleichgewichtes würden Kationen (z. B. Na⁺, Ca²⁺) in Lösung gehen. Die frei gewordenen Stellen würden von H⁺-Ionen besetzt werden. Damit würde die Konzentration der H⁺-Ionen in der Bodenlösung absinken. Es würde ein zu hoher pH-Wert gemessen werden, weil nur die frei verfügbaren H⁺-Ionen bei der pH-Bestimmung erfaßt werden. Die Konzentration der verwendeten CaCl₂-Lösung gibt die Verhältnisse in der realen Bodenlösung besser wieder.

**Exkurs** *Die pH-Elektrode*

*Der pH-Wert kann **kolorimetrisch** (s. Kap. 5.3) oder **potentiometrisch** bestimmt werden. Zur elektrometrischen pH-Bestimmung wird in der Praxis meist die Glaselektrode verwendet. Obwohl sie zu den am häufigsten verwendeten Laborgeräten gehört, ist die Funktionsweise der Glaselektrode bis heute nicht vollständig geklärt (Christen 1985, S. 438). Bislang arbeitet die Wissenschaft mit folgender Erklärung:*

**Prinzip**

*Der pH-Wert einer Lösung ist ein logarithmisches Maß für die Konzentration[4] der Wasserstoff-Ionen in dieser Lösung. Die Konzentration der $H^+$-Ionen wird in Form einer elektrischen Potentialdifferenz meßbar gemacht. Der entscheidende Vorgang für die pH-Messung ist **kein Redoxvorgang**, sondern ein **Phasengrenzflächenphänomen**. Er findet in einer Glasmembran statt. (TUB 1994b, S. 3)*

**äußere Quellschicht**

*Lithium-Barium-Silikat-Glas bildet bei der Berührung mit Wasser eine gelartige Quellschicht aus. In dieser Quellschicht sind $H^+$-Ionen beweglich und können eingelagert werden. Die Glaselektrode mit der Quellschicht wird in die Meßlösung getaucht. In der folgenden Erklärung betrachten wir als Beispiel eine saure Meßlösung[5]. Dann ist die Konzentration der $H^+$-Ionen in der Meßlösung größer als in der Quellschicht. Die unterschiedlichen $H^+$-Konzentrationen in der Quellschicht und in der Meßlösung stellen eine **Potentialdifferenz**[6] dar. Diese Potentialdifferenz als treibende Kraft läßt $H^+$-Ionen aus der Meßlösung in die Quellschicht wandern, wo sie absorbiert werden.[7] Die Quellschicht lädt sich positiv auf. Diese positive Ladung führt zu einer Wanderung der $H^+$-Ionen in entgegengesetzter Richtung aus der Quellschicht in die Meßlösung. Es findet eine Desorption statt. Aufgrund der Absorptions- und Desorptionsvorgänge stellt sich nach einiger Zeit ein dynamisches Gleichgewicht zwischen den beiden Phasen ein. Der pH-Wert der Meßlösung bestimmt, wie stark die äußere Quellschicht aufgeladen ist (s. Abb. 7.2). (Sontheimer 1980, S. 158)*

**Glasmembran-mittelleiter**

*Die äußere Quellschicht ist die Oberfläche einer Glasmembran. Der mittlere Teil der Glasmembran (Glasmembranmittelleiter) ist für $H^+$-Ionen nicht durchlässig. Lithium-Ionen können dagegen darin wandern. Die positive Ladung, die sich in der äußeren Quellschicht aufgebaut hat, übt - modellhaft gesprochen - einen "**Druck**"[8] auf die $Li^+$-Ionen im Glasmembranmittelleiter aus. Die $Li^+$-Ionen werden dabei von außen nach innen (in Abb. 7.2 von rechts nach links) verschoben. (TUB 1994b, S. 4 und Sontheimer 1980, S. 158)*

**innere Quellschicht**

*Auf der anderen Seite der Glasmembran befindet sich eine Lösung mit bekanntem und konstantem pH-Wert, eine **pH-Puffer-Lösung**. Zwischen Glasmembran und pH-Puffer-Lösung bildet sich die innere Quellschicht aus. Die verschobenen $Li^+$-Ionen im Glasmittelleiter üben einen "Druck" auf diese Schicht aus: $H^+$-Ionen werden aus der Schicht herausgedrückt und*

---

[4] Eigentlich muß es im gesamten Exkurs statt "Konzentration" "Aktivität" heißen! Siehe dazu auch Fußnote 2.

[5] Falls eine alkalische Meßlösung vorliegt, ist "alles" umgekehrt.

[6] Beachten Sie: Die Potentialdifferenz ist hier
- keine elektrische Potentialdifferenz, hervorgerufen durch einen elektrischen Ladungsunterschied,
- sondern eine Konzentrations-Potentialdifferenz, hervorgerufen durch einen Konzentrationsunterschied.

[7] Genau wie die Konzentration der Wasserstoff-Ionen in einer Säure größer ist als in neutralem Wasser, ist auch die Konzentration der dazugehörigen Anionen, wie z. B. der Cl⁻-Ionen, größer. Allerdings können nur die kleineren $H^+$-Ionen in die Quellschicht eindringen, größere An- und Kationen nicht! Problematisch sind die Alkali-Ionen. Sie können leider auch in die Quellschicht eindringen und verursachen den Salzfehler.

[8] Gleiche elektrische Ladungen stoßen sich ab!

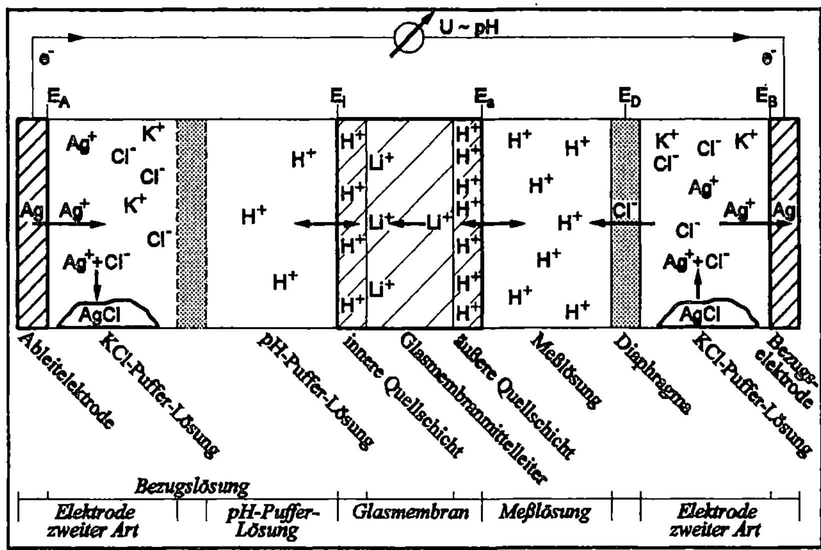


**Abb. 7.2.** Funktionsprinzip einer pH-Elektrode (Beispiel für eine saure Meßlösung)

*wandern in die pH-Puffer-Lösung. Allerdings gibt es auch eine treibende Kraft in entgegengesetzter Richtung. Innere Quellschicht und pH-Puffer-Lösung wollen ihre Konzentrationen ausgleichen. Dieses Bestreben wirkt sich in umgekehrter Richtung von der inneren Quellschicht über den Glasmembranmittelleiter auf die äußere Quellschicht aus. Zwischen innerer Quellschicht und pH-Puffer-Lösung baut sich eine Ladungsdifferenz auf. Da der pH-Wert der pH-Puffer-Lösung konstant ist, ist auch das $H^+$-Konzentrations-Potential der inneren Quellschicht konstant. Aus dem zwischen den beiden Quellschichten vorhandenen **Ladungsunterschied** läßt sich deshalb direkt auf den pH-Wert der Meßlösung zurückschließen[9]. (TUB 1994b, S. 4)*

**Galvanische Halbzellen**

*Die Spannung[10] zwischen innerer und äußerer Quellschicht soll gemessen werden. Praktisch wäre es, wenn sich diese Spannung über einen metallischen Leiter direkt aus den Schichten abnehmen ließe. Das geht leider nicht. Stattdessen wird der elektrische Kontakt mit Salzlösungen hergestellt. Man verwendet dafür zwei galvanische Halbzellen. Die Salzlösungen der beiden Halbzellen stehen über jeweils ein Diaphragma mit der pH-Puffer-Lösung bzw. der Meßlösung in Verbindung. Das durch die Potentialdifferenz an der Glasmembran aufgebaute elektrische Feld wird durch die Diaphragmen hindurch auf die Salzlösungen übertragen. Als Halbzellen werden zwei gleiche Elektroden zweiter Art[11] verwendet, meist Silber / Silberchloridelektroden. Ihre Galvanikspannungen bleiben annähernd konstant, weil die $Cl^-$-Konzentration in der KCl-Puffer-Lösung extrem hoch und damit näherungsweise konstant ist. Damit bleibt auch die $Ag^+$-Konzentration fast konstant. Die Galvanikspannungen der beiden Halbzellen ($E_A$ und $E_B$ - siehe unten) sind demnach gleich groß, haben aber entgegengesetzte Vorzeichen und heben sich dadurch auf.*

---

[9]  Vielleicht fragen Sie sich jetzt: Warum das Ganze? Warum mißt man nicht einfach die Ladung der äußeren Quellschicht? – Schön wär's, wenn das so einfach ginge: Eine einzelne Ladung ist nicht meßbar, sondern nur eine Ladungsdifferenz, d. h. der elektrische Potentialunterschied zwischen zwei Punkten. Als zweiter Punkt wird die innere Quellschicht benötigt.

[10]  Elektrische Potentialdifferenz.

**pH-Glaselektrode** *In der Praxis wird meist eine Einstab-Glas-elektrode verwendet: Alle oben beschriebenen Teile sind hier bautechnisch zu einer Einheit zusammengefaßt (s. Abb. 7.3). Die KCl-Puffer-Lösung, die über ein **Diaphragma** mit der Meßlösung in Verbindung steht, wird als **Elek-trolyt** bezeichnet. Die zugehörige Elektrode heißt **Bezugselektrode**. Die andere Elektrode wird **Ableitelektrode** genannt. In der Praxis fehlt das zweite Diaphragma. Die pH-Puffer-Lösung und die KCl-Puffer-Lösung sind in einer einzigen Lösung vereint, der sogenann-ten **Bezugslösung**. Das hat den Vorteil, daß nur an einem Diaphragma eine (unerwünsch-te) Diffusionsspannung auftritt. Diffusions-*

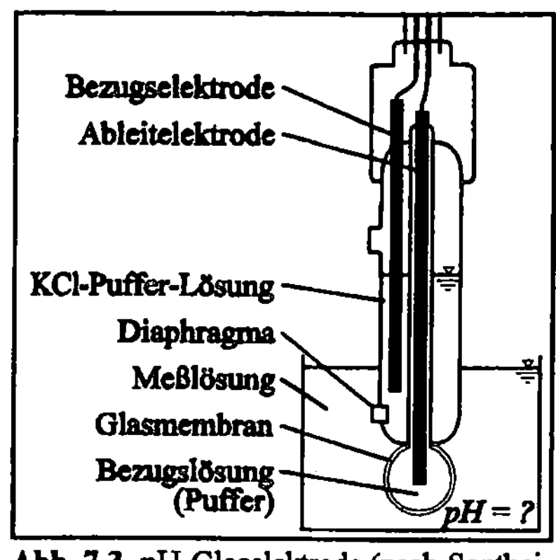



**Abb. 7.3.** pH-Glaselektrode (nach Sonthei-mer 1980, S. 157)

*spannungen kommen zustande, wenn zwei durch ein Diaphragma getrennte Lösungen*

- *unterschiedliche Konzentrationen aufweisen und*
- *die Wanderungsgeschwindigkeiten der An- und Kationen unterschiedlich groß sind. (Sontheimer 1980, S. 156f)*

*Man verwendet in der pH-Elektrode KCl, weil die Wanderungsgeschwindigkeiten der $K^+$- und der $Cl^-$-Ionen annähernd gleich sind.*

**Spannungen**      *Die meßbare Spannung U setzt sich aus fünf Einzelpotentialen zusammen:*

| | |
|---|---|
| | $E_A$    *Potential der Ableitelektrode* |
| | $E_i$    *Potential innen an der Glasmembran* |
| $U = \Delta E = E_A + E_i + E_a + E_D + E_B$ | $E_a$    *Potential außen an der Glasmembran* |
| | $E_D$    *Diffusionsspannung* |
| | $E_B$    *Potential der Bezugselektrode* |

*Gesucht ist $E_a$. $E_A$ und $E_B$ sind gleich groß, haben aber entgegengesetzte Vorzeichen, fallen also in der Gleichung weg. $E_i$ ist konstant. Übrig bleibt die Diffusionsspannung $E_D$ die unter günstigen Bedingungen[12] vernachlässigbar ist. Genauer als auf 0,01 pH-Einheiten geht's nie. Eine zehnstellige Digitalanzeige würde also nur eine nicht vorhandene Genauigkeit vorgau-keln. (TUB 1994a, S. W12)*

---

[11] Wir erklären den Begriff "Elektrode zweiter Art" am Beispiel der Silber/Silberchloridelektrode: Die $Ag^+$-Kon-zentration in einer galvanischen Halbzelle beeinflußt die Spannung. Die zugrundeliegende Redoxgleichung lautet: $Ag^+ + e^- \rightleftharpoons Ag$. In einer Elektrode zweiter Art wird die Konzentration der $Ag^+$-Ionen über ein zweites Ion, hier $Cl^-$, geregelt. $Ag^+$ und $Cl^-$ bilden einen schwerlöslichen Niederschlag. Das Löslichkeitsprodukt lautet: $K_L(AgCl) = C(Ag^+) \cdot C(Cl^-)$. In unserem Fall ist $Cl^-$ in der KCl-Puffer-Lösung in einem großen Überschuß vorhanden. Wenn sich Niederschlag bildet, verändert sich die große $Cl^-$-Konzentration nur geringfügig. Daher bleibt die $Ag^+$-Konzentration ebenfalls annähernd gleich und niedrig. Das Potential an der Elektrode ist damit konstant. Es kann mit der im Kap. 8.5 beschriebenen Nernstschen Gleichung berechnet werden. (Riedel 1988, S. 198)

[12] Ungünstige Meßlösungen sind:

- entionisiertes Wasser,

- kolloidale Lösungen (Ionenbeweglichkeit eingeschränkt durch die Oberflächenladung der dispergierten Phase),

- Lösungen mit extremen pH-Werten. (Sontheimer 1980, S. 160)

**Kalibrierung der pH-Elektrode**

*Bei der Kalibrierung der pH-Elektrode müssen Sie zwei Größen berücksichtigen: die Asymmetrie-Spannung und die Steilheit der Kalibrierkurve. Unter **Steilheit** versteht man die Steigung der Kalibrierkurve. Im Idealfall soll die Potentialdifferenz 59 mV pro pH-Einheit betragen.*

*Wenn die pH-Werte der zu messenden Lösung und des Innenpuffers der pH-Elektrode gleich sind, dann sollte die Spannung 0 betragen. Bedingt durch ungleiche Quellschichten kann aber eine sogenannte **Asymmetrie-Spannung** auftreten. Im Kalibriervorgang wird diese kompensiert. (TUB 1994a, S. W15) Steilheit und Asymmetrie-Spannung sind in Abb. 7.4 veranschaulicht.*

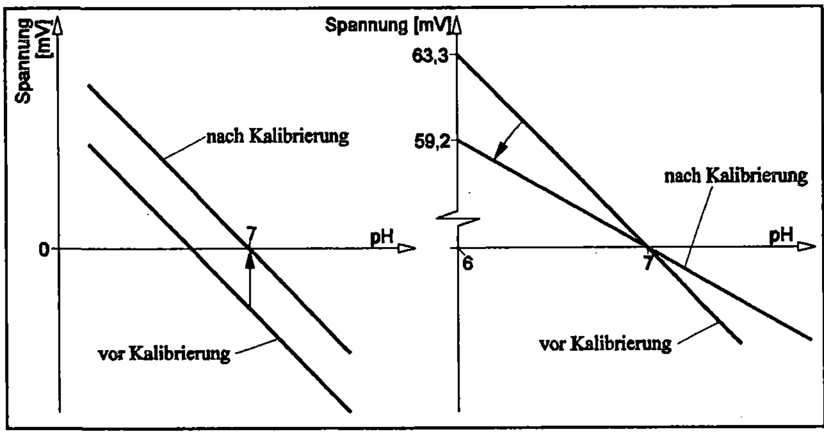


**Abb. 7.4.** Kompensation der Asymmetriespannung (links) und der Steilheit (rechts) (TUB 1994a, S. W16)

## Versuchsdurchführung pH-Wert-Bestimmung mit einer Glaselektrode

Die im folgenden beschriebene Versuchsdurchführung ist für jede Probe (0 - 5 cm und 5 - 10 cm) zweimal auszuführen.

**Ansetzen**

Die pH-Bestimmung erfolgt gemäß DIN 19 684 Teil 1. Als Meßgerät wird dabei eine **Einstab-Glaselektrode** verwendet. Mit diesem Gerät kann nur in wäßrigen Lösungen gemessen werden. Deshalb müssen Sie zuerst eine **Bodensuspension** herstellen.

❏ Setzen Sie 12 g Feinboden[13] (< 2 mm) mit 25 mL 0,01 M $CaCl_2$-Lösung in einem Becherglas an. Rühren Sie intensiv um und lassen Sie die Probe danach eine Stunde stehen.

☞ Die **pH-Elektrode** muß vor jeder Messung mit destilliertem Wasser abgespült und mit Zellstoff abgetupft werden. Während der Meßpausen hängt man die

---

[13] Nach DIN 19 684 Teil 1 sind 10 g **lufttrockener** Feinboden vorgeschrieben. Eine Lufttrocknung des Bodens würde allerdings eine Woche dauern. Bei der anschließenden pH-Wert-Bestimmung wird die Probe dann jedoch mit 0,01 M $CaCl_2$-Lösung, also mit Wasser, versetzt. Deshalb ist es nicht unbedingt nötig, die Probe vor der pH-Bestimmung zu trocknen. Zur Vereinfachung schlagen wir Ihnen vor, **frischen** Boden zu verwenden und etwas mehr Boden einzuwiegen, um den Wasseranteil auszugleichen.

Elektrode entweder in 3molare KCl-Lösung oder einfach in Leitungswasser, aber niemals in destilliertes Wasser[14]. Damit hält man einen konstanten Quellzustand der Glasmembranoberfläche aufrecht. Dieser konstante Quellzustand ist Voraussetzung für die sichere und rasche Potentialausbildung. (TUB 1994a, W 18) Auch nach jeder Messung sollten Sie die Elektrode abgespülen und abtupfen, weil Sie sonst im Laufe der Zeit die KCl-Lösung zu stark verdünnen.

**Kalibrierung**  Kalibrieren Sie vor Beginn der Messungen das pH-Meßgerät mit zwei Eichlösungen[15] (Standard-Pufferlösungen[16]) im zu erwartenden Meßbereich.

- ❏ Tauchen Sie dazu die Elektrode in die erste Pufferlösung (pH = 6,87) und drücken Sie auf dem Gerät die dafür vorgesehene Taste.

- ❏ Spülen Sie die Elektrode mit destilliertem Wasser ab und wiederholen Sie den Vorgang mit der zweiten Pufferlösung. Verwenden Sie eine Pufferlösung mit pH 4,01, wenn der erwartete pH-Wert im Sauren liegt. Verwenden Sie eine Pufferlösung mit pH 9,18, wenn der erwartete pH-Wert im Basischen liegt. Das pH-Meter ist danach zur Messung bereit.

**Messung**  ❏ Rühren Sie die Probe vor der Messung nochmals gründlich um. Tauchen Sie dann die Elektrode so in die Suspension ein, daß die Glasmembran mit der Suspension in Kontakt kommt, das Diaphragma (s. Abb. 7.3) sich jedoch in der klaren überstehenden Lösung befindet. Lesen Sie den pH-Wert auf eine Kommastelle gerundet ab, sobald die pH-Anzeige einigermaßen konstant ist. (Fischer 1993, S. 84)

**Auswertung**  ❏ Tragen Sie das Ergebnis in das Protokoll der Laborversuche (s. Anhang B) ein und vergleichen Sie es mit dem pH-Wert, den Sie im Feld mit Hilfe des Hellige-pH-Meters bestimmt haben. Diskutieren Sie etwaige Abweichungen.

---

[14] Natürlich auch nicht in voll entsalztes (ve) Wasser, Millipore (mp) Wasser oder bidestilliertes (bidest.) Wasser. Unerwünscht ist es, daß sich die Elektrolytkonzentration in der Elektrode ändert, indem Ionen durch das Diaphragma wandern. Verwendet man destilliertes Wasser, so ist das Ionengefälle zwischen dem Elektrolyten in der Elektrode und dem destillierten Wasser maximal. Deshalb darf die Elektrode nie längere Zeit in destilliertes Wasser gestellt werden. Stattdessen muß eine Lösung verwendet werden, die der Ionenkonzentration der KCl-Puffer-Lösung ähnlich ist. Am besten ist daher eine KCl-Lösung, aber Leitungswasser tut's auch ganz gut.

[15] Der Begriff "Eichlösung" wird umgangssprachlich gebraucht, ist aber an dieser Stelle nicht ganz korrekt. Eichen dürfen Sie nämlich gar nicht. Eichen darf nur das Eichamt. Sie dürfen nur kalibrieren, und das machen Sie mit den sogenannten "Eichlösungen".

[16] Anstelle von Standard-Pufferlösungen können manche Geräte auch mit "technischen Puffern" kalibriert werden. Technische Puffer haben einen pH-Wert von genau 4, 7 oder 10. Sie müssen am Gerät einstellen, ob Sie eine Standard-Pufferlösung oder einen technischen Puffer verwenden. Manchmal sind die Schalter gut versteckt. Wenn Sie ihn nicht finden, dann schauen Sie doch mal im Batteriefach nach ...

**Fragen**

1. Nennen Sie sowohl einige Faktoren, die den pH-Wert beeinflussen, als auch einige, die vom pH-Wert beeinflußt werden!

2. Warum verwendet man zur pH-Wert-Bestimmung nach DIN 19 684 Teil 1 eine 0,01 M $CaCl_2$-Lösung und kein destilliertes Wasser? Erklären Sie, was sich im Boden bei der Zugabe von destilliertem Wasser bzw. $CaCl_2$-Lösung abspielt!

3a. Angenommen, eine Probe hat einen Wassergehalt von 20 %. Nach DIN 19 684 Teil 1 sind zur pH-Messung 10 g lufttrockener Feinboden vorgeschrieben. Aus Zeitgründen ist eine Lufttrocknung nicht möglich. Sie verwenden frischen Boden. Wieviel Probe müßten Sie einwiegen, um exakt das nach DIN vorgeschriebene Probengewicht zu erreichen? Sie können bei Ihrer Berechnung davon ausgehen, daß lufttrockener Feinboden einen Restwassergehalt von 2 % hat!

3b. Ist es bei der pH-Bestimmung sinnvoll, das Probengewicht exakt zu berechnen und auf 0,1 g genau einzuwiegen?

**zum Exkurs**

4. Im heißgeliebten Exkurs "Die pH-Elektrode" schreiben wir, daß die Spannung zwischen innerer und äußerer Quellschicht sich nicht direkt aus den Quellschichten abnehmen läßt.
4a. Welchen Vorteil hätte es, wenn dies möglich wäre?
4b. Überlegen Sie, warum sich die Spannung nicht direkt aus den Quellschichten abnehmen läßt!

**zum Exkurs**

5. Warum ist es ungünstig, den pH-Wert eines entionisierten Wassers mit einer pH-Glaselektrode zu messen?

## 7.2 Kationenaustauschkapazität

Der Kationenaustausch von Böden ist seit 1850 bekannt.[17] Er ist für den Stoffhaushalt des Bodens von zentraler Bedeutung.

> *Im Boden gibt es Nähr- und Schadstoffe. Bodenchemisch besonders relevant sind die positiv geladenen Kationen[18]. Die Kationen sind im Boden an Ionenaustauscher gebunden und werden auf diese Weise in den Böden festgehalten. Nur durch Austausch gegen andere Kationen können sie in die Bodenlösung übertreten. Erst dann können sie im Boden verlagert, von Pflanzen aufgenommen oder ins Grundwasser ausgewaschen werden. Die Böden bekommen hierdurch die Fähigkeit, Kationen im Kreislauf Boden–Pflanze zu halten oder zumindest verzögert weiterzugeben. (Scheffer/Schachtschabel 1992, S. 90)*

---

[17] Bereits Aristoteles beschreibt, daß Meerwasser, das durch lehmigen Boden sickert, seinen salzigen Geschmack verliert.

[18] Aufgrund der Ladungsneutralität des Bodens gibt es natürlich auch negativ geladene Nähr- und Schadstoffe, also Anionen: z. B. Nitrat, Phosphat, Chlorid.

**Prinzip des Ionen-austauschers** Ein Ionentauscher ist eine feste Substanz, deren Oberfläche positive · oder negative Ladungen trägt. Diese **geladene Oberfläche** wird durch entgegengesetzt geladene Ionen (z. B. $Na^+$, $Ca^{2+}$) elektrisch neutralisiert. Die adsorbierten Ionen bilden einen **Ionenbelag**. Sie sind frei beweglich und damit austauschbar. Beim Ionentausch werden Ionen auf der Oberfläche des Austauschers gegen Ionen aus der Lösung ausgetauscht. Solche Austauschreaktionen sind im allgemeinen **reversibel**; sie verlaufen rasch und stöchiometrisch. Sie lassen sich mit dem Massenwirkungsgesetz beschreiben. (Sticher 1993a, S. 152)

**Anionen- und Kationentauscher** Ionenaustauscher mit positiv geladener Oberfläche sind **Anionentauscher**. Austauscher mit negativ geladener Oberfläche sind **Kationentauscher**. Die Tonminerale und Huminstoffe im Boden sind **hauptsächlich negativ geladen**[19] und daher bevorzugt mit austauschbaren Kationen belegt. Deshalb ist die Kationenaustauschkapazität (KAK[20]) weit wichtiger als die Anionenaustauschkapazität. (Sticher 1993a, S. 152; Gisi 1990, S. 113)

**Exkurs** *Wie kommt es zur negativen Oberflächenladung der Bodenmatrix?*

*Tonminerale, Huminstoffe, Oxide und Hydroxide, die wichtigsten Bestandteile der Bodenmatrix, sind überwiegend negativ geladen.*

**Tonminerale** *In den **Tonmineralen** ist $Si^{4+}$ teilweise durch $Al^{3+}$ isomorph ersetzt[21], wodurch ein Überschuß an negativer Ladung entsteht. Ein Teil der negativen Ladung wird durch die Einlagerung zusätzlicher positiver Ionen in das Kristallgitter (z. B. $K^+$) ausgeglichen. Der übrig bleibende Rest der negativen Ladung bewirkt, daß*

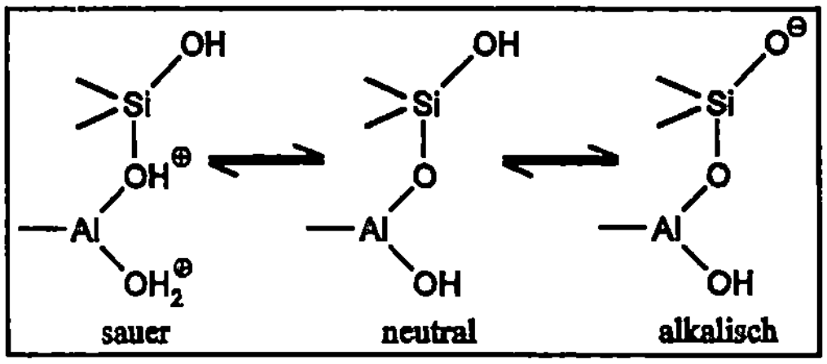

**Abb. 7.5.** pH-abhängige Ladung an der Bruchkante eines Tonminerals (nach Sticher 1993b, S. 43)

*Tonminerale negativ geladen sind. Weil diese Ladung ständig vorhanden ist, wird sie **permanente Ladung** genannt. Außerdem besitzen Tonminerale eine pH-abhängige Ladung: An den Bruchkanten der Tonminerale können je nach pH-Wert mehr oder weniger $H^+$-Ionen angelagert sein und so die Ladung des Kristalls verändern (s. Abb. 7.5). Wegen dieser pH-Abhängigkeit wird diese Ladung **variable Ladung** genannt.*

---

[19] Dies gilt für die im normalen Boden vorherrschenden pH-Werte größer 3.

[20] Die Kationenaustauschkapazität wird mit "KAK" abgekürzt. Statt "Kationenaustauschkapazität" wird leider auch der Begriff "Kationenumtauschkapazität" verwendet. Manchmal heißt sie "T-Wert" und früher wurde der Begriff "Austauschkapazität" ("AK") benutzt. Die EngländerInnen nennen sie "Cation Exchange Capacity" (CEC).

[21] "Isomorpher Ersatz" bedeutet: Fremdionen (z. B. $Al^{3+}$, $Mg^{2+}$) sind anstelle von $Si^{4+}$ in Silikaten und Tonmineralen ohne Änderung deren Kristallstruktur eingebaut. Haben die Fremdionen eine geringere Ladung als $Si^{4+}$, dann ist das Silikat bzw. Tonmineral negativ geladen. Vor allem bei der Neubildung von Kristallen kommt es zum isomorphen Ersatz. (Sticher 1993a, S. 26)

**Huminstoffe**    *Huminstoffe sind organische Makromoleküle, die im Boden aus abgestorbenen Organismen entstehen. Sie tragen u. a. saure funktionelle Gruppen[22]. Je nach pH-Wert sind mehr oder weniger $H^+$-Ionen in der Bodenlösung gelöst oder an den funktionellen Gruppen gebunden. Bei den im Boden vorliegenden pH-Werten sind Huminstoffe negativ geladen.*

**Oxide und**    *Die Oxide und Hydroxide von Si, Al, Mn und Fe[23] weisen ausschließlich eine pH-abhängige*
**Hydroxide**    *variable Ladung auf. In stark saurem Milieu sind die Oxide positiv geladen, in basischem Milieu überwiegen die negativen Oberflächenladungen. Der pH-Wert, bei dem sich negative und positive Ladungen die Waage halten, ist nicht unbedingt pH 7. Er kann vielmehr – abhängig vom Oxid bzw. Hydroxid – im stark Sauren oder im Basischen liegen[24].*

**Bedeutung**    Mit steigender KAK des Bodens steigt seine Fähigkeit, kationische Schadstoffe in unschädlicher Form zu binden. Durch diesen **Immobilisierungsprozeß** wirkt der Boden als Filter. In einem begrenzten Umfang kann dieser Filter verhindern, daß **Schwermetalle** ins Grundwasser gelangen oder Pflanzen durch Schwermetalle geschädigt werden. Die Kenntnis der KAK läßt Rückschlüsse auf die Mobilität der Schadstoffe zu. Allerdings können gebundene Schwermetalle durch Veränderungen des pH-Wertes, des Redoxpotentials[25] etc. remobilisiert werden.

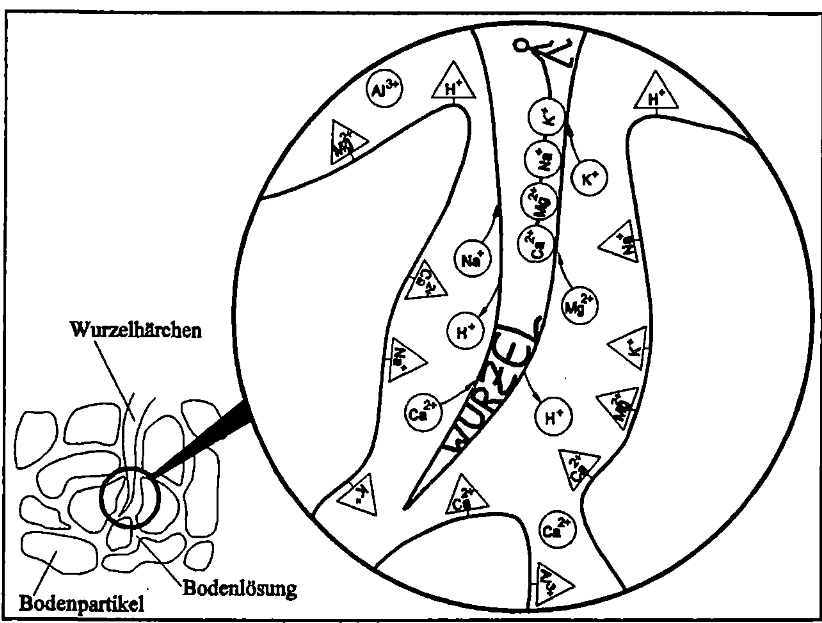


**Abb. 7.6.** Ionengleichgewicht zwischen Austauscher und Bodenlösung

---

[22]  Z. B.: Carboxylgruppen $-COOH^+$, phenolische Hydroxylgruppen $-OH^+$.

[23]  Z. B.: $SiO_2$, $FeOOH$, $AlOOH$.

[24]  Der Ladungsnullpunkt für $SiO_2$ beträgt pH 2,0; für $FeOOH$ pH 7,8; für $AlOOH$ pH 8,2. Der Ladungsnullpunkt heißt auch "point of zero charge" und wird daher "PZC" abgekürzt.

[25]  Siehe Kap. 8.2.3.

Der Kationenaustausch spielt für die Versorgung der Pflanzen mit (kationischen) Nährstoffen[26] eine maßgebliche Rolle. Die Ionen sind an den Oberflächen von festen, immobilen Partikeln adsorbiert. Dadurch wird ihre rasche Auswaschung aus dem Wurzelraum verhindert. Die Kationentauscher dienen damit als **Reservoir für die Pflanzennährstoffe** (s. Abb. 7.6). Die Pflanzenwurzeln entnehmen der Bodenlösung die Ionen, und die Kationenkonzentration in der Bodenlösung sinkt. Jetzt liefern die Ionentauscher die entsprechenden Kationen nach, bis sich wieder ein Gleichgewicht eingestellt hat. (Sticher 1993a, S. 156)

**Einheit**   Die KAK des Gesamtbodens variiert zwischen 10 und 1000 $\frac{mmol/z}{kg}$ [27]. Was hat es mit dem "z" in der Einheit $\frac{mmol/z}{kg}$ auf sich? Eine KAK von beispielsweise 100 $\frac{mmol/z}{kg}$ gibt an, daß $100 \cdot 6{,}022 \cdot 10^{20}$ Austauscherplätze[28] in einem Kilogramm Boden vorhanden sind. Allerdings ist die Anzahl der Ionen, die vom Austauscher tatsächlich gebunden werden können, von der Wertigkeit der Ionen abhängig. Angenommen alle Plätze werden mit dem zweiwertigen Ion $Ca^{2+}$ ($z = 2$) belegt. In diesem Fall können nicht $100 \cdot 6{,}022 \cdot 10^{20}$ $Ca^{2+}$-Ionen, sondern nur $\frac{1}{2} \cdot 100 \cdot 6{,}022 \cdot 10^{20}$ $Ca^{2+}$-Ionen am Austauscher gebunden werden. Oder anders ausgedrückt: Der Zahlenwert der KAK ist **nicht abhän-**

**Tabelle 7.1.** Beitrag des Humusgehaltes zur KAK[a] (nach Blume 1990, S. 100)

| Humusgehalt [%] [verbal] | < 1 humusarm | 1 - 2 schwach humos | 2 - 4 mittel humos | 4 - 8 stark humos | 8 - 15 sehr stark humos | 15 - 30 humus- reich |
|---|---|---|---|---|---|---|
| KAK [ $\frac{mmol/z}{kg}$ ] | 0 | 30 | 70 | 150 | 250 | 500 |

[a] Mit dieser Tabelle wird der Beitrag des Humusgehaltes zur "potentiellen KAK" bestimmt. Der Begriff "potentielle KAK" wird im folgenden Exkurs "Potentielle und effektive Kationenaustauschkapazität" erklärt. Wenn dieser Exkurs Sie nicht interessiert, dann müssen Sie sich im Folgenden den Begriff "potentielle" wegdenken und Sie brauchen diese Fußnote nicht weiterzulesen! Für alle Strebsamen: Die effektive KAK der Huminstoffe ist pH-abhängig. Die Zahlen in der Tabelle 7.1 müssen daher für pH-Werte < 8,2 mit einem Korrekturfaktor multipliziert werden:    pH-Wert    7,5    6,5    5,5    4,5    3,5    2,5
Korrekturfaktor    1,0    0,8    0,6    0,4    0,25    0,15.

---

[26] $Ca^{2+}$, $Mg^{2+}$, $K^+$, $Na^+$, Spurenelemente.

[27] In der Literatur gibt es verschiedene Einheiten für die KAK. Wir verwenden die Einheit $\frac{mmol/z}{kg}$. Früher wurde die Einheit $\frac{mval}{100\,g}$ verwendet. "mval" ist genau das gleiche wie "mmol/z". Nach DIN 19 684 Teil 8 ist diese Einheit nicht mehr zugelassen und stattdessen "mmol/z" zu benutzen. In der Praxis hat sich diese Einheit noch nicht richtig durchgesetzt. In vielen Büchern haben wir noch eine dritte Einheit, nämlich "mmol$_c$" gefunden. c steht dabei für charge. Teilweise wird auch einfach "mmol" benutzt. Das ist falsch! Wenn eine KAK in $\frac{mmol}{kg}$ angegeben ist, dann müssen Sie sich den Index c dazudenken.

[28] "1 mol" einer Substanz enthält $6{,}022 \cdot 10^{23}$ Teilchen. Die Einheit "mol" steht für eine (große) Stückzahl so wie "1 Dutzend" für 12 Stück steht. Die Zahl $6{,}022 \cdot 10^{23}$ wird auch als Avogadro-Konstante oder als Loschmidtsche Zahl bezeichnet.

**gig von der Wertigkeit** der Ionen, mit denen der Austauscher belegt ist, wohl aber die Anzahl der Ionen, die an ihm Platz finden.

**Wichtige Ionentauscher**

Fast alle Bodenbestandteile weisen an ihrer Oberfläche elektrische Ladungen auf. Zur Gesamtaustauschkapazität tragen aufgrund ihrer hohen spezifischen Oberfläche nur **feinkörnige Bestandteile** (< 2 μm) bei. Die wichtigsten Ionentauscher sind demnach **Tonminerale, Huminstoffe** sowie **Eisen-, Mangan- und Aluminium(oxid)hydroxide.** (Sticher 1993a, S. 152)

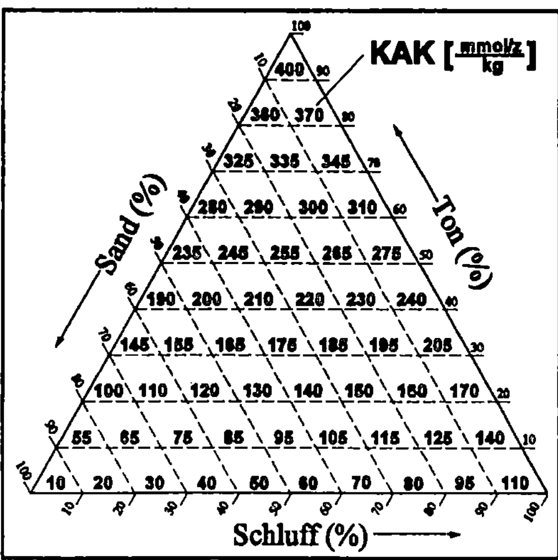


**Abb. 7.7.** Beitrag der Bodenart zur Kationenaustauschkapazität[*] (nach Blume 1990, S. 100)

[*] Die KAK-Werte im Dreiecksdiagramm sind neben der Bodenart auch von der Art der im Boden vorliegenden Tonminerale abhängig. Je nach dem, welche Tonminerale im Boden überwiegen, sind die KAK-Werte im Dreiecksdiagramm mit einem entsprechenden Faktor zu multiplizieren, z. B.: für Illit (Dreischicht-Tonmineral) mit dem Faktor 1; für Smectit (ebenfalls Dreischicht-Tonmineral) mit dem Faktor 2,5; für Kaolinit (häufigstes Zweischicht-Tonmineral) mit dem Faktor 0,3.

**Abhängigkeit der KAK von Bodenart und Humusgehalt**

Die KAK ergibt sich aus der **Summe** der KAK der mineralischen und der KAK der organischen Fraktion (Gisi 1990, S. 114). BLUME (1990, S. 100) beschreibt, wie die KAK aus den Parametern Bodenart (s. Abb. 7.7) und Humusgehalt (s. Tabelle 7.1) abgeschätzt werden kann. Die beiden daraus abgelesenen KAK-Werte sind zu addieren.

**Exkurs** *Potentielle und effektive Kationenaustauschkapazität*

**Erklärung von KAK$_{pot}$ und KAK$_{eff}$**

*Die KAK wird vom pH-Wert beeinflußt. Bei niedrigem pH-Wert ist die $H^+$-Ionenkonzentration niedrig[29]. In diesem Fall wird das $H^+$-Ion am Ionentauscher gegenüber anderen Kationen bevorzugt (Massenwirkungsgesetz). Die Anzahl der frei verfügbaren negativen Ladungsstellen der Austauscher sinkt. Daher unterscheidet die BodenchemikerIn zwischen potentieller und effektiver KAK: Die dem aktuellen pH-Wert des Bodens entsprechende KAK wird als **effektive KAK (KAK$_{eff}$)** bezeichnet. Die Summe der maximal austauschbaren Ionen ist die **potentielle KAK (KAK$_{pot}$).** Sie wird definitionsgemäß auf einen pH-Wert von 8,2 bezogen und ermöglicht damit die Vergleichbarkeit verschieden saurer Böden. Da die wirksame Ladung des Ionentauschers mit sinkendem pH abnimmt, ist die KAK$_{eff}$ in sauren Böden kleiner als die KAK$_{pot}$ (Sticher 1993a, S. 155)*

---

[29] Es muß natürlich <u>hoch</u> heißen. Wir wollten nur testen, ob Sie noch mitdenken.

**Zusammenhang KAK$_{pot}$ und KAK$_{eff}$**

*Der Zusammenhang zwischen KAK$_{pot}$ und KAK$_{eff}$ ist in Abb. 7.8 dargestellt. Der Kurvenverlauf ist nur qualitativ zu verstehen. Je nach Boden (Ton-, Schluff-, Sand- und Humusgehalt) variiert die Kurve für die KAK$_{eff}$. In diesem speziellen Fall sind bei pH 7 alle Austauscherstellen mit Ca$^{2+}$, Mg$^{2+}$, K$^+$ und Na$^+$ gesättigt, d. h. KAK$_{pot}$ = KAK$_{eff}$. Nimmt der pH-Wert ab, so wird die **variable Ladung**[30] protoniert: H$^+$-Ionen verdrängen Ca$^{2+}$-, Mg$^{2+}$-, K$^+$- und Na$^+$-Ionen vom Austauscher. Die Ca$^{2+}$-, Mg$^{2+}$-, K$^+$- und Na$^+$-Ionen gehen in die Bodenlösung über. Die KAK$_{eff}$ sinkt ab, da die gebundenen Protonen nicht zum Kationenaustausch beitragen können. Sinkt der pH-Wert unter ca. 5, so belegt zunehmend Aluminium die Austauscherstellen auf Kosten von Ca$^{2+}$, Mg$^{2+}$, K$^+$ und Na$^+$. Im sauren bis stark sauren Bereich wird die KAK$_{eff}$ am niedrigsten. Sie besteht dann praktisch nur noch aus **permanenter Ladung**, da die variable Ladung nahezu vollständig protoniert ist. (Scheffer/Schachtschabel 1992, S. 105)*

**H-, S- u. T-Wert**

*Die Austauscherstellen sind mit H$^+$-Ionen und Nährstoffionen belegt. Der H-Wert gibt die Anzahl der an den Austauscher gebundenen H$_3$O$^+$-Ionen, auch saure Kationen[31] genannt, an. Der S-Wert gibt die Anzahl der an den Austauscher gebundenen Nährstoffionen (Na$^+$, K$^+$, Mg$^{2+}$, Ca$^{2+}$), auch basische Kationen genannt, an. Der T-Wert ist die Summe aus H- und S-Wert. Er wird auch als **Kationenaustauschkapazität** bezeichnet, die beiden anderen Größen werden auch als **austauschbare Kationen** genannt.*

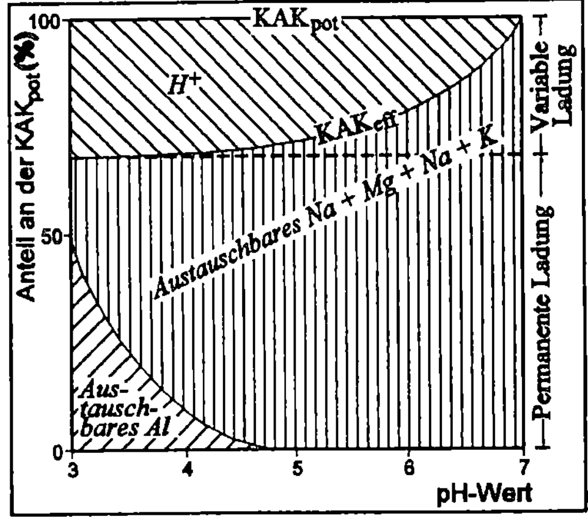


**Abb. 7.8.** Abhängigkeit der KAK$_{pot}$ und KAK$_{eff}$ vom pH-Wert.
Der Kurvenverlauf ist nur qualitativ zu verstehen. Je nach Bodenart variiert die Kurve für KAK$_{eff}$. (nach Scheffer/Schachtschabel 1992, S. 105)

**Methoden zur Bestimmung der KAK**

*Es gibt viele verschiedene Methoden, um die KAK zu bestimmen. In Tabelle 7.2 sind drei Methoden kurz vorgestellt.*

**im Buch**

In der Versuchsdurchführung weiter unten beschreiben wir die **Methode nach Mehlich** (s. Abb. 7.9). Falls Sie in Ihrem Labor über ein Flammenphotometer verfügen, lesen Sie bitte den folgenden Exkurs. Andernfalls müssen Sie für die KAK-Bestimmung eine gravimetrische Massenbestimmung durchführen.

---

[30] Protonen können nur einen Teil der Austauscherplätze an den Tonmineralen besetzen. Ein großer Teil der Austauscherplätze ist unabhängig vom pH-Wert für Kationen wie Mg$^{2+}$, Ca$^{2+}$, Na$^+$, K$^+$ zugänglich. Diese Stellen lassen sich auf die **permanente Ladung** zurückführen. Wie es zur permanenten Ladung kommt, ist im vorangegangenen Exkurs "Wie kommt es zur negativen Oberflächenladung der Bodenmatrix?" erklärt. Die Austauscherstellen an den Bruchkanten der Tonminerale können auch von H$^+$-Ionen besetzt werden. Diese Stellen werden der **variablen Ladung**, auch pH-abhängige Ladung genannt, zugeordnet. Wenn Sie sich für die tieferen Geheimnisse der permanenten und variablen Ladung interessieren, können Sie mehr darüber bei SCHEFFER/SCHACHTSCHABEL (1992, S. 92) nachlesen.

[31] Der H-Wert umfaßt genaugenommen nicht nur die H$_3$O$^+$-Ionen, sondern auch die Al$^{3+}$-Ionen. Ob dies ein analytisches Problem oder eine Definitionsfrage ist, können wir aus der uns vorliegenden Literatur nicht erkennen.

**Tabelle 7.2.** Ausgewählte Methoden zur Bestimmung der KAK

| | Methylenblaumethode | N. N.[a] | Mehlich |
|---|---|---|---|
| Prinzip | Es wird eine Aufschlämmung des Bodens mit einer Farblösung hergestellt. Am Austauscher gebundene Kationen werden bis zur Einstellung eines Gleichgewichtes gegen den Farbstoff ausgetauscht. Mit einem Photometer wird die Farbschwächung der Bodenlösung bestimmt. | 1. **S-Wert**: Es werden alle adsorbierten Kationen gegen Ammonium oder Barium[b] ausgetauscht. Die freigesetzten Kationen $Ca^{2+}$, $Mg^{2+}$, $K^+$, $Na^+$ werden einzeln mit einem AAS oder Flammenphotometer bestimmt. 2. **H-Wert**: Die $H^+$-Ionen werden gegen im Überschuß vorhandene $Ba^{2+}$-Ionen ausgetauscht. Die $H^+$-Ionen werden gegen NaOH titriert. 3. **T-Wert**: Er wird aus H- und S-Wert berechnet. | Alle im Boden austauschbar gebundenen Kationen einschließlich der $H^+$-Ionen werden gegen im Überschuß vorhandene $Ba^{2+}$-Ionen ausgetauscht. Anschließend werden die $Ba^{2+}$-Ionen wieder mit im Überschuß vorhandenen $Mg^{2+}$-Ionen vollständig vom Austauscher verdrängt. Jetzt wird die Anzahl der $Ba^{2+}$-Ionen und damit die Anzahl der Austauscherplätze gravimetrisch, flammenphotometrisch oder atomabsorptionsspektrometrisch bestimmt. |
| Bestimmung des S-Wertes | Nein | Ja | Nein |
| H-Wertes | Nein | Ja | Jein[d] |
| T-Wertes | Ja | Jein[c] | Ja |
| Genauigkeit | mittel | gut | sehr gut |
| Arbeitsaufwand | gering | sehr hoch | hoch |
| Verwendung | auch als Feldmethode geeignet | Labormethode | vor allem für wissenschaftliche Zwecke |

[a] N. N. steht für nomen nescio (lateinisch) und heißt soviel wie "Name unbekannt". Wir sind auf viele verschiedennamige Arten dieser Methode gestoßen und konnten uns für keinen Namen entscheiden.

[b] Es werden $Ba^{2+}$-Ionen verwendet, weil diese im natürlichen Boden nicht oder in vernachlässigbaren Konzentrationen vorliegen und so die Analyse nicht stören.

[c] Der T-Wert wird aus dem H- und dem S-Wert berechnet. Dies ist jedoch problematisch, weil etwaige Fehler der H- und S-Wert-Berechnung aufsummiert werden.

[d] Beim Orginalverfahren nach Mehlich wird auch der H-Wert bestimmt. Wir beschreiben in der Versuchsdurchführung eine vereinfachte Methode, bei der nur der T-Wert bestimmt wird.

## *Exkurs* *Flammenphotometer* [32]

**Prinzip**

*Vermutlich kennen Sie folgendes Phänomen: Hält man Elemente der Alkali- oder Erdalkaligruppe in eine Flamme, so verfärbt sich die Flamme. Dabei ist die* **Flammenfärbung** *charakteristisch für das jeweilige Element. In einem Flammenphotometer wird das gleiche Phänomen für die Analyse ausgenutzt: Das zu messende Probenmaterial wird als Lösung in einer Flamme versprüht. In der Flamme werden die Atome durch die Zufuhr thermischer Energie angeregt[33], d. h. sie nehmen die thermische Energie auf. Diese aufgenommene Energie wird bereits nach einer sehr kurzen Zeit (ca. $10^{-8}$ Sekunden) wieder abgestrahlt, dieses Mal in Form*

---

[32] Im Kap. 8.6 können Sie noch mehr über die Flammenphotometrie nachlesen. Sie wird dort im Vergleich zur AAS beschrieben. Flammenphotometer werden auch Flammenemissionsspektrometer genannt.

[33] Wir müssen in diesem Exkurs leider ein paar Mal auf Dinge vorgreifen, die wir erst im Kap. 8.4 erklären! Zur Anregung von Atomen s. Kap. 8.4.1. unter dem Randleistenbegriff "Quantentheorie".

*von sichtbarem Licht. Es entstehen Emissionsspektren mit Spektrallinien, die für das jeweilige Element charakteristisch sind.[34] In einem Flammenphotometer wird mit Prismen, Gittern oder Filtern[35] die für das jeweilige Element typischste[36] Spektrallinie isoliert und dann ihre Intensität gemessen. Um die gemessene Intensität in eine Konzentration umrechnen zu können, benötigt man Vergleichslösungen mit bekannter Konzentration. Diese werden ebenfalls gemessen und daraus eine Kalibrierkurve erstellt. Mit dieser Kalibrierkurve wird die Konzentration der Probe bestimmt.[37] Die Flammenphotometrie zählt daher zu den Relativverfahren. (Abraham 1996, S. 375 und Lange o. J., S. 3)*

**Aufbau**

*Ein Flammenphotometer besteht aus Zerstäuber, Brenner, Monochromator, Detektor und Anzeigegerät. Die Probe wird im Zerstäuber fein zerstäubt und in die Brennerflamme geführt. Mit einem Monochromator wird die gewünschte Spektrallinie aus dem Emissionsspektrum isoliert, am Detektor – meist einer Photozelle – registriert und am Ausgabegerät angezeigt. (Abraham 1996, S. 375 und Lange o. J., S. 3)*

**Varianten**

*Flammenphotometer eignen sich besonders für die Analyse von Alkali- und Erdalkalimetallen im Spurenbereich. Für andere Metalle wird heutzutage häufig ein verwandtes Analysengerät verwendet, das ICP-AES. Dabei wird die Probe statt mit einer Flamme durch ein induktiv gekoppeltes Plasma[38] angeregt.*

## Versuchsdurchführung *Kationenaustauschkapazität*

Im folgenden soll die **potentielle**[39] **Kationenaustauschkapazität** nach Mehlich (s. Abb. 7.9) bestimmt werden. Dabei wird als erster Schritt der Kationenbelag der Bodenprobe einschließlich der $H^+$-Ionen gegen im Überschluß vorhandene $Ba^{2+}$-Ionen ausgetauscht. Nicht ausgetauschte $Ba^{2+}$-Ionen werden ausgewaschen. Die anfallenden Waschlösungen werden verworfen. Anschließend werden die $Ba^{2+}$-Ionen mit einem Überschuß $Mg^{2+}$-Ionen wieder vollständig vom Austauscher verdrängt. Diesmal wird die Lösung aufgefangen. Die Menge der $Ba^{2+}$-Ionen in der Lösung und damit die Anzahl der Austauscherplätze im Boden wird gravimetrisch <u>oder</u> flammenphotometrisch bestimmt.[40]

---

[34] Zu den Emissionsspektren s. ebenfalls Kap. 8.4.1. unter dem Randleistenbegriff "Quantentheorie".

[35] Farbige Glasscheiben, die nur eine einzige Lichtfarbe durchlassen.

[36] In der Regel die intensivste Spektrallinie.

[37] Zur Bestimmung der Konzentration s. Kap. 8.4.1 unter dem Randleistenbegriff "Bestimmung der Konzentration C".

[38] Watt is' denn dat? – Watt is naß! Oder wenn es Sie genauer interessiert: Kap. 8.6.

[39] Der Begriff "potentiell" wurde im Exkurs "Potentielle und effektive Kationenaustauschkapazität" erklärt. Falls Sie diesen Exkurs übersprungen haben, dann denken Sie sich hier einfach den Begriff "potentielle" weg.

[40] Die Bariumkonzentration könnte auch mit einem AAS-Gerät bestimmt werden. Da aber das AAS schon für die Schwermetall-Analyse (s. Kap. 8.4.10) benutzt wird und wir möchten, daß Sie möglichst viele verschiedene analytische Verfahren kennenlernen, beschreiben wir hier die gravimetrische und die flammenphotometrische Barium-Bestimmung.

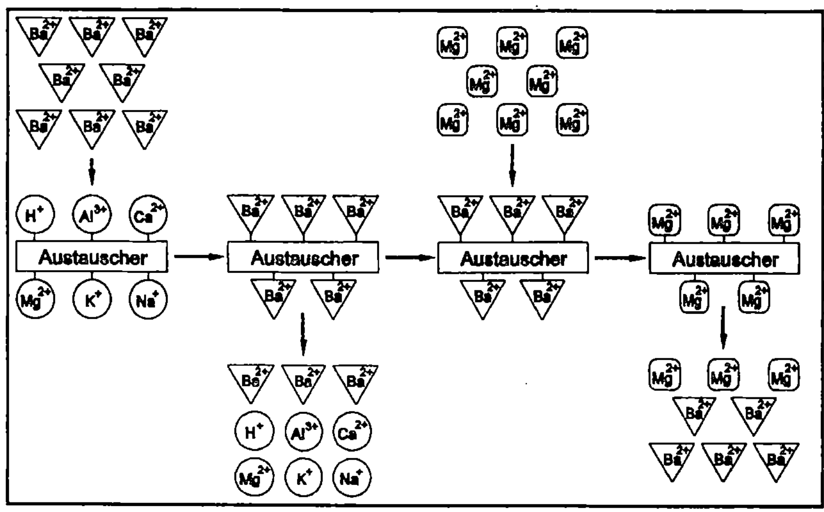

**Abb. 7.9.** Schematische Darstellung der KAK-Bestimmung nach Mehlich

Nach der Gefahrstoffverordnung muß verkauften Chemikalien ein Sicherheitsdatenblatt beiliegen. Dem Sicherheitsdatenblatt für **Bariumchlorid-Dihydrat**
haben wir folgendes entnommen (Merck 1993, S. 1ff):

- Gefahrensymbol: Xn = Gesundheitsgefährdend
- R 20/22: Gesundheitsschädlich beim Einatmen und Verschlucken.
- S 28: Bei Berührung mit der Haut sofort abwaschen mit viel Wasser.
- Es ist mit Handschuhen und Schutzbrille zu arbeiten!

Erste-Hilfe-Maßnahmen:

- Nach Einatmen: Frischluft. Bei Atemstillstand: Atemspende oder
  Gerätebeatmung.
- Nach Hautkontakt: Mit reichlich Wasser abwaschen. Kontaminierte
  Kleidung entfernen.
- Nach Augenkontakt: Mit reichlich Wasser ausspülen. Augenarzt hin-
  zuziehen.
- Nach Verschlucken: Natriumsulfat (1 Eßl. auf ¼ L Wasser). Erbrechen
  auslösen.

**Vorgehensweise**    Die Kationenaustauschkapazität wird für jede Probe (0 - 5 cm und 5 - 10 cm
Tiefe) zweimal bestimmt. Die gesamte folgende Beschreibung (**A** - **G**) ist
dementsprechend <u>viermal</u>[41] durchzuführen.

---

[41] Der Versuch ist für die insgesamt vier Proben nicht nacheinander, sondern <u>parallel</u> durchzuführen. Lassen Sie sich
bitte nicht verwirren: Wenn es im folgenden heißt, daß einzelne Schritte zwei- bzw. viermal wiederholt werden
sollen, dann hat das nichts mit der zweimaligen Bestimmung jeder Probe oder den insgesamt vier Proben zu tun.
Die folgende Beschreibung bezieht sich auf eine einzige Probe.

**Austausch gegen Barium**

**A** ☐ Wiegen Sie exakt 5 g trockene Feinerde ein und geben Sie sie in das 100 mL Zentrifugenröhrchen.

**B** ☐ Wiederholen Sie das folgende Extraktionsverfahren (**B** 1 - **B** 4) insgesamt *viermal*:

1 ☐ Geben Sie *25 mL BaCl₂-Triethanolaminlösung*[42] in das Zentrifugenröhrchen.

2 ☐ Rühren Sie den Bodensatz[43] mit einem Glasstab auf und verschließen Sie das Röhrchen mit dem Deckel. Anschließend wird die Lösung *20 min* mit einem Überkopfschüttler[44] geschüttelt.

3 ☐ Öffnen Sie den Deckel des Zentrifugenröhrchens und streifen Sie am Stopfen haftende Bodenpartikel und Flüssigkeit an der inneren Glaswandung ab. Spülen Sie an der Wandung haftende Bodenpartikel mit wenig destilliertem Wasser ab. Wichtig ist, daß Sie für alle Röhrchen gleich viel Wasser verwenden, um Unwuchten in der Zentrifuge zu vermeiden. Zentrifugieren Sie die Probenröhrchen 5 min lang mit etwa 3500 U/min[45].

4 ☐ Dekantieren[46] Sie die überstehende klare Lösung in den *Abfallbehälter*

---

[42] Triethanolamin dient dazu, die Lösung bei pH 8,2 zu puffern. Unterschiedliche Bodenproben erhalten so einen einheitlichen pH-Wert. Die Ergebnisse verschiedener Böden sind dadurch untereinander vergleichbar. Ach übrigens: Die Geheimrezepte zum Ansetzen der einzelnen Chemikalien finden Sie im Anhang E (Material- und Chemikalienliste).

[43] Vor dem ersten Durchlauf wurden die Proben noch nicht zentrifugiert, es gibt also noch keinen Bodensatz. Rühren schadet in diesem Durchlauf zwar nicht, aber es macht auch keinen Sinn.

[44] Mit einem einfachen Experiment können Sie nachvollziehen, warum ein Überkopfschüttler viel besser als ein Schütteltisch dazu geeignet ist, eine intensive Durchmischung zu erreichen. Kaufen Sie zwei Tüten Süßigkeiten, eine mit etwas, was Sie gerne mögen, z. B. Lakritzen und eine mit etwas was Sie nur ungerne mögen, z. B. Gummibärchen. Schneiden Sie beide Tüten auf und füllen Sie sie nacheinander in ein Einmachglas – zuerst die Lakritzen, dann die Gummibärchen. Nach dieser Vorbereitung läuft Ihnen sicher das Wasser im Mund zusammen, und Sie möchten bestimmt von den Lakritzen naschen. Dummerweise liegen diese nun unten im Glas, und Sie kommen nicht mehr dran. Sie können versuchen, durch hin und her oder rauf und runter Schütteln, die Süßigkeiten zu mischen und einige Lakritze nach oben zu bekommen. Das wird aber nicht klapppen. Ganz anders ist es beim Überkopfschütteln. Nachdem Sie das Einmachglas ein paar mal über Kopf gedreht haben, werden Sie mit leckeren Lakritzen belohnt. Verstehen Sie nun den Vorteil des Überkopfschüttlers?

[45] U/min bedeutet Umdrehungen pro Minute. Nach DIN ist stattdessen die Einheit min⁻¹ zu verwenden. Auf Englisch heißt Umdrehungen pro Minute "rotations per minute" oder kurz rpm.
Die wesentliche Größe einer Zentrifuge ist die Beschleunigungskraft, die auf die Teilchen ausgeübt wird. Diese Beschleunigungskraft ist nicht nur von der Umdrehungszahl abhängig, sondern auch vom Radius der Zentrifuge. Deshalb ist es unseres Erachtens sinnvoller – wenn auch ungewöhnlich – die Beschleunigung der Zentrifuge anstelle der Umdrehungszahl anzugeben. Bei einem Radius von 20 cm entspricht die gewählte Rotation von 3500 U/min ungefähr der 2750fachen Erdbeschleunigung! Sie können die an Ihrer Zentrifuge einzustelltende Umdrehungszahl $f$ [U/min] ausrechnen, indem Sie den Radius $r$ [m] Ihrer Zentrifuge in die folgende Formel einsetzen:
$$f = 60 \cdot \sqrt{(2750 \cdot 9{,}81 / (4 \cdot \pi^2 \cdot r))}$$

[46] Dekantieren heißt: Die klare Flüssigkeit von dem abgesetzten Stoff abgießen.

*für bariumhaltige Abfälle*[47]. Achten Sie darauf, daß kein Bodensatz ausgetragen wird. Dies geht am besten, wenn Sie die überstehende Lösung zügig abgießen. Eine andere Möglichkeit ist es, die überstehende Lösung vorsichtig mit einer Pasteurpipette abzunehmen.

**C** ☐ Wiederholen Sie das unter **B** beschriebene Extraktionsverfahren *zweimal* (**C** 1 - **C** 4). Ersetzen Sie dafür die oben kursiv geschriebenen Begriffe durch die folgenden kursiv geschriebenen Angaben:

**1** ☐ Geben Sie *10 mL BaCl₂-Lösung* zu.

**2** ☐ Schütteln Sie *20 min.*

**3** ☐ Zentrifugieren Sie.

**4** ☐ Dekantieren Sie in einen *Abfallbehälter für bariumhaltige Abfälle.*

**Spülen**   **D** ☐ Wiederholen Sie das folgende Verfahren *zweimal* (**D** 1 - **D** 4):

**1** ☐ Geben Sie *25 mL destilliertes H₂O* zu.

**2** ☐ Schütteln Sie *10 min.*

**3** ☐ Zentrifugieren Sie.

**4** ☐ Dekantieren Sie in einen *Abfallbehälter für bariumhaltige Abfälle.*

**Rücktausch**   **E** ☐ Wiederholen Sie den folgenden Rücktausch *viermal* (**E** 1 - **E** 4):

**1** ☐ Geben Sie *25 mL MgCl₂-Lösung* zu.

**2** ☐ Schütteln Sie *20 min. Dabei werden die am Ionentauscher Boden gebundenen Bariumionen quantitativ (vollständig) gegen Magnesiumionen ausgetauscht.*

**3** ☐ Zentrifugieren Sie.

**4** ☐ Dekantieren Sie in einen *250 mL Erlenmeyerkolben. Diese Lösung wird zur weiteren Analyse benötigt.*

**Filtrieren**   **F** ☐ Aus den vorhergehenden Versuchsschritten sind etwa 100 mL bariumhaltige Lösung angefallen. Filtrieren Sie diese Lösung mit einem Schnellauftrichter[48] in einen anderen Erlenmeyerkolben. Evtl. vorhandene Bodenpartikel werden so abgetrennt.

**Bestimmung der Bariummenge**   Die Menge der $Ba^{2+}$-Ionen in der aufgefangenen Austauschlösung kann entweder **flammenphotometrisch** (**G**) <u>oder</u> **gravimetrisch** (**H**) ermittelt werden. Falls Sie über ein Flammenphotometer verfügen, empfehlen wir Ihnen, dieses zu verwenden und die flammenphotometrische Bestimmung der gravimetrischen Bestimmung vorzuziehen. Der Arbeitsaufwand ist bei der flammenphotometrischen Methode geringer, und das Ergebnis ist exakter. Allerdings sollten Sie bereits einige praktische Erfahrungen im Umgang mit spektrometrischen Methoden[49] mitbringen oder zuerst das Kap. 8.4 lesen und die da-

---

[47] Leicht lösliche Barium-Verbindungen wie BaCl₂ oder Ba(NO₃)₂ sind gesundheitsgefährdend und werden deshalb getrennt gesammelt.

zugehörige Kupfer- bzw. Bleianalyse durchführen. Bei der gravimetrischen Methode wird das Barium mit Schwefelsäure als Bariumsulfat gefällt und von der Probe abgetrennt. Anschließend wird die Masse des Bariumsulfats gewogen und damit auf die Anzahl der Austauscherplätze zurückgeschlossen.

**Flammen-** **G** 1 ☐ Die Flammenphotometrie ist ein Relativverfahren[50]. Daher müssen Sie zu-
**photometrische** erst eine Kalibrierkurve im Konzentrationsbereich der Proben herstellen.
**Bestimmung** Setzen Sie dazu ausgehend von der Bariumstammlösung (10 mg Ba/L) fünf verschiedene Standardlösungen an.[51] Der Konzentrationsbereich 50 bis 500 mg Ba/L könnte passen. Die Standardlösungen werden nicht mit destilliertem Wasser, sondern mit 0,15 molarer $MgCl_2$-Lösung angesetzt. Damit werden Matrixeffekte, die durch unterschiedliche Salzkonzentrationen der Lösungen entstehen, ausgeschlossen.

2 ☐ Nehmen Sie das Gerät entsprechend der Bedienungsanleitung in Betrieb. Wählen Sie die Einstellung bzw. das Filter für Barium.

3 ☐ Messen Sie zuerst die 0,15 molare $MgCl_2$-Lösung[52] und stellen Sie damit den Nullpunkt des Gerätes ein (0 Skalenteile (Skt.)).

4 ☐ Messen Sie danach die Standardlösung mit der höchsten Konzentration und regulieren Sie die Extinktion des Gerätes auf den maximalen Ausschlag (100 Skt.).

5 ☐ Messen Sie die übrigen Standardlösungen alle zweimal und bilden Sie jeweils den Mittelwert. Verwenden Sie zwischen den Messungen bidestilliertes Wasser, um den Zerstäuber zu reinigen.

6 ☐ Zeichnen Sie aus den Meßwerten die Kalibrierkurve, die möglicherweise leicht S-förmig gebogen ist (s. Abb. 7.10).

---

[48] Ein Schnellauftrichter ist ein spezieller Glastrichter mit langem Auslauf. Der Innendurchmesser dieses Auslaufes ist deutlich kleiner als bei gewöhnlichen Glastrichtern. Das Filtrieren mit einem Schnellauftrichter erfordert einiges an Übung. Probieren Sie daher das Filtrieren am besten erst mal nur mit Wasser. Es wäre doch schade, wenn Sie die Schritte **A** bis **E** wiederholen müßten! Benutzen Sie den Schnellauftrichter folgendermaßen: Falten Sie ein kreisrundes Filterpapier zweimal, d. h. vierteln Sie es. Legen Sie es dann in den Trichter und befeuchten Sie es mit einer Spritzflasche. Heben Sie nun das Filterpapier leicht an und spritzen Sie neben dem Filterpapier Wasser in den Trichter. Der Auslauf füllt sich mit Wasser. Passen Sie auf, daß im Auslauf keine Luftblasen bleiben. Schieben Sie das Filterpapier dann sofort wieder in den Trichter zurück. Achten Sie darauf, daß das Filterpapier vollständig an der Trichterwand anliegt. Es darf keine Luft in den Auslauf gelangen. Füllen Sie nun sofort die flüssige Probe in den Trichter, bevor der Auslauf trockenläuft und Luftblasen entstehen. Achten Sie darauf, daß der Auslauf des Trichters mit der Wandung des darunterstehenden Gefäßes in Berührung bleibt. Der Wasserfilm darf nicht abreißen. Wenn Sie alles richtig machen, dann zieht die nach unten abfließende Flüssigkeit die Probenlösung durch das Filterpapier.

[49] Z. B. AAS (s. Kap. 8.4), Photometrie (s. Kap. 8.6), ICP-AES (s. Kap. 8.6).

[50] Siehe Kap. 8.4.1 unter dem Randleistenbegriff "Bestimmung der Konzentration C".

[51] Zum Vorgehen s. Abb. 8.33.

[52] Damit werden die Matrixeffekte, die durch die unterschiedlichen Salzkonzentrationen der verschiedenen Lösungen (Standardlösungen, Probelösungen, Nullösungen) entstehen, angeglichen und so eliminiert.

**7** ☐ Messen Sie Ihre Proben ebenfalls doppelt und bilden Sie jeweils den Mittelwert.

**8** ☐ Ermitteln Sie graphisch die Konzentrationen der Proben.

**9** ☐ Berechnen Sie aus den gemessenen Bariumkonzentrationen die Anzahl der verfügbaren[53] Austauscherplätze, d. h. die Kationenaustauschkapazität. (s. Aufgabe 3).

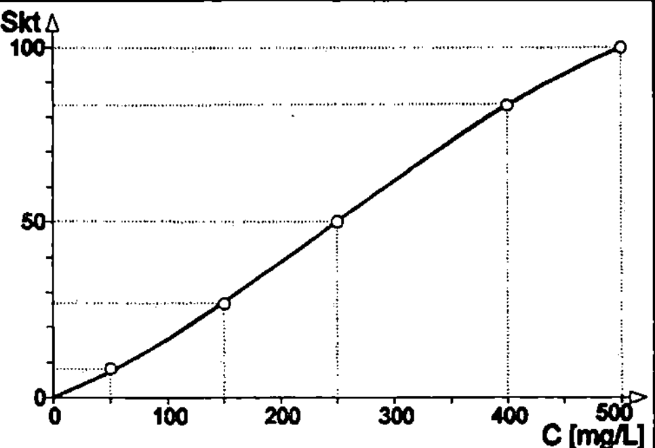


**Abb. 7.10.** Kalibrierkurve einer flammenphotometrischen Messung (nach Lange o. J., S. 14)

**Gravimetrische Bestimmung**

**H 1** ☐ Stellen Sie den Erlenmeyerkolben auf eine Heizplatte und erhitzen Sie die Lösung auf ca. 90 °C.

**2** ☐ Geben Sie tropfenweise <u>langsam</u> etwa 10 mL 10 %ige $H_2SO_4$ zur Lösung hinzu. Sofort fällt feinkristallines Bariumsulfat aus. Lassen Sie den Erlenmeyerkolben etwa ½ h auf der Heizplatte stehen. Durch die Temperatur von 90 °C wird die Umfällung[54] beschleunigt. Schütteln Sie den Kolben hin und wieder sanft mit kreisenden Bewegungen.

**3** ☐ Wiegen Sie ein sauberes, bei 105 °C getrocknetes Filterpapier ein. Das Filterpapier muß nach der Entnahme aus dem Trockenschrank und vor dem Wiegen im Exsikkator abkühlen[55]. Legen Sie das Filterpapier in den Schnellauftrichter.

**4** ☐ Filtrieren Sie den gefällten Niederschlag über einen Schnellauftrichter ab.

**5** ☐ Waschen Sie den Filterrückstand mit etwas 3 %iger HCl.

**6** ☐ Legen Sie das Filterpapier auf eine Porzellanschale. Trocknen Sie es 24 h lang im Trockenschrank bei 105 °C.

**7** ☐ Wiegen Sie das Filterpapier mit dem $BaSO_4$-Niederschlag aus. Subtrahieren Sie das reine Filterpapiergewicht von dem Gesamtgewicht. Dies ergibt die in der Lösung enthaltene Bariumsulfatmasse.

---

[53] Nicht alle im Boden vorhandenen Austauschplätze sind räumlich zugänglich. In diesem Versuch werden nur die räumlich zugänglichen Austauschplätze erfaßt. Diese sind auch in der Realität am interessantesten.

[54] Umfällung bedeutet kleine Kristalle lösen sich auf und größere Kristalle wachsen an. Genauer ist dies im Kap. 8.2.1 unter dem Randbegriff "Fällung" erklärt. Eine Umfällung ist erwünscht, weil sich größere Kristalle besser filtrieren lassen. Zu kleine Kristalle würden die Filterporen verstopfen.

[55] Das Abkühlen im Exsikkator ist aus zwei Gründen notwendig: Das frisch getrocknete, wasserziehende Filter wird so vor der Luftfeuchtigkeit der Laborluft geschützt. Außerdem würde das warme Filter auf der Waage einen aufsteigenden Luftstrom erzeugen, was ein zu geringes Gewicht vortäuschen würde.

**Berechnung**    8 ☐   Aus der Bariumsulfatmasse können Sie auf die Anzahl der verfügbaren[52] Austauscherplätze, d. h. die Kationenaustauschkapazität, schließen:

$$KAK = \frac{m(BaSO_4) \cdot z \cdot 10^6}{M(BaSO_4) \cdot m_{Probe}}$$

$KAK$    Kationenaustauschkapazität [ $\frac{mmol/z}{kg}$ ]

$m(BaSO_4)$    gravimetrisch bestimmte Bariumsulfatmasse [g]

$M(BaSO_4)$    Molmasse von Bariumsulfat [233,386 g/mol]

$m_{Probe}$    Masse der eingewogenen trockenen Probe [5 g bzw. bei Abweichungen Ihre genaue Einwaage]

$z$    Wertigkeit des Barium-Ions [2]

$10^6$    Umrechnungsfaktor von mol/g auf mmol/kg

*Fragen*

1. Stellen Sie sich vor, Sie sind klein und winzig. Ganz klein. Sie bestehen aus einem Atomkern und achtzehn kreisenden Elektronen. Zu allem Überfluß sind Sie auch noch geladen. Sicherlich wissen Sie, wer Sie sind. Beschreiben Sie, wie Sie aus dem Meer in den Boden gelangen, und was Ihnen dann auf Ihrer Reise durch den Boden alles zustößt! Beschreiben Sie Ihre Lebensgeschichte so, daß auch der 10jährige Junge von nebenan sie mit Begeisterung liest.

2. Welche Folgen hat es, wenn ein Boden keine oder nur eine geringe Austauschkapazität besitzt?

3. Entwickeln Sie eine Formel für **G** 9!

4a. Überlegen Sie sich, ob der Wassergehalt des Bodens bei der Berechnung der KAK berücksichtigt werden muß? Wenn ja, dann modifizieren Sie die unter **H** 8 angegebene Formel! Wenn nein, warum nicht?

4b. Ist ein anderer Versuchsablauf denkbar, bei dem Sie statt "nein" mit "ja" bzw. statt "ja" mit "nein" antworten müßten? Modifizieren Sie gegebenenfalls die Formel!

5. Welche Fehlerquellen beeinflussen die in der Versuchsdurchführung beschriebene Bestimmung der KAK?

6. Bei der im Buch beschriebenen KAK-Bestimmung nach Mehlich wird der Boden mit Barium beladen. Ist dies zwingend erforderlich oder könnte auch Calcium verwendet werden? Begründen Sie Ihre Entscheidung und nennen Sie Pro und Contra!

**zum Exkurs**    7. Welche KAK ist bei sauren Böden immer größer: die $KAK_{eff}$ oder die $KAK_{pot}$? Warum?

**zum Exkurs**    8. Warum ist es sinnvoller, die $KAK_{pot}$ auf einen pH-Wert von 8,2 zu beziehen, als auf einen pH-Wert von 3,1?

**zum Exkurs**    9. Nennen Sie Vor- und Nachteile der in diesem Buch vorgestellten Methoden zur KAK-Bestimmung![56]

---

[56] Sie brauchen gar nicht lange im Buch hin und her zu blättern und eine Auflistung der Vor- und Nachteile zu suchen. Sie stehen nur zwischen den Zeilen. Wir erwarten von Ihnen soviel Transferdenken, daß Sie Vor- und Nachteile aus dem Textzusammenhang ziehen können.

## 7.3 Wassergehalt

<table>
<tr><td>Bedeutung</td><td>Trocken ist ein Boden definitionsgemäß nach Trocknung bei 105 °C. Für die Analytik werden meist bei geringeren Temperaturen getrocknete Bodenproben mit einem Restwassergehalt oder feuchte feldfrische Bodenproben verwendet. Schadstoffgehalte im Boden werden in der Regel auf 1 kg trockenen Boden[57] bezogen. Um die Trockensubstanz der Einwaage zu ermitteln, muß der Wassergehalt der Bodenprobe bestimmt werden.[58]</td></tr>
</table>

**Beispiel**    Dazu ein Beispiel: Angenommen, Sie haben 10 g feuchten Boden eingewogen. Sie messen, daß in dieser Probe 10 µg Quecksilber enthalten sind. Wenn Sie diese 10 µg Quecksilber nun auf den feuchten Boden beziehen, erhalten Sie eine Quecksilberkonzentration von:

$$\frac{10 \ \mu g \ Hg}{10 \ g \ Boden} = 1 \ ppm$$

Das ist aber nicht der Wert, der üblicherweise angegeben wird, denn der Quecksilbergehalt sollte besser **auf den trockenen Boden bezogen** werden. Dazu müssen Sie den Wassergehalt bestimmen.

**Methode**    Die Bodenprobe wird im Trockenschrank bei **105 °C** bis zur Gewichtskonstanz[59] getrocknet. Die Gewichtsdifferenz vor und nach der Trocknung ergibt die im Boden enthaltene Wassermenge. Diese Menge kann entweder auf die trockene oder auf die feuchte Bodensubstanz bezogen werden.

**Berechnung**

$$Wassergehalt \ [in \ \%, \ bezogen \ auf \ Probe_{trocken}] = \frac{Probe_{feucht} - Probe_{trocken}}{Probe_{trocken}} \cdot 100$$

$$Wassergehalt \ [in \ \%, \ bezogen \ auf \ Probe_{feucht}] = \frac{Probe_{feucht} - Probe_{trocken}}{Probe_{feucht}} \cdot 100$$

Nach DIN 19 683 Blatt 4 ist es bei **Bodenproben** üblich, den Wassergehalt auf die **Trockenmasse** zu beziehen. Dies ist gleichzeitig eine international anerkannte Konvention. Allerdings gibt es auch spezielle Böden, wie Torf und

---

[57]  "Trockener Boden" wird auch als **Trockensubstanz** (abgekürzt *TS*) bezeichnet.

[58]  Wenn man in der Analyse mit *frischen* Proben arbeitet, muß man für die Wassergehaltsbestimmung eine frische Probe benutzen. Wenn man in der Analyse mit *lufttrockenen* Proben arbeitet, muß man für die Wassergehaltsbestimmung eine lufttrockene Probe verwenden. Anders ist es bei Proben, die mit einem *Trockenmittel* wie $Na_2SO_4$ getrocknet wurden. Hier muß für die Wassergehaltsbestimmung eine frische Probe benutzt werden. Vergleiche dazu Aufgabe 2 in diesem Kap.

[59]  Laut DIN ISO 11 461 ist der Boden trocken, wenn während des Trocknungsprozesses die Differenz zwischen zwei aufeinanderfolgenden Wägungen im Abstand von 4 Stunden kleiner als 0,1 Gew.-% ist. Üblicherweise reichen 16 bis 24 Stunden aus, um Boden auf konstante Masse einzutrocknen.

Kompost, deren Wassergehalt nach DIN 11 542 auf die feuchte Bodensubstanz bezogen wird.

**Zurück zum Beispiel**

Angenommen Sie ermitteln einen Wassergehalt bezogen auf die Trockensubstanz von 15 %. Die **Trockenmasse der Einwaage** ist danach:

$$Probe_{trocken} = \frac{Probe_{feucht}}{1 + \frac{Wassergehalt\ [\%]}{100}} = \frac{10\ g}{1,15} = 8,7\ g$$

Damit erhalten Sie eine Quecksilberkonzentration bezogen auf die Trockensubstanz von:

$$\frac{10\ \mu g\ Hg}{8,7\ g\ Boden} = 1,25\ ppm$$

## *Versuchsdurchführung* *Wassergehalt*

Führen Sie die folgenden Schritte insgesamt <u>viermal</u> parallel durch. Bestimmen Sie den Wassergehalt der feldfrischen Probe und den Wassergehalt der bei 40 °C getrockneten Probe. Im folgenden werden beide Proben als feuchte Bodenproben bezeichnet. Führen Sie die Wassergehaltsbestimmung für beide Tiefen (0 - 5 cm und 5 - 10 cm) durch.

- ☐ Nehmen Sie das bei 105 °C getrocknete Porzellanschälchen[60] aus dem Exsikkator, und beschriften Sie das Gefäß mit Probenbezeichnung, Ihrem Namen und dem Datum.
- ☐ Wiegen Sie die Schale (*Gefäß*).
- ☐ Wiegen Sie ca. 20 g des Feinbodens auf 0,1 g genau ein. (*Einwaage* = *Probe*$_{feucht}$ + *Gefäß*)
- ☐ Stellen Sie die Probe in den Trockenschrank und trocknen Sie sie bei 105 °C.
- ☐ Nehmen Sie die Probe nach 16 h aus dem Trockenschrank. Stellen Sie sie zum Abkühlen in einen Exsikkator (ca. ½ h lang).
- ☐ Wiegen Sie die Probe (*Auswaage* = *Probe*$_{trocken}$ + *Gefäß*).
- ☐ Berechnen Sie den Wassergehalt nach folgender Formel:

$$Wassergehalt\ [in\ \%,\ bezogen\ auf\ Probe_{trocken}] = \frac{Einwaage\ -\ Auswaage}{Auswaage\ -\ Gefäß} \cdot 100$$

☞ Die Probe darf nicht verworfen werden! Sie wird für die Bestimmung des Humusgehaltes benötigt und bis zur Durchführung dieses Versuches im Exsikkator aufbewahrt.

---

[60] Berühren Sie das Wägegefäß nicht mit Ihren Fingern! Fettspuren auf dem Gefäß können unter Umständen zu einem nicht zu vernachlässigenden Fehler führen. Verwenden Sie eine Tiegelzange, Handschuhe oder sogenannte Schlauchfinger. Schlauchfinger sind kurze Stücke von einem Schlauch, die Sie sich über Ihre Finger ziehen können.

**Fragen**     1. Weshalb wird der Wassergehalt der Bodenprobe bestimmt?

2. Angenommen, Sie haben 10 g feuchten Boden eingewogen. Sie trocknen diesen Boden, indem Sie ihn mit dem Trockenmittel Natriumsulfat verrühren. Sie geben so viel $Na_2SO_4$ zu, bis der Boden trocken ist. Insgesamt verbrauchen Sie 20 g $Na_2SO_4$. Bei der Analyse stellen Sie fest, daß in 10 g dieses Gemisches 10 µg Quecksilber enthalten sind. Welcher Quecksilbergehalt liegt im trockenen Boden vor? Überlegen Sie, ob Sie für diese Rechnung den Wassergehalt benötigen. Wenn ja, dann verwenden Sie für Ihre Rechnung folgende Annahmen: Der feuchte Boden enthält 15 % Wasser. Der mit $Na_2SO_4$ getrocknete Boden weist noch 1 % freies Restwasser auf.

3. Stellen Sie sich vor, Sie sind in der Wüste. Das Wasser ist knapp. Sie sind kurz vor dem Verdursten. Zum Glück haben Sie eine Apparatur dabei, mit der Sie im Boden enthaltenes Wasser vollständig gewinnen können. Sie treffen einen deutschen Händler. Er bietet Ihnen 10 g feuchten Kompost mit einem Wassergehalt von 25 % an. Für den gleichen Preis können Sie bei ihm auch 25 g feuchten Boden mit einem Wassergehalt von 10 % kaufen. Sie wollen für Ihr Geld natürlich möglichst viel Wasser bekommen. Überlegen Sie sich, welcher Boden mehr Wasser enthält!

# 7.4 Humusgehalt

**Definitionen**     Es werden vier Begriffe in diesem Zusammenhang verwendet. Leider werden sie in der Literatur nicht einheitlich benutzt.

- Die **Organische Substanz** der Böden besteht aus
  - der zugeführten organischen Masse (z. B. Gründüngung, Kompost, Mist, Klärschlamm),
  - den abgestorbenen pflanzlichen und tierischen Stoffen[61],
  - deren organischen Umwandlungsprodukten und
  - den daraus durch Humifizierung aufgebauten Huminstoffen.
- SCHEFFER/SCHACHTSCHABEL (1992, S. 50) und GRUNDMANN (1991, S. 268) verwenden die Begriffe **Humus**[62] und organische Substanz synonym[63]. Wir benutzen sie ebenfalls in diesem Sinn.

---

[61] Wir haben lange gerätselt, ob lebende Bodenorganismen auch zur organischen Substanz gehören oder nicht. SCHEFFER/SCHACHTSCHABEL (1992, S. 50) zählen lebende Organismen und Wurzeln nicht zur organischen Substanz. Allerdings lassen sie sich vor einer Bestimmung der organischen Substanz nicht ohne weiteres abtrennen. SCHEFFER/SCHACHTSCHABEL (1992, S. 71) schreiben: "Bei der Bestimmung der organischen Substanz wird das Edaphon teilweise miterfaßt, weil es sich (bis auf größere Tiere oder Wurzeln) vor der Analyse kaum abtrennen läßt. Der dadurch bedingte Fehler beträgt aber selten mehr als 10 %." Wir gebrauchen den Begriff organische Substanz genauso wie SCHEFFER/SCHACHTSCHABEL. Dagegen zählen nach der DIN 19684 Teil 2 auch die lebenden Organismen zur organischen Substanz.

[62] Humus (lateinisch) = feuchter, fruchtbarer Boden.

- Die in der organischen Substanz enthaltenen C-Atome werden als **organischer Kohlenstoff** (org. C) bezeichnet.
- Die **Biomasse** umfaßt die lebenden Organismen im Boden. (Sticher 1993a, S. 34) Dies ist keine allgemeingültige Definition: Andere WissenschaftlerInnen rechnen alle Substanzen biogenen Ursprungs zur Biomasse, also auch abgestorbene Organismen. (Steiof 1995)

Damit stehen der Humus und der organische Kohlenstoff in einem direktem Zusammenhang. Humus enthält je nach Bodentyp 45 bis 55 % organischen Kohlenstoff. Sie werden deshalb mit einem Faktor von 2 ineinander umgerechnet. (Scheffer/Schachtschabel 1992, S. 70; DIN 19 684b, S. 1)

**Huminstoffe**  Die Huminstoffe bestehen aus einer enormen Vielfalt verschiedener Makromoleküle. Es gibt nur hypothetische Vorstellungen von ihrer Struktur. In der Praxis werden sie einfachheitshalber eingeteilt in die schwerlöslichen **Humine,** die löslichen **Huminsäuren** und die leicht löslichen **Fulvosäuren.**[64]

**Mobilität von**  Humine sind schwerlösliche Huminstoffe und deshalb immobil. Humin- und
**Schwermetallen**  Fulvosäuren sind lösliche Huminstoffe. Falls sie so klein sind, daß sie nicht in den Bodenporen stecken bleiben, sind sie mobil. Schwermetalle können mit Huminstoffen metallorganische Komplexverbindungen (s. Kap. 8.2.2) eingehen. Dies kann sowohl zur **Mobilisierung** als auch zur **Immobilisierung** der Schwermetalle führen, je nachdem, ob die Huminstoffe mobil oder immobil sind. Die ausgeprägte Fähigkeit der Huminstoffe, Kolloide[65] zu bilden, verkompliziert die Vorgänge noch mehr. Der Mobilisierungsprozeß ist vor allem bei pH-Werten im und über dem Neutralbereich wichtig.

---

[63] Die DIN 19684 Teil 2 (S. 1) versteht unter Humus die abgestorbene organische Substanz. VOITL (1986, S. 31ff) unterscheidet deutlicher zwischen Humus und organischer Substanz. Danach ist Humus jener Anteil der organischen Substanz, der bereits mikrobiologisch zersetzt ist und seine Ausgangsstruktur verloren hat, also die Huminstoffe sowie die Vorstufen der Huminstoffe. Humus ist gegenüber den noch nicht abgebauten Anteilen der organischen Substanz etwas Neues. Nach VOITL (1986) ist ein ausgewogenes Verhältnis zwischen Humus und organischer Substanz ausschlaggebend für eine gute Qualität und die Fruchtbarkeit des Bodens.

[64] Humine: unlöslich in NaOH. Huminsäuren: löslich in NaOH, unlöslich in HCl. Fulvosäuren: löslich in NaOH und HCl.

[65] Als Kolloide werden Teilchen mit einer Größe zwischen 0,01 µm und 1 µm bezeichnet. Sie entstehen durch Aneinanderlagerung mehrerer Teilchen oder Polymerisation. Kolloide können mit der Bodenlösung verlagert werden, wenn die Poren entsprechend groß sind. Kolloide bleiben hängen, wenn die Poren zu klein sind.

[66] Humus kann das 3 bis 5fache seines Eigengewichtes an Wasser festhalten. (Scheffer/Schachtschabel 1992, S. 70)

[67] SCHEFFER/SCHACHTSCHABEL (1992, S. 69) schreibt: Die organische Substanz "begünstigt in hohem Maße die Bildung und Stabilität eines grobporigen Aggregatgefüges" und meint damit in erster Linie den Lufthaushalt im Boden.

<table>
<tr><td>Bedeutung</td><td>Der Humusgehalt, insbesondere der Gehalt an Huminstoffen beeinflußt die Mobilität organischer und anorganischer Nähr- und Schadstoffe. Der Humus verbessert<br><br>■ die Stabilität des Bodengefüges,<br><br>■ die Wasserspeicherfähigkeit des Bodens[66],<br><br>■ den Lufthaushalt des Bodens[67],<br><br>■ den Wärmehaushalt des Bodens[68] und<br><br>■ den Nährstoffhaushalt und damit die Fruchtbarkeit des Bodens[69].<br>(Sticher 1993a, S. 57 und Voitl 1986, S. 33)</td></tr>
</table>

**Exkurs** *Bestimmungsmethoden für den Humusgehalt*

**Feldmethode**

*Im Feld kann der Humusgehalt aus der Bodenfarbe*[70] *abgeschätzt werden: Je höher der Humusgehalt, desto dunkler der Boden.*[71] *Aber nicht nur die Huminstoffe, sondern auch andere farbgebende Bodenbestandteile wie Eisenoxide und Silikate beeinflussen die Bodenfarbe. Deshalb können nur erfahrene BodenkundlerInnen den Humusgehalt eines Bodens bereits anhand der Bodenfärbung **grob abschätzen**.*

**Kaliumdichromat-Methode**

*Die DIN 19 684 Teil 2 schreibt zur Bestimmung des Humusgehaltes*[72] *die Kaliumdichromat-Methode vor. Dabei wird der organische Kohlenstoff mit einem **starken Oxidationsmittel** ($K_2Cr^{[VI]}{}_2O_7$) oxiert*[73]*. Anschließend wird das unverbrauchte Oxidationsmittel mit einem Reduktionsmittel ($Fe^{2+}$) zurücktitriert*[74] *(Steubing 1992, S. 34) oder das gebildete Chrom(III) photometrisch erfaßt (DIN 19 684 Teil 2). Diese Methode liefert eine Größe für den Gehalt an organischem Kohlenstoff. Der Humusgehalt errechnet sich aus dem Gehalt des organischen Kohlenstoffs durch Multiplikation mit dem Faktor 2. Chrom(VI) ist extrem giftig und sollte daher wenn möglich vermieden werden. Deshalb beschreiben wir die Durchführung dieser Methode nicht genauer.*

---

[68] Die Huminstoffe im Humus bewirken die dunkle Farbe des Bodens und begünstigen damit die Erwärmung im Frühjahr. (Scheffer/Schachtschabel 1992, S. 70) Darüberhinaus produziert Humus Eigenwärme, weil die Abbauprozesse des Humus exotherm sind.

[69] Der Humus wirkt als Nährstoffreservoir für Fauna und Flora. Wenn die Pflanzen der Bodenlösung Nährstoffe entnehmen, dann liefert der Ionentauscher Boden – insbesondere die Huminstoffe – weitere Nährstoffe nach (s. Kap. 7.2 zur Kationenaustauschkapazität).

[70] Diese Methode wird in DIN 19 682 Teil 1 beschrieben.

[71] Erinnern Sie sich noch an den Feldversuch zur Bestimmung der Feuchte (s. Kap. 5.2)? In dem Versuch wurde der Boden angefeuchtet und dunkelte, falls er trocken war, nach. Deshalb ist hier die Probe anzufeuchten, um den Humusgehalt unabhängig von der Feuchte des Bodens bestimmen zu können.

[72] Wir sind allerdings der Meinung, daß dies nicht ganz korrekt ist, denn wie oben beschrieben definiert die DIN 19682 Teil 2 die Begriffe organische Substanz und Humus unterschiedlich. Da die lebenden Bodenorganismen vor der Bestimmung nicht abgetrennt werden (können), wird mit dieser Methode nicht der Humusgehalt, sondern die organische Substanz bestimmt.

[73] $2\,K_2Cr^{[VI]}{}_2O_7 + 3\,"C_{org}" + 8\,H_2SO_4 \rightarrow 3\,CO_2 + 2\,Cr^{[III]}{}_2(SO_4)_3 + 2\,K_2SO_4 + 8\,H_2O$   Da diese Reaktion in der flüssigen Phase stattfindet, spricht man von einer "nassen Verbrennung" oder "nassen Veraschung".

[74] $K_2Cr^{[VI]}{}_2O_7 + 6\,Fe^{[II]}SO_4 + 7\,H_2SO_4 \rightleftarrows 3\,Fe^{[III]}{}_2(SO_4)_3 + Cr^{[III]}{}_2(SO_4)_3 + K_2SO_4 + 7\,H_2O.$

**Thermisches Verfahren**

*Wie gerade erwähnt, kann aus dem Gehalt an organischem Kohlenstoff auf den Humusgehalt geschlossen werden. Zur Ermittlung des organischen Kohlenstoffs kann das folgende thermische Verfahren eingesetzt werden: Die Probe wird dazu im Sauerstoffstrom verbrannt. Organisch und anorganisch gebundener Kohlenstoff (Gesamtkohlenstoff) wird in $CO_2$ umgewandelt. Das gebildete $CO_2$ wird entweder im IR-Photometer oder gasvolumetrisch bestimmt. Der anorganische Kohlenstoff wird getrennt ermittelt: Durch Reaktion des Bodens mit Säure wird $CO_2$ freigesetzt und ebenfalls im Photometer oder gasvolumetrisch bestimmt. Die Differenz zwischen Gesamtkohlenstoff und anorganischem Kohlenstoff ergibt den organischen Kohlenstoff (Fiedler 1965, S. 10; FU o. J., S. 23). Der Humusgehalt errechnet sich aus dem Gehalt an organischem Kohlenstoff durch Multiplikation mit 2 (Scheffer/Schachtschabel 1992, S. 70). Diese Methode ist exakt, allerdings recht zeit- und geräteaufwendig. Daher schlagen wir Ihnen in der Versuchsdurchführung eine andere Methode vor.*

**Boden-Chroma-Test**

*Nach VOITL (1986, S. 32 u. 57f) ist der Boden-Chroma-Test zur Zeit die einzige Methode, die über das Verhältnis von organischer Substanz und Huminstoffen[75] Auskunft gibt. Der Chroma-Test ist in der Wissenschaft umstritten, unserer Meinung nach jedoch ein äußerst interessantes chromatographisches Verfahren, um Aussagen über die Bodenqualität zu treffen. Beim Chroma-Test wird eine Bodenprobe mit Natronlauge extrahiert. Der Extrakt wird in der Mitte eines mit Silbernitrat präparierten Filterpapieres aufgebracht und zieht radial nach außen. Dabei reagiert der Extrakt mit dem Silbernitrat. Das Filterpapier verfärbt sich. Die Verfärbung hängt vom Zustand des Bodens ab. Es entsteht ein Bild – auch Chromatogramm genannt. Daher wird der Boden-Chroma-Test zu den sogenannten bildschaffenden Methoden gezählt. Der Chroma-Test liefert keinen konkreten Zahlenwert, sondern ein Bild, das nach vorgegebenen Kriterien interpretiert werden muß. Die Auswertung ermöglicht eine qualitative Bewertung von Humusgehalt, mikrobieller Tätigkeit, Struktur und biologischem Zustand des Bodens, also der Bodenfruchtbarkeit. Der Chroma-Test wird erfolgreich in vielen österreichischen Kompostwerken eingesetzt. Wir beschreiben die Durchführung des Chroma-Testes in diesem Buch nicht. Wenn Sie sich dafür interessieren, können Sie dies bei VOITL (1986, S. 103ff) nachlesen.*

**Glühverlust**

*Der Humusgehalt kann auch über den Glühverlust ermittelt werden. Diese Methode wird im folgenden vorgestellt.*

**Bestimmung**

Der Humusgehalt kann über den **Glühverlust** ermittelt werden. Die Versuchsdurchführung dieser relativ einfachen und schnellen Methode beschreiben wir weiter unten. Die organische Substanz des Bodens wird bei **550 °C** durch Glühen im Muffelofen oxidiert, der mineralische Rest bleibt zurück. Der **Gewichtsverlust** der Probe wird bestimmt und ist ein direktes Maß für den Humusgehalt.

**Auswertung**

Für die Bewertung der Mobilität von Schadstoffen im Boden ist in erster Linie der Anteil der Huminstoffe von Bedeutung. Der Humusgehalt und der Gehalt an Huminstoffen stimmen jedoch nur dann gut überein, wenn die organische Substanz bereits weitgehend zersetzt vorliegt. Anders ausgedrückt: Ein hoher Gehalt an organischer Substanz bedeutet nicht zwangsläufig einen hohen Huminstoffanteil. Eine quantitative Aussage über den Huminstoffanteil liefert

---

[75] Beziehungsweise deren Vorstufen.

nur eine aufwendige **Huminstoffanalyse**. (Grundmann 1991, S. 268ff) Diese Einschränkung ist bei der Interpretation der Ergebnisse zu beachten!

**Fehlerquellen**    Ton und andere Bodenbestandteile geben auch nach Trocknung bei 105 °C noch (Kristall-)Wasser ab. Ebenso verfälschen im Boden enthaltene **Carbonate**[76] das Meßergebnis, da sie teilweise als $CO_2$ entweichen. **Kristallwasser** und Carbonate täuschen somit einen zu hohen Humusgehalt vor. Insbesondere Sandböden, Torf und Rohhumus enthalten wenig Kristallwasser und wenig Carbonate. Bei ihnen ist der Glühverlust ein zuverlässiges Maß für den Gehalt an organischer Substanz. (Fiedler 1965, S. 9) Falls ein Boden größere Mengen organischer Schadstoffe enthält, dann werden diese ebenfalls bei der Glühverlustbestimmung erfaßt und dürfen nicht als Humusgehalt interpretiert werden (Steiof 1995).

## *Versuchsdurchführung Humusgehalt*

Die folgende Bestimmung des Humusgehalts wird für jede Probe (0 - 5 cm und 5 - 10 cm) einmal durchgeführt[77]:

☐ Nehmen Sie die getrocknete Probe des Versuchs "Wassergehaltsbestimmung" (s. Kap. 7.3) aus dem Exsikkator. Stellen Sie sie in den Muffelofen und glühen Sie sie bei 550 °C.

☐ Nehmen Sie die Probe nach 2½ h[78] aus dem Muffelofen. Stellen Sie sie zum Abkühlen in einen Exsikkator (ca. ½ h lang).

☐ Wiegen Sie die Probe (*Auswaage* = *Probe*$_{geglüht}$ + *Gefäß*).

☐ Berechnen Sie den Glühverlust nach folgender Formel[79]:

$$\text{Glühverlust [\%]} = \frac{\textit{Einwaage} - \textit{Auswaage}}{\textit{Einwaage} - \textit{Gefäß}} \cdot 100$$

Die *Einwaage* hier ist die Auswaage aus dem Versuch "Wassergehaltsbestimmung". Das *Gefäß* hier ist das Gefäßgewicht aus dem Versuch "Wassergehaltsbestimmung".

☐ Der Wert für den Glühverlust ist ein Maß für den Humusgehalt. Ordnen Sie dem Humusgehalt eine der in Tabelle 7.3 angegebenen Klassifikationen zu!

---

[76] Auch wenn es trivial ist: Carbonate sind anorganische C-Verbindungen. In diesem Versuch geht es aber darum, organisch gebundenen Kohlenstoff zu erfassen.
Insbesondere in Stadtböden ist häufig Bauschutt enthalten und damit der Carbonatgehalt meist stark erhöht.

[77] Für die Bestimmung des Humusgehalts werden die getrockneten Proben der Wassergehaltsbestimmung verwendet. Allerdings wird der Humusgehalt sinnvollerweise nur für die gesiebten Proben bestimmt, d. h. die Proben, die vor der Wassergehaltsbestimmung nicht bei 40 °C getrocknet und gesiebt wurden, werden verworfen.

[78] Nach DIN 38 414 Teil 3 wird die Probe 60 Minuten geglüht, danach gewogen, noch einmal 30 Minuten geglüht und wieder gewogen. Die letzten beiden Schritte werden wiederholt, bis Gewichtskonstanz erreicht ist.

[79] Die Formelvielfalt nimmt kein Ende: Analog zur Definition des Wassergehalts wird der Glühverlust manchmal auf die geglühte und manchmal auf die ungeglühte Probe bezogen. Also Vorsicht bei Literaturangaben!

**Tabelle 7.3.** Klassifikation des Humusgehaltes (nach Scheffer/Schachtschabel 1992, S. 51 und Voitl 1986, S. 56)

| Humusgehalt [%] | Bezeichnung | Qualität des Bodens |
|---|---|---|
| < 1 | humusarm | |
| 1 - 2 | schwach humos | sehr schlechter Boden |
| 2 - 4 | mäßig humos | gut gepflegter Ackerboden |
| 4 - 8 | stark humos | Böden bei intensiver Humuswirtschaft |
| 8 - 15 | humusreich | |
| 15 - 30 | anmoorig | |
| > 30 | torfig | |

***Fragen***

1. Vergleichen Sie die Eigenschaften eines "humusreichen" Bodens im Vergleich zu denen eines "humusarmen" Bodens!

2. Stellen Sie sich vor, Sie arbeiten bei der "Meß, Schlamp, Sanier & Söhne GmbH." Sie beschäftigen sich mit einer in der Lausitz liegenden Altlast. Sie haben dort Bodenproben entnommen und warten nun schon seit einer Woche auf die Laborergebnisse. Verärgert beschweren Sie sich bei der LaborleiterIn. Am nächsten Morgen liegen die Ergebnisse auf Ihrem Schreibtisch! Der Glühverlust soll 120 % betragen. Sie trauen Ihren Augen nicht! Erbost wollen Sie in das Labor stürmen. Doch langsam! Es ist noch früh am Morgen und da machen Sie vielleicht einen Denkfehler ...

2a. Kann ein Glühverlust größer 100 % richtig sein? Begründen Sie Ihre Antwort!

2b. Können Sie vielleicht das "richtige" Ergebnis abschätzen oder berechnen?

# 7.5  Weitere Parameter

Es gibt zahlreiche weitere Parameter. Je nach Fragestellung sind andere Bodenkennwerte interessant. Einige Parameter werden in den folgenden Exkursen beschrieben[80]: die Korngrößenverteilung, das Porenvolumen, die Porengrößenverteilung, die elektrische Leitfähigkeit und die mikrobiologische Aktivität. Allerdings verzichten wir darauf, die Durchführung der entsprechenden Versuche zu beschreiben.

---

[80] Es gibt noch wesentlich mehr Parameter. Wir haben aber keine Lust, noch zehn Seiten mehr über Bodenkennwerte zu schreiben. Und Sie sind doch sicher auch nicht böse, daß Sie sich nicht durch noch mehr Seiten quälen müssen?!

## *Exkurs* Korngrößenverteilung

**Bedeutung**  *Die Korngrößenverteilung[81] ist eine der wichtigsten Bodenkenngrößen. Die Größe der Partikeln beeinflußt eine Reihe anderer Bodeneigenschaften:*

- *Austauschkapazität (s. Kap. 7.2),*
- *hydraulische Leitfähigkeit[82],*
- *Verdichtbarkeit[83],*
- *Erosionsstabilität,*
- *Porengrößenverteilung (s. Exkurs Porengrößenverteilung unten) und*
- *Wasserhaltekapazität (s. Exkurs Porenvolumen unten).*

*Diese Bodeneigenschaften werden neben der Korngrößenverteilung auch von der Aggregatstruktur[84] der Böden bestimmt. Daher können aus der Korngrößenverteilung nur qualitative Aussagen abgeleitet werden. (LMU 1994, I S. 1)*

**Bodenart**  *Aus der Korngrößenverteilung kann mit dem Dreiecksdiagramm die Bodenart ermittelt werden. Im Kap. 5.1 wurde für eine Abschätzung der Bodenart im Feld die Fingerprobe beschrieben.*

**Bestimmung**  *Die genauere Ermittlung der Korngrößen ist im Labor möglich. Der Boden wird in verschiedene Korngrößenklassen getrennt. Für verschiedene Größenbereiche gibt es verschiedene Trennmethoden. Bestandteile größer als 2 mm[85] werden mit Sieben unterschiedlicher Maschenweite trocken gesiebt. Körner zwischen 2 mm und 20 μm werden mit Sieben unterschiedlicher Maschenweite naß gesiebt. Kleinere Körner lassen sich nicht durch Siebung trennen. Sie werden durch Sedimentation (Schlämmen) getrennt. Dies beruht auf dem Stokes'schen Gesetz, wonach die Fallgeschwindigkeit sehr kleiner Teilchen eine Funktion der Dichte und der Masse ist. Unter der Annahme, daß die Dichte der einzelnen Teilchen gleich ist, hängt die Fallgeschwindigkeit nur von der Größe ab. (Giani 1989, S. 3 und DIN 18 123)*

---

[81]  Für alle, die auch schon im Sandkasten begeistert gesiebt haben: DIN 19 683 Blatt 2 gibt eine genaue Anleitung für das wissenschaftliche Sieben (und natürlich für die anderen Methoden zur Erfassung der Korngrößenverteilung).

[82]  Die hydraulische Leitfähigkeit hat nichts mit der elektrischen Leitfähigkeit zu tun. Statt dessen gibt sie an, wie "durchfließbar" ein Boden unter bestimmten Druckverhältnissen ist. Sie wird oft auch Durchlässigkeitsbeiwert $k_f$ genannt. Obwohl $k_f$ die Einheit einer Geschwindigkeit [m/s] hat, handelt es sich bei $k_f$ nicht um eine tatsächliche Geschwindigkeit im Sinne einer zeitbezogenen Bewegung von A nach B. Die tatsächliche Fließgeschwindigkeit des Grundwassers von A nach B wird als Abstandsgeschwindigkeit bezeichnet. Sie ergibt sich aus der Porosität des Bodens, den vorherrschenden Druckverhältnissen und $k_f$ (Hölting 1996, S. 105ff) Beispielsweise liegt die Abstandsgeschwindigkeit in der Norddeutschen Tiefebene bei 150 m/a.

[83]  Ein Boden besitzt eine gute Verdichtbarkeit, wenn er sowohl kleinere als auch größere Partikeln enthält. Die kleineren Partikeln füllen die Lücken zwischen den größeren, verringern das Porenvolumen und verdichten so den Boden. Ein Beispiel: Ein Sandboden mit seinen relativ großen Partikeln (0,063 bis 2 mm – s. Kap. 5.1) läßt das Wasser i. d. R. gut passieren. Wenn die Korngrößen jedoch gleichmäßig über den gesamten Bereich zwischen 0,063 und 2 mm verteilt sind, dann können auch Sandböden zu einem harten Untergrund verdichtet werden. Dies ist beispielsweise bei einem Boden, der als Bauuntergrund dienen soll, von Interesse.

[84]  Zur Bestimmung der Korngrößenverteilung ist es erforderlich, Aggregate zu zerlegen. Dazu müssen Kittsubstanzen (z. B. Carbonate, Humus), die die einzelnen Körner der Aggregate zusammenhalten, zerstört werden, z. B. durch die Zugabe von Oxidationsmitteln wie $H_2O_2$.

[85]  Zur Erinnerung: Alle Bestandteile größer als 2 mm gehören nicht zur Feinerde. Die Bodenart wird aus den Massenanteilen der einzelnen Fraktionen kleiner als 2 mm bestimmt.

## Exkurs *Porenvolumen*

| | |
|---|---|
| **Bedeutung der Poren** | *Den ganzen Boden durchzieht ein komplexes Porensystem, das den Wasser-, Luft- und Wärmehaushalt des Bodens maßgeblich bestimmt. Es gibt Grob-, Mittel- und Feinporen. In den **Grobporen** (> 10 μm) ist das Bodenwasser leicht beweglich. Nach einem Niederschlag werden die Grobporen durch die Erdgravitation rasch entleert und dienen dann dem Gasaustausch (Sauerstoffzufuhr). In den **Mittelporen** (0,2 - 10 μm) wird das Wasser durch Adsorptions- und Kapillarkräfte (s. Exkurs im Kap. 5.2) festgehalten. Dieses Wasser dient dem Nährstofftransport und steht den Pflanzen zur Verfügung. In den **Feinporen** (< 0,2 μm) ist das Wasser mit mehr als 15 bar (= 14,7 · 10⁵ Pa) gebunden. Dieses Wasser ist immobil und nicht pflanzenverfügbar (s. Abb. 5.3). Es verdunstet auch bei längerer Trockenheit nicht. (Sticher 1993a, S. IV)* |

*Den ganzen Boden durchzieht ein komplexes Porensystem, das den Wasser-, Luft- und Wärmehaushalt des Bodens maßgeblich bestimmt. Es gibt Grob-, Mittel- und Feinporen. In den **Grobporen** (> 10 μm) ist das Bodenwasser leicht beweglich. Nach einem Niederschlag werden die Grobporen durch die Erdgravitation rasch entleert und dienen dann dem Gasaustausch (Sauerstoffzufuhr). In den **Mittelporen** (0,2 - 10 μm) wird das Wasser durch Adsorptions- und Kapillarkräfte (s. Exkurs im Kap. 5.2) festgehalten. Dieses Wasser dient dem Nährstofftransport und steht den Pflanzen zur Verfügung. In den **Feinporen** (< 0,2 μm) ist das Wasser mit mehr als 15 bar (= 14,7 · 10⁵ Pa) gebunden. Dieses Wasser ist immobil und nicht pflanzenverfügbar (s. Abb. 5.3). Es verdunstet auch bei längerer Trockenheit nicht. (Sticher 1993a, S. IV)*

**Bestimmung**

*Der Porenraum ist der Gesamtanteil der Hohlräume in einem Bodenkompartiment. Die Bestimmung des Porenvolumens in der Praxis beruht auf folgender Gleichung (Sticher 1993a, S. 88):*

$$V_P = V_{Ges} - V_B = V_{Ges} - \frac{m_B}{\rho_B}$$

| | |
|---|---|
| $V_P$ | *Porenvolumen [L]* |
| $V_{Ges}$ | *Gesamtvolumen incl. Hohlräume [L]* |
| $V_B$ | *Volumen der Bodenpartikel [L]* |
| $m_B$ | *Masse der Bodenprobe [kg]* |
| $\rho_B$ | *Dichte der Bodenpartikel [kg/L]* |

*$V_{Ges}$ und $m_B$ lassen sich messen. $\rho_B$ beträgt je nach Bodenart ca. 2,65 g cm⁻³ (Schroeder 1984, S. 63). In Abhängigkeit von Bodenart, Struktur und Gehalt an organischer Substanz ergibt sich ein Porenvolumen zwischen 30 und 70 % (Sticher 1993a, S. 88).*

## Exkurs *Porengrößenverteilung*

**Bedeutung**

*Mittelporen enthalten das für die Pflanzen verfügbare Wasser. Ökologisch bedeutsam ist daher nicht so sehr das Gesamtporenvolumen, sondern das **Volumen der Mittelporen**. Die von uns oben beschriebene Methode liefert nur das Gesamtporenvolumen. Ebenso wie die Korngrößenverteilung kann auch die Porengrößenverteilung ermittelt werden.*

**Bestimmung**

*Die Porengrößenverteilung kann **aus der pF-Kurve**[86] abgeleitet werden. Rechnen Sie dazu mit Abb. 7.11 die pF-Werte in Porendurchmesser um und beschriften Sie die pF-Achse in Abbildung 5.3 mit diesen Porendurchmessern. Die "Wassergehaltsachse" gibt das Porenvolumen in Vol.-% an. Drehen Sie das Bild nun um 90° gegen den Uhrzeigersinn. Die so erhaltene neue s-förmige pF-Kurve ist die Summenkurve für die Porengrößenverteilung. Die experimentelle Bestimmung der pF-Kurve ist relativ aufwendig und kompliziert. Deshalb möchten wir auf dieses bodenkundliche Thema an dieser Stelle nicht näher eingehen.*

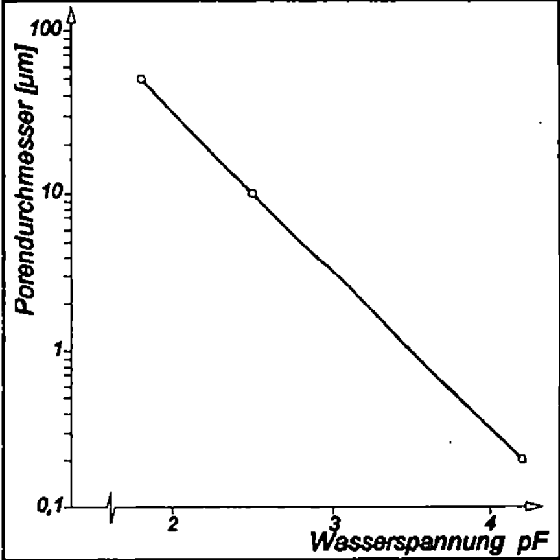


**Abb. 7.11.** Zusammenhang zwischen Porengröße und Wasserspannung

---

[86] Siehe Exkurs "Wassergehalt, Wasserspannung und Feuchte" im Kap. 5.2.

**Exkurs** *Elektrische Leitfähigkeit (der Bodenlösung)*

*Durch Leitfähigkeitsmessungen[87] erhält man eine Information über die Menge freier Ionen – also der Salze – in der Bodenlösung (Steubing 1992, S.28). Hohe Salzkonzentrationen beeinträchtigen das Pflanzenwachstum und führen zu erheblichen Pflanzenschäden (s. Kap. 8.1.4). Der No-Observed-Effect-Level (NOEL) ist abhängig von der Pflanze und liegt z. B. für Bohnen bei 1 mS/cm[88] oder für Gerste bei 8 mS/cm (Scheffer/Schachtschabel 1992, S. 384). Die Einheit "mS/cm" läßt sich mit einem temperaturabhängigen Faktor in "mg KCl /100 g Boden" umrechnen (VDLUFA 1991, A 10.1.1 S. 5).*

**Exkurs** *Mikrobiologische Aktivität*

**Bedeutung**     *Die mikrobiologische Aktivität beschreibt, wie aktiv die Gesamtheit der Bodenorganismen ist. Bodenorganismen sind an vielen im Boden ablaufenden Prozessen beteiligt: Sie beeinflussen sowohl die momentane Umsatzleistung und Humusbildung des Bodens als auch die Intensität und Richtung 'der langfristigen Bodenentwicklung. Damit tragen sie entscheidend zu den Eigenschaften des Bodens als Pflanzenstandort bei. (Scheffer/Schachtschabel 1992, S. 85)*

**Bestimmung**     *Zur Messung der mikrobiologischen Aktivität eines Bodens gibt es verschiedene Parameter, zum Beispiel die **Atmungsaktivität** des Bodens. Sie läßt sich an der Menge des im Dunkeln von einer bestimmten Bodenmenge abgegebenen Kohlendioxids ablesen. Zur Bestimmung der mikrobiologischen Bodenaktivität können auch **Enzyme** verwendet werden. Bodenorganismen scheiden mit ihren Stoffwechselprodukten eine Vielzahl an Enzymen aus. Mit diesen Enzymen werden organische Verbindungen nicht nur in, sondern auch außerhalb der Organismen abgebaut. Diese Enzyme können zur Bewertung der mikrobiologischen Aktivität herangezogen werden. Einige Enzyme sind spezifisch für bestimmte Mikroorganismengruppen, d. h. mit ihnen kann die Aktivität bestimmter Mikroorganismengruppen erfaßt werden. Mit anderen Enzymen läßt sich die Gesamtaktivität bestimmen, z. B. mit dem Enzym Katalase[89]. Katalase wird im Überschuß von jeder lebenden Zelle freigesetzt. Viel Katalase im Boden bedeutet, daß viele Mikroorganismen im Boden vorhanden sind (Brucker 1988, S. 43ff).*

**Fragen**

**zum Exkurs**     1. Der Anteil des Porenvolumens am Gesamtvolumen wird Porosität (*PV*) genannt. Berechnen Sie *PV* für einen Sandboden, dessen Lagerungsdichte $\rho = m_B / V_{Ges} = 1{,}2 \ g/cm^3$ beträgt.

**zum Exkurs**     2. Wie hoch sind die Anteile der Mittelporen in einem Sand-, Schluff- bzw. Tonboden? Wir erwarten hier keinen Prosatext, sondern Zahlen in Vol.-%. Zur Beantwortung der Frage müssen Sie kräftig blättern und geschickt kombinieren!

**zum Exkurs**     3. Was hat die Korngrößenverteilung mit der Bodenart zu tun?

---

[87] Vgl. DIN ISO 11 265.

[88] "mS/cm" ist die Einheit der elektrischen Leitfähigkeit und steht für "Millisiemens pro Zentimeter".

[89] Katalase spaltet das bei der Atmung (Stoffwechselvorgang) entstehende, giftige Wasserstoffperoxid sofort in die beiden harmlosen Komponenten Wasser und Sauerstoff auf.

# 8 Anorganische Schadstoffe

## 8.1 Anorganische Schadstoffe im Boden

**in der Umwelt**  Zu den anorganischen Schadstoffen im Boden zählen
- Schwermetalle,
- Salze und
- Radionuklide.

**in diesem Buch**  In diesem Buch wird beispielhaft an den Schwermetallen Kupfer und Blei beschrieben, wie bei der Analytik von Metallen vorgegangen wird. Daher beschreiben wir im Kap. 8.1.1 die allgemeine Bedeutung von Schwermetallen im Boden und gehen in den Kap. 8.1.2 und 8.1.3 genauer auf Kupfer und Blei ein. In den Kap. 8.1.4 und 8.1.5 stellen wir kurz die Bedeutung von Salzen und Radionukliden im Boden vor.

### 8.1.1 Schwermetalle

**Definition**  Als Schwermetalle bezeichnet man alle metallischen Elemente mit einer Dichte von mehr als $5{,}0\ \text{g/cm}^3$. [1]

**natürliche Quellen**  Jeder Boden enthält, entsprechend seinem Muttergestein, einen bestimmten natürlichen Gehalt an Schwermetallen. Die Verbreitung der Schwermetalle in der Erdkruste reicht von wenigen ppm (Cd, Hg, Mo) bis zu einigen Promillen (Mn, Tl, Fe). Bei der Verwitterung werden diese freigesetzt und sind dann teilweise pflanzenverfügbar. Im Gegensatz zu organischen Schadstoffen sind sie <u>nicht</u> abbaubar. Daher können sie sich durch die biologischen Kreisläufe im Oberboden anreichern.

---

[1] Diese Definition schwankt von $5{,}6\ \text{g/cm}^3$ bei STICHER (1993b, S. 109) über $5\ \text{g/cm}^3$ bei HOLLEMANN/WIBERG (1985, S. 868) und TUB (1991, S. UC 22) bis $4{,}5\ \text{g/cm}^3$ bei STREIT (1991, S. 574) und ZIECHMANN (1990, S. 257).

**anthropogene Quellen**

Die jährlich gewonnenen und technisch verwendeten Mengen liegen bei den einzelnen Schwermetallen weit auseinander. Während von Eisen pro Jahr etwa 800.000.000 Tonnen verhüttet werden, liegt die Produktion von Thallium unter 100 Tonnen. Schwermetalle werden sowohl bei der industriellen Herstellung von Produkten als auch bei der Verwendung dieser Produkte emittiert.[2] Die emittierten Schwermetalle werden zum Teil global verfrachtet und kommen heute nahezu flächendeckend mit Niederschlägen und atmosphärischem Staub auf den Boden. Außerdem gelangen beträchtliche Schwermetallmengen mit Klärschlamm und Kompost in den Boden. Auch Dünger, vor allem die verschiedenen Phosphatdünger, enthalten Spuren von Schwermetallen. Bei einzelnen Elementen macht der zivilisatorische Anteil nur einen Bruchteil des natürlichen Umsatzes aus. Bei anderen ist er fast die alleinige Quelle. Da die zivilisatorischen Emissionen in ihrer Mehrzahl Punktquellen[3] entstammen, kommt es in deren Nähe oft zu Anreicherungen, welche den natürlichen Zustand bei weitem übersteigen. (Sticher 1993b, S. 109 ff)

**Senken**

Schwermetalle werden durch Erosion, Verlagerung ins Grundwasser und Aufnahme in Pflanzen aus dem Boden ausgetragen. An naturbelassenen Standorten ist der Austrag durch Pflanzen nur vorübergehend, denn die Schwermetalle gelangen mit der Streu nahezu quantitativ wieder in den Boden zurück. Auf landwirtschaftlich genutzten Standorten kommt dagegen nur ein Teil der durch die Pflanzen entzogenen Schwermetalle direkt als Streu auf den Boden zurück. Die übrigen Schwermetalle gelangen über die Pflanzen in die Nahrungskette und damit teilweise zum Menschen. Letztendlich landen sie dann aber doch wieder fast vollständig – über Stallmist, Klärschlamm oder Kompost – im **Boden**. (Sticher 1993b, S. 111)

**Bedeutung für Organismen**

Einige Schwermetalle sind für die pflanzlichen und tierischen Organismen essentiell, d. h. lebensnotwendig. Im Gegensatz zu den **Makroelementen K, Ca, Mg, N, P** und **S** werden sie nur in Spuren benötigt. Man bezeichnet sie daher als **Spurenelemente** oder Mikronährstoffe. Essentielle Spurenelemente für das pflanzliche Wachstum sind Fe, Zn, Mn, Cu, Co und wahrscheinlich auch V und Ni. Für den tierischen Organismus sind essentiell: Fe, Zn, Mn, Cu, Co, Mo, Cr, Sn und Ni. Ist die Versorgung mit diesen Elementen zu gering, treten Mangelerscheinungen auf. Andererseits kann eine zu hohe Aufnahme toxische Auswirkungen haben. Obwohl sie essentielle Spurennährstoffe sind, werden diese Elemente dann zu **Schadstoffen**. Schadstoffe sind Stoffe, die zur falschen Zeit am falschen Ort oder in der falschen Konzentration vorkommen.

---

[2]  Ein ganz besonderer Bösewicht ist hier wieder einmal das Automobil!

[3]  Punktquellen können z. B. Industriekomplexe, Müllverbrennungsanlagen, Kraftwerke, Verkehrsknotenpunkte sein.

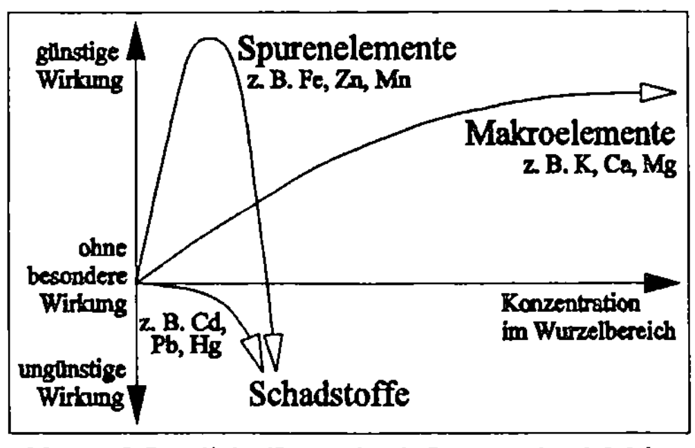


**Abb. 8.1.** Pflanzliche Ertragsbeeinflussung durch Makro- und Spurenelemente (nach Sticher 1993b, S. 109)

Sie können schon bei niedrigen Konzentrationen die Gesundheit des Menschen beeinträchtigen oder die Umwelt in ihren Funktionen schädigen. Von manchen Schwermetallen ist im Gegensatz zu den Spurenelementen gar keine physiologische Notwendigkeit bekannt. Sie wirken schon in geringsten Konzentrationen toxisch, vor allem Cd, Pb, Hg und Tl. (Sticher 1993b, S. 109)

**Wirkung auf den Menschen**

Böden sind Lebensgrundlage für Menschen, Tiere und Pflanzen und über Stoffflüsse mit ihnen verknüpft. Schwermetalle gelangen über die Pflanzen in unsere Nahrungskette. Chronische Schwermetallvergiftungen wirken äußerst spezifisch auf bestimmte Organe und rufen charakteristische Krankheitsbilder hervor. Diese spezifischen Wirkungen konnten bislang in keinem Fall eindeutig erklärt werden. Vermutlich beruhen die toxischen Wirkungen mehrwertiger Schwermetallionen auf ihrer chemischen Eigenschaft, Komplexverbindungen eingehen zu können und so Enzymsysteme empfindlich zu stören.[4] (Streit 1991, S. 575)

**Wirkung auf den Boden**

Erst in neuerer Zeit wird der Einfluß der Schwermetalle auf das Bodenleben systematisch untersucht. In Laborversuchen konnte gezeigt werden, daß zahlreiche Enzymsysteme hochempfindlich auf gesteigerte Schwermetallkonzentrationen reagieren. Die Zusammenhänge unter Feldbedingungen sind aber nach STICHER (1993b, S. 110ff) noch weitgehend ungeklärt. Nach Angaben der Biologischen Bundesforschungsanstalt wird die Wirkung von Schwermetallen im Boden erst in zwei Jahrzehnten voll einsetzen (Brucker 1988, S. 11).

---

[4] Mehrwertige Schwermetallionen können in Komplexverbindungen Koordinationszentrum sein. Die meisten Schwermetalle können daher als katalytische Zentren von Enzymen fungieren. Enzyme erfüllen lebensnotwendige Funktionen im Körper. Die dazugehörigen Schwermetalle werden dementsprechend als essentielle Spurenelemente bezeichnet. Diese Lebensnotwendigkeit erschwert die Erforschung von Schwermetallvergiftungen. WissenschaftlerInnen vermuten, daß bereits bei relativ leicht überhöhter Schwermetallzufuhr die lebensnotwendigen Enzymsysteme durch "falsche" Komplexverbindungen gestört werden.

## 8.1.2 Kupfer

> *Kupfer ist für Menschen, höhere Tiere und einige Pflanzen ein essentielles Spurenelement. Es ist Bestandteil mehrerer Enzyme. Es kann jedoch bei höheren Konzentrationen genauso giftig wie andere Schwermetalle[5] wirken. Gelöste Kupfersalze sind bereits in geringen Konzentrationen stark gewässerschädigend und wirken toxisch auf Bakterien, Algen, Krebse und Fische.*

**Verwendung**

Kupfer ist ein weitverbreitetes Element. Die durchschnittliche Kupferkonzentration im Boden beträgt 20 bis 30 ppm. Metallisches Kupfer ist ein hellrotes, verhältnismäßig weiches, aber sehr zähes, schmiedbares und dehnbares Material. Es kann zu sehr feinem Draht ausgezogen oder zu äußerst dünnen Blättchen ausgeschlagen werden. Aufgrund dieser hervorragenden Materialeigenschaften findet Kupfer eine breite Verwendung. Auch in Kupferlegierungen[6] spielt es eine herausragende Rolle. Kupfer wird beispielsweise verwendet für Leiterplatten, als Kabel, als Wasserleitung, als Dachabdeckung, als antibakteriell wirkender Zusatz von Schiffsrumpffarben, als Glückspfennig ... In Form von Kupfersulfat wird es in der Landwirtschaft bei Kupfermangel dem Grünfutter zugesetzt. Im Weinbau werden Kupfersalze als Fungizide benutzt.

**chemisches Verhalten im Boden**

Kupfer wird in Tonmineralen und organischen Substanzen angereichert. Seine Löslichkeit ist am niedrigsten bei pH 5 bis 6. Bei sehr niedrigen pH-Werten, z. B. durch Sauren Regen, erhöht sich die Löslichkeit von Kupfer. Kupfersalze können aus dem Boden ausgewaschen werden. Darüber hinaus besitzt Kupfer die Fähigkeit, Komplexe zu bilden. Daher ist es meistens wenig pflanzenverfügbar. (Merian 1984, S. 454)

**Ökotoxizität**

Das $Cu^{2+}$-Ion ist für viele **Kleinorganismen**, wie Bakterien, Kleinpilze, Algen und Viren sehr giftig, z. T. sogar das giftigste Element überhaupt. Erhöhte Kupfergehalte im Boden können sich daher katastrophal auf das Bodenleben auswirken. Außerdem sind gelöste Kupfersalze stark gewässerschädigend. Neben Algen sind vor allem Krebse und Fische betroffen. Sie können bereits ab 0,02 mg Cu/L sterben. Wiederkäuer sind ebenfalls empfindlich gegenüber Kupfer. Bei ihnen können beispielsweise durch leichte Kupferüberdosierungen im Grünfutter tödliche Vergiftungen auftreten. Teilweise stören erhöhte Kupfergehalte im Boden wichtige Enzymsysteme in Pflanzen. Es werden Schädigungen des Wurzelwachstums beobachtet. Auch Kupferarmut kann einen Schaden an Pflanzen verursachen, und dies wiederum kann bei empfind-

---

[5]  Z. B. Blei oder Quecksilber.

[6]  Z. B. Messing (Kupfer und Zink) und Bronze (Kupfer und Zinn).

lichen Tieren zum Tod führen. (Eisenbrand 1995, S. 475, Merian 1984, S. 187 und UBA 1993, S. 56)

**Humantoxizität**  Kupferunterversorgung äußert sich in Wachstums-, Skelett- und Gefäßschäden, Fortpflanzungsstörungen, Pigmentschäden der Haare und Blutarmut. Zu viel Kupfer ist für den Menschen bemerkenswert **ungiftig**. Metallisches Kupfer, z. B. als verschluckter Glückspfennig, löst sich im Körper kaum und ist deshalb praktisch ungiftig. Kupferionen können in Milligramm-Mengen Erbrechen und Durchfall, in Gramm-Mengen Übelkeit, Krämpfe und Schweißausbrüche hervorrufen. Darüber hinaus kann Kupfer nach STREIT (1991, S. 575) in bestimmten Fällen karzinogen wirken. Spuren von Kupfer im Trinkwasser sind gesundheitlich wenig bedenklich, weil sie sich weit unterhalb der Schädlichkeitsgrenze durch bitteren Geschmack des Wassers bemerkbar machen. Erhöhte Kupfergehalte können auftreten bei neuinstallierten Kupferleitungen, wenn der pH-Wert des Wasser < 7 ist; bei carbonathaltigem Wasser, das längeren Kontakt mit Kupferleitungen hatte oder bei Zitronensaft, der in Kupfergefäßen aufbewahrt wurde. Kupfer hat vor allem dadurch Aufsehen erregt, daß Kupfervergiftungen **bei Kindern tödlich** verlaufen können: Bei der Verwendung von kupferhaltigem Wasser für die Zubereitung von Säuglingsmahlzeiten kann Leberzirrhose auftreten. Die Weltgesundheitsorganisation WHO empfiehlt einen Trinkwassergrenzwert von 50 ppb. (Eisenbrand 1995, S. 475)

## 8.1.3 Blei

> *Blei ist kein essentielles Spurenelement weder für Menschen und Tiere noch für Pflanzen. Im Gegenteil: Blei und seine Verbindungen zählen zu den starken Umweltgiften (Bliefert 1995, S. 350). Durch die Einführung des bleifreien Benzins ist in den letzten Jahren eine deutliche Abnahme der Blei-Immissionen festzustellen. Dennoch ist "als Folge der seit Jahrhunderten andauernden Blei-Emissionen ... eine nahezu allgegenwärtige und globale Umweltkontamination durch Blei entstanden." (Merian 1984, S. 357)*

**Verwendung**  Blei ist ein mattgraues, weiches und leicht formbares Metall. Die Gewinnung von Blei aus den natürlichen Bleierzen[7] ist relativ einfach. Bereits die Ägypter und die Babylonier stellten viele Gebrauchsgegenstände, wie Wasserleitungen

---

[7] Das wichtigste natürliche Bleierz ist Bleiglanz, PbS. Seltener findet man Weißbleierz (Cerussit, $PbCO_3$), Rotbleierz (Krokoit, $PbCrO_4$), Gelbbleierz (Wulfenit, $PbMoO_4$), Scheelbleierz (Stolzit, $PbWO_4$), Anglesit ($PbSO_4$) und Boulangerit (5 PbS · 2 $Sb_2S_3$) (Merian 1984, S. 353).

und Küchengeräte, aus Blei her (Bliefert 1995, S. 348). Blei und sein Verbindungen werden heute noch verwendet

- in Akkumulatoren,
- in Kabelummantelungen,
- in Gläsern (Bleikristall),
- in Legierungen (z. B. Kupferfeinblei),
- im Lötzinn,
- in Farbpigmenten für Kunststoffe, Keramiken und Farben,
- zur galvanischen Oberflächenbehandlung,
- in Korrosionsschutzmitteln (Pb-Mennige),
- als Stabilisator für PVC-Kunststoffe,
- als Strahlenschutzplatten
- und in vielen Ländern als Antiklopfmittel im Benzin[8] (Merian 1984, S. 354; BIFAU 1994, S. 65; Bliefert 1995, S. 349 und Winter 1996).

**Quellen**

Mehr als 95 % der Blei-Emissionen in die Atmosphäre stammen aus anthropogenen Quellen. Diese Emissionen entstehen bei Gewinnung, Transport, Verhüttung und Verarbeitung von Bleierzen, Verbrennung verbleiten Benzins[9], Eisen- und Stahlproduktion, Kohle-, Erdöl- und Müllverbrennung. Der überwiegende Teil der emittierten Bleiverbindungen ist an Schwebstaubpartikeln gebunden und wird mit diesen oft über weite Entfernungen transportiert. Das Blei gelangt dann über trockene oder nasse Deposition von der Atmosphäre in den Boden und in Oberflächengewässer. Auch die Ausbringung von Klärschlamm auf landwirtschaftlich genutzte Böden kann eine Ursache für die Bleibelastung von Böden sein. (Merian 1984, S. 358f)

**Konzentrationen in der Umwelt**

Blei ist ubiquitär verteilt. Untersuchungen des Bleigehaltes im Grönlandeis belegen deutlich zwei Emissionsschübe: Ab Mitte des 18. Jahrhunderts begann die technische Bleiverhüttung und um 1940 wurde verbleites Benzin eingeführt. (Merian 1984, S. 355 und Kümmel 1988, S. 226f) Messungen der Bleikonzentration im Schwebstaub zeigen heute einen kontinuierlichen Rückgang der Bleiimmission.[10] "Diese Entwicklung ist auf die Begrenzung des

---

[8]  Wissenschaftlicher gesprochen: "Ottokraftstoff".

[9]  Weltweit betrachtet ist der Autoverkehr nach wie vor eine bedeutende Quelle von Bleiemissionen, auch wenn bleihaltiges Benzin seit Ende 1996 an deutschen Tankstellen nicht mehr verkauft wird. In vielen Ländern der sog. Dritten Welt ist bleifreies Benzin noch lange kein Standard. Die WHO schätzt, daß "15 bis 18 Millionen Kinder in der Dritten Welt aufgrund einer Bleivergiftung unter dauerhaften Hirnschäden leiden." (Ökologische Briefe 1996, S. 5)

[10]  Jahresmittelwerte des Bleigehaltes im Schwebstaub:

| | | | |
|---|---|---|---|
| in ländlichen Gebieten: | 1977: 233 ng/m³; | 1993: 15 ng/m³ | (UBA 1994, S. 270 und UBA 1995, S. 23); |
| im Rhein-Ruhr-Gebiet: | 1974: 1130 ng/m³; | 1993: 70 ng/m³ | (LUA 1994, S. 63); |
| in Berlin: | 1985: 247 ng/m³; | 1993: 95 ng/m³ | (BIFAU 1994, S. 76). |

Bleigehaltes im verbleiten Kraftstoff und den zunehmenden Einsatz bleifreien Kraftstoffes zurückzuführen. Unterstützt wurde diese Entwicklung zusätzlich durch die Verminderung der Gesamtstaubemissionen aus stationären Quellen." (UBA 1994, S. 269) Die durchschnittliche Bleikonzentration im Boden beträgt 2 - 300 ppm, bei stark anthropogen belasteten Böden bis zu 30.000 ppm (Koch 1995, S. 132, Fiedler 1993, Frey-Wehrmann 1990, S. 59f).

**chemisches Verhalten im Boden**
Trotz des deutlichen Rückganges der Bleiemissionen in die Atmosphäre sind die Böden nach wie vor stark mit Blei belastet. Blei im Boden ist im Vergleich zu anderen Schwermetallen sehr immobil. Der überwiegende Teil des anthropogen eingetragenen Bleis ist an die organische Substanz der Oberböden gebunden und reichert sich dort an. Eine Auswaschung und Verlagerung von Blei in tiefere Bodenschichten erfolgt nur in geringem Maß. Mit zunehmender Bodentiefe wird Blei bevorzugt an Mn-Oxide und schlecht kristalline Fe-Oxide gebunden.[11] (Frey-Wehrmann 1990, S. IIf und S. 177)

**Ökotoxizität**
Blei ist für Pflanzen nicht besonders toxisch. Wegen seiner ausgeprägten Bodensorption ist seine Pflanzenverfügbarkeit stark vermindert. Erst ab einer Konzentration von 100 - 1000 mg/kg[12] Boden werden Veränderungen der Photosynthese und des Pflanzenwachstums beobachtet. Auch Bodenorganismen tolerieren relativ hohe Bleikonzentrationen von 100 - 1000 mg/kg. (Koch 1995, S. 129f)

**Pfade zum Menschen**
Der Mensch nimmt Bleiverbindungen sowohl über die **Atemluft** (Lunge) als auch über die Nahrung (Magen-Darm-Trakt) auf. Da Pflanzen nur wenig gelöste Bleiionen aus dem Boden aufnehmen, kann der Mensch auch nur wenig Blei über die Pflanzen aufnehmen. Falsch!!! Der größte Teil des Pflanzenbleis stammt nämlich aus der Luft und ist an der **Pflanzenoberfläche** adsorbiert. Durch Waschen der Pflanzen kann diese Bleibelastung deutlich reduziert werden. (Merian 1984, S. 361) Oft werden auch über das **Trinkwasser** große Bleimengen aufgenommen. Der für Trinkwasser festgelegte Grenzwert (0,04 mg/L) wird häufig überschritten, wenn das Wasser durch Bleirohre geleitet wird. Vor allem bei niedrigem pH-Wert und geringer Wasserhärte werden Bleiionen aus dem Rohrmaterial gelöst. Hartes Wasser dagegen führt zur Bildung einer kalkhaltigen Schutzschicht, die das Lösen von Bleiverbindungen vermindert. Bleihaltige Trinkwasserrohre in Altbauten sollten auf jeden Fall ausgetauscht werden.[13] Bis dahin empfiehlt es sich, vor jeder Trinkwasserentnahme das in den Leitungen abgestandene Wasser ablaufen zu lassen.

---

[11] Siehe Kap. 8.3.2.

[12] Die Einheit "mg/kg" entspricht der Einheit "ppm".

[13] Allerdings macht nur eine Totalsanierung aller Wasserleitungen Sinn. Falls nur ein Teil der Leitungen gegen Kupferrohre ausgetauscht wird kommt es an den Verbindungsstellen von Kupfer und Blei zur Ausbildung von Lokalelementen. Das unedlere Blei geht verstärkt in Lösung! Na dann, prost!

**Humantoxizität**    90 % des oral aufgenommenen Bleis wird mit dem Stuhl wieder ausgeschieden. Das im Körper resorbierte Blei gelangt zunächst in den Blutstrom und verteilt sich damit auf die verschiedenen Organe. Etwa 90 % der gesamten Bleimenge im Körper ist in den Knochen gespeichert. (Merian 1984, S. 362ff) Blei ist für den Menschen kein essentielles Spurenelement und wirkt schon in geringsten Konzentrationen toxisch. Akute Bleivergiftungen sind allerdings relativ selten. Blei wirkt eher chronisch. Seine Giftwirkung beruht auf der Reaktion von Blei-Ionen mit Hydroxy-, Phosphat-, Thiol- und Aminogruppen von Enzymen und Proteinen. Das Enzym bzw. Protein verliert auf diese Weise seine spezifische Funktion. Außerdem tritt Blei in Wechselwirkung mit anderen essentiellen Metall-Ionen. In den Knochen beispielsweise kann Blei das Calcium-Ion verdrängen. (Merian 1984, S. 364 und Streit 1991, S. 104 und 107) Chronische Bleivergiftung gehen mit folgenden Symptomen einher: Appetitlosigkeit, Müdigkeit, Nervosität, Übelkeit, Kopfschmerzen, Impotenz, Gewichtsabnahme, Störung der Hämoglobin-Synthese, Bleisaum an den Zähnen, Schädigung des Zentralen Nervensystems und Störung des Immunsystems. (Merian 1984, S. 364f und Koch 1995, S. 128f) Bei einigen Bleiverbindungen besteht der Verdacht auf ein krebserzeugendes Potential. (BIFAU 1994, S. 64 und Winter 1996)

**Fragen**    1a. Ist Selen ein Schwermetall?
1b. Hat die Definition der Schwermetalle irgendeinen tieferen Sinn?

2. Die AAS-Analyse wird in diesem Buch beispielhaft an den Schwermetallen Kupfer und Blei beschrieben. Halten Sie das für sinnvoll und warum? Nennen Sie gegebenenfalls besser geeignete Schwermetalle und warum Sie diese vorschlagen würden!

## 8.1.4 Salze

### Exkurs Grün Kaputt

**Streusalz**    *Nach GREISENEGGER (1991, S. 100) sind 90 % aller absterbenden Alleebäume Streusalzopfer. WIELAND (1986, S. 12) schreibt in seinem eindringlichen Fotobildband "Grün kaputt": "Da verdorrt eine Kastanie mitten im Sommer, weil eine Gesellschaft von Autofahrern nicht hinnehmen will, daß es noch immer einen Winter gibt. Salzresistent, industriefest, abgashart. Nur noch Wüstenpflanzen und Krüppelgewächse von der Baumgrenze halten dieses Leben aus. Zwischen Salzen und Säuren. An der tödlichen Front von Kohlenmonoxid und Schwefeldioxid. Wer gibt uns nur − verdammt noch mal − die gläubige Selbstsicherheit, daß wir so resistent und abgashart und säurefest sind?"*

**Ökologische Wirkung**    Streusalze sickern in das Erdreich. Sie konkurrieren dort mit Nährstoffen um die Austauscherplätze des Bodens. Sind Streusalze in einem großen Überschuß vorhanden, so werden Nährstoffe aus dem Boden ausgewaschen und den Pflanzen entzogen. Darüber hinaus können Salze das Pflanzenwachstum auch direkt schädigen. Bei hohen Salzkonzentrationen treten starke osmotische Wirkungen auf. Das hohe osmotische Potential der Bodenlösung erschwert die Wasseraufnahme der Wurzeln. In den Pflanzen tritt Wassermangel auf. Sie trocknen aus, und die Blätter verfärben sich schon im Frühsommer.

**Quellen und Senken**

In trockenen Gegenden kann Salz durch Grundwasseraufstieg aus dem Grundwasserleiter nach oben transportiert werden. Das Wasser verdunstet, die Salze bleiben unmittelbar an der Bodenoberfläche zurück.[14] In unseren Breiten werden Salze mit dem Niederschlag von der Oberfläche in Richtung des Grundwasserleiters transportiert. Natürliche Salzeinträge sind nasse und trockene Depositionen (salzhaltige Aerosole in der Luft) sowie periodische Überflutungen mit Fluß- oder Meerwasser. Wichtige anthropogene Salzquellen sind neben dem bereits beschriebenen Streusalz die Düngung, die Bewässerung und die nasse sowie die trockene Deposition von anthropogenen Luftschadstoffen.

## 8.1.5 Radionuklide

**Ökologische Wirkung**

Instabile Atome, die unter Aussendung von Strahlung spontan zerfallen, werden als Radionuklide bezeichnet. Sie können sowohl über die Luft und das Wasser als auch über den Boden auf biotische Systeme einwirken. Die meisten sind giftig. Ihr Haupteffekt besteht aber darin, daß sie als Emittenten ionisierender Strahlung ($\alpha$-, $\beta$-, $\gamma$-Strahlen) einzelne Bindungen in lebenswichtigen Biomolekülen aufbrechen. Damit lösen sie Mutationen, Erbschäden und Karzinome aus. Höhere Dosen sind tödlich. Die Sensitivität biologischer Systeme gegenüber radioaktiver Strahlung wächst mit der Entwicklungsstufe der Organismen: Säugetiere sind empfindlicher als andere Wirbeltiere und viel empfindlicher als Insekten.

**Vorkommen und Quellen**

Im Boden und in den darunter liegenden Gesteinen sind radioaktive Elemente enthalten. Es handelt sich dabei um langlebige radioaktive Stoffe, die seit der Entstehung der Erde vorhanden sind und nur ganz langsam zerfallen[15]. Ein Großteil der radioaktiven Stoffe ist innerhalb von Erzen in tiefen geologischen

---

[14] Wenn der Salztransport von unten nach oben überwiegt, dann entsteht ein Salzboden, auf dem nur wenige, besonders salzresistente Pflanzen gedeihen können. Solche Böden sind unter mitteleuropäischen Klimaverhältnissen äußerst selten anzutreffen.

[15] Zu den langlebigen radioaktiven Stoffen zählen $^{232}$Th (Halbwertzeit $t_{1/2} = 1{,}4 \cdot 10^{10}$ a), $^{238}$U ($t_{1/2} = 4{,}5 \cdot 10^9$ a) und $^{235}$U ($t_{1/2} = 7 \cdot 10^8$ a). Sie sind zugleich Ausgangstoffe von natürlichen Zerfallsreihen. Neben den Nukliden der Zerfallsreihen gibt es noch weitere natürlich vorkommende Radionuklide, deren Halbwertzeit so lang ist, daß noch Teile der bei der Erdentstehung gebildeten Mengen vorhanden sind, z. B. $^{40}$K ($t_{1/2} = 1{,}3 \cdot 10^9$ a) und $^{115}$In ($t_{1/2} = 5{,}1 \cdot 10^{15}$ a).

Formationen eingeschlossen. Diese Stoffe können auf **natürlichem** Weg in geringem Maße durch Grundwassertransport in die Biosphäre gelangen. Eine besondere Rolle bei der Ausbreitung radioaktiver Stoffe spielt Radon, ein schweres Edelgas. Es entsteht in der Uran-Radium-Zerfallsreihe. Zur natürlichen Strahlenbelastung gehört außerdem die kosmische Strahlung. **Anthropogene** Quellen für Radionuklide sind Kernwaffentests, der Betrieb von Atomreaktoren, die Nuklearmedizin und die Kernforschung.

## 8.2  Bindungen der Schwermetalle

### 8.2.1  Festlegungsarten

**Bedeutung**

Mobile Schwermetalle können von Pflanzen aufgenommen oder im Boden verlagert werden. Immobile Schwermetalle werden dagegen nicht von Pflanzen aufgenommen und sind nicht im Boden verlagerbar. Deshalb ist die **Mobilität** der Schwermetalle im Boden ökologisch interessant. Sie ist wesentlich davon abhängig, wie die Schwermetalle an die feste Bodenmatrix gebunden sind.

(Aus: Offene Schule Waldau Kassel (Hrsg.): Der Wald ist selber schuld : Neues aus der Schwarzwald-klinik. 6. überarb. Aufl., Eigenverlag, 1995, S. 196)

**Bindungsarten**   Es gibt vier verschiedene Bindungsarten zwischen den gelösten Schwermetallen und der festen Bodenmatrix:

- die kovalente Bindung,
- die koordinative Bindung,
- die Ionen-Bindung und
- die Dipol-Dipol-Bindung (Van-der-Waals-Bindung).

Den Bindungsarten lassen sich nicht pauschal bestimmte Bindungsstärken zuordnen. Ionen-Bindungen und Dipol-Dipol-Bindungen sind aber in der Regel schwächer als die beiden anderen Bindungsarten. Schwermetalle, die so im Boden festgelegt sind, können leichter desorbiert und mobilisiert werden. (Haga 1994, S. 21)

**Exkurs** *Bindungsarten*

*Ursachen aller chemischen Bindungen sind elektrische Wechselwirkungen. Es gibt fließende Übergänge zwischen und Kombinationen von den im folgenden beschriebenen Bindungsarten. Behalten Sie immer im Hinterkopf, daß es sich bei allen Bindungsarten um Modellvorstellungen handelt.*

**Ionenbindung**

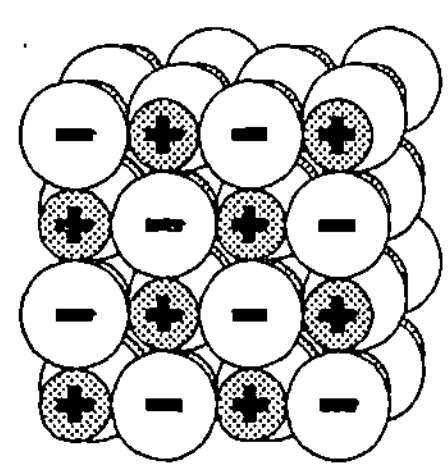
**Abb. 8.2.** Die Ionenbindung

*Ionenbindungen gibt es zwischen Metallen und Nichtmetallen. Solche Verbindungen werden Salze genannt. Die Elektronegativitätsdifferenz[16] zwischen den beiden Bindungspartnern ist groß. Die Valenzelektronen des Metalls werden vollständig vom Nichtmetall angezogen. Dadurch werden die betroffenen Atome zu Ionen und erreichen die stabile Edelgaskonfiguration. Zwischen den entgegengesetzt geladenen Ionen bestehen ungerichtete elektrostatische Anziehungskräfte. Bindungen mit überwiegend Ionenbindungscharakter findet man z. B. in $NaCl$, $CdF_2$. (Riedel 1988, S. 63)*

**Kovalente Bindung**   *Zwei <u>gleiche</u> Nichtmetallatome (z. B. $O_2$) sind kovalent gebunden, man spricht auch von einer reinen Atombindung. Das bindende Elektronenpaar gehört beiden Atomen zu gleichen Anteilen. Die Bindung ist unpolar. Verbinden sich <u>verschiedene</u> Nichtmetallatome (z. B. $HCl$, $SiO_2$), so ist die Verbindung polar. Die Polarität ist abhängig von der Elektronegativitätsdifferenz der verbundenen Atome. Je kleiner die Elektronegativitätsdifferenz ist, desto größer ist der kovalente Charakter der Bindung. Je größer die Elektronegativitätsdifferenz ist, desto größer ist umgekehrt der ionische Charakter der Bindung.*

**Abb. 8.3.** Die kovalente Bindung

*Kovalente Bindungen sind im Gegensatz zu Ionenbindungen gerichtet. (Hollemann/Wiberg 1985, S. 128)*

---

[16] Die Elektronegativität gibt an, wie stark ein Atom das bindende Elektronenpaar anzieht. Ab einer Elektronegativitätsdifferenz von 1,9 hat eine Verbindung überwiegend Ionenbindungscharakter (Lüthje 1975, S. 151).

[17] "Chelat" kommt aus dem Griechischen und heißt "Krebsschere". EDTA ist die Abkürzung für Ethylen-Diamin-Tetra-Essigsäure. Der räumliche Aufbau des EDTA wird z. B. von RIEDEL (1988, S. 298) beschrieben.

**Metallische Bindung**

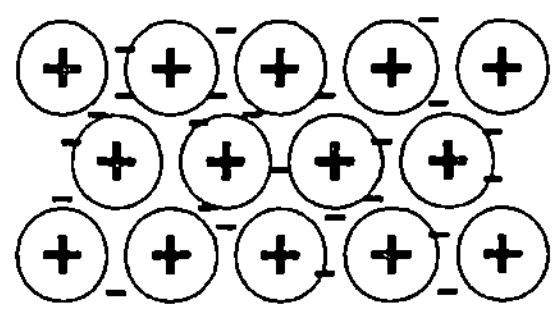

**Abb. 8.4.** Die metallische Bindung

*Metallische Bindungen kommen nur in Metallen vor. Der Aufenthaltsraum der bindenden Elektronen erstreckt sich über das gesamte Metallgitter. Die Elektronen sind leicht beweglich. Dies erklärt die hohe Leitfähigkeit der Metalle. (Brockhaus 1989, Bd. 1, S. 200) Die metallische Bindung sei hier nur der Vollständigkeit halber erwähnt. Sie spielt im Boden keine Rolle.*

**Van-der-Waals-Bindung**

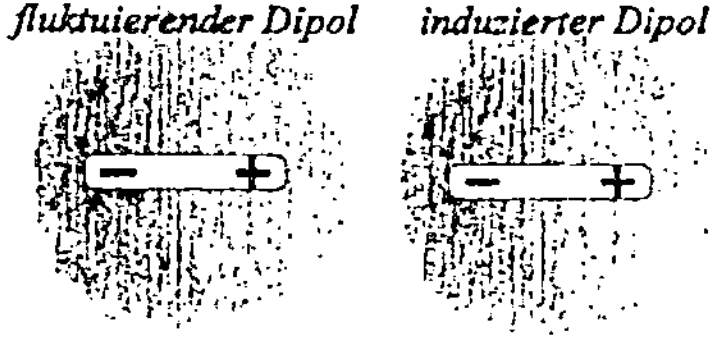


**Abb. 8.5.** Die van-der-Waals-Bindung

*Die van-der-Waals-Bindung beruht auf Wechselwirkungen zwischen fluktuierenden Dipolen. Fluktuierende Dipole (z. B. Ne) entstehen durch Schwankungen in der Ladungsverteilung der Elektronenhülle. Im Nachbar-Atom wird ein gleichgerichteter Dipol induziert, so daß eine Anziehung entsteht. Die van-der-Waals-Bindung findet man zwischen einzelnen, nicht fest verbundenen Atomen oder Molekülen. Sie ist sehr schwach und nur im Nahbereich von Molekülen und Atomen wirksam. (Riedel 1988, S. 116)*

**Wasserstoffbrückenbindung**

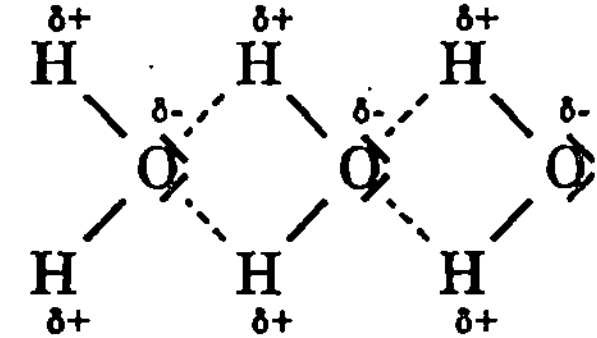

**Abb. 8.6.** Die Wasserstoffbrücken-bindung (- - -)

*Die Wasserstoffbrückenbindung tritt zwischen permanenten Dipolmolekülen auf, in denen ein H-Atom an einen stark elektronegativen Partner gebunden ist (z. B. $H_2O$, HF, $NH_3$). Das H-Atom trägt eine positive Partialladung, sein Bindungspartner eine negative Partialladung. Zwischen dem positiven H-Atom des einen Dipols und dem negativen Atom eines anderen Dipols kommt es zu einer ionischen Bindung, der Wasserstoffbrückenbindung. (Christen 1978, S. 113) Diese Bindungsart spielt für Schwermetalle im Boden keine Rolle.*

**Koordinative Bindung**

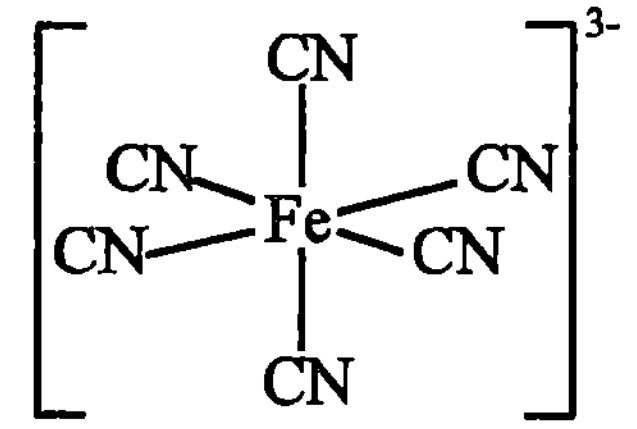

**Abb. 8.7.** Die koordinative Bindung

*In einer "Komplexverbindung" ist ein Koordinationszentrum von mehreren Teilchen umgeben, den sogenannten Liganden. Als wesentliches Kennzeichen einer koordinativen Verbindung gilt folgendes Kriterium: Das Zentralatom und die Liganden sollen unter experimentell realisierbaren Bedingungen allein existieren können. Nach dieser Definition können $CH_4$ und $SO_4^{2-}$ nicht als Komplex bezeichnet werden, da die Bestandteile unter vernünftigen Bedingungen nicht einzeln existieren. $[Fe(CN)_6]^{3-}$ und $[Cu(NH_3)_4]^{2+}$ sind dagegen typische Komplexverbindungen. Das Koordinationszentrum eines Komplexes kann ein Atom oder ein Ion sein. Die Liganden sind Ionen oder Moleküle. Die bindenden Elektronenpaare werden in der Regel von den Liganden geliefert, d. h. die Bindung entsteht durch Überlappung gefüllter Orbitale der Liganden mit leeren Orbitalen des Zentralatoms. Ob die Bindung mehr kovalenten oder mehr elektrostatischen Charakter hat, ist von Komplex zu Komplex verschieden. Einige Liganden besitzen mehrere Koordinationsstellen. Sie können mehrere Bindungen mit dem gleichen Zentralatom eingehen. Dadurch entstehen besonders stabile Komplexe, die sogenannten Chelate, wie z. B. $[Zn(EDTA)]^{2-}$ [17]. (Riedel 1988, S. 296)*

<table>
<tr><td>Adsorption und Fällung</td><td>Die beiden wichtigsten Vorgänge der Schwermetallfestlegung sind die Adsorption und die Fällung.<br><br><u>Adsorption:</u> Bei niedrigen Konzentrationen in der Bodenlösung werden Schwermetalle an der Oberfläche von Bodenpartikeln angelagert und auf diesem Wege festgelegt.<br><br><u>Fällung:</u> Bei höheren Konzentrationen können schwerlösliche Schwermetallverbindungen ausfallen (z. B. $PbCO_3$).</td></tr>
</table>

**Adsorption**

Die Adsorption ist eine "Anlagerung von Gasen oder gelösten Stoffen an der Oberfläche fester Körper" (Brockhaus 1989, Bd. 1, S. 24). Gegenspieler zur Adsorption ist die **Desorption**. Im Boden laufen Adsorption und Desorption gleichzeitig ab: Ein Teil der in der Bodenlösung gelösten Schwermetallionen wird an der Oberfläche der Bodenmatrix adsorbiert. Gleichzeitig geht ein äquivalenter Teil der an der Oberfläche der Bodenmatrix gebundenen Schwermetalle wieder in Lösung. Nach einiger Zeit stellt sich so zwischen dem Gehalt eines Stoffes in der festen Phase und der Konzentration dieses Stoffes in der flüssigen Phase ein **dynamisches Gleichgewicht** ein.

Dieses Gleichgewicht ist temperaturabhängig und kann näherungsweise mit sogenannten Adsorptionsisothermen angegeben werden. Die **mathematische Formulierung** kann nach den Gleichungen von Langmuir oder Freundlich erfolgen. Ein Spezialfall der Freundlich-Gleichung[18] ist das $K_d$-Konzept.

**Exkurs** *Das $K_d$-Konzept*

**Annahmen**

Das $K_d$-Konzept basiert auf dem Verteilungsgesetz von Nernst[19]. Es ist ein empirischer Ansatz, um die Adsorption (z. B. von Schwermetallen im Boden) in einem System aus Feststoff und Lösung zu beschreiben. Folgende Voraussetzungen liegen dem $K_d$-Modell zugrunde:

- Der Adsorptionsprozeß muß im **Gleichgewicht** sein, d. h. die Reaktionszeit muß genügend lang sein.
- Das Metall darf **nicht ausgefällt** vorliegen, die Festlegung des Schwermetalls muß also adsorptiv erfolgen. D. h. die Schwermetallkonzentration darf nicht zu hoch sein.
- Die adsorbierte Metallmenge muß wesentlich kleiner als die Adsorptionskapazität der Oberfläche sein.
- Die Komplexierung des Metalls in der Lösung darf sich nicht verändern, da der $K_d$-

---

[18] Zur Freundlich-Adsorptionsisotherme s. Kap. 9.1.

[19] Dieses Verteilungsgesetz von Nernst ist <u>nicht zu verwechseln</u> mit der Nernstschen Gleichung zur Berechnung von Redoxpotentialen! Das Verteilungsgesetz von Nernst beschreibt die Verteilung einer Substanz zwischen zwei Phasen. Nernst formulierte das Gesetz ursprünglich für ein System mit zwei verschiedenen flüssigen Phasen. Das Verteilungsgesetz kann aber auch auf ein System mit einer festen (stationären) und einer flüssigen bzw. gasförmigen (mobilen) Phase übertragen werden. Das Verteilungsphänomen wird z. B. bei der Chromatographie zur Trennung zweier Substanzen ausgenutzt. Auch der Adsorption im Boden liegt das Verteilungsphänomen zugrunde (mobile Phase = Bodenwasser; feste Phase = Bodenmatrix).

*Wert auf eine bestimmte Zusammensetzung der Bodenlösung aus Metallkomplexen und freien Metallionen bezogen ist. (Koß 1993, S. 30)*

**Verteilungs-koeffizient $K_d$**

*Der Verteilungskoeffizient $K_d$ gibt die Verteilung eines Schwermetalls zwischen der festen Phase und der flüssigen Phase im Gleichgewichtszustand an. Der Verteilungskoeffizient ist eine systemspezifische Konstante, d. h. er gilt immer nur für einen bestimmten Boden und nur für einen bestimmten Stoff. Er ist definiert als $K_d = C\,(Me_{Sorp}) / C\,(Me_{gelöst})$ und läßt sich folgendermaßen ausdrücken:*

$$K_d = \frac{C(Me_{Sorp})}{C(Me_{gel})} = \frac{\dfrac{m(Me_{Sorp})}{m_{Boden} \cdot M_{Me}}}{\dfrac{m(Me_{gel})}{V_{Boden} \cdot M_{Me}}} = \frac{m(Me_{Sorp}) \cdot V_{Boden}}{m(Me_{gel}) \cdot m_{Boden}} = \frac{m(Me_{Sorp})}{m(Me_{gel})} \cdot \frac{1}{\dfrac{m_{Boden}}{V_{Boden}}}$$

| | |
|---|---|
| $K_d$ | *$K_d$-Wert [L/kg]* |
| *$C(Me_{Sorp})$* | *Gehalt des an der Bodenmatrix adsorbierten Schwermetalls [mol/kg]* |
| *$C(Me_{gel})$* | *Konzentration des Schwermetalls in der Bodenlösung [mol/L]* |
| *$m(Me_{Sorp})$* | *Masse des adsorbierten Schwermetalls im betrachteten Bodenvolumen [g]* |
| *$m(Me_{gel})$* | *Masse des gelösten Schwermetalls in der Bodenlösung des betrachteten Bodenvolumens [g]* |
| *$M_{Me}$* | *Molmasse des Schwermetalls [g/mol]* |
| *$m_{Boden}$* | *Masse des betrachteten Bodenvolumens [kg]* |
| *$V_{Boden}$* | *Volumen der Bodenlösung im betrachteten Bodenvolumen [L] (Koß 1993, S. 30)* |

*Der Quotient $m_{Boden} / V_{Boden}$ gibt das Verhältnis der Bodenmasse zum Bodenwasser im betrachteten Bodenvolumen an. Dieser Quotient wird auch **Feststoffkonzentration**[20] genannt. Oft will man das Verhältnis von den adsorbierten zu den gelösten Schwermetallmengen wissen $\{m(Me_{Sorp}) / m(Me_{gelöst})\}$. In diesem Fall muß neben dem $K_d$-Wert auch die Feststoffkonzentration im Boden bekannt sein. (Koß 1993, S. 30)*

**Ausbreitungs-modelle**

*Gelöste Schwermetalle sind mobil und können mit dem Bodenwasser transportiert werden.[21] Ihre räumliche und zeitliche Ausbreitung kann mit Computersimulationen abgeschätzt werden. Schwermetallkonzentrationen im Boden können so vorhergesagt werden. Für Ausbreitungsrechnungen im Grundwasserleiter müssen im wesentlichen folgende Parameter bekannt sein:*

- *die **Konzentrationen** in der Bodenlösung und der Bodenmatrix zum Zeitpunkt Null (Anfangsbedingungen),*
- *die horizontalen und vertikalen **Geschwindigkeiten** des Bodenwassers und*
- *das **Verteilungsgleichgewicht** zwischen den adsorbierten und den gelösten Schwermetallen, üblicherweise bestimmt über den Verteilungskoeffizient $K_d$. (Koß 1993, S. 30)*

---

[20] Der Begriff "Feststoffkonzentration" ist unseres Erachtens irreführend. Mit der Feststoffkonzentration ist nicht die Masse des Feststoffes pro Liter Bodenvolumen (Bodenwasser + Boden) gemeint, sondern das Verhältnis der Feststoffmasse (im betrachteten Bodenvolumen) zum Bodenwasservolumen (im betrachteten Bodenvolumen).

[21] Auch ungelöste Schwermetalle können im Boden transportiert werden, z. B. durch wühlende Tätigkeiten von Bodentieren (Bioturbation), durch Gefrieren und Auftauen des Bodens (Cryoturbation), durch Schrumpfen und Quellen von tonreichen Böden (Peloturbation) und in groben Poren durch Abschwemmen mit versickerndem Regenwasser (Sticher 1993a, S. 69).

**K$_d$-Bestimmung** *Der Verteilungskoeffizient K$_d$ wird meist in Schüttel- oder Säulenversuchen ermittelt. Problematisch ist dabei die hohe Feststoffkonzentration im realen Boden. Der Verteilungskoeffizient wird deshalb im Labor bei niedrigeren Feststoffkonzentrationen bestimmt und auf die Verhältnisse im natürlichen Boden[22] extrapoliert. Die Bestimmung des K$_d$-Wertes ist mit Fehlern behaftet, weil die Laborbedingungen nicht exakt den realen Bodenverhältnissen entsprechen, und eine Extrapolation grundsätzlich problematisch ist. (Koß 1993, S. 30)*

**Fällung** Bei "Fällung" denken Sie vielleicht an folgenden Becherglasversuch: Einer Bariumnitratlösung wird Schwefelsäure zugegeben. Das Löslichkeitsprodukt von Bariumsulfat wird weit überschritten. Deshalb fällt Bariumsulfat schlagartig aus. Der Fällungsvorgang im Boden unterscheidet sich grundsätzlich von diesem Becherglasversuch.

Betrachten wir zuerst die <u>mikroskopischen Vorgänge</u> der Fällung: Die Konzentrationen von Schwermetallsalzen bewegen sich im Boden um oder unterhalb des Löslichkeitsproduktes. Der Fällungsvorgang findet fast immer an einer festen **Oberfläche** statt. Gelöste Ionen lagern sich überwiegend an der Oberfläche eines bereits ausgefällten, das gleiche Ion enthaltenden Kristalls[23] an (① in Abb. 8.8). Man bezeichnet die feste Oberfläche daher auch als **Kristallisationskeim**. Das Wachstum beruht auf der elektrostatischen Anziehung zwischen den gelösten Ionen und dem Kristall. Die stärkste Anziehungskraft auf die Ionen geht von den Enden einer noch unvollständigen Gittergeraden aus (②), weil hier drei ionische Bindungspartner zur Verfügung stehen. Anschließend wird daneben ein entgegengesetzt geladenes Ion angelagert. Nach und nach bauen sich so ganze Schichten auf und schließen die zuvor ausgefällten Verbindungen im Inneren ein. (Brockhaus 1989, Bd. 3, S. 121)

Gleichzeitig gehen ausgefällte Ionen wieder in Lösung (③). Zwischen Fällung und Lösung stellt sich ein **dynamisches Gleichgewicht** ein, die Kristalle werden permanent umgelagert. Deshalb können auch innen liegende Ionen freigesetzt werden. Kleine

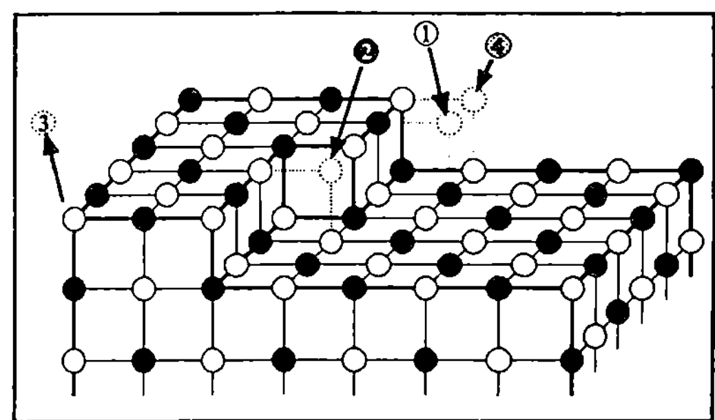

**Abb. 8.8.** Vorgänge beim Kristallwachstum (nach Brockhaus 1989, Bd. 3, S. 121)

---

[22] Die Feststoffkonzentration im Grundwasserleiter liegt meist bei 8 kg/L. Im Labor wird der Verteilungskoeffizient oft bei einer Feststoffkonzentration von 0,4 kg/L bestimmt.

[23] Kristalle im Boden sehen nie so sauber und ordentlich aus, wie Sie es in der Chemie gelernt haben. Sie sind vielmehr unregelmäßig aufgebaut, man nennt sie amorph. Wir verwenden trotzdem den Lehrbuchbegriff "Kristall" und meinen damit die kristallinen <u>und</u> amorphen Fällungsprodukte.

Kristalle werden schwächer zusammengehalten als große Kristalle und lösen sich daher leichter auf. Man sagt auch, der Lösungsdruck auf kleine Kristalle ist größer als auf große Kristalle. Dieser Vorgang wird auch als "Umfällung" bezeichnet.

Nicht immer sind im Boden bereits ausgefällte Kristalle des jeweiligen Ions vorhanden. Trotzdem kann eine Fällung stattfinden. Es gibt dafür verschiedene Mechanismen:

- Die Ionen können an anderen, gerade ausfallenden Kristallen angelagert werden (④).
- Andere Substanzen der Bodenmatrix können ebenfalls als Kristallisationskeime fungieren.
- Wenn die Konzentrationen das Löslichkeitsprodukt weit übersteigen, kommt es zur spontanen Kristallbildung. Gelöste Ionen verbinden sich direkt ohne feste Oberfläche. Sie stehen dann als Kristallisationskeime für weitere Fällungsvorgänge zur Verfügung. Dies läuft im oben beschriebenen Becherglasversuch ab, ist aber für die Vorgänge im Boden untypisch.

Betrachten wir nun die <u>makroskopischen Vorgänge</u>. Je nachdem, ob im Mikroskopischen Fällung oder Lösung überwiegt, kann man makroskopisch eine **Ausfällung** oder **Auflösung** beobachten. Das **Löslichkeitsprodukt** ist die mathematische Formulierung dieser beiden Vorgänge. Eine schwerlösliche Verbindung fällt als Kristall aus der Bodenlösung aus, wenn ihr Löslichkeitsprodukt überschritten wird. Die Ausfällung im Boden ist oft kinetisch gehemmt und läuft dann nur langsam oder gar nicht ab. In Verbindung mit der Ausfällung kommt es zur **Mitfällung**: Sie wurde bereits bei den mikroskopischen Betrachtungen unter ④ beschrieben. Schwermetallionen, deren Löslichkeitsprodukt noch nicht überschritten ist, können in Kristallen anstelle ähnlicher Metalle eingebaut werden. Es entstehen sogenannte Mischkristalle (z. B. Fe, Ni oder ... in $CaCO_3$).

Wenn die Konzentration eines der beteiligten Ionen in der Bodenlösung sinkt, dann können die aus- oder mitgefällten Schwermetalle durch Lösungsvorgänge wieder freigesetzt werden. (Dües 1987, S. 5)

**Vergleich von Fällung und Adsorption**

Bei der Adsorption haben die gelösten Schwermetallionen einen anderen Bindungspartner als bei der Fällung. Der Bindungspartner bei der Adsorption ist die feste Bodenmatrix, bei der Fällung ist er dagegen ein gelöstes Ion[24].

Wenn einem Boden zusätzliche Schwermetallionen zugegeben werden, zeigt sich ein weiterer Unterschied zwischen Fällung und Adsorption: Bei der

---

[24] Wie eben beschrieben, findet die Fällung allerdings meist an einer festen Oberfläche, den Kristallisationskeimen, statt.

(Von: Klaus Pitter. Aus: Greisenegger, Ingrid ; Katzmann, Univ.-Doz. Dr. Werner ; Pitter, Klaus: Umweltspürnasen : Aktivbuch Boden. © 1989 by Verlag Orac im Verlag Kremayr und Scheriau, Wien, S. 87)

<u>Fällung</u> wird nach dem Erreichen des Löslichkeitsproduktes jede weitere zugeführte Schwermetallmenge ausgefällt. Die **Konzentration** des Schwermetalls in der Bodenlösung bleibt **konstant**, solange die Fällungspartner (Carbonate, Hydroxide etc.) im Überschuß vorhanden sind. Bei der <u>Adsorption</u> ist dagegen das Verhältnis von adsorbierten Schwermetallen zu gelösten Schwermetallen konstant, solange Adsorptionsplätze im Überschuß vorhanden sind. Es wird also nur ein Teil der zugegebenen Schwermetalle adsorbiert, der andere Teil bleibt in Lösung. Die **Konzentration** des Schwermetalls in der Bodenlösung **steigt an**[25].

**Wissenschaftsstreit**

Es wird versucht, die komplexen Vorgänge im Boden mit Modellen zu beschreiben. Die Aussagen dieser Modelle stimmen natürlich nur begrenzt mit der Realität überein. Eindeutige Beschreibungen der Wirklichkeit sind kaum möglich. Aber was läßt sich schon eindeutig beschreiben? Es gibt verschiedene Modellvorstellungen zur Erklärung der Realität. Einige BodenkundlerInnen sehen in Adsorption und Fällung zwei entgegengesetzte, sich ausschließende Vorgänge. Manche behaupten, daß die Schwermetallkonzentration in der Bodenlösung von der Löslichkeit definierter Verbindungen bestimmt wird. Andere ForscherInnen sind der Meinung, daß die Schwermetallkonzentration in der Bodenlösung eher von Adsorptionsgleichgewichten bestimmt wird. (Dües 1987, S. 5) Uns erscheint es am plausibelsten, die Adsorption und die Fällung als zwei sich ergänzende Mechanismen aufzufassen.

**Fließender Übergang von Adsorption und Fällung**

Adsorption und Fällung gehen fließend ineinander über (s. Abb. 8.9). Ob eher eine Adsorption oder eher eine Fällung stattfindet, hängt vom Metall, der Zusammensetzung der Bodenlösung und der Konzentration des Metallions ab. Im Bereich niedriger Konzentrationen (① in Abb. 8.9) überwiegt die Adsorp-

---

[25] Allerdings ist dieser Konzentrationsanstieg im Spurenbereich kaum zu bemerken. Man mißt beispielsweise eine Schwermetallkonzentration von 2 ppm mit einer Abweichung von ± 3 ppm. Selbst eine Verdoppelung von 2 auf 4 ppm ist daher analytisch kaum zu erfassen.

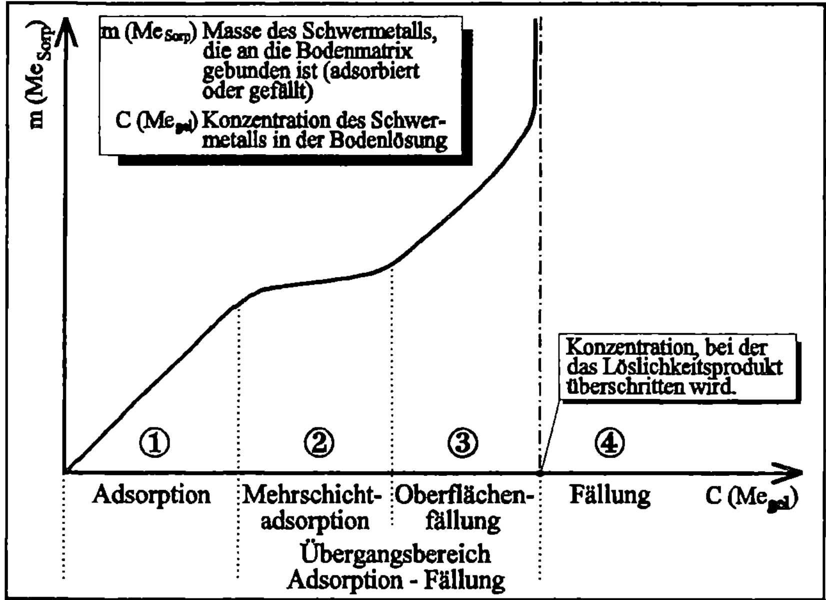


**Abb. 8.9.** Übergang von der Adsorption zur Fällung (qualitativ) (nach Koß 1993, S. 14)

tion. Man geht hier vom Idealfall einer monomolekularen Beladung aus. Die Beladung des Bodens $m(Me_{Sorp})$ nimmt mit steigender Schwermetallkonzentration der Bodenlösung $C(Me_{gel})$ linear zu. Die Adsorptionsplätze sind im Überschuß vorhanden[26]. Steigt die Konzentration weiter an (②), dann werden die Schwermetalle in weiteren Schichten über den bereits angelagerten Schwermetallen adsorbiert. Die Beladungszunahme wird dabei jedoch geringer[27]. Bei weiterer Konzentrationszunahme (③) steigt die Beladungszunahme wieder an. In diesem Bereich wird die Mehrschichtadsorption zunehmend von der Oberflächenfällung abgelöst. Oberflächenfällung bedeutet, daß an der Oberfläche der Bodenmatrix eine Fällung stattfindet, obwohl das Löslichkeitsprodukt noch nicht überschritten ist. Dieser Effekt wurde bereits bei der mikroskopischen Betrachtung der Fällung beschrieben. Diese Oberflächenfällung nimmt umso stärker zu, je näher die Konzentrationen in der Lösung an das Löslichkeitsprodukt herankommen[28]. Oberhalb des Löslichkeitsproduktes (④) fällt i. d. R. jede zugegebene Schwermetallmenge aus. Die Konzentration in der Lösung nimmt nicht mehr weiter zu.

---

[26] Der lineare Ast der Kurve in Abb. 8.9 entspricht dem linearen Bereich der theoretisch abgeleiteten Langmuir-Isotherme. Dies ist zugleich der Bereich, in dem das $K_d$-Konzept gilt.

[27] Dieser Bereich entspricht der empirisch gefundenen Freundlich-Isotherme.

[28] Die landläufige Vorstellung, daß $C(AB_{fest})$ beim Überschreiten des Löslichkeitsproduktes sprunghaft von 0 auf 1 steigt, ist falsch. Im Bereich ③ ist $C(AB_{fest})$ zwar kleiner als 1, aber größer als 0! Dies ist die mathematische Erklärung, warum die Fällung bereits unterhalb des Löslichkeitsproduktes einsetzt.

**Einbau**   Neben Adsorption und Fällung können Schwermetalle auch durch Okklusion (s. u.) und Einbau im Boden festgelegt sein. Schwermetalle können im Inneren von Silikaten, Tonmineralen, Huminstoffen und Ton-Humuskomplexen eingebaut werden:

- In den Silikat- und Tonmineral-Kristallen wird $Si^{4+}$ durch Schwermetallionen isomorph ersetzt[29]. Darüberhinaus werden Schwermetallkationen als Folge des isomorphen Ersatzes zum Ladungsausgleich in die Kristallstruktur eingebaut. (Sticher 1993a, S. 26)
- In Huminstoffmolekülen werden die Schwermetalle in die Molekülstruktur eingebaut. (Sticher 1993b, S. 28)
- In Ton-Humus-Komplexen verbinden Metallkationen als Brückenatome Tonminerale und Huminstoffe (Dües 1987, S. 8).

Alle beschriebenen Formen des Einbaus führen zu einer stabilen Festlegung von Schwermetallen. Die Schwermetalle können bei der **Entstehung** und beim **Umbau** eingebaut werden. Bei Tonmineralen und Silikaten erfolgt außerdem ein Einbau durch **Diffusion**. Diffusion bedeutet, daß adsorbierte Kationen in das kristalline Gitter von Schichtsilikaten diffundieren[30] können. Die Diffusionsgeschwindigkeit ist jedoch minimal. Der Einbau von Schwermetallen findet in geologischen Zeiträumen statt. Daher spielt der Einbau hauptsächlich im Zusammenhang mit Schwermetallen, die natürlich im Gestein und Boden vorhanden sind, eine Rolle. Als Senke für anthropogen emittierte Schwermetalle ist der Einbau von untergeordneter Bedeutung. Die Freisetzung eingebauter Schwermetalle erfolgt durch **Verwitterung, Abbau** und **Umbau** der Verbindungen. (Dües 1987, S. 8ff)

**Okklusion**   Bei der Okklusion handelt es sich um einen **räumlichen Einschluß** von Schwermetallen. DÜES (1987, S. 8) beschreibt, daß ursprünglich adsorbierte Schwermetalle beim Wachstum pedogener[31] Oxide okkludiert werden können. Genauso können Schwermetalle, die an ausgefällten Kristallen adsorbiert sind, beim Wachstum dieser Kristalle okkludiert werden. Der Einschluß von Schwermetallen in pedogenen Oxiden findet in geologischen Zeiträumen statt. Er spielt daher — ebenso wie der Einbau — nur im Zusammenhang mit Schwermetallen, die natürlich im Gestein und Boden vorhanden sind, eine Rolle. Die Freisetzung dieser Schwermetalle erfolgt durch **Verwitterung** des Gesteins.

---

[29] Der "isomorphe Ersatz" wird im Exkurs "Wie kommt es zur negativen Oberflächenladung der Bodenmatrix?" im Kap. 7.2 ausführlich erklärt.

[30] Die Diffusion erfolgt möglicherweise über sogenannte Gitterdefektstrukturen.

[31] "Pedogen" kommt aus dem Griechischen und kann mit "bodenbürtig" übersetzt werden. Pedogene Mineralien sind also Mineralien, die im Laufe der Bodenentwicklung aus dem ursprünglichen Muttergestein entstanden sind. (Sticher 1993a, S. 21)

**Tabelle 8.1.** Festlegung von Schwermetallen im Boden (nach Scheffer/Schachschabel 1992, S. 102 u. 310ff; Dües 1987, S. 3ff; Haga 1994, S. 21ff; Sticher 1993a, S. 2ff; Sticher 1993b S. 47ff und Hollemann/Wiberg 1985, S. 758ff)

| Vorgang | verbale Beschreibung | Bindungsart | zugrundeliegende Bindungskräfte | Stabilität | Aufenthaltsort des Metalls nach dem Vorgang |
|---|---|---|---|---|---|
| Adsorption | Anlagerung von gelösten Stoffen an der Oberfläche der Bodenpartikel | kovalente Bindung (Atombindung) | gemeinsames bindendes Elektronenpaar | hoch | im Kontaktbereich der festen Partikel und der freien Lösung |
| | | koordinative Bindung (Komplexbindung) | | hoch | |
| | | | elektrostatische Kräfte | | |
| | | Ionenbindung | | gering | |
| | | Dipol-Dipol-Anziehung | schwache elektrostatische Kräfte | sehr gering | |
| Fällung | Ausfällung: bei Konzentrationen oberhalb des Löslichkeitsproduktes fällt eine Verbindung aus | Ionenbindung | elektrostatische Kräfte | abhängig vom Löslichkeitsprodukt der jeweiligen Verbindung | im gebildeten Niederschlag |
| | Mitfällung[a]: ein Ion kann anstelle eines ähnlichen Ions in einen Kristall eingebaut werden[b], auch wenn seine Konzentration weit unterhalb des Löslichkeitsproduktes liegt | | | abhängig vom Löslichkeitsprodukt[c] der ausgefällten Verbindung | |
| Einbau | Einbau im Inneren der Strukturen | verschiedene Bindungsarten[d] und -kräfte, z. T. auch Mischformen | | sehr hoch | innerhalb der Bodenmatrix |
| Okklusion | räumlicher Einschluß in Zwischenräumen | | | abhängig von der Stabilität des okkludierenden Stoffes | im okkludierenden Stoff |

[a]  Achtung: In der Wasserreinhaltung wird der Begriff "Mitfällung" anders verwendet und entspricht etwa dem, was wir hier Okklusion nennen. Die "Mitfällung" ist für die WasserreinhalterInnen ein bei der Fällung auftretender Einschluß von Partikeln in die entstehenden Flocken.

[b]  Ein Fremdion wird in einen Kristall eingebaut, wenn dieser Kristall umgelagert wird (permanentes dynamisches Gleichgewicht zwischen Löse- und Fällungsvorgang) bzw. wenn dieser Kristall durch Fällung neu entsteht. Der entstandene Kristall wird auch Mischkristall genannt.

[c]  Das Löslichkeitsprodukt der "ausgefällten Verbindung" AB ist nicht mit dem Löslichkeitsprodukt der mitgefällten Verbindung MB zu verwechseln. Genaugenommen beeinflußt M aber das Löslichkeitsprodukt von AB. Mal angenommen, M würde die gesamte Oberfläche des ausgefällten Kristalls AB bedecken. Dann könnte ausgefälltes A nicht mehr in Lösung gehen, weil A keinen Kontakt mehr zur Lösung hätte. Gelöstes A könnte aber trotzdem weiterhin ausfallen. Einleuchtend, daß das die Lage des Gleichgewichts, also das Löslichkeitsprodukt, erheblich verschieben würde, oder? In der Realität ist natürlich nur ein winziger Teil der Oberfläche mit den mitgefällten Verbindungen belegt. Deshalb wird das Löslichkeitsprodukt nur leicht beeinflußt.

[d]  U. a. Atombindung, Ionenbindung, H-Brückenbindung, van-der-Waals-Wechselwirkungen. (Dües 1987, S. 8)

Der Einschluß von Schwermetallen <u>in ausgefällten Kristallen</u> dagegen kann innerhalb von Stunden erfolgen. Er kann daher für anthropogen emittierte Schwermetalle durchaus von Bedeutung sein. Die Freisetzung dieser Schwermetalle erfolgt durch **Auflösung und Umbau** der Kristalle.

**Übersicht**

In Tabelle 8.1 sind die gerade beschriebenen Vorgänge Adsorption, Fällung, Okklusion und Einbau stichpunktartig gegenübergestellt.

**Komplexierung**

Adsorbierte Schwermetalle können komplex gebunden sein (s. Tabelle 8.1). In adsorptiven Komplexverbindungen sind Schwermetalle an die Oberfläche der festen Bodenmatrix gebunden, also immobil. Es gibt aber auch Komplexverbindungen von Schwermetallen mit gelösten Stoffen. Diese Verbindungen sind mobil und können mit dem Bodenwasser transportiert werden. Obwohl diese Schwermetall<u>komplexe</u> im Bodenwasser gelöst sind, liegen sie natürlich nicht als gelöste Schwermetallionen vor. In das Löslichkeitsprodukt gehen aber nur die Schwermetall<u>ionen</u> ein. Komplexbildner im Boden führen somit dazu, daß ausgefällte Schwermetallverbindungen wieder in Lösung gehen. Komplexbildner im Boden sind z. B. EDTA, Humin- und Fulvosäuren. Humin- und Fulvosäuren kommen natürlich im Boden vor. EDTA ist u. a. ein Phosphatersatzstoff in Waschmitteln und gelangt über den Wasserkreislauf in den Boden. Dort kann es gebundene Schwermetalle remobilisieren.

**Festlegung und Mobilisierung**

Abb. 8.10 setzt die beschriebenen Festlegungs- und Mobilisierungsvorgänge von Schwermetallen zueinander in Beziehung. Neben den in Abb. 8.10 dargestellten Festlegungsmechanismen (Fällung und Adsorption) werden Schwermetalle im Boden auch, wie oben bechrieben, durch Einbau, Umbau und Okklusion festgelegt. Zusätzlich zu den abgebildeten Mobilisierungsvorgängen (Desorption und Lösung) gibt es noch Verwitterung und Umbau.

**Defizite der Festlegungsmodelle**

Die Bindungen der Schwermetalle im Boden lassen sich physikalisch-chemisch nicht so exakt beschreiben, wie dies die vorangegangenen Ausführungen vielleicht vermuten lassen. Vor allem die fließenden Übergänge zwischen den

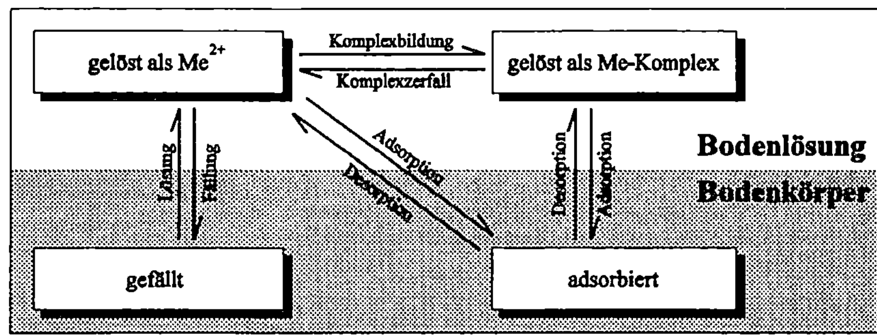


**Abb. 8.10.** Festlegung und Mobilisierung von Schwermetallen im Boden (nach Koß 1993, S. 59)

einzelnen Bindungsarten erschweren ihre Bestimmung (Dües 1987, S. 10). Gerade die umweltrelevanten Schwermetalle können ein außerordentlich **breites Spektrum möglicher Bindungsformen** aufweisen. Dennoch läßt sich das Verhalten von Metallen in Böden meistens mit Adsorptions- und Desorptionsvorgängen sowie Lösungs- und Fällungsvorgängen <u>definierter</u> Verbindungen erklären. (Blume 1990, S. 276)

## 8.2.2 Bindungspartner

Wie im vorangegangenen Kapitel ausgeführt, wird die biologische Verfügbarkeit der Schwermetalle von der Art der Bindung an die Bodenmatrix bestimmt. Die wichtigsten Bindungspartner in der Bodenmatrix sind die **Huminstoffe,** die **Tonminerale** und die Eisen-, Mangan- und **Aluminiumoxide** bzw. **-hydroxide**. Diese Bodenbestandteile sind feinkörnig und haben daher eine große spezifische Oberfläche[32]. Deshalb sind die Schwermetalle im Boden nicht gleichmäßig verteilt, sondern bevorzugt an diesen Komponenten angelagert (KFA Jülich 1991, S. 1). Im folgenden ist die Wirkungsweise der Komponenten separat dargestellt. Denken Sie aber daran, daß im Boden viele **Wechselwirkungen** zwischen den einzelnen Komponenten bestehen.[33] Diese Wechselwirkungen beeinflussen die Festlegung der Schwermetalle erheblich. Sie sind nicht nur zu komplex, um sie hier darstellen zu können, sondern auch teilweise unerforscht! (Sticher 1993b, S. 114)

**Huminstoffe**  Schwermetalle werden an den Huminstoffen durch Adsorption festgelegt. Die wichtigste Bindungsart ist hier die **Komplexbindung**. Schwermetalle werden dabei vor allem an Carboxylgruppen ($-COOH$) und phenolischen Hydroxylgruppen ($-OH$) gebunden. Es entstehen stabile metall-organische Komplexe. Die Schwermetallionen werden der Bodenlösung weitgehend entzogen. Wie im Kap. 7.4 erwähnt, ist die Mobilität der Schwermetall-Humus-Komplexe von der Löslichkeit der Huminstoffe abhängig. Diese Schwermetallverbindungen können also je nach Art des Huminstoffes mobil oder immobil sein. (Sticher 1993b, S. 115; Sticher 1993a, S. 50 und Dües 1987, S. 7)

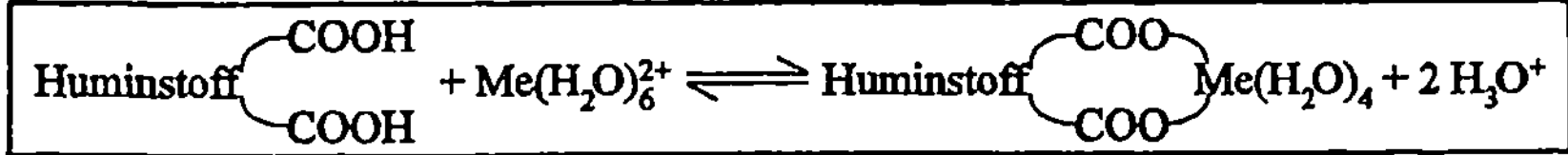

**Abb. 8.11.** Bildung eines Schwermetall-Humus-Komplexes (nach Sticher 1993b, S. 116)

---

[32] Siehe Kap. 5.1.

[33] Ein Beispiel für solche Wechselwirkungen stellen die Ton-Humus-Komplexe dar. Tonminerale und Huminstoffmoleküle sind über Metallkationen als Brückenatome verknüpft (Dües 1987, S. 8).

Schwermetalle und Huminstoffe können auch **van-der-Waals-Bindungen** eingehen. Diese Bindungen entstehen durch unsymmetrische Ladungsverteilungen im Huminstoffmolekül. Sie sind relativ schwach, und die so gebundenen Schwermetalle sind leicht verfügbar. (Dües 1987, S. 6)

**Tonminerale**  Tonminerale binden Schwermetalle überwiegend **ionisch**. Das Tonmineral ist ein Kationenaustauscher. Die Schwermetalle konkurrieren dabei mit den Nährstoffen um die Austauschplätze (s. Kap. 7.2). Die Erdalkaliionen ($Ca^{2+}$, $Mg^{2+}$) sind im Boden reichlich vorhanden. Trotzdem werden Schwermetalle, besonders $Pb^{2+}$ und $Cu^{2+}$, am Austauscher bevorzugt angelagert. Der Austausch ist größtenteils reversibel und vom pH-Wert abhängig (s. Kap. 8.2.3). (Sticher 1993b, S. 115)

$$\text{Tonmineral}^{\ominus\ominus}\text{Ca}^{\oplus\oplus} + \text{Me}^{\oplus\oplus} \rightleftharpoons \text{Tonmineral}^{\ominus\ominus}\text{Me}^{\oplus\oplus} + \text{Ca}^{\oplus\oplus}$$

**Abb. 8.12.** Bindung von Schwermetallen an Tonmineralien

Neben der oberflächlichen Adsorption können Schwermetalle prinzipiell auch im Inneren von Tonmineralen **eingebaut** werden: entweder als Zentralkationen oder in den Zwischenschichten (Scheffer/Schachtschabel 1992, S. 29; Dües 1987, S. 10 und S. 33) (s. Kap. 8.2.1). In Tonmineralen eingebaute Schwermetalle sind extrem stabil festgelegt. Sie werden nur ganz langsam beim Aufbau, beim Umbau, bei der Diffusion und bei der Verwitterung der Tonminerale freigesetzt bzw. gebunden. Für anthropogen emittierte Schwermetalle spielt dieser Einbau daher nur eine geringe Rolle.

Schwermetalle können auch in Zwischenräumen der Tonminerale eingeschlossen sein (**Okklusion**). Diese Art der Bindung spielt ebenfalls nur für lithogene[34] und pedogene Schwermetalle eine Rolle (s. Kap. 8.2.1).

**Oxide und Hydroxide**  Eisen-, Mangan- und Aluminiumoxide bzw. -hydroxide sind weit komplizierter aufgebaut, als dies eine einfache Formel wie z. B. $Al(OH)_3$ vermuten läßt.

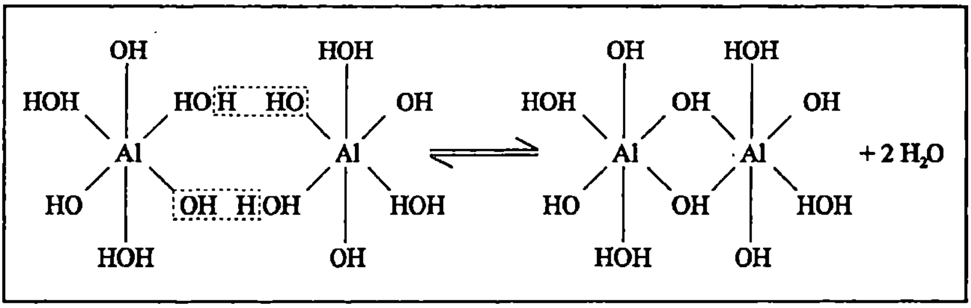

**Abb. 8.13.** Bildung von Gibbsit (Sticher 1993a, S. 23)

---

[34] "Lithogen" kommt aus dem Griechischen und kann mit "gesteinsbürtig" übersetzt werden. Lithogene Minerale sind also Minerale des Muttergesteins, aus denen im Laufe der Bodenentwicklung pedogene Minerale entstehen.

Sie kondensieren zu größeren Verbänden. Abb. 8.13 zeigt als Beispiel den ersten Schritt bei der Bildung von Gibbsit.

Schwermetalle können an der Oberfläche der Oxide und Hydroxide adsorbiert werden (Sticher 1993b, S. 114). Nach SCHEFFER/SCHACHTSCHABEL (1992, S. 92) handelt es sich dabei eher um eine **ionische** Bindung. Nach STICHER (1993b, S. 114) hat die Adsorption einen mehr **koordinativen** Charakter.

$$2 \equiv Sorp\text{–}OH + Me^{2+} \rightleftharpoons (\equiv SorpO)_2 Me + 2\,H^+$$

*Sorp* steht für ein an der Oberfläche des Oxids bzw. Hydroxids gelegenes Fe-, Mn-, bzw. Al-Ion

**Abb. 8.14.** Modell für die ionische oder koordinative Bindung von Schwermetallen an Oxiden und Hydroxiden (nach Sticher 1993b, S. 114)

Oxide und Hydroxide können mit Schwermetallen Bindungen mit stark **kovalentem** Charakter eingehen. Diese Art der Festlegung ist selektiv, d. h. manche Schwermetalle werden bevorzugt, andere dagegen weniger gut festgelegt. Die Bindung der Schwermetalle erfolgt über den hypothetischen Zwischenschritt der Bildung von Schwermetall-Hydroxiden. (Alloway 1990, S.15) So gebundene Schwermetalle sind an den Oxiden und Hydroxiden stärker fixiert als koordinativ gebundene Schwermetalle (Blume 1990, S. 100).

$$\equiv Sorp\text{–}OH + MeOH^+ \rightleftharpoons \equiv Sorp\text{–}O\text{–}MeOH + H^+$$

*Sorp* steht für ein an der Oberfläche des Oxids bzw. Hydroxids gelegenes Fe-, Mn-, bzw. Al-Ion

**Abb. 8.15.** Modell für die Bindung von Schwermetallen an Oxiden und Hydroxiden mit stark kovalentem Charakter (nach Sticher 1993b, S. 114)

Schwermetalle können auch in Oxiden und Hydroxiden **okkludiert**, d. h. in deren Struktur eingebaut, vorliegen. So festgelegte Schwermetalle sind weitgehend immobil und können nur bei der Verwitterung des Oxids freigesetzt werden. (Sticher 1993b, S. 114)

**Carbonate, Phosphate, Sulfide**    Schwerlösliche Verbindungen, wie z. B. $CdCO_3$, $PbCO_3$, $Zn_3(PO_4)_2$ und $CuS$, können **ausfallen,** wenn das jeweilige Löslichkeitsprodukt überschritten wird. Im realen Boden werden die Schwermetallionen jedoch meist adsorbiert, bevor das Löslichkeitsprodukt erreicht ist. Dann sinkt die Konzentration in der Bodenlösung, und es können keine definierten Verbindungen ausfallen. Die Fällung spielt daher vermutlich nur dann eine Rolle, wenn die Anionenkonzentration in der Bodenlösung[35] hoch ist, oder die Adsorptionskapazität des Bodens schwach ist. (Blume 1990, S. 279)

---

[35] Die Anionenkonzentration in der Bodenlösung wird u. a. vom pH-Wert und dem Redoxpotential beeinflußt: Ein hoher pH-Wert erhöht die Carbonatkonzentration. Ein niedriges Redoxpotential erhöht die Sulfidkonzentration.

**Schwermetalle in der Bodenlösung**  In gelöster Form sind Metallionen stets von Wassermolekülen umgeben. Diese Wasserhülle wird Hydrathülle genannt. Häufig haben diese Schwermetall-Wasser-Komplexe die allgemeine Summenformel $Me(H_2O)_6^{2+}$. Bei zunehmendem pH-Wert reagieren die $H_2O$-Moleküle nach und nach zu $OH^-$. Dadurch verändert sich die Ladung der Komplexe, z. B. entsteht $Me(H_2O)_5(OH)^+$. Der Übergang zwischen Feststoff- und Lösungsphase ist ebenfalls stets mit einer Austauschreaktion verbunden. Ein Teil der koordinierten Wassermoleküle wird durch andere Liganden ersetzt. (Blume 1990, S. 262 und Sticher 1993a, S. 196)

Schwermetallionen können mit löslichen organischen oder anorganischen Komplexbildnern[36] Verbindungen eingehen. Auch diese Schwermetallkomplexe sind löslich, liegen also in der Bodenlösung vor[37].

### 8.2.3  Beeinflussung der Mobilität

Die Löslichkeit von Schwermetallen im Boden wird von folgenden Parametern stark beeinflußt:
- pH-Wert,
- Gesamtgehalt des jeweiligen Schwermetalls im Boden,
- Redoxbedingungen,
- Gehalt an organischen und anorganischen Komplexbildnern,
- Gehalt an pedogenen Oxiden/Hydroxiden und Tonmineralen,
- Luft- und Wasserhaushalt des Bodens,
- Temperatur im Boden. (Haga 1994, S. 23)

**pH-Wert**  Der pH-Wert des Bodens hat einen besonders wichtigen Einfluß auf die Löslichkeit von Schwermetallen im Boden. Bei neutraler Bodenreaktion ist die Löslichkeit der Schwermetalle in der Regel gering. Unter saurer werdenden Bedingungen nimmt sie deutlich zu (Dües 1987, S. 4). Für die meisten Schwermetalle gibt es einen Grenz-pH-Wert, unterhalb dessen eine Schwermetallmobilisierung beginnt. Der Grenz-pH-Wert für Cadmium liegt bei pH 6,5, für Kupfer bei pH 4,5 und für Blei bei pH 4,0[38]. (Scheffer/Schachtschabel 1992, S. 310) Die Löslichkeit der Schwermetalle kann im alkalischen Milieu ebenfalls zunehmen. Dies läßt sich zum einen auf die bessere Löslichkeit der

---

[36] Organische Komplexbildner im Boden sind z. B. Huminsäuren und Fulvosäuren. Anorganische Komplexbildner im Boden sind z. B. $CO_3^{2-}$, $SO_4^{2-}$ und $Cl^-$.

[37] Wenn Sie sich noch an den Absatz "Komplexierung" im vorherigen Kap. erinnern würden, dann bräuchten Sie jetzt nicht zurückblättern ...

[38] pH-Werte unter 5 sind im Boden selten zu finden. Daher gibt es fast nie eine pH-abhängige Mobilisierung von Kupfer und Blei.

Huminsäuren im Alkalischen zurückführen. Die entstehenden Schwermetall-Huminsäure-Komplexe sind ebenfalls besser löslich. (Haga 1994, S. 24) Zum anderen entstehen im alkalischen Milieu vermehrt gutlösliche Hydroxo- und Carbonato-Komplexe.

**Redoxbe-dingungen**

Unter oxidierenden Bedingungen, wie sie in gut durchlüfteten Böden herrschen, sind Oxide weitgehend stabil. Schwermetalle, die im Inneren der Oxide eingeschlossen sind, können in diesem Fall kaum mobilisiert werden.

In wassergesättigten Bodenschichten wird die Sauerstoffdiffusion aus der Atmosphäre fast vollständig unterbunden. Die Mikroorganismen verbrauchen den vorhandenen Sauerstoff beim Abbau organischer Substanzen. Es stellen sich reduzierende Bedingungen ein. $Mn^{(III,IV)}$ und $Fe^{(III)}$ der Oxide und Hydroxide werden zu $Mn^{2+}$ bzw. $Fe^{2+}$ reduziert. Die Oxide bzw. Hydroxide verwittern und lösen sich dabei auf. Schwermetallionen, die an diesen Oxiden und Hydroxiden gebunden sind, werden dadurch **gelöst**. Außerdem können anaerobe Mikroorganismen komplexierend wirkende organische Stoffe produzieren. Auch auf diesem Wege können die Schwermetalle **mobilisiert** werden. Andererseits werden unter länger anhaltenden reduzierenden Bedingungen Schwermetalle **immobilisiert**. Sulfate ($S^{(+VI)}O_4^{2-}$) – sofern vorhanden – werden bei tiefen Redoxpotentialen zu Schwefelwasserstoff ($H_2S^{(-II)}$) reduziert. Die gelösten Schwermetalle werden dann als Schwermetall-Sulfide (z. B. CdS) ausgefällt und damit immobilisiert. (Scheffer/Schachtschabel 1992, S. 130, Dües 1987, S. 4 und Haga 1994, S. 25)

Wie Sie sehen, führt die Veränderung des Redoxpotentials sowohl zu einer Mobilisierung als auch zu einer Immobilisierung. Welcher Effekt im Einzelfall überwiegt, läßt sich nicht pauschal sagen. Allerdings gilt immer, daß eine Änderung des Redoxpotentials zumindest zu einer **vorübergehenden Mobilisierung** der Schwermetalle führt.

**Komplexbildner**

In der Bodenlösung vorhandene **Anionen**, wie Sulfate, Phosphate und Chloride, können die Löslichkeit von Schwermetallen beeinflussen. Sie bilden mit den Schwermetallen lösliche Komplexe, die Schwermetalle werden also mobilisiert[39]. (Haga 1994, S. 25)

Der Gehalt an organischer Substanz nimmt ebenfalls Einfluß auf die Löslichkeit von Schwermetallen. Je mehr **lösliche Huminstoffe** im Boden sind, desto mehr Schwermetalle können in Form löslicher metall-organischer Komplexe gebunden werden. (Dües 1987, S. 7)

---

[39] Als Beispiel sei hier die Anwendung von Streusalz genannt: Die Chloridkonzentration im Boden steigt an. Chloride bilden Chlorokomplexe, besonders mit Cadmium. Solche Chlorokomplexe sind z. B. $CdCl^+$, $CdCl_3^-$, $CdCl_4^{2-}$. (Dües 1987, S. 4)

**Oxide, Hydroxide, Tonminerale und org. Substanz**  Oxide, Hydroxide, Tonminerale und – zumindest teilweise – organische Substanzen erhöhen die Bindungskapazität der Böden für Schwermetalle. Die KAK ist ein Summenparameter für diese zur Verfügung stehenden Adsorptionsplätze. Die verschiedenen Oxide und Hydroxide im Boden haben zum Teil deutlich höhere Sorptionskapazitäten als Ton und Humus, liegen jedoch im Regelfall in geringeren Mengen vor, so daß ihr Einfluß meist hinter dem des Tons zurücktritt. (Haga 1994, S. 25)

Die organische Substanz hat im sauren Bereich eine stärker schwermetallfixierende Wirkung als mineralische Bodenkomponenten (Dües 1987, S. 4). Fulvosäuren wirken gerade im Sauren komplexbildend. Oxide und Hydroxide jedoch stoßen Schwermetalle im (stark) Sauren ab, weil ihre Oberfläche dann positiv geladen ist.[40] Die Adsorptionskapazität der Tonminerale ist bei stark saurer Bodenreaktion gering, weil die Metallkationen an den Austauscherstellen mit einem großen Überschuß an $H^+$-Ionen konkurrieren. Bei mäßig sauren bis neutralen pH-Bedingungen ist die Adsorptionskapazität der Tonminerale dagegen hoch. (Haga 1994, S. 25)

**Weitere Parameter**  Die Verlagerung von Schwermetallen im Boden hängt selbstverständlich vom **Gesamtgehalt** der Schwermetalle ab. Wenn fast nichts vorhanden ist, dann kann auch maximal "fast nichts" in Lösung gehen. Wenn mehr vorhanden ist, dann kann mehr in Lösung gehen. Ob gelöste Schwermetalle im Boden transportiert werden können, ist außerdem vom vorhandenen **Wasser** abhängig. Wenn es nur einmal im Jahr regnet, dann dauert der Transport in tiefere Bodenschichten sehr lange. Falls sich die Schwermetalle bereits in gesättigten Bodenschichten befinden, dann werden sie hauptsächlich in Richtung der Grundwasserströmung transportiert. Ein kleiner Teil der Schwermetalle wird aufgrund der ungerichteten Diffusion auch gegen die Grundwasserströmung transportiert. Der Transport von mobilen Schwermetallen wird auch von der **Porengrößenverteilung** beeinflußt. An Kolloiden[41] gebundene Schwermetalle können nur verlagert werden, wenn die Poren groß genug sind, um diese Kolloide durchzulassen. Die meisten im Boden ablaufenden chemischen Vorgänge sind langsam. Ihre Reaktionsgeschwindigkeit wird maßgeblich von der **Bodentemperatur** bestimmt.

**Wechselwirkungen**  Die mobilitätsbestimmenden Parameter hängen voneinander ab und dürfen nicht für sich alleine betrachtet werden. Als Beispiel sei hier auf die Wechselwirkung zwischen dem Redoxpotential und dem pH-Wert hingewiesen. Eine

---

[40] Dies gilt natürlich nur für pH-Werte, bei denen das entsprechende Oxid bzw. Hydroxid noch nicht aufgelöst ist.

[41] IF "Kolloide" <> bekannt, THEN GOSUB Fußnote 64 im Kap. 7.4.

[42] Die folgenden Redoxgleichungen verdeutlichen beispielhaft den Zusammenhang zwischen dem Redoxpotential und dem pH-Wert:  $O_2 + 4\,e^- + 4\,H^+ \rightleftharpoons 2\,H_2O$    oder    $Fe(OH)_3 + e^- \rightleftharpoons Fe^{2+} + 3\,OH^-$.

Änderung des Redoxpotentials geht in der Regel mit einer **pH-Wert-Änderung** einher. Der Übergang von oxidierenden zu reduzierenden Bedingungen hebt den pH-Wert an[42].

***Fragen***

1. Erklären Sie die Begriffe "Adsorption", "Fällung", "Einbau" und "Okklusion" mit je einem Satz!

2. Stellen Sie sich vor, Sie sitzen am Frühstückstisch und schmökern in der Zeitschrift "Bodenkunde – top aktuell". Dort stoßen Sie auf folgende Mitteilung: "Heavy metal concentrations in soil are always very low. Therefore precipitation of heavy metals does never occur in soil. Adsorption is the only process that can immobilize contaminants ..." Das ist genau das Thema, mit dem Sie sich hier und heute herumschlagen, nicht wahr? Schreiben Sie einen LeserInnenbrief an die Zeitschrift, und nehmen Sie zu der Aussage Stellung! Erklären Sie darin die Begriffe Adsorption und Fällung. Denken Sie daran, daß die Redaktion nur leicht verständliche und kurze Briefe (200 ± 2 % Wörter) abdruckt. Wenn Sie möchten, dürfen Sie den Brief auf Deutsch schreiben.

3. Stellen Sie die verschiedenen Vorgänge der Schwermetall-Mobilisierung und Schwermetall-Festlegung tabellarisch zusammen! Geben Sie zu jedem Vorgang an, ob Schwermetalle mobilisiert oder festlegt werden. Überlegen Sie sich, in welchem Zustand die Metalle vor und nach dem entsprechenden Vorgang vorliegen? Welche zwei Einflüsse sind bei dem jeweiligen Vorgang am wichtigsten?

4. In Tabelle 8.2 sind verschiedene Fallbeispiele dargestellt. Alle drei Böden enthalten erhöhte Schwermetallgehalte. Versuchen Sie, die Meßergebnisse zueinander in Beziehung zu setzen und zu interpretieren! Schätzen Sie die Schwermetallmobilität und das Gefahrenpotential des entsprechenden Bodens ab! Eine eindeutige Beantwortung der Aufgaben ist schwierig. Deshalb kommt es bei Ihren Antworten nicht so sehr auf eindeutige Aussagen wie "Ist gefährlich!" oder "Ist unbedenklich!" an. Wir erwarten vielmehr, daß Sie versuchen, die Einflüsse der verschiedenen Parameter zu diskutieren und zueinander in Beziehung zu setzen.

**Tabelle 8.2.** Meßergebnisse mehrerer Bodenparameter für drei verschiedene Böden

| Auf-gabe | Bodenart | | | pH-Wert | Wasser-gehalt | Humus-gehalt | Carbonat-gehalt | (potentielle) KAK |
|---|---|---|---|---|---|---|---|---|
| | (Sand | Schluff | Ton) | | | | | |
| 4a | 80 % | 10 % | 10 % | 4 | 3 % | 3 % | 8 % | $100\ \frac{mmol/z}{kg}$ |
| 4b | 10 % | 85 % | 5 % | 9 | 25 % | 20 % | 11 % | $600\ \frac{mmol/z}{kg}$ |
| 4c | 15 % | 15 % | 70 % | 7 | 52 % | 1,5 % | 5 % | $380\ \frac{mmol/z}{kg}$ |

**Tabelle 8.3.** Experimentell ermittelte Gleichgewichtsgehalte und -konzentrationen für Parabraunerde und Podsol (nach Scheffer/Schachtschabel 1992, S. 312)

| Para-braunerde | $Cd_{Sorp}$ (mg/kg) | 1,53 | 3,16 | 6,55 | 12,7 | 24,8 | 54,6 | 102 |
|---|---|---|---|---|---|---|---|---|
| | $Cd_{gel}$ (mg/L) | 0,0034 | 0,0070 | 0,0153 | 0,0546 | 0,127 | 0,207 | 0,403 |
| Podsol | $Cd_{Sorp}$ (mg/kg) | 0,380 | 0,890 | 1,95 | 4,28 | 8,04 | 15,8 | 33,6 |
| | $Cd_{gel}$ (mg/L) | 0,0083 | 0,0207 | 0,0428 | 0,100 | 0,220 | 0,428 | 1,06 |

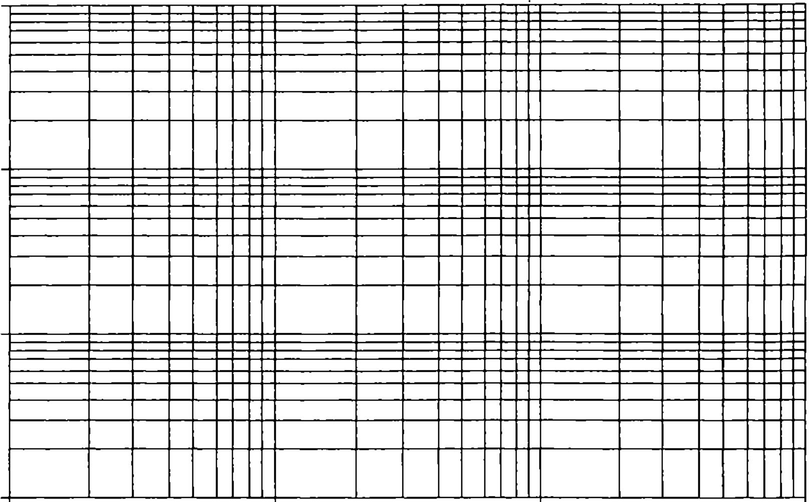

5. Adsorptions-Isothermen geben wieder, welches Gleichgewicht sich in einem Boden einstellt. Ein Teil der Schwermetalle (z. B. Cadmium) ist an die feste Phase adsorbiert ($Cd_{Sorp}$), der andere Teil liegt in der Bodenlösung ($Cd_{gel}$) vor. Die für Trinkwasser geltenden Schwermetall-Grenzwerte sind auf Grund- und Bodenwasser übertragbar. Sie können als Richtwerte für Bodenlösungen verwendet werden. In dieser Aufgabe sollen Sie sich überlegen, wie Sie mit Adsorptions-Isothermen vom Trinkwasser-Grenzwert (0,005 mg Cd/L) auf einen Richtwert für den Cadmium-Gehalt im Boden schließen können.

5a. Leiten Sie für die beiden Böden Parabraunerde und Podsol aus den in Tabelle 8.3 angegebenen Versuchsergebnissen und dem Trinkwasser-Grenzwert für Cadmium graphisch je einen Boden-Richtwert ab! Wenn Sie möchten, können Sie dazu das oben abgedruckte, doppelt logarithmische Millimeterpapier verwenden.

5b. Der gesetzliche Grenzwert für Böden nach der Klärschlammverordnung beträgt 3 mg Cd/kg Trockensubstanz. Zur Zeit wird ein Grenzwert von 1 mg Cd/kg Trockensubstanz diskutiert. Ist der gesetzlich geltende Grenzwert der Klärschlammverordnung als ausreichend anzusehen? Verwenden Sie für Ihre Überlegungen die Ergebnisse von Teil a.

(Von: Klaus Pitter. Aus: Greisenegger, Ingrid ; Katzmann, Univ.-Doz. Dr. Werner ; Pitter, Klaus: Umweltspürnasen : Aktivbuch Boden. © 1989 by Verlag Orac im Verlag Kremayr und Scheriau, Wien, S. 21)

# 8.3 Probenaufbereitung

## 8.3.1 Aufschlußverfahren

<table>
<tr><td>Warum ein Aufschluß?</td><td>In der anorganischen Analytik können feste Proben nicht direkt verwendet werden.[43] Stattdessen ist es erforderlich, die Stoffe in Lösung zu bringen. Sie müssen für die meisten Analyseverfahren in wäßriger Phase vorliegen. Ziel des Aufschlusses ist es, die in der Probe enthaltenen Anteile möglichst vollständig[44] in den Extrakt[45] zu überführen.</td></tr>
</table>

**Gesamtgehalte der Schwermetalle** Nur die gelösten und leicht mobilisierbaren Anteile der insgesamt in Böden vorliegenden Metallmengen sind pflanzenverfügbar und verlagerbar. Deshalb lassen Gesamtgehalte der einzelnen Metalle[46] nur recht **eingeschränkte Aussagen** im Rahmen ökologischer Fragestellungen zu. Trotzdem beruhen aber viele Grenzwerte, z. B. die der Klärschlammverordnung, auf den Gesamtgehalten in Böden bzw. Klärschlämmen. (Blume 1990, S. 292 und Hornburg 1989, S. 727) CALVET (1989, S. 44) schreibt dazu: "Determination of total amounts is not particularly difficult, but it does not lead to useful information on metal mobility and bioavailability."

In Verbindung mit anderen Bodeneigenschaften, wie zum Beispiel dem pH-Wert der Bodenlösung oder dem Gehalt an organischer Substanz und Tonmineralen, kann aus den Gesamtgehalten jedoch das Gefährdungspotential von Schwermetallbelastungen abgeschätzt werden. (Blume 1990, S. 292)

**Naßaufschluß** Die verschiedenen Aufschlußverfahren lassen sich in Naßaufschlüsse und trockene Aufschlußverfahren unterteilen. Bei der Analytik von festen Umweltproben werden meist nasse Aufschlüsse eingesetzt. Sie arbeiten mit **flüssigen Aufschlußmitteln**. Für vollständige Naßaufschlüsse werden in der Regel oxidierende Säuren als Aufschlußmittel verwendet. Häufig wird außerdem **Energie** zugeführt, meistens in Form von Wärme. Es gibt jedoch auch Ultraschall- und Mikrowellenaufschlüsse.

---

[43] Dies trifft für alle spektrometrischen und chromatographischen Methoden zu. Bei der Röntgen-Fluoreszenz-Analyse (s. Kap. 8.5) werden feste Bodenproben ohne Probenaufbereitung untersucht.

[44] "Vollständig" meint in diesem Zusammenhang nur, daß ein bestimmter Anteil des Stoffes, der auf eine bestimmte Art und Weise gebunden ist, möglichst vollständig extrahiert werden soll. Für "vollständig" wird auch der Begriff "quantitativ" benutzt.

[45] Falls Ihnen der Begriff "Extrakt" fremd ist, müssen Sie zur Fußnote 11 im Kap. 6.2 zurückblättern.

[46] Schwermetall-Gesamtgehalte können z. B. mit dem Königswasseraufschluß nach DIN 38 414 Teil 7 bestimmt werden. Es wird versucht, die im Boden gebundenen Schwermetalle durch Reaktion mit Königswasser (konz. Salpetersäure und konz. Salzsäure im Verhältnis 1 : 3) in Lösung zu bringen. Selbst mit diesem Aufschluß werden nur 90 % der Schwermetalle erfaßt. Der häufig verwendete Begriff "Totalaufschluß" ist daher nicht ganz korrekt.

Man unterscheidet zwischen **geschlossenen** und **offenen Aufschlußsystemen.** In geschlossenen Systemen lassen sich höhere Aufschlußtemperaturen erreichen, weil sich der Siedepunkt der Reagenzien bei Überdruck erhöht. Außerdem haben Druckaufschlüsse den Vorteil, daß die Probe weitgehend gegen Ein- und Austräge abgeschirmt ist. So ist die Probe vor Kontaminationen und Stoffverlusten geschützt, und die BearbeiterIn vor den Chemikalien. (Hein 1994, S. 82)

**Trocken-aufschluß**

Die Trockenaufschlüsse zeichnen sich dadurch aus, daß keine Aufschlußmittel wie Säuren oder Wasser zugegeben werden. Zu den Trockenaufschlüssen zählen die **Veraschung** und der **Schmelzaufschluß.** (Hein 1994, S. 82) Falls die Schwermetalle nicht mit einem Naßaufschluß in Lösung gebracht werden können, kann ein Schmelzaufschluß durchgeführt werden. Beim Schmelzaufschluß wird die Analysensubstanz mit einem Aufschlußmittel[47] vermischt und in einem Tiegel geschmolzen. Dabei werden die Metalle nahezu vollständig von der Bodenmatrix in das geschmolzene Aufschlußmittel überführt. Nach dem Abkühlen können die Metalle mit Säuren aus dem Schmelzkuchen gelöst werden. (Hartig 1974, S. 475) Unseres Wissens werden Trockenaufschlüsse in der Bodenanalytik kaum eingesetzt.

**Parallele und sequentielle Extraktion**

Die im folgenden dargestellten Extraktionsverfahren sind Naßaufschlüsse. Wie im Kap. 8.2.2 dargestellt, können die Schwermetalle im Boden an verschiedenen Fraktionen der Bodenmatix gebunden sein. Bei der parallelen und der sequentiellen Extraktion werden nicht wie bei den meisten Extraktionsverfahren die Gesamtgehalte, sondern mehrere unterschiedlich fest gebundene Schwermetallfraktionen erfaßt.

Bei einer **parallelen Extraktion** werden mehrere gleiche Bodenproben jeweils zeitgleich (parallel) mit verschieden starken Extraktionsmitteln versetzt. Je nach Stärke des Extraktionsmittels werden mehr oder weniger Schwermetalle von der Bodenmatrix abgetrennt und in Lösung gebracht. Das bedeutet, ein Extraktionsmittel löst <u>nicht nur eine</u> Schwermetallfraktion, sondern schließt im Idealfall auch alle leichter gebundenen Schwermetalle auf.

Bei einer **sequentiellen Extraktion** werden zunächst mit dem schwächsten Lösemittel die am schwächsten gebundenen Schwermetalle gelöst. Danach (sequentiell) wird bei derselben Bodenprobe mit einem stärkeren Lösemittel die nächste Fraktion der Schwermetalle, die etwas fester gebunden ist, erfaßt. Über mehrere Stufen werden schließlich mit dem stärksten Lösemittel die am

---

[47] Beispielsweise ein Soda-Pottasche-Aufschluß ($Na_2CO_3$, $K_2CO_3$). "Das Gemisch von $Na_2CO_3$ und $K_2CO_3$ hat gemäß dem Gesetz der Gefrierpunktserniedrigung einen viel tieferen Schmelzpunkt als die reinen Salze. Man benötigt daher nicht so hohe Temperaturen." (Jander/Blasius 1973, S. 89)

stärksten gebundenen Schwermetalle gelöst, und damit der Gesamtgehalt ermittelt. Das bedeutet, ein Extraktionsmittel löst im Idealfall <u>nur eine</u> Schwermetallfraktion, weil die leichter gebundenen Schwermetalle bereits abgetrennt sind.

## 8.3.2  Sequentielle Extraktion

**Bedeutung**

Für ökologische Fragestellungen ist nicht nur der Gesamtgehalt an Schwermetallen im Boden interessant, sondern vor allem die **ökologische Verfügbarkeit**. Je nach Bindungsform sind die Schwermetalle entweder sofort verfügbar, kurzfristig mobilisierbar, langfristig freisetzbar oder immobil. Wie im Kap. 8.2.3 dargestellt wird die Mobilisierung der Schwermetalle von chemischphysikalischen Bodenparametern bestimmt.

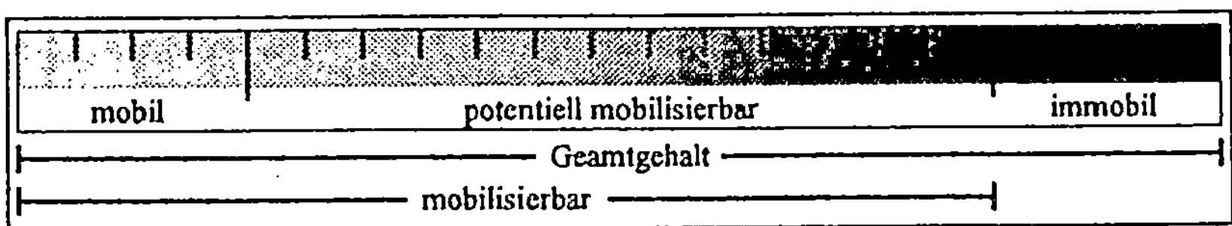


**Abb. 8.16.** Mobilisierbarkeit von Schwermetallen (nach Prüeß 1994)

> *Mit der sequentiellen Extraktion "wird versucht, durch zunehmende Stärke der Extraktionsmittel die Schwermetalle entsprechend ihrer Bindungsformen" getrennt zu erfassen. Damit sollen Aussagen über die ökologische Verfügbarkeit der Schwermetalle getroffen werden. (Federer 1993, S. 21)*

**verschiedene seq. Extraktionen**

Zur Erfassung der Bindungsformen der Schwermetalle schlagen mehrere AutorInnen verschiedene sequentielle Extraktionen vor[48]. Die Methoden unterscheiden sich in der Einteilung in verschiedene Bindungsformen, der Anzahl dieser Bindungsformen, der Wahl der Extraktionsmittel und der Reihenfolge der Extraktionsschritte.

**Kernproblem**

Alle Autoren versuchen, den von ihnen ausgewählten Bindungsformen bestimmte Extraktionsmittel zuzuordnen. Allerdings wählen sie selbst für gleiche Bindungsformen unterschiedliche Extraktionsmittel. Auch umgekehrt ist es nicht möglich, einem Extraktionsmittel genau eine Bindungsform zuzuordnen[49]. Besser ist es deshalb, bei der Bezeichnung der Fraktionen nicht die Art der Bindung, sondern das verwendete Extraktionsmittel anzugeben[50].

---

[48] Wer eine bestimmte sequentielle Extraktion braucht, findet u. a. in folgender Literatur verschiedene Methoden: Blume 1990, Calvet 1990, Dües 1987, Federer 1993, Hornburg 1989, Marquis 1989, Shuman 1985, Singh 1988, Tessier 1979, Zeien & Brümmer 1988, Zeien & Brümmer 1989, Zeien & Brümmer 1991a und 1991b.

**optimierte**  ZEIEN & BRÜMMER (1991a, S. 64) haben vier häufig angewendete Extrak-
**seq. Extraktion**  tionsverfahren einem kritischen Vergleich unterzogen. Die Ergebnisse wiesen
bei gleichen Bodenproben "so große Unterschiede auf, daß keine gesicherten
Aussagen über die tatsächlichen Schwermetallbindungsformen in Böden
gemacht werden konnten". ZEIEN & BRÜMMER (1991a) entwickelten aus
dieser Untersuchung ein optimiertes Verfahren zur sequentiellen Extraktion
(s. Tabelle 8.4).

**Gültigkeits-**  Die in Tabelle 8.4 dargestellte optimierte sequentielle Extraktion ist für oxi-
**bereich**  dierte, mäßig carbonathaltige (< 5 % $CaCO_3$) bis carbonatfreie Böden geeignet. (Zeien & Brümmer 1991a, S. 79)

**Verbesserungen**  Bei ihrer Entwicklung wurden folgende Kriterien optimiert:
- Die **Selektivität** der Extraktionsmittel wurde erhöht. Jedes Extraktionsmittel soll im Idealfall nur Schwermetalle einer bestimmten Bindungsform

**Tabelle 8.4.** Sequentielle Extraktion nach ZEIEN & BRÜMMMER (1991a, S. 80)

| Fraktion | Extraktionsmittel | Schütteldauer |
|---|---|---|
| 1. mobil | 1 M $NH_4NO_3$[a] | 24 h |
| 2. leicht nachlieferbar | 1 M $CH_3COONH_4$[b] (pH 6,0) | 24 h |
| 3. in Manganoxiden okkludiert | 0,1 M $NH_2OH–HCl$[c] + 1 M $CH_3COONH_4$ (pH 6,0) | 30 min |
| 4. organisch gebunden | 0,025 M $NH_4–EDTA$[d] (pH 4,6) | 90 min |
| 5. in schlecht kristallinen Fe-Oxiden okkludiert | 0,2 M $NH_4–Oxalatpuffer$ (pH 3,25) | 4 h |
| 6. in gut kristallinen Fe-Oxiden okkludiert | 0,1 M Ascorbinsäure im 0,2 M $NH_4–Oxalatpuffer$ (pH 3,25) | 30 min (kochen) |
| 7. residual gebunden | konz. $HClO_4$[e] + konz. $HNO_3$ oder konz. HF + konz. $HClO_4$ | 3 h (kochen) |

[a]  $NH_4NO_3$ = Ammoniumnitrat.

[b]  $CH_3COONH_4$ = Ammoniumacetat.

[c]  $NH_2OH-HCl$ = $HO–NH_3^+$ $Cl^-$ = Hydroxylammoniumchlorid.

[d]  $NH_4$-EDTA = Ethylen-Diamin-Tetra-Essigsäure versetzt mit Ammoniak-Lösung.

[e]  $HClO_4$ = Perchlorsäure — Perchlorsäure sollte nach MATTER (1994, S. 6) nicht mehr verwendet werden. "Die Verwendung von Perchlorsäure beim Aufschluß biologischer Matrizes zur
Spurenelementbestimmung grenzt an Terrorismus."

---

[49]  Ein Extraktionsmittel löst die Schwermetalle der Bindungsform, für die es gedacht ist, nie vollständig. Außerdem
werden immer einige Schwermetalle gelöst, die stärker gebunden sind und damit eigentlich zur nächsten, fester
gebundenen Bindungsform gehören würden.

[50]  Es ist also z. B. besser, von einer "$NH_4$-EDTA-extrahierbaren Fraktion" als von einer "organisch gebundenen
Fraktion" zu sprechen.

extrahieren. (Zeien & Brümmer 1991a, S. 66)

- Die chemischen und physikalischen **Interferenzen** bei der **Extraktion** wurden verringert. Beispielsweise wird für die Extraktion der mobilen Fraktion $NH_4NO_3$ statt des häufig verwendeten $CaCl_2$ eingesetzt. (Zeien & Brümmer 1991a, S. 66) Manche Schwermetalle neigen dazu, mit Chlorid lösliche Chloro-Schwermetall-Komplexe zu bilden. Dies führt zu erhöhten Extraktionsausbeuten. Daher ist $NH_4NO_3$ besser geeignet als $CaCl_2$. (Hornburg 1993, S. 373)

- Die chemischen und physikalischen **Interferenzen** für die anschließende **Messung** mit dem Atomabsorptionsspektrometer wurden minimiert. Hierzu wurden vor allem Chemikalien getestet, die Ammonium als Kation und Nitrat, Acetat oder Oxalat als Anion enthalten. Diese Extraktionsmittel ermöglichen in der Flammen- und Graphitrohr-AAS (s. Kap. 8.5.5) eine weitgehend störungsfreie Messung der Schwermetalle. (Zeien & Brümmer 1991a, S. 79) Beispielsweise gibt es bei der Verwendung von $CaCl_2$ neben den oben angesprochenen Extraktionsproblemen außerdem meßtechnische Probleme in dem[51] AAS. (Hornburg 1993, S. 373)

- Die **Reihenfolge** der Extraktionsmittel wurde verbessert. CALVET (1989, S. 31) schreibt: "The order of extracting reagents has a great influence on the amounts of heavy metals supposed to correspond to different soil fractions (exchangeable, associated with carbonates, oxides, organic matter, silicates)."

- Die **Acidität** der Extraktionslösungen muß mit steigender Extraktionsfolge von ungepufferten Salzlösungen ($NH_4NO_3$) bis hin zu starken Säuren ($HNO_3 + HClO_4$) zunehmen. Mit steigendem Säureangriff werden zunehmend stärker gebundene Schwermetallfraktionen extrahiert. (Zeien & Brümmer 1991a, S. 79)

**1. mobile Fraktion**

Die mobile Fraktion umfaßt wasserlösliche, in leichtlöslichen organischen Komplexen vorliegende, sowie schwach adsorbierte Schwermetalle. Mit ihr werden vor allem die **pflanzenverfügbaren, verlagerbaren** Schwermetallgehalte erfaßt. Beispielsweise lassen sich durch eine Extraktion mit Neutralsalz-Lösungen ($CaCl_2$ oder $NH_4NO_3$) die Cadmium-, Nickel- und Zink-Aufnahme von Pflanzen gut prognostizieren. Die mobile Fraktion ist daher ökologisch besonders wichtig. (Zeien & Brümmer 1991a, S. 2, 75 und 85)

---

[51] Der, die, das; wieso, weshalb, warum; wer nicht fragt bleibt dumm... Was ist denn nun richtig: der AAS, die AAS oder das AAS? Alles! AAS mit dem weiblichen Artikel bezeichnet "die Atomabsorptionsspektrometrie", AAS mit dem sächlichen Artikel meint "das Atomabsorptionsspektrometer", AAS mit dem männlichen Artikel bedeutet "der Atomabsorptionsspektrograph". "Der AAS" sollte besser nicht gebraucht werden. Spektrographen werden nämlich für die qualitative Analyse eingesetzt und Spektrometer für die quantitative Analyse. Die AAS ist in erster Linie ein quantitatives Verfahren.

**2. leicht nachlieferbare Fraktion** — Die leicht nachlieferbare Fraktion beinhaltet adsorbierte, oberflächennah okkludierte, carbonatisch gebundene Formen und metall-organische Komplexe geringerer Bindungsstärke. Sie enthält die bei Milieuveränderungen **in kurzer Zeit mobilisierbaren** Schwermetallanteile und ist daher ebenso wie die mobile Fraktion ökologisch besonders relevant. Beispielsweise können die carbonatisch gebundenen Schwermetalle mobilisiert werden, wenn die Carbonate durch den Sauren Regen aufgelöst werden. (Zeien & Brümmer 1991a, S. 85)

Eine exakt nach Bindungsform ausgerichtete Extraktion ist gerade bei den ersten beiden Fraktionen schwierig. Es finden ständig Umlagerungsprozesse von einer Bindungsform in die andere statt. Versuche haben gezeigt, daß Schwermetalle auch nach mehrfach wiederholter Extraktion weiterhin aus den Bodenproben mobilisiert und in die Lösungsphase nachgeliefert werden. Außerdem gibt es wahrscheinlich zahlreiche Übergangsbindungsformen in den Böden. In der optimierten sequentiellen Extraktion wird deshalb in den ersten beiden Fraktionen nicht nach der Bindungsform, sondern nach der Mobilität differenziert. Die weiteren Fraktionen werden nach ihrer Bindungsform eingeteilt. (Zeien & Brümmer 1991a, S. 75 und 85)

**3. in Manganoxiden okkludierte Fraktion** — Die Manganoxide stellen bessere Schwermetallakkumulatoren dar als andere Oxide. Auch bei einem mengenmäßigen Übergewicht von Eisen- und Aluminium-Oxiden sind sie oft wichtiger. Sie sind in der Lage, Metalle über einen weiten pH-Bereich fest zu binden. Die in Manganoxiden okkludierten Schwermetalle sind **bei Milieuveränderungen teilweise mobilisierbar**. Sie können bei sehr niedrigem pH-Wert oder durch Reduktionsprozesse angegriffen werden. Ihre Extraktion erfolgt in der optimierten Sequenz bereits als dritter Schritt, weil sie zu den weniger stabilen Mineralien gehören. Neben den in den Manganoxiden okkludierten Schwermetallen werden von $NH_2OH–HCl$ auch die restlichen adsorbierten sowie bereits geringe Anteile organisch gebundener Metalle erfaßt. (Zeien & Brümmer 1991a, S. 77 und 85)

**4. organisch gebundene Fraktion** — Die organisch gebundenen Schwermetalle sind **bei Milieuveränderungen teilweise mobilisierbar**. Sie können z. B. nach mikrobiellem Abbau der organischen Substanz in eine mobile Form umgewandelt werden. Die organisch gebundene Fraktion wird mit dem synthetischen Komplexbildner $NH_4–EDTA$ extrahiert. Seine Extraktionsleistung beruht vor allem auf den hohen Stabilitätskonstanten von Schwermetall-EDTA-Komplexen. EDTA kann neben organisch gebundenen Schwermetallanteilen auch an schlecht kristallinen Eisenoxiden gebundene Schwermetalle lösen. Dies geschieht jedoch nur bei relativ langen Schüttelzeiten. Daher wird nicht länger als 90 min geschüttelt. Weniger als 5 % der an Eisenoxiden gebundenen Schwermetalle werden so fälschlicherweise erfaßt. (Zeien & Brümmer 1991a, S. 78 und 85)

**5. bis 7. übrige Fraktionen**

Die in schlecht kristallinen und gut kristallinen Eisenoxiden sowie in der Residualfraktion vorliegenden Schwermetallgehalte sind fest festgelegt. Unter üblichen Umweltbedingungen und in überschaubaren Zeiträumen werden diese Schwermetallfraktionen nicht freigesetzt und somit nicht von Pflanzen aufgenommen. Sie können erst nach längeren Zeiträumen und stärkerem Lösungsangriff durch Säuren, Chelatoren und/oder Reduktionsmittel in mobilere Formen überführt werden. (Zeien & Brümmer 1991a, S. 85 und Brümmer 1991, S. 37)

**Beispiel**

Abbildung 8.17 zeigt beispielhaft das Ergebnis einer Sequentiellen Extraktion nach ZEIEN & BRÜMMER (1991a, S. 83). Es wird deutlich, daß die Verteilung auf die verschiedenen Schwermetall-Fraktionen von Element zu Element erheblich variiert. Kupfer ist im allgemeinen schlecht mobilisierbar und damit kaum pflanzenverfügbar. Ein großer Anteil ist fest an die Bodenmatrix gebunden. Dagegen ist Cadmium leichter mobilisierbar und damit besser pflanzenverfügbar.

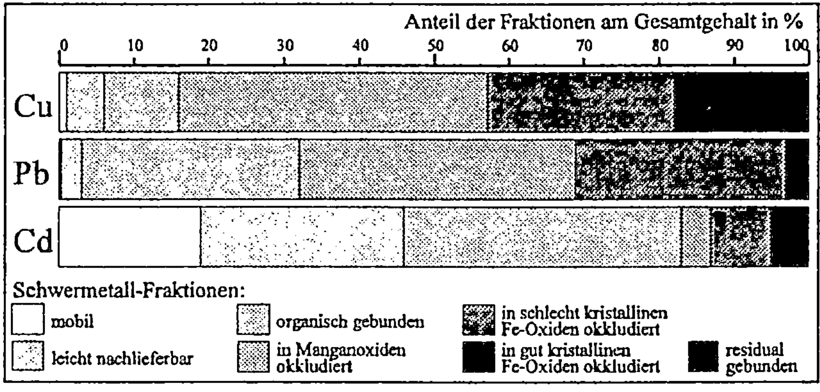


**Abb. 8.17.** Verteilung von Kupfer, Blei und Cadmium auf die verschiedenen Fraktionen am Beispiel eines Auenbodens bei Sieg [$A_h$-Horizont] (nach Zeien & Brümmer 1991a, S. 83)

## *Versuchsdurchführung Sequentielle Extraktion*

Wie oben beschrieben, gibt es eine Vielzahl verschiedener sequentieller Extraktionen. Wir möchten Ihnen nun am Beispiel einer sequentielle Extraktion nach ZEIEN & BRÜMMER (1991a) zeigen, wie eine solche sequentielle Extraktion durchgeführt wird. Wenn Sie sich Tabelle 8.4 anschauen, dann sehen Sie, daß eine vollständige sequentielle Extraktion etwa vier Tage dauert. Für eine beispielhafte Versuchsdurchführung, z. B. im Rahmen eines Praktikums, ist dies zu zeitaufwendig. Daher schlagen wir vor, nur **die ersten vier Schritte** durchzuführen und die **Schüttelzeiten zu verkürzen**. Fall Sie jedoch eine vollständige sequentielle Extraktion nach ZEIEN & BRÜMMER (1991a) durchführen möchten, dann können Sie ebenfalls die folgende Versuchsbeschreibung verwenden. Sie müssen lediglich die Zeit- und Chemikalienangaben entsprechend der Tabelle 8.4 ändern.

☞ **Ammoniumnitrat** ist brandfördernd. Es gelten die R- und S-Sätze R 8, 9; S 15, 16, 41 (s. Kap. 3), die sich auf seine Feuergefährlichkeit beziehen.

☞ **Hydroxylammoniumchlorid** ist gesundheitsgefährdend und reizt Haut und Augen. Dementsprechend gelten R 22, 36, 38, 43; S 2, 13.

Die sequentielle Extraktion wird für die zwei getrockneten Bodenproben (0 - 5 cm und 5 - 10 cm) jeweils zweimal und für eine Blindprobe[52] durchgeführt. Zur Ermittlung des Blindwertes werden alle Analysenschritte analog zu den anderen Proben, aber ohne Boden durchgeführt. Es sind also insgesamt fünf sequentielle Extraktionen parallel[53] anzusetzen. Die folgende Vorschrift beschreibt das Vorgehen für <u>einen</u> Extraktionsschritt. Orientieren Sie sich für alle vier Schritte der sequentiellen Extraktion am Protokollblatt im Anhang C 1.

**Einwaage**
- ❏ Wiegen Sie 2 g des bei 40 °C getrockneten Feinbodens in ein Zentrifugenröhrchen ein, bei der Blindprobe natürlich nicht!

**Extraktion**
- ❏ Geben Sie exakt 50 mL des jeweiligen Extraktionsmittels ($NH_4NO_3$, $CH_3COONH_4$, $NH_2OH–HCl + CH_3COONH_4$ bzw. $NH_4–EDTA$) mit einer Vollpipette zum abgewogenen Boden bzw. zum Zentrifugat[54] aus dem vorherigen Schritt hinzu. Denken Sie daran, die Pipetten mit dem jeweiligen Extraktionsmittel vorzuspülen.
- ❏ Verschließen Sie das Zentrifugenröhrchen, und spannen Sie es im Überkopfschüttler ein.
- ❏ Lassen Sie die Probe die angegebene[55] Zeit (100 min, 20 min bzw. 45 min) mit ca. 30 U/min schütteln.

**Zentrifugieren**
- ❏ Zentrifugieren Sie das Probenröhrchen 8 Minuten lang mit ca. 3500 U/min.
- ❏ Zum Filtrieren muß das Faltenfilter vorher angefeuchtet werden. Nehmen Sie mit einer Pasteur-Pipette etwas überstehende Lösung aus den Zentrifugenröhrchen ab, und spülen Sie damit das Faltenfilter vor. Verwerfen

---

[52] Der Begriff "Blindprobe" wird im Kap. 10.2 genauer erklärt. Kurz gesagt umfaßt der Blindwert alle Verunreinigungen, die während der Aufbereitung, z. B. durch Verunreinigungen der Reagenzien und der Laborgeräte, eingetragen werden.

[53] Na, haben wir es geschafft? Sind Sie verwirrt? Das ist beabsichtigt! Kochen Sie sich erst 'mal eine Tasse Tee und denken Sie dann noch 'mal drüber nach: Das "parallele" Ansetzen der "sequentiellen Extraktion" hat nichts mit der "parallelen Extraktion" (s. Kap. 8.3.1) zu tun!

[54] Das Zentrifugat ist der feste Bodensatz, den man nach dem Zentrifugieren erhält. Die überstehende Lösung wird dekantiert (abgegossen) und daher Dekantat genannt.

[55] Die Zeiten sind im Anhang C 1 angegeben.

Sie die durchgelaufene Lösung.

☐ Dekantieren Sie die restliche überstehende Lösung <u>zügig</u> über das vorbereitete Faltenfilter. Eine andere Möglichkeit ist es, die überstehende Lösung mit einer Pasteurpipette abzunehmen. In beiden Fällen muß das Zentrifugat vollständig im Zentrifugenröhrchen bleiben, da mit ihm der nächste Extraktionsschritt durchgeführt wird. Das filtrierte Dekantat wird in einem beschrifteten 50 ml PE-Fläschchen aufgefangen. Es wird für die AAS-Analyse (s. Kap. 8.4) benötigt.

**Ansäuern**    ☐ Die Proben müssen angesäuert werden, damit sie sich bis zur Analyse nicht verändern. Geben Sie jeweils 0,5 ml Säure ($HNO_3$ bzw. HCl) zu. Im vierten Extraktionsschritt entfällt die Säurezugabe, weil die Probe bereits einen ausreichend niedrigen pH-Wert hat.

**Spülen**    Sofern ein weiterer Extraktionsschritt folgt, gehen Sie folgendermaßen vor:

☐ Spülen Sie den Bodensatz im Zentrifugenröhrchen mit ca. 25 ml $H_2O_{dest}$. Verschließen Sie das Gefäß, und schütteln Sie den Bodensatz von Hand gut auf.

☐ Zentrifugieren Sie noch einmal 8 Minuten lang bei 3500 U/min, und gießen Sie das Dekantat in den Abfallbehälter.

**Da capo!**    ☐ Wiederholen Sie diese Beschreibung ab dem zweiten ☐. Geben Sie das dort angegebene nächste Extraktionsmittel hinzu.

***Fragen***    1. Die Grenzwerte in der Klärschlammverordnung beruhen auf Schwermetall-Gesamtgehalten. Welche grundsätzliche Kritik ist daran zu üben? Schreiben Sie einen Brief an die BundesministerIn für Umwelt, Naturschutz und Reaktorsicherheit mit einem Vorschlag zur Verbesserung der Grenzwertregelung! Gehen Sie dabei davon aus, daß die BundesministerIn keine Ahnung von dem Thema hat. Schicken Sie diesen Brief an: Bundesministerin für Umwelt, Naturschutz und Reaktorsicherheit, Frau Angela Merkel, Postfach 12 06 29, 53048 Bonn.

2. Wir haben uns 15 nette Sätze überlegt. Überlegen Sie sich bei jedem dieser Sätze, ob er richtig (✓) oder falsch (✗) ist! Korrigieren Sie die falschen Sätze!

✗ ✓    Jedem Extraktionsmittel der sequentiellen Extraktion läßt sich genau eine Bindungsform zuordnen.

✗ ✓    Die in schlecht kristallinen und gut kristallinen sowie in der organisch gebundenen Fraktion festgelegten Schwermetallgehalte werden unter üblichen Umweltbedingungen und in überschaubaren Zeiträumen nicht freigesetzt und nicht von Pflanzen aufgenommen.

✗ ✓    Eine vollständige sequentielle Extraktion ist nicht sehr zeitaufwendig.

✗ ✓    Der Knickhorizont der Marschen wird mit K wie Knick abgekürzt. (Schroeder 1984, S. 97)

✗ ✓    Die parallele Extraktion dauert nicht so lange wie die sequentielle Extraktion.

✗ ✓    Ziel eines jeden Aufschlusses ist es, die in der Probe vorhandenen Schwermetalle möglichst vollständig in den Extrakt zu überführen.

☒ ☑  Bei der parallen Extraktion wird jede Schwermetallfraktion getrennt gemessen.

☒ ☑  Zur mobilen Fraktion zählen alle in kurzer Zeit mobilisierbaren Schwermetallanteile.

☒ ☑  In der anorganischen Analytik können feste Proben nicht direkt verwendet werden.

☒ ☑  Bei Naßaufschlüssen wird häufig Energie zugeführt.

☒ ☑  Mit der sequentiellen Extraktion wird versucht, durch abnehmende Stärke der Extraktionsmittel die Schwermetalle entsprechend ihrer Bindungsformen getrennt zu erfassen.

☒ ☑  Mit der parallelen Extraktion sollen Aussagen über die ökologische Verfügbarkeit der Schwermetalle getroffen werden.

☒ ☑  Naßaufschlüsse lassen sich in offene und geschlossene Aufschlußsysteme unterteilen.

☒ ☑  Dieses Buch ist genial.

☒ ☑  Für ökologische Fragestellungen ist der Gesamtgehalt von Schwermetallen im Boden äußerst interessant.

3. Welche Vor- und Nachteile hat die sequentielle Extraktion?

"Kein Grund zur Panik, Sie wissen, der Vollzug kann noch Jahre dauern!"
(Aus: Haitzinger, Horst: Weltsch(m)erz. München : Bruckmann, 1992, S. 116)

# 8.4 Atomabsorptionsspektrometrie (AAS)

Das Prinzip der Schwermetall-Analytik ist für alle Schwermetalle gleich. Daher haben wir für dieses Buch zwei konkrete Schwermetalle als Beispiel ausgewählt, **Kupfer** und **Blei**.[56] Ihre Gehalte im Boden werden mit einem Atomabsorptionsspektrometer ermittelt.

## 8.4.1 Theoretische Grundlagen

**Quantentheorie**    Atome können Energie aufnehmen. Sie gehen dabei aus dem Grundzustand in einen angeregten Zustand über. Ein oder mehrere Elektronen der äußeren Schale springen bei der Anregung auf ein höheres Energieniveau. Dabei können die Elektronen eines Atoms nicht jedes beliebige Energieniveau annehmen.[57] Stattdessen gibt es bestimmte **diskrete** Energieniveaus, auf denen sich die Elektronen befinden können. Folglich können die Elektronen bei der Anregung auch nur bestimmte diskrete Energiebeträge aufnehmen. Diese Energiebeträge unterscheiden sich von Element zu Element, sind also für jedes Atom charakteristisch. Die Anregung der Elektronen kann thermisch, elektrisch oder optisch erfolgen. Bei der optischen Anregung stehen Lichtquanten mit diskreten Energiebeträgen zur Verfügung. Es werden nur die Lichtquanten aufgenommen, deren Energie den Energieniveaudifferenzen des Atoms entsprechen. Daraus ergibt sich ein **Absorptionsspektrum**, in dem genau die Spektrallinien der absorbierten Lichtquanten geschwächt sind. Diese Spektrallinien werden auch Resonanzlinien genannt. Das Spektrum ist für jedes Element spezifisch. Nach ca. $10^{-9}$ bis $10^{-7}$ Sekunden fallen die Elektronen wieder in den Grundzustand zurück und geben dabei ihre Energie in Form von Quanten ab. Es entsteht ein für jedes Element spezifisches **Emissionsspektrum**, das aus den Spektrallinien der emittierten Lichtquanten besteht. Bei der AAS wird nicht die Emission, sondern die Absorption gemessen.[58]

**Plancksches Gesetz**    Aus den Frequenzen der emittierten Lichtquanten können die Energieniveaudifferenzen eines Atoms berechnet werden. Max Planck stellte bereits 1900 folgendes Gesetz auf:

---

[56] Warum wir gerade diese beiden Elemente ausgewählt haben, können Sie in den Kap. 1.1 und 8.4.10 nachlesen.

[57] Dies gilt nur für kleine Energiebeträge, die nicht ausreichen, um ein Elektron abzuspalten und vollständig aus dem Atomverband zu lösen. Bei größeren Energiebeträgen wird überschüssige Energie, die nicht für die Ionisation benötigt wird, von den Elektronen als kinetische Energie aufgenommen. (Hollemann/Wiberg 1985, S. 109)

[58] Für die, die alles ganz genau nehmen: Die Messung mit der AAS beruht natürlich in gewisser Weise auch auf dem Emissionsspektrum. Wenn die verwendeten Speziallampen (s. Kap. 8.4.4) kein spezifisches Emissionsspektrum aussenden würden, dann wären sie genauso wertlos für die AAS wie normale Glühbirnen.

$$E = h \cdot v = \frac{h \cdot c}{\lambda}$$

$E$    Energie des Lichtquants [J]

$h$    Plancksches Wirkungsquantum [$6{,}62 \cdot 10^{-34}$ J s]

$v$    Frequenz der Strahlung [1/s]

$c$    Lichtgeschwindigkeit [$2{,}998 \cdot 10^{8}$ m/s]

$\lambda$    Wellenlänge [m]

**Lambert-Beersches Gesetz**    Licht wird durch einen absorbierenden homogenen Körper gestrahlt. Dabei wird seine Intensität geschwächt. Die Schwächung ist abhängig von der Konzentration des absorbierenden Stoffes und der Länge der durchstrahlten Schicht. Lambert und Beer entwickelten daraus das folgende Gesetz. Es ist grundlegend für die Messung mit dem AAS-Gerät:

$$E = \log \frac{I_o}{I_t} = \epsilon \cdot C \cdot d$$

$E$    Extinktion[59]

$I_o$    Intensität der ungeschwächten Strahlung [J/s]

$I_t$    Intensität der transmittierten Strahlung [J/s]

$C$    Konzentration des absorbierenden Stoffs [µg/L]

$d$    Länge der Absorptionsstrecke [m]

$\epsilon$    dekadischer Extinktionskoeffizient [L m$^{-1}$ µg$^{-1}$]

**Exkurs** *Herleitung des Lambert-Beerschen Gesetzes*

*Das Lambert-Beer'sche Gesetz beschreibt die Absorption einer Strahlung bei deren Durchgang durch ein Medium. In jeder Schicht der Dicke $\Delta x$ wird die Strahlungsintensität $I$ um einen konstanten Bruchteil geschwächt. Mathematisch kann dies mit folgender Gleichung ausgedrückt werden:*

$$\Delta I = -\alpha \cdot I \cdot C \cdot \Delta x$$

$I$    *Intensität der ungeschwächten Strahlung [J/s]*

$\Delta I$    *Intensitätsabnahme [J/s]*

$C$    *Konzentration des absorbierenden Stoffes [µg/L]*

$\alpha$    *Proportionalitätsfaktor [L m$^{-1}$ µg$^{-1}$]*

$\Delta x$    *Schichtdicke [m]*

*Eine differentielle Betrachtung dieses Vorganges führt zu folgender Differentialgleichung:*

$$\frac{dI}{dx} = -\alpha \cdot I \cdot C$$

$dI$    *differentielle Intensitätsabnahme [J/s]*

$dx$    *differentielle Schichtdicke [m]*

*Die Integration über die Absorptionsstrecke (mit $x = 0$ bis $x = d$ und mit $I = I_o$ bis $I = I_t$) ergibt:*

$$\int_{I=I_o}^{I=I_t} \frac{dI}{I} = -\int_{x=0}^{x=d} \alpha \cdot C \cdot dx$$

$I_o$    *Intensität der ungeschwächten Stahlung [J/s]*

$I_t$    *Intensität der transmittierten Strahlung [J/s]*

$d$    *Länge der Absorptionsstrecke [m]*

---

[59] Achtung: "$E$" darf nicht mit "Energie" verwechselt werden. Deshalb sollten nach DIN und IUPAC der Begriff "Extinktion" und die Abkürung "$E$" nicht mehr verwendet werden. Stattdessen ist "$A$" für "spektrales Absorptionsmaß" zu benutzen. Statt $I_o$ wird nach DIN $\Phi_{in}$ (eingedrungene Strahlungsleistung) verwendet und statt $I_t$ $\Phi_{ex}$ (austretende Strahlungsleistung). Anstelle von $\epsilon$ wird $\chi_n$ geschrieben.

$$\leftrightarrow \quad \ln I_t - \ln I_o - \ln \frac{I_t}{I_o} - - \alpha \cdot C \cdot d$$

*Dieses Gesetz wird meist in dekadischer Form angegeben:*

$$\leftrightarrow \quad \log \frac{I_o}{I_t} - (\log e) \cdot \alpha \cdot C \cdot d$$

*Dabei wird (log e · α) meist durch den dekadischen Extinktionskoeffizienten ε ersetzt.*

**Bestimmung der Konzentration C**  Allen spektrometrischen Methoden[60] liegt die Proportionalität $E \sim C$ zugrunde. Gemessen wird E. Es ist nicht möglich, aus dem gemessenen Extinktionswert <u>direkt</u> auf die Konzentration zu schließen, weil der Extinktionskoeffizient ε unbekannt ist. Die AAS ist daher eine **Relativmethode**. Mit Standardlösungen bekannter Konzentration (- - -) wird eine Kalibriergerade (—) erstellt.[61]

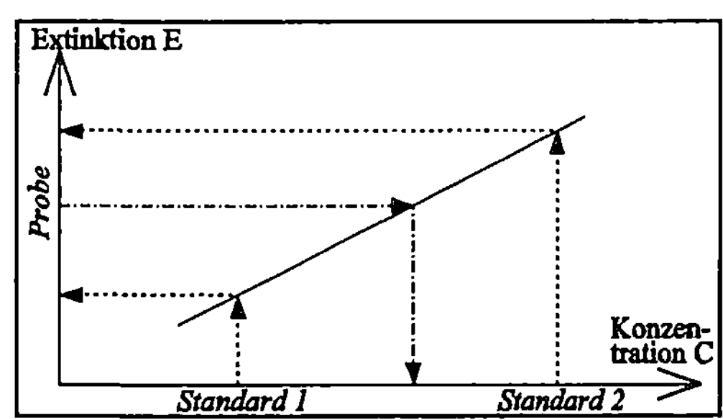


**Abb. 8.18.** Kalibriergerade

Anhand der Kalibriergeraden kann aus den gemessenen Extinktionen auf die Konzentration des untersuchten Elementes in der Probe geschlossen werden (-·-·-). Allerdings kann die Matrix der Probe die Extinktion stark beeinflussen.[62]

**Gültigkeitsbereich**  Das Lambert-Beersche Gesetz gilt nur für **monochromatische Strahlung**, weil der Extinktionskoeffizient ε wellenlängenabhängig ist. Daher wird bei der AAS-Messung eine einzige Wellenlänge verwendet. In der Regel wird bei der Wellenlänge gemessen, bei der die Absorption am stärksten ist.[63] Die stärkste Absorption tritt beim Übergang vom Grundzustand in den ersten angeregten Zustand auf.

Das Lambert-Beersche Gesetz ist ein Grenzgesetz für **große Verdünnungen**, weil die Kalibriergerade nur dann linear ist. Bei zu hohen Konzentrationen können nicht alle Atome Lichtquanten absorbieren, weil sich einige Atome im "Schatten" anderer bereits absorbierender Atome befinden. Die gemessene Konzentration ist geringer als die tatsächliche Konzentration. Die "Kalibrier-

---

[60] Z. B. Photometrie (s. Kap. 8.6), Flammenphotometrie (s. Kap. 7.2 und 8.6), AAS (hier), ICP-AES (s. Kap. 8.6).

[61] In der Praxis wird mit mehr als zwei Kalibrierpunkten gearbeitet (vgl. Kap. 8.4.10).

[62] Mit der sogenannten Standard-Addition können Matrixunterschiede zwischen Probe und Standard ausgeglichen werden (s. Kap. 8.4.9).

[63] Z. B. für Kupfer bei der Wellenlänge $\lambda = 324{,}7$ nm, für Blei bei $\lambda = 283{,}4$ nm

gerade" verläuft dann nicht mehr linear. (TUB 1994a, UC Photometrie S. 5) Eine sinnvolle Auswertung ist nur für Extinktionswerte $E < 0{,}8$, d. h. im linearen Bereich der Kalibriergeraden, möglich (Förster 1995).

## 8.4.2 Grundprinzip der AAS

**Atomisierung**

Die Untersuchungssubstanz muß quantitativ verdampft und in freie Atome dissoziiert werden. Die Erzeugung von **Atomen im energetischen Grundzustand** ist dabei der sensibelste Schritt der Analyse. Die Probe wird durch Zufuhr thermischer Energie in atomaren Dampf überführt. Es sollten sich über 99,9 % der Atome im Grundzustand befinden. Die Temperatur muß ausreichen, um alle Bindungen der Atome aufzubrechen. Sie darf aber auch nicht so hoch sein, daß sich die Elektronen bereits auf einem höheren Energieniveau befinden.

**Meßprinzip**

*Elementspezifische Strahlung tritt durch den erzeugten Atomdampf hindurch. Atome im energetischen Grundzustand absorbieren einen Teil der Strahlungsenergie und gehen in einen angeregten Zustand über. Abhängig von der Anzahl der Atome im Grundzustand und damit der Konzentration des gesuchten Elementes wird die einfallende Strahlung mehr oder weniger stark geschwächt. Die angeregten Atome fallen innerhalb kurzer Zeit in den Grundzustand zurück und strahlen dabei die zuvor absorbierte Energie in alle Richtungen ab. Gemessen wird die Intensitätsabnahme der transmittierten Strahlung gegenüber der eingestrahlten Strahlung. (Lauterbach 1993, S. 7)*

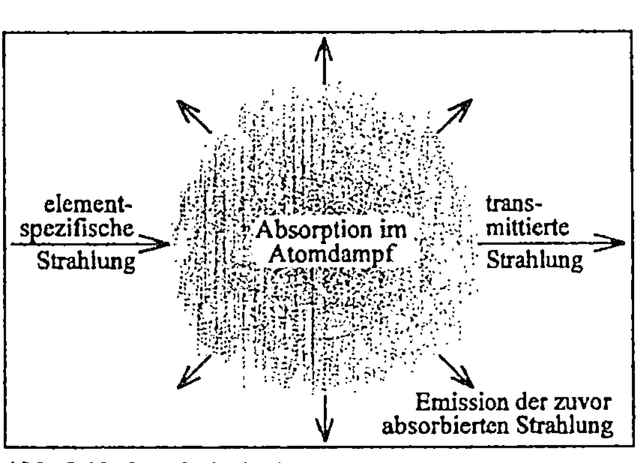


**Abb. 8.19.** Grundprinzip der AAS

**Meßbereich**

Die AAS ist eine elementspezifische Methode. <u>Prinzipiell</u> lassen sich alle Atome des Periodensystems mit der AAS bestimmen. Der in der <u>Praxis</u> benutzte Spektralbereich der AAS reicht von der Arsen-Resonanzlinie (193,7 nm) bis zur Calcium-Resonanzlinie (822,1 nm). Er liegt damit im UV- und im sichtbaren Bereich des elektromagnetischen Spektrums. Praktisch sind alle Elemente des Periodensystem bestimmbar außer den Edelgasen, den Halogenen, H, C, N, O, S und einigen selteneren Elementen. (TUB 1994a, UC Photometrie S. 7)

### 8.4.3  Aufbau eines Atomabsorptionsspektrometers

**Schematischer Aufbau**  Abbildung 8.20 zeigt den schematischen Aufbau eines AAS-Gerätes. Die **Strahlungsquelle** emittiert ein elementspezifisches Spektrum. Die zu untersuchende Probe wird in einer Flamme oder in einem Graphitrohr **atomisiert** und von der elementspezifischen Strahlung durchstrahlt. Die geschwächte Strahlung wird in einem **Monochromator** spektral zerlegt. Die intensivste Resonanzlinie wird durch eine Blende ausgewählt, alle übrigen Spektrallinien werden ausgeblendet. Am nachgeschalteten **Detektor** wird die Intensität der geschwächten Strahlung gemessen. Der **Rechner** verarbeitet die Daten und gibt entweder die Extinktionen oder bereits die Konzentrationen an. **Sie** müssen daraus dann den Schadstoffgehalt im Boden berechnen. In den folgenden Kapiteln werden die einzelnen Bauteile genauer beschrieben.

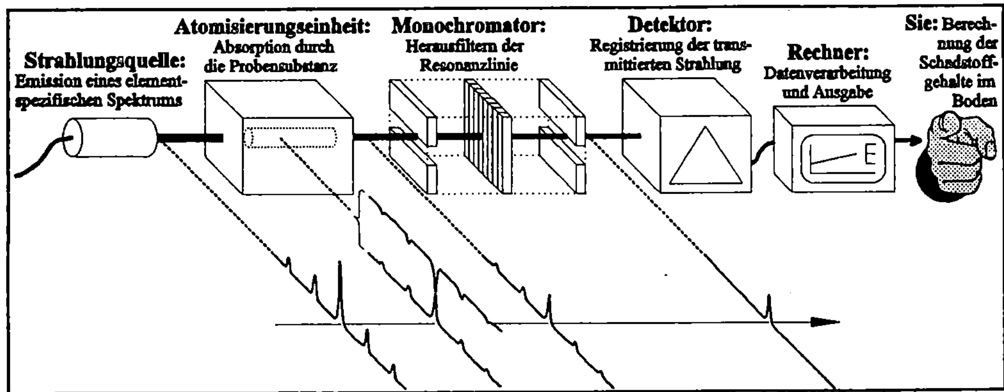


**Abb. 8.20.** Schematischer Aufbau des AAS (nach Welz 1983, S. 13)

### 8.4.4 Strahlungsquelle

**Warum eine elementspezifische Lampe?**  Die zu analysierenden Atome werden mit einer elementspezifischen Lampe angeregt, d. h. für jedes Element muß eine andere Lampe verwendet werden. Einfacher wäre es, einen Kontinuumsstrahler zu benutzen. Das ist jedoch nicht möglich. Elementspezifische Strahlungsquellen haben gegenüber einem kontinuierlichen Strahler zwei entscheidende Vorteile: Zum einen senden sie wesentlich intensivere Strahlung im Frequenzbereich der Absorption aus. Zum anderen würde ein Kontinuumsstrahler viel zu hohe, kaum erfüllbare Anforderungen an den Monochromator stellen (s. Abb. 8.21). (Butz 1990, S. 10)

Im Absorptionsspektrum einer Atomwolke treten einzelne, scharf definierte Absorptionslinien mit einer Halbwertsbreite[64] von etwa 0,003 nm auf. Ein Monochromator isoliert aus dem Emissionsspektrum eines Kontiuumsstrahlers

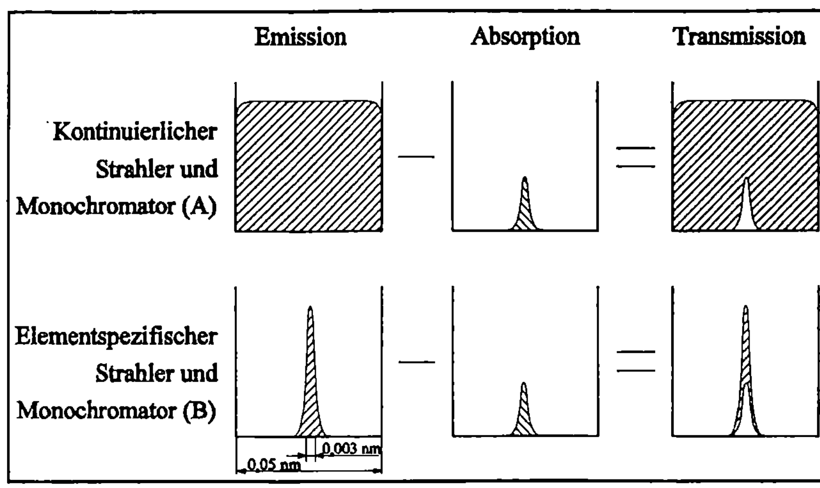



**Abb. 8.21** Vorteil eines elementspezifischen Strahlers im Vergleich zum Kontinuumsstrahler

(A) bestenfalls ein Band mit einer Bandbreite von 0,05 nm. Im Emissionsspektrum eines elementspezifischen Strahlers (B) gibt es dagegen Linien mit einer Halbwertsbreite von 0,003 nm. Im Fall B wird prozentual ein viel größerer Anteil der emittierten Strahlung absorbiert als im Fall A. Mit elementspezifischen Strahlern läßt sich so eine höhere Empfindlichkeit erreichen. (TUB 1994a, UC AAS S. 7)

**Hohlkathoden-lampe**
In der Praxis werden überwiegend Hohlkathodenlampen und elektrodenlose Entladungslampen (s. Abb. 8.22 und 8.23) verwendet. Die Hohlkathodenlampe ist ein Glaszylinder, in den eine Kathode und eine Anode eingeschmolzen sind. Die Anode besteht aus Wolfram, die Kathode aus dem zu bestimmenden Element. Der Glaszylinder ist mit Neon oder Argon gefüllt und steht unter Unterdruck. Wird nun zwischen Anode und Kathode eine Spannung von 100 bis 400 Volt angelegt, kommt es zur Entladung. Gasmoleküle werden ionisiert und schlagen anschließend Atome aus der Kathodenoberfläche heraus. Diese Atome gehen gleichzeitig in einen angeregten Zustand über. Die angeregten Atome senden dann beim Rücksprung in den Grundzustand das charakteristische, elementspezifische Emissionsspektrum aus. Neben den herkömmlichen

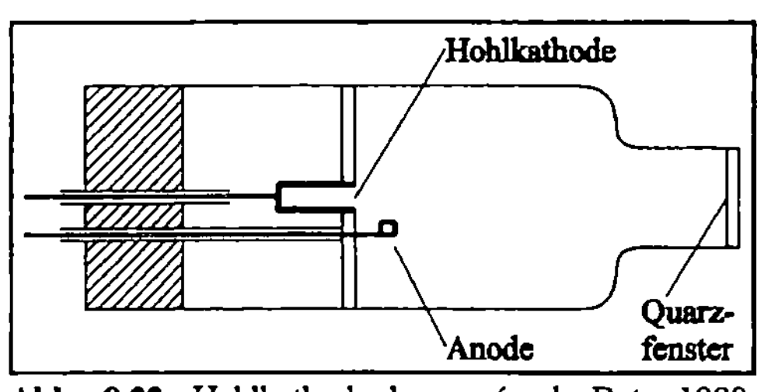



**Abb. 8.22.** Hohlkathodenlampe (nach Butz 1990, S. 11)

---

[64] Die" Halbwertsbreite" hat nichts mit der "Halbwertszeit" der Atomphysik zu tun. Die Halbwertsbreite ist die Breite eines Peaks auf seiner halben Höhe.

Hohlkathodenlampen gibt es auch Mehrelementlampen. Ihre Kathode besteht aus zwei bis drei Metallen. Mit solchen Lampen können mehrere Elemente mit derselben Lampe analysiert werden. Es ist nicht sinnvoll, mehr als drei Elemente zu verwenden. Dies würde zu Schwierigkeiten bei der Selektion der Resonanzlinien im Monochromator führen. (Butz 1990, S. 10)

**Elektrodenlose Entladungslampe**  Eine Quarzkugel steht unter Unterdruck und ist ebenfalls mit Neon oder Argon gefüllt. Außerdem enthält sie wenige Milligramm des zu bestimmenden Elements. Die Quarzkugel ist von einer Spule umgeben, mit der ein Hochfrequenzfeld erzeugt wird. Dieses Feld regt die Atome an. Sie senden ihr charakteristisches Emissionsspektrum aus. (Welz 1983, S. 26)

**Vorteile**  Eine elektrodenlose Entladungslampe emittiert eine viel intensivere Strahlung als herkömmliche Hohlkathodenlampen. Außerdem ist ihre Linienbreite geringer. Gleichzeitig ist das emittierte Spektrum stabiler, d. h. das Signal/Rausch-Verhältnis ist günstiger. Darüberhinaus sind elektrodenlose Entladungslampen in der Regel langlebiger als Hohlkathodenlampen. Allerdings sind sie nur für leichter verdampfbare Elemente herstellbar. (Welz 1983, S. 26)

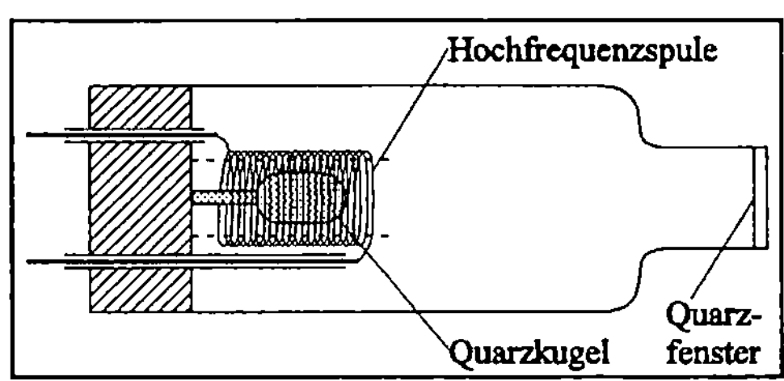


**Abb. 8.23.** Elektrodenlose Entladungslampe (nach Welz 1983, S. 27)

## 8.4.5 Atomisierungseinheit

**Ziel**  Wie bereits im Kap. 8.4.2 beschrieben, müssen die in der Probe vorliegenden Ionen und Moleküle durch **thermische Dissoziation** atomisiert werden. Gleichzeitig darf die thermische Energie aber auch nicht so groß sein, daß sie die Atome anregt. Die "richtige" Atomisierung ist daher der kritischste Vorgang innerhalb des gesamten AAS-Prozesses. Von dieser Atomisierung hängt die Qualität der Analyse maßgeblich ab. Die Empfindlichkeit der AAS ist direkt proportional zum Atomisierungsgrad des untersuchten Elements.

**Varianten**  Es gibt vier Verfahren der Atomisierung:
- die Flammen-AAS,
- die Graphitrohr-AAS,
- das Hydridsystem und
- die Kaltdampftechnik.

**Flammen-AAS**  Die Probenlösung wird in einer Flamme fein versprüht. Zuerst verdampft das Lösemittel. Feste Partikeln[65] bleiben zurück. Diese schmelzen schlagartig und gehen dann sofort in gasförmige Moleküle über. Diese Moleküle dissoziieren unter den hohen Temperaturen in Atome. "Bei den üblichen Temperaturen der Atomisierung bis 3000 °C be-

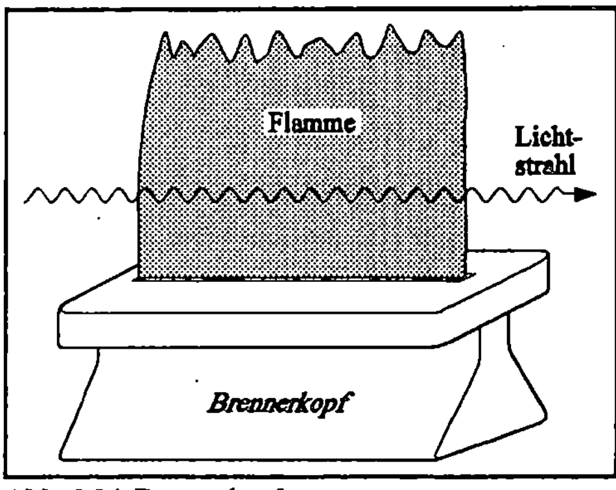


**Abb. 8.24.** Brennerkopf

findet sich der überwiegende Anteil des Atomdampfes im Elektronengrundzustand." (Lorber o. J., Kap. XI S. 6) Die hier Schritt für Schritt beschriebenen Vorgänge lassen sich in der realen Flamme nicht so scharf trennen. Die einzelnen Prozesse laufen nahezu gleichzeitig ab.

Es können verschiedene **Brenngase** verwendet werden. Sie unterscheiden sich in Temperatur, Brenngeschwindigkeit und Eigenemission der Flamme. Am häufigsten verwendet man ein Acetylen/Luft-Gemisch oder ein Acetylen/Lachgas-Gemisch. Damit lassen sich hohe Temperaturen bei gleichzeitig niedrigen Brenngeschwindigkeiten erreichen. Die Auswahl des optimalen Brenngases ist nicht einfach. Sie ist abhängig von dem zu untersuchenden Element und der Probenmatrix, d. h. der Zusammensetzung der Probenlösung. (s. Fußnote 90 im Kap. 8.4.10)

**Graphitrohr-AAS**  Im Graphitrohr (s. Abb. 8.25) können flüssige, gelöste oder auch feste[66] Proben analysiert werden. Die Atomisierung findet in einem Hohlzylinder aus Graphit[67] statt. Der Meßstrahl läuft durch das Graphitrohr. Es wird durch eine elektrische Widerstandsheizung erhitzt und mit Argon als Schutzgas umspült. In Anwesenheit von Sauerstoff würde das Graphitrohr wegen der extrem hohen Temperaturen verbrennen.

---

[65] Z. B. Salze, Oxide.

[66] Im Gegensatz zur Flammen-AAS können im Graphitrohr prinzipiell auch Feststoffproben wie Boden oder Klärschlamm direkt bestimmt werden. Dies hat den Vorteil, daß keine Probenaufbereitung notwendig ist. Allerdings werden in der Praxis meist flüssige Proben verwendet, weil die Analyse von Feststoffproben zu viele Probleme mit sich bringt, und ihre Reproduzierbarkeit zu schlecht ist. Kleine Feststoffproben (wenige mg) haben keine ausreichende Homogenität, und der Wägefehler wird zu groß. Das Einbringen der Probe in das Graphitrohr ist schwierig und kaum automatisierbar. Außerdem ist bei der Verwendung fester Proben eine Kalibrierung nicht ohne weiteres möglich.

[67] Das Graphitrohr ist 30 bis 50 mm lang und hat einen Durchmesser von 5 bis 15 mm (Lauterbach 1993, S. 19).

Für eine optimale Analyse wird ein sogenanntes **Temperaturprogramm** gefahren (s. Abb. 8.34). Bei Temperaturen bis ca. 1000 °C wird die Probe getrocknet. Begleitsub-

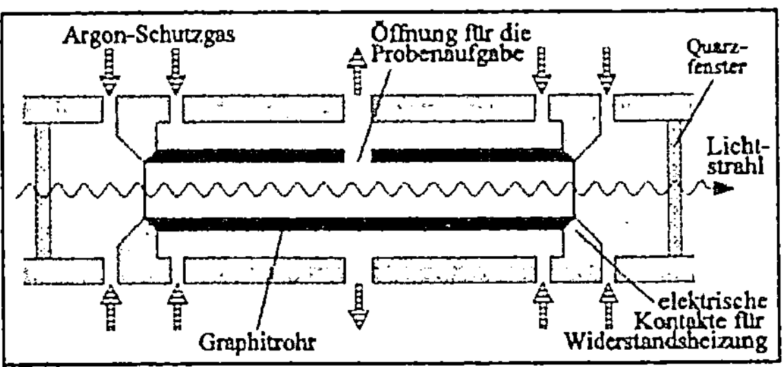


**Abb. 8.25.** Graphitrohr

stanzen gasen aus der Probe aus. Sie werden als gasförmige Atome und Moleküle mit dem Argongasstrom aus dem Graphitrohr gespült. Anschließend werden die verbliebenen Elemente einschließlich des zu analysierenden Elements bei ca. 3000 °C atomisiert. Dieser Temperaturanstieg muß sehr schnell erfolgen. In jedem Fall muß die Atomisierungszeit kleiner sein als die durchschnittliche Verweilzeit der Atome im Graphitrohr. Während der Atomisierung und Messung wird der Argonschutzgasstrom für kurze Zeit unterbrochen, um eine möglichst hohe Atomwolkendichte zu erreichen. Nur so läßt sich ein optimaler Absorptionsvorgang und damit eine hohe Genauigkeit erzielen. (Butz 1990, S. 21)

Bei der Graphitrohr-AAS wird häufig mit einem **Autosampler** gearbeitet. Die automatische Probenaufgabe macht nicht nur das Arbeiten rationeller. Außerdem steigt die Genauigkeit der Analyse, wenn der Tropfen bei jeder Messung genau gleich im Graphitrohr abgelegt wird. (Welz 1983; S. 66)

**Exkurs** *Hydridsystem und Kaltdampftechnik*

**Hydridsystem**

*Mit der Hydridmethode können nur Elemente nachgewiesen werden, die gasförmige Hydride bilden. Dies sind Elemente der IV., V. und VI. Hauptgruppe des Periodensystems.[68] Sie können chemisch zu Hydriden reduziert werden. Ein häufig verwendetes Reduktionsmittel ist Natriumborhydrid (NaBH₄). NaBH₄ bildet im Sauren naszierenden Wasserstoff. Dieser Wasserstoff reagiert mit den entsprechenden Metallen rasch und vollständig zu Hydriden und mit sich selbst zu molekularem Wasserstoff[69]. Der molekulare Wasserstoff dient als Trägergas. Er transportiert die gasförmigen Hydride aus dem Reaktionsbehälter in die Atomisierungseinheit. Die-*

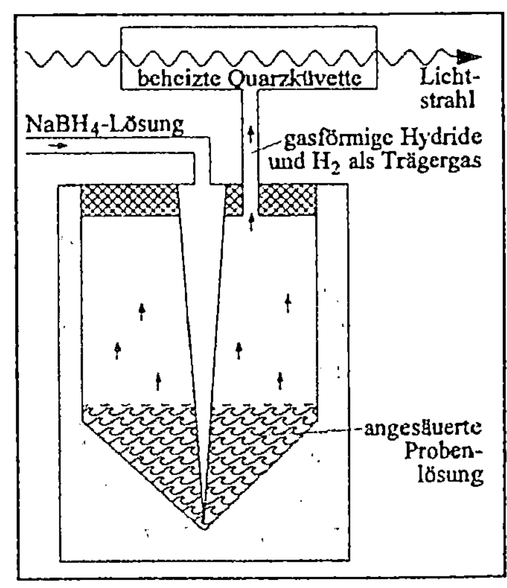


**Abb. 8.26.** Hydridsystem (nach Welz 1983, S. 73)

---

[68] Nach korrekter neuer Bezeichnung 14., 15. und 16. Gruppe des Periodensystems, z. B. Arsen, Selen, Zinn.

*se kann eine Brennerflamme oder eine auf ca. 1000 °C beheizte Quarzküvette sein. (Butz 1990, S. 17)*

*Das Hydridsystem bietet für die hydridbildenden Elemente deutliche Vorteile gegenüber der Flammen- und der Graphitrohr-AAS. Der Nachweis wird nur von wenigen Elementen gestört[70]. Man erhält innerhalb von 10 bis 15 Sekunden einen Meßwert. Die Analyse mit dem Hydridsystem ist kostengünstiger als die beiden anderen Verfahren.*

**Kaltdampf-technik**

*Die Kaltdampftechnik ist ein spezielles Verfahren zur Bestimmung von Quecksilber. Metallisches Quecksilber verdampft bereits bei Zimmertemperatur merklich. Als Reduktionsmittel zur Zerstörung der Quecksilberverbindungen wird wie beim Hydridsystem überwiegend NaBH₄ verwendet. Deshalb wird die Kaltdampftechnik in der uns vorliegenden Literatur teilweise auch mit dem Hydridsystem verwechselt. Beachten Sie jedoch, daß bei der Kaltdampftechnik keine Metallhydride wie beim Hydridsystem erzeugt werden, sondern atomares gasförmiges Quecksilber. Prinzipiell kann die Kaltdampftechnik in der gleichen Apparatur wie das Hydridsystem durchgeführt werden. Dabei muß die Küvette jedoch nicht beheizt werden, da gasförmiges Quecksilber bereits bei Zimmertemperatur atomar vorliegt. (Lauterbach 1993, S. 22)*

**Zeitliche Abhängigkeit des Signals**

Bei dem Flammen-AAS wird die Probe kontinuierlich angesaugt und in der Flamme zerstäubt. Dies führt zu einem gleichbleibenden, **zeitunabhängigen** Signal. Im Gegensatz dazu ist das Signal bei dem Graphitrohr-AAS **zeitabhängig**. Daher wird bei dieser Methode meist über einen bestimmten Zeitraum integriert, d. h. statt der Peakhöhe eine Peakfläche ermittelt. (Butz 1990, S. 13)

**Nachweisgrenzen** Wir möchten jetzt die Nachweisgrenzen der verschiedenen AAS-Techniken gegenüberstellen (s. Tabelle 8.5). Die Nachweisgrenze ist die Menge, die gerade noch nachgewiesen werden kann (s. Kap. 10.2). Dabei gibt die **absolute Nachweisgrenze** die kleinste <u>Masse</u> an, die mit der jeweiligen Atomisierungseinheit detektiert werden kann. Die **relative Nachweisgrenze** gibt die kleinste noch meßbare <u>Konzentration</u> in der zu analysierenden Lösung an. Sie ist abhängig von der absoluten Nachweisgrenze und dem Probenvolumen, das sich während der Messung im Absorptionsraum befindet.

Für die <u>Flammen-AAS</u> gilt: In der Flamme herrscht eine verhältnismäßig große Brenngeschwindigkeit. Daher ist die Aufenthaltsdauer der Probe in der Flamme kurz. Während der Messung befinden sich nur wenige Atome im Strahlengang. Deshalb ist die Flammen-Technik nicht übermäßig empfindlich.

---

[69]  ①    $3\,NaBH_4 + 3\,H_3O^+ \;\rightarrow\; 3\,BH_3 + 3\,Na^+ + 3\,H_2O + 6\,H\cdot$

②    $6\,H\cdot + As^{3+} + 3\,H_2O \;\rightarrow\; 3\,H_3O^+ + AsH_3\uparrow$
$$As^{3+} + 3\,NaBH_4 \;\rightarrow\; 3\,BH_3 + 3\,Na^+ + AsH_3\uparrow$$

Neben der Reduktion des Arsens (②) durch den in ① entstandenen Wasserstoff gibt es für den Wasserstoff noch folgende Konkurrenzreaktion:

$$H\cdot + H\cdot \;\rightarrow\; H_2$$

[70]  Es treten keine spektralen Interferenzen und kaum chemische Interferenzen auf (s. Kap. 8.4.8).

**Tabelle 8.5.** Nachweisgrenzen verschiedener Atomisierungstechniken

|  | Flamme | Graphitrohr | Hydridsystem[a] |
|---|---|---|---|
| absolute Nachweisgrenze (ng)[b] | k. A.[c] | 0,1 bis 0,00001[d] | 10 bis 0,01[e] |
| relative Nachweisgrenze (µg/L) | 100 bis 1[f] | 1 bis 0,001[g] | 1 bis 0,01[h] |

[a]  Achtung! Hier ist zwar ein Bereich für die Nachweisgrenze angegeben. Damit ist aber nicht der Bereich gemeint, in dem ein Nachweis möglich ist. Vielmehr ist die untere Nachweisgrenze gemeint. Sie schwankt von Element zu Element. Deshalb geben wir einen Bereich an.

[b]  Für die LeserInnen des Exkurses Hydridsystem und Kaltdampftechnik: Beim Hydridsystem sind die absoluten Nachweisgrenzen ca. 100mal schlechter als bei der Graphitrohr-AAS. Gleichzeitig können jedoch bis zu 1000mal größere Probenvolumina (bis zu 50 mL) eingesetzt werden. Darüberhinaus ist die Matrixabtrennung beim Hydridsystem noch besser als bei der Graphitrohr-AAS. Die Begleitsubstanzen bleiben üblicherweise im Reaktionsgefäß zurück. Es gelangen ausschließlich hydridbildende Elemente, d. h. außer dem zu messenden Element nur wenige Störelemente, in die Meßküvette. Insgesamt hat das Hydridsystem gegenüber der Graphitrohr-Technik eine etwa 10mal niedrigere relative Nachweisgrenze. – Gehören Sie zu den besonders aufmerksamen LeserInnen? Dann haben Sie vielleicht gerade bemerkt, daß in der Tabelle für das Hydridsystem keine 10fach niedrigere relative Nachweisgrenze angegeben ist. Das ist kein Druckfehler. Die Hydridtechnik kann nur für einige wenige Elemente eingesetzt werden. Für genau diese Elemente hat die Graphitrohrtechnik aber keine so gute Nachweisgrenze. Sie liegt dort im Bereich 1 bis 0,1 µg/L. (Welz 1983, S. 245 und Naumer 1986, S. 233)

[c]  Keine Angabe möglich, weil die Messung kontinuierlich erfolgt.

[d]  Lorber o. J., Kap. XI S. 15.

[e]  Naumer 1986, S. 233.

[f]  Welz 1983, S. 46.

[g]  Welz 1983, S. 54.

[h]  Welz 1983, S. 77.

(Naumer 1986, S. 230) Für die Graphitrohr-AAS gilt: Die Atomwolke verweilt etwa 1000mal länger im Meßbereich als bei der Flammen-AAS. Eine weitere Stärke der Graphitrohr-AAS liegt in der Matrixabtrennung. Mit dem Temperaturprogramm und dem Spülgasstrom wird bereits vor der Messung ein großer Teil der störenden Elemente entfernt. Daraus ergibt sich gegenüber der Flammen-AAS eine 100- bis 1000fach bessere Nachweisgrenze. (Naumer 1986, S. 231; Butz 1990, S. 20 und Welz 1983, S. 61)

## 8.4.6 Monochromator

Der Monochromator hat die Aufgabe, die gewünschte Emissionslinie von den anderen Emissionslinien zu trennen. Für die Auswahl einer einzigen Wellenlänge werden in modernen AAS-Geräten Gitter anstelle der früher üblichen

Prismen verwendet. Die uninteressanten Spektrallinien werden an einem Austrittsspalt ausgeblendet. Übrig bleibt eine monochromatische Strahlung[71]. Sie fällt auf den Detektor. (Naumer 1986, S. 223)

### 8.4.7 Detektor

Zur Umwandlung der optischen Strahlung in ein elektrisches Signal dienen meist Photomultiplier[72]. Sie bestehen aus einer Anode, einer strahlungsempfindlichen Kathode, der sogenannten Photokathode, und bis zu 13 weiteren Elektroden, den sogenannten Dynoden. Ein zu messendes Photon trifft auf die Photokathode und schlägt dort ein Elektron heraus. Zwischen der Photokathode und der ersten Dynode besteht eine Spannungsdifferenz von 100 bis 200 V. Das freigesetzte Elektron wird in diesem elektrischen Feld beschleunigt und schlägt an der ersten Dynode zwei bis vier zusätzliche Elektronen heraus. Die weiteren Dynoden liegen auf einem zunehmend positiven Potential gegenüber der Photokathode. Bei jedem Schritt setzt jedes Elektron mehrere neue Elektronen frei. Auf diese Weise wird ein Signal um den Faktor $10^{10}$ verstärkt. (Welz 1983, S. 98)

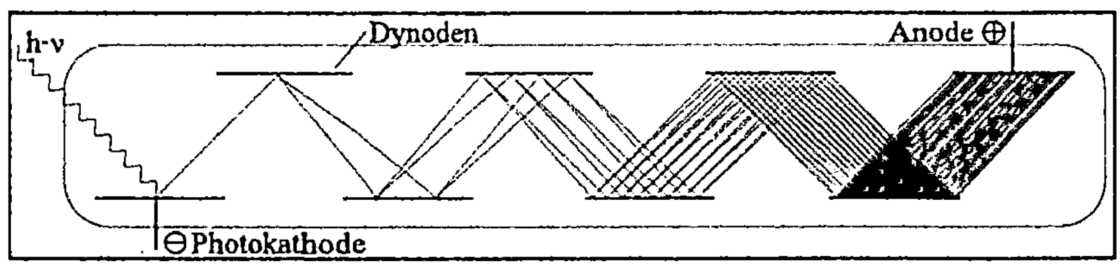


**Abb. 8.27.** Photomultiplier (Gerthsen 1986, S. 422)

### 8.4.8 Fehlerquellen

**Einteilung**

Begleitsubstanzen, die neben dem zu bestimmenden Element in der Probe vorkommen, können Störungen verursachen. Diese Störungen können bei der Messung zu systematischen Fehlern führen. Sie werden **Interferenzen**[73] genannt. Die Interferenzen können in spektrale und nicht-spektrale Interferenzen unterteilt werden.

---

[71] Siehe dazu Abb. 8.20 und 8.21.

[72] Photomultiplier werden auch als "Sekundärelektronenvervielfacher" (SEV) bezeichnet.

[73] Das Wort "Interferenz" bezeichnet eine Verstärkung oder Abschwächung eines Signals durch Überlagerung mit einem oder mehreren Fremdsignalen.

<table>
<tr><td>Spektrale<br>Interferenzen</td><td>Spektrale Interferenzen beruhen auf der Streuung und Absorption des eingestrahlten Lichtes durch Begleitsubstanzen. Sie schwächen die Resonanzlinie des zu untersuchenden Elementes.</td></tr>
</table>

Spektrale Interferenzen können unterteilt werden in:

- spezifische spektrale Interferenzen und
- unspezifische spektrale Interferenzen, die sogenannte Untergrundabsorption.

<table>
<tr><td>Nicht-spektrale<br>Interferenzen</td><td>Nicht-spektrale Interferenzen verändern die Anzahl der freien Atome im Grundzustand. Meistens wird ihre Anzahl vermindert. Die Schwächung der Resonanzlinie des zu untersuchenden Elementes wird dadurch geringer.</td></tr>
</table>

Nicht-spektrale Interferenzen können unterteilt werden in:

- chemische Interferenzen,
- physikalische Interferenzen und
- Ionisationsinterferenzen.

<table>
<tr><td>Andere Einflüsse</td><td>Andere Einflüsse, die üblicherweise für Proben- und Bezugslösungen gleich sind, werden nicht als Interferenzen bezeichnet.</td></tr>
</table>

Zu den sonstigen Einflüssen zählen:

- Eigenemissionen der Flamme bzw. des Graphitrohres und
- Untergrundrauschen (Schwankungen der Lichtquelle, des Detektors und der Verstärkungseinheit).

<table>
<tr><td>Spezifische<br>spektrale<br>Interferenzen</td><td>Spezifische spektrale Interferenzen entstehen durch·die Überlappung der zur Analyse verwendeten Resonanzlinie mit einer Absorptionslinie eines Störelementes. Zum Beispiel wird die stärkste Resonanzlinie des Zinks (213,856 nm) von einer Eisen-Linie (213,859 nm) überlappt. Dies führt zu Problemen, wenn kleine Mengen Zink bei gleichzeitig hoher Eisenkonzentration nachgewiesen werden sollen. Um diese Überlappungseffekte auszuschalten, kann man auf eine andere charakteristische Linie des Elements ausweichen.[74] (Butz 1990, S. 30 und Welz 1983, S.75 und 134)</td></tr>
<tr><td>Untergrundabsorption</td><td>Die Untergrundabsorption ist eine unspezifische Stahlungsschwächung durch Störbestandteile. Sie wird durch Absorption an Molekülen oder durch Streuung an Partikeln verursacht. Diese unspezifische Schwächung kann nicht ohne weiteres von einer Atomabsorption unterschieden werden. Die Untergrundabsorption führt zu einem Meßfehler. Sie täuscht grundsätzlich eine höhere</td></tr>
</table>

---

[74] Die spezifischen spektralen Interferenzen kommen bei der Flammen- und bei der Graphitrohr-AAS vor. Dagegen treten sie beim Hydridsystem praktisch nie auf, weil dort nur wenige Elemente in die Quarzküvette gelangen können.

Konzentration vor als tatsächlich vorhanden. Dieser Meßfehler kann durch einen sogenannten **"Untergrundkompensator"** oder den **"Zeeman-Effekt"**[75] beseitigt werden. (Welz 1983, S. 136)

### Exkurs Deuterium-Untergrund-Kompensator

**Untergrund-absorption**

*Der entscheidende Unterschied zwischen der erwünschten Atomabsorption und der unerwünschten Molekülabsorption bzw. Strahlungsstreuung ist folgender: Die Atomabsorption ist auf einen sehr engen Spektralbereich von wenigen Tausendstel Nanometer begrenzt. Die Molekülabsorption und die Strahlungsstreuung führen dagegen zu einer breitbandigen Schwächung, der Untergrundabsorption. Daraus ergibt sich die folgende Korrekturmöglichkeit. (Naumer 1986, S. 226)*

**Prinzip**

*Die Intensität einer elementspezifischen Strahlung wird entsprechend der Konzentration des Elementes und entsprechend der Untergrundabsorption geschwächt. Die Intensität einer zum Vergleich herangezogenen kontinuierlichen Strahlung wird ebenfalls durch beide Effekte geschwächt. Allerdings ist die Absorption durch das Element beim kontinuierlichen Spektrum vernachlässigbar (s. Abb. 8.28). So gelingt es, den Anteil der breitbandigen Untergrundabsorption zu erfassen und von der spezifischen Atomabsorption zu trennen.*

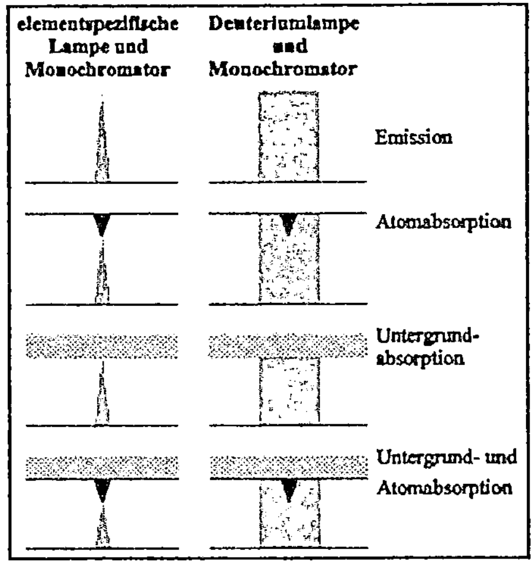


**Abb. 8.28.** Untergrundkompensation (nach Welz 1983, S. 141)

**Bautechnische Umsetzung**

*Als kontinuierlicher Strahler wird eine **Deuteriumlampe** verwendet. Ihr Licht wird in schnellem Wechsel mit dem elementspezifischen Licht durch die Absorptionszelle geschickt. Beide Signale fallen zeitlich getrennt auf den Detektor.*

**Chemische Interferenzen**

Das interessierende Element kann mit Störelementen[76] eine thermisch stabile Verbindung eingehen. Diese Verbindungen sind kaum atomisierbar, der Anteil der Atome im Grundzustand wird herabgesetzt. Dies bezeichnet man als chemische Interferenz. Beispielsweise tritt chemische Interferenz bei der Bestimmung von Calcium in Anwesenheit von Phosphat auf. Das sich bildende

---

[75] Heute ist schönes Wetter. Deshalb haben wir keine Lust, einen Exkurs über den Zeemann-Effekt zu schreiben. Wir wollen ja nicht, daß das Buch zu dick wird. Außerdem ist diese Art der Untergrundkompensation fürchterlich teuer. Wenn's Sie trotzdem interessiert, und gerade schlechtes Wetter ist, dann lesen Sie doch einfach die 22 Seiten selbst bei WELZ (1983, S. 144 - 165) nach.

[76] Die Störelemente können aus der Probenmatrix stammen. Wir sind uns nicht ganz sicher, ob die Oxidation durch den Luftsauerstoff der Flamme und die Carbidbildung im Graphitrohr auch zu den chemischen Interferenzen gerechnet werden müssen. In der uns vorliegenden Literatur werden diese Effekte teilweise so zugeordnet. Allerdings widerspricht dies der Definition, daß Einflüsse, die für Probe und Bezugslösung gleich sind, nicht als Interferenzen bezeichnet werden (s. o.).

stabile Calciumphosphat ($Ca_3(PO_4)_2$) verhindert die Atomisierung von Calcium und damit die Absorption. Chemische Interferenzen können durch **höhere Atomisierungstemperaturen** vermindert werden. Die höheren Temperaturen müssen ausreichen, um die thermisch stabilen Verbindungen aufzubrechen. Chemische Interferenzen können auch verringert werden, indem der Probenlösung sogenannte **Modifier** zugesetzt werden. Es handelt sich dabei um Elemente, die mit der störenden Komponente noch stabilere Verbindungen bilden. Außerdem können chemische Interferenzen mit der **Standard-Additions-Methode** (s. Kap. 8.4.9) neutralisiert werden. (Butz 1990, S. 27)

|                          |                                                                                      |
|--------------------------|--------------------------------------------------------------------------------------|

**Physikalische Interferenzen**

Wenn die Probe und der Standard Unterschiede in ihren physikalischen Eigenschaften[77] aufweisen, dann kommt es zu den sogenannten physikalischen Interferenzen. Sie spielen im Graphitrohr nur eine untergeordnete Rolle. Bei der Flammen-AAS beeinflussen die physikalischen Probeneigenschaften u. a. das Zerstäuben der Probe und den Transport des Aerosols in die Flamme. Physikalische Interferenzen können durch ein einfaches **Verdünnen** der Probenlösung verringert werden. Besser ist es jedoch, sie durch Matrixangleichung zu verhindern. Matrixangleichung bedeutet, daß die physikalischen Eigenschaften der Proben- und Standardlösung weitgehend angeglichen werden. Allerdings ist es aufwendig, die physikalischen Eigenschaften der Probenmatrix mit einer Mischung mehrerer Reagenzien nachzuahmen. Meist wird daher die **Standard-Additions-Methode** benutzt, um die Matrixeffekte zu kompensieren. (Butz 1990, S. 30 und Welz 1983, S. 165ff)

**Ionisationsinterferenzen**

Das zu analysierende Element wird ionisiert, wenn seine Ionisierungsenergie überschritten wird, d. h. wenn die Atomisierungstemperatur zu hoch ist. Die Atomhülle ionisierter Atome ist verändert. Ionisierte Atome haben daher ein verändertes Absorptionsspektrum und absorbieren nicht die elementspezifische Strahlung. Wäre der Ionisationsgrad bei Proben- und Standardlösung gleich, so würde die Ionisation kaum[78] stören. In der Praxis ist das leider kaum der Fall. Andere in der Probe vorhandene Substanzen, beispielsweise ·CN-Bruchstücke, verstärken die Ionisation:

$$① \qquad \cdot CN + e^- \rightleftharpoons CN^-$$

·CN fängt freie Elektronen weg. Damit verschiebt sich das Gleichgewicht des zu analysierenden Elementes (Me) nach rechts und liefert neue Elektronen nach:

$$② \qquad Me \rightleftharpoons Me^+ + e^-$$

Dies ist unerwünscht. Ionisationsinterferenzen können verringert werden, indem das betreffende Element bei **niedrigerer Temperatur** analysiert wird.

---

[77] Z. B. der Oberflächenspannung, der Viskosität oder der Dichte.

[78] Die Nachweisgrenze läge höher.

Allerdings steht dies im Widerspruch zur Wahl höherer Temperaturen, um chemische Interferenzen zu vermeiden. Eine bessere Vermeidungsmöglichkeit besteht darin, einen großen Überschuß eines **leicht ionisierbaren Elementes**[79] zuzugeben. Die e⁻-Konzentration in der Flamme steigt. Das Gleichgewicht der Reaktion ② wird damit weit nach links verschoben. (Welz 1983, S. 192 und Butz 1990, S. 28)

**Andere Einflüsse** Einflüsse, die üblicherweise für Proben- und Bezugslösungen gleich sind, werden nicht als Interferenzen bezeichnet. Dazu zählen die Eigenemissionen der Flamme bzw. des glühenden Graphitrohres, Schwankungen der Lichtquelle, des Detektors und der Verstärkungseinheit. Diese Störungen werden in modernen Geräten mit dem **Einstrahl- bzw. Zweistrahl-Wechsellicht-System**[80] ausgeschaltet. (TUB 1994a, UC AAS S. 10)

Ein weiteres Problem tritt nur bei der Graphitrohr-AAS auf und dort nur bei wenigen Elementen, den carbidbildenden Elementen[81]. Sie neigen dazu, mit Graphit stabile Carbide zu bilden. Dadurch ist eine Bestimmung nicht mehr möglich. Um diese Carbidbildung zu verhindern, können oberflächenbehandelte Rohre benutzt werden. Die **Beschichtung** ist jedoch nicht lange haltbar, so daß solche Graphitrohre nur für etwa 20 Analysen verwendet werden können. (Butz 1990, S. 23)

**Exkurs** *Einstrahl- und Zweistrahl-Wechsellicht-System*

**Einstrahl-** *Eigenemissionen der Flamme oder des Graphitrohres werden mit dem Einstrahl-Wechsel-*
**Wechsellicht** *licht-System (s. Abb. 8.29) eliminiert. Was sind Eigenemissionen? In der Flamme ist eine Vielzahl verschiedener Elemente vorhanden. Diese Atome werden durch die hohen Flammentemperaturen angeregt und fallen kurze Zeit später wieder in den Grundzustand zurück. Dabei strahlen sie ihre Energie in Form von Lichtquanten ab. Diese Lichtquanten haben größtenteils eine andere Wellenlänge als der Meßstrahl. Ein kleiner Teil hat jedoch genau die gleiche Wellenlänge wie die Resonanzlinie des untersuchten Elementes. Diese Strahlung kann am Monochromator nicht vom Meßstrahl getrennt und folglich am Detektor nicht unterschieden werden. Die Eigenemissionen führen also bei AAS-Geräten ohne gepulstem Licht dazu, daß eine zu niedrige Konzentration bestimmt wird. (Welz 1983, S. 15)*

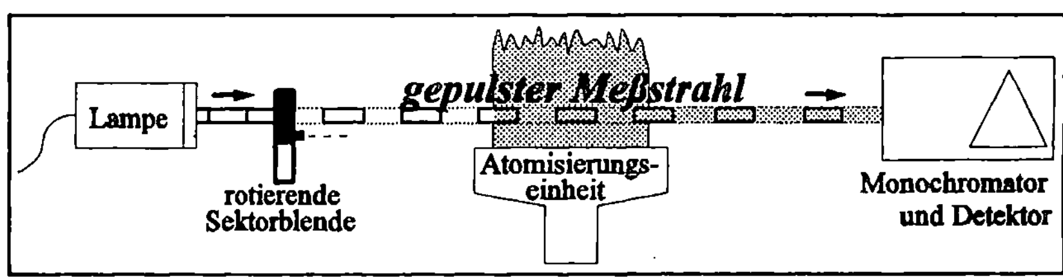


**Abb. 8.29.** Einstrahl-Wechsellicht-System (nach Welz 1983, S. 15)

---

[79] Z. B. Kalium.

[80] Siehe Exkurs "Einstrahl- und Zweistrahl-Wechsellicht-System" weiter unten.

[81] Insbesondere Bor, Hafnium, Niobium (früher: Niob), Tantal, Thorium, Wolfram, Zirconium und Vanadium.

*Beim Einstrahl-Wechsellicht-System wird die Strahlung der Lichtquelle durch eine rotierende Sektorblende gepulst. Abwechselnd kommen die Eigenemissionen der Flamme bzw. des Graphitrohres allein und gemeinsam mit dem Meßstrahl am Detektor an. Die Elektronik des Systems ist auf dieses gepulste Licht abgestimmt. Sie erfaßt die Differenz zwischen beiden Signalen. Die Eigenemission der Flamme wird eliminiert.*

**Zweistrahl-Wechsellicht**

*Bei dem Zweistrahl-Wechsellicht-System[82] (s. Abb. 8.30) wird die Strahlung der Lichtquelle durch einen rotierenden Sektorspiegel in einen Meßstrahl und einen Vergleichsstrahl geteilt. Beide Strahlen werden hinter der Atomisierungseinheit wieder vereinigt. Die Elektronik des Systems ist auf das gepulste Licht abgestimmt. Sie erfaßt Meß- und Vergleichsstrahl getrennt und bildet das Verhältnis der beiden. Der Meßstrahl dient als Nenner ($I_v$), der Vergleichsstrahl ($I_o$) dient als Zähler, der logarithmierte Bruch ergibt die Extinktion. (Welz 1983, S. 16)*

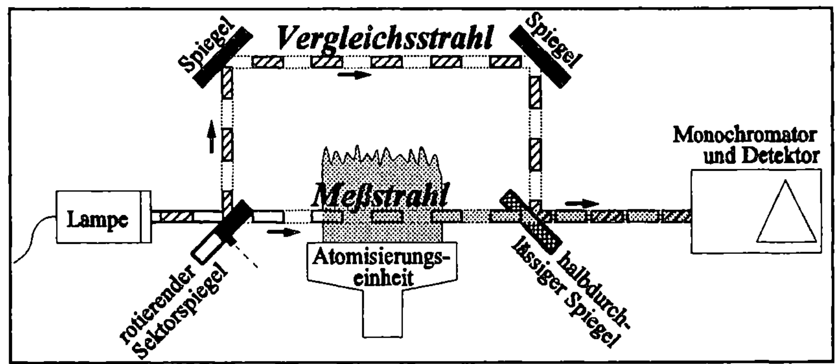


**Abb. 8.30.** Zweistrahl-Wechsellicht-System (nach Welz 1983, S. 15)

*Schwankungen der Lichtquelle, des Detektors und der Verstärkungseinheit führen in AAS-Geräten ohne gepulstes Licht zu einem Untergrundrauschen. Das Zweistrahl-Wechsellichtsystem reduziert dieses Untergrundrauschen folgendermaßen: Meß- und Vergleichsstrahl kommen aus der gleichen Strahlungsquelle, passieren denselben Monochromator, werden vom selben Detektor empfangen und von derselben Elektronik verstärkt. Sie treffen in sehr schnellem Wechsel, also nahezu zeitgleich im Detektor ein. Schwankungen machen sich daher genauso im Zähler und im Nenner bemerkbar. Sie werden damit eliminiert. (Welz 1983, S. 16)*

## 8.4.9 Kalibrierung

**Prinzip**

Wie bereits im Kap. 8.4.1 beschrieben, ist die AAS ein Relativverfahren. Mit Standardlösungen bekannter Konzentration wird eine Kalibriergerade aufgestellt. Anhand dieser Kalibriergeraden kann aus der gemessenen Extinktion auf die Konzentration der Probe geschlossen werden (s. Abb. 8.18). Dabei ist wichtig, daß sich die Extinktionswerte tatsächlich als Gerade auftragen lassen.

---

[82] Das Zweistrahl-Wechsellicht-System wird manchmal auch als Zweistrahl-AC-System bezeichnet. "AC" ist ein Begriff aus der Elektrotechnik und steht für "Alternating Current", zu deutsch Wechselstrom.

**Probleme**

Verschiedene Effekte tragen zu einer **Krümmung der Kalibrierfunktion** bei: Im Kap. 8.4.1 wurde beschrieben, daß die Kalibriergerade nur für große Verdünnungen linear verläuft. Bei zu **hohen Konzentrationen** befinden sich einige Atome im "Schatten" anderer Atome. Die Kalibrierfunktion flacht daher für hohe Konzentrationen zunehmend ab (Rechtskrümmung). Ein anderes Problem beruht auf der **Ionisation**. Bei niedriger Konzentration eines Elementes ist der Ionisierungsgrad relativ hoch. Bei höherer Konzentration kommt es dagegen zur Rekombination der Ionen mit den freien Elektronen, und der Ionisierungsgrad wird geringer. Die Steigung der Kalibrierfunktion nimmt daher mit zunehmender Konzentration zu (Linkskrümmung). Dieser Effekt läßt sich genauso wie die Ionisierungsinterferenzen durch die Zugabe eines leicht ionisierbaren Elementes ausgleichen. (Butz 1990, S. 28)

**Kalibrier-
verfahren**

Zwei Kalibrierverfahren sind gebräuchlich:
- die einfache Kalibrierung und
- die Standard-Addition.

**Einfache
Kalibrierung**

Das leichteste und schnellste Kalibrierverfahren ist der direkte Vergleich der Probenlösung mit den Standardlösungen. Mit mehreren Standardlösungen bekannter Konzentration wird eine Kalibrierfunktion[83] aufgestellt. Der höchste Standard soll eine Konzentration haben, die etwas größer als die höchste zu erwartende Probenkonzentration ist. Die allgemeine Gleichung der Kalibriergeraden lautet:

$$E = a \cdot C + E_o$$

$E$  Extinktion der Probe [-]
$E_o$  Extinktion der Nullwertlösung[84] [-]
$a$  Steigung der Kalibriergeraden [L/µg]
$C$  Konzentration [µg/L]

Zuerst wird mit einer Messung von bidestilliertem Wasser $E_o$ ermittelt. $E_o$ ist die gerätebedingte Extinktion, d. h. der Strahlungsanteil, der auch bei einer Konzentration Null absorbiert wird. Dieser Wert $E_o$ dient zum Nullabgleich des AAS-Gerätes. Als nächstes werden die verschiedenen Standardlösungen gemessen. Dabei ziehen die meisten AAS-Geräte automatisch $E_o$ von den gemessenen Extinktionswerten ab. Rechnerisch[85] oder graphisch wird eine Kalibriergerade durch den Ursprung und die Extinktionswerte gelegt. Die Steigung dieser Kalibriergeraden ist die element-, matrix- und geräteabhängige Größe $a$.

---

[83] Die Extinktion $E$ wird über der Konzentration $C$ aufgetragen (s. Abb. 8.18).

[84] Der Nullwert wird im Kap. 10.2 genauer erklärt.

[85] Die Berechnung erfolgt nach der "Methode der kleinsten Fehlerquadrate", auch Regressionsrechnung genannt (s. Kap. 10.2).

Bei digital arbeitenden Geräten wird üblicherweise die Konzentration der Standardlösungen in das Gerät eingegeben. Der Rechner ermittelt intern eine Kalibrierfunktion und gibt die Probenkonzentration direkt aus. Modernere Geräte können auch bei nicht-linearen, leicht gekrümmten Kurven eine Auswertung vornehmen. Statt einer Geraden wird eine nicht-lineare Kalibrierkurve verwendet. Grundsätzlich ist es sinnvoll, die Standardlösungen so zu wählen, daß ihre Konzentrationen möglichst nahe an der Probenkonzentration liegen. (Welz 1983, S. 119)

**Standard-Addition**

Die Standard-Addition ist ein Verfahren zur Matrixangleichung. Mit ihr können alle nicht-spektralen Interferenzen vermindert werden. Die verschieden konzentrierten Standards werden nicht wie bei der "einfachen Kalibrierung" getrennt von den Proben gemessen. Stattdessen werden sie direkt zur Probe gegeben. Die Matrixeinflüsse machen sich dann gleichermaßen bei Probe und Standard bemerkbar. In der Praxis kann der arbeitsaufwendige Schritt, mehrere verschieden konzentrierte Kupfer- bzw. Bleilösungen anzusetzen, geschickt vereinfacht werden (s. Abb. 8.31): Zuerst werden der Probe vier gleich große Teilproben entnommen. Danach wird der ersten Teilprobe destilliertes Wasser zugegeben (Meßlösung 0), der zweiten Teilprobe $^1/_3$ Kupfer- bzw. Bleilösung und $^2/_3$ destilliertes Wasser (Meßlösung 1), der dritten Teilprobe $^2/_3$ Kupfer- bzw. Bleilösung und $^1/_3$ destilliertes Wasser (Meßlösung 2) und der letzten Teilprobe nur die Kupfer- bzw. Bleilösung (Meßlösung 3).[86] Die zugegebenen Volumina müssen genauso groß[87] wie die Volumina der Teilproben sein. Die vier Meßlösungen haben jetzt exakt die gleiche Zusammensetzung. Nur die Konzentrationen des zu bestimmenden Elementes sind verschieden. Damit ist der Einfluß der Begleitsubstanzen auf das zu analysierende Element in allen Meßlösungen gleich groß.

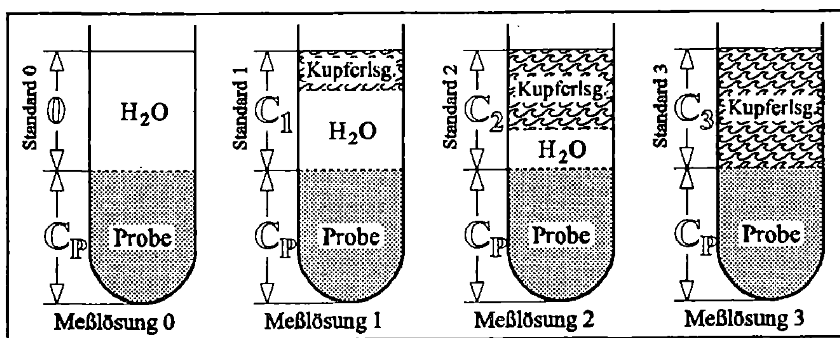


**Abb. 8.31.** Standard-Addition

---

[86] Bei modernen AAS-Geräten ist es nicht mehr notwendig, die Probe und den Standard vorher zu mischen. Sie werden bei der Probenaufgabe vom Autosampler gemischt.

[87] Nur wenn die Volumina genauso groß sind, verdünnen sich Probe und Standard gegenseitig in jeweils gleicher Weise bzw. um den gleichen Faktor. Die Verdünnungsfaktoren heben sich gegeneinander auf.

Wie bei der einfachen Kalibrierung wird auch bei der Standard-Addition zuerst mit destilliertem Wasser ein Nullwert $E_0$ bestimmt. Dieser Wert wird intern von allen weiteren Extinktionen abgezogen. Die Bestimmung des Nullwertes wird daher auch als "Autonull" oder "Nullabgleich" bezeichnet. Danach werden die Extinktionen aller Probe-Standard-Gemische gemessen.

Die gemessenen Extinktionen werden in einem Koordinatensystem relativ zur noch unbekannten Probenkonzentration (*) aufgetragen[88] (s. Abb. 8.32). Die Differenz zwischen dem Punkt * und dem Schnittpunkt der Kalibriergeraden mit der Konzentrationsachse gibt die gesuchte Probenkonzentration an[89]. Dies ist möglich, weil wegen des "Autonulls" die Extinktion einer Konzentration Null als Null angenommen werden kann. (Welz 1983, S. 168)

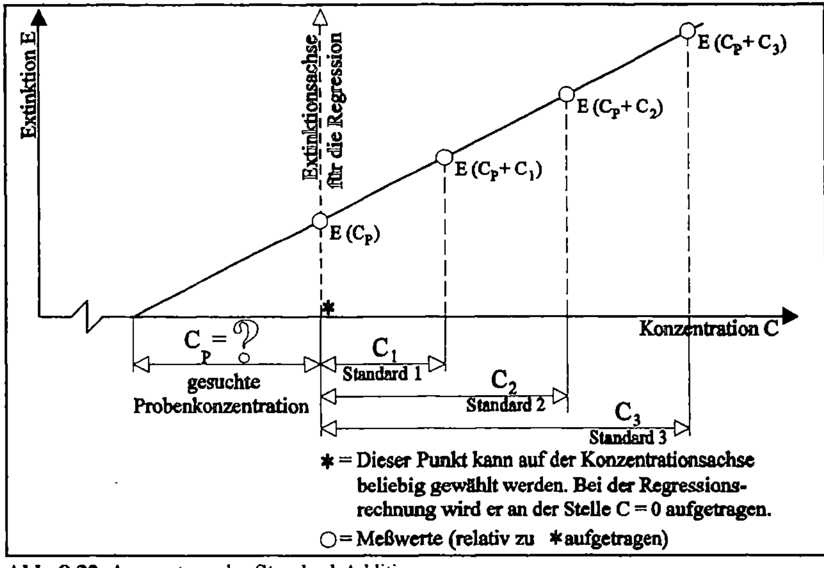


**Abb. 8.32.** Auswertung der Standard-Addition

---

[88] Die Kalibriergerade kann graphisch durch die gemessenen Punkte (Konzentration, Extinktion) gelegt werden oder rechnerisch mit einer Regressionsrechnung ermittelt werden. Für die Regressionsrechnung (s. Kap. 10.2) werden die folgenden Wertepaare verwendet: $(C_P, E(C_P))$ und $(C_P + C_1, E(C_P+C_1))$ und $(C_P + C_2, E(C_P+C_2))$ und $(C_P + C_3, E(C_P+C_3))$. Die Probenkonzentration $(C_P)$ soll berechnet werden, ist also unbekannt. Für sie kann vorerst Null eingesetzt werden $(C_P = 0)$. Dies ist möglich, weil die Kalibriergerade ohne weiteres in x-Richtung (hier: C-Richtung) verschoben und später $C_P$ ermittelt werden kann.

[89] Die mit der Regression berechnete Kalibriergerade schneidet die Konzentrationsachse im Negativen. Die mit der Kalibriergeraden berechnete Probenkonzentration hat daher einen negativen Wert. Dies liegt daran, daß an der Stelle * die tatsächliche Konzentration nicht – wie bei der Regression vorerst (siehe Fußnote 79) angenommen – Null, sondern $C_P$ ist. Sie müssen den mit der Regressionsrechnung ermittelten Wert also noch mit - 1 multiplizieren.

## 8.4.10 Kupfer- und Bleibestimmung

Die Analytik ist prinzipiell für alle Schwermetalle gleich[90]. Wie bereits an den Anfängen der Kap. 8.1 und 8.4 beschrieben, wollen wir die Schwermetall-Analyse an den Beispielen **Kupfer** und **Blei** genauer beschreiben. Kupfer haben wir ausgewählt, weil es toxikologisch weniger bedenklich ist[91] als andere Schwermetalle wie Cadmium oder

(Von: Klaus Pitter. Aus: Greisenegger, Ingrid ; Katzmann, Univ.-Doz. Dr. Werner ; Pitter, Klaus: Umweltspürnasen : Aktivbuch Boden. © 1989 by Verlag Orac im Verlag Kremayr und Scheriau, Wien, S. 99)

Blei. Allerdings sind die Blindwerte bei Kupfer z. T. so hoch, daß eine vernünftige Analytik nicht möglich ist. Daher beschreiben wir die Schwermetallanalytik zusätzlich am Beipiel Blei.

Die in den Proben zu erwartenden Kupfer- bzw. Bleikonzentrationen sind niedrig. Daher schlagen wir für die Analyse das **Graphitrohr** als Anregungseinheit vor. Die Graphitrohr-AAS ist etwa 1000mal empfindlicher als die Flammen-AAS. Als Kalibriermethode verwenden wir bei der folgenden Versuchsbeschreibung eine **Standard-Addition**. Damit lassen sich — wie oben beschrieben — Matrixeffekte[92] reduzieren.

---

[90] WELZ (1983, S. 285 ff) beschreibt für die meisten Elemente das geeignete Analysenverfahren mit allen Details, wie z. B. die Wahl der Atomisierungseinheit, des Brenngases und des zu verwendenden Temperaturprogramms.

[91] Achtung: Die von Ihnen durchgeführte Extraktion war nicht selektiv. Der Extrakt enthält viele verschiedene Schwermetalle. Seien Sie also vorsichtig: Auch wenn Sie ein harmloses Element wie Kupfer analysieren, kann Ihr Extrakt giftige Schwermetalle wie Cadmium enthalten. Trotzdem ist es ökologisch sinnvoller, die Analyse am Beispiel Kupfer zu üben. Für die AAS-Analyse werden Standardlösungen (s. u.) mit dem zu analysierenden Schwermetall benötigt. Damit möglichst unproblematische Abfälle anfallen, schlagen wir Ihnen das relativ harmlose Kupfer vor.

[92] Bei den hier vorliegenden Proben sind die Matrixeffekte verhältnismäßig gering, da sie mit schwachen, verdünnten Extraktionsmittel extrahiert wurden. Dagegen spielen Matrixeffekte bei anderen Extraktionsmitteln (z. B. konzentrierten Säuren) eine wesentlich größere Rolle.

[93] Wir schlagen Ihnen eine Konzentration von 5 bzw. 50 µg/L vor. Falls Sie nach der ersten Messung feststellen sollten, daß Ihre Proben in einem anderen Konzentrationsbereich als 1 bis 10 bzw. 10 bis 100 µg/L liegen, dann müssen Sie dementsprechend einen andere Hilfsstandardlösung ansetzen und von vorne anfangen.

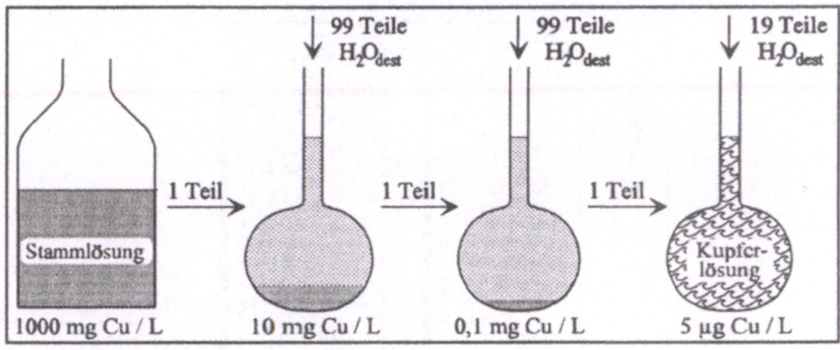



**Abb. 8.33.** Beispiel für eine Verdünnungsreihe

## *Versuchsdurchführung Kupfer- bzw. Blei-Analyse*

**Hilfsstandardlösung ansetzen**

Die Konzentrationen der Standardlösungen sollen möglichst nahe an den Konzentrationen der Proben liegen (s. Kap. 8.4.9). Deshalb muß der Konzentrationsbereich der Proben grob ermittelt werden, bevor die Standardlösung angesetzt werden kann. Hierzu wird eine verdünnte Kupfer- bzw. Bleilösung hergestellt und ihre Extinktion gemessen. Eine vorläufige Kalibriergerade wird durch den gemessenen Extinktionswert und den Ursprung gelegt.

(Von: Klaus Pitter. Aus: Greisenegger, Ingrid ; Katzmann, Univ.-Doz. Dr. Werner ; Pitter, Klaus: Umweltspürnasen : Aktivbuch Boden. © 1989 by Verlag Orac im Verlag Kremayr und Scheriau, Wien, S. 111)

❏ Setzen Sie eine Kupferlösung mit der Konzentration 5 µg/L bzw. eine Bleilösung mit der Konzentration 50 µg/L an.[93] Verdünnen Sie dazu die Stammlösung (1000 mg Cu/L bzw. 1000 mg Pb/L) in drei Schritten mit bidestilliertem Wasser. Orientieren Sie sich dabei an Abb. 8.33. Zwischen den einzelnen Verdünnungsschritten müssen Sie gut schütteln.

**Parameter am AAS einstellen**

❏ Wellenlänge für Kupfer: 324,7 nm / für Blei: 283,4 nm

❏ Spaltbreite 0,7 nm

❏ Temperaturprogramm (s. Abb. 8.34)

**Probelauf**

❏ Für die Blei-Analyse müssen Sie ihre Proben vor der Messung vermutlich im Verhältnis 1 : 10 mit bidestilliertem Wasser verdünnen.[94]

❏ Messen Sie nun mit dem AAS die Extinktion der Hilfsstandardlösung.

---

[94] Diese Vorverdünnug ist erforderlich, weil die in der Umwelt vorkommenden Bleikonzentrationen meist so hoch sind, daß die Konzentrationen außerhalb des Meßbereiches der Geräte liegen.

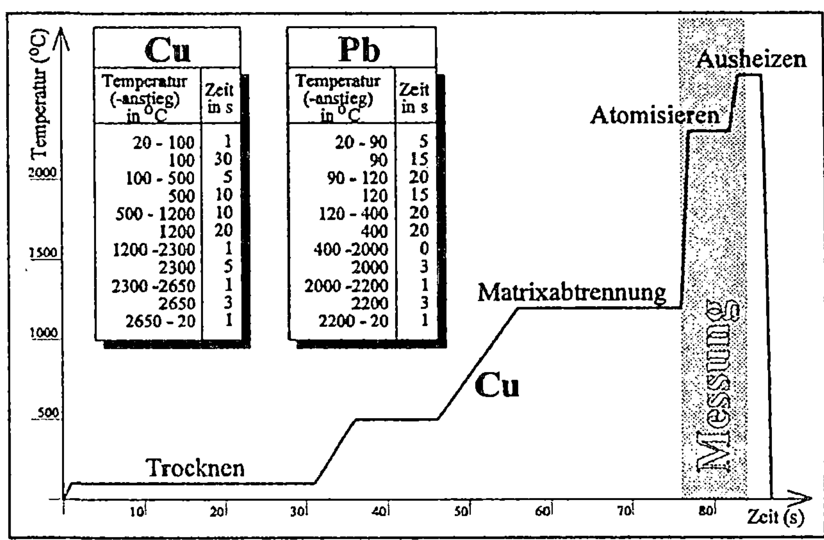



| Cu | | Pb | |
| --- | --- | --- | --- |
| Temperatur (-anstieg) in °C | Zeit in s | Temperatur (-anstieg) in °C | Zeit in s |
| 20 - 100 | 1 | 20 - 90 | 5 |
| 100 | 30 | 90 | 15 |
| 100 - 500 | 5 | 90 - 120 | 20 |
| 500 | 10 | 120 | 15 |
| 500 - 1200 | 10 | 120 - 400 | 20 |
| 1200 | 20 | 400 | 20 |
| 1200 -2300 | 1 | 400 -2000 | 0 |
| 2300 | 5 | 2000 | 3 |
| 2300 -2650 | 1 | 2000 -2200 | 1 |
| 2650 | 3 | 2200 | 3 |
| 2650 - 20 | 1 | 2200 - 20 | 1 |

**Abb. 8.34.** Temperaturprogramm für die Analyse von Kupfer bzw. Blei

❑ Messen Sie die Extinktion der ersten Probe.

❑ Wenn die Probenkonzentration nicht in der Nähe der Konzentration der Hilfsstandardlösung liegt, dann müssen Sie die letzten drei Arbeitsschritte mit einer Hilfsstandardlösung passender Konzentration wiederholen. Deren Konzentration können Sie abschätzen, indem Sie die vorläufige Kalibriergerade extrapolieren. Zum Ansetzen einer neuen Hilfsstandardlösung können Sie sich die beiden ersten Verdünnungsschritte sparen und von der zweiten Verdünnungsstufe ausgehen.

**Standardlösung ansetzen**

❑ Mit dem Probelauf haben Sie die Konzentration der Proben grob ermittelt. Überlegen Sie nun, welche Konzentration Ihre Kupfer- bzw. Bleilösung für die Standard-Addition haben muß. Deren Konzentration soll etwas größer als die der Proben sein.

❑ Setzen Sie eine Kupfer- bzw. Bleilösung mit der gewünschten Konzentration an. Gehen Sie dabei vom zweiten Verdünnungsschritt der Verdünnungsreihe aus.

**Analyse der Proben**

Wenn Sie die Sequentielle Extraktion entsprechend unserer Versuchsdurchführung durchgeführt haben, dann haben Sie 20 Proben[95] erhalten. Jede dieser Proben wird nun gemessen. Dabei wird jede einzelne Messung dreimal wiederholt. Die drei so bestimmten Meßwerte werden gemittelt. Im folgenden beschreiben wir das Vorgehen für die fünf Proben des gleichen Extraktionsmittels.

---

[95] Zur Wiederholung: Bei jedem der 4 Extraktionsschritte sind folgende Extraktionslösungen angefallen: 2 Proben für 0 - 5 cm, 2 Proben für 5 - 10 cm und 1 Blindprobe.

❑ Bestimmen Sie als erstes den *Nullwert* $E_o{}^{96}$ mit bidestilliertem Wasser. Damit werden gerätebedingte Extinktionen erfaßt. Die meisten Geräte ziehen diesen Nullwert automatisch von den Meßwerten ab.

❑ Bei der Bleianalyse müssen Sie die Probe genau gleich wie beim Probelauf vorverdünnen.

❑ Analysieren Sie die erste Probe nach dem Standard-Additions-Verfahren. Messen Sie Ihre Probe in <u>drei</u>[97] verschiedenen Kombinationen:

  ■ 50 Vol.-% Probe + 50 Vol.-% destilliertes Wasser ($C_P + C_o$)

  ■ 50 Vol.-% Probe + 25 Vol.-% destilliertes Wasser + 25 Vol.-% Kupfer- bzw. Bleilösung ($C_P + C_1$)

  ■ 50 Vol.-% Probe + 50 Vol.-% Kupfer- bzw. Bleilösung ($C_P + C_2$).

❑ Aus Zeitgründen können Sie für alle weiteren Proben, bei denen die Matrix annähernd gleich ist[98], auf die zeitaufwendige Standard-Addition verzichten. Stattdessen können Sie die Gerade aus der Standard-Addition als Kalibriergerade für die weiteren Proben heranziehen. Messen Sie nun die Extinktionen der weiteren Proben. Falls bei einer der Proben die Konzentration stark von der Konzentration der ersten Probe abweicht, kommen Sie nicht um eine neue Standard-Addition drumherum.[99]

❑ Tragen Sie die Meßwerte im Anhang C 2 ein.

❑ Wiederholen Sie diese Arbeitsschritte für die Proben der übrigen Extraktionsmittel.

**Berechnung**      ❑ Berechnen Sie die Kupfer- bzw. Bleigehalte der verschiedenen Fraktionen (s. Frage 13), und tragen Sie die Ergebnisse im Anhang C 2 ein.

☞      Die Lösungen der AAS-Analyse nicht verwerfen! Sie werden noch für die Blei-Bestimmung mit der ionenselektiven Elektrode benötigt (s. Kap. 8.5).

***Fragen***      1. Irgendein schlauer Mensch hat mal herausgefunden, daß SchülerInnen im naturwissenschaftlichen Unterricht mehr "Vokabeln" lernen müssen als in einer Fremdsprache. In einem Physik- oder Mathematik-Lehrbuch stehen pro Seite mehr neue Wörter als in einem Englisch-Buch. Schon verrückt, nicht wahr? Wir schließen uns nun diesem Schwachsinn an und wollen dementsprechend abprüfen, ob Sie Ihre "Vokabeln" gelernt haben. Füllen Sie den "Lückentext" mit den richtigen Begriffen:

  ■ Für eine optimale Analyse wird bei der Graphitrohr-AAS ein sogenanntes ___________ gefahren.

  ■ Die automatische Probenaufgabe mit dem ___________ macht das Arbeiten rationeller.

---

[96] Der Nullwert wird im Kap. 10.2 genauer erklärt.

[97] 3 x 3 = 9. Zusammen mit der dreimaligen Wiederholung jeder Messung müssen Sie also jede Probe insgesamt neunmal messen! – Häufig werden auch vier oder mehr verschiedene Kombinationen verwendet.

[98] Also alle weiteren Proben, die mit dem gleichen Extraktionsmittel gewonnen wurden.

[99] Ätschi-bätschi!!!

- Die _________________ gibt die kleinste Masse an, die mit der jeweiligen Atomisierungseinheit detektiert werden kann.

- Bei der AAS ist die Erzeugung von Atomen im _________________ der sensibelste Schritt der Analyse.

- Elektronen können nicht jedes beliebige _________________ annehmen, stattdessen gibt es bestimmte _________________, auf denen sich die Elektronen befinden können.

- Bei der Flammen-AAS ist das Signal _________________.

- Atome haben die Eigenschaft, Lichtquanten definierter Energie aus einem _________________ zu absorbieren. Es ergibt sich ein _________________. Die durch Absorption der Lichtquanten fehlenden Spektrallinien werden _________________ genannt.

- Die _________________ kann mit einem Deuterium-Untergrund-Kompensator, das _________________ mit einem Zweistrahl-Wechsellicht-System eliminiert werden.

2. Zeichnen Sie schematisch den Aufbau eines AAS-Gerätes, und erklären Sie anhand dieser Zeichnung das Meßprinzip der AAS!

3. Schätzen Sie den Preis eines AAS-Gerätes mit Graphitrohr-Ofen!

4a. Beschreiben Sie mit Ihren eigenen Worten, was das Lambert-Beersche Gesetz aussagt!
4b. Geben Sie den Gültigkeitsbereich des Lambert-Beerschen Gesetzes an!

5a. Erklären Sie die Begriffe "Relativverfahren" und "Absolutverfahren" am Beispiel einer Waage!
5b. Warum ist die AAS ein Relativverfahren?

6. In hochmodernen AAS-Geräten können nicht nur Mehr-Element-Lampen, sondern auch sogenannte "All-Element-Lampen" eingebaut werden. Was halten Sie von dieser Erfindung? Warum?

**zum Exkurs**    7. Vergleichen Sie die vier Atomisierungsarten miteinander! Gehen Sie dabei auf folgende Punkte ein: den Anwendungsbereich, wie und wo die Matrixabtrennung stattfindet, wie und wo die Probe atomisiert wird, wo die Messung stattfindet, wie groß die relative Nachweisgrenze ist, ob das Signal zeitabhängig oder zeitunabhängig ist, sowie welche Vor- und Nachteile die jeweilige Atomisierungsart mit sich bringt.

8. Was ist bei der Flammen-AAS besser: eine hohe oder eine niedrige Brenngeschwindigkeit? Überlegen Sie, aus welchen Gründen das so sein könnte?

9. Nennen Sie zwei Gründe, warum bei der Graphitrohr-AAS ein Argongasstrom verwendet wird!

10. In einer groß angelegten Meßreihe sollen Sie drei umweltrelevante Schwermetalle untersuchen. Der Schwermetall-Gehalt im Boden soll mit der Graphitrohr-AAS ermittelt werden. Die drei Schwermetalle, die Sie analysieren sollen, sind Arsen, Cadmium und Blei. Zuerst stellen Sie am Gerät die Resonanzlinien der drei Elemente entsprechend der Tabelle 8.6 ein. Dann füllen Sie die Proben mit einer Eppendorf-Pipette mit gelben Pipettenspitzen in die Probengefäße des Autosamplers. Dabei stellen Sie fest, daß sich die Probe und die Standards stark in ihrer Viskosität unterscheiden. Aus Voruntersuchungen kennen Sie bereits einige Bestandteile Ihrer Probe: Erstens enthält sie viele hitzebeständige Substanzen. Zweitens beinhaltet sie jede Menge Chloride, die bekanntermaßen in der Gasphase mit Blei und Cadmium stabile Schwermetall-Chloro-Komplexe bilden können. Drittens sind in der Probe viele organische Substanzen

vorhanden, aus denen bei höheren Temperaturen stark elektronenaffine $C_2H_3^+$-Bruchstücke entstehen können. Im AAS-Handbuch lesen Sie, daß Arsen mit dem Graphitrohr Arsencarbide bilden kann. Bei Ihrer Messung müssen Sie einige Dinge berücksichtigen. Überlegen Sie für

**Tabelle 8.6.** Resonanzwellenlängen von Cadmium, Blei und Arsen (Welz 1983, S. 134, 287, 294 und 296f)

| Element | Resonanzwellenlängen (nm) | | |
|---|---|---|---|
| Cadmium | 228,8 | 326,1 | 493,7 |
| Arsen | 193,7 | 197,2 | 228,8 |
| Blei | 217,0 | 283,4 | 261,4 |

jedes Problem den entsprechenden Fachausdruck und mögliche Abhilfemaßnahmen. Denken Sie darüberhinaus an andere Probleme, die beim Umgang mit dem AAS immer berücksichtigt werden müssen.



11. Wie kann bautechnisch der Vorteil des Einstrahl-Wechsellicht-Systems mit den Vorteilen des Zweistrahl-Wechsellicht-Systems kombiniert werden?

12. Ältere AAS-Geräte spucken die gemessenen Extinktionen der Proben und der Standards aus. Die Probenkonzentrationen muß man selbst berechnen. Modernere Geräte berechnen aus den Meßwerten eine Kalibriergerade und geben dann direkt die Probenkonzentrationen aus. Praktisch, nicht wahr? Leider nur etwas ungünstig, um zu verstehen, was bei der AAS abläuft! Es wäre viel schöner, wenn Sie selbst rechnen müßten, denn dann könnten Sie viel besser nachvollziehen und verstehen, was das AAS-Gerät macht. Deshalb haben wir diese Aufgabe konstruiert. In den Tabellen 8.7 und 8.8 sind die Meßwerte von je einer Analyse angegeben. Berechnen Sie die Probenkonzentrationen im Aufgabenteil a nach der "Einfachen Kalibrierung" und im Aufgabenteil b nach der "Standard-Addition"! Beachten Sie, daß es sich um ein AAS-Gerät einfachster Bauart handelt. Es gibt die Extinktionen ohne Berechnungen, Korrekturen oder Nullabgleiche aus und läßt Ihnen die ganze Arbeit übrig. (Zum Nullwert, zum Blindwert und zur linearen Regression s. Kap. 10.2)

**Tabelle 8.7.** Meßergebnisse für die Einfache Kalibrierung

| 12a. Einfache Kalibrierung | Konzentration C [µg/L] | gemessene Extinktion E |
|---|---|---|
| Nullwert | 0 | 0,01 |
| Standard 1 | 4 | 0,26 |
| Standard 2 | 8 | 0,39 |
| Standard 3 | 12 | 0,62 |
| Blindwert | $C_{Blind}$ | 0,05 |
| Probe A | $C_A$ ? | 0,58 |
| Probe B | $C_B$ ? | 0,33 |

**Tabelle 8.8.** Meßergebnisse für die Standard-Addition

| 12b. Standard-Addition | Konzentration C [µg/L] | gemessene Extinktion E |
|---|---|---|
| Nullwert | 0 | 0,01 |
| Probe A + Standard 0 | $0 + C_A$ ? | 0,28 |
| Probe A + Standard 1 | $5 + C_A$ ? | 0,53 |
| Probe A + Standard 2 | $10 + C_A$ ? | 0,69 |
| Probe B | $C_B$ ? | 0,67 |
| Blindwert + Standard 0 | $0 + C_{Blind}$ | 0,12 |
| Blindwert + Standard 1 | $1 + C_{Blind}$ | 0,21 |
| Blindwert + Standard 2 | $2 + C_{Blind}$ | 0,28 |

12c. Überlegen Sie, wieso für Probe B im Aufgabenteil b auf die Standard-Addition verzichtet werden konnte?

13. Mit der AAS-Analyse ermitteln Sie die Kupfer- bzw. Bleikonzentration in der Extraktionslösung. Entwickeln Sie eine Formel, mit der Sie aus dem Meßergebnis den Kupfer- bzw. Bleigehalt im Boden (mg Cu/kg TS bzw. mg Pb/kg TS) berechnen können!

## 8.5 Ionenselektive Elektroden

**Vorteile**  Die Bleibestimmung mit der AAS hat einen wesentlichen Nachteil: ein AAS-Gerät mit Graphitrohr kostet über 100.000 DM. Wesentlich **billiger** ist die Bleibestimmung mit einer ionenselektiven[100] Elektrode. Die gesamte Meß-apparatur kostet weniger als 5.000 DM. Ionenselektive Elektroden sind sehr **klein** und können problemlos auf jedem Tisch aufgestellt werden. Sie messen **zerstörungsfrei** und benötigen nur wenig[101] Meßlösung.

| | |
|---|---|
| **Prinzip** | *So, wie mit einer pH-Glaselektrode (s. Kap. 7.1) direkt die H⁺-Konzentration gemessen werden kann, können mit ionenselektiven Elektroden die Konzentrationen[102] anderer Ionen bestimmt werden. Gemessen wird jeweils die Potentialdifferenz zwischen der ionenselektiven Elektrode und einer Bezugselektrode[103]. Die Konzentration wird relativ zu Kalibrierlösungen bestimmt.* |

**Anwendungs-gebiete**  Mit ionenselektiven Elektroden kann die Konzentration von rund 30 Kat- und Anionen, sowie von einigen neutralen organischen Stoffen[104] bestimmt werden. Hinzu kommen die Ionen, die über Komplexbildung oder Fällungsreaktionen indirekt meßbar sind.[105] Der übliche Arbeitsbereich liegt bei Konzentrationen zwischen 3 und $10^{-10}$ mol/L, ist also ungewöhnlich breit. Die Genauigkeit beträgt bei Reihenmessungen 1 - 10 %. Die Querempfindlichkeiten der verschiedenen Elektroden unterscheiden sich stark.[106] Ionenselektive Elektroden werden unter anderem in der Medizin[107], bei der Ab- und Grundwasserüberwachung sowie in der Forschung eingesetzt.

---

[100]  In der Literatur wird häufig auch der Begriff ionensensitive Elektrode benutzt.

[101]  Je nach Bauart mindestens 0,05 - 1 mL.

[102]  Genau genommen messen pH- und ionenselektive Elektroden keine Konzentrationen, sondern Aktivitäten.

[103]  Teilweise werden ionenselektive Elektroden auch als Einstabmeßkette geliefert. Meß- und Bezugselektrode sind dann bautechnisch zu einer Einheit zusammengefaßt.

[104]  Z. B. Harnstoff oder Aminosäuren.

[105]  Bei diesen Verfahren wird das zu bestimmende Ion mit einem Ion, mit dem es einen Komplex oder eine schwerlösliche Verbindung bildet, titriert. Dieser Fällungs- bzw. Komplexpartner ist mit einer ionenselektiven Elektrode meßbar. Am Endpunkt der Titration steigt die Konzentration des zugesetzten Stoffes in der Lösung stark an. Der Endpunkt der Titration wird so durch die Elektrode angezeigt. Beispielsweise läßt sich die EDTA-Konzentration einer Lösung durch Titration mit Blei und gleichzeitige Messung mit einer Bleielektrode bestimmen.

[106]  Beispielsweise stören bei der Fluorid-Elektrode, die einen $LaF_3$-Kristall enthält, sowohl ein zu niedriger pH-Wert (Bildung von HF) als auch ein zu hoher pH-Wert (Bildung von $La(OH)_3$). Die Bestimmung der $Pb^{2+}$-Konzentration mit der Bleielektrode wird durch $Hg^{2+}$, $Ag^+$, $Cu^{2+}$ und $Cd^{2+}$ gestört, weil deren Sulfide ähnlich schwer oder schwerer löslich sind als Bleisulfid. Außerdem stört hier $Fe^{3+}$, weil es das $S^{2-}$ oxidieren kann.

[107]  Mit Mikroelektroden kann beispielsweise die Zusammensetzung des Zellplasmas gemessen werden.

**Aufbau**

Wir möchten an dieser Stelle aus der Vielzahl unterschiedlicher Elektroden[108] nur die **Kristallmembran-Elektroden** herausgreifen. Wegen der schlechten Leitfähigkeit der Elektrodenmaterialien werden geringe Schichtdikken verwendet und die Elektroden daher als Membranelektroden[109] bezeichnet. Es gibt die drei in Abb. 8.35 dargestellten Bauformen von denen C am häufigsten verwendet wird. (Cammann 1977, S. 50ff)

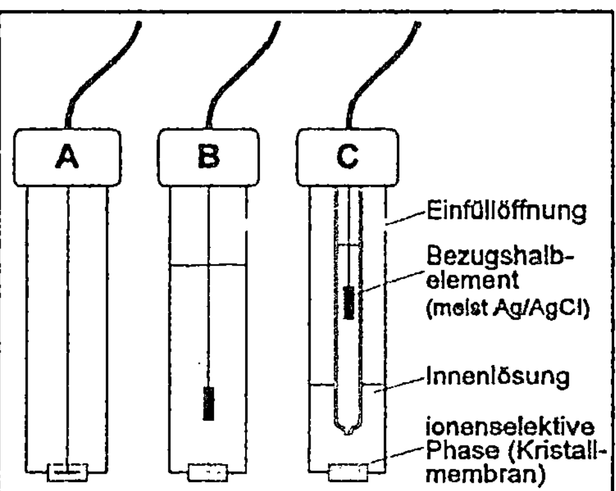


**Abb. 8.35.** Bauformen ionenselektiver Elektroden mit Kristallmembran (nach Cammann 1977, S. 51).

A: Direkter Kontakt des Ableitdrahtes mit dem Kristall.
B: Ableitung über ein reversibles Halbelement.
C: Ableitung über eine Bezugselektrode.

**Membranen**

An die Membranen werden hohe Anforderungen gestellt. Sie sollen spezifisch auf möglichst nur ein Ion reagieren und unempfindlich gegen andere Stoffe sein. Außerdem sollen sie elektrisch leitend, robust, langlebig und kostengünstig sein. Alle diese Anforderungen erfüllt eine gepreßte **$Ag_2S$-Membran**. $Ag_2S$ leitet $Ag^+$-Ionen und kann deshalb benutzt werden, um die $Ag^+$-Konzentration in der Lösung anzuzeigen. Es ist extrem schwer löslich und kann gut zu Plättchen gepreßt werden.

**Exkurs** *Funktionsweise der ionenselektiven Bleielektrode*

**$Ag_2S$-Elektrode**

*Eine Bleielektrode ist nichts anderes als eine mit PbS dotierte[110] $Ag_2S$-Elektrode. Deshalb erklären wir zunächst die Funktionsweise einer $Ag_2S$-Elektrode. Taucht eine solche Elektrode in eine Lösung, so lagern sich an der Oberfläche des $Ag_2S$-Kristalls, wie bei jedem anderen Stoff auch, Ionen und Moleküle aus der Lösung an. Diese Ionen laden die Oberfläche des Kristalls auf. Da der $Ag_2S$-Kristall in seinem Innern aber nur $Ag^+$-Ionen und keine anderen Ladungsträger transportieren kann, sind in erster Linie die $Ag^+$-Ionen von Interesse.*

**Gleichgewichts-**
**einstellung**

*Die $Ag^+$- und die $S^{2-}$-Ionen des $Ag_2S$-Kristalls gehen in Lösung[111], das Löslichkeitsprodukt beträgt (Riedel 1988, S. 176):*

♥

$$K_L(Ag_2S) = C_{Ag^+}{}^2 \cdot C_{S^{2-}} = 10^{-50}\,\frac{mol^3}{L^3}$$

---

[108] Es gibt Glasmembran-, Kristallmembran-, Niederschlagsmembran- und Flüssigmembran-Elektroden. (Cammann 1977, S. 50)

[109] Das Wort dürfen Sie nicht so wörtlich nehmen, eine Kristallmembran ist mindestens 3 mm dick.

[110] Dotiert bedeutet, mit geringen Fremdstoffmengen, hier PbS, vermischt.

[111] **Keine Angst!** Sie können die Elektrode unbesorgt in eine Flüssigkeit tauchen. Sie löst sich zwar auf, aber das geschieht so langsam, daß Sie das Ende der Kristallmembran zu Lebzeiten nicht mehr erleben werden.

$C_{Ag^+}$   *Konzentration von $Ag^+$-Ionen in der Lösung [mol/L]*

$C_{S^{2-}}$   *Konzentration von $S^{2-}$-Ionen in der Lösung [mol/L]*

$K_L(Ag_2S)$   *Löslichkeitsprodukt von $Ag_2S$ [mol³/L³]*

*Das heißt, das Löslichkeitsprodukt ist extrem niedrig, es lösen sich nur 2,7 · 10⁻¹⁷ mol/L Ag⁺-Ionen. Die Ag⁺-Ionen der Lösung stehen mit dem Kristall im dynamischen Gleichgewicht. Sie prallen auf den Kristall und genauso viele Ag⁺-Ionen, wie pro Sekunde an der Oberfläche des Kristalls angelagert werden, lösen sich auch von ihm.*

**Zugabe von Ag⁺-Ionen**

*Sind in der Lösung zusätzliche Ag⁺-Ionen vorhanden, prallen auch sie auf den Kristall und werden adsorbiert. Insgesamt werden pro Sekunde mehr Ag⁺-Ionen adsorbiert, als sich vom Kristall lösen. Dadurch sammelt sich eine positive Ladung auf dem Kristall an, die die Ag⁺-Ionen der Lösung abstößt und die Ag⁺-Ionen des Kristalls verstärkt in die Lösung drängt. Es stellt sich ein neues dynamisches Gleichgewicht mit einer positiv geladenen Kristalloberfläche ein. Dieses Potential kann mit der **Nernstschen Gleichung** beschrieben werden:*

$E_{Ag}$   *Redoxpotential [V]*

$E_{Ag}^0$   *Standardpotential[112] [0,8 V]*

$C_{Ag^+}$   *Konzentration[113] des Ag⁺-Ions in der Lösung [-]*

$R$   *Gaskonstante [8,314 J mol⁻¹ K⁻¹]*

$F$   *Faraday-Konstante [96485 As/mol]*

$T$   *Temperatur [K]*

$z$   *Zahl der bei der Redoxreaktion auftretenden Elektronen [1]*

**Nernstsche Gleichung**

$$E_{Ag} = E_{Ag}^0 + \frac{R\,T}{z\,F} \cdot \ln C_{Ag^+}$$

**Potentialdifferenz** *Die Ladung des Ag₂S-Kristalls wird im Kristall transportiert und an einen eingepreßten Silberdraht übertragen. Da es unmöglich ist, das Potential eines einzelnen Punktes zu messen, wird mit einer geeigneten Referenzelektrode eine Potentialdifferenz zwischen den beiden Elektroden gemessen.*

$E_{RefElek}$   *konstantes Potential der Referenzelektrode [V]*

$\Delta E$   *gemessene Potentialdifferenz [V]*

$E_0$   *Referenzpotential[114] ( $E_{Ag^+}^0 - E_{RefElek}$ ) [V]*

◆

$$\Delta E = E_{Ag}^- - E_{RefElek} = E_0 + \frac{R\,T}{z\,F} \cdot \ln C_{Ag^+}$$

**Messung der S²⁻-Ionen**

*Nach dem Löslichkeitsprodukt ♥ hängt die Ag⁺-Konzentration mit der S²⁻-Konzentration zusammen. Enthält eine Lösung keine Ag⁺-, sondern nur S²⁻-Ionen, dann bestimmt die S²⁻-Konzentration die Konzentration der von der Elektrode abgelösten Ag⁺Ionen. Die Ag₂S-Elektrode mißt diese Ag⁺-Konzentration und zeigt damit indirekt die S²⁻-Konzentration an. Zur Kalibrierung der Elektrode müssen in diesem Fall Lösungen mit unterschiedlicher S²⁻-Konzentration verwendet werden.*

---

[112] Das Standardpotenial $E_{Ag}^0$ einer Silberelektrode wird gemessen als Potentialdifferenz zwischen einer Standard Ag/Ag⁺-Halbzelle und einer Standardwasserstoffelektrode, deren Potential definitionsgemäß null ist. Standard bedeutet hier $C_{Ag^+} = 1$ M, $C_{H^+} = 1$ M, $T = 298$ K and $p_{H_2} = 1{,}013$ bar (Riedel S. 196ff, 1988).

[113] Genau genommen nicht Konzentration, sondern Aktivität.

[114] Im Gegensatz zum Standardpotential $E_{Ag}^0$, das für alle Silberelektroden gleich ist, ist das Referenzpotential $E_0$ von der verwendeten Referenzelektrode abhängig. Für diese konkrete Referenzelektrode ist das Referenzpotential dann ebenfalls eine Konstante. Es wird als Potentialdifferenz zwischen den beiden Elektroden gemessen, wenn sie in eine Lösung mit $C_{Ag^+} = 1$ M tauchen.

**Pb-Elektrode**   *PbS ist nicht ionenleitend. Es kann nicht direkt als Preßling für eine ionenselektive Elektrode verwendet werden. Dotiert man aber einen $Ag_2S$-Kristall mit PbS, dann reagiert dieser Kristall indirekt auf die Pb -Konzentration der Lösung. Im Einzelnen: PbS ist besser löslich als $Ag_2S$ (Riedel 1988, S. 176):*

♣

$$K_L(PbS) = C_{Pb^{2+}} \cdot C_{S^{2-}} = 10^{-28}\ \frac{mol^2}{L^2}$$

*Verändert sich die Pb -Konzentration, ändert sich entsprechend dem Löslichkeitsprodukt ♣ auch die $S^{2-}$-Konzentration und damit wiederum nach dem Löslichkeitsprodukt ♥ auch die $Ag^+$-Konzentration. Diese veränderte $Ag^+$-Konzentration wird dann an der Elektrode als Spannung gemessen. Wegen dieses "Meßweges um drei Ecken" wird die Bleielektrode als "Elektrode dritter Art" bezeichnet. Oder formelmäßig ausgedrückt: Aus ♣ und ♥ folgt:*

$$C_{Ag^+} = \sqrt{\frac{K_L(Ag_2S)}{K_L(PbS)}} \cdot C_{Pb^{2+}}$$

*Durch Einsetzen dieser Gleichung in ♦ erhält man:*

$$\Delta E = E_0 + \frac{RT}{zF} \cdot \ln \sqrt{\frac{K_L(Ag_2S)}{K_L(PbS)} \cdot C_{Pb^{2+}}} = E_0 + \frac{RT}{zF} \cdot \ln \sqrt{\frac{K_L(Ag_2S)}{K_L(PbS)}} + \frac{RT}{zF} \cdot \ln \sqrt{C_{Pb^{2+}}}$$

*Nun wird der zweite Summand ebenfalls in $E_0$ hineingezogen. Außerdem wird der natürliche Logarithmus in den dekadischen Logarithmus umgerechnet ($\ln a = 2{,}3026 \cdot \log a$), die Konstanten werden eingesetzt und eine Temperatur von 20 °C wird angenommen:*

$$\Delta E = E_0' + 29{,}1\ mV \cdot \log C_{Pb^{2+}}  \qquad\qquad E_0'\ \text{Referenzpotential [V]}$$

## *Versuchsdurchführung Blei-Analyse mit der ionenselektiven Elektrode*

**Kalibrierlösungen ansetzen**   ❑ Setzen Sie zwei bis drei Blei-Kalibrierlösungen im vermuteten bzw. mit der AAS gemessenen Konzentrationsbereich der Proben an.

**Lösungen messen**   ❑ Stellen Sie das Becherglas mit einer der zu messenden Lösungen auf einen Magnetrührer, werfen Sie einen Rührfisch hinein und stellen Sie den Rührer auf eine langsame Drehzahl.

❑ Tauchen Sie nun die Blei- und die Bezugselektrode in die Meßlösung.

❑ Warten Sie bis sich ein Gleichgewicht eingestellt hat (je nach Konzentration ca. 1 bis 3 min), lesen Sie den Meßwert ab und tragen Sie ihn im Anhang C 3 ein!

❑ Wiederholen Sie diese Arbeitsschritte für alle übrigen Lösungen. Spülen Sie die Elektroden zwischen den Messungen mit etwas destilliertem Wasser ab und tupfen Sie sie mit Zellstoff trocken, bevor Sie sie in die nächste Lösung tauchen.

**Gerade erstellen**   ❑ Erstellen Sie eine Kalibriergerade und tragen Sie sie im Anhang C 3 ein!

**Proben messen**   ❑ Messen Sie nun nacheinander alle Probelösungen wie unter dem Randbegriff "Lösungen messen" angegeben.

❑ Berechnen Sie die Bleigehalte der verschiedenen Fraktionen und tragen Sie die Ergebnisse im Anhang C 3 ein.

**Standard-
Addition**

☐ Messen Sie die Proben nun noch einmal, dieses Mal nach der Standard-Additions-Methode. Sie können dazu die Lösungen verwenden, die Sie bereits mit dem AAS analysiert haben (s. Kap. 8.4.10). Benutzen Sie dabei analog zum Kap. 8.4.10 für jede Fraktion einmalig eine Standard-Addition und verwenden Sie für die weiteren Proben die Gerade aus dieser Standard-Addition als Kalibriergerade. Orientieren Sie sich am Protokollblatt (Anhang C 3) und tragen Sie Ihre Meßergebnisse dort ein.

☐ Berechnen Sie die Bleigehalte der verschiedenen Fraktionen und tragen Sie die Ergebnisse ebenfalls im Anhang C 3 ein.

**Vergleich**

☐ Vergleichen Sie die Ergebnisse, die Sie mit der einfachen Kalibrierung erhalten haben, mit denen der Standard-Addition und denen der AAS-Analyse. Überlegen Sie sich, worauf die Unterschiede zurückzuführen sind.

*Fragen*

1a. Erklären Sie den Unterschied zwischen Aktivität und Konzentration am Beispiel Blei!

1b. Welche Bestandteile einer Lösung beeinflussen die $Pb^{2+}$-Aktivität?

1c. Nennen Sie Analysenmethoden, bei denen die Aktivität bzw. Konzentration gemessen wird!

1d. Wann sind Konzentration und Aktivität annähernd gleich?

1e. Was müssen Sie beachten, wenn Sie mit einer $Pb^{2+}$-Elektrode die $Pb^{2+}$-Konzentration einer Lösung messen wollen.

2. Berechnen Sie die $Pb^{2+}$-Konzentration, die sich einstellt, wenn ein PbS-Kristall in destilliertes Wasser fällt!

3. Warum unterscheiden sich die $Ag^{+}$- und die $Pb^{2+}$-Konzentrationen, die mit dem jeweiligen Sulfid im Gleichgewicht stehen, nur um den Faktor 370, während sich die entsprechenden Löslichkeitsprodukte um den Faktor $10^{22}$ unterscheiden?

(Aus: Haitzinger, Horst: Globetrottel : Karikaturen zur Umwelt. München : Bruckmann, 1989, S. 88)

# 8.6  Weitere Analysenverfahren

In diesem Buch beschreiben wir ausführlich, wie die Schwermetallgehalte von Bodenproben mit einem Atomabsorptionsspektrometer (AAS) und einer ionenselektiven Elektrode ermittelt werden. Im folgenden nennen wir kurz und knapp[115] weitere Analysenverfahren für anorganische Schadstoffe und vergleichen diese Verfahren mit der Atomabsorptionsspektrometrie.

**Exkurs** *Weitere Analysenverfahren für anorganische Schadstoffe*

**Flammen-photometrie**

*Die Flammenphotometrie wurde bereits kurz im Kap. 7.2 erläutert. Hier möchten wir auf die Unterschiede im Vergleich zur AAS eingehen. Ein Flammenphotometer hat starke Ähnlichkeiten mit einem AAS-Gerät. Die als Lösung vorliegende Probe wird zerstäubt und in einer Flamme fein versprüht. Dort werden die Elemente thermisch dissoziiert und in Atomdampf überführt. Diese Atome werden angeregt. Die Anregung erfolgt allerdings nicht wie bei der AAS mit einer elementspezifischen Strahlung, sondern thermisch durch die **Flammenenergie**. Daher können hauptsächlich die leicht anregbaren Alkali- und Erdalkalimetalle mit dem Flammenphotometer analysiert werden. Die angeregten Atome fallen nach kurzer Zeit in den Grundzustand zurück und senden dabei ein **charakteristisches Emissionsspektrum** aus. Eine BeobachterIn kann eine elementspezifische Flammenfärbung sehen. Das ausgesandte Licht wird gebündelt. Für die Messung ist nur die Wellenlänge interessant, bei der die stärkste Resonanzlinie des analysierten Elementes liegt. Alle anderen Wellenlängen werden mit einem Filter ausgeblendet. Die ausgewählte Strahlung gelangt auf den Detektor, meist eine Photozelle. Die Strahlungsintensität ist proportional zur Konzentration des Elementes in der Probe. Die Flammenphotometrie ist ebenso wie die AAS ein Relativverfahren. Zur Bestimmung der Probenkonzentration muß daher eine Kalibrierung mit Standardlösungen durchgeführt werden. Im Gegensatz zur AAS hat das Flammenphotometer den Vorteil, daß mehrere Elemente gleichzeitig bestimmt werden können, also eine Multi-Element-Analyse möglich ist. (Koch 1974, S. 33 und 140)*

**Atomemissions-spektrometrie (ICP-AES)**

*Ein Atomemissionsspektrometer funktioniert prinzipiell ähnlich wie ein Flammenphotometer. Für die Analyse wird auch das **charakteristische Emissionsspektrum** angeregter Atome benutzt. Die fein zerstäubte Probe wird mit einem Argongasstrom in die Atomisierungs- und Anregungseinheit geleitet. Atomisierung und Anregung erfolgen jedoch nicht in einer Flamme oder einem Graphitrohr. Stattdessen wird mit Induktionsspulen[116] Energie auf das Probengas übertragen. Die Spulen erzeugen ein hochfrequentes elektromagnetisches Feld und dieses induziert im Probengas einen hochfrequenten Strom. Der wiederum führt zur Erhitzung auf 6000 bis 10000 K. Das Probengas wird zum **Plasma**[117]. Durch die hohen Temperaturen*

---

[115] Eine ausführliche Beschreibung der Geräte würde den Rahmen dieses Buches sprengen. Es gibt umfangreiche Literatur zur Umweltanalytik.

[116] Daher kommt der Name ICP. In der Elektrotechnik wird die Energieübertragung durch Spulen als "induktive" Energieübertragung bezeichnet. ICP steht für "inductively coupled plasma", zu deutsch "induktiv gekoppeltes Plasma".

[117] Ein Plasma ist ein heißes Gas, das aus freien Elektronen, negativen und positiven Ionen besteht. Der Plasmazustand wird auch als "vierter Aggregatzustand" bezeichnet.

*können auch sehr stabile Moleküle vollständig atomisiert werden. Gleichzeitig führen die hohen Temperaturen dazu, daß der überwiegende Anteil der Atome in den angeregten Zustand übergeht[118] oder sogar ionisiert wird. Die angeregten Atome fallen kurze Zeit später wieder in den Grundzustand zurück, senden ein charakteristisches Emissionsspektrum aus und werden sofort danach wieder angeregt. Die Intensität der Emissionsstrahlung ist dementsprechend intensiv. Allerdings ist das Emissionsspektrum der Atome und Ionen sehr linienreich. Dies stellt hohe Anforderungen an das Auflösungsvermögen des Monochromators. Ebenso wie beim Flammenphotometer ist eine Multi-Element-Analyse möglich. (Lorber o. J., Kap. XI, 2.2 und Lorey 1993, S. 3)*

**UV-/VIS-Photometrie**

*Mit einem UV-/VIS[119]-Photometer können wasserlösliche (Schad-)Stoffe wie Anionen oder (Schwer-)Metall-Kationen analysiert werden. Darüberhinaus können mit der Photometrie auch gasförmige (Schad-)Stoffe wie Schwefeldioxid oder Ozon gemessen werden. Wie bei der AAS wird auch bei der UV-/VIS-Photometrie Licht durch die Probe gestrahlt, von der Probe geschwächt, und diese Schwächung gemessen. Im Gegensatz zur AAS liegt die Probe jedoch nicht atomar als Atomdampf vor. Statt einer Atomabsorption wird bei der Photometrie eine **Molekülabsorption** gemessen. Dabei werden Elektronen angeregt, die im Molekül an chemischen Bindungen beteiligt sind. Die Zahl der möglichen Elektronenanregungen ist in Molekülen sehr groß. Daher ergeben sich Absorptions<u>bereiche</u> und nicht wie bei der AAS scharfe Absorptions<u>linien</u>. Aufgrund der Molekülabsorption ist die Photometrie im Gegensatz zur AAS ein verbindungsspezifisches[120] Analysenverfahren. Die Analysensubstanz muß vor der Messung in eine definierte und im UV- oder VIS-Bereich absorbierende[121] Verbindung überführt werden. Meist werden dazu organische Reagenzien, häufig Dithizon, eingesetzt. Dithizon bildet mit zahlreichen Schwermetallen rote Chelate. Störbestandteile werden vor der Chelatbildung deaktiviert bzw. durch Reinigungsschritte wie z. B. Chromatographie (s. Kap. 9.3) oder Fällung entfernt. Die Analysensubstanz kann so störungsfrei bestimmt werden.[122] Als Meßwellenlänge soll die Wellenlänge gewählt werden, bei der die Absorption maximal ist. Ist dies nicht möglich, weil Verunreinigungen oder die verwendeten Reagenzien dort ebenfalls absorbieren, dann muß auf eine andere Wellenlänge ausgewichen werden. Die als Lösung vorliegende Probe wird in eine Küvette gefüllt. Der durch die Küvette laufende Lichtstrahl wird geschwächt. Diese Schwächung ist proportional zur Konzentration der Analysensubstanz. Es gilt das Lambert-Beersche Gesetz (s. Kap. 8.4.1). Genauso wie die AAS ist auch die Photometrie ein Relativverfahren. Mit Standardlösungen wird eine Kalibriergerade erstellt. Um Matrixeffekte auszugleichen, kann eine Standard-Addition durchgeführt werden. Als Lichtquelle wird nicht wie bei der AAS eine elementspezifische Lampe eingesetzt, sondern ein **Kontinuumstrahler**. Der vom Monochromator durchgelassene Frequenzbereich ist daher*

---

[118] Dies ist der entscheidende Unterschied zur AAS. Bei der AAS soll ein möglichst großer Anteil der Atome im Grundzustand vorliegen, weil nur Atome im Grundzustand Licht absorbieren. Bei der ICP-AES sollen möglichst viel Atome angeregt vorliegen, weil eben diese ein Emissionsspektrum aussenden.

[119] UV – ultraviolettes Licht (10 nm bis 400 nm); VIS – (visible) sichtbares Licht (400 nm bis 750 nm).

[120] Das heißt nicht, daß mit der Photometrie keine Element nachgewiesen werden können. Elemente müssen jedoch vor der Analyse in eine Verbindung überführt werden.

[121] Falls diese Absorption im sichtbaren Bereich liegt, dann erscheint die Lösung farbig. Bei der sogenannten Kolorimetrie wird diese Färbung per Augenschein ausgewertet.

[122] Bei der AAS können die gewünschten Elemente nacheinander aus der gleichen Meßlösung nachgewiesen werden. Im Gegensatz dazu muß bei der Photometrie für jedes zu untersuchende Element eine eigene Meßlösung hergestellt werden. Nur das zu analysierende Element darf als "farbige" Verbindung vorliegen.

*wesentlich breiter (s. Abb. 8.21). Die Nachweisgrenzen sind für die meisten Substanzen etwas schlechter als bei der AAS, liegen jedoch gewöhnlich trotzdem im ppm- oder sogar ppb-Bereich. (Janßen 1992)*

**Röntgen-Fluoreszenz-Analyse (RFA)** *Mit der Röntgen-Fluoreszenz-Analyse können alle Elemente von Natrium (Ordnungszahl 11) bis Uran (Ordnungszahl 92) analysiert werden. Die Probe wird mit energiereicher Röntgenstrahlung bestrahlt. Dabei werden Elektronen aus einer der inneren Atomschalen (K- oder L-Schale) herausgeschlagen. Die Atome befinden sich in einem ionisierten, d. h. angeregten Zustand und gehen innerhalb von ca. $10^{-8}$ Sekunden wieder in den Grundzustand zurück. Dabei nimmt ein Elektron der nächsten weiter außen liegenden Schale den Platz des herausgeschlagenen Elektrons ein. Noch weiter außen liegende Elektronen rücken kaskadenartig nach. Beim Übergang von einem höheren auf ein niedrigeres Energieniveau strahlen die Elektronen die überschüssige Energie in Form von Röntgenquanten ab. Die Energien der verschiedenen Übergänge sind bei jedem Element anders. Es ergibt sich ein **charakteristisches Röntgenspektrum**. Damit ist eine qualitative Bestimmung der Elemente in der Probe möglich. Die Intensität der emittierten Fluoreszenzstrahlung ist proportional zur Anzahl der Atome. Damit ist auch eine quantitative Analyse möglich. Die Proben können bei der RFA prinzipiell direkt und ohne vorhergehende Probenaufbereitung analysiert werden, d. h. es können feste, pulverförmige und flüssige Proben untersucht werden. Weitere Vorteile der RFA sind das zerstörungsfreie Messen und die Möglichkeit zur Multi-Element-Analyse. Daher gewinnt die RFA in der anorganischen Altlastenanalytik zunehmend an Bedeutung, obwohl sie etwas unempfindlicher als AAS und ICP-AES ist. (Lorber o. J., Kap. VI)*

**Polarographie** *Mit der Polarographie können viele Anionen und alle (Schwer-)Metall-Kationen qualitativ und quantitativ erfaßt werden. Die Polarographie basiert auf der Elektrolyse[123]. Die Probenlösung mit den zu untersuchenden Ionen wird in eine Elektrolysezelle gegeben. In diese Elektrolysezelle tauchen zwei Elektroden, ein Quecksilbertropfen als Kathode*

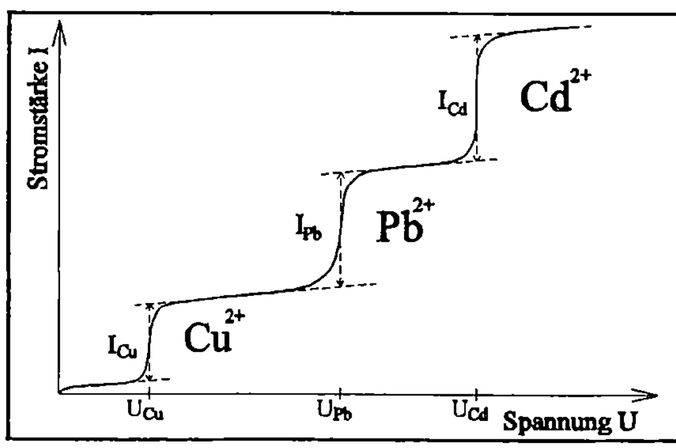


**Abb. 8.36.** Polarogramm

*(— Pol) und eine Bezugselektrode als Anode (+ Pol)[124]. An den Elektroden wird eine linear ansteigende Spannung angelegt. Es entsteht also eine Potentialdifferenz zwischen den Elektroden. Die Kationen[125] in der Lösung wandern zur Kathode. Wenn die für jedes Ion charakteristische Zersetzungsspannung[126] überschritten ist, dann werden die "heranwandern-*

---

[123] Redoxvorgänge, die nicht freiwillig ablaufen, können durch Zufuhr elektrischer Energie erzwungen werden. Die Elektrolyse ist damit eine Umkehrung freiwillig ablaufender Redoxreaktionen.

[124] Die Bezugselektrode ist meist eine Elektrode zweiter Art, beispielsweise eine Silber/Silberchloridelektrode. Eine Erklärung dazu finden Sie in der Fußnote 11 im Kap. 7.1.

[125] Für die Anionen gilt alles "umgekehrt".

[126] Die Spannung, die ausreicht, um eine Ion zu reduzieren bzw. oxidieren, wird Zersetzungsspannung genannt. Sie hängt von der Zusammensetzung der Lösung und vom Ion ab, ist aber unabhängig von dessen Konzentration.

*den" Kationen dieser Spezies an der Quecksilber-Kathode entladen, z. B. $Cu^{2+} + 2e^- \rightleftharpoons Cu$. Ein qualitativer Nachweis ist also über die Spannung U möglich. Aufgrund der Entladung der "heranwandernden" Kationen fließt Strom, der sogenannte Diffusionsstrom.[127] Seine Stromstärke I wird als Funktion der Spannung aufgezeichnet. Es ergibt sich eine charakteristische Strom-Spannungs-Kurve, das sogenannte* **Polarogramm** *(s. Abb. 8.36). Die Stromstärke ist direkt proportional zur Konzentration des jeweiligen Elementes. Ein quantitativer Nachweis ist also ebenfalls möglich. Allerdings muß für die quantitative Bestimmung genauso wie bei der AAS eine Kalibrierung mit Standardlösungen durchgeführt werden. Im Gegensatz zur AAS ist bei der Polarographie eine Multi-Element-Analyse möglich. (Lorber o. J., Kap. IX, 2.1)*

(Von: Klaus Pitter. Aus: Greisenegger, Ingrid ; Katzmann, Univ.-Doz. Dr. Werner ; Pitter, Klaus: Umweltspürnasen : Aktivbuch Boden. © 1989 by Verlag Orac im Verlag Kremayr und Scheriau, Wien, S. 103)

---

[127] Dieser Strom bleibt über lange Zeit konstant, da immer neue Ionen aus der Lösung zur Kathode wandern. Der Meßvorgang dauert nur so lange, daß sich die Konzentration der Lösung in dieser Zeit nicht wesentlich verändern kann.

# 9 Organische Schadstoffe

**Herkunft**

Seit Beginn der Industrialisierung hat die Menschheit mehrere tausend organische Stoffe hergestellt. Viele werden **gezielt** synthetisiert, manche entstehen **ungewollt** als Nebenprodukte bei Verbrennungsprozessen oder chemischen Synthesen.

**Gefährdungspotential**

Viele der anthropogen hergestellten Stoffe sind toxisch und sehr beständig. Darüber hinaus werden sie in der Natur meistens nicht synthetisiert. Mit anderen Worten: Es gibt sie erst seit wenigen Jahrzehnten. Daher sind die meisten Organismen diesen Stoffen hilflos ausgeliefert. Sie besitzen oft keine Schutz- und Abbaumechanismen, denn in der bisherigen Evolution waren sie mit diesen Stoffen noch nicht konfrontiert. Dementsprechend groß ist das Gefährdungspotential vieler organischer Stoffe für Mensch und Umwelt.

**Pfade in den Boden**

Alle erst einmal hergestellten organischen Stoffe gelangen letztendlich irgendwann in die Umwelt[1]: entweder bei der Produktion, beim Gebrauch oder bei der Ent"sorgung". Dabei gibt es zwei Hauptpfade in das Umweltmedium Boden: der indirekte Eintrag über die Atmosphäre und der direkte Eintrag z. B. mit dem Abfall, als Agrochemikalien oder bei Unfällen. Der indirekte Eintrag sieht meist folgendermaßen aus: Gasförmig emittierte organische Schadstoffe adsorbieren an Aerosole. Diese Aerosole gelangen dann über nasse, feuchte oder trockene Deposition in den Boden. Aufgrund der weiträumigen Verfrachtung der Aerosole finden sich organische Schadstoffe heute auch in Böden sogenannter Reinluftgebiete, man sagt, sie sind ubiquitär verbreitet.

**Zusammenfassung zu Gruppen**

Aufgrund der Vielzahl organischer Verbindungen werden sie für eine Gefährdungsabschätzung z. T. zu Gruppen zusammengefaßt (s. Tabelle 9.1), denn das Wissen über das Verhalten und die Wirkung einzelner organischer Substanzen ist häufig gering. In der Praxis ist es weder möglich noch sinnvoll, für jeden Stoff einen eigenen Grenzwert festzulegen und zu überwachen. Bei-

---

[1] Ein Teil der organischen Stoffe wird zwar vor der Freisetzung abgebaut oder verändert, aber wie heißt es so schön: Nichts verschwindet spurlos.

spielsweise gibt es für Dioxine und Furane einen Gruppengrenzwert[2], die sogenannten Toxizitätsäquivalente (s. Kap. 9.2.4). Dieses Vorgehen, Gruppen zu bilden, mag chemisch sinnvoll sein, doch trotz ähnlicher Wirkungsmuster der Substanzen einer Gruppe ist es aus toxikologischer Sicht oftmals unzureichend.

**Tabelle 9.1.** Organische Stoffgruppen von besonderer ökotoxikologischer Bedeutung (Rippen 1996, II-2.4, S. 83

Benzolgruppe (BTX)*
Polyzyklische aromatische Kohlenwasserstoffe (PAK)*
Polychlorierte Biphenyle (PCB)*
Dioxine und Furane (PCDD und PCDF)*
Mineralölkohlenwasserstoffe (MKW)*
Leichtflüchtige Chlorkohlenwasserstoffe (LCKW)*
Phthalate (z. B. DEHP)*
Phenole
Pestizide
Tenside

* In den Kap. 9.2.1 bis 9.2.7 gehen wir auf diese Stoffgruppen genauer ein.

## 9.1 Mobilität organischer Schadstoffe im Boden

**Vorsicht**

In diesem Kapitel möchten wir beschreiben, mit welchen Parametern die Mobilität organischer Stoffe im Boden abgeschätzt werden kann. Allerdings sind derartige Aussagen zur Mobilität immer mit Vorsicht zu genießen. Das Verhalten organischer Stoffe im Boden ist so komplex, daß allgemeine Aussagen nur begrenzt gültig sind. (Rippen 1996, II-2.4, S. 138)

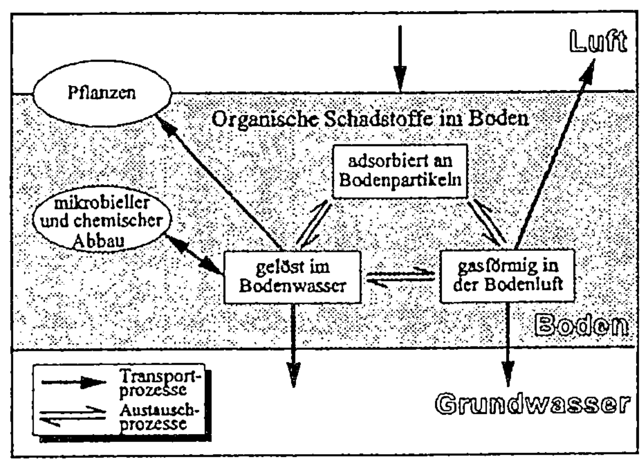


**Abb. 9.1.** Verhalten organischer Schadstoffe im Boden

---

[2] Bei **Gruppengrenzwerten** wird jede Einzelsubstanz analysiert, die Meßergebnisse addiert (evtl. gewichtet) und dann mit dem Gruppengrenzwert verglichen. Neben den Gruppengrenzwerten gibt es auch noch **Summenparameter,** wie z. B. AOX (adsorbierbare organische Halogenverbindungen), zu deren Bestimmung keine Einzelsubstanzen gemessen werden.

[3] Das Wort Persistenz leitet sich aus dem lateinischen "persistere" = "ausharren" ab und bedeutet Beständigkeit.

<table>
<tr><td>Steuergrößen</td><td>Stoffe im Boden können sich in allen drei Phasen des Bodens aufhalten: im Bodenwasser, in der Bodenluft oder an Partikeln gebunden. Stoffe im Wasser und in der Luft sind mobil. Adsorbierte Substanzen sind – zumindest vorübergehend – immobil. Zwischen den drei Phasen besteht ein ständiger Austausch (s. Abb. 9.1). Zahlreiche Größen beeinflussen diese Austauschprozesse zwischen den Phasen und damit das Mobilitätsverhalten von organischen Schadstoffen im Boden. Sowohl substanzspezifische physikalisch-chemische Eigenschaften als auch Bodeneigenschaften spielen eine Rolle, insbesondere:</td></tr>
</table>

- *die Persistenz eines organischen Schadstoffes,*
- *der Dampfdruck eines organischen Schadstoffes,*
- *die Wasserlöslichkeit eines organischen Schadstoffes,*
- *die Adsorptionseigenschaften eines organischen Schadstoffes,*
- *der Wassergehalt des Bodens,*
- *der Humusgehalt des Bodens und*
- *der pH-Wert des Bodens.*

**Persistenz[3] eines organischen Schadstoffes** Die Beständigkeit von Chemikalien bestimmt die Dauer der möglichen Schadwirkungen. Im Gegensatz zu den anorganischen Schwermetallen unterliegen die organischen Schadstoffe im Boden zahlreichen Ab- und Umbauprozessen. Es gibt **chemische Zerfallsprozesse** (abiotischer Abbau) und **mikrobielle Abbauvorgänge** (biotischer Abbau). Hydrophile Verbindungen werden im allgemeinen schneller abgebaut als hydrophobe[4]. Große Moleküle und chlorierte Verbindungen zählen generell zu den schwerabbaubaren Stoffen. Niederchlorierte PCB werden schneller abgebaut als höherchlorierte. Doch selbst relativ persistente organische Schadstoffe entgehen langfristig nicht einem mikrobiellen Abbau. Allgemein gilt: Stoffe reichern sich im Boden an, wenn der Eintrag größer ist als die Summe von Austrag und Abbau. Leichtabbaubare Chemikalien sind dann als unproblematisch zu bewerten, wenn beim Abbau keine giftigen und persistenten Metabolite[5] entstehen.

**Dampfdruck eines organischen Schadstoffes** Chemikalien mit einem hohem Dampfdruck[6] halten sich bevorzugt in der Luft auf. Durch trockene, feuchte und nasse Deposition gelangen aber auch sie in die Böden. Je höher der Dampfdruck ist, desto weiträumiger wird eine Sub-

---

[4] Hydrophob = wasserabweisend, unpolar, lipophil = fettliebend.
Hydrophil = wasserliebend, polar, lipophob = fettabweisend.

[5] Der Abbau von organischen (Schad-)stoffen erfolgt i. d. R. in mehreren Schritten. Die Zwischenprodukte werden Metabolite genannt. Sie können mehr oder weniger gut abbaubar sein.

[6] Der Dampfdruck ist der Partialdruck des Dampfes, der sich in einem geschlossenen Gefäß einstellt, wenn zwischen der flüssigen bzw. festen Phase und der Dampfphase ein Gleichgewicht besteht. Beachten Sie, daß der Dampfdruck von der Temperatur abhängig ist. Er kann bei den in der Natur vorkommenden Temperaturen um mehrere Größenordnungen schwanken.

stanz verteilt, und desto geringer ist die Tendenz zur Anreicherung in Böden. In Tabelle 9.2 ist der Dampfdruck für einige umweltrelevante Stoffe angegeben. Benzol und chlorierte $C_1$- bis $C_4$-Kohlenwasserstoffe haben einen relativ hohen Dampfdruck und sind daher sehr flüchtig, hochchlorierte PCB dagegen haben einen sehr niedrigen Dampfdruck. Stoffe mit einem hohen Dampfdruck werden eher mit der Bodenluft als mit dem Bodenwasser verlagert.[7]

**Wasserlöslichkeit eines organischen Schadstoffes**

Die Wasserlöslichkeit organischer Schadstoffe bestimmt wesentlich ihre Mobilität. Wasserlösliche Stoffe werden leichter mit dem Bodenwasser in tiefere Bodenschichten verlagert und stellen deshalb möglicherweise eine Gefährdung für das Grundwasser dar. Außerdem gilt: Nur Schadstoffe, die sich im Bodenwasser befinden, sind ökologisch wirksam. Sie können von Pflanzen aufgenommen werden, sich in ihnen anreichern und über die Nahrungskette bis zum Menschen gelangen. Viele organische Stoffe sind jedoch relativ unpolare Substanzen. Sie sind daher wenig wasserlöslich (hydrophob) und neigen dazu, sich lieber an unpolaren Substanzen, z. B. den Huminstoffen, anzulagern. Der Tabelle 9.2 können Sie die Wasserlöslichkeit einiger organischer Stoffe entnehmen.

**Adsorptionseigenschaften eines organischen Schadstoffes**

Die Adsorptionseigenschaften der organischen Schadstoffe beeinflussen ihre Mobilität. Der adsorbierte Anteil organischer Stoffe im Boden entzieht sich weitgehend dem mikrobiellen Abbau, der Auswaschung in tiefere Bodenschichten und der Aufnahme durch Pflanzen. Organische Schadstoffe reichern sich dann im Boden an, wenn sie stark adsorbiert werden. Dagegen können sie ins Grundwasser gelangen, wenn sie nur wenig adsorbiert werden.

**Wassergehalt des Bodens**

Auch der Wassergehalt des Bodens bestimmt die Mobilität organischer Schadstoffe. Ist kaum Wasser im Boden vorhanden, so werden selbst gut wasserlösliche Schadstoffe nur langsam in tiefere Schichten verlagert.

**Humusgehalt des Bodens**

Ein weiterer Einflußfaktor auf die Adsorption organischer Schadstoffe ist der Humus- bzw. der organische Kohlenstoffgehalt des Bodens. Untersuchungen zeigen, daß viele organische Schadstoffe stark von den Huminstoffen gebunden werden (z. B. Dioxine, PAK) (Scheffer/Schachtschabel 1992, S. 336). Diese an Huminstoffen adsorbierten Schadstoffe sind nicht automatisch immobil, beispielsweise sind Fulvosäuren löslich und damit an sie adsorbierte

---

[7]  In unserer Darstellung haben wir die vielschichtigen Zusammenhänge zwischen den drei Bodenphasen drastisch vereinfacht. Korrekterweise müßten wir hier den Begriff "Fugazität" benutzen. "Fugazität" meint die Tendenz einer Substanz, die jeweilige Phase, in der sie sich befindet, zu verlassen. Der Dampfdruck ist aus dem idealen Zweiphasensystem flüssig-gasförmig eines Stoffes abgeleitet. Die Fugazität dagegen berücksichtigt die Tatsache, daß im Boden keine ideale Lösung vorliegt, und daß die Schadstoffkonzentration im Bodenwasser i. d. R. äußerst gering ist. Versierte BodenchemikerInnen mögen uns verzeihen, daß wir an dieser Stelle nicht tiefer in die physikalische Chemie der Phasengleichgewichte eingehen. (Mackay 1981, S. 1006)

Schadstoffe mobil. Außerdem täuscht das Sorptionsvermögen eines Bodens eine Elimination der Schadstoffe nur vor. Unter bestimmten Umständen, beispielsweise beim Abbau der Huminstoffe, können die adsorbierten Substanzen wieder remobilisiert werden.

**pH-Wert des Bodens**

Der pH-Wert spielt für die organischen Verbindungen, die im Boden als undissoziierte Moleküle vorliegen, keine maßgebliche Rolle. Anders sieht es für die organischen Chemikalien aus, die im pH-Bereich mitteleuropäischer Böden (pH 3 - 8) zu Anionen oder Kationen dissoziieren. Für ihr Verhalten im Boden ist der pH-Wert von großer Bedeutung.

Beispielsweise steigt die Adsorptionskapazität für Pentachlorphenol (PCP) bei einer pH-Wert-Erniedrigung beträchtlich an. Dies liegt daran, daß PCP je nach pH-Wert entweder neutral oder als negativ geladenes Anion vorliegt: Ist der pH-Wert des Bodens kleiner als 5, so ist PCP überwiegend neutral. Ist er größer als 5, so liegt das PCP eher als Phenolat-Anion vor (s. Abb. 9.2). Als Phenol kann es über Wasserstoffbrückenbindungen an Bodenpartikeln adsorbiert werden, d. h. unterhalb pH 5 steigt das Adsorptionsvermögen für PCP. Ähnlich wie beim PCP nimmt bei vielen organischen Chemikalien die Adsorptionskapazität der Böden von neutralen zu sauren Boden-pH-Werten deutlich zu[8]. Damit reagieren sie genau umgekehrt wie Schwermetalle auf eine pH-Wert-Absenkung (s. Kap. 8.2.3).

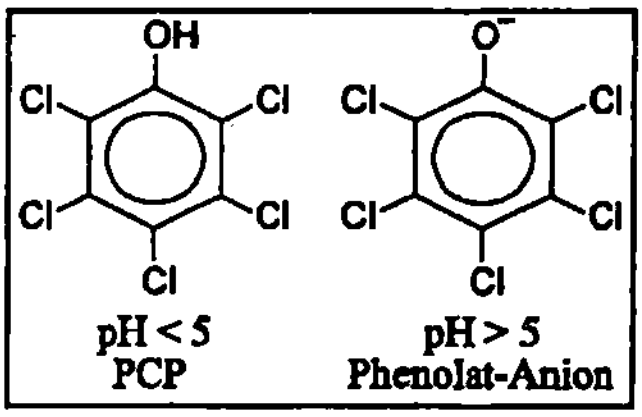

**Abb. 9.2.** Pentachlorphenol (PCP) und Phenolat-Anion

**$K_F$-Wert**

Zahlreiche Größen werden zur Charakterisierung der Mobilität benutzt: Zur Beschreibung des Adsorptionsverhaltens organischer Schadstoffe wird häufig die Freundlich-Adsorptionsisotherme verwendet. Die Gleichung der Freundlich-Adsorptionsisotherme lautet:

$$C_{Sorp} = K_F \cdot C_{gel}^{1/n}$$

$C_{Sorp}$    Gehalt der an der Bodenmatrix adsorbierten Substanz [mg/kg]
$K_F$    Adsorptionskonstante nach Freundlich [L/kg][9]
$C_{gel}$    Konzentration der gelösten Substanz in der Bodenlösung [mg/L]

Für den Fall eines linearen Zusammenhanges zwischen $C_{Sorp}$ und $C_{gel}$ ist n = 1. In diesem Fall wird $K_F$ auch mit $K_d$ bezeichnet[10]. Die Adsorptionskonstante $K_F$ ist ein Maß für die Bindungsstärke der Moleküle an die Oberfläche der Bo-

---

[8]   Und damit steigt auch der weiter unten erläuterte $K_{OC}$-Wert an.

[9]   Diese Einheit bedeutet "mg Substanz pro kg Boden wenn die Konzentration in der Bodenlösung 1 mg/L beträgt".

[10]   Zum $K_d$-Konzept s. Kap. 8.2.1.

denpartikel. Der $K_F$-Wert ist sowohl von der jeweiligen Substanz als auch vom jeweiligen Boden abhängig! Je größer der $K_F$-Wert eines Stoffes ist, desto mehr Moleküle werden adsorbiert, und desto weniger Moleküle befinden sich in der Bodenlösung. Die $K_F$-Werte schwanken von weniger als 0,5 - 1000 mg adsorbierte Chemikalie pro kg Boden, wenn die Substanzkonzentration in der Bodenlösung 1 mg/L beträgt.[11]

**$K_{OC}$-Wert**

Wie oben gesagt[12] wurde eine sehr enge Beziehung zwischen dem Adsorptionsvermögen eines Bodens und dem Kohlenstoffgehalt eines Bodens festgestellt.[13] Daher werden die sowohl boden- als auch substanzabhängigen $K_F$-Werte zur besseren, d. h. bodenunabhängigen Vergleichbarkeit verschiedener Substanzen auf den jeweiligen organischen Kohlenstoffgehalt ($C_{org}$) des untersuchten Bodens bezogen und als $K_{OC}$-Wert angegeben:

$$K_{OC} = \frac{K_F}{C_{org}}$$

$K_{OC}$ auf den Kohlenstoffgehalt bezogene Adsorptionskonstante [L/kg]

$K_F$ Adsorptionskonstante nach Freundlich [L/kg]

$C_{org}$ organischer Kohlenstoffgehalt [-]

Der $K_{OC}$-Wert einer Substanz hat bei verschiedenen Böden eine deutlich geringere Schwankungsbreite als der $K_F$-Wert. Er stellt für neutrale, d. h. nichtdissoziierende organische Schadstoffe ein praktikables Maß für die Beschreibung des Löslichkeits- bzw. Adsorptionsverhaltens von Böden dar. Die $K_{OC}$-Werte liegen zwischen weniger als 100 L/kg[14] (Benzol) und 8.000.000 L/kg (2,3,7,8-TCDD).

**$K_{ow}$-Wert**

Die Adsorptionsfähigkeit einer Verbindung im Boden ist abhängig davon, wie stark ihre hydrophoben Eigenschaften ausgeprägt sind, d. h. von ihrer Polarität. Neben dem $K_F$-Wert wird daher häufig auch der n-Octanol/Wasser-Verteilungskoeffizient $K_{ow}$[15] zur Charakterisierung der Adsorptionsfähigkeit angegeben. Im Gegensatz zum $K_F$-Wert ist der $K_{ow}$-Wert nicht vom verwendeten Boden abhängig. $K_{ow}$ ist definiert als das Verhältnis zwischen den Konzentrationen einer Chemikalie im Zweiphasensystem n-Octanol und Wasser:

$$K_{ow} = \frac{C_{in\,n\text{-}Octanol}}{C_{in\,Wasser}}$$

$C_{in\,n\text{-}Octanol}$ Konzentration der Substanz im n-Octanol [mol/L]

$C_{in\,Wasser}$ Konzentration der Substanz im Wasser [mol/L]

$K_{ow}$ n-Octanol/Wasser-Verteilungskoeffizient [-]

---

[11] Beachten Sie, daß die Adsorptionsfähigkeit und damit der $K_F$-Wert einer Substanz auch von den Bodeneigenschaften (z. B. Humus- und Tongehalt) abhängt.

[12] Siehe Randleistenbegriff Humusgehalt des Bodens.

[13] Diese Korrelation gilt in erster Linie für sogenannte neutrale organische Verbindungen, die nicht zu Anionen und Kationen dissoziieren, z. B. PAK, Dioxine. Organische Schadstoffe, die in wässriger Phase zu Ionen dissoziieren, zeigen eine starke Abhängigkeit vom pH-Wert (s. o.).

[14] Zur Erklärung der Einheit s. Fußnote 9.

Für viele Substanzen kann der $K_{ow}$ experimentell bestimmt werden: Dazu gibt man n-Octanol, Wasser und ein wenig der zu untersuchenden Substanz in einen Scheidetrichter. Es wird intensiv geschüttelt, damit sich ein Gleichgewicht einstellt. Danach wartet man bis sich Wasser und n-Octanol wieder voneinander getrennt haben. Ein Teil der Substanz befindet sich nun im n-Octanol, der Rest im Wasser. Der Scheidetrichter ermöglicht es, Wasser und Octanol getrennt voneinander abzulassen. Die Konzentrationen der Substanz in den beiden Phasen wird bestimmt. Für Substanzen, die einen sehr großen $K_{ow}$-Wert besitzen, wird dieser meistens näherungsweise aus der Wasserlös-

**Tabelle 9.2.** Physikalisch-chemische Eigenschaften ausgewählter organischer Schadstoffe und deren Mobilität (Schwarzenbach 1993, S. 618ff; Rippen 1996, II-2.4; Streit 1991 und Blume 1990, S. 340ff)

| | Schadstoff | Dampf-druck $P°$ bei 25 °C [Pa] | Wasserlös-lichkeit $C_w$ bei 25 °C [mg/L] | n-Octanol-Was-ser/Verteilungs-koeffizient $K_{ow}$ bei 25 °C [-][*] | $K_{OC}$-Wert [L/kg] | Mobilität im Boden |
|---|---|---|---|---|---|---|
| BTX | Benzol | 12.700 | 1790 | 135 | 83 | gut mobil |
| | Toluol | 3.850 | 520 | 490 | 95 | gut bis mäßig mobil |
| | Xylol | 175 | 800[b] | 1.600 | 210 | mäßig mobil |
| PAK | Naphthalin | 10 | 31,7 | 2.300 | 870 | ziemlich immobil, je höher die Ringzahl, desto stärker festge-legt |
| | Anthracen | $8 \cdot 10^{-4}$ | 0,07 | 35.000 | 26.000 | |
| | Pyren | $6 \cdot 10^{-4}$ | 0,14 | 135.000 | 62.700 | |
| | Benzo(a)pyren | $7 \cdot 10^{-7}$ | 0,003 | 3.200.000 | 4.510.650 | |
| PCB (Cl$_1$ - Cl$_{10}$) | | $5 \cdot 10^{-8}$ - 2 | $1,4 \cdot 10^{-5}$ - 5 | 12.300 - 170.000.000 | 3.300 - 195.000 | ziemlich immobil, höherchlorierte PCB sind stärker festgelegt |
| Dioxine | 2,3,7,8-TCDD | $9 \cdot 10^{-8}$ | $200 \cdot 10^{-6}$ | 50.000.000 | 8.000.000 | sehr immobil |
| Phthalate | Di-(2-ethylhexyl)-phthalat (DEHP) | $6 \cdot 10^{-6\,b}$ | 0,34[b] | 100.000[b] | 87.420 | wenig mobil; Mobili-sierung durch gelöste Fulvosäuren möglich |
| LCKW | Dichlormethan | 47.000 | 14.000[b] | 18 | 7 - 36 | relativ gut mobil, ab-hängig vom Chlor-gehalt |
| | 1,1,1-Trichlorethan | 13.300 | 300 | 300 | 55 - 178 | |
| | Trichlorethen | 9.900 | 1200 | 265 | 50 - 360 | |
| | Tetrachlorethen | 2.500 | 150 | 750 | 100 - 220 | |
| Aliphatische Kohlenwasser-stoffe (C$_5$ - C$_{18}$, $\approx$ MKW) | | 0,0217 - 70.000 | 0,002 - 40 | 4.200 - 150.000 | k. A.[c] | je nach Kettenlänge der Alkane mehr oder weniger mobil |

[*] (mol/L n-Octanol) / (mol/L Wasser).

[b] Bei 20 °C.

[c] Keine Angaben in der Literatur gefunden.

---

[15] Der n-Octanol/Wasser-Verteilungskoeffizient wird manchmal auch mit $P_{ow}$ bezeichnet.

lichkeit berechnet. Der $K_{ow}$-Wert ist ein Maß für die Polarität bzw. die Wasser- oder Fettlöslichkeit einer Substanz. Je größer der $K_{ow}$-Wert ist, um so stärker ist die Neigung der Substanz, sich an den Huminstoffen des Bodens anzulagern. Gleichzeitig steigt ihre Tendenz, sich im Fettgewebe von Organismen anzureichern. Untersuchungen zeigten, daß der bodenunabhängig bestimmbare $K_{ow}$-Wert sehr gut mit dem Adsorptionsvermögen eines organischen Schadstoffes im jeweiligen Boden ($K_f$-Wert) korreliert (Schwarzenbach 1993, S. 124; Gisi 1990, S. 269ff; DBT 1990, S.509; Rippen 1996, II-2.4 und Scheffer/Schachtschabel 1992, S. 334ff)

## 9.2 Organische Schadstoffe im Boden

### 9.2.1 Benzol, Toluol, Xylol (BTX)

> *Benzol, Toluol und Xylol sind Vertreter der monozyklischen aromatischen[16] Kohlenwasserstoffe. Die BTX[17] sind leichtflüchtige, farblose, brennbare Flüssigkeiten. Sie sind wichtige Grundstoffe in der chemischen Industrie zur Herstellung zahlreicher organischer Stoffe und dienen als Kraftstoffzusatz, als Lösungsmittel und als Extraktionsmittel. Benzol ist krebserregend. Sein Einsatz muß daher so weit wie möglich vermieden werden. Im Boden sind BTX relativ gut mobil und können im Falle einer Bodenkontamination das Grundwasser gefährden.*

**Verwendung**

Wegen der Kanzerogenität von Benzol ist seine Verwendung untersagt, wenn es Substitutionsprodukte gibt. Als Lösemittelersatz werden häufig Toluol und Xylol eingesetzt. (Ammermann 1993, S. 3) Trotz seiner kanzerogenen Wirkung wird Benzol als Ersatzstoff für das Antiklopfmittel Bleitetraethyl dem Benzin zugesetzt, um die Oktanzahl zu erhöhen. Ausgehend von Benzol werden viele Chemikalien hergestellt, z. B. Phenol, Styrol, Anilin, Nitrobenzol, Cyclohexan. Diese wiederum werden benötigt, um zahlreiche Produkte zu synthetisieren, z. B. Polystyrol, synthetischen Kautschuk, Waschmittel, Farben, Lacke, Arzneimittel, Pflanzenschutzmittel und Textilhilfsmittel.

---

[16] Vielleicht nehmen Sie den Begriff "aromatisch" zuerst einmal all zu wörtlich und denken an wohlriechende Substanzen. Im Prinzip haben Sie damit auch gar nicht so unrecht. Die chemische Ringstruktur wurde zuerst bei wohlriechenden Substanzen, wie z. B. Vanille, entdeckt. Daher nannte man die Stoffe "aromatisch". Heutzutage wird der Begriff aromatisch für alle Moleküle benutzt, die einen oder mehrere Benzolringe enthalten. Viele dieser Aromaten haben ganz und gar keinen wohlriechenden Duft. Und auch bei den "wohlriechenden" Substanzen ist der Duft in erster Linie von der Konzentration abhängig. In zu hoher Konzentration stinken alle Verbindungen.

[17] Neben BTX gibt es auch den Summenparameter BETX. "E" steht dabei für Ethylbenzol.

**Quellen**

Wichtige Emissionsquellen von BTX sind Kraftfahrzeugabgase[18], Raffinerien, die chemische Industrie, Kokereien, Pyrolyseprozesse, Feuerungsanlagen, Verdunstung beim Tanken[19], Verwendung als Lösungsmittel und Zigarettenrauch.

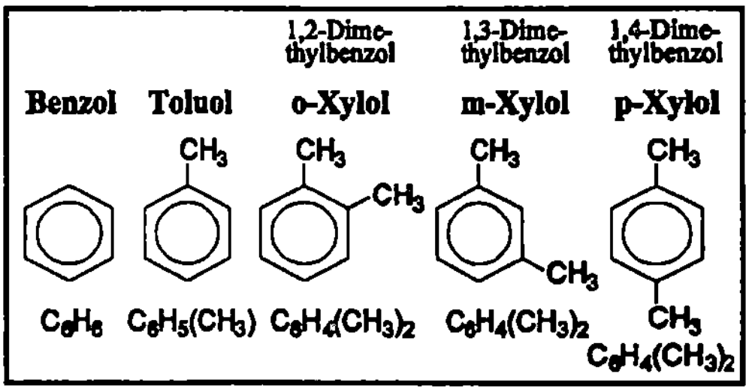

**Abb. 9.3.** Strukturformeln von Benzol, Toluol und der Xylole

**Chemisches Verhalten im Boden**

Aufgrund ihrer hohen Flüchtigkeit befindet sich der größte Anteil der emittierten BTX in der Atmosphäre. Aus der Atmosphäre in den Boden eingetragene BTX verdunsten schnell wieder, solange sie sich an der Oberfläche befinden. Daher gelangen größere Mengen BTX i. d. R. nur in den Boden bei Leckagen von Tanks, Leitungen und Deponien, bei Mineralölunfällen und über Pflanzen-"schutz"mittel. BTX sind relativ gut wasserlöslich. Ihre **Bindung** an Bodenpartikeln ist nur mäßig. Wenn überhaupt, dann werden sie über Wasserstoffbrückenbindungen an Huminstoffe und Tonminerale gebunden. Die Sorption nimmt in der Reihenfolge Benzol, Toluol und Xylol zu.

**Mobilität**

Die BTX sind aufgrund ihrer relativ guten Wasserlöslichkeit und ihres hohen Dampfdruckes sehr mobil. Im Boden werden sie entweder gelöst im Bodenwasser, adsorbiert an gelösten Fulvosäuren oder gasförmig mit der Bodenluft verlagert. BTX zählen zu den wassergefährdenden Stoffen. In der Nähe von Deponien können sie häufig im Grundwasser nachgewiesen werden.

**Abbau**

BTX sind persistenter als Kohlenwasserstoffketten, aber weniger persistent als polyzyklische Aromaten (PAK). Sie werden in der Atmosphäre und im Boden relativ schnell und leicht abgebaut. Ihr Potential, sich in der Umwelt anzureichern, ist daher vergleichsweise gering. Der Abbau im Boden erfolgt vorwiegend mikrobiologisch unter aeroben Bedingungen.

**Toxizität**

Der Mensch nimmt BTX überwiegend durch Inhalation auf. Beim Einatmen hoher Konzentrationen (> 1000 ppm) treten unspezifische Symptome wie z. B. Kopfschmerzen, Müdigkeit, Schwindel, Übelkeit, Erbrechen, Schlafstörungen, Koordinationsstörungen, Hauterkrankungen und Bewußtlosigkeit auf. Bei chronischer Exposition reichert sich Benzol im Knochenmark und Fettgewebe an. Benzol ist kanzerogen und steht im Verdacht Leukämie auszulösen. Bodengrenzwerte gibt es z. B. in der Berliner und Niederländischen Liste (s. Tabelle 10.4).

---

[18] BTX sind einerseits bereits im Kraftstoff enthalten und werden z. T. unverbrannt ausgestoßen. Andererseits werden sie beim Verbrennungsprozeß neu gebildet.

[19] Wissenschaftlicher heißt das: Umfüllen von Ottokraftstoffen.

**Analytik**  Der analytische Nachweis der BTX erfolgt mit der Gaschromatographie. Dabei werden – wie in Kap. 9.4.6 dargestellt – die Headspace-Technik und ein Flammenionisationsdetektor benutzt. (Literatur zu BTX: Blume 1990, S. 354ff; Kümmel 1988, S. 148 und BMZ 1993, S. 198)

## 9.2.2  Polyzyklische aromatische Kohlenwasserstoffe (PAK)

> *Die Stoffgruppe der polyzyklischen aromatischen Kohlenwasserstoffe ist eine der in der Umwelt am weitesten verbreiteten organischen Verunreinigungen. PAK[20] werden i. d. R. nicht gezielt synthetisiert, sondern entstehen ungewollt, vor allem bei Verbrennungsprozessen. Aufgrund ihrer hohen Persistenz und Kanzerogenität haben sie eine große ökotoxikologische Bedeutung. (LUA 1994, S. 5 und Rippen 1996, II-2.4)*

**Bau**  Die PAK sind eine Gruppe von ca. 280 aromatischen Kohlenwasserstoffen, die aus mindestens zwei[21] Benzolringen bestehen. Alle PAK-Vertreter lassen sich auf die fünf Grundbausteine Fluoren, Anthracen, Fluoranthen, Pyren und Crysen zurückführen (s. Abb. 9.4).

**Quellen**  Im Gegensatz zu den BTX werden PAK nicht großtechnisch hergestellt und nicht in großem Maßstab verwendet. Sie sind im Erdöl, Bitumen und Teer enthalten und entstehen vor allem als Nebenprodukt bei Verbrennungsprozessen. Unter bestimmten Bedingungen wurde eine mikrobielle und pflanzliche Synthese von PAK beobachtet. Jedoch übersteigen die anthropogenen Quellen die biogenen um ein Vielfaches.

Wichtige Quellen von PAK-Emissionen sind:
- Verbrennung fossiler Brennstoffe wie Öl, Kohle, Holz, Benzin, Dieselöl (in Kraftwerken, Motoren und Heizungsanlagen),
- Verbrennung von Abfall,

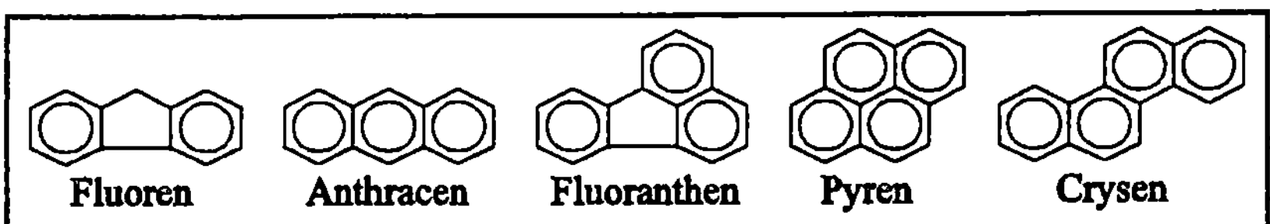


**Abb. 9.4.** Die Grundbausteine der Polyzyklischen Aromatischen Kohlenwasserstoffe

Die weit verbreitete und auch von uns verwendete Schreibweise der PAK mit einem Kreis ist eigentlich falsch. Der O steht für je 6 $\pi$-Elektronen, die PAK-Moleküle haben jedoch weniger.

---

[20] Für PAK wird auch die Abkürzung PAH verwendet. PAH leitet sich von dem englischen Begriff "Polycyclic Aromatic Hydrocarbons" ab.

[21] Das Fluoren mit zwei Benzolringen und einem 5er-Ring gehört zu den PAK. Das Naphtalin (⬡⬡) wird nicht von allen AutorInnen zu der Gruppe der PAK gezählt.

- Industrielle Prozesse (u. a. Asphaltproduktion, Koksherstellung, Gaswerke),
- Zigarettenrauch,
- Holzimprägniermittel,
- Waldbrände und
- Räuchern von Fleisch.

Die emittierten PAK gelangen über drei Pfade in den Boden:
- Luft,
- Klärschlamm und
- Kompost. (Rippen 1996, II-2.4)

**Persistenz**

Die Halbwertszeit für den Abbau von PAK im Boden liegt zwischen 2 und 700 Tagen (BMZ 1993, S. 204). Allgemein gelten in die Umwelt emittierte PAK als schwer abbaubar. Prinzipiell sind folgende Abbauwege möglich:
- in der Luft durch Ozon und photolytische Spaltung (Sonnenlicht),
- im Boden durch Bakterien und Pilze und
- im Säugetierorganismus durch Enzyme.

**Toxizität**

Aufgrund ihrer lipophilen Eigenschaften reichern sich die PAK in der Nahrungskette an. Eine akute Toxizität konnte bisher nicht festgestellt werden. Einige Vertreter sind jedoch sehr stark kanzerogen, z. B. das Benzo(a)pyren. Bereits 1775 beobachtete man bei Schornsteinfegern eine erhöhte Hodenkrebsrate. Dies wird auf die Kanzerogenität der am Ruß adsorbierten PAK zurückgeführt.

**Konzentration im Boden**

Die natürliche Hintergrundkonzentration der PAK (Summe) wird mit 0,001 mg/kg angegeben. Die Böden der Bundesrepublik Deutschland weisen PAK-Gehalte von überwiegend 0,2 - 1 mg/kg auf. (Streit 1991, S. 519; Hellmann 1982, S. 69 und Blume 1990, S. 341f) In straßennahen Bodenproben ist der PAK-Gehalt auf bis zu 5 mg/kg erhöht. Er nimmt mit zunehmender Entfernung von der Straße deutlich ab. (Joneck 1996, S. 53) Die Konzentration von belasteten Böden liegt bei 650 mg/kg (Blume 1990, S. 341).

**Mobilität**

Adsorbiert an Staub- und Rußpartikeln werden die PAK über große Strecken transportiert und ubiquitär verteilt. Die PAK weisen hydrophobe Eigenschaften auf und sind daher nur wenig wasserlöslich. Sie werden im Boden stark adsorbiert, bevorzugt an den Huminstoffen des Bodens. Untersuchungen zeigen, daß der PAK-Gehalt nicht von der Korngröße abhängig ist, d. h. es findet keine Anreicherung in der feinen Tonfraktion statt. Der pH-Wert des Bodens hat ebenfalls keinen Einfluß auf die Sorption der PAK. Trotz der starken Adsorption im Boden können die PAK – adsorbiert an Kolloide (z. B. Huministoffe) – mit dem Bodenwasser verlagert werden. Bei hoher Kontamination können die PAK daher bis zum Grundwasser gelangen. Die Mobilität der

PAK erhöht sich, wenn grenzflächenaktive Substanzen (z. B. Tenside) vorhanden sind. Eine Grundwassergefährdung durch PAK ist bei nicht extrem belasteten und humushaltigen Böden i. d. R. nicht zu erwarten.

**Analytik**

PAK im Boden können mit der Hochdruckflüssigkeitschromatographie qualitativ und quantitativ bestimmt werden. Als Detektor eignet sich der Fluoreszenzdetektor, weil viele PAK im UV-Bereich von 300 bis 500 nm intensiv fluoreszieren. Wir beschreiben die Bestimmung im Kap. 9.5.6.

**Grenzwerte**

Bei Grund- und Trinkwasseranalysen müssen gemäß der Trinkwasserverordnung sechs PAK [Fluoranthen, Benzo(b)fluoranthen, Benzo(ghi)perylen, Benzo(a)pyren, Benzo(k)fluoranthen und Indeno(1,2,3-cd)pyren] bestimmt werden. Die amerikanische Umweltbehörde EPA empfiehlt die Analyse von 16 PAK-Einzelsubstanzen. In verschiedenen Bodengrenzwertlisten sind PAK-Grenzwerte enthalten, z. B. in der Niederländischen Liste, der Berliner Liste und der Kloke-Liste (s. Tabelle 10.4). (Literatur zu PAK: Blume 1990, S. 341; Hellmann 1982 und Rippen 1996, II-2.4)

## 9.2.3 Polychlorierte Biphenyle (PCB)

**Verwendung**

Es gibt insgesamt 209 polychlorierte Biphenyle mit unterschiedlichem Chlorierungsgrad (s. Abb. 9.5). PCB besitzen eine hohe Viskosität und einen hohen Siedepunkt. Sie sind chemisch sehr stabil und schwer entflammbar. Daher fanden sie Verwendung als Isolier- und Kühlmittel für Kondensatoren und Transformatoren, als Kunststoffweichmacher, als Hydraulikflüssigkeit sowie als Flammhemmittel.

**Quellen**

PCB werden in der Natur nicht biochemisch synthetisiert. Sie sind ausschließlich anthropogenen Ursprungs. PCB-Produkte sind immer eine Mischung aus mehreren Kongeneren[22], bei deren Herstellung in Spuren auch hochgiftige Dioxine und Furane (s. Kap. 9.2.4) entstehen. Seit 1985 ist das Inverkehrbringen von PCB und PCB-haltigen Stoffen in der EU generell verboten (DBT 1990, S. 226). Trotz des Anwendungsverbotes werden nach wie vor PCB bei der Entsorgung der vorhandenen PCB-haltigen Produkte in die Umwelt emittiert. Eine besondere Gefahr stellt bei der Verbrennung von

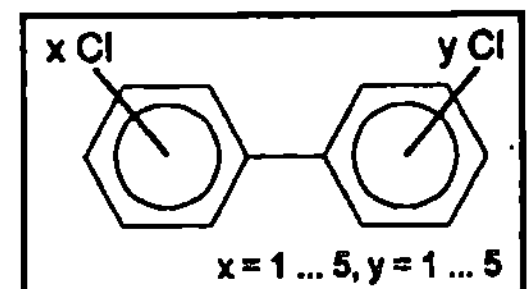


**Abb. 9.5.** Strukturformel der Polychlorierten Biphenyle

---

[22] Alle 209 PCB besitzen die gleiche Grundstruktur, nämlich zwei Benzolringe. Sie unterscheiden sich nur in der Anzahl und der Stellung der Chloratome. Das 4,4′-Dichlorbiphenyl ist daher <u>ein</u> Kongener aus der Gruppe der PCB.

PCB-haltigen Abfällen die Bildung von Furanen dar. PCB werden überwiegend über den Klärschlamm, aber auch über die Luft in Böden eingetragen und sind ubiquitär verteilt.

**Mobilität**

PCB sind hydrophobe, wenig wasserlösliche Verbindungen (0,0001 - 6 mg/L). Im Boden sind sie überwiegend an die hochmolekularen Huminstoffe gebunden. Dabei nimmt die Sorption mit abnehmender Wasserlöslichkeit und steigendem Chlorierungsgrad zu. Untersuchungen zeigen, daß die Sorptionsfähigkeit der Böden für PCB mit steigendem pH-Wert abnimmt. Hohe Humus- und Eisenoxidgehalte wirken sich positiv auf die Sorption aus. Im Gegensatz dazu hat der Tongehalt des Bodens keinen Einfluß auf die Sorption. Aufgrund der hohen Sorption und der niedrigen Wasserlöslichkeit ist die Mobilität der PCB im Boden sehr gering.

**Persistenz**

PCB besitzen eine beträchtliche Persistenz – vor allem die hochchlorierten Derivate. Ihr Abbau im Boden verläuft extrem langsam. Die Halbwertszeit ihres Abbaus nimmt mit dem Chlorierungsgrad zu und liegt zwischen 8 und mehr als 365 Tagen. Dementsprechend hoch sind die Konzentrationen in der Umwelt: "Stadtnahe Böden enthalten teilweise mehr als 50 mg/kg, Industrieböden bis zu 1200 mg/kg, industrie- und stadtferne Böden hingegen nur zwischen 0,001 und 0,01 mg/kg." (Blume 1990, S. 345) Im Klärschlamm wurden durchschnittlich 0,5 mg/kg gefunden (Rippen 1996, II-2.4). Ansatzweise ist der Trend zu beobachten, daß die PCB-Gehalte in der Umwelt langsam sinken.

**Toxizität**

Die akute Toxizität der PCB ist gering. Unter normalen Umweltbedingungen sind die Verbindungen außerordentlich stabil. Aufgrund ihrer Lipophilie reichern sie sich allerdings entlang der Nahrungskette im Fettgewebe an. PCB ruft beim Menschen zahlreiche **chronische** Krankheiten hervor, wie z. B. Chlorakne[23], Leberzellenvergrößerung, Nervenschäden, Kopfschmerzen, Enzymschädigung etc. Es besteht ein Verdacht auf Kanzerogenität. Im Jahr 1968 gelangte in Japan PCB-verseuchtes Reisöl in den Handel. Menschen, die das Reisöl verzehrten, litten an Hautunverträglichkeiten, Hyperpigmentierung, Gewichtsverlust, Kopfschmerzen und Lymphknotenschwellungen (sog. Yusho-Krankheit). Bodengrenzwerte für PCB gibt es in der Klärschlammverordnung und in einigen Listen (Niederländische, Berliner und Kloke-Liste, s. Tabelle 10.4).

**Analytik**

Zur Vereinfachung der Analyse werden i. d. R. nur 6 PCB-Kongenere, die im sogenannten Ballschmitter-Standard enthalten sind, analysiert. Diese machen erfahrungsgemäß ca. 20 % des PCB-Gesamtgehaltes aus. Der Nachweis

---

[23] Chlorakne ist ein eitriger Hautauschlag. Sie wird durch chlorierte aromatische Kohlenwasserstoffe – wie PCB, Chlornaphthaline, Dioxine und Furane – verursacht.

erfolgt gaschromatographisch mit einem Massenspektrometer oder einem Elektroneneinfang-Detektor. (Literatur zu PCB: Blume 1990, S. 345f; Rippen 1996, II-2.4; Kümmel 1988, S. 150f und DBT 1990)

## 9.2.4 Dioxine und Furane (PCDD und PCDF)

**Bau**

Dioxine (PCDD[24]) und Furane (PCDF[24]) gehören zu den halogenierten aromatischen Kohlenwasserstoffen. Es gibt insgesamt 135 Dioxine und 75 Furane, die

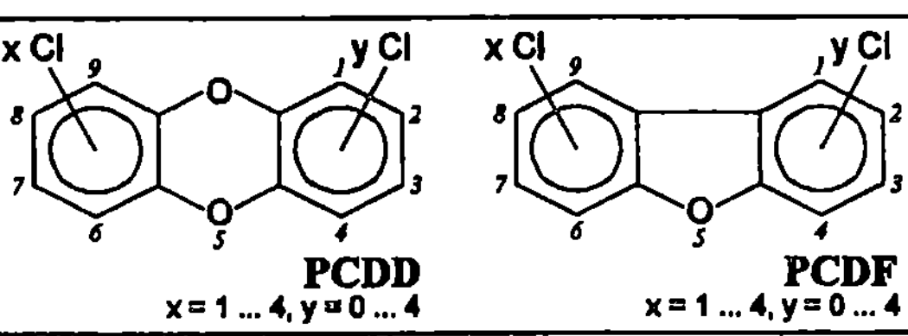


**Abb. 9.6.** Allgemeine Strukturformeln der Dioxine und Furane

sich durch Anzahl und Stellung der Chloratome unterscheiden (s. Abb. 9.6).

**Quellen**

Dioxine und Furane werden nicht gezielt hergestellt, sondern sind unerwünschte **Nebenprodukte** zahlreicher industrieller Prozesse. Sie entstehen, wenn organischer Kohlenstoff in Gegenwart einer Chlorquelle verbrannt wird:

- Herstellung von chlorierten Chemikalien: z. B. chlorierten Herbiziden[25], Chlorphenolen, PCB und dem Holzschutzmittel PCP,
- Verbrennung von Benzin, Diesel, Holz und Abfall[26] im Temperaturbereich zwischen 300 und 600 °C,
- Zellstoff- und Papierherstellung (Chlorbleiche) und
- Kupferkabelrecycling[27].

Dioxine und Furane gelangen über den Klärschlamm, den Kompost, die Luft und beim Gebrauch von verunreinigten chlorierten Chemikalien (z. B. Herbiziden, PCP, PCB) in die Böden.

**Mobilität**

Dioxine und Furane besitzen eine extrem niedrige Wasserlöslichkeit, d. h. eine hohe Lipophilie[28]. Sie werden daher sehr stark im Oberboden gebunden. Dabei erfolgt die Bindung überwiegend durch die organische Substanz der Böden.

---

[24] PCDD = Polychlorierte Dibenzodioxine; PCDF = Polychlorierte Dibenzofurane.

[25] Bei der Herstellung des Herbizides 2,4,5-Trichlorphenoxyessigsäure (2,4,5-T) aus Trichlorphenol tritt produktionsbedingt das 2,3,7,8-TCDD als Verunreinigung auf. Diese Reaktion ist 1976 in der italienischen Stadt Seveso außer Kontrolle geraten, und ca. 0,2 - 2 kg 2,3,7,8-TCDD verseuchten die Umgebung. (Streit 1991, S. 628)

[26] Dioxinbildung bei der Müllverbrennung, ein Thema, das immer wieder Schlagzeilen macht! VerfahrenstechnikerInnen versuchen durch Prozeßoptimierung sowohl die im Abfall bereits vorhandenen Dioxine zu zerstören als auch die Neubildung ("de novo-Synthese") zu minimieren bzw. die neugebildeten Dioxine sofort wieder zu eliminieren.

[27] Die PVC-Ummantelung liefert das Chlor, das Kupfer dient als Katalysator.

[28] Mit zunehmendem Chlorierungsgrad nimmt die Wasserlöslichkeit ab und die Lipophilie zu.

Pflanzen nehmen Dioxine aus dem Boden nur in sehr geringem Maß auf. Dioxine und Furane sind daher äußerst immobile Verbindungen. Nur niederchlorierte PCDD/PCDF gelangen in tiefere Bodenschichten. In Gegenwart von Fulvosäuren nimmt ihre Wasserlöslichkeit und damit ihre Mobilität zu.

**Persistenz** Dioxine und Furane sind sehr beständige Verbindungen. Im Boden findet nur ein extrem langsamer Abbau statt. Die Halbwertszeit nimmt mit dem Chlorierungsgrad zu und schwankt zwischen 3 Jahren und mehreren Jahrzehnten. Aufgrund ihrer hohen Persistenz neigen sie dazu, sich im Boden anzureichern.

**Toxizität** Viele PCDD und PCDF weisen eine hohe Toxizität auf. Das 2,3,7,8-Tetrachlordibenzodioxin (2,3,7,8-TCDD) zählt zu den giftigsten anthropogenen Substanzen überhaupt (s. Abb. 9.7). Folgende Symptome sind nach Einwirkung hoher TCDD-Mengen beobachtet worden: Chlorakne[23], Leberschäden, Kopfschmerzen, Beeinträchtigung des Wahrnehmungsvermögens, Stoffwechselstörungen, Erbrechen und Durchfall. Teratogene[29] und kanzerogene Wirkungen wurden bisher nicht mit absoluter Sicherheit nachgewiesen, gelten aber unter Fachleuten als sehr wahrscheinlich. Bodengrenzwerte gibt es in der Klärschlammverordnung und in einigen Listen (Berliner und Kloke-Liste, s. Tabelle 10.4).

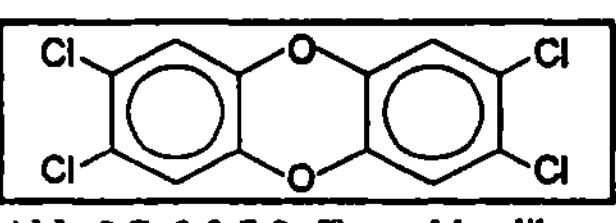

**Abb. 9.7.** 2,3,7,8,-Tetrachlordibenzodioxin

## Exkurs *Toxizitätsäquivalente*

**Problem** *In der Umwelt kommt nie ein einziges Dioxin- oder Furan-Kongener alleine vor. Bei der Bewertung der PCDD/PCDF-Gemische stellt sich das Problem, daß beträchtliche Unterschiede in der Giftigkeit der verschiedenen Dioxine und Furane bestehen. Die Gesamtmenge der PCDD/PCDF sagt daher noch nichts über die Giftwirkung des Gemisches aus. Entscheidend ist, welche Dioxine und Furane in welcher Menge im Gemisch enthalten sind. Von den 210 möglichen PCDD/PCDF-Kongeneren sind 17 Verbindungen besonders toxisch. Es handelt sich dabei um die Kongenere, die Chloratome an den Stellen 2, 3, 7 und 8 besitzen.*

**TEF** *Um die Giftigkeit eines PCDD/PCDF-Gemisches abschätzen zu können, wurde jedem dieser 17 Kongenere ein sogenannter* **Toxizitätsäquivalenzfaktor** *(TEF[30]) zugeordnet. Die Ermittlung der TEF erfolgte aufgrund von Tier- und Zellkulturversuchen. Verschiedene Institutionen, z. B. das Bundesgesundheitsamt und die NATO, haben auf dieser Grundlage Toxizitätsäquivalenzfaktoren festgelegt. Die Faktoren unterscheiden sich allerdings etwas. Der TEF gibt an, wie toxisch eines der 17 PCDD/PCDF im Vergleich zum 2,3,7,8-TCDD ist. Der TEF für 2,3,7,8-TCDD wurde als 1 festgesetzt.*

**TE** *Multipliziert man die Menge eines Dioxins bzw. Furans mit dem jeweiligen Toxizitätsäquivalenzfaktor TEF, so erhält man die* **Toxizitätsäquivalente** *(TE). Die TE geben an, welcher Menge 2,3,7,8-TCDD eine bestimmte Menge des jeweiligen Dioxins bzw. Furans in der*

---

[29] Teratogene Wirkungen führen zu Mißbildungen bei Neugeborenen.

[30] TEF steht für Toxicity Equivalent Factor.

*toxischen Wirkung entspricht.[31] Zur Abschätzung der Toxizität eines PCDD/PCDF-Gemisches werden die TE-Werte der Einzelsubstanzen addiert.*

**Vorsicht!**    *Bedenken Sie bitte bei der Anwendung des TE-Konzeptes, daß es sich <u>nicht</u> um ein wissenschaftlich abgesichertes Verfahren zur Risikoabschätzung von PCDD und PCDF handelt. Vor allem die Übertragung der Tierversuchsergebnisse auf den Menschen ist mit einer großen Unsicherheit verbunden. Das TE-Konzept ist ein rein pragmatisches Verfahren zur Risikoabschätzung. (LfU BY 1992, S. 5f)*

**Konzentrationen**    Die Hintergrundkonzentration der Böden wird mit > 0,008 µg PCDD/kg angegeben. Städtische Oberböden enthalten über 0,5 µg 2,3,7,8-TCDD/kg, schwach belastete Industrieflächen 1 - 5 und stark belastete über 50 µg 2,3,7,8-TCDD/kg (Blume 1990, S. 347). In Klärschlämmen wurden bis zu 1,6 µg 2,3,7,8-TCDD/kg gefunden (Scheffer/Schachtschabel 1992, S. 341). Dioxine und Furanen sind so weit verbreitet, daß sie praktisch überall nachweisbar sind (z. B. Muttermilch, (fettreiche) Lebensmittel, Fettgewebe, Wasser, Klärschlamm, Kompost, Boden).

**Analytik**    Die Analyse von Dioxinen und Furanen erfolgt gaschromatographisch mit einem Massenspektrometer als Detektor. Gehalte im Pikogrammbereich[32] können auf diese Weise nachgewiesen werden. (Literatur zu Dioxinen und Furanen: Blume 1990, S. 347ff; Scheffer/Schachtschabel 1992, S. 341 und LfU BY 1992)

## 9.2.5  Mineralölkohlenwasserstoffe (MKW)

**Verwendung**    Mineralöle werden durch Destillation von Erdöl gewonnen und als Benzin, Kerosin, Dieselkraftstoff, Motorenöl und Heizöl verwendet. Sie sind Gemische[33] aus verschiedenen aliphatischen und alizyklischen[34] Kohlenwasserstoffen, die geringe Mengen aromatischer Kohlenwasserstoffe (Benzol, Toluol, Naphthalin etc.) und verschiedene Heteroverbindungen[35] enthalten.

---

[31] Oktachlordibenzodioxin (OCDD) hat beispielsweise einen TEF von 0,001. 250 ng OCDD haben daher nach diesem Konzept die gleiche Giftwirkung wie 0,25 ng 2,3,7,8-TCDD.

[32] Ein Pikogramm ist 0,000000000001 g. Das ist eine unglaublich kleine Zahl. Hier ein Vergleich: Stellen Sie sich vor, daß Sie einen Tropfen Tinte (0,05 mL) in ein Schwimmbad (50 m x 25 m x 2 m) fallen lassen. Sogar in dieser Verdünnung läßt sich die Tinte noch bestimmen ... Unglaublich, nicht wahr?

[33] Beispielsweise besteht Benzin überwiegend aus $C_5$- – $C_{12}$-, Diesel aus $C_{12}$- – $C_{20}$-, und Motoröl aus $C_{19}$- – $C_{35}$-Kohlenwasserstoffen.

[34] Aliphatische Verbindungen bestehen aus geraden oder verzweigten Kohlenstoffketten. Alizyklische Verbindungen sind ringförmige Kohlenwasserstoffmoleküle, die keine <u>konjugierten</u> Doppelbindungen wie ein Benzolring enthalten.

| | |
|---|---|
| **Quellen** | Mineralöle gelangen hauptsächlich durch Leckagen von Öltanks und Ölleitungen, beim Betanken von Fahrzeugen, bei der Deponierung von Ölschlämmen, bei Transportunfällen sowie als Pflanzenschutzmittel[36] in den Boden. |
| **Mobilität** | Obwohl die Produktionsmengen beträchtlich sind, gibt es verhältnismäßig wenige Angaben über das Verhalten von Mineralölen im Boden. Mineralöle sind wenig wasserlöslich. Sie gehen mit Bodenbestandteilen, v. a. der organischen Substanz, Bindungen ein und werden daher in humusreichen Böden relativ gut festgehalten. Kurzkettige Alkane, wie sie überwiegend im Benzin vorkommen, haben einen hohem Dampfdruck und eine geringe Viskosität. Sie entweichen in die Atmosphäre oder werden mit dem Sickerwasser verlagert |
| **Persistenz** | Kurzkettige Alkane sind verhältnismäßig gut mikrobiologisch abbaubar. Zahlreiche Bakterien und Pilze sind hierzu in der Lage. Bodenkontaminationen durch Benzin sind deshalb verhältnismäßig leicht zu beseitigen. Mit mechanischen Belüftungsverfahren wird die mikrobiologische Aktivität des Bodens angeregt. Dagegen sind Dieselkraftstoff, Heizöl und Schweröl nur schlecht mikrobiologisch abbaubar, weil sie langkettige Alkane, stark adsorbierende Aromaten und Heteroverbindungen enthalten. Zum Teil dauert der vollständige Abbau solcher Mineralöle bis zu 50 Jahre. Dementsprechend sind derartige Bodenverseuchungen schwieriger zu entfernen. |
| **Gefährdungs-potential** | Mineralölkontaminationen stellen eine Gefahr für das Grundwasser dar. Die Öle können in tiefere Bodenschichten bis hin zum Grundwasser verlagert werden und gelangen so möglicherweise ins Trinkwasser. Bereits Spuren im Wasser führen zu einer erheblichen Geschmacksveränderung. Grenzwerte gibt es in diversen Bodenlisten, z. B. Niederländische und Berliner Liste (s. Tabelle 10.4). |
| **Analytik** | Die Analyse von MKW erfolgt mit Hilfe der Gaschromatographie. Die Nachweisgrenzen liegen im ppb-Bereich. (Literatur zu MKW: Blume 1990, S. 357f und Scheffer/Schachtschabel 1992, S. 343f) |

---

[35] Heteroverbindungen sind Kohlenwasserstoffverbindungen, die Schwefel, Stickstoff, Sauerstoff und andere "Hetero"-Atome enthalten.

[36] Man glaubt es kaum, daß Mineralöle auch auf Äcker versprüht werden: Mit mineralölhaltigen Präparaten "werden die Wintereier der Spinnmilben und die Schildläuse erfaßt. Mineralöl ist in der vorgeschriebenen Konzentration von geringer Giftigkeit; es bestehen keine Wasserschutzgebietsauflagen." (Börner 1990, S. 142)

## 9.2.6 Leichtflüchtige chlorierte Kohlenwasserstoffe (LCKW)

**Verwendung**  Leichtflüchtige chlorierte Kohlenwasserstoffe (LCKW) werden in großen Mengen vorwiegend als Lösungsmittel für unpolare Stoffe verwendet. Die wichtigsten Vertreter der LCKW sind Trichlorethen (Tri), Tetrachlorethen (Per), 1,1,1-Trichlorethan (TCE) und Dichlormethan (DCM) (s. Abb 9.8). Sie werden in vielen Produktionsprozessen eingesetzt, z. B. bei der Reinigung von Metalloberflächen, bei der Zellstoff- und Papierherstellung, in Gießereien, in kunststoffverarbeitenden Betrieben und in chemischen Reinigungen. Außerdem sind sie in zahlreichen Produkten, mit denen wir täglich umgehen, enthalten, z. B. Kaltreiniger, Abbeizmittel, Klebstoffprodukte, Lacke und Farben.

**Quellen**  Aufgrund ihres hohen Dampfdruckes gelangt nahezu die gesamte produzierte Menge dieser Lösungsmittel irgendwann über die Luft oder den Abfall in die Umwelt.

**Konzentrationen**  Als Grundbelastung werden Gehalte zwischen 0,1 und 110 $\mu g/m^3$ Bodenluft[37] bzw. 3 - 13 $\mu g/kg$ Boden[38] angegeben. Die allgemein in Böden vorliegenden LCKW-Gehalte stellen wahrscheinlich keine ökologische Gefährdung dar. Trotzdem sind sie ein wichtiger Hinweis auf die zunehmende Kontamination unserer Böden mit organischen Schadstoffen. Lokale hohe Konzentrationen in Böden und Wasser sind i. d. R. auf Schadensfälle[39] zurückzuführen.

**Mobilität**  Die chemisch-physikalischen Eigenschaften der einzelnen LCKW-Vertreter sind sehr unterschiedlich. Deshalb treffen wir keine allgemeingültigen Aussagen, sondern geben nur Tendenzen an: LCKW werden leicht bis mäßig im Boden gebunden ($K_{OC}$ = 7 - 360 L/kg, s. Tabelle 9.2). Diese Bindung erfolgt hauptsächlich durch die organische Substanz. Je niedriger die Wasserlöslichkeit eines LCKWs ist, desto höher ist i. d. R. seine Sorption im Boden. Gesättigte LCKW (Alkane) werden generell schwächer gebunden als ungesättigte (Alkene). Im allgemeinen sind LCKW relativ gut wasserlöslich. Daher werden sie leicht mit dem Bodenwasser in tiefere Bodenschichten bis hin zum Grund-

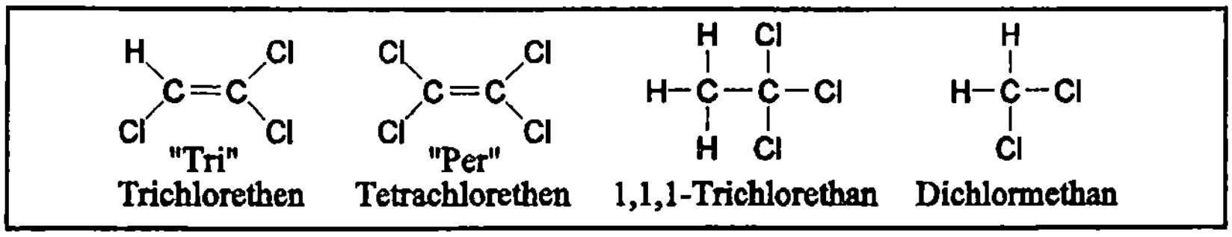

**Abb. 9.8.** Strukturformeln wichtiger leichtflüchtiger chlorierter Kohlenwasserstoffe

---

[37] Per, Tri und Trichlorethan in unbelastete Böden Süddeutschlands (Scheffer/Schachtschabel 1992, S. 338).

[38] Per, Tri und Trichlorethan in Ackerböden Niedersachsens (DBT 1990, S. 431).

[39] Beispielsweise beim Befüllen und Entleeren von Lager- und Transportbehältern, Verkehrsunfälle, undichte Abwasserkanäle, Produktionsunfälle etc.

wasserleiter transportiert. Die Abwärtsbewegung der LCKW erfolgt allerdings meistens schneller über die Bodenluft als mit dem Bodenwasser. Ihre hohen Dampfdrücke begünstigen ihren Übergang in die Bodenluft, über die sie nicht nur – wie gerade beschrieben – bis zum Grundwasserleiter vordringen, sondern auch in die Atmosphäre entweichen. Manche LCKW sind so flüchtig, daß sie sogar Betonwände und Kanalisationsrohre durchdringen und so in die Umwelt gelangen.

**Persistenz**

In der Atmosphäre werden LCKW photochemisch abgebaut. Im Boden erfolgt der mikrobiologische Abbau sowohl unter anaeroben als auch unter aeroben Bedingungen.

**Toxizität**

Manche LCKW zeigen eine starke Lebergiftigkeit und stehen im Verdacht, kanzerogen zu sein. Das Einatmen von LCKW hat beim Menschen eine narkotische Wirkung und führt in höheren Konzentrationen zur Bewußtlosigkeit. Grenzwerte gibt es in diversen Bodenlisten (Niederländische und Berliner Liste, s. Tabelle 10.4) und in der Trinkwasserverordnung.

**Analytik**

Bodenproben werden meistens mit der Headspace-Gaschromatographie und einem Elektroneneinfang-Detektor auf LCKW analysiert. Die Nachweisgrenze liegt bei 0,01 mg/kg. (Literatur zu LCKW: Blume 1990, S. 351; Scheffer/Schachtschabel 1992, S. 338 und Rippen 1996, II-2.4)

## 9.2.7 Phthalate

**Verwendung**

Phthalate werden überwiegend als **Weichmacher** in Kunststoffen, vor allem in PVC (Polyvinylchlorid) verwendet. Seit dem PCB-Verbot (s. Kap. 9.2.3) werden sie als Ersatzstoff für PCB-Weichmacher empfohlen. Auch zur Herstellung von Farben, Lacken, Kautschuk, härtbaren Knetmassen, Schmiermitteln, Kosmetika, Pestiziden etc. werden sie eingesetzt. Ein wichtiger Vertreter unter den ca. 50 verschiedenen Phthalaten ist das Di-(2-ethylhexyl)-phthalat (DEHP[40]) (s. Abb. 9.9).

**Quellen**

Die umfangreiche Verwendung von Kunststoffen, insbesondere als Verpackungsmaterial, führt dazu, daß Phthalate heute überall nachgewiesen werden können, also ubiquitär verbreitet sind. Phthalate können mit der Zeit aus Kunststoffen her-

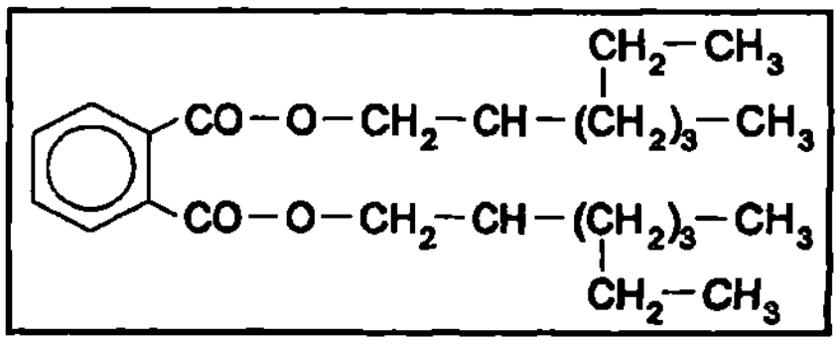

Abb. 9.9. Strukturformel des Di-(2-ethylhexyl)-phthalat

---

[40] DEHP ist identisch mit Di-octylphthalat, abgekürzt DOP.

ausdiffundieren und in Lebensmittel bzw. die Umgebungsluft übergehen. Über Luft, Abwasser und Klärschlamm gelangen sie in die Böden. In der Regel sind die Phthalatgehalte in Böden kleiner als 100 ppm. In Ausnahmefällen erreichen sie bis zu 300 ppm. (Blume 1990, S. 362)

**Mobilität**

Die Wasserlöslichkeit der Phthalate ist vergleichsweise gering, variiert jedoch deutlich je nach Phthalat. Deshalb ist ihr Bindungsverhalten im Boden unterschiedlich. Eine schwache Sorption der Phthalate an Tonminerale und Calcit wurde beobachtet. Im allgemeinen werden Phthalate jedoch an die organische Substanz gebunden. Daher ist die Mobilität von Phthalaten in humosen Böden gering[41]. Sie kann sich aber durch Komplexbildung mit gelösten Fulvosäuren erhöhen. Dies erklärt möglicherweise, warum Phthalate im Grund- und Trinkwasser nachgewiesen wurden.

**Abbau**

Unter aeroben Bedingung findet im Boden ein langsamer mikrobiologischer Abbau statt. Die Halbwertszeiten variieren zwischen 8 und 72 Tagen. Der Abbau von DEHP im Boden ist allerdings unter Experten noch nicht eindeutig geklärt.

**Toxizität**

Toxikologische Untersuchungen in den 80er Jahren ergaben, daß Phthalate praktisch keine akute Toxizität besitzen und daher als harmlos eingestuft werden können (Kemper 1983, S. 209). Eine eindeutige Aussage zu Kanzerogenität und Mutagenität der Phthalate, d. h. zu ihrer chronischen Toxizität ist derzeit nicht möglich (Koch 1995, S. 310). Anfang der 90er Jahre wurde die **hormonelle Wirkung** von Phthalaten in der Umwelt erkannt. Phthalate stehen – neben anderen chemischen Verbindungen – im Verdacht, verantwortlich für die deutliche Verschlechterung des Reproduktionsvermögens von Männern in den letzten 30 bis 50 Jahren zu sein (Ökologische Briefe 1995, S. 8). Bodengrenzwerte gibt es bislang keine.

**Analytik**

Die Analyse der Phthalate erfolgt mit Hilfe der Gaschromatographie und einem Flammenionisations-Detektor. (Literatur zu Phthalaten: Blume 1990, S. 361f; Rippen 1996, II-2.4 und Koch 1995, S. 309f)

---

[41] Ausnahme: Diethylphthalat (DEP).

# 9.3 Grundlagen chromatographischer Trennverfahren

Der Ursprung der modernen Chromatographie geht auf Michail Tswett zurück. Anfang des Jahrhunderts trennte er einzelne Komponenten von Pflanzenfarbstoffen in einer Adsorptionssäule. Er beobachtete mehrere farbige Zonen in der Säule und nannte seine Methode deshalb Chromatographie[42]. Tswett vermutete bereits damals, daß seine Trennmethode nicht nur bei Farbstoffen, wie Chlorophyll, funktioniert, sondern auf allerlei chemische – also auch farblose – Verbindungen angewendet werden kann. (Wintermeyer 1989, S. 13 und Braithwaite 1985, S. 1)

## 9.3.1 Prinzip der chromatographischen Trennung

**Anschaulicher Vergleich**

Das Prinzip der chromatographischen Trennung läßt sich am besten mit einem Vergleich erklären: Der Wanderverein "Edelweiß" bricht zu einer Wanderung durch ein enges Tal auf. In diesem Tal steht ein Wirtshaus neben dem anderen. In ihnen gibt es sehr viel Bier, aber kaum Frucht-Säfte[43]. Deshalb bleiben die BiertrinkerInnen immer recht lange sitzen und kommen nur langsam voran, während die SaftliebhaberInnen schnell das Ende des Tals erreichen. Sie werden von den Wirtshäusern kaum angezogen. (TUB 1996, S. DC 5)

---

**Definition**

*Die Chromatographie ist eine Methode zur Auftrennung von Substanzgemischen[44]. Bei den in der Spurenanalytik besonders wichtigen Verfahren findet der Trennprozeß in einer Säule[45] statt. Die Trennung der einzelnen Substanzen erfolgt dabei an der Grenzfläche zwischen einer bewegten[46] und einer ruhenden[47] Phase. Die Substanzen[48], die sich bevorzugt in der mobilen Phase aufhalten, wandern schneller durch die Säule als die übrigen Substanzen[49].* (Naumer 1990, S. 21; Schwedt 1995, S. 307 und Gritter 1987, S. 3)

---

[42] Das Wort "Chromatographie" setzt sich aus den zwei griechischen Wörtern "chroma" ($\chi\rho\omega\mu\alpha$) = "Farbe" und "graphein" ($\gamma\rho\alpha\phi\epsilon\iota\nu$) = "schreiben" zusammen.

[43] Auf speziellen Wunsch von Stephan! Jörg würde lieber – wie es im von Maike geschriebenen Orginaltext steht – Limonade trinken.

[44] Das Substanzgemisch entspricht im obigen Beispiel der Mischung aus Bier- und SafttrinkerInnen.

[45] Die Säule entspricht dem engen Tal.

[46] Die bewegte Phase entspricht der Wandergruppe.

[47] Die ruhende Phase entspricht den Wirtshäusern.

[48] Die SafttrinkerInnen.

[49] Die BiertrinkerInnen.

**Modellvorstellung**

Das Grundprinzip der chromatographischen Trennung wollen wir anhand eines vereinfachten Modells veranschaulichen (s. Abb. 9.10). Die Substanzen A, B und C sollen voneinander getrennt werden. Das Substanzgemisch wird einmalig am Start der Trennstrecke aufgegeben (I). Zu Beginn befindet es sich vollständig in der mobilen Phase (z. B. Wasser), dann kommt es in Kontakt mit der stationären Phase (z. B. Fett). Wir stellen folgendes Phänomen fest (II): Die **Substanz A** bevorzugt die fettige stationäre Phase. Ein großer Teil von A geht daher aus der mobilen in die stationäre Phase über. Die Moleküle der **Substanz B** haben keine besonderen Vorlieben[50]: Sie verteilen sich zu je 50 % auf beide Phasen. Die **Substanz C** dagegen liebt das Wasser und geht nur zu einem kleinen Bruchteil in die fettige stationäre Phase über. Wir beobachten also, daß sich die verschiedenen Substanzen unterschiedlich auf die beiden Phasen verteilen. Am Ort ① stellt sich ein **Gleichgewicht** ein.

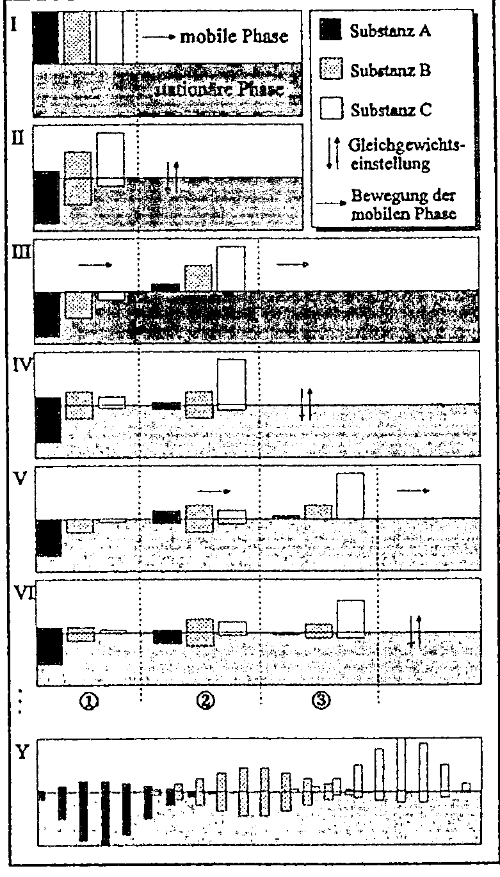


**Abb. 9.10.** Modell einer chromatographischen Trennung dreier Substanzen.

Die Größe der Balken gibt die relative Konzentration der einzelnen Substanzen in der mobilen bzw. stationären Phase an. Das Verhältnis "Konzentration in der stationären Phase zu Konzentration in der mobilen Phase" ist bei Substanz A gleich 5, bei Substanz B gleich 1 und bei Substanz C gleich 0,2.

Nach der Gleichgewichtseinstellung bewegt sich die mobile Phase – in unserem Modell ruckartig – ein Stück weiter (III). Die Moleküle, die sich in der mobilen Phase aufhalten, bewegen sich mit. Die anderen Moleküle, die an die stationäre Phase gebunden sind, bleiben zurück. Nun beobachten wir wieder

---

[50] Die WirtschaftswissenschaftlerIn würde sagen, die Partikeln B seien indifferent.

das gleiche Verteilungsphänomen wie oben beschrieben (IV): Substanz A hält sich bevorzugt in der stationären Phase auf, Substanz B ist unentschlossen und Substanz C favorisiert die mobile Phase. Es stellt sich an jedem Ort (① und ②) ein neues Gleichgewicht der Substanzen zwischen der mobilen und der stationären Phase ein.

Mit der Zeit bewegen sich die Substanzen mit der mobilen Phase[51] Stück für Stück vorwärts (V - Y). An jedem Ort (①, ②, ③, ...) stellt sich ein Gleichgewicht der Substanzen zwischen der mobilen und der stationären Phase ein. Beachten Sie, daß an jeder Gleichgewichtseinstellung sowohl die mit der mobilen Phase mitwandernden Substanzen als auch die an der stationären Phase festgelegten Substanzen beteiligt sind. Nach drei Gleichgewichtseinstellungen zeigt sich bereits, daß die Substanz A am langsamsten, Substanz B etwas schneller und die Substanz C am schnellsten wandern. Die drei Substanzen passieren die Trennstrecke mit unterschiedlichen Geschwindigkeiten und trennen sich daher im Laufe des "chromatographischen Prozesses" voneinander. Nach 20 Gleichgewichtseinstellungen (Y)[52] erkennt man, daß sich jede Substanz über einen bestimmten Bereich der Trennstrecke erstreckt. Die ursprünglich an einer Stelle aufgegebenen Substanzen verbreitern sich zu Zonen. Die Verteilung der Konzentration in der mobilen Phase entspricht im Idealfall einer Gaußverteilung und wird Peak genannt.

**Realität**    Im Unterschied zum idealen Modell treten in der realen Chromatographie Diffusionsvorgänge auf, die zu einer zusätzlichen Verbreiterung der Substanzpeaks führen. Außerdem bewegt sich bei einer "echten" chromatographischen Trennung die mobile Phase nicht wie in unserem Modell ruckartig, sondern kontinuierlich an der stationären Phase vorbei. Der Verteilungsprozeß zwischen der mobilen und der stationären Phase findet permanent statt. Je öfter sich ein Gleichgewicht zwischen mobiler und stationärer Phase einstellt, desto besser ist die Trennung.[53]

**Retentionszeit**    Die Geschwindigkeiten der einzelnen Substanzen sind geringer als die Fließgeschwindigkeit der reinen mobilen Phase, weil die Substanzen von der stationären Phase – unterschiedlich stark – "gebremst" werden. Die Zeit, die vergeht zwischen dem Austritt der reinen mobilen Phase und dem Austritt einer Substanz aus dem chromatographischen System, bezeichnet man als **Retentionszeit**[54]. Sie ist eine charakteristische Größe für jeden Reinstoff[55].

---

[51] Die mobile Phase (z. B. $H_2O$) fließt kontinuierlich durch das Trennsystem und transportiert die einmalig aufgegebenen Substanzen über die Trennstrecke.

[52] Die Maßstäbe der x- und der y-Achse wurde gegenüber den Diagrammen I bis VI verändert (Abb. 9.10).

[53] Siehe Exkurs "Trennstufenmodell".

## *Exkurs* *Trennstufenmodell*

**Definition**

*Die Leistungsfähigkeit eines chromatographischen Systems hängt in erster Linie von der Anzahl der Gleichgewichtseinstellungen, der sogenannten **Trennstufenzahl**, ab. Je höher diese Trennstufenzahl N ist, desto besser ist die Trennung zweier Substanzen. Als Trennstufe – auch theoretischer Boden genannt – bezeichnet man ein gedachtes Teilstück der Trennstrecke[56], in dem eine Gleichgewichtseinstellung zwischen mobiler und stationärer Phase stattfindet. Beachten Sie, daß die Trennstufe ein rein hypothetischer Begriff ist und nicht in der Realität vorhanden ist. Im idealisierten Modell sind 20 Trennstufen schematisch dargestellt (s. Abb. 9.10 Y). Je länger eine Säule ist, desto mehr Trennstufen sind darin enthalten[57], und desto besser ist die Trennung eines Substanzgemisches.*

**Bandenverbreiterung**

*Allerdings hängt die Trennleistung neben der Trennstufenzahl N auch von der Länge der Trennstrecke ab. Mit längerer Trennstrecke nimmt die **Bandenverbreiterung** zu. Die Peakqualität wird schlechter. Die Bandenverbreiterung hat folgende Ursachen:*

- *Der **chromatographische Prozeß** an sich führt zu einer Bandenverbreiterung aufgrund der wiederholten Stoffaustauschvorgänge zwischen mobiler und stationärer Phase (s. Abb. 9.10). Je höher die Strömungsgeschwindigkeit der mobilen Phase ist, desto schlechter ist der Stoffaustausch, und desto größer ist die Bandenverbreiterung.*

- ***Diffusionsvorgänge in Längsrichtung** innerhalb der Trennsäule ziehen die punktförmig aufgegebene Probe auseinander. Je geringer die Strömungsgeschwindigkeit der mobilen Phase ist, desto größer ist der Einfluß der Längsdiffusion.*

- *Jedes Substanzmolekül sucht sich einen <u>anderen</u> Weg durch die (feste) stationäre Phase. Die **Wege** sind für jedes Molekül **unterschiedlich lang**. Dieser Effekt ist unabhängig von der Strömungsgeschwindigkeit, wird jedoch durch unterschiedliche Korngrößen der stationären Phase verstärkt.[58]*

**Tabelle 9.3.** Typische Trennstufenzahlen und Trennstufenhöhen in der einfachen Säulenchromatographie (SC), der Gaschromatographie (GC) und der Hochdruckflüssigkeitschromatographie (HPLC) (nach Meyer 1990, S. 3)

|  | Trennstufenzahl N | | Trennstufenhöhe H[59] |
|---|---|---|---|
|  | pro Meter | pro Säule |  |
| **einfache Säulenchromatographie** | 200 | 100 | 5 mm |
| **Gaschromatographie       gepackte Säule** | 1.000 | 2.000 | 1 mm |
| **Kapillarsäule** | 3.000 | 50.000 | 0,3 mm |
| **Hochdruckflüssigkeitschromatographie** | 50.000 | 5.000 | 0,02 mm |

---

[54]  Das Wort "Retention" leitet sich aus dem lateinischen Wort "retinere" = "zurückhalten" ab. Die Retentionszeit ist diejenige Zeit, in der die Substanzen von der stationären Phase festgehalten werden.

[55]  Die Retentionszeit einer Substanz ist natürlich nur dann konstant, wenn die Bedingungen des chromatographischen Trennvorganges nicht verändert werden: z. B. Temperatur, stationäre Phase, mobile Phase, Geschwindigkeit der mobilen Phase, etc.

[56]  "Trennstrecke" ist ein kürzeres Wort für "Länge des chromatographischen Systems".

[57]  Vorausgesetzt die Säule enthält das gleiche Material als stationäre Phase.

[58]  Dieser Effekt wird Streudiffusion oder auch Eddy-Diffusion genannt.

**Optimum**    *Die Bandenverbreiterung ist minimal, wenn sich das Gleichgewicht möglichst oft auf möglichst kurzer Strecke einstellen kann. Eine optimiertes Trennsystem weist daher möglichst viele
Trennstufen bei einer kurzen Trennstrecke auf. Mit anderen Worten: Die Trennstufenhöhe
$H^{59}$ muß minimal sein. Beispielweise hat die Hochdruckflüssigkeitschromatographie (HPLC)
eine höhere Trennleistung als die einfache Säulenchromatographie, weil die erreichbare
Trennstufenhöhe H wesentlich geringer ist (s. Tabelle 9.3). Die optimale Trennstufenhöhe
wird über die Strömungsgeschwindigkeit eingestellt. (Meyer 1990, S. 15ff und Schwedt 1995,
S. 311f)*

## 9.3.2 Einteilung der chromatographischen Verfahren

Es gibt viele verschiedene Chromatographieverfahren, die alle nach dem oben
geschilderten Prinzip funktionieren. Sie können eingeteilt werden

- nach dem Aggregatzustand der mobilen und der stationären Phase
  (s. Tabelle 9.4),
- nach dem zugrundeliegenden physikalisch-chemischen Trennungsprinzip (s. Tabelle 9.5) und
- nach dem Aufbau der Trennstrecke.

**Aggregatzustän-**    Je nach Wahl der mobilen[60] bzw. der stationären Phase können vier Chromato-
**de der Phasen**    graphiemethoden unterschieden werden (s. Tabelle 9.4). Die mobile Phase
kann gasförmig oder flüssig sein. Die stationäre Phase kann flüssig oder fest
sein.

**Tabelle 9.4.** Einteilung der Chromatographieverfahren nach dem Aggregatzustand der beiden
Phasen (nach Schwedt 1995, S. 308)

| | stationäre Phase | |
|---|---|---|
| **mobile Phase** | **fest** | **flüssig[a]** |
| **gasförmig**<br>GC (Kap. 9.4) | Gas-Fest-Chromatographie<br>(Gas-Solid-Chromatogr., GSC)<br>Gas-Adsorptions-Chromatogr.[b] | Gas-Flüssig-Chromatographie<br>(Gas-Liquid-Chromatogr., GLC)<br>Gas-Verteilungs-Chromatographie[b] |
| **flüssig**<br>HPLC (Kap. 9.5),<br>SC, PC, DC (s. u.) | Flüssig-Fest-Chromatographie<br>(Liquid-Solid-Chromatogr., LSC)<br>Adsorptions-Chromatographie[b] | Flüssig-Flüssig-Chromatographie<br>(Liquid-Liquid-Chromatogr., LLC)<br>Verteilungs-Chromatographie[b] |

[a]    "Stationäre flüssige Phasen sind Lösungsmittel, die als dünner Film auf einem porösen
feinkörnigen Feststoff, der als Träger dient, aufgebracht sind." (Naumer 1990, S. 21)

[b]    Zu den Begriffen Adsorptions- und Verteilungs-Chromatographie s. Tabelle 9.5.

---

[59]    Die Trennstufenhöhe H ist die Länge der Trennstrecke L dividiert durch die Trennstufenzahl N.

[60]    Die mobile Phase ist das Laufmittel, das das Probengemisch aufnimmt und an der stationären Phase vorbeitrans-
portiert. Auch die Bezeichnungen Fließ- und Elutionsmittel sind gebräuchlich. Vermeiden Sie die Begriffe
Lösemittel oder Lösungsmittel als Bezeichnung für die mobile Phase.

**Physikalisch-chemisches Trennungsprinzip**
Die Trennung mehrerer Substanzen beruht auf unterschiedlichen physikalisch-chemischen Eigenschaften der Substanzen gegenüber der mobilen und der stationären Phase. Da es sehr unwahrscheinlich ist, daß zwei Substanzen das exakt gleiche physikalisch-chemische Verhalten besitzen, kann praktisch jedes chemische Gemisch chromatographisch aufgetrennt werden. Theoretisch könnnen die in Tabelle 9.5 genannten Trennungsprinzipien unterschieden werden. Beachten Sie jedoch, daß bei einer chromatographischen Trennung in der Regel mehrere Mechanismen gleichzeitig wirken.

**Tabelle 9.5.** Einteilung der wichtigsten Chromatographie-Verfahren nach dem zugrundeliegenden physikalisch-chemischen Trennungsprinzip (nach Naumer 1990, S. 21ff; Schwedt 1992, S. 146 und Meyer 1990, S. 4)

| Chromatographie Verfahren | Chemisch-physikalisches Trennungsprinzip | Methoden[a] |
|---|---|---|
| Adsorptions-Chromatographie | Die Substanzen der Probe adsorbieren je nach Art ihrer funktionellen Gruppen mehr oder weniger stark, aber reversibel, an einer festen stationären Phase. Durch diese unterschiedlich starke Adsorption können zwei Substanzen voneinander getrennt werden. Häufig werden polare Materialien wie Silicagel und Aluminiumoxid als stationäre Phase verwendet. (Zur Adsorption s. auch Kap. 8.2.1) | DC, SC, GSC, HPLC |
| Verteilungs-Chromatographie | Die stationäre Phase ist ein dünner Flüssigkeitsfilm, der auf einem porösen Trägermaterial aufgezogen ist. Die mobile Phase ist flüssig[b] oder gasförmig. Die Substanzen der Probe verteilen sich entsprechend ihrer Löslichkeit in den beiden Phasen. Ist die mobile Phase gasförmig, spielt auch die Flüchtigkeit der Substanz eine Rolle, d. h. ihr Bestreben von der stationären Flüssigphase in die mobile Gasphase überzugehen. Unterschiedliches Löslichkeits- oder Dampfdruckverhalten führt zur Trennung von zwei Substanzen. | PC, DC, SC, GLC, HPLC |
| Ionenaustausch-Chromatographie | Ionen des Probengemisches werden an funktionellen Gruppen der stationären Phase gegen andere Ionen reversibel ausgetauscht. Die Trennung beruht darauf, daß verschiedene Ionen je nach Ionenradius und Ladung mehr oder weniger stark an die stationäre Phase gebunden werden. | IC, DC, SC, HPLC |
| Molekülausschluß-Chromatographie (Gelpermeations-Chromatographie) | Die Substanzen der Probe werden aufgrund unterschiedlicher Molekülgröße getrennt. Die stationäre Phase (Gel) besitzt feine Poren und wirkt wie ein Sieb: Größere Moleküle können nur schlecht in die Poren der stationären Phase eindringen. Sie bleiben überwiegend in der mobilen Phase und wandern praktisch unverzögert durch das chromatographische System. Kleinere Moleküle dagegen dringen in die Poren ein und werden auf diese Weise "gebremst". | SC, HPLC |

[a]   DC: Dünnschichtchromatographie, SC: Säulenchromatographie, PC: Papierchromatographie, HPLC: Hochdruckflüssigkeitschromatographie, IC: Ionenchromatographie, GSC: Gas-Fest-Chromatographie, GLC: Gas-Flüssig-Chromatographie (s. Tabelle 9.4).

[b]   Für flüssige mobile Phasen gilt: Die flüssige stationäre und die mobile Phase dürfen nicht vollständig miteinander mischbar sein, d. h. sie müssen sich in ihrer Polarität stark unterscheiden. Zusätzlich wird die mobile Phase mit der flüssigen stationären Phase gesättigt, damit die stationäre Phase nicht in die mobile Phase übergeht. – Wäre doch schade, nicht wahr?

**Aufbau der Trennstrecke**

Schließlich können die Chromatographieverfahren nach dem mechanischen Aufbau der Trennstrecke in zwei Typen eingeteilt werden:

- **Säulenchromatographie**: Dazu zählen die "einfache" Säulenchromatographie, die Gaschromatographie (s. Kap. 9.4) und die Hochdruckflüssigkeitschromatographie (s. Kap. 9.5). Bei diesen Verfahren kommen die Substanzen zum Schluß wieder aus dem Trennsystem heraus; sie verlassen das System. Als Ergebnis erhält man ein sogenanntes **äußeres Chromatogramm**. Anhand der Retentionszeiten[61] können die einzelnen Substanzen identifiziert werden.

- **Schichtchromatographie**[62]: Dazu zählen die Papier- und die Dünnschichtchromatographie. Da die Probensubstanzen das chromatographische System nicht verlassen, erhält man ein sogenanntes **inneres Chromatogramm**. Die Substanzen können anhand der jeweils zurückgelegten Strecke identifiziert werden. (TUB 1996, S. DC 7)

**"Einfache" Säulenchromatographie**

Die einfache Säulenchromatographie (SC) ist die älteste chromatographische Methode. Sie wird in der Analytik fast nur für präparative Zwecke, d. h. zum Reinigen chemisch hergestellter Verbindungen, und zur Probenaufbereitung verwendet. Sie ist eine billige und effektive Trennmethode, allerdings wird sie in der Spurenanalytik nur für die Probenaufbereitung eingesetzt.

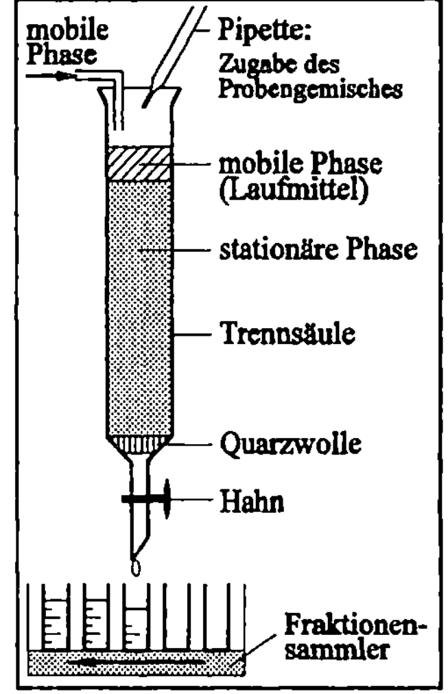


**Abb. 9.11.** "Einfache" Säulenchromatographie (nach Schwedt 1995, S. 334)

***Exkurs*** *"Einfache" Säulenchromatographie*

*Für die einfache Säulenchromatographie verwendet man eine **Trennsäule** aus Glas oder Edelstahl mit 1 - 5 cm Durchmesser und ca. 30 cm Länge (s. Abb. 9.11). Die stationäre Phase[63] wird mit der **mobilen Phase** (**Laufmittel**) aufgeschlämmt und in die senkrecht stehende Säule eingefüllt. **Quarzwolle** verhindert das Austreten kleiner Teilchen. Über der stationären Phase muß ständig ein kleiner Überstand mobiler Phase vorhanden sein. Sollte eine Säule einmal trocken laufen, muß sie neu befüllt werden, da Luftblasen in der Säule einen gleichmäßigen Durchfluß blockieren. Das **Probengemisch** wird mit einer **Pipette** einmalig auf die Säule getropft, während kontinuierlich Laufmittel zugegeben*

---

[61]  IF Retentionszeit UNKNOWN THEN GOTO S. 195.

[62]  Schichten sind Ebenen und Ebenen sind planar. Deshalb wird diese Art der Chromatographie manchmal auch "Planar-Chromatographie" genannt (Schwedt 1995, S. 307).

[63]  Als stationäre Phasen stehen zahlreiche Materialien zur Verfügung. Häufig verwendete Materialien sind Aluminiumoxid ($Al_2O_3$), Silicagel ($SiO_2$ = Kieselgel), Cellulose, Polyamid und Aktivkohle. Der Teilchendurchmesser beträgt 100 bis 200 μm.

*wird. Das Probengemisch und das Laufmittel fließen unter Atmosphärendruck allein aufgrund der Schwerkraft durch die Säule. Dabei kann die Fließgeschwindigkeit mit dem Hahn reguliert werden (1 - 20 mm/min).*

*Aufgrund unterschiedlicher Wechselwirkungen der einzelnen Substanzen mit den beiden Phasen verlassen diese nacheinander die Säule. Mit Detektoren kann festgestellt werden, wann Substanzen die Säule verlassen. Und mit einem **Fraktionensammler** kann das Eluat fraktionsweise aufgefangen und weiter analysiert werden. Je nach Wahl der stationären Phase sind alle in der Tabelle 9.5 beschriebenen Trennungsprinzipien realisierbar. In der Regel ist die stationäre Phase ein relativ polares Material, z. B. Silicagel (= Kieselgel) oder Aluminiumoxid, das Laufmittel flüssig und relativ unpolar, z. B. Heptan. Dann gilt: Polare Stoffe werden später eluiert als unpolare. (Gritter 1987, S. 9; Schwedt 1995, S. 333f und Naumer 1990, S. 32f)*

**HPLC**

In den 60er Jahren wurde die einfache Flüssigkeits-Säulenchromatographie zur **Hochdruckflüssigkeitschromatographie** (HPLC) weiterentwickelt. Im Unterschied zur einfachen SC ist der Durchmesser der HPLC-Edelstahlsäulen viel kleiner (2 - 5 mm). Außerdem wird – wie der Name schon sagt – das Laufmittel mit einem Überdruck durch die Säule gepreßt. Lösliche Feststoffe und gering flüchtige Flüssigkeiten können mit der HPLC untersucht werden. Mit der HPLC sind gegenüber der einfachen SC wesentlich höhere Trennleistungen zu erzielen (s. Kap. 9.5). (Schwedt 1995, S. 334)

**GC**

Auch die **Gaschromatographie** (GC) ist eine Methode der Säulenchromatographie. Bei ihr ist die mobile Phase gasförmig. Die stationäre Phase kann fest oder flüssig sein. Gasförmige sowie flüssige und feste Substanzen, die unter 400 °C sieden, aber sich noch nicht zersetzen, sind für die GC-Analyse geeignet. Die GC-Kapillar-Säulen haben einen Durchmesser von 0,2 - 1 mm und eine Länge von bis zu 300 m (s. Kap. 9.4).

**Papier- und Dünnschichtchromatographie**

Aus der Verteilungschromatographie in einer Säule entwickelte Consden 1944 die Papierchromatographie (PC). Dabei verwendete er als stationäre Phase anstelle der gepackten Säule ein Spezialpapier aus Cellulose. Die Dünnschichtchromatographie (DC) stellt eine Weiterentwicklung der PC dar. Die stationäre Phase (z. B. Silicagel, Aluminiumoxid, Kieselgur, Cellulose) ist dabei auf einem harten Träger, z. B. einer Glasplatte, ganz dünn aufgetragen. Je nach Wahl der stationären Phase beruht die Trennung überwiegend auf Adsorption, Verteilung oder Ionenaustausch (s. Tabelle 9.5). Die Dünnschichtchromatographie erzielt eine höhere Trennleistung, kürzere Laufzeiten, größere Trennschärfe und eine höhere Empfindlichkeit als die Papierchromatographie. (Daecke 1981, S. 8 und 47)

Papier- und Dünnschichtchromatographie sind relativ einfache Verfahren, um ein Gemisch in seine einzelnen Substanzen aufzutrennen. Eine quantitative Auswertung ist allerdings schwierig. In der Spurenanalytik spielen sie daher gegenüber der GC und HPLC nur eine untergeordnete Rolle. Die im folgenden Exkurs für die Dünnschichtchromatographie beschriebene Arbeitsweise ist bei beiden Methoden gleich, gilt also auch für die Papierchromatographie.

**Exkurs** *Dünnschichtchromatographie*

**Prinzip**

*Ein ca. 30 cm langer **beschichteter Träger** wird als stationäre Phase verwendet (s. Abb. 9.12). Die zu trennende flüssige **Probe** wird mit einer Glaskapillare punktförmig an der **Startlinie** der Platte aufgetragen. Sobald die Probe getrocknet ist, wird der Träger senkrecht in eine verschließbare **Trennkammer** gestellt. In der Trennkammer befindet sich das **Laufmittel**, die mobile Phase. Es ist darauf zu*

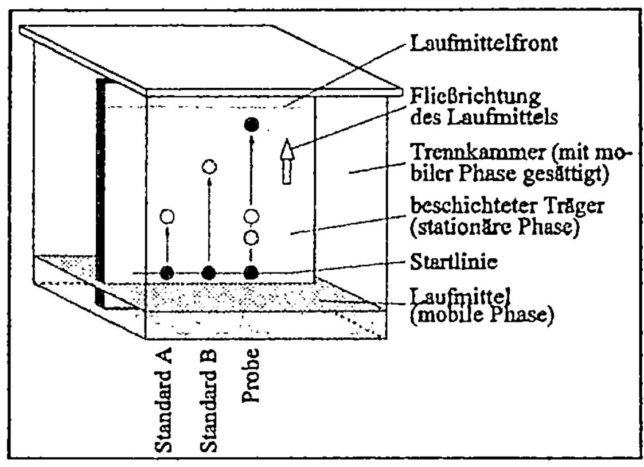


**Abb. 9.12.** Dünnschichtchromatographie (nach Schwedt 1995, S. 323)

*achten, daß die Startlinie nicht in das flüssige Laufmittel eintaucht. Aufgrund der Kapillarkraft steigt das Laufmittel nach oben. Auf dem Weg nach oben nimmt es die einzelnen Substanzen des Gemisches mit. Je nach Affinität zur stationären und mobilen Phase wandern die einzelnen Substanzen unterschiedlich schnell mit dem Laufmittel nach oben. Der Träger wird aus der Trennkammer entnommen, bevor das Laufmittel die obere Kante der Platte erreicht hat. Die Laufmittelfront sofort markieren, weil das Laufmittel schnell verdunstet, und die Front dann unsichtbar wird. Die einzelnen Komponenten des Gemisches erreichen eine unterschiedliche Höhe auf dem Träger und werden so voneinander getrennt. Der ganze Vorgang wird als "**Entwicklung des Chromatogramms**" bezeichnet.*

**Detektion**

*Wenn die Substanzen keine Eigenfarbe aufweisen, dann können sie durch Besprühen mit Reagenzien sichtbar gemacht werden. Die Lokalisation der Substanzen auf dem Träger ist auch mit UV-Bestrahlung möglich. Dazu muß bei der Herstellung der stationären Phase ein unter UV-Strahlung fluoreszierender Stoff beigemischt werden. Wird ein solches Chromatogramm unter eine UV-Lampe gehalten, dann überdecken die Substanzflecken die Fluoreszenz und lassen die entsprechenden Stellen grau erscheinen (Fluoreszenzlöschung).*

**Identifikation**

*Ein charakteristischer Parameter für jede Substanz ist der sogenannte $R_f$-Wert[64]. Der $R_f$-Wert eines Stoffes ist das Verhältnis der von der Substanz zurückgelegten Strecke zu der vom Laufmittel zurückgelegten Strecke:*

$$R_f = \frac{\text{Strecke "Startlinie - Substanzpunkt"}}{\text{Strecke "Startlinie - Laufmittelfront"}} \qquad R_f \quad \text{Retentionsfaktor} \quad (0 \le R_f \le 1)$$

---

[64] In der Literatur tauchen verschiedene Erklärungen für die Abkürzung $R_f$ auf: "Ratio to Front" oder "Retentionsfaktor". Wie dem auch sei: Verwechseln Sie den $R_f$-Wert auf gar keinen Fall mit dem Responsefaktor $RF$ bei der Gaschromatographie und der Hochdruckflüssigkeitschromatographie (s. Kap. 9.4.4).

*Damit eine Substanz eindeutig identifiziert werden kann, muß der Stoff, für den sie gehalten wird, als Standard auf die Startlinie gegeben und gleichzeitig mit dem Probengemisch entwickelt werden. Die $R_f$-Werte der Probensubstanzflecken werden mit den $R_f$-Werten der Standardflecken verglichen. Wir raten dringend davon ab, $R_f$-Werte aus der Literatur für die Auswertung heranzuziehen. Die $R_f$-Werte hängen neben der gewählten mobilen und der stationären Phase von vielen weiteren Faktoren ab, z. B. der Raumtemperatur.*

**Beispiel**

*Aus dem Beispielchromatogramm in Abb. 9.12 können Sie folgendes ablesen: Die Standardsubstanz A ist möglicherweise in der Probe enthalten, die Substanz B ist nicht in der Probe enthalten, und zwei andere Substanzflecken der Probe sind mit diesem Chromatogramm nicht identifizierbar. Soll eindeutig nachgewiesen werden, daß die Substanz A in der Probe enthalten ist, dann müssen Sie das Verfahren mit mehreren verschieden polaren Laufmitteln wiederholen. Die $R_f$-Werte von Probensubstanz und Standard müssen in allen Fällen identisch sein. (TUB 1996, S. DC 11)*

**Tabelle 9.6.** Gegenüberstellung der Papier- und Dünnschichtchromatographie (nach Daecke 1981)

| | **Papierchromatographie** | **Dünnschichtchromatographie** |
|---|---|---|
| **Trennungsprinzip** | Verteilungschromatographie | Je nach Wahl der stationären Phase überwiegt die Adsorptions- oder die Verteilungschromatographie. |
| **stationäre Phase** | Wasser, mit dem ein Spezial-Filterpapier* aus Cellulose getränkt wird. | Bei Adsorptionschromatographie meist Silicagel oder Aluminiumoxid; bei Verteilungschromatographie z. B. Wasser, Formamid oder Siliconöl auf Cellulose oder Silicagel. Die stationäre Phase ist dünn auf eine Glas- oder Kunststoffplatte aufgetragen. |
| **mobile Phase** | Mit Wasser mischbare organische Lösungsmittel, z. B. Essigsäure, Ethanol, Aceton. | |
| **Identifizierung der Substanzen** | $R_f$-Wert, Vergleich mit Standardsubstanzen; i. d. R. nur qualitative Auswertung, quantitative Auswertung sehr aufwendig. | |
| **Trennschärfe** | mäßig | sehr gut |
| **Anwendung** | Z. B. Trennung von Aminosäuren, Zucker, Insektiziden, Pigmenten, Phenolen. Wegen der geringeren Trennschärfe und schlechten Reproduzierbarkeit heute kaum noch von Bedeutung. Die PC ist weitgehend von der DC abgelöst worden. | Qualitative und präparative Methode in der Medizin und Biologie; in der Umweltanalytik selten angewendet, z. B. Nachweis von PAK im Trinkwasser. Pilottechnik zur Auswahl geeigneter mobiler und stationärer Phasen für die einfache Säulenchromatographie und die HPLC. |

* Prinzipiell funktioniert das Ganze aber sogar mit einem stinknormalen Kaffeefilter.

### 9.3.3  Eluotrope Reihe

**Flüssig-Fest-Chromatographie**  Bei der Flüssig-Fest-Chromatographie (LSC) treten nicht nur die Substanzen, sondern auch die Moleküle des Laufmittels mit der festen stationären Phase in Wechselwirkung. Die Laufmittelmoleküle konkurrieren mit den zu trennenden Substanzmolekülen um die freien Adsorptionsplätze (meist OH-Gruppen) der festen stationären Phase. Ein Laufmittel, das sich sehr stark an die Adsorptionsplätze bindet, ist ein sehr **eluotropes** Laufmittel, seine Elutionskraft ist hoch: Substanzmoleküle, die an die Adsorptionsplätze gebunden sind, werden von einem solchen Laufmittel relativ schnell wieder verdrängt. Umgekehrt ist die Elutionskraft eines Laufmittels schwach, wenn es nur geringe Wechselwirkungen mit der stationären Phase eingeht. Gegenüber einer polaren stationären Phase sind polare Laufmittel (z. B. Wasser) stark eluotrop, unpolare Laufmittel (z. B. Hexan) sind schwach eluotrop.

**Flüssig-Flüssig-Chromatographie**  Auch bei der Flüssig-Flüssig-Chromatographie (LLC) spielt die Polarität der Stoffe eine Rolle: Nach dem Motto **"Gleiches löst Gleiches"** lösen sich polare Stoffe besser in polaren Lösungsmitteln. Jene Substanzen, die sich besser in der stationären Flüssigkeit lösen, bewegen sich langsamer durch das chromatographische System, und jene, die sich besser in der mobilen Phase lösen, schneller.

**Eluotrope Reihe**  Gemäß ihrer Polarität können die Laufmittel in einer sogenannten **"Eluotropen Reihe"** angeordnet werden (s. Tabelle 9.7). Mit der Wahl des Laufmittels kann die Elutionskraft variiert, und damit die Trennqualität zweier Substanzen beeinflußt werden. Ist beispielsweise die Elutionskraft des Laufmittels zu groß, dann gehen alle Substanzen des Probengemisches sehr schnell durch das Trennsystem (kurze Retentionszeit) und werden nur minimal voneinander

**Tabelle 9.7.** Eluotrope Reihe für die stationäre Phase Aluminiumoxid (nach Naumer 1990, S. 31)

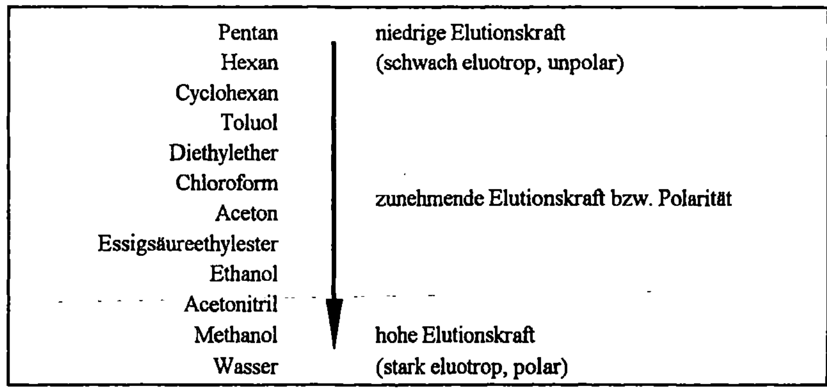

getrennt. Die Anordnung der Laufmittel nach ihrer Elutionskraft ist nicht allgemein gültig, sondern abhängig von der jeweiligen stationären Phase.

## 9.3.4 Anwendung

Moderne chromatographische Trennmethoden sind geeignet, Substanzen im Spurenbereich zu trennen und nachzuweisen. Sie werden in vielen Bereichen der Pharmazie, Chemie, Lebensmittelchemie, Biochemie, Umweltanalytik etc. eingesetzt. Mit modernen Geräten sind sowohl qualitative als auch quantitative Bestimmungen einzelner Stoffe möglich. In der Umweltschadstoffanalytik sind Chromatographen heute unentbehrlich. Mit GC, HPLC und Dünnschicht-chromatographie können geringste Mengen organischer (Schad-)stoffe in Wasser, Boden und Luft nachgewiesen werden. (Naumer 1990, S. 22 und Hein 1994, S.198)

## 9.3.5 Chromatographie im Boden

**Grundwasser-leiter**   Vielleicht haben Sie sich schon gefragt, ob die Chromatographie nur eine analytische Methode ist oder ob sie auch in der Natur eine Rolle spielt. In der Tat: Im Boden, genauer gesagt im Grundwasserleiter (gesättigte Bodenzone), laufen ebenfalls chromatographische Prozesse ab. Dabei stellen die **Boden-partikeln** die feste stationäre Phase dar und das **Grundwasser** die mobile Phase. Stoffe, die ins Grundwasser gelangen, werden mit diesem durch den porösen Bodenkörper transportiert. Untersuchungen zeigen, daß verschiedene Substanzen unterschiedlich schnell verlagert werden. Diese unterschiedlichen Transportgeschwindigkeiten der einzelnen Stoffe beruhen auf dem Chromato-graphie-Effekt: In Abhängigkeit von ihren chemisch-physikalischen Stoff-eigenschaften und von der Bodenbeschaffenheit werden die Substanzen mehr oder weniger stark im Boden zurückgehalten. Wesentlicher Unterschied zwischen dem Grundwasserleiter und den chromatographischen Analysen-verfahren ist, daß in der Analytik eine einmalige Substanzinjektion erfolgt, während im natürlichen Grundwasserleiter oft Quellen vorhanden sind, die kontinuierlich Stoffe abgeben bzw. Schadstoffe emittieren.

**Tracer-Tests**   In der Forschung werden sogenannte Tracer-Tests eingesetzt, um die Mobili-tät von Substanzen und die Transportprozesse, die im Grundwasserleiter ablaufen, zu erforschen. Dabei wird – analog zur Analytik – nur einmalig und an einem Punkt eine Tracer-Lösung[65] in den Grundwasserleiter injiziert. Einige Meter weiter im Grundwasserabstrom werden kontinuierlich Wasserproben entnommen und analysiert. Die Ergebnisse einer solchen Untersuchung werden häufig in einem Konzentration-Zeit-Diagramm aufgetragen. Dabei fällt sofort die starke Ähnlichkeit auf, die ein solches Diagramm mit einem Chromatogramm hat. Einige Stoffe adsorbieren nicht oder nur minimal an den Bodenpartikeln.[66] Andere Stoffe werden stark zurückgehalten.

**Fragen**

1. Eine andere Möglichkeit als die Chromatographie, um Substanzen zu trennen, ist die sogenannte "Flüssig-Flüssig-Verteilung". Dazu gibt man zwei verschieden polare – nicht miteinander mischbare – Lösungsmittel in einen Scheidetrichter. Die zu trennenden Substanzen befinden sich am Anfang in einem der beiden Lösungsmittel. Der Kolben wird dann intensiv geschüttelt. Besitzen die Substanzen unterschiedliche polare Eigenschaften, dann verteilen sie sich auf die beiden Lösungsmittel: polare Substanzen bevorzugen das polare Lösungsmittel, und unpolare Substanzen gehen lieber in das unpolare Lösungsmittel über. Der Vorgang wird mehrmals wiederholt. Mit dieser Trennmethode können Bodenextrakte, die viele Substanzen enthalten, von einem Teil der unerwünschten Stoffe befreit werden. Die zwei Lösungsmittel müssen so gewählt werden, daß sich der zu untersuchende Stoff in dem einen Lösungsmittel und die störenden Stoffe möglichst alle in dem anderen Lösungsmittel bevorzugt aufhalten. Was unterscheidet diese Trennmethode grundsätzlich vom chromatographischen Trennprinzip?

2. Erläutern Sie die Begriffe "inneres Chromatogramm" und "äußeres Chromatogramm". Welche Verfahren führen zu einem inneren und welche zu einem äußeren Chromatogramm?

3. Sie führen eine Säulen-Flüssig-Fest-Chromatographie mit der stationären Phase Aluminiumoxid durch. Als mobile Phase wählen Sie Aceton. Sie wollen zwei Ihnen unbekannte Substanzen mit diesem System voneinander trennen. Beim ersten Versuch stellen Sie fest, daß sich die beiden Substanzen zwar voneinander trennen lassen, aber es dauert sehr sehr lange, bis beide Substanzen die gesamte Säule durchlaufen haben. Was können Sie tun?

**zum Exkurs**

4. Was würde passieren, wenn die Trennkammer bei der Schichtchromatographie keinen Deckel hätte?

---

[65] Ein Tracer ist ein zur Untersuchung von Transportvorgängen in Gewässer eingebrachter Markierungsstoff. Er wird in gelöster, suspendierter oder anderer Form transportiert. (DIN 4049)

[66] Stoffe, die vom Grundwasserleiter nicht zurückgehalten werden, werden ideale Tracer genannt. Mit solchen Stoffen kann in einem Feldexperiment beispielsweise die Grundwasserfließgeschwindigkeit bestimmt werden. Annähernd ideale Tracer sind z. B. Bromid, Chlorid.

## 9.4 Gaschromatographie (GC)

Die Gaschromatographie ist ein sehr wichtiges und empfindliches Verfahren zum Nachweis von organischen (Schad-)Stoffen in der Umwelt. Am Beispiel der Untersuchung einer Bodenprobe auf Benzol, Toluol, und Xylol wollen wir Ihnen <u>eine</u> mögliche Vorgehensweise bei der gaschromatographischen Analyse vorstellen.

### 9.4.1 Grundprinzip der GC

Die Trennung von Stoffgemischen mit einem Gaschromatographen basiert auf den im Kap. 9.3 beschriebenen Grundlagen. Deshalb werden wir an dieser Stelle nur auf die wesentlichen Besonderheiten der <u>Gas</u>chromatographie eingehen.

> *Die Gaschromatographie ist ein Hochleistungsverfahren zur Trennung und Analyse von Stoffgemischen. Dabei ist die mobile Phase immer gasförmig, die stationäre Phase flüssig oder fest. Gasförmige sowie flüssige und feste Substanzen, die sich bis 400 °C unzersetzt verdampfen lassen, können gaschromatographisch getrennt werden.*

**Wechselwirkung** Ein Trägergas, die **mobile Phase**, transportiert das zu trennende Substanzgemisch mit einer konstanten Geschwindigkeit durch das Trennsystem. Die mobile Phase ist ein Inertgas und hat eine geringe Dichte. Sie geht deshalb weder mit den zu trennenden Substanzen noch mit der stationären Phase eine chemische Wechselwirkung ein. Die **stationäre Phase** kann fest (Adsorptionschromatographie) oder flüssig (Verteilungschromatographie) sein. Sie befindet sich in einer Säule aus Glas, Quarz oder Edelstahl. In der Umweltanalytik

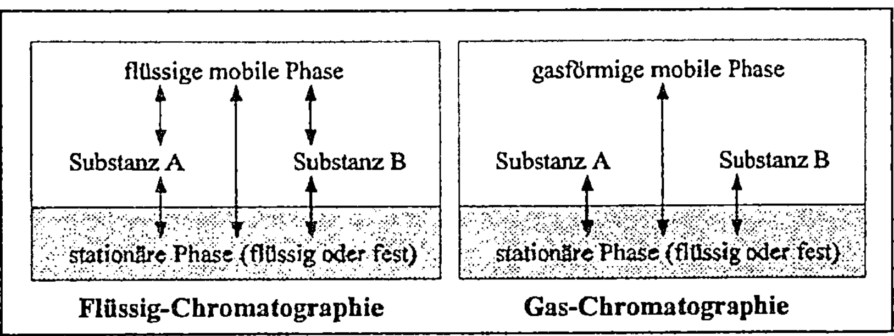


**Abb. 9.13.** Wechselwirkungen in der Flüssig- und der Gas-Chromatographie (nach Naumer 1990, S. 37)

werden überwiegend Kapillarsäulen mit einer flüssigen stationären Phase verwendet. Auch bei schwierig zu trennenden Substanzen wird mit diesen Säulen eine sehr gute Trennleistung erzielt. Abbildung 9.13 veranschaulicht den Unterschied zwischen der Flüssig- und der Gas-Chromatographie.

**Verteilungs-gleichgewicht**

Ähnlich wie bei der einfachen Säulenchromatographie (s. Kap. 9.3.2) beruht der Trenneffekt bei der Flüssigkeits-Gas-Chromatographie (GLC) auf der unterschiedlichen Verteilung der Substanzen zwischen der mobilen und der stationären Phase. Die Verteilung kann durch den temperaturabhängigen Verteilungskoeffizienten K beschrieben werden. Zwei Substanzen, deren Verteilungskoeffizienten unterschiedlich sind, können mit der Gaschromatographie getrennt werden:

$$K = \frac{C_{stat}}{C_{mob}}$$

$K$    Verteilungskoeffizient [-]

$C_{stat}$    Konzentration in der stationären Phase [µg/L]

$C_{mob}$    Konzentration in der mobilen Phase [µg/L]

**Trennung zweier Substanzen**

Der **Partialdruck** einer Substanz gibt an, wieviele Moleküle dieser Substanz sich in der Gasphase aufhalten. Je höher der Partialdruck, desto größer ist der Anteil der Substanz, der sich in der Gasphase und nicht in der stationären Phase aufhält. Zwei Substanzen, deren Partialdrücke in der entsprechenden Trennsäule unterschiedlich sind, können voneinander getrennt werden. Der Partialdruck einer Substanz ist von ihrer **Siedetemperatur** und **anderen chemischen Eigenschaften**[67] abhängig. Substanzen mit gleichen Siedetemperaturen können dann getrennt werden, wenn sie unterschiedliche chemische Eigenschaften besitzen. Substanzen mit ähnlichen chemischen Eigenschaften können dann getrennt werden, wenn sie unterschiedliche Siedepunkte besitzen. (Naumer 1990, S. 39)

Der Partialdruck läßt sich über die **Temperatur** der Trennsäule verändern: Bei höheren Temperaturen nimmt der Anteil der Substanz in der Gasphase zu. Substanzen können schneller eluiert werden, indem die Ofentemperatur erhöht wird (s. Kap. 9.4.3). Eine Temperaturerhöhung um 30 °C führt zu einer Halbierung der Retentionszeit (Gritter 1987, S. 53).

In der Gaschromatographie gibt es nur wenige mobile Phasen, die als Trägergase verwendet werden können. Ein Trennproblem wird über die Wahl der stationären Phase optimiert. Bei der Flüssig-Chromatographie (DC, SC, HPLC) ist dies genau umgekehrt: Die Trennung mehrerer Substanzen wird in erster Linie durch Variation der mobilen Phase optimiert.

---

[67] Andere chemische Eigenschaften, beispielsweise die Polarität und das Löslichkeitsverhalten, beeinflussen die Wechselwirkungen zwischen der Substanz und der stationären Phase und damit die Affinität dieser Substanz zur stationären Phase. Eine hohe Affinität erniedrigt den Partialdruck dieser Substanz.

## 9.4.2 Aufbau eines Gaschromatographen

**Schematischer Aufbau**

Abbildung 9.14 zeigt den schematischen Aufbau eines Gaschromatographen. Das **Trägergas** ist die mobile Phase und strömt mit konstantem Druck durch das Trennsystem. Die Probe wird am **Injektor** in das Trägergas eingespritzt und gelangt auf diese Weise in das Trennsystem. Der chromatographische Trennprozeß findet in einer **Trennsäule** statt, die sich in einem beheizbaren **Ofen** befindet. Der **Detektor** registriert, wann eine Substanz die Trennsäule verläßt und erzeugt ein entsprechendes elektrisches Signal. Ein Schreiber, Integrator oder **Computer** wertet das elektrische Signal aus und zeichnet die Peaks, das Chromatogramm, auf.

**Trägergas**

Nur wenige Trägergase sind als mobile Phase für die Gaschromatographie geeignet. Es können ausschließlich Gase verwendet werden, die auch bei höheren Temperaturen keine chemischen Wechselwirkungen mit den Probensubstanzen und der stationären Phase eingehen. Als Trägergase eignen sich Helium, Stickstoff, Wasserstoff, Argon und Kohlendioxid. Der Volumenstrom[68] des Trägergases muß während einer Analyse konstant bleiben. (Schwedt 1995, S. 354ff)

**Injektor**

Der Injektor hat die Aufgabe, eine genau definierte Menge der Probe auf die Trennsäule zu überführen. Der gaschromatographische Trennprozeß setzt voraus, daß die zu analysierende Probe gasförmig auf die Trennsäule gegeben wird. **Gasförmige Proben** können mit einer Spritze oder über eine Gasschleife direkt in den Trägergasstrom überführt werden. **Flüssige Proben** müssen sich ohne Zersetzung verdampfen lassen und auch bei höheren Temperaturen stabil bleiben. Sie werden mit einer Mikroliterspritze durch ein Septum[69] in einen beheizten Injektorblock (50 - 300 °C) eingespritzt. Dort verdampft die Probe rasch und vollständig und wird mit dem Trägergas zum Anfang der Trennsäule transportiert. Die Menge der injizierten Probe hängt

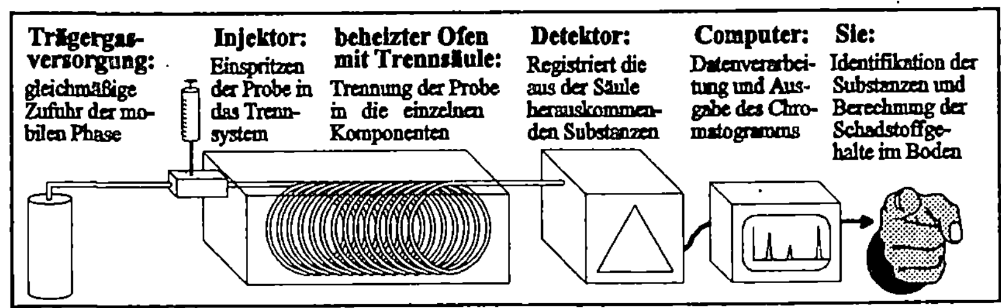


**Abb. 9.14.** Schematischer Aufbau eines Gaschromatographen

---

[68]    Für Kapillarsäulen beträgt er 0,1 - 2 mL/min.

[69]    Das Septum ist eine Silikonkautschuk-Dichtung, die das Einstechen der Spritze ermöglicht und nach dem Entfernen der Spritze die Öffnung wieder gasdicht verschließt.

von der Bauart der Trennsäule (s. u.) und der Art der Probe ab. Bei gasförmigen Proben werden zwischen 0,5 und 5 mL aufgegeben, bei flüssigen Proben reicht eine Menge von 0,01 - 10 µL.

**Splitinjektion**

Sehr kleine Probenvolumina (z. B. 0,01 µL) können mit einer GC-Spritze nicht genau genug abgemessen werden. Deshalb wird die Splitinjektion verwendet. Nur ein Teil der eingespritzten Menge gelangt dabei auf die Säule. Spritzt man beispielsweise 1 µL ein, so gelangt bei einem Split von 1:100 nur ein Hundertstel, also 0,01 µL, der Probe auf die Säule (Gritter 1987, S. 61).

**Headspace-Technik**

Eine weitere Probenaufgabemethode ist die Headspace-Technik[70]. Dabei wird eine flüssige oder feste Probe in ein geschlossenes, meist beheiztes, Gefäß gegeben. Ein Teil der flüchtigen Substanzen verdampft, es stellt sich ein Gleichgewicht zwischen Probe und dem darüber liegenden Dampfraum ein. Die Zusammensetzung der Gasphase hängt ab von Temperatur, Probenmatrix sowie Konzentration und chemischer Natur der einzelnen Substanzen. Bei konstanter Temperatur stellt sich ein reproduzierbares Konzentrationsgleichgewicht ein. Aus dem "Dampfraum" oberhalb der Probe wird mit Hilfe einer Kapillare eine Gasprobe ohne die störende, nicht oder schwer flüchtige Matrix entnommen und in die Trennsäule des GC überführt. Die Headspace-Technik wird in der Spurenanalytik häufig angewendet. (Schwedt 1995, S. 356)

**Trennsäule**

Die Trennsäule ist das "Herz" eines Gaschromatographen. Es gibt im wesentlichen drei verschiedene Typen: Gepackte Säulen, Dünnschicht-Kapillarsäulen und Dünnfilm-Kapillarsäulen (s. Tabelle 9.8).

**Ofen**

Die Trennsäule befindet sich in einem beheizbaren Ofen. Die Heizung muß die gewünschte Temperatur schnell und vor allem reproduzierbar einstellen. Da

(Aus: Baars, Bernardus ; Schaller, Hansgeorg: Fehlersuche in der Gaschromatographie. Weinheim : VCH, 1994, S. 81)

---

[70] In der deutschen Literatur findet man manchmal den Begriff "Dampfraumanalyse" oder "Kopfraumanalyse".

**Tabelle 9.8.** Übersicht über die verschiedenen GC-Trennsäulen-Typen (nach Schwedt 1995, S. 356; Hein 1994, S. 202f und Wollrab 1982, S. 103)

| Typ | Gepackte Säule | Dünnschicht-Kapillarsäule | Dünnfilm-Kapillarsäule |
|---|---|---|---|
| Aufbau | feste stationäre Phase — 3 - 8 mm | Trägermaterial; flüssige, stationäre Phase — 1 - 10 µm; 0,2 - 1 mm | flüssige, stationäre Phase — 0,1 - 3 µm; 0,2 - 1 mm |
| Beschreibung | Die stationäre Phase füllt die Säule aus. Sie ist entweder ein festes poröses Adsorbens[a] oder eine Flüssigkeit[b], die auf einem inerten Trägermaterial haftet. | Auf der Innenwand der Säule wird eine Trägerschicht aus Kieselgur[c] aufgebracht. Die flüssige stat. Phase[b] haftet an dieser Trägerschicht. | Die flüssige stationäre Phase[b] wird direkt auf der Innenwandung der Säule aufgebracht. |
| Trennprinzip | Adsorption oder Verteilung | Verteilung | Verteilung |
| Leistung | Trennleistung für die Spurenanalytik unzureichend | hohe Trennleistung, etwas höher belastbar als die Dünnfilm-Kapillare | hohe Trennleistung |
| Länge | 1 - 3 m | 10 - 50 m | 10 - 300 m |
| Einspritzmenge | 1 - 100 µL | 0,1 - 1 µL | 0,01 - 1 µL |
| Innendurchmesser | 3 - 8 mm | 0,2 - 1 mm | 0,2 - 1 mm |
| Anwendung | Gasanalytik, ansonsten in der Umweltanalytik selten | Umweltspurenanalytik Trennung komplexer Stoffgemische | |

[a]    Stationäre feste Phasen: z. B. Kieselgur, Silicagel, Aktivkohle, Aluminiumoxid.

[b]    Stationäre flüssige Phasen: z. B. Squalan, Silikonöl, Polyethylenglykol.
Die Probensubstanzen lösen sich in der flüssigen stationären Phase gemäß ihres Löslichkeitsverhaltens und werden dadurch mehr oder weniger zurückgehalten. Die Substanzen und das Trägergas dürfen jedoch nicht chemisch mit dem Flüssigkeitsfilm reagieren. Außerdem darf die Flüssigkeit sich bei der Arbeitstemperatur weder zersetzen noch verdampfen.

[c]    "Kieselgur besteht hauptsächlich aus den Schalen fossiler Kieselalgen, den Diatomeen, und wird deshalb auch als Diotomeenerde oder Terra Silicea bezeichnet. Im wesentlichen bestehen diese Schalen aus amorpher Kieselsäure." (Wollrab 1982, S. 33)

das Verteilungsgleichgewicht – und damit die Retentionszeit – temperaturabhängig ist, muß eine Temperaturkonstanz von ± 0,1 °C gewährleistet sein.[71]

**Detektoren**    Durch die Verbindung der Trennsäule mit einem Detektor wird die Gaschromatographie, die an sich erst einmal nur ein reines Trennverfahren ist, zu einer vollständigen qualitativen und quantitativen Analysenmethode. Der Detektor hat die Aufgabe zu erkennen, wann eine Substanz und in welcher

Menge sie die Säule verläßt. Die Funktionsweise der Detektoren beruht auf verschiedenen physikalisch-chemischen Eigenschaften der zu analysierenden Substanzen, z. B. Ionisierbarkeit, Wärmeleitfähigkeit und Elektronenaffinität. Die gebräuchlichsten Detektoren in der Gaschromatographie sind der Flammenionisations-Detektor, der Wärmeleitfähigkeits-Detektor und der Elektroneneinfang-Detektor. In Abhängigkeit von der Menge bzw. Konzentration der detektierten Substanz gibt der Detektor ein elektrisches Signal an den Schreiber, Integrator oder Computer weiter.

**Flammenionisations-Detektor (FID)**

Der Flammenionisations-Detektor wird in der Gaschromatographie sehr häufig verwendet. Das Meßprinzip eines FID beruht auf der **Ionisation** organisch gebundener Kohlenstoffatome in einer Wasserstoffflamme, der FID erfaßt daher nur organisch gebundene Kohlenwasserstoffe. Diese werden mit dem Trägergas ($N_2$ oder He) aus dem chromatographischen Trennsystem in die Wasserstoffflamme geleitet und dort oxidiert. Über eine Radikalreaktion entsteht aus den organischen Verbindungen $CHO^+$-Ionen. Die Flamme befindet sich in einem elektrischen Feld: Die **Brennerdüse** ist die positive Elektrode (Anode); die Kathode ist als **Ringelektrode** oberhalb der Flamme angeordnet (s. Abb. 9.15). Die gebildeten $CHO^+$-Ionen wandern im elektrischen Feld zur Ringkathode. Der entstehende Strom wird im **Signalverstärker** verstärkt und an den Schreiber weitergeleitet. Das Signal ist proportional zur Anzahl der organisch gebundenen Kohlenwasserstoffatome, die pro Zeiteinheit in der Flamme verbrennen. Enthält das Trägergas keine Kohlenwasserstoffe, dann tritt keine Ionisation ein, d. h. es fließt kein **Ionenstrom**[72]. Das registrierte Signal ist dann gleich Null. (Schwedt 1995, S. 358)

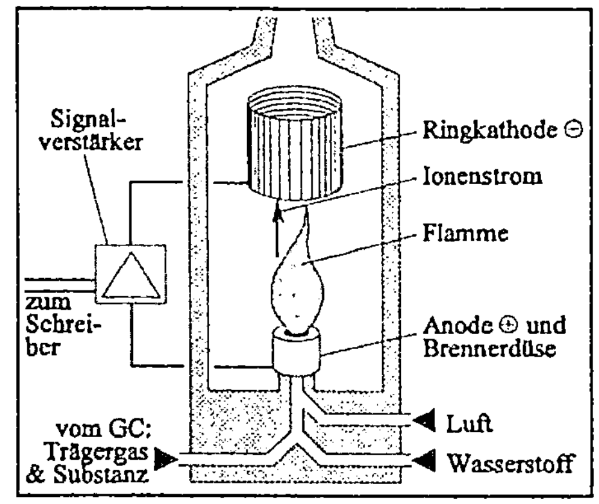


**Abb. 9.15.** Flammenionisations-Detektor (nach Schwedt 1995, S. 358)

**Wärmeleitfähigkeits-Detektor (WLD)**

Der Wärmeleitfähigkeits-Detektor ist universell für alle Substanzen verwendbar. Er nutzt die unterschiedliche Wärmeleitfähigkeit verschiedener Moleküle. Der WLD besteht aus einem **beheizten Metallblock** mit zwei Meßzellen (s. Abb. 9.16). Eine Zelle wird permanent von reinem Trägergas durchströmt und dient als **Vergleichsgaszelle**. Die andere Zelle ist die **Meßgaszelle**. Durch

---

[71]  Siehe auch Kap. 9.4.3 "Temperaturprogrammierung".

[72]  Beispielsweise fließt bei $CO_2$, $H_2O$ und $CCl_4$ kein Ionenstrom.

sie strömt das Gas aus der Trennsäule, also das Trägergas <u>und</u> die getrennten Substanzen. In beiden Zellen befindet sich ein **Hitzdraht** aus Platin oder Wolfram, der von elektrischem Strom durchflossen und damit erwärmt wird. Solange nur Trägergas durch die Zellen fließt,

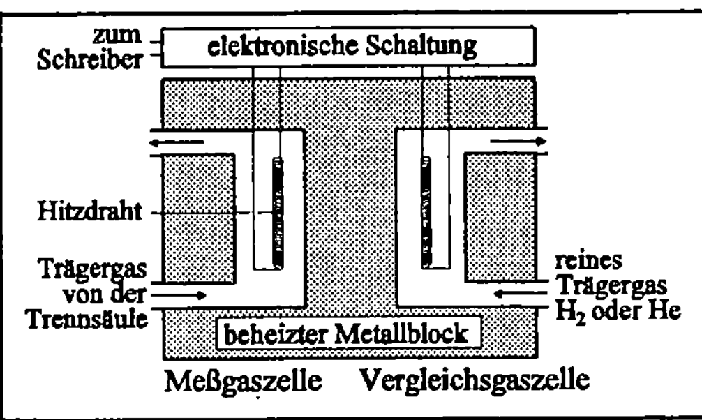


**Abb. 9.16.** Wärmeleitfähigkeits-Detektor (nach Schwedt 1995, S. 357)

werden beide Hitzdrähte in gleicher Weise gekühlt. Ihre elektrischen Widerstände sind identisch, das von der **elektronischen Schaltung**[73] gemessene Signal ist Null. Eine Probensubstanz im Trägergas verändert die Gaszusammensetzung und verringert damit die Wärmeleitfähigkeit[74]. Die Temperatur in der Zelle steigt und damit auch der elektrische Widerstand des Hitzdrahtes. Diese Widerstandsänderung ist proportional zur Substanzkonzentration in der Meßgaszelle. Der WLD ist nicht selektiv, weil alle gasförmigen Substanzen, die die Trennsäule verlassen, detektiert werden. (Schwedt 1995, S. 357f und Naumer 1990, S. 47)

**Elektroneneinfang-Detektor (ECD)[75]**

Der Aufbau eines Elektroneneinfang-Detektors ist in Abb 9.17 dargestellt. Das Kernstück eines ECD ist ein **β-Strahler**[76], der das Trägergas ($N_2$) ionisiert. Dabei entstehen freie Elektronen ($N_2 \xrightarrow{\text{β-Strahlung}} N_2^+ + e^-$). Aufgrund der zwischen **Anode** und **Kathode** angelegten Beschleunigungsspannung erzeugen diese Elektronen einen Stromfluß. Der Strom, der gemessen wird, solange nur das Trägergas durch den Detektor strömt, wird als Nullwert benutzt. Enthält das aus der Trennsäule strömende Trägergas Substanzen mit einer hohen Elektronenaffinität[77] (X),

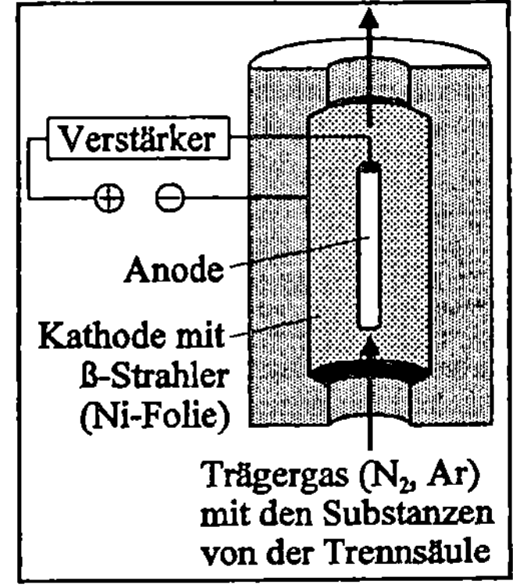


**Abb. 9.17.** Elektroneneinfang-Detektor (nach Schwedt 1995, S. 359)

---

[73]    Elektronikfreaks ist diese Schaltung unter dem Namen "Wheatstonesche Brückenschaltung" bekannt.

[74]    Es müssen Trägergase verwendet werden, die im Vergleich zu den Probensubstanzen eine deutlich höhere Wärmeleitfähigkeit besitzen. Helium und Wasserstoff erfüllen diese Eigenschaft. Eine gaschromatographisch getrennte Substanz hat eine geringere Wärmeleitfähigkeit als das Trägergas, d. h. die Wärme wird in der Meßgaszelle schlechter abtransportiert als in der Vergleichsgaszelle.

[75]    Die Abkürzung ECD leitet sich aus der englischen Bezeichnung "Electron Capture Detector" ab.

[76]    Zum Beispiel radioaktives Nickel, ⁶³Ni. Wegen des radioaktiven Strahlers darf der ECD niemals geöffnet werden!

also mit elektronenabsorbierenden Eigenschaften, so wird durch diese Elektronenaufnahme der Stromfluß verringert ( $X + e^- \longrightarrow X^-$; $X^- + N_2^+ \longrightarrow X + N_2$ ). Die Abnahme des elektrischen Stroms ist proportional zur Konzentration der detektierten Substanz. Der Elektroneneinfang-Detektor ist ein selektiver Detektor für Substanzen mit einer hohen Elektronenaffinität, wie z. B. Halogen-, Schwefel- und Nitro-Verbindungen sowie Verbindungen mit einem System von konjugierten Doppelbindungen. (Schwedt 1995, S. 359 und Wollrab 1982, S. 56)

**Weitere Detektoren**

Eine besonders komfortable Detektionsmethode ist die Kopplung des Gaschromatographen mit einem **Massenspektrometer** (MS). Mit einem Massenspektrometer können die in der GC-Säule getrennten Substanzen anhand ihrer Molekülmasse identifiziert werden. Für die qualitative Auswertung werden keine Standardsubstanzen benötigt. Ein Computer "erkennt" die Substanzen eindeutig, indem er die detektierten Massenbruchstücke mit gespeicherten Daten vergleicht. Obwohl GC-MS-Geräte sehr teuer sind, gewinnen sie in der Umweltanalytik zunehmend an Bedeutung.

Darüber hinaus gibt es noch andere Detektoren, auf die wir im Rahmen dieses Buches nicht näher eingehen können. Wer mehr darüber wissen will, kann beispielsweise bei NAUMER (1990, S. 47ff) und WOLLRAB (1982, S. 51ff) nachlesen.

**Computer**

Ein Schreiber, Integrator oder Computer[78] nimmt die Signale des Detektors auf und zeichnet sie in Form von Peaks[79] auf, die annähernd Gaußkurven entsprechen. Die Gesamtheit aller Peaks bezeichnet man als **Chromatogramm**. Aus diesem Chromatogramm lassen sich qualitative und quantitative Informationen über die Probenzusammensetzung herauslesen. Jedem Peak entspricht eine detektierte Substanz. Die qualitative Zuordnung der Peaks zu den verschiedenen Substanzen ist über die Retentionszeiten möglich. Die Höhe eines Peaks bzw. die Fläche unter einem Peak ist ein Maß für die Menge der Substanz in der eingespritzten Teilprobe. (s. Kap. 9.4.4 und 9.4.5)

---

[77] Die Elektronenaffinität ist ein Maß für die Neigung eines Atoms oder einer funktionellen Gruppe, Elektronen anzuziehen und Anionen zu bilden. Die Halogene Fluor, Chlor, Brom und Jod beispielsweise haben ein besonders großes Bestreben, unter Energieabgabe ein Elektron aufzunehmen, weil sie so eine stabile Edelgaskonfiguration erreichen.

[78] Moderne GC-Anlagen sind in der Regel mit einem Computer und Auswertungssoftware ausgestattet. Schreiber und Integratoren gehören praktisch der Vergangenheit an.

[79] "Peak" (engl.) = "Gipfel" $\neq$ Pieks = Aua!

### 9.4.3  Temperaturprogramm

**Erklärung**

Die Temperatur spielt bei der gaschromatographischen Trennung eine große Rolle. Mit steigender Temperatur nimmt der Partialdruck einer Substanz zu. Die Substanz hält sich dann bevorzugt in der Gasphase auf. Dementsprechend wandert die Substanz schneller mit dem Trägergas durch die Säule. Die Verwendung eines Temperaturprogramms bedeutet, daß während des Trennvorganges die Temperatur des Säulenofens erhöht wird.

**Beispiel**

Betrachten wir ein Beispiel, um den Sinn eines Temperaturprogramms zu veranschaulichen: Abb. 9.18 Teil a zeigt ein Chromatogramm mit vier verschiedenen Substanzen. Die Substanzen 1 und 2 zeigen bei der Temperatur $T_1$ eine ideale Peakform. Die Substanzen 3 und 4 sind schwerflüchtig und werden von der stationären Phase stark zurückgehalten. Sie verlassen die Säule erst relativ spät. Die Analyse dauert daher viel zu lange. Außerdem sind die Peaks stark verbreitert (s. Kap. 9.3.1). Die Peaks 3 und 4 sind in dieser Form schlecht auswertbar. Das Trennungsproblem soll nun so optimiert werden, daß die Substanzen schneller durch die Säule wandern und eine ideale Peakform zeigen. Dazu wird die Ofentemperatur auf $T_2$ erhöht, sobald die Substanzen 1 und 2 die Säule verlassen haben (s. Abb. 9.18 Teil b). Die Retentionszeiten der schwerflüchtigen Substanzen 3 und 4 verkürzen sich. Die Bandenverbreiterung ist schwächer, weil sich die Substanzen nicht mehr so lange in der Säule aufhalten. Die Peakform ist nun wesentlich besser.

**Optimum**

Bei einem optimalen Temperaturprogramm sind alle Substanzen gut voneinander getrennt und verlassen die Säule in ähnlichen Zeitabständen. Das Temperaturprogramm für eine ideale Trennung muß für jedes Substanzgemisch experimentell ermittelt werden oder ist in den entsprechenden Vorschriften vorgeschrieben.

**Temperaturgrenze**

Beachten Sie, daß die Säulentemperatur nicht beliebig erhöht werden darf. Wird die Trennsäule über ihre maximale Temperatur erhitzt, dann kann die stationäre Phase verdampfen. Dieser Vorgang macht sich im Chromatogramm

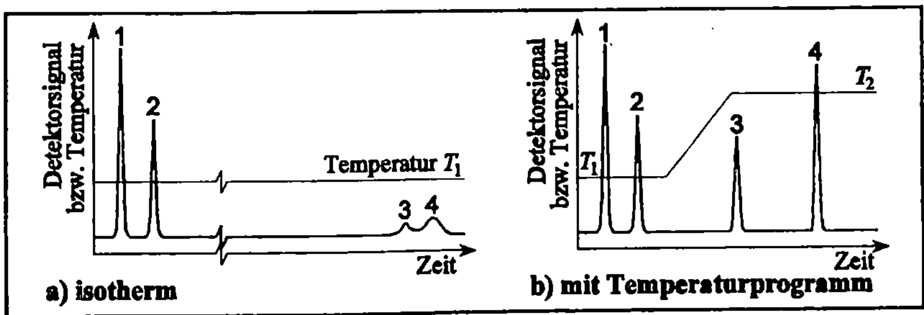


**Abb. 9.18.** Optimierung einer GC-Trennung durch ein Temperaturprogramm (nach Schwedt 1995, S. 359)

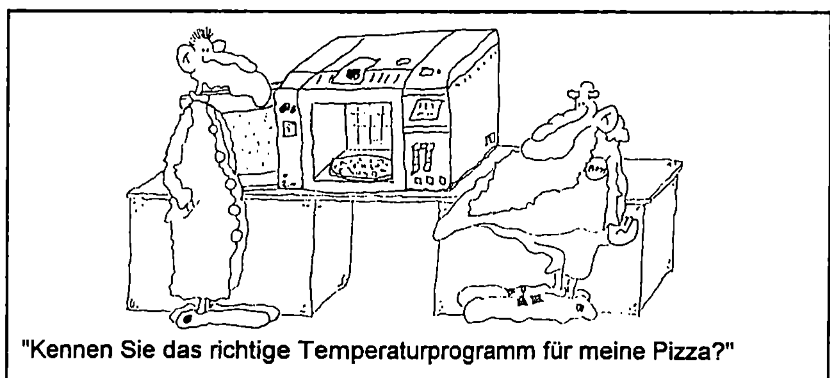


(Aus: Baars, Bernardus ; Schaller, Hansgeorg: Fehlersuche in der Gaschromatographie. Weinheim : VCH, 1994, S. 99)

in einer Drift der Nullinie bemerkbar und wird "Ausbluten" genannt. Eine "ausgeblutete" Trennsäule gewährleistet keine optimale Trennung mehr und muß ersetzt werden. (Naumer 1990, S. 40)

### 9.4.4 Qualitative Auswertung des Chromatogramms[80]

Die qualitative Auswertung ermöglicht es, die Peaks des Chromatogramms bestimmten Substanzen zuzuordnen. Dafür werden bestimmte Größen verwendet, die wir im folgenden erläutern und die in Abb. 9.19 veranschaulicht sind.

**Bruttoretentionszeit $t_R$**

Die Bruttoretentionszeit[81] $t_R$ einer Substanz ist die Zeit, die von der Probeninjektion bis zur Registrierung des Peakmaximums vergeht. Sie setzt sich zusammen aus der Zeit, in der sich die Substanz in der mobilen Phase befindet, und der Zeit, in der sich die Substanz in der stationären Phase befindet. Die Bruttoretentionszeit ist für jede Substanz eine charakteristische Größe. Sie ist konstant, wenn die Analysenbedingungen nicht verändert werden.

**Totzeit $t_o$**

Die Totzeit $t_o$ ist diejenige Zeit, die das Trägergas benötigt, um vom Anfang bis zum Ende der Trennsäule zu wandern. Sie entspricht der Aufenthaltszeit einer Substanz in der mobilen Phase. Substanzen, die nicht von der stationären Phase zurückgehalten werden, verlassen die Säule nach der Totzeit. Das leichtflüchtige **Lösungsmittel**, in dem die Probensubstanzen gelöst sind, sollte die Trennsäule ebenfalls nach der Totzeit verlassen.

---

[80] Die hier beschriebene relativ aufwendige Methode ist nicht nötig, wenn Ihnen ein hochmodernes Massenspektrometer zur Verfügung steht. Wir empfehlen Ihnen jedoch, dieses Kapitel auch in diesem Fall zu lesen, damit Sie verstehen, wie ein Chromatogramm "gelesen" wird.

[81] Die "Bruttoretentionszeit" $t_R$ wird auch als "Gesamtretentionszeit" bezeichnet.

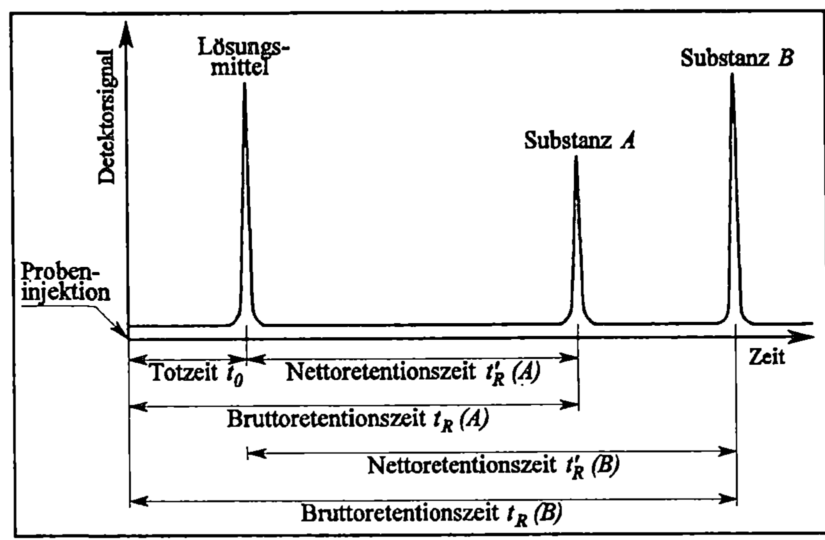


**Abb. 9.19.** Qualitative Interpretation eines Chromatogramms (nach Schwedt 1995, S. 359)

**Nettoreten-**
**tionszeit $t'_R$**

Die Nettoretentionszeit $t'_R$ ist die Bruttoretentionszeit $t_R$ abzüglich der Totzeit $t_o$. Sie entspricht der Aufenthaltszeit einer Substanz in der stationären Phase.

**Kapazitäts-**
**faktor $k'$**

Die Retentionszeiten hängen nicht nur von Substanzeigenschaften ab, sondern auch von der Säulenlänge und der Geschwindigkeit der mobilen Phase. Zur allgemeinen Beschreibung des chromatographischen Verhaltens einer Substanz ist es daher günstiger, eine Größe zu definieren, die unabhängig von diesen Faktoren ist. Dazu wird die Nettoretentionszeit auf die Totzeit, die ebenfalls von diesen Faktoren abhängig ist, bezogen. Damit erhält man eine dimensionslose Größe, den Kapazitätsfaktor $k'$:

$$k' = \frac{t'_R}{t_o}$$

$k'$  Kapazitätsfaktor [-]

$t'_R$  Nettoretentionszeit (Zeit in der stationären Phase) [s]

$t_o$  Totzeit (Zeit in der mobilen Phase) [s]

Anders ausgedrückt: Die Zeit der Substanz in der stationären Phase wird bezogen auf die Zeit der Substanz in der mobilen Phase. $k'$ gleich Null bedeutet, daß die Substanz keine Wechselwirkungen mit der stationären Phase eingeht. Je größer $k'$ ist, desto später verläßt sie die Säule, d. h. umso länger ist die Analysenzeit. Der Kapazitätsfaktor sollte zwischen 1 und 5 liegen. (Meyer 1990, S. 20)

**Relative**
**Retention $\alpha$**

Zwei Substanzen werden in einem chromatographischen System nur dann voneinander getrennt, wenn sie sich in ihren Nettoretentionszeiten bzw. in ihren $k'$-Werten unterscheiden. Die Relative Retention $\alpha$ ist definiert als das Verhältnis der Nettoretentionszeiten bzw. der Kapazitätsfaktoren zweier Substanzen $A$ und $B$:

$$\alpha = \frac{t'_R(A)}{t'_R(B)} = \frac{k'(A)}{k'(B)}$$

$\alpha$   Relative Retention [-]
$t'_R$   Nettoretentionszeit der Subst. $A$ bzw. $B$ [s]
$k'$   Kapazitätsfaktor der Substanz $A$ bzw. $B$ [-]

Wenn $\alpha = 1$ ist, dann werden die Substanzen nicht voneinander getrennt. Die Relative Retention $\alpha$ läßt sich über die Wahl der stationären und mobilen Phase sowie über die Säulentemperatur verändern.

| | |
|---|---|
| **Identifikation der Substanzen** | *Für die Identifikation der Probensubstanzen ist es erforderlich, eine Vermutung zu haben, welche Substanzen in der Probe sein können.* |

Gibt es gar keine Anhaltspunkte, welche Substanzen in der Probe sind, dann müssen spezielle Analysentechniken herangezogen werden (z. B. GC-MS). Vermutet man eine oder mehrere Substanzen in der Probe, so erfolgt die Identifikation über den Vergleich mit **Standardsubstanzen**. Die Standardsubstanzen werden unter den gleichen chromatographischen Bedingungen wie das Probengemisch einzeln mit dem Gaschromatographen analysiert. Aus den Chromatogrammen der Standards ermittelt man für jeden Standard eine Nettoretentionszeit $t'_R(Std.)$ bzw. einen Kapazitätsfakor $k'(Std.)$. Hat ein Standard den gleichen Kapazitätsfaktor wie ein Peak im Probenchromatogramm, so können die beiden Peaks von derselben Substanz stammen. Um die Vermutung abzusichern, werden alle Standardsubstanzen, die wahrscheinlich in der Probe enthalten sind, dem Probengemisch zugesetzt. Das Chromatogramm wird erneut aufgenommen. Die entsprechenden Peaks müssen exakt an der gleichen Stelle, nur etwas höher als im Originalchromatogramm, sein. Für eine 100 %ige – aber aufwendigere – Absicherung müssen Sie die Analyse mit einer anderen Säule und bei einer anderen Säulentemperatur wiederholen.

### 9.4.5 Quantitative Auswertung des Chromatogramms

**Voraussetzungen**  Nur Peaks, die deutlich voneinander getrennt sind, können quantitativ ausgewertet werden. Außerdem muß zwischen Detektorsignal (d. h. Peakhöhe bzw. Peakfläche) und Substanzmenge ein linearer Zusammenhang bestehen.

**Peakhöhe oder Peakfläche?**  Die quantitative Auswertung anhand der Peakhöhe ist nur bei Peaks, die einer Gaußkurve gleichen, genau genug. Bereits geringfügige Verzerrungen der Peakform verändern die Peakhöhe und führen zu einem systematischen Fehler. Chromatogramme werden daher meistens über die Peakfläche ausgewertet.

**Bestimmungsmethoden**  Folgende Methoden zur Bestimmung der Peakfläche sind gebräuchlich (Schomburg 1987, S. 64):

- **Auszählen**: Lassen Sie das Chromatogramm von einem Schreiber auf einem Millimeterpapier aufzeichnen. Zur Flächenbestimmung zählen

Sie die Kästchen unter der Kurve aus. Diese Methode ist sehr mühsam, aber genau genug.

- **Wägemethode**: Fertigen Sie eine vergrößerte Kopie des Chromatogramms an und schneiden Sie die Peaks aus. Achten Sie darauf, daß Sie exakt schneiden: Entweder immer auf der Linie oder immer rechts bzw. links davon. Wiegen Sie anschließend die Papierstreifen. Das Gewicht ist proportional zur Fläche und damit proportional zur Substanzmenge. Diese Methode ist erstaunlich genau.
- **Berechnung**: Wenn Ihre Peaks einer symmetrischen Gaußkurve ähneln, dann können Sie die Fläche näherungsweise, aber schnell mit folgender Formel berechnen:
  *Peakfläche = Peakhöhe • Breite des Peaks auf halber Höhe*
- **Integrator/Computer**: Die komfortabelste Flächenbestimmung ist die elektronische Integration mit einem Integrator bzw. einem Computer. Dabei werden automatisch Peakanfang, -maximum und -ende bestimmt sowie die Peakfläche berechnet. Peakreiche Chromatogramme können nur von einem Computer ausgewertet werden.

**Korrelation zwischen Peakfläche und Substanzmenge**

Ziel der quantitativen Auswertung ist es, aus der Peakfläche die Substanzmenge in der Probe zu berechnen. Es muß also die Korrelation zwischen der Peakfläche und der Substanzmenge bestimmt werden. Allerdings wird die Korrelation durch zwei Einflüsse gestört:

- Die Empfindlichkeit des Detektors ist für jede Substanz anders.
- Das Probenvolumen schwankt beim manuellen Einspritzen.

**Externer Standard**

Die **Empfindlichkeit des Detektors** ist – wie gesagt – nicht für alle Substanzen gleich. Manche Substanzen rufen ein größeres Signal am Detektor hervor als andere, obwohl die eingespritzte Menge gleich ist. Für jede Substanz, die in der Probe quantitativ bestimmt werden soll, muß daher ein substanz- und detektorspezifischer Faktor bestimmt werden, der die Korrelation zwischen Peakfläche und Substanzmenge angibt. Dies ist der **Responsefaktor** $RF$[82]. Zur Bestimmung dieses Responsefaktors wird eine <u>bekannte</u> Menge der zu bestimmenden Substanz $B$ als sogenannter **externer Standard**[83] in eine Standardlösung[83] gegeben und in den GC eingespritzt. Die vom Schreiber aufgezeichnete Peakfläche ist proportional zur Menge der eingespritzten Substanz $B$. Daraus berechnet sich der Responsefaktor $RF_B$:

---

[82]  Verwechseln Sie den Responsefaktor nicht mit dem Retentionsfaktor $R_f$, der in der Dünnschichtchromatographie verwendet wird!

[83]  Man bezeichnet diesen Standard als externen Standard, weil er nicht der Probenlösung zugegeben wird, sondern separat bei gleichen Bedingungen analysiert wird. Die Menge des externen Standards in der Standardlösung sollte ungefähr der erwarteten Menge der Substanz $B$ in der Probe entsprechen.

$$RF_B = \frac{m_{B\ in\ Stdlsg.}}{A_{B\ in\ Stdlsg.}}$$

$RF_B$  Responsefaktor der Substanz $B$ [ng/mm$^2$]

$m_{B\ in\ Stdlsg.}$  bekannte Masse von $B$ in der eingespritzten Standardlösung [ng]

$A_{B\ in\ Stdlsg.}$  entsprechende Peakfläche von $B$ [mm$^2$]

Der Gehalt der Substanz $B$ in der eingespritzten Teilprobe errechnet sich dann durch Multiplikation der bei der Messung der Probe erhaltenen Peakfläche mit dem zuvor ermittelten Responsefaktor $RF_B$:

$$m_{B\ in\ Probe} = A_{B\ in\ Probe} \cdot RF_B$$

$m_{B\ in\ Probe}$  Masse von $B$ in der eingespritzten Teilprobe [ng]

$A_{B\ in\ Probe}$  entsprechende Peakfl. von $B$ [mm$^2$]

$RF_B$  Responsefaktor von $B$ [ng/mm$^2$]

**Erstellen[85] einer Kalibriergeraden**  Häufig wird für jede einzelne Substanz nicht nur <u>ein</u> externer Standard analysiert (Einpunktkalibrierung), sondern es werden <u>mehrere</u> Standards unterschiedlicher Konzentration gemessen, um damit eine Kalibriegerade zu erstellen (Mehrpunktkalibrierung).[86] Dabei muß der Kalibrierbereich so gewählt werden, daß die erwartete Konzentration des zu analysierenden Bodenextraktes[87] innerhalb des Kalibrierbereiches liegt. Die Standardlösungen[88] sollen den Kalibrierbereich möglichst gleichmäßig abdecken, z. B. 10 µg/L, 25 µg/L, 50 µg/L, 75 µg/L und 100 µg/L. In den gemessenen Chromatogrammen dieser Verdünnungsreihe wird jeweils die Peakfläche bestimmt. Die Flächen werden in einem Koordinatensystem über den jeweiligen eingespritzten Massen aufgetragen und aus den Meßpunkten werden die Regressionsgerade und der Korrelationskoeffizient berechnet.

**Auswertung mit einer Kalibriergeraden**  Anschließend muß die Probe analysiert werden. Über die Retentionszeit kann jedem Peak die entsprechende Substanz zugeordnet werden. Außerdem wird die Peakfläche der jeweiligen Probensubstanz im Chromatogramm ermittelt.

---

[84] Auch für alle anderen Substanzen, auf die die Probe analysiert werden soll, muß ein Responsefaktor bestimmt werden. Sofern die Retentionszeiten bereits bestimmt sind, können alle externen Standards in die gleiche Standardlösung gegeben werden. Ansonsten muß jeder externe Standard in einer separaten Lösung gemessen werden.

[85] Genauer ist das Erstellen einer Kalibriergeraden im Kap. 10.2 beschrieben. Zur Anschauung s. Abb. 8.18 und ersetzen Sie dort Extinktion durch Peakfläche und Konzentration durch Masse.

[86] Meist wird in der GC eine Einpunktkalibrierung bevorzugt. Dagegen wird in der HPLC gewöhnlich eine Kalibriergerade benutzt. Dementsprechend verwenden wir in diesem Buch für den GC-Versuch eine Einpunktkalibrierung (Kap. 9.4.6) und für den HPLC-Versuch (Kap. 9.5.6) eine Kalibriergerade.

[87] Die Schadstoff-Konzentration des Bodenextraktes hängt neben der Schadstoff-Konzentration im Boden auch von der Menge des Extraktionsmittels und der Bodeneinwaage ab.

[88] In der Regel enthält die Standardlösung gleichzeitig mehrere externe Standards. Für jeden dieser externen Standards muß eine eigene Kalibriergerade erstellt werden. Damit unser Text etwas einfacher zu lesen ist, enthält die Standardlösung in unserer Beschreibung nur einen einzigen Standard.

Diese Peakfläche kann in die zuvor berechnete Regressionsgerade eingesetzt werden, und so die entsprechende Masse, die eingespritzt wurde, bestimmt werden. Unter Berücksichtigung der in der Analyse eingesetzten Mengen kann auf den Gehalt im Boden zurückgeschlossen werden.

**Interner Standard[89]**

Das **manuelle Einspritzen** der Probe mit einer Mikroliterspritze in den Injektor ist – wie gesagt – mit einem deutlichen Zufallsfehler behaftet. Dosiervolumen und Geschwindigkeit des Einspritzens haben einen Einfluß auf die Peakfläche. Es ist nahezu unmöglich, bei mehrfachem manuellem Einspritzen einer Probe vollkommen identische Chromatogramme zu reproduzieren. Der Fehler kann durch Zugabe eines **internen Standards** rechnerisch ausgeglichen werden. Erfolgt die Probenaufgabe vollautomatisch, so ist sie i. d. R. gut reproduzierbar. Auf die Zugabe eines internen Standards kann verzichtet werden.

Der interne Standard ist eine Substanz, die <u>nicht</u> in der Probe vorhanden sein darf. Sein Peak darf sich nicht mit einem Peak der Probe überlappen. Vor der Analyse mit dem GC wird eine genau definierte Menge des internen Standards zu allen Proben- und allen Standardlösungen zugegeben. So wird in allen Lösungen die gleiche Konzentration des internen Standards eingestellt. Falls das eingespritzte Volumen in allen Läufen gleich wäre, müßten auch die Peakflächen des internen Standards in allen Chromatogrammen gleich groß sein. Schwankungen des Einspritzvolumens machen sich bei der Peakfläche des internen Standards in gleicher Weise bemerkbar wie bei den Peakflächen der anderen Peaks. Dementsprechend kann die Peakfläche der Probe folgendermaßen korrigiert werden:

$$A_{B\,korr} = A_{B\,in\,Probe} \cdot \frac{A_{int.\,Std.\,in\,Stdlsg.}}{A_{int.\,Std.\,in\,Probe}}$$

$A_{B\,korr}$    um den Einspritzfehler korrigierte Peakfläche der Substanz $B$ [mm$^2$]

$A_{B\,in\,Probe}$    Peakfläche der Substanz $B$ im Probenchromatogramm [mm$^2$]

$A_{int.\,Std.\,in\,Stdlsg.}$    Peakfläche des internen Standards im Chromatogramm der Standardlösung [mm$^2$]

$A_{int.\,Std.\,in\,Probe}$    Peakfläche des internen Standards im Probenchromatogramm [mm$^2$]

**Achtung!**

Beachten Sie bitte, daß der externe Standard und der interne Standard nicht alternativ zu verwenden sind. Vielmehr benötigen Sie den Responsefaktor $RF$, der mit einem externen Standard ermittelt wird, in jedem Fall für die Auswertung des Chromatogramms. Die Verwendung des internen Standards stellt dagegen eine Erweiterung dar, um die Qualität des Ergebnisses zu verbessern.

---

[89]    Manche AutorInnen verwenden synonym den Begriff "Innerer Standard".

### 9.4.6 BTX-Bestimmung

**Problem: Wie aufbereiten?** Bislang gibt es keine DIN-Norm zur Bestimmung von BTX in Bodenproben oder Schlämmen. Die DIN 38 407 Teil 9 beschreibt nur die Bestimmung von BTX in Wasser und Abwasser. Danach können zwei unterschiedliche Probenaufbereitungsverfahren benutzt werden. Allerdings sind beide Verfahren für Bodenproben schlecht geeignet:

- Bei dem direkten Einsatz der Probe zur **Headspace**-Technik[90] werden die in der Probe vorhandenen BTX teilweise in den Dampfraum über der Probe verdampft. Nach einiger Zeit stellt sich ein Gleichgewicht ein. Dieses Gleichgewicht ist stark vom Wassergehalt der Probe abhängig. Wegen der unterschiedlichen Wassergehalte der Proben ist die Headspace-Technik für Boden kaum einsetzbar. Andererseits ist eine Trocknung der Bodenproben nicht sinnvoll, weil dabei ein großer Teil der leicht flüchtigen BTX verdampfen würde.

- Alternativ wird in der DIN-Norm eine **Extraktion** mit einem **unpolaren Lösungsmittel**, wie z. B. Pentan oder Hexan, vorgeschlagen. Allerdings benetzen diese unpolaren Lösungsmittel wasserhaltige Böden nur sehr schlecht. Die sich daraus ergebenden langen Extraktionszeiten und unvollständigen Extraktionsausbeuten machen diese Methode ebenfalls unpraktikabel.

Eine weitere denkbare Möglichkeit wäre es, die BTX aus dem Boden abzudestillieren. Dieses Verfahren ist ebenfalls kaum durchführbar, weil es extrem arbeitsintensiv und apparativ sehr aufwendig ist. (Preuß 1986, S. 531 und DIN 38 407)

## *Versuchsdurchführung BTX-Analyse*[91]

**Prinzip** Die im folgenden beschriebene Methode basiert im wesentlichen auf einer Veröffentlichung von ATTIG und PREUß (1986). Alle oben beschriebenen Schwierigkeiten lassen sich umgehen, wenn man ein wassermischbares Extraktionsmittel verwendet. In der folgenden Versuchsbeschreibung wird die Probe mit Methylglykol[92] aufgeschlämmt. Das zugegebene Methylglykol mischt sich mit dem Wasser der Probe und nimmt die aromatischen Kohlen-

---

[90] Zur Headspace-Technik s. S. 209.

[91] Mit der gleichen Methode lassen sich prinzipiell auch alle anderen flüchtigen organischen Lösungsmittel erfassen. Meistens sind neben den aromatischen Kohlenwasserstoffen vor allem die halogenierten Kohlenwasserstoffe von großem Interesse, z. B. Tetrachlormethan, Dibromchlormethan und 1,1,1-Trichlorethan. Gemäß FCKW-Verbotsverordnung dürfen Tetrachlormethan und 1,1,1-Trichlorethan in der BRD zwar nicht mehr produziert werden, aber bei der Altlastensanierung spielen sie selbstverständlich nach wie vor eine Rolle (Preuß 1986, S. 531ff).

[92] Methylglykol = 2-Methoxyethanol = Ethylenglykolmonomethylether, alles klar?

wasserstoffe[93] nahezu vollständig auf. Es entsteht nur eine einzige flüssige Phase. Ein wenig von dieser Extraktionslösung wird in ein Headspace-Probengefäß gegeben. Dort verdampft ein Teil der BTX. Dabei verschiebt ein bereits im Gefäß vorhandener Wasserüberschuß das Gleichgewicht der BTX auf die Seite der Dampfphase[94]. Eine Probe aus dieser Dampfphase[95] wird gaschromatographisch aufgetrennt und mit einem FID gemessen. (Preuß 1986, S. 532)

☞    **Methylglykol** ist gesundheitsschädlich, fortpflanzungsgefährdend und entzündlich (R 10, 60, 61, 20/21/22; S 45, 53).

☞    **Monochlorbenzol** ist gesundheitsschädlich und entzündlich (R 10, 20; S 24/25).

☞    **Benzol** ist leicht entzündlich, kanzerogen und giftig (R 11, 45, 23/24/25; S 45, 53).

☞    **Toluol** ist leicht entzündlich und gesundheitsschädlich (R 11, 20; S 16, 25, 29, 33).

☞    **Xylol** ist entzündlich, gesundheitsschädlich und reizend (R 10, 20/21; S 25).

**Einträge und Verluste**    Bei der Probenahme, dem Transport, der Lagerung und der Probenaufbereitung können Benzol, Toluol und Xylol verdampfen und so verloren gehen. Umgekehrt können auch Aromaten, die in der Umgebungsluft vorhanden sind, in die Proben eingetragen werden. Es ist daher während der gesamten Analyse darauf zu achten, die Proben in verschlossenen Gefäßen aufzubewahren und durch zügiges Arbeiten die Zeiten, in denen sie der Umgebungsluft ausgesetzt sind, möglichst kurz zu halten. Außerdem sollte ein Kontakt der Probe mit Kunststoffteilen vermieden werden. Ad- und Desorption von BTX können sonst zu Einträgen bzw. Verlusten führen. (DIN 38 407)

---

[93]  Auch alle anderen extrahierbaren Lösungsmittel, wie z. B. die LCKW, werden vom Methylglykol nahezu quantitativ extrahiert.

[94]  Günstigerweise bewirkt der Wasserüberschuß außerdem, daß polare Komponenten einschließlich des Methylglykols weitgehend in der flüssigen Phase zurückgehalten werden.

[95]  Jörg:    Diese Dampfphase ist der entscheidende Vorteil der Headspace-Technik gegenüber dem direkten Einspritzen eines Extraktes!
Stephan: Wieso?
Jörg:    Bei einer Extraktion gelangen meistens viele störende Stoffe in das Extraktionsmittel. Häufig sind diese Störstoffe schwer flüchtig. Bei einer Direktinjektion würden sie deshalb den Injektor verunreinigen oder auf der Trennsäule hängen bleiben. Dagegen enthält die Dampfphase, die bei der Headspace-Technik injiziert wird, nur die flüchtigen Stoffe. Die unerwünschten Störstoffe können so nicht in das Trennsystem gelangen. (Preuß 1986, S. 532)
Stephan: So so.

**Extraktion**  ❏ Wiegen Sie 25 g der beiden ungetrockneten Bodenproben (0 - 5 cm und 5 - 10 cm) in je einen 100 mL-Erlenmeyerkolben ein. Geben Sie 25 mL der vorbereiteten Methylglykollösung zu und verschließen Sie die Kolben mit einem Glasstopfen. Die vorbereitete Methylglykollösung enthält bereits den internen Standard Monochlorbenzol[96].

❏ Schwenken Sie die Kolben, bis alle Feststoffe gleichmäßig suspendiert sind. Achten Sie dabei darauf, daß keine Bodenpartikeln an der Gefäßwand oberhalb des Flüssigkeitsspiegels haften bleiben.

❏ Nun müssen Sie warten, bis sich ein Gleichgewicht zwischen Boden und Extaktionsmittel eingestellt hat. Lassen Sie die Proben mindestens 12 h, also am besten **über Nacht**, stehen.[97]

**GC-Einstellungen**  ❏ Nehmen Sie das GC-Gerät entsprechend dessen Bedienungsanleitung in Betrieb.

❏ Stellen Sie sicher, daß ein Flammenionisations-Detektor (FID)[98] eingebaut ist!

❏ Als Trägergas können Sie beispielsweise Stickstoff verwenden.

❏ Wählen Sie je nach von Ihnen verwendeter Säule gemäß Tabelle 9.9 Injektor-, Ofen- und Detektortemperatur.

**Tabelle 9.9.** Geräteeinstellungen für 5 verschiedene Kapillarsäulen der BTX-Analyse (Preuß 1986, S. 532 und DIN 38 407).

| Säule[a] | Filmdicke [µm] | Injektortemperatur [°C] | Ofentemperatur (Temperaturprogramm) | Detektortemperatur [°C] |
|---|---|---|---|---|
| Durabond 1 | 0,25 | | 40 °C   (8 min isotherm) | |
| Durawax 4 | 0,25 | 200 | 5 °C/min     (28 min) | 220 |
| | | | 180 °C (15 min isotherm) | |
| Durabond 1 | 1 | | 40 °C   (6 min isotherm) | |
| Durabond 1701 | 1 | 200 | 5 °C/min     (32 min) | 250 |
| Durabond wax | 1 | | 200 °C (15 min isotherm) | |

[a] Handelsnamen der Säulen. Durabond 1 (DB-1): 100 % Dimethylpolysiloxan; Durawax 4: Dimethylpolysiloxan und Polyethylenglykol; Durabond 1701 (DB-1701): 86 % Dimethylpolysiloxan und 14 % Cyanopropylsiloxan; Durabond wax (DBWAX): 100 % Polyethylenglykol.

---

[96] Wie im Anhang E angegeben, beträgt die Monochlorbenzol-Konzentration 100 mg/L.

[97] Optimal wäre es, von Zeit zu Zeit zu schütteln. Falls Sie einen Schütteltisch besitzen, können Sie diesen an eine Zeitschaltuhr anschließen und so die Proben einmal stündlich schütteln lassen ...

[98] Der FID kann bei der Analyse von mehrfach chlorierten Kohlenwasserstoffen auch durch einen ECD ersetzt werden. In diesem Fall ist anstelle von Monochlorbenzol (siehe Fußnote 96) Tribrommethan mit einer Konzentration von 5 mg/L als interner Standard zu verwenden. (Preuß 1996, S. 531f)

**Ermittlung der Retentionszeiten und der Responsefaktoren**

☐ Legen Sie 5 mL destilliertes Wasser in ein Headspace-Probengefäß vor.

☐ Erstellen Sie ausgehend von einer *Benzol*-Stammlösung durch Verdünnen mit Methylglykol eine *Benzol*-Standardlösung.[99] Die Konzentration dieser Standardlösung sollte ein wenig größer sein als die vermutete *Benzol*-Konzentration der Proben, z. B. 1 mg/L.[100]

☐ Geben Sie 0,5 mL der *Benzol*-Standardlösung in das Headspace-Probengefäß und verschließen Sie dieses.

☐ Temperieren Sie das Gefäß für mindestens 30 min bei 80 °C im Thermostaten der Headspace-Anlage. Die Thermostatisierzeit sollte für alle Proben und die Standards gleich sein.

☐ Wiederholen Sie die letzten vier Arbeitsschritte mit *Toluol, m-Xylol, p-Xylol* und *o-Xylol* anstelle von Benzol.

☐ Messen Sie nacheinander die fünf verschiedenen Standardlösungen mit dem Gaschromatographen (Injektionsvolumen z. B. 50 μL (gasförmig)).

☐ Ermitteln Sie aus den Chromatogrammen die Retentionszeiten von Benzol, Toluol und Xylol[101] (s. Kap. 9.4.4). Tragen Sie die Ergebnisse im Anhang D 1 ein.

☐ Berechnen Sie wie im Kap. 9.4.5 auf S. 219 beschrieben die Responsefaktoren $RF_{Benzol}$, $RF_{Toluol}$, $RF_{m-Xylol}$, $RF_{p-Xylol}$ und $RF_{o-Xylol}$. Tragen Sie die Ergebnisse im Anhang D 1 ein.

**Messen der Proben**

☐ Geben Sie je 5 mL destilliertes Wasser in zwei Headspace-Probengefäße.

☐ Entnehmen Sie nun aus den Erlenmeyerkolben des Vortages je 0,5 mL der überstehenden Extraktionslösung und geben Sie diese Lösung ebenfalls in die Headspace-Probengefäße.

☐ Verschließen Sie die Gefäße und temperieren Sie sie bei 80 °C im Thermostaten der Headspace-Anlage.

☐ Messen Sie nach 30 min Ihre Proben mit dem GC-Gerät.[102]

**Blindwertmessungen[103]**

☐ Legen Sie 5 mL destilliertes Wasser in ein Headspace-Probengefäß vor.

☐ Geben Sie 0,5 mL der Methylglykollösung dazu und verschließen Sie das Gefäß.

---

[99] Zum Erstellen einer Verdünnung s. Kap. 8.4.10 und Abb. 8.33.

[100] Falls Sie nach der GC-Analyse feststellen, daß die BTX-Konzentration Ihres Extraktes weit neben der vermuteten Konzentration liegt, dann müssen Sie eine neue Standardlösung mit der entsprechenden Konzentration ansetzen und die Messung der Standardlösung wiederholen.

[101] Beachten Sie, daß auch zwischen dem Lösungsmittel Methylglykol und der stationären Phase Wechselwirkungen bestehen. Der Methylglykol-Peak erscheint daher nicht nach der Totzeit und kann je nach verwendeter Säule z. T. sogar hinter den Substanzpeaks liegen.

[102] Verwenden Sie dabei das gleiche Injektionsvolumen wie bei den Standardlösungen.

[103] Benzol ist überall im Spurenbereich vorhanden. Daher sind Blindwertmessungen unerläßlich. (DIN 38 407)

□ Temperieren Sie es bei 80 °C im Thermostaten der Headspace-Anlage.

□ Messen Sie die Blindprobe nach 30 min mit dem GC-Gerät.

**Auswertung**

□ Ordnen Sie den verschiedenen Peaks der Probenchromatogramme und des Blindwertchromatogramms anhand der Retentionszeiten die zugehörigen Substanzen zu.[104]

□ Ziehen Sie den internen Standard heran, um die Peakflächen – wie im Kap. 9.4.5 auf S. 220 beschrieben – zu korrigieren.

□ Ermitteln Sie nun die BTX Konzentration der Proben. Orientieren Sie sich dabei am Anhang D 1!

□ Berechnen Sie den Blindwert. Sollte er unvertretbar hoch sein, so müssen reinere Chemikalien eingesetzt werden[105].

□ Berechnen Sie die BTX-Gehalte der beiden Bodenproben! Tragen Sie die Ergebnisse im Anhang D 1 ein!

□ Vergleichen Sie die Ergebnisse mit den Grenzwerten der verschiedenen Listen (s. Tab. 10.4)!

**Fragen**

1. Stellen Sie sich vor, Sie müssen ein Probengemisch gaschromatographisch trennen. Der erste Versuch mit einer Standard-Kapillarsäule wird isotherm bei einer Temperatur von 300 °C durchgeführt. Sie erhalten das in Abb. 9.20 dargestellte Chromatogramm.

1a. Was können Sie aus dem Chromatogramm ablesen?

1b. Welches Temperaturprogramm würden Sie vorschlagen, um die Qualität des Chromatogramms zu verbessern?

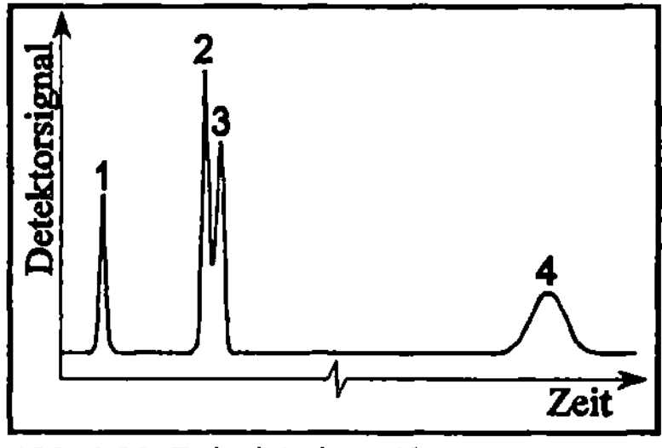


**Abb. 9.20.** Beispiel eines Chromatogramms

2. Sie haben eine gaschromatographische Analyse zur Bestimmung von Benzol in einer Bodenprobe durchgeführt und dabei folgende Werte ermittelt:

Fläche des Benzolpeaks: $A_{Benzol\,in\,Probe}$ = 300 mm$^2$

Responsfaktor für Benzol: $RF_{Benzol}$ = 0,27 ng/mm$^2$

2a. Berechnen Sie die Masse des Benzols in der eingespritzten Teilprobe.

2b. Berechnen Sie die Masse des Benzols in Ihrer Extraktionslösung. Nehmen Sie an, daß das Volumen der Extraktionslösung 100 mL betrug. 10 µL dieser Lösung wurden bei einem eingestellten Split von 1:100 in den GC eingespritzt.

3. Sie sollen die Konzentration der Substanz $D$ in einer Probe bestimmen. Die GC-Analyse dieser Probe ergibt für $D$ eine Peakfläche von 51 mm$^2$, für den in einer Konzentration von 50 mg/L zugesetzten internen Standard eine Fläche von 86,7 mm$^2$. Parallel dazu analysieren Sie

---

[104] Für eine eindeutige Identifizierung einer Substanz ist es erforderlich, mit mindestens zwei verschiedenen Trennsäulen zu arbeiten. Die Polarität dieser beiden Säulen sollte sich deutlich unterscheiden.

[105] In der DIN 38 407 Teil 9 heißt es, daß ein Blindwert von mehr als 10 % des Meßwertes unvertretbar hoch ist. In diesem Fall ist z. B. das verwendete Wasser einer gründlichen Reinigungsprozedur zu unterziehen (s. 3.5.1 in DIN 38 407).

eine Standardlösung mit 100 mg/L externem Standard und 50 mg/L internem Standard. Der Peak des externen Standards hat eine Fläche von 57,6 mm² und der des internen Standards eine von 76,8 mm².

3a. Wie groß ist die Konzentration von $D$ in der Probe?

3b. Bei einer zweiten Messung der Probe erhalten Sie andere Flächen: 45,3 mm² für die Substanz $D$ und 77,0 mm² für den internen Standard. Rechnen Sie auch für diesen Fall die Konzentration von $D$ aus!

3c. Erklären Sie das Ergebnis des Aufgabenteils 3b!

4. Wir haben behauptet, daß der Wassergehalt der Bodenprobe bei der in der Versuchsdurchführung beschriebenen BTX-Analyse das Ergebnis nicht beeinflußt. Ist das korrekt? Begründen Sie Ihre Antwort!

(Von: Jupp Wolter. Aus: Offene Schule Waldau Kassel (Hrsg.): Der Wald ist selber schuld : Neues aus der Schwarzwaldklinik. 6. überarb. Aufl., Eigenverlag, 1995, S. 139)

# 9.5 Hochdruckflüssigkeitschromatographie (HPLC)

Neben der Gaschromatographie ist auch die Hochdruckflüssigkeitschromatographie für die Umweltanalytik eine wichtige Trennmethode. In diesem Kapitel beschreiben wir die Funktionsweise der HPLC und erläutern die Versuchsdurchführung am Beispiel einer PAK-Analyse.

## 9.5.1 Grundprinzip der HPLC

> *Die Hochdruckflüssigkeitschromatographie ist ein Hochleistungsverfahren zur Trennung und Analyse von Stoffgemischen im Spurenbereich. Die mobile Phase ist immer flüssig, die stationäre Phase flüssig oder fest. Alle Substanzen, die sich in irgendeinem Lösungsmittel lösen, können mit der HPLC getrennt werden.*

**Anwendungsgebiet**

Im Gegensatz zur Gaschromatographie können mit der HPLC thermisch labile Verbindungen und schwer verdampfbare Komponenten analysiert werden. Voraussetzung ist allerdings, daß die Stoffe in gelöster Form vorliegen. Die folgenden umweltrelevanten Stoffgruppen können mit der HPLC bestimmt werden: Aromatische Kohlenwasserstoffe, polyzyklische aromatische Kohlenwasserstoffe (PAK), Phenole, Biozide, Amine, organische Säuren, Aldehyde, etc. (Hein 1994, S. 232f)

**Unterschied zur einfachen SC**

Die Methode der HPLC basiert auf dem chromatographischen Prinzip, wie es im Kap. 9.3 beschrieben ist. Sie stellt eine Weiterentwicklung der einfachen Säulenchromatographie (s. Kap. 9.3.2) dar. Im Unterschied zur einfachen SC ist die Trennleistung der HPLC wesentlich höher. Dies wird durch eine deutlich kleinere Partikelgröße der stationären Phase erreicht. Die kleineren Partikeln vergrößern die Oberfläche wesentlich. Dies hat zur Folge, daß

- die **Wechselwirkungen** zwischen der Probe und der stationären Phase zunehmen. Der Massenaustausch wird erhöht, und es stellt sich viel häufiger ein Verteilungsgleichgewicht ein als bei der einfachen SC;
- der **Durchflußwiderstand** der Trennsäule gegenüber der mobilen Phase größer ist. Das Laufmittel muß daher – im Gegensatz zur einfachen SC – mit hohem Druck durch die Trennsäule gepreßt werden.[106]

---

[106] Damit erklärt sich auch die Abkürzung HPLC: Sie steht für "High Pressure Liquid Chromatography". In der Literatur wird auch der Ausdruck "Hochleistungsflüssigkeitschromatographie" mit der gleichen Abkürzung (engl.: High Performance Liquid Chromatography) verwendet, weil die HPLC eine hohe Trennleistung erzielt.

**Trennungs-prinzipien**

Mit der HPLC lassen sich alle in Tabelle 9.5 beschriebenen chemisch-physikalischen Trennungsprinzipien realisieren:

- Adsorptions-Chromatographie,
- Verteilungs-Chromatographie,
- Ionenaustausch-Chromatographie und
- Molekülausschluß-Chromatographie. (Meyer 1990, S. 4)

**Reversed-phase-Chromatographie**

Eine besondere Form der Adsorptionschromatographie, die häufig angewendet wird, ist die Reversed-phase-Chromatographie (RPC). Bei der herkömmlichen Adsorptionschromatographie ist die mobile Phase immer schwächer polar als die polare stationäre Phase. Bei der Reversed-phase-Chromatographie ist dies genau **umgekehrt**[107]. Die stationäre Phase ist weniger polar als die mobile Phase.

Das für die herkömmliche Adsorptionschromatographie verwendete Silicagel hat an der Oberfläche <u>polare</u> OH-Gruppen, die als Adsorptionszentren dienen. Diese Silanolgruppen werden für die Reversed-phase chemisch modifiziert. <u>Unpolare</u> Kohlenwasserstoff-Ketten ($C_2$ - $C_{18}$) werden an die OH-Gruppen gebunden (s. Abb. 9.24). Damit besitzt das Silicagel einen chemisch entgegengesetzten Charakter, d. h. es ist unpolar. Es ist damit für die Trennung unpolarer Substanzen gut geeignet. Ein weiterer Vorteil der RPC liegt darin, daß polares Wasser als Elutionsmittel anstelle unpolarer organischer Lösungsmittel verwendet werden kann. Häufig werden Methanol-Wasser- bzw. Acetonitril-Wasser-Mischungen eingesetzt. Die Trennung wird optimiert, indem man den Wassergehalt im Elutionsmittel variiert

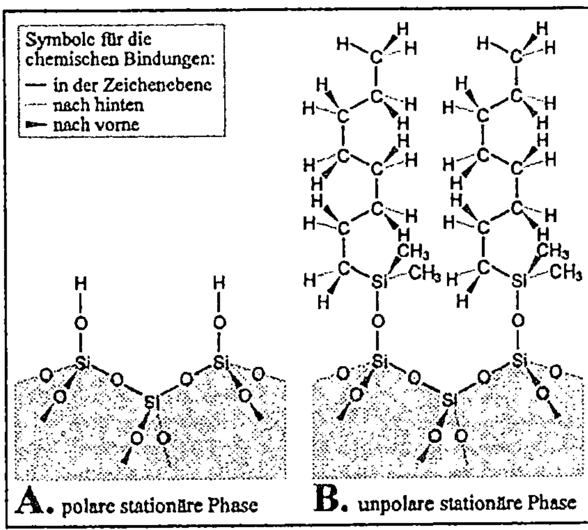



**Abb. 9.21.** Beispiele für stationäre Phasen (nach Meyer 1990, S. 104; Schwedt 1995, S. 342)

A: Silicagel mit Silanolgruppen (Si–OH), Verwendung für die Adsorptionschromatographie;

B: modifiziertes Silicagel mit chemisch gebundenen Alkanketten, Verwendung für die Reversed-phase-Chromatographie.

---

[107] Englisch: reversed. Die herkömmliche Adsorptionschromatographie wird daher auch als Normalphasen-Chromatographie bezeichnet.

(s. Kap. 9.5.3). Etwa zwei Drittel aller Trennaufgaben der Flüssigkeitschromatographie lassen sich mit der RPC lösen (Schwedt 1995, S. 341).

**Stationäre und mobile Phase**   Für jedes Trennproblem muß experimentell die optimale Kombination zwischen stationärer und mobiler Phase gefunden werden. Halten Sie sich an folgende Faustregel, um geeignete Phasen auszuwählen: "Gleiches zieht Gleiches an." Wenn die Probensubstanzen und die stationäre Phase ähnliche Polarität besitzen, dann werden die Substanzen lange an der Oberfläche festgehalten. Wenn die Substanzen eher eine ähnliche Polarität wie die mobile Phase aufweisen, dann werden sie schneller durch die Säule transportiert. Im ersten Fall erzielen Sie eine gute Trennung, im zweiten Fall eine kürzere Analysenzeit. In der Praxis müssen die Phasen so gewählt werden, daß die einzelnen Peaks bei minimaler Analysenzeit ausreichend voneinander getrennt werden.

Für die HPLC werden zahlreiche verschiedene stationäre Phasen auf dem Markt angeboten. Für praktisch jedes Trennproblem steht eine spezielle Säule zur Verfügung. Tabelle 9.10 gibt einen Überblick, welche stationären und mobilen Phasen eingesetzt werden. Die als mobile Phase verwendeten Laufmittel können nach ihrer Polarität in der sog. Eluotropen Reihe angeordnet werden (s. Kap. 9.3.3). Beachten Sie, daß die Reihenfolge der in der Tabelle 9.7 gezeigten Eluotropen Reihe für eine Reversed-phase-Chromatographie genau umgekehrt gilt. Zur weiteren Optimierung eines Trennproblems kann die Polarität des Laufmittels während der Trennung verändert werden (s. Kap. 9.5.3). (Meyer 1990, S. 186ff)

**Tabelle 9.10.** Übersicht über die stationären und mobilen Phasen in der HPLC (nach Hein 1993, S. 225)

| Chromatographie-Verfahren | | Stationäre Phase | Mobile Phase (Laufmittel) |
|---|---|---|---|
| Adsorptions-chromat. | Normalpha-sen-Chromat. | Aluminiumoxid, Silicagel (polare Oberfläche) | organisches Lösungsmittel-gemisch |
| | Reversed-phase-Chromat.[a] | chemisch modifiziertes Silikagel (unpolare Oberfläche) | Gemisch aus Wasser und organischem Lösungsmittel (z. B. Acetonitril, Methanol) |
| Verteilungs-Chromatographie | | flüssige Phase an einem Trägermaterial gebunden | organisches Lösungsmittel-gemisch |
| Ionenaustausch-Chromatographie | | kationische oder anionische Ionenaustauschharze | Pufferlösung |
| Molekülausschluß-Chromatographie | | poröse Teilchen mit einer definierten Porenweite | Gemisch aus Wasser und organischem Lösungsmittel |

[a] Manche AutorInnen zählen die RPC mit ihren chemisch gebundenen unpolaren Phasen eher zur Verteilungschromatographie (Gritter 1987, S. 214). Vermutlich spielen sowohl Adsorptions- als auch Verteilungseffekte für die Trennung eine Rolle.

## 9.5.2  Aufbau eines Hochdruckflüssigkeitschromatographen

**Schematischer Aufbau**

Abbildung 9.22 zeigt den schematischen Aufbau einer HPLC-Anlage. Die mobile Phase wird kontinuierlich aus dem **Laufmittelreservoir** entnommen. Gegebenenfalls stellt ein **Gradientensystem** eine Mischung aus mehreren Laufmitteln zusammen. Zum Schutz der **Pumpe** und der Trennsäule wird das Laufmittel mit einem **Filter** von Partikeln gereinigt. Die flüssige Probe wird über einen speziellen **Probengeber** in das Hochdrucksystem eingeführt und anschließend in der **Trennsäule** aufgetrennt. Mißt ein am Ende angeschlossener **Detektor** eine Änderung des Eluats, dann wird ein entsprechendes elektrisches Signal an den **Computer** weitergeleitet. Der Computer verarbeitet die Daten und zeichnet das Chromatogramm auf.

**Laufmittelreservoir**

Aus dem Laufmittelreservoir wird die HPLC-Anlage kontinuierlich mit mobiler Phase versorgt. Das Laufmittel darf keine gelösten Gase enthalten, da Gase Störungen im Detektor und in der Hochdruckpumpe hervorrufen können. Das Laufmittel wird daher häufig in einem Degaser entgast.

**Filter**

Nur hochreine Laufmittel dürfen durch die Pumpe und die Trennsäule fließen, um diese vor Schädigung bzw. Verstopfung zu schützen. Das Laufmittel wird daher nach der Entnahme aus dem Vorratsgefäß durch ein engporiges Filter (ca. 1 µm) geleitet. (Meyer 1990, S. 47)

**Gradientensystem**

Zur Optimierung der Trennung ist es häufig erforderlich, während des Trennvorgangs die Polarität des Laufmittels kontinuierlich zu verändern (s. Kap. 9.5.3). Dazu mischt das Gradientensystem vollautomatisch die zeitlich veränderbare Laufmittelzusammensetzung aus mehreren (2 - 4) verschiedenen Lösungsmitteln. Die Mischung des Laufmittels kann entweder vor oder nach der Hochdruckpumpe erfolgen.

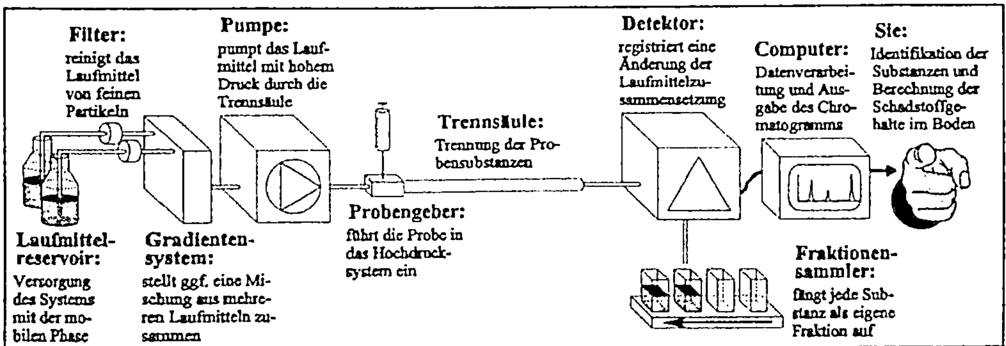


**Abb. 9.22.** Schematischer Aufbau eines Hochdruckflüssigkeitschromatographen

**Pumpe**

Die HPLC-Pumpe stellt eines der sensibelsten Teile der ganzen Anlage dar. Sie muß hohen Anforderungen genügen:

- Die Pumpe muß in der Lage sein, bei kleinem Volumenstrom (0,01 bis 50 mL/min) einen konstanten, **reproduzierbaren** Druck aufrechtzuerhalten.
- Ein Pulsieren der mobilen Phase wirkt sich negativ auf die chromatographische Trennung aus. Die Pumpe sollte daher das Laufmittel so **pulsationsarm** wie möglich fördern.
- Die Füllung einer HPLC-Trennsäule besteht aus sehr kleinen Partikeln (s. unten unter Trennsäule). Sie weist daher einen hohen Strömungswiderstand auf. Die HPLC-Pumpe muß einen **hohen Druck** von bis zu 40 MPa erzeugen, um die mobile Phase durch die Säule zu pressen.
- Die Pumpe muß resistent gegen die verwendeten Lösungsmittel sein. Es werden daher nur **korrosionsfreie** Materialien wie Saphir, Keramik und Edelstahl verwendet.

**Probengeber**

Das **direkte Einspritzen** einer Probe mit einer µL-Spritze hat den Nachteil, daß die Pumpe für die Probenaufgabe kurz abgestellt werden muß. Deshalb wird die Probe gewöhnlich mit Hilfe einer **Dosierschleife** aufgegeben. Die Dosierschleife ermöglicht es, die Probe in das Hochdrucksystem zu überführen, ohne daß der Druck der Pumpe reduziert werden muß.

Dabei wird die flüssige Probe zuerst unabhängig vom Hochdrucksystem in die Dosierschleife injiziert (s. Abb. 9.23 Teil A). Die Dosierschleife hat ein definiertes Volumen (5 - 2000 µL), so daß das Probenvolumen nicht exakt mit

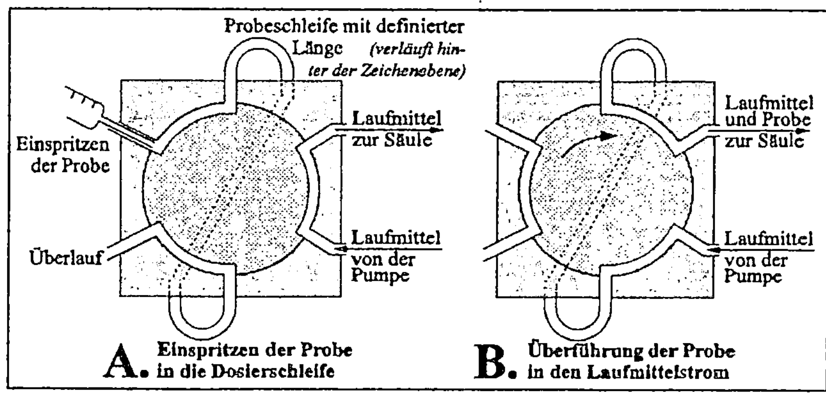


**Abb. 9.23.** Probeninjektion mit einer Dosierschleife (nach Meyer 1990, S. 55)

Tip: Falls Sie nicht auf Anhieb erkennen, wie die Dosierschleife funktioniert, hier eine "Ausmalanleitung": Malen Sie die Dosierschleife in A ausgehend von der Spritze mit einem roten Buntstift aus. Füllen Sie den anderen Kanal in A gelb aus. Überlegen Sie sich nun, welches Kanalstück in B welche Farbe bekommt, wenn der Innenkörper um 60° gedreht wurde, und malen Sie B entsprechend aus.

der Spritze abgemessen werden muß. Anschließend wird der Innenkörper mit den drei Kanälen um 60° gedreht (s. Abb. 9.23 Teil B). Nun steht die Dosierschleife in Verbindung mit dem Hochdrucksystem. Die Probe, die sich in der Dosierschleife befindet, wird mit dem Laufmittel in die Trennsäule gespült.

**Trennsäule**  Die Trennsäulen der HPLC sind wesentlich kürzer als die GC-Säulen. Sie haben eine Länge von 5 bis 50 cm bei einem Innendurchmesser von 2 - 5 mm. Das poröse Säulenmaterial, d. h. die stationäre Phase, füllt die gesamte Säule aus. Es besteht, wie in der SC und DC, meistens aus Aluminiumoxid oder Silicagel, allerdings beträgt der Teilchendurchmesser nur 3 - 10 µm. Die Säulenhülle besteht wegen der hohen Drücke aus Edelstahl, Tantal oder Kupfer. (Schwedt 1995, S. 334 und Meyer 1990, S. 74) Meist wird bei Raumtemperatur gearbeitet. Dabei wird die Temperatur mit einer Temperiereinrichtung konstant gehalten, damit der Trennvorgang nicht durch Temperaturschwankungen beeinflußt wird.[108]

**Detektoren**  Ebenso wie bei der Gaschromatographie hat der Detektor in der Säulenchromatographie die Aufgabe zu erkennen, wann eine Substanz die Trennsäule verläßt. Die Detektoren in der HPLC reagieren auf eine Änderung der Laufmittelzusammensetzung, erzeugen ein elektrisches Signal und geben es an den Computer oder Schreiber weiter. Die Funktionsweise der Detektoren beruht auf unterschiedlichen physikalisch-chemischen Eigenschaften der Substanzen: z. B. Brechungsindex, Fluoreszenz, UV-Absorption, IR-Absorption, Leitfähigkeit, Molekülmasse und Ionisierbarkeit. Die Auswahl eines geeigneten Detektors hängt von den nachzuweisenden Substanzen und vom Laufmittel ab.

**UV-Detektor**  Der UV-Detektor wird in der HPLC am häufigsten eingesetzt, da er relativ unempfindlich auf Temperaturschwankungen reagiert und auch bei Verwendung eines Gradientenprogramms benutzt werden kann. Er registriert Substanzen, die Strahlung im ultravioletten Bereich absorbieren. Achten Sie daher bei der Wahl der mobilen Phase darauf, daß diese nicht im UV-Bereich absorbiert.

Sein Aufbau entspricht dem eines gewöhnlichen Spektralphotometers, bei dem die Meß- und Referenzzelle kontinuierlich vom Eluat bzw. reinen Laufmittel durchflossen werden. Abbildung 9.24 zeigt eine Möglichkeit für den Aufbau eines UV-Detektors. Aus dem Spektrum der **UV-Strahlungsquelle** wird mit Hilfe eines **Monochromators** eine geeignete **Anregungswellenlänge** ausgewählt. Befindet sich eine Substanz in der **Meßzelle**, dann wird ein Teil der

---

[108] Auf eine konstante Säulentemperatur müssen Sie vor allem bei der Verteilungs-Chromatographie achten, weil der Verteilungskoeffizient temperaturabhängig ist.

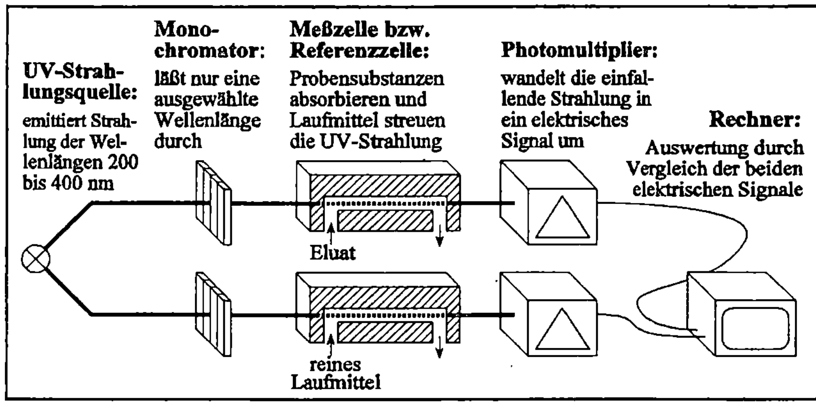



**Abb. 9.24.** UV-Detektor (nach Meyer 1990, S. 63)

Strahlung absorbiert. Die Strahlung, die auf den **Photomultiplier** fällt, nimmt ab, und damit auch der elektrische Strom. Das Signal wird mit dem Signal der **Referenzzelle**, die nur von reinem Laufmittel durchflossen wird, verglichen. Die Differenz ist ein Maß für die Konzentration im Eluat.

**Brechungsindex-Detektor (RI)[109]** Der Brechungsindex-Detektor "erkennt" alle Substanzen. Er ist daher universell einsetzbar, allerdings leider relativ unempfindlich. Sein Funktionsprinzip beruht auf den unterschiedlichen Brechungseigenschaften verschiedener Medien. Ein Lichtstrahl, der von einem transparenten Medium in ein anderes übertritt, setzt seinen Weg nicht geradlinig fort. Er wird an der Grenzfläche beider Medien um einen bestimmten Winkel abgelenkt, d. h. gebrochen. Diese Richtungsänderung ist für jedes Medium charakteristisch, aus ihr läßt sich der Brechungsindex bestimmen.

Abbildung 9.25 zeigt schematisch das Funktionsprinzip des RI-Detektors. Die Strahlung der **Lichtquelle** fällt von einem **Prisma** in eine **Küvette** mit dem **Eluat**. Der Lichtstrahl wird dabei abgelenkt, am Boden der Küvette reflektiert, beim Übergang ins

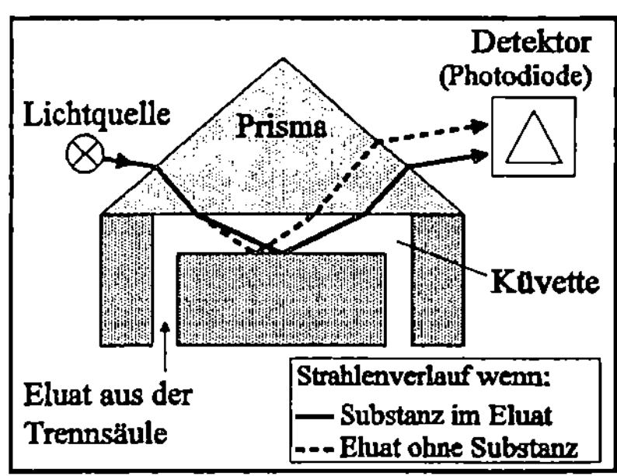



**Abb. 9.25.** Brechungsindex-Detektor (nach Meyer 1990, S. 65)

Der hier dargestellte Aufbau wird als Fresnel-Refraktometer bezeichnet. MEYER (1990, S. 66f) beschreibt noch andere Konstruktionen, die ebenfalls die Änderung des Brechungsindex in ein elektrisches Signal umwandeln.

---

[109] Jörg meint, wir sollten die Frage stellen, warum denn der Brechungsindex-Detektor mit RI abgekürzt wird. Aber Stephan findet, wir sollten lieber gleich das Geheimnis lüften: Brechungsindex heißt auf englisch "refraction index".

Prisma erneut gebrochen und von einer **Photodiode** registriert. Passiert eine im Eluat enthaltene Probenkomponente die Küvette, dann ändert sich der Brechungsindex und damit der Ort, an dem der Lichtstrahl aus dem Prisma austritt. Damit nimmt die Lichtintensität, die auf die Photodiode trifft, ab. Die Differenz des elektrischen Signals gegenüber einer identisch aufgebauten Referenzzelle, die nur vom Laufmittel durchflossen wird, ist ein Maß für die Probenkonzentration. Wenn ein Gradientenprogramm (s. Kap. 9.5.3) verwendet wird, kann der RI-Detektor nicht eingesetzt werden, weil sich die Laufmittelzusammensetzung und damit der Brechungsindex ständig verändert. (Meyer 1990, S. 65 und Gritter 1987, S. 204)

**Fluoreszenz-Detektor (FLD)**

Manche organische Substanzen absorbieren Strahlung einer bestimmten Wellenlänge und geben einen Teil der absorbierten Strahlungsenergie kurz[110] darauf wieder ab. Dabei emittieren sie eine Strahlung höherer Wellenlänge, meist im sichtbaren Bereich. Diesen Vorgang bezeichnet man als Fluoreszenz. Die Wellenlängen der Anregungs- und Fluoreszenzstrahlung sind jeweils charakteristisch für eine Substanz.

Abbildung 9.26 zeigt den schematischen Aufbau eines Fluoreszenz-Detektors. Aus dem Spektrum einer **Strahlungsquelle**[111] wird mit einem **Monochromator** die gewünschte Wellenlänge der **Anregungsstrahlung** ausgewählt. Sie fällt auf das Eluat, das kontinuierlich durch eine **Meßzelle** strömt. Enthält das Eluat die Probensubstanzen, so absorbieren diese die Anregungsstrahlung und emittieren **Fluoreszenzstrahlung** in alle Richtungen. Senkrecht zur Richtung der Anregungsstrahlung befindet sich ein Monochromator, der eine Wellenlänge der Fluoreszenzstrahlung auswählt. Ein **Photomultiplier** wandelt die

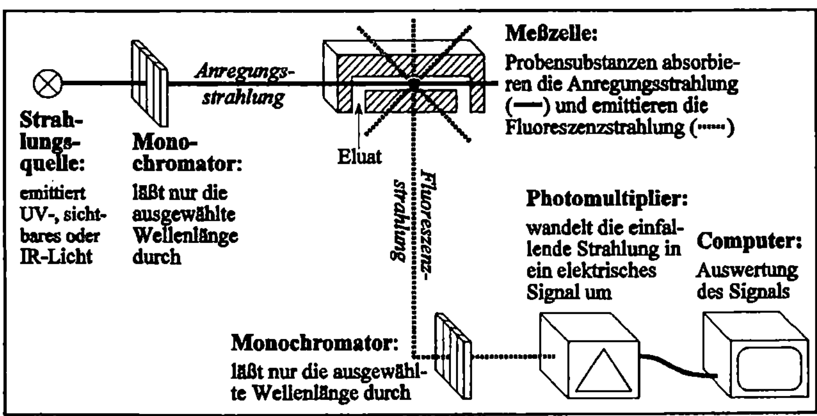


**Abb. 9.26.** Fluoreszenz-Detektor (nach Meyer 1990, S. 68)

---

[110] "Kurz" bedeutet hier sehr kurz, nämlich im Bereich von Nanosekunden (0,000000001 s).

[111] Häufig wird eine Quecksilberdampf-Lampe verwendet, die Strahlung zwischen 250 und 580 nm emittiert.

Strahlungsenergie in ein elektrisches Signal um. Je höher die Konzentration der fluoreszierenden Substanz ist, desto größer ist das elektrische Signal. Fluoreszenz-Detektoren haben eine sehr hohe Nachweisempfindlichkeit und reagieren spezifisch nur auf fluoreszierende Verbindungen.

Für die Analyse von PAK (s. Kap. 9.5.6) ist der Fluoreszenzdetektor ideal geeignet. PAK fluoreszieren hervorragend, weil sie eine aromatische Ringstruktur haben. Gelöster Sauerstoff im Laufmittel führt bei der Messung einiger PAK zur Fluoreszenzminderung. Durch Entgasung, z. B. mit Helium oder durch Verwendung eines Vakuumentgasers, ist der Sauerstoffgehalt des Laufmittels möglichst niedrig und konstant zu halten. (LUA 1994, S. 14)

**Weitere Detektoren**

Neben den drei beschriebenen und am häufigsten verwendeten Detektoren gibt es noch andere Detektoren: Photodiodenarray-Detektor, Leitfähigkeits-Detektor, Elektrochemischer-Detektor, Infrarot-Detektor, Atomabsorptionsspektrometer, Emissionsspektrometer, Radioaktivitäts-Detektor, Massenspektrometer u. a. Wenn Sie sich dafür interessieren, dann können Sie z. B. bei SCHWEDT (1995) mehr darüber nachlesen.

**Fraktionensammler**

Bei Bedarf kann das Eluat fraktionsweise in Glasröhrchen erfaßt und weiteren Analysen unterzogen werden. Entweder wird jeweils eine konstante Menge aufgefangen, oder der Detektor steuert den Fraktionensammler so, daß die einzelnen Probensubstanzen voneinander getrennt aufgefangen werden.

**Computer**

Moderne HPLC-Anlagen besitzen in der Regel einen Computer, der die Auswertung der Detektorsignale vornimmt und das Chromatogramm ausdruckt. (s. Kap. 9.4.2 unter Randleistenbegriff Computer)

## 9.5.3 Gradientenprogramm

**Problem**

Die Polarität des Laufmittels beeinflußt die Geschwindigkeit, mit der sich die Substanzen durch die Säule bewegen.[112] Die Polarität hat daher einen entscheidenden Einfluß auf das Trennergebnis. Für jedes Trennproblem muß experimentell herausgefunden werden, welches Laufmittel die einzelnen Substanzen am besten auftrennt. Wenn die Probe mehrere Substanzen enthält, die sich in ihrer Polarität stark unterscheiden, dann ist mit einem einzigen Laufmittel keine ideale Trennung aller Substanzen zu erzielen. Unter **isokratischen**[113] Trennbedingungen treten zwei Probleme auf:

---

[112] Wenn Sie diesen Satz bezweifeln oder nicht verstehen, dann schauen Sie doch bitte noch einmal in Kap. 9.3.3 (Eluotrope Reihe) nach.

- Die Substanzen, die die Säule als erstes verlassen, sind schlecht voneinander getrennt.
- Ein Teil der Substanzen wird relativ schlecht eluiert und verläßt die Säule erst nach unerwünscht langer Analysenzeit. Außerdem sind diese Peaks stark verbreitert, also flach.

**Abhilfe**

Die Lösung des Problems liegt darin, daß man die Polarität der mobilen Phase während der Analyse kontinuierlich verändert. Dazu werden zwei, drei oder manchmal auch vier Lösungsmittel mit unterschiedlicher Polarität vollautomatisch gemischt (s. Abb. 9.22). Die Polarität des Laufmittelgemisches muß so variiert werden, daß die Elutionskraft mit der Zeit zunimmt.[114] Der Anfangsbereich des Chromatogramms wird auf diese Weise etwas auseinandergezogen, der weitere Bereich gestaucht und die entsprechenden Substanzen werden mit geringerer Bandenverbreiterung schneller eluiert. Das optimale Gradientenprogramm muß für jedes Trennproblem experimentell ermittelt werden oder ist in der entsprechenden Analysenvorschrift vorgeschrieben. (Meyer 1990, S. 189f)

**Beispiel**

Abbildung 9.27 zeigt ein Beispiel für ein Gradientenprogramm. In der Reversed-Phase-Chromatographie wird häufig diese Mischung aus **Wasser** (polar) und **Acetonitril** (etwas unpolarer) verwendet, und das Wasser-Acetonitril-Verhältnis während der Analyse allmählich verändert.

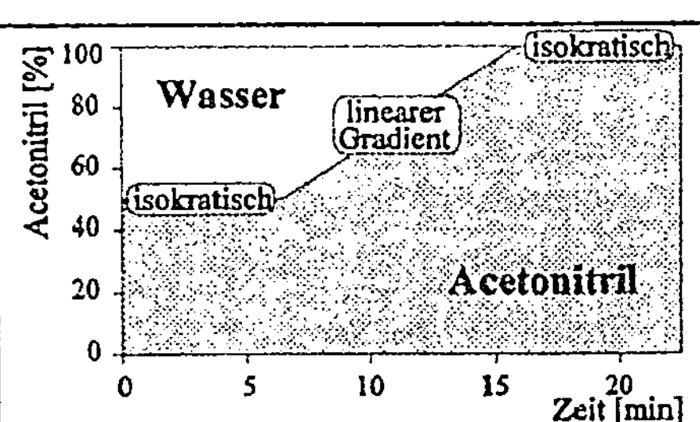


**Abb. 9.27.** Beispiel für ein Gradientenprogramm

**Analogie**

Wenn Sie das Kap. 9.4 gelesen haben, dann müßte Ihnen eine Analogie zur Gaschromatographie auffallen. In der GC gibt es auch eine "Programmierung" zur Optimierung eines Trennproblems.[115]

---

[113] Solange die Laufmittelzusammensetzung konstant bleibt, handelt es sich um eine isokratische Trennung.

[114] Wenn eine polare stationäre Phase verwendet wird, dann muß das Laufmittel während der Elution polarer werden, damit die Elutionskraft zunimmt. Wenn eine unpolare stationäre Phase (Reversed-phase-Chromatographie) verwendet wird, dann muß das Laufmittel während der Elution unpolarer werden. Die Eluotrope Reihe (s. Tabelle 9.7.) gilt für die RPC in umgekehrter Richtung.

[115] Ja richtig, das Temperaturprogramm (s. Kap. 9.4.3)!

## 9.5.4 Vergleich GC-HPLC

Die GC und die HPLC sind zwei wichtige Trennmethoden zur Analyse komplexer Stoffgemische. Die beiden Systeme konkurrieren nicht miteinander, sondern ergänzen sich gegenseitig. Stoffe, die sich nicht mit dem einen Verfahren analysieren lassen, können meistens mit dem anderen nachgewiesen werden. Die Tabelle 9.11 gibt eine Übersicht über die wesentlichen Unterschiede zwischen GC und HPLC.

**Tabelle 9.11.** Vergleich von Gas- und Hochdruckflüssigkeits-Chromatographie (nach Meyer 1990, S. 3 und Gritter 1987, S. 197)

|  | Gaschromatographie | Hochdruckflüssigkeits-chromatographie |
|---|---|---|
| Eine Probe kann analysiert werden, wenn ... | ... sie sich bis 400 °C ohne Zersetzung verdampfen läßt (Flüchtigkeit). | ... wenn sie sich in irgendeinem Lösungsmittel löst. (Löslichkeit). |
| Die stationäre Phase ist ... | ... flüssig oder fest. | ... flüssig oder fest. |
| Die mobile Phase ist ein ... | ... inertes Gas ($H_2$, $N_2$, He, Ar). | ... flüssiges Lösungsmittel. |
| Die mobile Phase bewegt sich durch das Trennsystem ... | ... mittels Druck aus einer Gasflasche. | ... mittels Druck einer Hochdruckpumpe. |
| Die Länge der Trennsäule beträgt ... | ... bis zu 300 m bei Kapillarsäulen. | ... zwischen 5 und 50 cm. |
| Die Analysentemperatur beträgt ... | ... 20 - 400 °C. | ... meist Raumtemperatur. |
| Die Optimierung der Trennung erfolgt in der Regel durch ... | ... Wahl der stationären Phase und mit einem Temperaturprogramm. | ... Wahl der stationären und der mobilen Phase sowie mit einem Gradientenprogramm. |
| In der Trennsäule treten Wechselwirkungen auf zwischen ... | ... den Substanzen und der stationären Phase. | ... den Substanzen und der stationären u. mobilen Phase. |
| Eine Analyse dauert je nach Komplexität meistens ... | ... ½ - 1 Stunde. | ... 10 - 30 Minuten. |
| Typische Analysensubstanzen sind ... | ... PCB, Dioxine, aromatische und chlorierte KW[a] | ... PAK[a], Pestizide, Vitamine, Proteine, Phenole, Pharmazeutika. |

[a] PCB: Polychlorierte Biphenyle; KW: Kohlenwasserstoffe; PAK: Polyzyklische aromatische Kohlenwasserstoffe.

## 9.5.5 Auswertung

**Vergleich zur GC-Auswertung**  Ein HPLC-Chromatogramm wird genauso ausgewertet wie das Chromatogramm einer GC-Analyse. Die Begriffe und Formeln, die verwendet werden, sind die gleichen. Falls Sie die Kap. 9.4.4 und 9.4.5 übersprungen haben oder sich nicht mehr an alle Begriffe erinnern, schlagen Sie bitte dort nach.

## 9.5.6 PAK-Bestimmung

**Prinzip**  Die PAK werden aus der luftgetrockneten homogenisierten Probe mit Löse-mittel im Ultraschallbad extrahiert. Der Extrakt wird gereinigt und die PAK in einem **HPLC**-Gerät unter isokratischen Bedingungen aufgetrennt. Die PAK werden dann mit einem **Fluoreszenzdetektor** identifiziert und quantifiziert[116]. Wir beschränken uns dabei auf die Bestimmung der 6 PAK, die in der Trink-wasserverordnung (TVO) genannt sind[117].

**Störungen**  Durch länger anhaltende **Lichteinstrahlung** können PAK chemisch verändert werden. Deshalb ist bei allen Verfahrensschritten darauf zu achten, daß die Probe vor direkter Sonneneinstrahlung geschützt wird. Substanzen, die fluo-reszieren oder die **Fluoreszenz** unterdrücken und außerdem ähnliche chroma-tographische Eigenschaften wie die zu bestimmenden PAK besitzen, stören die Bestimmung (z. B. Huminstoffe). Diese Störungen können zu unvollständig aufgelösten Signalen führen.[118]

### *Versuchsdurchführung PAK-Analyse*

Die hier beschriebene Methode basiert im wesentlichen auf der DIN 38 414 Teil 21 und auf einer Schrift des Landesumweltamtes Nordrhein-Westfalen (LUA 1994).[119]

☞  **PAK** sind kanzerogen. Hautkontakt ist unbedingt zu vermeiden, da die Haut für sie kaum eine Schranke darstellt. Es ist unter dem Abzug zu arbeiten. Dies alles gilt selbstverständlich sowohl für den Umgang mit den Standards als auch für den Umgang mit den Proben – zumindest solange wie kein negativer Befund vorliegt.

☞  **Acetonitril** ist leichtentzündlich und giftig. Es wird durch die Haut resorbiert. Vergiftungsgefahr besteht außerdem beim Einatmen und Verschlucken. Deshalb unter dem Abzug arbeiten. Auch in kleinen Konzentrationen un-

---

[116] Bei diesem Versuch ist es nicht erforderlich, eine Wiederfindungsrate zu bestimmen. Die Extraktion der PAK ist weitgehend erschöpfend. Außerdem gibt es laut DIN 38 414 Teil 21 kein zuverlässiges Verfahren, mit dem sich hier eine Wiederfindungsrate bestimmen ließe.

[117] Fluoranthen, Benzo(b)fluoranthen, Benzo(k)fluoranthen, Benzo(a)pyren, Benzo(ghi)perylen und Indeno(1,2,3-cd)pyren.

[118] Sollte bei Ihrer Versuchsdurchführung der Benzo(b)fluoranthen-Peak von einem anderen Peak überlagert sein, so handelt es sich wahrscheinlich um den ebenfalls fluoreszierenden Stoff Perylen. Sie sollten daher dem von Ihnen als Standard verwendeten Gemisch (s. u.) zusätzlich zu den 6 PAK auch Perylen zusetzen. Liegen die Peaks tatsächlich übereinander, dann müsssen Sie das Trennproblem durch leichte Variation der Laufmittel-zusammensetzung optimieren.

[119] Während die DIN 38 414 Teil 21 für die Analyse von PAK in Schlämmen und Sedimenten entwickelt wurde, ist der primäre Anwendungsbereich der nordrhein-westfälischen Vorschrift "die Untersuchung von Kulturböden im Rahmen der Aufgaben des Bodenschutzes und bei der Gefährdungsabschätzung von Altlasten." (LUA 1994, S. 7)

terhalb der Geruchsschwelle ist es giftig. (R 11, 23/24/25; S 16, 27, 45) Beseitigung: Sammlung als halogenfreies Lösemittel.

**Methanol** ist leichtentzündlich und giftig. Es wird durch die Haut resorbiert. (R 11, 23/25; S 7, 16, 24, 45) Beseitigung: Sammlung als halogenfreies Lösemittel.

Die Versuchsdurchführung ist für jede Probe (0 - 5 cm und 5 - 10 cm) zweimal durchzuführen.

**Einwaage**

❏ Homogenisieren und mahlen Sie ca. 20 g der luftgetrockneten und bei 2 mm gesiebten Bodenprobe in einem Mörser.

❏ Wiegen Sie 5 ± 0,01 g dieser Probe in einen Porzellantiegel ein und geben Sie 5 g wasserfreies Natriumsulfat zu.

❏ Verreiben Sie dieses Gemisch intensiv bis zu einer sandigen Konsistenz. Sollte das Gemisch noch eine Restfeuchtigkeit aufweisen, dann müssen Sie die Probe mit weiterem Natriumsulfat verreiben.

❏ Überführen Sie das Gemisch vollständig in ein 20 mL Septum-Glas[120].

**Extraktion**

❏ Geben Sie 10 mL des Extraktionsmittels Acetonitril zu.

❏ Verschließen Sie das Glas und schütteln Sie es kräftig, bis der Bodensatz aufgeschlämmt ist.

❏ Legen Sie das Septum-Glas in ein beheiztes Ultraschallbad (40 °C) und extrahieren Sie die Bodenprobe 1 h lang.

❏ Nehmen Sie die Probe anschließend wieder aus dem Ultraschallbad heraus und zentrifugieren Sie sie.

**Blindwert**

❏ Führen Sie alle oben beschriebenen Schritte ohne Zugabe einer Bodenprobe durch. Diese Lösung benötigen Sie für die Blindwertbestimmung.

**Reinigung des Extraktes**

❏ Lassen Sie zuerst 3 mL Acetonitril und anschließend 3 mL Methanol durch eine Einmal-Trennsäule laufen, um diese zu reinigen. Danach sollte die Trennsäule gerade noch mit Methanol bedeckt sein.

❏ Durchstechen Sie mit einer Glasspritze das Septum des Septum-Glases, entnehmen Sie genau 1 mL des Probenextraktes und geben Sie es auf die Trennsäule.

❏ Lassen Sie den Extrakt vollständig in die Säulenpackung einsickern.

❏ Geben Sie nun mit einer Pipette 3,5 mL Methanol auf die Säule und fangen Sie das Eluat, das die PAK-Fraktion enthält, in einem 5 mL Meßkolben auf.

❏ Füllen Sie den Meßkolben mit Methanol bis zur 5 mL-Marke und bewahren Sie ihn bis zur HPLC-Analyse kühl und dunkel auf.

---

[120] Ein Septum-Glas ist ein Schraubgefäß, dessen Deckel ein Septum enthält. Dieses Septum kann mit einer Spritze durchstochen werden.

**Tabelle 9.12.** Geräteeinstellungen für 2 bei der PAK-Analyse gängige HPLC-Säulen

| Säule | Volumenverhältnis des Laufmittels Acetonitril / Wasser | Volumen-strom [mL/min] | Temperatur [°C] | Pumpendruck [MPa] |
|---|---|---|---|---|
| Nucleosil 5 C 18 PAH | 20:80 | 0,8 | 20 | 7,5 |
| Bakerbond PAH-16 Plus | 50:50 | 0,5 | 20 | 4,5 |

**HPLC-Einstellungen**

❑ Nehmen Sie das HPLC-Gerät entsprechend dessen Bedienungsanleitung in Betrieb.

❑ Stellen Sie sicher, daß eine Dosierschleife mit dem Volumen 10 µL[121] eingebaut ist.

❑ Stellen Sie die Monochromatoren des Fluoreszenz-Detektors auf eine Anregungswellenlänge von 365 nm und eine Emissionswellenlänge von 470 nm.[122]

❑ Wählen Sie entsprechend der von Ihnen verwendeten Säule Volumen-strom, Temperatur und das Volumenverhältnis des Laufmittelgemisches Acetonitril/Methanol (s. Tabelle 9.12).

**Ermittlung der Retentionszeiten**

❑ Erstellen Sie für eine PAK-Einzelsubstanz aus der entsprechenden Stammlösung durch Zugabe von Methanol eine Verdünnung mit der Konzentration 50 µg/L.[123] Vergessen Sie nicht: Schützen Sie alle Stamm- und Standardlösungen vor Lichteinfall.

❑ Spritzen Sie diese verdünnte Lösung in das HPLC-Gerät ein.

❑ Ermitteln Sie aus dem Chromatogramm die Retentionszeit für diese Einzelsubstanz.[124] Tragen Sie das Ergebnis im Anhang D 2 ein.

❑ Wiederholen Sie die letzten drei Arbeitsschritte für alle zu analysierenden PAK-Einzelsubstanzen.

**Aufstellen der Kalibriergerade**

❑ Geben Sie jeweils 2 mL der 6 PAK-Einzelsubstanz-Stammlösungen in einen 100-mL Meßkolben und füllen Sie mit Acetonitril bis zur Marke auf.

❑ Erstellen Sie ausgehend von diesem PAK-Gemisch durch Zugabe von

---

[121] Je nach Innendurchmesser der Trennsäule und der verwendeten stationären Phase kann das optimale Probenvolumen größer oder kleiner sein. Beachten Sie hierzu die Hinweise des Säulenherstellers.

[122] Diese Wellenlängenkombination ist ein brauchbarer Kompromiß zwischen Nachweisempfindlichkeit und Selektivität. Sofern Sie ein Gerät benutzen, bei dem eine automatische Änderung der Monochromatorwellenlängen während der Analyse möglich ist, sollten Sie für Fluoranthen als Anregungswellenlänge 270 nm und als Emissionswellenlänge 440 nm, für Indeno(1,2,3-cd)pyren als Anregungswellenlänge 250 nm und als Emissionswellenlänge 500 nm sowie für alle anderen in der Trinkwasserverordnung angegebenen PAK als Anregungswellenlänge 290 nm und als Emissionswellenlänge 340 nm einstellen.

[123] Zum Erstellen einer Verdünnung s. Kap. 8.4.10 und Abb. 8.33.

[124] Siehe Kap. 9.4.4.

Methanol fünf Standardlösungen im vermuteten Konzentrationsbereich der Probe, z. B. 10 - 100 µg/L.[125]

❐ Spritzen Sie nacheinander diese fünf Lösungen in das HPLC-Gerät ein.

❐ Ermitteln Sie nun aus den Peakflächen und den eingespritzten Substanzmengen für jede einzelne Substanz eine Kalibriergerade (s. Kap. 9.5.5) und füllen Sie das Protokoll im Anhang D 2 aus.

**Messen der Probe** ❐ Messen Sie nun ihre Probe- und Blindwertlösungen mit dem HPLC-Gerät.

**Auswertung** ❐ Ordnen Sie den verschiedenen Peaks im Chromatogramm anhand der Retentionszeiten die zugehörigen Substanzen zu. Ermitteln Sie mit Hilfe der Kalibriergeraden die Mengen der einzelnen Substanzen in der eingespritzten Probe. Orientieren Sie sich dabei am Anhang D 2.

❐ Berechnen Sie die auf die Trockensubstanz bezogenen PAK-Konzentrationen. Tragen Sie das Ergebnis im Anhang D 2 ein!

❐ Bilden Sie die Summe aus allen 6 gemessenen PAK! Diskutieren Sie den Wert im Vergleich zu den Grenzwerten der TVO[126] und der Berliner Liste[127] (s. Tabelle 10.4)!

*Fragen*

1. Die Polarität des Laufmittels hat einen großen Einfluß auf die Trennung eines Substanzgemisches. Folgende Aussagen gelten für polare stationäre Phasen: Polare Laufmittel eluieren die Substanzen schneller als unpolare Laufmittel. Polare Substanzen werden später eluiert als unpolare. Wie müssen die Aussagen lauten, wenn Sie eine "Reversed Phase" verwenden?

2. Warum muß die Trägergasgeschwindigkeit bzw. die Laufmittelgeschwindigkeit während einer GC- bzw. HPLC-Analyse konstant bleiben? Nennen Sie zwei Gründe!

3. Die Detektoren in der GC und HPLC erzeugen ein elektrisches Signal in Abhängigkeit von der Stoffmenge der Substanz, die durch den Detektor strömt. Manche Detektoren erzeugen ein Signal, das **proportional zur Konzentration** der Substanz im Eluat ist. Andere Detektoren liefern ein Signal, das **proportional zum Massenstrom**, d. h. zur Anzahl der Moleküle im Eluat, ist. Zur Veranschaulichung stellen Sie sich folgendes Experiment vor: Ein Schreiber zeichnet kontinuierlich die Signale des Detektors auf. Stellen Sie in Gedanken den Gasstrom bzw. die Pumpe dann ab, wenn ein Peakmaximum erreicht ist. Ein konzentrationsabhängiger Detektor "sieht" die Substanzmoleküle, die in der Küvette sind auch dann, wenn der Eluentenstrom abgestellt ist. Er behält daher sein aktuelles Signal bei, d. h. der Schreiber geht nicht auf Null zurück. Ein massenstromabhängiger Detektor dagegen "zählt" jedes Molekül nur einmal. Sobald der Eluentenstrom abgestellt wird, sinkt das Signal auf Null ab. Welche der sechs folgenden Detektoren sind massen- und welche konzentrationsabhängig: Flammenionisations-Detektor, Wärmeleitfähigkeits-Detektor, Elektroneneinfang-Detektor, UV-Detektor, Fluoreszenz-Detektor und Brechungsindex-Detektor?

---

[125] Falls Sie nach der HPLC-Analyse feststellen, daß die PAK-Konzentration Ihres Extraktes außerhalb dieses Konzentrationsbereiches liegt, müssen Sie Standards mit anderen Konzentrationen ansetzen und die Analyse wiederholen.

[126] In der TVO ist ein Grenzwert von 0,2 µg/L für die Summe der 6 PAK festgelegt.

[127] Sie haben die 6 PAK nach TVO bestimmt (s. Fußnote 117). Laut Berliner Liste müßten Sie die 16 PAK nach EPA bestimmen. Die Werte sind daher nur bedingt vergleichbar.

4. Lesen Sie noch einmal die Fußnote 125 im Kapitel 9.5.6! Leider ist die Durchführung einer 5-Punkt-Kalibrierung relativ aufwendig. Viel lieber würden Sie eine Tasse Tee trinken (aber bitte nicht im Labor!), als eine neue Verdünnungsreihe anzusetzen, oder? Überlegen Sie sich daher, was Sie tun könnten, um eine erneute Kalibrierung zu umgehen, falls Ihre Probenkonzentration oberhalb des Kalibrierbereiches liegt!

5. Erklären Sie, warum sich die unpolaren PAK gut in dem relativ polaren Extraktionsmittel Methanol ($CH_3OH$) lösen!

(Aus: Haitzinger, Horst: Globetrottel : Karikaturen zur Umwelt. München : Bruckmann, 1989, S. 84)

# 10 Anleitung zur Auswertung

Nach der Arbeit im Feld und im Labor müssen Sie Ihre Meßergebnisse auswerten. Bei der Auswertung <u>können</u> folgende Fragen berücksichtigt werden (s. Kap. 1.3):

- Welche **Bedeutung** haben die einzelnen analysierten Parameter? – Antworten auf diese Frage finden Sie in den jeweiligen Kapiteln des Buches.

- Wie sind die gemessenen **Zahlenwerte** zu **beurteilen**? – In den entsprechenden Kapiteln dieses Buches ist kurz beschrieben, welche Werte üblich sind, welche als kritisch einzustufen sind und welche unbedenklich sind. Zur Berechnung der Schadstoffgehalte benötigen Sie Kap. 10.2. Dort ist beschrieben, wie die Regressionsrechnung durchgeführt wird. Die so ermittelten Schadstoffgehalte können für eine grobe Einschätzung mit Werten aus Grenzwertlisten verglichen werden. Im Kap. 10.3 gehen wir ausführlich auf verschiedene Grenzwertlisten und den Umgang mit Grenzwerten ein.

- Wie beeinflussen sich die verschiedenen Parameter gegenseitig? – Auch das **komplexe Beziehungsgeflecht** der Parameter ist bereits in den entsprechenden Kapiteln beschrieben. Besonders möchten wir auf Aufgabe 4 im Kap. 8.2 hinweisen. Sie enthält drei verschiedene Fallbeispiele[1]. Doch halt! Bevor Sie sich die Auflösung anschauen, sollten Sie sich selbst Gedanken zu den Beispielen machen ...

- Wie gut und zuverlässig sind Ihre Ergebnisse? – Mögliche **Fehlerquellen** der einzelnen Versuche werden in den entsprechenden Kapiteln beschrieben. Die Fehlerquellen der Spurenanalytik sind im Kap. 10.1 genannt. Im Kap. 10.2 erklären wir, wie sich Aussagen über die statistische Sicherheit von Versuchsreihen treffen lassen.

---

[1] Die ersten drei Fragen auf dieser Seite (■) werden für jedes einzelne Fallbeispiel im Anhang F beantwortet.

Nach der Auswertung werden die Ergebnisse der interessierten Öffentlichkeit oder auch nur einem speziellen Fachpublikum vorgestellt. In der Praxis müssen Sie vielleicht ein Gutachten schreiben, die Ergebnisse auf einem Kongreß vortragen, oder sie sind Teil eines Forschungsprojektes (s. Kap. 1.3).

## 10.1 Kontaminationen in der Spurenanalytik

> *In der Spurenanalytik muß sowohl eine Kontamination des Probenmaterials mit den zu untersuchenden oder bei der Untersuchung störenden (Schad-)Stoffen als auch ein Verlust der analysierten Stoffe minimiert werden.*

**Minimierungs-maßnahmen ...**
(Schad-)Stoffein- und -austräge lassen sich durch sauberes Arbeiten deutlich verringern. Im Folgenden schlagen wir für verschiedene Kontaminationspfade Minimierungsmaßnahmen vor:

**... allgemein**
- Kontaminationen können über die **Probenahme- und Analysengeräte** in die Proben eingetragen werden. Daher muß bei der Geräteauswahl berücksichtigt werden, welche Stoffe analysiert werden sollen. Das Gerätematerial sollte die Analysensubstanz möglichst nicht enthalten. Beispielsweise können Schwermetalle über Metallgegenstände eingetragen werden[2]. Organische Schadstoffe können über Geräte aus Kunststoff, lackierte, geölte oder imprägnierte Geräte in die Proben gelangen. Solche Geräte sind in der organischen Analytik daher zu vermeiden (VwV Bodenproben 1993, S. 1018). Im übrigen ist es erforderlich, alle Geräte gründlich zu reinigen, bevor sie mit der Probe in Berührung kommen. Stoffe können außerdem über die Probenahme- und Analysengeräte aus den Proben ausgetragen werden. Sie können beispielsweise an Glaswandungen anhaften.

- Verunreinigungen können über **Reagenzien** in die Proben gelangen. Daher sollen, soweit möglich, hochreine Reagenzien (p. a.[3]) verwendet

---

[2] Diese Fußnote, die erklärt, daß bei der Verwendung von aus gehärtetem Stahl hergestellten Bohrern, womit wir, um Mißverständnissen schon von vornherein vorzubeugen, natürlich keine handelsüblichen Bohrmaschinen, mit denen man Löcher in die Wand bohren kann, sondern Bohrer, wie den Pürckhauer-Bohrstock, meinen, davon ausgegangen werden kann, daß das Probenmaterial weder mit organischen Stoffen noch mit Schwermetallen kontaminiert wird, ist nicht nur ein wunderschöner Schachtelsatz, sondern auch der längste Satz in diesem Buch.

[3] "p. a." steht für "per analysis". Solche Reagenzien sind besonders rein und für die Spurenanalytik geeignet.

werden. Zur Not reicht es aus, wenn die eingesetzten Chemikalien bezüglich der Analysensubstanz hochrein sind.

- Kontaminationen können auch über den **Luftpfad** in die Proben ein- und ausgetragen werden. Daher sollte die Probe möglichst bald nach der Probenahme analysiert werden und vor der Analyse in einem verschlossenen und diffusionsdichten Gefäß aufbewahrt werden. Beim Totalaufschluß ist es aus gleichem Grund vorteilhaft, ein geschlossenes Verfahren anzuwenden, z. B. den Mikrowellenaufschluß.

**Tabelle 10.1.** Kontaminationsquellen und Minimierungsmaßnahmen für Kupfer und Blei

| **Kontaminationsquellen** | **mögliche Minimierungsmaßnahmen** |
| --- | --- |
| direkter Kontakt mit kupfer- bzw. bleihaltigen Geräten | ■ soweit möglich keine kupfer- bzw. bleihaltigen Geräte, insbesondere keine kupfer- bzw. bleihaltigen Mahlwerkzeuge, verwenden |
| verunreinigte Laborgeräte | ■ Laborgeräte gründlich reinigen und mit Säure spülen<br>■ Laborgeräte mit den Chemikalien, die anschließend eingefüllt werden sollen, vorspülen |
| verunreinigte Reagenzien | ■ bidestilliertes Wasser und möglichst reine Reagenzien (p. a.) verwenden |
| Staubeintrag aus der Luft | ■ Probenahmegefäß sofort verschließen und die Probe solange wie möglich in einem geschlossenen Behälter aufbewahren |

**Tabelle 10.2.** Kontaminationsquellen und Minimierungsmaßnahmen für BTX und PAK

| **Verluste und Kontaminationsquellen** | **mögliche Minimierungsmaßnahmen** |
| --- | --- |
| Kontakt mit Kunststoffteilen | ■ soweit möglich keine Geräte mit Kunststoffteilen zum Entnehmen, Aufbewahren, Vorbehandeln und Analysieren der Probe verwenden |
| verunreinigte Laborgeräte | ■ Laborgeräte gründlich reinigen und spülen<br>■ Laborgeräte mit den Chemikalien, die anschließend eingefüllt werden sollen, vorspülen |
| verunreinigte Reagenzien | ■ bidestilliertes Wasser und möglichst reine Reagenzien (p. a.) verwenden |
| Einträge aus der Luft und Austräge durch Verdampfung | ■ Probenahmegefäß sofort verschließen und die Probe solange wie möglich in einem geschlossenen Behälter aufbewahren<br>■ Probenahmegefäß bis zum Rand füllen<br>■ Probe möglichst bald nach der Entnahme analysieren |
| Verluste durch Lichteinstrahlung z. B. bei PAK | ■ Proben vor direkter Sonneneinstrahlung schützen<br>■ braun gefärbte Glasflaschen verwenden<br>■ Proben im Dunkeln aufbewahren |

**… für Pb, Cu, BTX und PAK**    In den Versuchsdurchführungen der Kap. 8 und 9 wird die Analyse von Blei, Kupfer, BTX und PAK beschrieben. In den Tabellen 10.1 und 10.2 führen wir auf, welche Kontaminationsquellen die Ergebnisse dieser Analysen verfälschen können und stellen jeder Kontaminationsquelle eine Minimierungsmaßnahme gegenüber.

**rechnerische Korrektur**    In den Tabellen 10.1 und 10.2 werden Maßnahmen vorgeschlagen, mit denen sich die Kontaminationen der Proben gering halten lassen. Doch auch bei Beachtung aller Vorsichtsmaßnahmen können die Kontaminationen der Proben nur minimiert und nicht ausgeschlossen werden. Daher wird zusätzlich versucht, die Höhe der Kontaminationen zu erfassen. Sie werden als Blindwert ermittelt und vom Meßergebnis abgezogen. Genaueres zum Blindwert erfahren Sie im folgenden Kapitel.

## 10.2 Statistik

**Fehler**    Je nach Analysenverfahren weichen die Meßergebnisse mehr oder weniger stark vom **wahren Wert** ab. Diese Abweichungen werden als Fehler bezeichnet. Jedes Analysenergebnis ist mit einem Fehler behaftet. Man unterscheidet dabei zwei Arten von Fehlern: systematische und zufällige Fehler. Der Gesamtfehler setzt sich aus beiden Fehlern zusammen. Wenn alle Meßwerte in der gleichen Richtung vom wahren Wert abweichen, dann spricht man von einem systematischen Fehler. **Systematische Fehler** beruhen auf einer fehlerhaften Versuchsdurchführung[4] und lassen sich prinzipiell vermeiden. Dagegen sind **zufällige Fehler** unvermeidbar. Sie beruhen auf vielen kleinen, unkontrollierbaren, zufälligen Störeinflüssen[5]. Die Meßwerte werden in unterschiedlicher Weise verfälscht und schwanken in beiden Richtungen um den wahren Wert[6].

**Genauigkeit**    In der Regel wird jede Probe mehrmals nacheinander gemessen. Aus den einzelnen Meßwerten ($\bullet$) kann der arithmetische Mittelwert[7] (+) gebildet werden. Die Meßwerte streuen mehr oder weniger stark um diesen Mittel-

---

[4]  Beispielsweise macht sich ein Verdünnungsfehler in der Verdünnungsreihe bei allen Meßproben in gleicher Weise bemerkbar.

[5]  Zum Beispiel: Spannungsschwankungen, Staubteilchen, Luftbewegungen, mechanische Erschütterungen, zufällige Ablesefehler.

[6]  Natürlich nur dann, wenn es keinen systematischen Fehler gibt.

[7]  Definition des arithmetischen Mittelwertes: $\bar{x} = \dfrac{1}{n} \sum_{i=1}^{n} x_i$

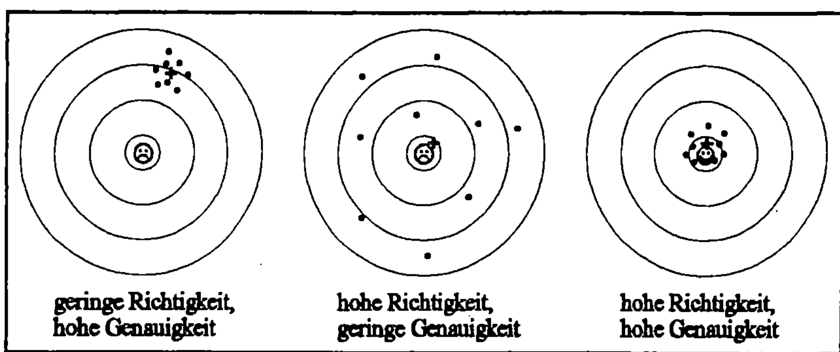


**Abb. 10.1.** Genauigkeit und Richtigkeit [wahrer Wert (☺, ☻), Mittelwert (+), Einzelmeßwert (●)]

wert. Diese Streuung wird durch **zufällige Fehler** hervorgerufen. Ein Verfahren ist umso genauer[8], je näher die einzelnen Meßwerte am Mittelwert liegen (s. Abb. 10.1). (Koch 1974, S. 12)

**Richtigkeit[9]**    **Systematische Fehler** führen zu einer Abweichung des Meßergebnisses vom wahren Wert. Ein Verfahren ist umso richtiger, je näher der "gemessene" Mittelwert (+) am wahren Wert (☺ oder ☻) liegt. Allerdings bleibt der wahre Wert in der Spurenanalytik unbekannt. Die Richtigkeit der Ergebnisse kann nur grob ermittelt werden. Dazu werden **Referenzproben** mit bekannten und zertifizierten Elementgehalten nach dem gleichen Analysenschema wie die Proben untersucht. Die Abweichung zwischen dem eigenen Analysenergebnis und dem zertifizierten Wert wird ermittelt. Sie ist ein Maß für die Richtigkeit. (Welz 1983, S. 113) Die Verwendung von Referenzproben ist bei unseren Versuchen nicht vorgesehen.

> *"Richtigkeit" darf nicht mit "Genauigkeit" verwechselt werden. Die Einzelmeßwerte einer wiederholt durchgeführten Bestimmung können eine hohe Genauigkeit aufweisen und gleichzeitig nicht "richtig" sein. Insgesamt kann durch Mittelwertbildung auch dann eine hohe Richtigkeit erzielt werden, wenn die Genauigkeit der einzelnen Meßwerte schlecht ist. Die zufälligen Fehler kompensieren sich durch eine häufige Wiederholung der Messung.*

---

[8] Die Genauigkeit kann berechnet werden: siehe Randbegriff "Standardabweichung" auf S. 248.

[9] Die Begriffe "Richtigkeit" und "Genauigkeit" werden in der Literatur nicht einheitlich verwendet. HARTUNG (1987, S. 341) verwendet das Wort "Präzision" anstelle von "Genauigkeit". Für "Richtigkeit" im von uns verwendeten Sinn benutzt er sowohl "Genauigkeit" als auch "Richtigkeit".

**Standard-abweichung**

Die Standardabweichung ist ein **absolutes** Maß für die Genauigkeit, also für die Streuung der Meßwerte.[10] Sie kann nur dann sinnvoll berechnet werden, wenn ausreichend viele[11] Meßwiederholungen der gleichen Probe durchgeführt wurden. Die Standardabweichung $s$ hat dieselbe Einheit wie die Meßwerte und ist folgendermaßen definiert:

$$s = \sqrt{\frac{\sum_{i=1}^{n} (x_i - \bar{x})^2}{n - 1}}$$

$s$    Standardabweichung
$n$    Anzahl der Meßwerte
$x_i$    Meßwert der $i$-ten Messung
$\bar{x}$    arithmetischer Mittelwert der Meßwerte[7]

Wird die Standardabweichung s auf den Mittelwert $\bar{x}$ der einzelnen Meßwerte bezogen, so ergibt sich die **relative** Standardabweichung, auch Variationskoeffizient *VK* genannt. Auf diese Weise kann der zufällige Fehler relativ und dimensionslos angegeben werden:

$$VK = \frac{s}{\bar{x}} \cdot 100 \ \%$$

*VK*    Variationskoeffizient [%]
$s$    Standardabweichung
$\bar{x}$    arithmetischer Mittelwert der Meßwerte

Der wahre Wert wird in der Statistik $\mu$ genannt. Die Standardabweichung $s$ gibt an, wie stark einzelne Meßwerte $x_i$ um den wahren Wert $\mu$ streuen. Diese Streuung kann verhältnismäßig groß sein. Daher werden die einzelnen Messungen mehrfach wiederholt, und es wird ein arithmetischer Mittelwert $\bar{x}$ gebildet. Dieser Mittelwert ist ein besserer Schätzer für den unbekannten wahren Wert $\mu$ als ein einzelner Meßwert $x_i$. Daher ist die **Standardabweichung des Mittelwertes** $s_{\bar{x}}$ kleiner als die Standardabweichung $s$ der einzelne Meßwerte $x_i$. Die Standardabweichung $s_{\bar{x}}$ gibt an, wie stark der Mittelwert vom wahren Wert $\mu$ abweicht. Das Meßergebnis kann in der Form $\bar{x} \pm 2 \ s_{\bar{x}}$ [12] angegeben werden.

$$s_{\bar{x}} = \frac{1}{\sqrt{n}} \cdot s$$

$s_{\bar{x}}$    Standardabweichung des gemessenen Mittelwertes
$s$    Standardabweichung der Einzelmeßwerte
$n$    Anzahl der Meßwerte

**Fehlerbe-trachtung**

Alle Teilschritte der Analyse wie die Probenahme, die Probenvorbehandlung, die Probenaufbereitung und die eigentliche Analytik sind mit Fehlern

---

[10] Achtung: Es geht hier ausschließlich um den zufälligen Fehler!

[11] In der Regel 20 bis 30 Meßwiederholungen.

[12] StatistikerInnen werden einwenden, daß das nicht ganz korrekt ist. Recht haben sie! Aber zumindest wenn die Anzahl der Meßwerte $n$ relativ <u>groß</u> ist, können Sie das Meßergebnis wie beschrieben angeben ohne einen großen Fehler zu machen. Die statistische Sicherheit, daß der unbekannte wahre Wert $\mu$ von dem Intervall [ $\bar{x}$ - $2 s_{\bar{x}}$ ; $\bar{x}$ + $2 s_{\bar{x}}$ ] überdeckt wird, beträgt dann 95,5 %. Falls eine statistische Sicherheit von 99,7 % erwünscht ist, muß $\bar{x}$ $\pm 3 s_{\bar{x}}$ angegeben werden. Beispiel: $\bar{x}$ = 4,1 mg/kg; $s_{\bar{x}}$ = 0,3 mg/kg => Die Konzentration in den Proben beträgt 4,1 ± 0,6 mg/kg mit einer statistischen Sicherheit von 95,5 %.

behaftet.[10] Der **Gesamtfehler** ($VK_{Ges}$) setzt sich aus den Fehlern der einzelnen Analysenschritte ($VK_i$) zusammen:

$$VK_{Ges} = \sqrt{VK_1^2 + VK_2^2 + VK_3^2 + VK_4^2 \dots}$$

$VK_{1,2,3,4}$ Fehler der einzelnen Analysenschritte [%]

$VK_{Ges}$ Gesamtfehler [%]

Ein Beispiel: Die Fehler der einzelnen Analysenschritte betragen $VK_{Probenahme} = 30\,\%$, $VK_{Probenvorbehandlung} = 7\,\%$, $VK_{Aufbereitung} = 15\,\%$ und $VK_{Analytik} = 5\,\%$.[13] Damit berechnet sich ein Gesamtfehler von: $VK_{Ges} = \sqrt{30^2 + 7^2 + 15^2 + 5^2} = 34{,}6\,\%$. Eine Verringerung des Analytikfehlers auf $VK_{Analytik} = 2\,\%$ würde den Gesamtfehler nur geringfügig auf $VK_{Ges} = 34{,}3\,\%$ verkleinern. Es ist deshalb unsinnig, den Fehler der Analytik durch einen unverhältnismäßig hohen Aufwand zu verringern, wenn gleichzeitig der Fehler eines anderen Analysenschrittes wesentlich größer ist. Daher müssen die einzelnen Fehler bei der Auswahl und Planung der Analysenschritte und der Bewertung der Ergebnisse berücksichtigt werden. (Koch 1974, S. 27)

(Aus: Haitzinger, Horst: Globetrottel : Karikaturen zur Umwelt. München : Bruckmann, 1989, S. 34)

---

[13] Die Fehler der einzelnen Analysenschritte können in den meisten Fällen nur abgeschätzt werden. Der Fehler der eigentlichen Analytik kann mit Hilfe des Variationskoeffizienten aus den wiederholten Messungen der gleichen Probe berechnet werden.

**Regressions-rechnung**

Bei der AAS-Analyse (Kap. 8.4.10), der GC-Analyse (Kap. 9.4.6) und der HPLC-Analyse (Kap. 9.5.6) benötigt man eine Kalibrierfunktion, um die Probenextinktionen auswerten zu können. Diese Kalibrierfunktion wird aus den Meßwerten der Standardlösungen ermittelt. Eine Auswertung ist nur möglich, wenn die Extinktion und die Konzentration linear zusammenhängen.[14] Unter dieser Voraussetzung kann eine **lineare Regressionsrechnung** durchgeführt werden. Gesucht ist eine Gerade, die sich optimal an alle Meßpunkte anpaßt. Mathematisch wird dieses Optimierungsproblem meist mit der "Methode der kleinsten Fehlerquadrate" gelöst: Die Summe aller quadrierten Abstände "Meßpunkt-Gerade" wird minimiert. Man erhält die optimierte Kalibriergerade $y = A + B \cdot x$. Die Regressionsrechnung liefert die Regressionskoeffizienten $B$ und $A$:[15]

$$A = \bar{y} - B \cdot \bar{x}$$

$$B = \frac{\sum_{i=1}^{n} (x_i - \bar{x}) \cdot (y_i - \bar{y})}{\sum_{i=1}^{n} (x_i - \bar{x})^2}$$

$x$    Konzentration

$y$    Extinktion

$n$    Anzahl der Wertepaare

$x_i, y_i$    Wertepaar der i-ten Messung

$\bar{x}, \bar{y}$    arithmetischer Mittelwert der x- und y-Werte

$A$    y-Achsenabschnitt

$B$    Steigung der Kalibriergeraden

**Korrelations-koeffizient**

Die Qualität der so ermittelten Kalibriergeraden muß überprüft werden. Eine Maßzahl dafür ist der Korrelationskoeffizient $r$:

$$r = \frac{\sum_{i=1}^{n} (x_i - \bar{x}) \cdot (y_i - \bar{y})}{\sqrt{\sum_{i=1}^{n} (x_i - \bar{x})^2 \cdot \sum_{i=1}^{n} (y_i - \bar{y})^2}} \qquad mit \quad -1 \le r \le +1$$

Der Korrelationskoeffizient drückt aus, wie gut sich die Meßwerte durch eine lineare Funktion darstellen lassen. Ein Korrelationskoeffizient von $r = 0$ bedeutet, daß die Meßwerte <u>keine lineare</u> Abhängigkeit aufweisen. Bei $|r| = 1$ liegen alle Meßwerte exakt auf einer Geraden. Es besteht ein vollkommen linearer Zusammenhang. In der Praxis kann man zuverlässige Aussagen treffen, wenn $|r| \ge 0{,}98$.

---

[14] Im Kap. 8.4.1 ist beschrieben, warum ein linearer Zusammenhang erforderlich ist und wie er erreicht werden kann.

[15] Die Herleitung der Gleichungen, mit denen die Regressionskoeffizienten $A$ und $B$ berechnet werden, sei Ihnen an dieser Stelle erspart. Die tieferen Geheimnisse können Sie – falls es Sie interessiert – in Statistikbüchern nachlesen. In der Praxis benutzt man meist einen Taschenrechner mit statistischen Funktionen. Nach der Eingabe der Meßwerte berechnet dieser die Regressionskoeffizienten automatisch. Aber Vorsicht! Bei manchen Taschenrechnern sind $A$ und $B$ anders definiert. $A$ ist dann die Steigung und $B$ der y-Achsenabschnitt.

**Empfindlichkeit**   Ein Verfahren ist empfindlich, wenn eine geringe Konzentrationsänderung ($\Delta C$) eine große Änderung des Meßsignals ($\Delta E$) hervorruft. Die Empfindlichkeit $S$ ist dementsprechend definiert als die Steigung der Kalibriergeraden: $S = \Delta E/\Delta C$. $S$ ist identisch mit dem Regressionskoeffizienten $B$. $S$ ist groß, wenn die Empfindlichkeit hoch ist.[16]

**Nachweisgrenze**   Ein Spurenelement läßt sich mit einem bestimmten Analysenverfahren qualitativ erfassen, wenn seine Konzentration die Nachweisgrenze überschreitet. Die Nachweisgrenze ist definiert als die kleinste Menge oder Konzentration eines Stoffes, die man mit einer geforderten statistischen Sicherheit **qualitativ** nachweisen kann. Sie hängt sowohl von der Empfindlichkeit des Meßverfahrens als auch vom Untergrundrauschen des Gerätes ab. (Koch 1974, S. 21 und Welz 1983, S. 114)

**Bestimmungs-**   Unter der Bestimmungsgrenze versteht man die kleinste Menge oder  Konzen-
**grenze**   tration eines Stoffes, die mit einer geforderten statistischen Sicherheit **quantitativ** bestimmt werden kann. Die Bestimmungsgrenze ist immer größer als die Nachweisgrenze. (Koch 1974, S. 21)

**Blindwert**   Trotz aller Vorsichtsmaßnahmen werden während der Aufbereitung und der Analyse Verunreinigungen eingetragen. Der Blindwert umfaßt alle diese Verunreinigungen. Er wird ermittelt, indem der gesamte Analysengang mit allen Chemikalien, aber <u>ohne</u> Probensubstanz, durchgeführt wird[17]. Der so ermittelte Blindwert wird vom Analysenergebnis abgezogen. Eine Blindwertbestimmung ist in der Regel unumgänglich. Trotzdem soll der Blindwert möglichst niedrig gehalten werden. Die Schwankungen eines hohen Blindwertes würden die Genauigkeit der Bestimmung herabsetzen und damit gleichzeitig die Bestimmungsgrenze erhöhen. Liegt die Konzentration des zu bestimmenden Elementes in der Größenordnung der Blindwertstreuung, so ist damit die Bestimmungsgrenze des betreffenden Spurenelementes erreicht. Ein quantitativer Nachweis des Elementes ist dann unmöglich. (Koch 1974, S. 101)

**Nullwert**   Mit dem Nullwert werden gerätebedingte Extinktionen erfaßt, z. B. der Strahlungsanteil, der auch bei einer Konzentration Null ausgelöscht wird. Der Nullwert wird mit einer Messung von bidestilliertem Wasser ermittelt. Dieser Wert dient zum Nullabgleich des Meßgerätes. Die meisten Geräte ziehen den Nullwert automatisch von den Meßwerten ab. Die Bestimmung des Nullwertes wird daher auch als "Autonull" oder "Nullabgleich" bezeichnet. Der Nullabgleich sollte während einer Meßreihe mehrfach wiederholt werden.

---

[16] Achtung beim Umgang mit Definitionen! Manchmal wird auch der Kehrwert der Steigung als Empfindlichkeit $S$ definiert. In einem solchen Fall ist die Empfindlichkeit hoch, wenn $S$ niedrig ist.

[17] Siehe Versuchsdurchführung "Sequentielle Extraktion" im Kap. 8.3.2.

## 10.3  Grenzwerte

**Definition**

Unter "Grenzwerten" werden meist **gesetzlich festgelegte** Werte verstanden, die **zwingend einzuhalten** sind. Wir benutzen den Begriff in diesem Buch etwas anders. Bei uns steht der Begriff "Grenzwert" als Sammelbegriff für alle Werte, die irgendwer irgendwann irgendwo festgelegt hat. Wir benutzen den Begriff "Grenzwert"

- sowohl für von der GesetzgeberIn festgelegte Werte als auch für von anderen Institutionen vorgeschlagene Werte und

- sowohl für Werte, die zwingend einzuhalten sind als auch für nicht zwingend einzuhaltende Werte. Beispielsweise gibt es Werte, bei deren Überschreitung weitere Untersuchungen durchzuführen sind oder bei deren Überschreitung Maßnahmen angeordnet werden <u>können</u>.

> *Grenzwerte sind "Mengenangaben für Schadstoffe, ... die oft relativ willkürlich festgelegt worden sind und angeblich für Lebewesen noch nicht schädlich sein sollen." (Streit 1991, S. 301) Es muß jedoch davor gewarnt werden, Grenzwerte schablonenhaft anzuwenden, ohne die jeweils unterschiedlichen Verhältnisse im kontaminierten Boden zu berücksichtigen. Jeder Fall sollte individuell beurteilt werden. (Kloke 1993a, S. 2)*

**individuelle Beurteilung**

Wir halten es für sinnvoll, daß jeder Einzelfall individuell beurteilt wird. Das darf aber um alles in der Welt nicht mißverstanden werden: Wir meinen keineswegs, daß alle Grenzwerte abgeschafft und alle Fälle <u>nur</u> noch individuell beurteilt werden sollen. Wenn alle Grenzwerte abgeschafft würden, dann hätte dies fatale Folgen. Beispielsweise würde nicht diejenige sanieren, die den dreckigsten Boden hat, sondern derjenige mit dem schlechtesten Anwalt. Andererseits finden wir es aber auch falsch, einen konkreten Fall ausschließlich mit Grenzwerten zu beurteilen. Stattdessen sollte bei Unterschreitung der Grenzwerte <u>zusätzlich</u> eine Einzelfallbewertung stattfinden!

**Was ist zu schützen?**

Viele AutorInnen vertreten die Auffassung, daß Grenzwerte so niedrig sein sollen, daß sie auch das empfindlichste Schutzgut und die empfindlichste Nutzung wahren. Dagegen fordert der Sachverständigenrat für Umweltfragen, die Grenzwerte abhängig von den jeweiligen **Schutzgütern** und **Nutzungsarten** zu wählen. Bei Einhaltung der Grenzwerte kann dann von einem voll ausreichenden Schutz für das jeweilige Schutzgut und bei einer bestimmten Nutzungsart ausgegangen werden. Schutzgüter sind beispielsweise Menschen, Tiere, Pflanzen oder Ökosysteme.[18] Zu den Nutzungsarten zählen z. B. Kinderspielflächen, Kleingärten, Grünanlagen, Gewerbeflächen, landwirtschaftliche Flächen und nicht-agrarische Ökosysteme. (Kloke 1993a, S. 9 und VwV Anorganische Schadstoffe 1993, Anhang 3).

**Exkurs** *Eikmann-Kloke-Werte*

*1980 veröffentlichte Kloke Schwermetall-Richtwerte für tolerierbare Gesamtgehalte. Diese Werte waren Grundlage mehrerer Ländergesetze und der Klärschlammverordnung von 1982. Wie beschrieben erscheint es Fachleuten heute sinnvoll, Grenzwerte nutzungs- und schutzgutbezogen festzusetzen. Dementsprechend entwickelten Eikmann und Kloke das Konzept von 1980 weiter. Sie veröffentlichten 1991 "Nutzungs- und schutzgutbezogene Orientierungswerte für Schadstoffgehalte in Böden". (Kloke 1993a) Im folgenden möchten wir dieses Konzept genauer beschreiben, weil zukünftige gesetzliche Grundlagen sich wahrscheinlich daran orientieren werden.*

**Bodenwert I**
*Der Bodenwert I (BW I) ist aus dem Stoffgehalt natürlicher Böden abgeleitet. Er entspricht dem oberen Ist-Wert der natürlichen Gehalte der Schadstoffe in den meisten land- und forstwirtschaftlichen Böden und hat das Ziel den Boden zu* **bewahren**. *Weitere Einträge sollten so niedrig gehalten werden, daß der BW I in vertretbaren Zeiträumen, d. h. in mehreren hundert Jahren, nicht überschritten wird. Der BW I zeigt die Grenze an,*

- *unter der die Normalgehalte der meisten Böden liegen[19],*
- *von der keinerlei negative Wirkungen auf Pflanzen und deren Nutzer ausgehen[20] und*
- *unter der die standortüblichen und klimabedingten Nutzungsmöglichkeiten eines Bodens nicht eingeschränkt sind.*

*Ein Problem bei der Ermittlung des BW I besteht darin, daß Böden ubiquitär mit anthropogenen Schadstoffen kontaminiert sind. Diese anthropogenen Schadstoffe sind von den natürlichen Schadstoffgehalten kaum zu differenzieren. Grundlage des BW I sind daher Stoffgehalte natürlicher Böden, einschließlich der anthropogenen ubiquitären Kontamination. (Prüeß 1994, S. 3) Der BW I wird von anderen AutorInnen auch als* **Basiswert, Hintergrundwert** *oder* **Vorsorgewert** *bezeichnet.*

**Bodenwert II**
*Die Funktion des Bodenwertes II (BW II) ist es, die Nutzungsmöglichkeiten eines Standortes auszuloten, Fehlnutzungen zu verhindern und Gefahren abzuwehren. Ein Schadstoffgehalt unterhalb des BW II kann* **dauerhaft toleriert** *werden, wenn er trotz seiner permanenten Einwirkung auf die Schutzgüter deren Lebenserwartung nicht verkürzt und deren Lebensqualität und Leistung nicht beeinträchtigt. Der BW II ist nicht wie der BW I ein einziger einheitlicher Wert. Bei der Festsetzung des BW II werden die Nutzungsarten und die Schutzgüter berücksichtigt. Sind mehrere Schutzgüter auf einer Fläche zu schützen, müssen sich die Bodenwerte am empfindlichsten orientieren. Bezogen auf das Schutzgut Mensch kann bei der*

---

[18] Dies ist die Einteilung der Schutzgüter nach Kloke. Bei der Festlegung konkreter Grenzwerte betrachtet Kloke jedoch im wesentlichen nur noch das Schutzgut Mensch. Anders die VwV ANORGANISCHE SCHADSTOFFE (1993, Kap. 1.2) des Landes Baden-Württemberg: Dort werden für die Schutzgüter Mensch, Bodenorganismen, Pflanze und Wasser jeweils konkrete Grenzwerte festgelegt.

[19] Die natürlichen Schadstoffgehalte sind abhängig von dem Ausgangsgestein, der Entwicklungsgeschichte des Bodens und den chemischen Eigenschaften des jeweiligen Schadstoffes. Der BW I kann daher auf Extremstandorten bereits geogen überschritten sein.

[20] Pflanzen sind seit Jahrtausenden auf den Böden gewachsen. Sie haben sich an die im Boden vorhandenen Gehalte angepaßt. Mensch und Tier haben sich seit Jahrtausenden von diesen Pflanzen ernährt. Menschen, Tiere und Mikroorganismen werden von den entsprechenden (Schad-)Stoffgehalten nicht gestört.

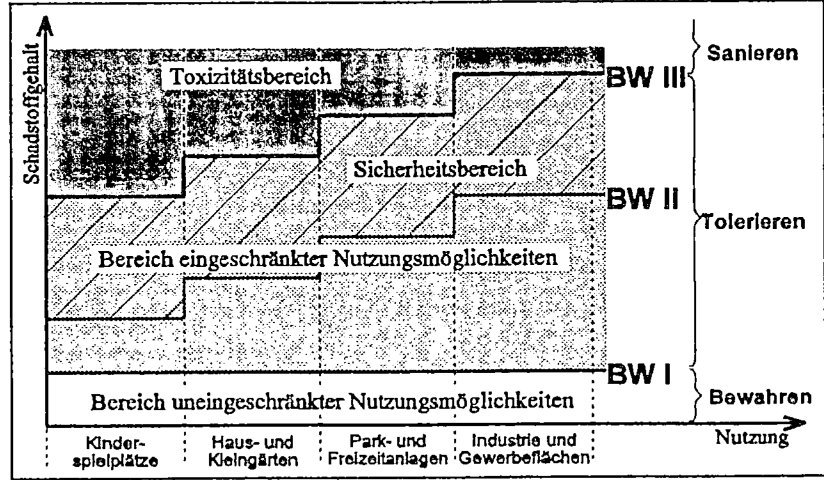


**Abb. 10.2.** Stufenmodell für das Schutzgut Mensch und verschiedene Nutzungen in urbanen Ökosystemen (nach Kloke 1993a, S. 9)

*Einhaltung des BW II davon ausgegangen werden, daß innerhalb der angegebenen Nutzungsart keine Gefährdung des Menschen anzunehmen ist, bzw. bei krebserzeugenden Stoffen keine über das normalerweise vorhandene Risiko hinausgehende Gefährdung zu erwarten ist. Der BW II wird auch **Prüfwert** oder **Sanierungszielwert** genannt.*

**Bodenwert III**

*Der Bodenwert III (BW III) ist wie der BW II abhängig von den Schutzgütern und Nutzungen. Unterhalb des BW III ist eine eingeschränkte, aber standort- und schutzgutbezogene Nutzungsmöglichkeit des Bodens gegeben. Der Bereich zwischen BW II und BW III wird als Sicherheitsbereich bezeichnet. In diesem Bereich ist mit einem höheren als dem allgemein vorliegenden gesundheitlichen Risiko zu rechnen, es wird jedoch **vorübergehend toleriert**. Aus Gründen der Vorsorge sollte in einem angemessenen Zeitraum über Sanierungsmaßnahmen bzw. Nutzungsänderungen im Rahmen einer Einzelfallbeurteilung entschieden werden. Der deutliche Abstand zwischen BW II und BW III macht den gefahrenabwehrenden Charakter des BW II deutlich.*

*Der BW III zeigt den Gehalt an, der auf keinen Fall überschritten werden sollte. Er ist ein phyto-, zoo-, human- und ökotoxikologisch begründeter Wert. Bei Überschreitung des BW III ist eine gesundheitliche Gefährdung des Menschen innerhalb der angegebenen Nutzungsart möglich. Überschreitungen erfordern unmittelbar eine Nutzungsbeschränkung, eine Überwachung oder eine **Sanierung** des Bodens. Der BW III wird auch als **Eingreifwert** oder **Interventionswert** bezeichnet.*

**Warnung**

*Vielerorts sind heute leider die Bodenbelastungen so hoch, daß eine Sanierung aller Böden bis zu einem Schadstoffgehalt, der dem empfindlichsten Schutzgut gerecht wird, unrealistisch ist. Daher entwickelten Eikmann und Kloke das eben beschriebene Stufenmodell. In ihm orientiert sich der tolerierte Schadstoffgehalt an der Nutzung. Damit soll jedoch kein Freibrief für weitere Belastungen der Böden erteilt werden. Beispielsweise wäre es katastrophal, eine Parkanlage, deren Schadstoffgehalt den BW II überschreitet, zu "sanieren", indem sie in ein Industriegelände umgewandelt wird. Eine Minimierung des Schadstoffeintrags muß oberstes Ziel der Umweltpolitik sein.*

**Mobile Anteile oder Gesamtgehalte?** Es erscheint uns notwendig, nicht nur Schwermetallgesamtgehalte zu betrachten, sondern auch mobile und mobilisierbare Fraktionen, weil sie ökologisch besonders relevant sind (s. Kap. 8.3.1). KLOKE (1993b, S. 2) hält diesen Ansatz für unsinnig und nennt dafür zwei Gründe:

- "Die Löslichkeit und Pflanzenverfügbarkeit der Schwermetalle im Boden [wird] durch nicht konstante physikalische und chemische Bodenfaktoren verändert."
- "Auch in den dem Boden zugeführten Materialien[21] [wird] der Gesamtgehalt bestimmt."

Wir sind anderer Meinung: Der erste Grund von Kloke wäre akzeptabel, wenn ausschließlich mobile Gehalte ermittelt würden. Es sollen aber sowohl mobile Anteile als auch Gesamtgehalte gemessen werden. Fragwürdig erscheint uns auch der zweite Grund: Warum soll sich die Bestimmungsmethode für den Boden nach der Bestimmungsmethode für die zugeführten Materialien richten? Auch in ihnen könnten Gesamtgehalte und mobile Gehalte erfaßt werden. Die fortschrittliche VwV ANORGANISCHE SCHADSTOFFE (1993) des Landes Baden-Württemberg legt sowohl für Gesamtgehalte als auch für mobile Anteile Grenzwerte fest.

**unterschiedliche Definitionen** Richt- und Grenzwerte werden unterschiedlich definiert. Sie unterscheiden sich in:

- dem Regelungsgegenstand (z. B. Aufbringung von Klärschlamm),
- den untersuchten Gehalten (z. B. Gesamtgehalt, mobiler Gehalt),
- den Schutzgütern (z. B. Mensch, Ökosystem),
- den Nutzungsarten (z. B. Kinderspielplatz, Industriegelände),
- der Aussagekraft (z. B. Vorsorgewert, Prüfwert, Eingreifwert) und
- den geforderten Maßnahmen bei Grenzwertüberschreitung (z. B. Sanierung).

Im folgenden stellen wir vier wichtige Grenzwertlisten vor.

**Niederländische Liste** Ziel der "Niederländischen Liste"[22] ist es, Bodenkontaminationen zu beurteilen und entsprechende Maßnahmen einzuleiten. Die Niederländische Liste wurde Anfang der 80er Jahre vom Niederländischen Umweltministerium als eine der ersten Bodengrenzwertlisten veröffentlicht. Sie ist inzwischen mehrfach überarbeitet worden. Drei verschiedene Werte für die Bodenbeurteilung werden in der Liste von 1988[23] genannt:

---

[21] Gemeint ist damit Klärschlamm!

[22] De volledige titel van de zogenoemde "nederlandse lijst" is in het duits "Niederländischer Leitfaden zur Bodenbewertung und Bodensanierung".

[23] Nach SCHRÖDER (1995) gibt es seit kurzem eine neue Niederländische Liste, in der nur noch zwei Kategorien, Interventions- und Zielwerte, aufgeführt sind. Die Werte wurden teilweise wesentlich verschärft.

- Der **Referenzwert**[24] gibt an, wie hoch der natürliche Schadstoffgehalt im Boden ist. Bei Überschreitung des Referenzwertes liegt eine Boden-kontamination vor.
- Bei Überschreitung des **Untersuchungswertes**[24] sind kurzfristig nähere Untersuchungen erforderlich. Auch bei Unterschreitung können die Behörden nähere Untersuchungen anordnen.
- Bei Überschreitung des **Sanierungswertes**[24] ist auf jeden Fall eine Sanierung durchzuführen. Auch bei Unterschreitung können die Behörden eine Sanierung anordnen. (LfU BW 1994, S. 149)

**Berliner Liste**      Die "Berliner Liste"[25] dient der Beurteilung von kontaminierten Standorten in Berlin. Sie wurde 1990 von der Senatsverwaltung für Stadtentwicklung und Umweltschutz Berlin erlassen und enthält Eingreif- und Einbauwerte:

- Die **Eingreifwerte** unterscheiden sich je nach Nutzungsart[26]. Bei Überschreitung der Eingreifwerte sollen die entsprechenden Flächen saniert werden.
- Die **Einbauwerte** geben die Gehalte an, die nach der Sanierung unter-schritten werden müssen.

Nach der Berliner Liste müssen zahlreiche Schadstoffe[27] untersucht werden. Sie legt für jeden Schadstoff die Analysenmethode fest. (Berliner Liste 1990) Inzwischen gibt es auch eine Brandenburgische Liste, die der Berliner Liste sehr ähnlich ist.

**Klärschlamm-        Ziel der Klärschlammverordnung ist es zu entscheiden, ob Klärschlamm auf
verordnung**          eine landwirtschaftlich genutzte Fläche aufgebracht werden darf. Die Klär-schlammverordnung wurde 1982 von der BundesumweltministerIn verordnet und 1992 novelliert. Sie enthält **Bodengrenzwerte** für sieben Metalle. Falls einer dieser Werte überschritten ist, dann darf kein Klärschlamm auf die entsprechende Fläche aufgebracht werden. Darüberhinaus muß der Klär-schlamm auf zahlreiche weitere Schadstoffe untersucht werden. Die Aus-bringung ist nur dann erlaubt, wenn auch die **Klärschlammgrenzwerte** nicht überschritten sind. (AbfKlärV 1992) Die Bodengrenzwerte der Klärschlamm-verordnung beruhen auf den Orientierungswerten von 1980 nach KLOKE

---

[24] Für diejenigen, die den Exkurs "Eikmann-Kloke-Werte" gelesen haben: Die Definition des Referenzwertes entspricht annähernd dem Bodenwertes I, die des Untersuchungswertes dem Bodenwert II und die des Sanierungs-wertes dem Bodenwert III.

[25] Der vollständige Titel lautet unübersetzt: "Beurteilungskriterien für die Beurteilung kontaminierter Standorte in Berlin".

[26] Nutzung als Wasserschutzgebiet; andere sensible Nutzungen (z. B. Kinderspielplätze); sonstige Nutzungen (Grenzwerte abhängig vom Ursprung des Bodens: Urstromtal oder Hochflächen).

[27] Zu untersuchende Schadstoffe: zehn verschiedene Metalle, Cyanid, Fluorid, Aliphatische Kohlenwasserstoffe, Aromatische Kohlenwasserstoffe, Halogenierte Kohlenwasserstoffe, Pestizide, Phenole und Alkohole.

(1993b, S. 1). Sie sind nicht ökotoxikologisch begründet, sondern richten sich nach der allgemeinen Belastungssituation und am technisch Machbaren. (TUB 1994a, UC Probenahme S. 7).

**Mindestunter-**
**suchungs-**
**programm**
**Kulturboden**

Ziel des Mindestuntersuchungsprogramms Kulturboden ist es zu beurteilen, ob eine "altlastenverdächtige" Fläche landwirtschaftlich oder gärtnerisch genutzt werden kann. Das Programm wurde vom LÖLF NRW[28] erlassen. Es betrachtet ausschließlich die Wirkung von Schadstoffen auf den Menschen über den Pfad Kulturboden-Nutzpflanze. Es werden keine Aussagen über den Direktkontakt[29] Mensch-Boden getroffen. Der Begriff "Mindestuntersuchungsprogramm" leitet sich von der Zielsetzung ab, mit möglichst geringem Untersuchungsaufwand ausreichende Ergebnisse für eine Gefahrenbeurteilung zu erlangen. Untersucht werden neun besonders schädliche Schwermetalle und die organischen Stoffgruppen PCB und PAK. Die im Mindestuntersuchungsprogramm festgesetzten Schwellenwerte für Bodenschadstoffgehalte dienen ausschließlich der Beurteilung, ob weitere Untersuchungsschritte erforderlich sind. Sie sind laut LÖLF so niedrig angesetzt, daß auch unter ungünstigen Standortbedingungen[30] keine Gefährdung des Menschen über die Pflanzen zu erwarten ist. Bei Überschreitung der Schwellenwerte werden die Schadstoffgehalte in den Pflanzen ermittelt und daraus Maßnahmen abgeleitet. (LÖLF 1988)

**Vergleich**

Wir haben die Schwermetallgrenzwerte der beschriebenen Listen in Tabelle 10.3 gegenübergestellt und versucht, sie in einer Grafik (s. Abb. 10.3) zu veranschaulichen. Die Grenzwerte der in diesem Buch besprochenen organischen Schadstoffe führen wir in Tabelle 10.4 auf. Wenn Sie die Zahlen betrachten, dann behalten Sie bitte im Hinterkopf, daß alle Grenzwerte auf unterschiedlichen Konzepten und Definitionen beruhen. Ein Vergleich ist daher nur bedingt möglich.

**Umgang mit**
**Grenzwerten**

Grenzwerte werden wissenschaftlich begründet, z. B. toxikologisch. Man darf aber nie vergessen, daß die Wissenschaft nicht zu wirklich objektiven Grenzwerten kommen kann. Jede objektive Entscheidung beruht auf Entscheidungsgrundlagen, und in diese Entscheidungsgrundlagen gehen persönliche Wertvorstellungen ein. Wissenschaft ist kaum mehr als ein **Mantel der "Objektivität"**, um die Subjektivität zu verhüllen. Die wissenschaftlich festgelegten Grenzwerte werden politisch diskutiert und in Listen aufgenommen. Dabei orientiert sich die Politik eher an der allgemeinen **Belastungssituation** und am

---

[28] Landesanstalt für Ökologie, Landschaftsentwicklung und Forstplanung Nordrhein-Westfalen, Recklinghausen 1988.

[29] Zum Beispiel orale Bodenaufnahme durch spielende Kinder.

[30] Zum Beispiel sorptionsschwache Böden, niedriger pH-Wert.

**technisch Machbaren** als an den "pseudowissenschaftlichen" Grundlagen. Der Vergleich verschiedener Listen zeigt deutlich, daß kein Grenzwert als alleingültig und "wahr" betrachtet werden kann. In der Praxis ergeben sich zusätzliche Probleme beim Umgang mit den Grenzwerten. In einem konkreten Fall sind Grenzwerte nur bedingt geeignet, um das Gefährdungspotential eines Bodens abzuschätzen. Sie können den speziellen Eigenheiten des Bodens nicht ausreichend gerecht werden. Daher wird laut STEIOF (1995) in der Praxis zunehmend der **starre Vergleich** von Meßwert und Grenzwert vermieden. Beispielsweise wird bei der biologischen Reinigung von Altlasten angestrebt, das Gefährdungspotential nicht nur mit Grenzwerten, sondern auch individuell zu beurteilen.

**Tabelle 10.3.** Bodengehalte und -grenzwerte ausgewählter Schwermetalle (alle Angaben in mg/kg)

| Grenzwertliste | Symbole in Abb. 10.3 | As | Cd | Cr | Cu | Hg | Ni | Pb | Zn |
|---|---|---|---|---|---|---|---|---|---|
| häufige "natürliche" Gehalte[a] | | 2 - 20 | 0,05 - 0,7 | 5 - 100 | 5 - 35 | 0,05 - 0,1 | 5 - 50 | 5 - 40 | 10 - 100 |
| maximale Gehalte[a] | | 2000 | 1300 | 4000 | 10000 | 15 | 8500 | 30000 | 50000 |
| Referenzwert Niederländische Liste[b] | — · — · — ·· | 29 | 0,8 | 100 | 36 | 0,3 | 35 | 85 | 140 |
| Hintergrundwert nach Kloke[c] | - - - - - - - | 20 | 1 | 50 | 50 | 2,5 | 40 | 100 | 150 |
| Untersuchungswert Niederländische Liste[b] | ?Nl | 30 | 5 | 250 | 100 | 2 | 100 | 150 | 500 |
| Sanierungswert Niederländische Liste[b] | !Nl | 50 | 20 | 800 | 500 | 10 | 500 | 600 | 3000 |
| Eingreifwert Bln. Liste für Wasserschutzgebiete[d] | !B ⌇ | 10 | 2 | 150 | 200 | 0,5 | 200 | 100 | 500 |
| Eingreifwert Bln. Liste für sensible Nutzungen[d] | !B ☺ | 7 | 1,5 | 100 | 100 | 0,5 | 50 | 100 | 300 |
| Eingreifwert Bln. Liste nicht-sensib. Nutzungen[d] | ! B ⌂ | 40 | 20 | 800 | 600 | 10 | 300 | 600 | 3000 |
| Einbauwert Berliner Liste[d] | ↓B | 5 | 1 | 75 | 100 | 0,25 | 100 | 50 | 250 |
| Prüfwert nach Kloke für Kinderspielplätze[c] | ?Klo ☺ | 20 | 2 | 50 | 50 | 0,5 | 40 | 200 | 300 |
| Prüfwert nach Kloke für Gewerbegebiete[c] | ?Klo ⌂ | 50 | 10 | 200 | 500 | 10 | 200 | 1000 | 1000 |
| Eingreifwert nach Kloke für Kinderspielplätze[c] | !Klo ☺ | 50 | 10 | 250 | 250 | 10 | 200 | 1000 | 2000 |
| Eingreifwert nach Kloke für Gewerbegebiete[c] | !Klo ⌂ | 200 | 20 | 800 | 2000 | 50 | 500 | 2000 | 3000 |
| Mindestuntersuchungsprogramm Kulturboden[e] | ?Min 〰 | 40 | 2 | 100 | 100 | 2 | 100 | 300 | 500 |
| Ausbringungswert Klärschlammverordnung[f] | ↓Klär 〰 | — | 1,5 | 100 | 60 | 1 | 50 | 100 | 200 |

[a]   (Fiedler 1993).

[b]   (Niederl. Liste 1988).

[c]   (Kloke 1993a).

[d]   (Berliner Liste 1990).

[e]   (LÖLF 1988).

[f]   (AbfKlärV 1992).

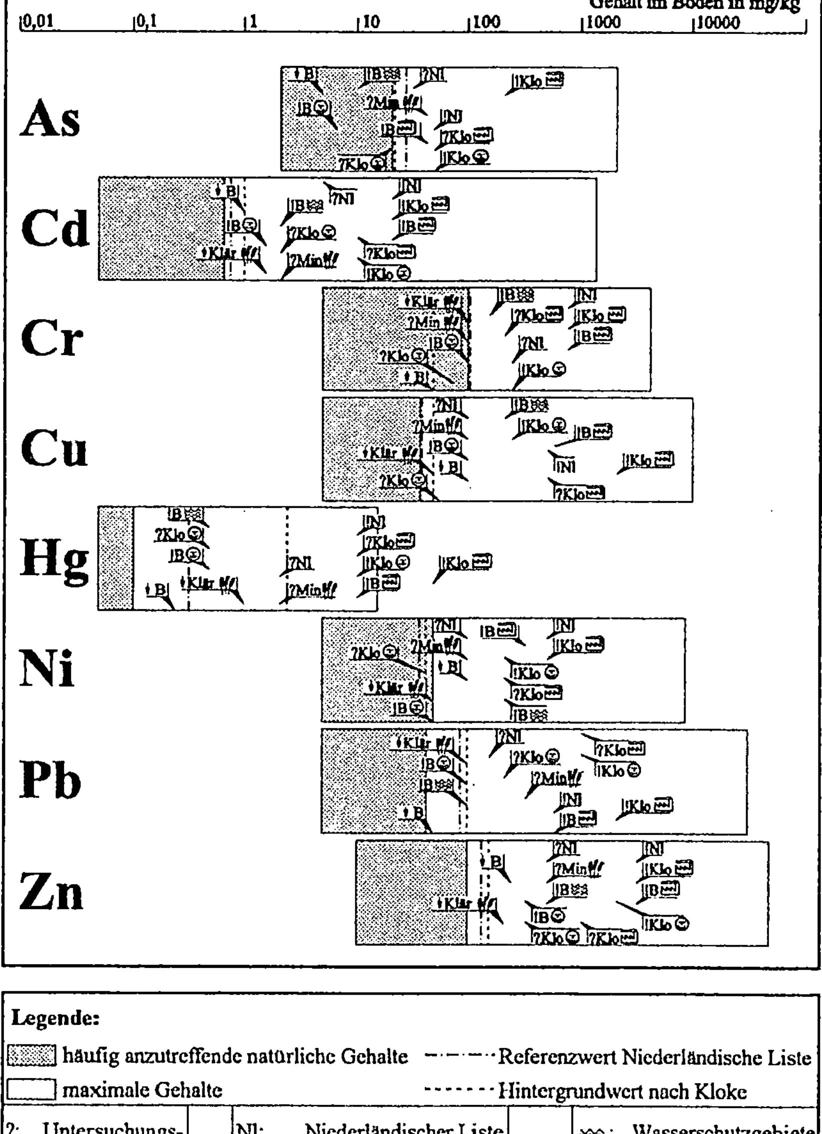


**Abb. 10.3.** Graphische Darstellung von Bodengehalten und -grenzwerten ausgewählter Schwermetalle (Werte s. Tabelle 10.3)

**Tabelle 10.4.** Bodengrenzwerte ausgewählter organischer Schadstoffe (PCDD/PCDF in ng/kg, alle anderen Angaben in mg/kg)

| Grenzwertliste | Ben-zol | To-luol | Xy-lol | BTX | CKW | MKW | PAK | PCB | Phtha-late | PCDD/PCDF [m] |
|---|---|---|---|---|---|---|---|---|---|---|
| Referenzwert Niederländische Liste [a] | 0,05 | 0,05 | 0,05 | | < 0,001 | < 50 | 1 | < 0,001 [i]<br>< 0,01 [j] | 0,1 | |
| Hintergrundwert nach Kloke [b] | | | | | | | | $1^g$ | $0,2^k$ | | 10 |
| Untersuchungswert Niederl. Liste [a] | 0,5 | 3 | 5 | 7 | $5^f$ | 1000 | 20 | $1^{ij}$ | 50 | |
| Sanierungswert Niederländische Liste [a] | 5 | 30 | 50 | 70 | $50^f$ | 5000 | 200 | $10^{ij}$ | 500 | |
| Eingreifwert B.L. f. Wasserschutzgeb. [e] | 0,5 | 5 | 5 | 5 | 5 | 300 | $10^h$ | $1^k$ | | 100-1000 [n] |
| Eingreifwert B.L. für sensible Nutz. [e] | 0,5 | 0,5 | 0,5 | 2 | 5 | 300 | $1^h$ | $1^k$ | | 100 |
| Eingreifwert B.L. nicht-sensib. Nutz. [e] | 5 | 25 | 25 | 25 | 50 | 5000 | $100^h$ | $5^k$ | | 100-1000 [n] |
| Einbauwert Berliner Liste [e] | 0,25 | 2,5 | 2,5 | 2,5 | 2,5 | 150 | 5 | $0,5^k$ | | 40 |
| Prüfwert nach Kloke f. Kinderspielpl. [b] | | | | | | | | $1^g$ | $0,2^k$ | | 10 |
| Prüfwert nach Kloke für Gewerbegeb. [b] | | | | | | | | $5^g$ | $5^k$ | | 75 |
| Eingreifwert n. Kloke f. Kinderspielpl. [b] | | | | | | | | $5^g$ | $1^k$ | | 100 |
| Eingreifwert n. Kloke f. Gewerbegeb. [b] | | | | | | | | $10^g$ | $15^k$ | | 200 |
| Mindestuntersuchungspr. Kulturboden [d] | | | | | | | | | | |
| Ausbringungswert Klärschlamm V [e] | | | | | | | | | $0,2^l$ | | 100 [o] |

[a]    (Niederl. Liste 1988).

[b]    (Kloke 1993a).

[c]    (Berliner Liste 1990).

[d]    (LÖLF 1988).

[e]    (AbfKlärV 1992).

[f]    Je Einzelsubstanz Tetrachlorethan, Tetrachlormethan, Trichlorethen und Trichlormethan.

[g]    Nur Benz[a]pyren.

[h]    16 PAK nach EPA.

[i]    Summe der Kongenere 28 und 52.

[j]    Summe der Kongenere 101, 118, 138, 153 und 180.

[k]    Summe der sechs Ballschmitter PCB-Kongenere 28, 52, 101, 138, 153 und 180.

[l]    Je Kongener 28, 52, 101, 138, 153, 180.

[m]    Sofern nicht anders angegeben handelt es sich um Toxizitätsäquivalente (TE) nach dem Bundesgesundheitsamt.

[n]    Abhängig von der Nutzung.

[o]    Internationale Toxizitätsäquivalente nach der NATO.

**Fragen**

1. Jetzt eine Frage für alle Fußballfans. Bei der Weltmeisterschaft 2000 in Berlin erreichen Deutschland und Brasilien das Endspiel. Auch nach der Verlängerung ist noch keine Entscheidung gefallen. Daher kommt es zum Elfmeterschießen. Trainer Rummenigge hat die Auswahl zwischen verschiedenen Elfmeterschützen. A, B und C schießen mit hoher Genauigkeit; D, E und F mit hoher Richtigkeit und G, H und I mit hoher Richtigkeit und hoher Genauigkeit.

1a. Erklären Sie an diesem Beispiel die Begriffe "Genauigkeit", "Richtigkeit", "systematischer Fehler" und "zufälliger Fehler"!

1b. Mal angenommen, Rummenigge möchte, daß Deutschland Weltmeister wird. Welche Schützen sollte er dann an die Elfmetermarke schicken?

2. Was ist ein Blindwert? Wie wird er ermittelt? Warum wird er bestimmt? Was ist der Unterschied zum Nullwert?

3. Welche systematischen Fehler können bei den Analysenschritten "Probenahme", "Probenaufbewahrung", "Probenvorbehandlung", "Probenaufbereitung" und "Analytik" auftreten? Wie können sie verringert werden?

4. Berechnen Sie für das in Tabelle 10.5 dargestellte Beispiel die Standardabweichung $s_x$, den dazugehörigen Variationskoeffizienten $VK$, die Regressionskoeffizienten $A$ unb $B$, den Korrelationskoeffizienten $r$, die unbekannte Probenkonzentration $C_P$ und die Empfindlichkeit $S$. Ein automatischer Nullabgleich wurde durchgeführt!

5. Wie unterscheiden sich die Grenzwerte des Mindestuntersuchungsprogrammes Kulturboden von den Eingreifwerten für Wasserschutzgebiete in der Berliner Liste?

**Tabelle 10.5.** Meßergebnisse für Aufgabe

| | Konzentration [µg/L] | Extinktionsmeßwerte | | | | | | | | |
|---|---|---|---|---|---|---|---|---|---|---|
| Standard 1 | 10 | 0,17 | | | 0,27 | | | 0,22 | | |
| Standard 2 | 20 | 0,28 | | | 0,33 | | | 0,23 | | |
| Standard 3 | 30 | 0,60 | | | 0,54 | | | 0,48 | | |
| Standard 4 | 40 | 0,63 | | | 0,05 | | | 0,59 | | |
| Probe | ? | 0,49 | 0,52 | 0,45 | 0,47 | 0,46 | 0,42 | 0,48 | 0,46 | 0,51 |
| | | 0,54 | 0,49 | 0,45 | 0,44 | 0,44 | 0,55 | 0,46 | 0,51 | 0,43 |
| | | 0,47 | 0,39 | 0,47 | 0,49 | 0,42 | 0,46 | 0,48 | 0,50 | 0,47 |

(Von: Peter Ruge. Aus: Rösler, Markus ; Rösler, Stefan: Aktionsbuch Naturschutz : Leitfaden für die Jugendarbeit. Stuttgart : Franckh-Kosmos, 1989, S. 154)

# Literatur

Im Text geben wir mit der Einordnungsformel an, welche Literatur wir benutzt haben. Dabei steht die Einordnungsformel am Satzende <u>vor</u> dem Punkt, wenn sie sich nur auf den letzten Satz bezieht. Sie steht <u>hinter</u> dem Punkt, wenn sie sich auf den ganzen vorhergehenden Absatz bezieht. Mit der alphabetisch sortierten Einordnungsformel finden Sie in diesem Verzeichnis die entsprechende Quelle.


**(AbfKlärV 1992)** AbfKlärV: *Klärschlammverordnung* (idF v. 15.04.1992) Bundesgesetzblatt, Teil I, Nr. 21, S. 912, 1992

**(Abraham 1996)** ABRAHAM, Hartwig: *Flammenphotometrie und Fluorimetrie.* In: PTA heute 4/10, April 1996, S. 272 - 276

**(AG Boden 1996)** BUNDESANSTALT FÜR GEOWISSENSCHAFTEN UND ROHSTOFFE (Hrsg.): *Bodenkundliche Kartieranleitung.* 4. verb. und erw. Aufl. Hannover : E. Schweizerbartsche Verlagsbuchhandlung, 1996

**(AGW 1993)** AMT FÜR GEWÄSSERSCHUTZ UND WASSERBAU Direktion der öffentlichen Bauten des Kantons Zürich: *Altlastenbearbeitung : Einführung in die Altlastenpraxis des Kantons Zürich.* Zürich : AGW, 1993

**(Alloway 1990)** ALLOWAY, B. J.: *Heavy Metals In Soils.* Glasgow : Blackie, 1990

**(Ammermann 1993)** AMMERMANN, Doris ; LAUDE, Ingrid: *Emissionen und Immissionen von monocyclischen aromatischen Kohlenwasserstoffen.* Berlin : Technische Universität, Fachgebiet Umweltchemie, Seminararbeit, 1993

**(Benzler 1982)** BUNDESANSTALT FÜR GEOWISSENSCHAFTEN UND ROHSTOFFE (Hrsg.) ; BENZLER, J.-H. et al. (Red.): *Bodenkundliche Kartieranleitung.* 3. Aufl. Hannover : AG Bodenkunde, 1982

**(Berliner Liste 1990)** BERLINER LISTE: *Bewertungskriterien für die Beurteilung kontaminierter Standorte in Berlin.* Bek. v. 19.11.1990, StadtUm IV E 2, Berlin : 1990 (Amtsblatt für Berlin, 40. Jhrg., Nr. 65, 28.12.1990)

**(BfLR 1985)** BUNDESFORSCHUNGSANSTALT FÜR LANDESKUNDE UND RAUMORDNUNG (Hrsg.); BRÜMMER, G. W. ; KLOKE, A. ; KALMBACH, S. ; NEUMEIER, G. ; THORMANN, A. ; ISENBECK, M. ; MATTHESS, G.: *Boden - das dritte Umweltmedium : Beiträge zum Bodenschutz.* Bonn : Selbstverlag, 1985 (Forschungen zur Raumentwicklung Bd. 14)

**(BIFAU 1994)** BIFAU UMWELT-ANALYTIK GmbH: *Stichprobenmeßprogramm zur Luftqualität in Berlin 1993/94 : im Auftrag der Senatsverwaltung für Stadtentwicklung und Umweltschutz.* Berlin : SenStadtUm, Lentzallee 12 - 14, 14195 Berlin, 1994

**(Bliefert 1995)** BLIEFERT, Claus: *Umweltchemie.* Weinheim : VCH, 1995

**(Blume 1990)** BLUME, Hans-Peter (Hrsg.): *Handbuch des Bodenschutzes : Bodenökologie und Bodenbelastung; vorbeugende und abwehrende Schutzmaßnahmen.* Landsberg : ecomed, 1990

**(Blume 1993)** BLUME, H.-P. ; HORN, R. ; BEYER, L. ; LEBERT, M. ; PFISTERER, U. ; LAMP, J.: *Boden-kundliches Laborpraktikum.* Kiel : Institut für Pflanzenernährung & Bodenkunde der Christian-Albrechts-Univ. Kiel, 1993

**(BMZ 1993)** BUNDESMINISTERIUM FÜR WIRTSCHAFTLICHE ZUSAMMENARBEIT (Hrsg.): *Umwelt-Handbuch : Arbeismaterialien zur Erfassung und Bewertung von Umweltwirkungen.* Braunschweig : Vieweg, 1993 (Bd. 3, Katalog umweltrelevanter Standards)

**(Bölsche 1984)** BÖLSCHE, Jochen (Hrsg.): *Was die Erde befällt ... : Nach den Wäldern sterben die Böden.* Reinbeck : Rowohlt Taschenbuch, 1984 (SPIEGEL-BUCH)

**(Börner 1990)** BÖRNER, Horst: *Pflanzenkrankeiten und Pflanzenschutz.* 6. Aufl. Stuttgart : Ulmer UTB, 1990 (Uni-Taschenbücher 518)

**(Braithwaite 1985)** BRAITHWAITE, A. ; SMITH, F. J.: *Chromatographic Methods.* London : Chapman & Hall, 1985

**(Brockhaus 1989)** BROCKHAUS: *Naturwissenschaften und Technik.* Mannheim : Brockhaus, 1989 (Sonderausgabe, Bd. 1-5)

**(Brucker 1988)** BRUCKER, Gerd: *Lebensraum Boden : Daten, Tips und Tests.* Stuttgart : Franckh, 1988 (Kosmos Handbuch)

**(Brucker 1990)** BRUCKER, Gerd ; KALUSCHE, Dietmar: *Boden und Umwelt : Bodenökologisches Praktikum.* 2. neu bearb. Aufl. Heidelberg : Quelle & Meyer, 1990 (Biologische Arbeitsbücher 19)

**(Brümmer 1988)** BRÜMMER, G. W.: *Anleitung zur Ansprache von Böden im Gelände.* 3. Aufl. Bonn : Institut für Bodenkunde der Rheinischen Friedrich-Wilhelms-Universität, 1988

**(Brümmer 1991)** BRÜMMER, G. W. ; HORNBURG, V. ; HILLER, D. A.: *Schwermetallbelastung von Böden.* In: Mitteilungen der Deutschen Bodenkundlichen Gesellschaft Nr. 63, I, 1991, S. 31 - 42

**(Brümmer 1993)** BRÜMMER, G. W.; GEWEHR, H.; STEPHAN, S.; WELP, G.: *Anleitung zur Durchführung von Bodenanalysen.* 4. Aufl. Bonn : Institut für Bodenkunde der Rheinischen Friedrich-Wilhelms-Universität, 1993

**(BSTMLU 1989)** BAYERISCHES STAATSMINISTERIUM FÜR LANDESENTWICKLUNG UND UMWELT-FRAGEN (Hrsg.) ; Arbeitsgemeinschaft Alpenländer (Veranst.) ; Arbeitsgemeinschaft Alpen-Adria (Veranst.): *Bodenkataster - Bodeninformationssysteme Initiative zum Bodenschutz.* München : Bayerisches Staatsministerium für Landesentwicklung und Umweltfragen, 1990 (Expertentagung am 16. und 17. November 1989 in Rotholz/Tirol)

**(Butz 1990)** BUTZ, André ; DIRKS, Helma ; WOLF, Petra: *Atom-Absorptions-Spektroskopie.* Berlin : Technische Universität, Fachgebiet Umweltchemie, Seminararbeit, 1990

**(Butz 1991)** BUTZ, André ; DIRKS, Helma ; LANGE, Klemens: *Schwermetallbelastung der Saaleauen im Stadtgebiet Halle.* Berlin : Technische Universität, Fachgebiet Umweltchemie, Projektarbeit, 1991

**(Calmano 1989)** CALMANO, Wolfgang: *Schwermetalle in kontaminierten Feststoffen : chemische Reaktionen Bewertung der Umweltverträglichen Behandlungsmethoden am Beispiel von Baggerschlämmen.* Köln : Verlag TÜV Rheinland, 1989

**(Calvet 1990)** CALVET, R. ; BOURGEOIS, S.: *Some Experiments on Extraction of Heavy Metals Present in Soil.* In: Inter. J. Environ. Anal. Chem. 39, 1990, S. 31 - 45

**(Cammann 1977)** CAMMANN, Karl: *Das Arbeiten mit ionenselektiven Elektroden : Eine Einführung.* Berlin : Springer, 1977

**(Caster 1993)** CASTER, Martin R.: *Soil Sampling and Methods of Analysis.* Boca Raton, London : Lewis Publishers for Canadian Society of Soil Science, 1993

**(Christ 1994)** CHRIST: *Produktinformation : Gefriertrockungsanlagen.* Firma Christ, 1994

**(Christen 1978)** CHRISTEN, Hans Rudolf: *Chemie.* 11. Aufl. Frankfurt/Main : Otto Salle, 1978

**(Christen 1985)** CHRISTEN, Hans Rudolf: *Grundlagen der allgemeinen und anorganischen Chemie.* 8. Aufl. Frankfurt/Main : Otto Salle, 1985

**(Daecke 1981)** DAECKE, Herbert: *Chromatographie.* 3. Aufl. Frankfurt/Main : Diesterweg Salle Sauerländer, 1981

**(DBT 1990)** DEUTSCHER BUNDESTAG (Hrsg.): *Sondergutachten des Rates von Sachverständigen für Umweltfragen vom September 1990 : "Abfallwirtschaft".* Bonn : Deutscher Bundestag. 1990 (Drucksache 11/8493)

**(DIN 1505a)** Norm DIN 1505 Teil 2 Januar 1984. *Titelangaben von Dokumenten : Zitierregeln*

**(DIN 1505b)** Norm DIN 1505 Teil 3 April 1988. *Titelangaben von Dokumenten : Verzeichnisse zitierter Dokumente (Literaturverzeichnis)*

**(DIN 4049)** Norm DIN 4049 Teil 1 Dezember 1992: *Hydrogeologie : Grundbegriffe*

**(DIN 18 123)** Norm DIN 18 123 November 1996: *Baugrund, Untersuchung von Bodenproben : Bestimmung der Korngrößenverteilung*

**(DIN 18 128)** Norm DIN 18 128 November 1990: *Baugrund, Versuche und Versuchsgeräte : Bestimmung des Glühverlusts*

**(DIN 19 671)** Norm DIN 19 671 Blatt 1 Mai 1964. *Erdbohrgeräte für den Landeskulturbau : Rillenbohrer Rohrbohrer*

**(DIN 19 680)** Norm DIN 19 680 Mai 1970. *Bodenuntersuchungen im Landwirtschaftlichen Wasserbau : Bodenaufschlüsse und Grundwasserbeobachtungen*

**(DIN 19 682a)** Norm DIN 19 682 Blatt 1 Januar 1972. *Bodenuntersuchungsverfahren im Landwirtschaftlichen Wasserbau : Felduntersuchungen : Bestimmung der Bodenfarbe*

**(DIN 19 682b)** Norm DIN 19 682 Blatt 2 März 1973. *Bodenuntersuchungsverfahren im Landwirtschaftlichen Wasserbau : Felduntersuchungen : Bestimmung der Bodenart*

**(DIN 19 682c)** Norm DIN 19 682 Blatt 5 Januar 1972. *Bodenuntersuchungsverfahren im Landwirtschaftlichen Wasserbau : Felduntersuchungen : Ermittlung des Feuchtezustandes mit der Fingerprobe*

**(DIN 19 683)** Norm DIN 19 683 Blatt 2 April 1973. *Bodenuntersuchungsverfahren im Landwirtschaftlichen Wasserbau : Physikalische Laboruntersuchungen : Bestimmung der Korngrößenzusammensetzung nach Vorbehandlung mit Natriumpyrophosphat*

**(DIN 19 684a)** Norm DIN 19 684 Teil 1 Februar 1977. *Chemische Laboruntersuchungen : Bestimmung des pH-Wertes des Bodens und Ermittlung des Kalkbedarfs*

**(DIN 19 684b)** Norm DIN 19 684 Teil 2 Februar 1977. *Chemische Laboruntersuchungen : Bestimmung des Humusgehaltes*

**(DIN 19 684c)** Norm DIN 19 684 Teil 8 Februar 1977. *Chemische Laboruntersuchungen : Bestimmung der Austauschkapazität des Bodens und der austauschbaren Kationen*

**(DIN 38 407)** Norm DIN 38 407 Teil 9 Mai 1991: *Gemeinsam erfaßbare Stoffgruppen (Gruppe F) : Bestimmung von Benzol und einigen Derivaten mittels Gaschromatographie (F 9)*

**(DIN 38 414a)** Norm DIN 38 414 Teil 3 November 1985. *Schlamm und Sedimente (Gruppe S) : Bestimmung des Glührückstandes und des Glühverlustes der Trockenmasse eines Schlammes (S 3)*

**(DIN 38 414b)** Norm DIN 38 414 Teil 7 Januar 1983. *Schlamm und Sedimente (Gruppe S) : Aufschluß mit Königswasser zur nachfolgenden Bestimmung des säurelöslichen Anteils von Metallen (S 7)*

**(DIN 38 414c)** Norm DIN 38 414 Teil 21 Februar 1996: *Schlamm und Sedimente (Gruppe S) : Bestimmung von 6 polyklischen aromatischen Kohlenwasserstoffen (PAK) mittels Hochleistungs-Flüssigkeitschromatographie (HPLC) und Fluoreszenzdetektion (S 21)*

**(DIN 51 527)** Norm DIN 51 527 Teil 1 Mai 1987. *Bestimmung polychlorierter Biphenyle (PCB) : Flüssigchromatographische Vortrennung und Bestimmung 6 ausgewählter PCB mittels eines Gaschromatographen mit Elektronen-Einfang-Detektor (ECD)*

**(DIN 51 401a)** Norm DIN 51 401 Teil 1 November 1992. *Atomabsorptionsspektrometrie (AAS) : Begriffe*

**(DIN 51 401b)**  Norm DIN 51 401 Teil 2  Januar 1987. *Atomabsorptionsspektrometrie (AAS) : Aufbau von Atomabsorptionsspektrometern*

**(DIN ISO 10 390)**  Norm DIN/ISO 10 390  Juli 1993. *Bodenbeschaffenheit : Bestimmung des pH-Wertes*

**(DIN ISO 10 693)**  Norm DIN/ISO 10 693  November 1993. *Bodenbeschaffenheit : Bestimmung des Carbonatgehaltes : Volumetrisches Verfahren*

**(DIN ISO 11 265)**  Norm DIN/ISO 11 265  Dezember 1993. *Bestimmung der spezifischen elektrischen Leitfähigkeit*

**(DIN ISO 11 461)**  Norm DIN/ISO-DIS 11 461  Juli 1993. *Bodenbeschaffenheit : Bestimmung des Wassergehaltes des Bodens berechnet auf Grundlage des Volumens : Gravimetrisches Verfahren*

**(DIN ISO 11 464)**  Norm DIN/ISO-DIS 11 464  Januar 1994. *Bodenbeschaffenheit : Probenvorbehandlung für physikalisch-chemische Untersuchungen*

**(Dües 1987)**  DÜES, Gerhard: *Untersuchungen zu den Bindungsformen und ökologisch wirksamen Fraktionen ausgewählter toxischer Schwermetalle in ihrer Tiefenverteilung in Hamburger Böden.* Hamburg : Verein zur Förderung der Bodenkunde in Hamburg, 1987 (Hamburger Bodenkundliche Arbeiten, Bd. 9)

**(DVGW 1980)**  DEUTSCHER VERBAND FÜR WASSERWIRTSCHAFT UND KULTURBAU e.V. (Hrsg.): *Bodenkundliche Grunduntersuchungen im Felde zur Ermittlung von Kennwerten zur Standortcharakterisierung Teil I : Grundansprache der Böden.* 2. Aufl. Hamburg : Parey, 1980 (DVGW Regeln zur Wasserwirtschaft Heft 115)

**(Ebing 1975)**  EBING, W. ; HOFFMANN, G.: *Richtlinie zur Probenahme von Böden, die auf Spuren organischer oder anorganischer Fremdstoffe von Umweltschutzinteresse untersucht werden sollen.* In: Zeitschrift für Analytische Chemie 275 (1975), S. 11 - 13

**(Ebing 1991)**  EBING, W. ; FISCHER, W. R. ; LORBER, K. E. ; MARSMANN, M. ; SCHMIEDER, A. ; SPITZAUER, P.: *Leitfaden zur Beurteilung von Boden-Kontaminationen durch organisch-chemische Xenobiotica.* In: Zeitschrift für Umweltchemie und Ökotoxikologie 3 (1991), S. 210 - 214

**(Ecker 1993)**  ECKER: *Praktikum Bodenuntersuchung.* München : Bayerisches Landesamt für Umweltschutz, 1993 (Seminar 3./4.11.93 Wackersdorf)

**(Eisenbrand 1995)**  EISENBRAND, Gerhard (Hrsg.) ; SCHREIER, Peter (Hrsg.): *Römpp Lexikon Lebensmittelchemie.* Stuttgart : Thieme, 1995

**(Federer 1993)**  FEDERER, Peter: *Verteilung und Mobilität der Schwermetalle Cadmium, Kupfer und Zink in anthropogen belasteten, kalkreichen Böden.* Zürich : Eidgenössische Technische Hochschule, Diss., 1993

**(Fiedler 1965)**  FIEDLER, Hans-Joachim ; HOFFMANN, Fr. ; HÖHNE, H. ; LENTSCHIG, S.: *Die Untersuchung der Böden : Die Untersuchung der chemischen Bodeneigenschaften im Laboratorium.* Bd. 2 Dresden : Theodor Steinkopf, 1965

**(Fiedler 1984)**  FIEDLER, Hans-Joachim: *Bodenschutz.* Jena : VEB Gustav Fischer, 1984

**(Fiedler 1990)**  FIEDLER, Hans-Joachim (Hrsg.): *Bodennutzung und Bodenschutz.* Basel : Birkhäuser, 1990

**(Fiedler 1993)**  FIEDLER, Hans-Joachim ; RÖSLER, Hans-Jürgen: *Spurenelemente in der Umwelt.* 2., überarb. Aufl. Stuttgart : Gustav Fischer, 1993

**(Fischer 1992)**  FISCHER, H.: *Praktikum in allgemeiner Chemie : Ein umweltschonendes Programm für Studienanfänger mit Versuchen zur Chemikalienrückgewinnung.* Bd 1: Anorganische Chemie Bd 2: Organische Chemie, Weinheim : VCH, 1992

**(Flühler 1991)**  FLÜHLER, Hannes: *Bodenphysik.* Zürich : Eidgenössische Technische Hochschule, 1991 (Skript zur Vorlesung)

**(Förster 1995)**  FÖRSTER, Ulrike: Persönliche Mitteilung. Berlin : 17.02.95

**(Forkel 1988)** FORKEL, Jürgen: *Erleben, erkunden, handeln: Boden : Ideen, Projekte, Aktivitäten.* Düsseldorf : Die Schulpraxis, 1988

**(Frey 1993)** FREY, Dr. Karl ; FREY-EILING, Angela: *Allgemeine Didaktik : Arbeitsunterlagen zur Vorlesung.* 6. Aufl. Zürich : vdf, 1993

**(Frey-Wehrmann 1990)** FREY-WEHRMANN, Susanne G.: *Bindungsformen von Blei, Zink, Cadmium und Kupfer in Böden der nördlichen Eifel.* Aachen : Lehrstuhl und Institut für Mineralogie und Lagerstättenlehre der RWTH Aachen, Diss., 1990 (Mitteilungen zur Mineralogie und Lagerstättenkunde, Nr. 36)

**(FU o. J.)** FREIE UNIVERSITÄT BERLIN: *Geoökologisches Praktikum.* Berlin : FU, o. J.

**(Gerthsen 1986)** GERTHSEN, Christian ; KNESER, Hans O. ; VOGEL, Helmut.: *Physik.* 15. neubearb. u. erw. Aufl. Berlin : Springer, 1986

**(Giani 1989)** GIANI, L.: *Bodenkundlich-ökologisches Praktikum.* Oldenburg : Abteilung Bodenkunde der Universität Oldenburg, 1989

**(Giani 1993)** GIANI, L.: *Ökologisches Fortgeschrittenenpraktikum Bodenkunde : Schwermetalle.* Oldenburg : Abteilung Bodenkunde der Universität Oldenburg, 1993

**(Gihr 1992)** GIHR, G. ; DANIEL, B. ; GRAMATTE, A. ; RIPPEN, G. ; WIESERT, P.: *Altlastenanalytik : Parameterliste zur branchenspezifischen Auswahl von Analysenparametern für Altstandorte.* 2. Aufl. Landsberg : ecomed, 1992

**(Gisi 1990)** GISI, Ulrich ; SCHENKER, Rudolf ; SCHULIN, Rainer ; STADELMANN, Franz X. ; STICHER, Hans: *Bodenökologie.* Stuttgart : Thieme, 1990

**(Greisenegger 1991)** GREISENEGGER, Ingrid ; KATZMANN, Werner ; PITTER, Klaus: *Umweltspürnasen : Aktivbuch Boden.* 2. Aufl. Wien : Orac, 1991

**(Gritter 1987)** GRITTER, R. J. ; BOBBITT, J. M. ; SCHWARTING, A. E.: *Einführung in die Chromatographie.* Berlin : Springer, 1987 (Heidelberger Taschenbücher ; Bd. 245)

**(Günzler 1990)** GÜNZLER, Dr. Helmut ; BÖCK, Dr. Harald: *IR-Spektroskopie : Eine Einführung.* 2. überarb. Aufl. Weinheim : VCH, 1990

**(Gutleben 1994)** GUTLEBEN, Andreas ; HOFMANN, Uwe: *Methodenentwicklung zur Probenvorbereitung mit einem handelsüblichen Mikrowellen-Gerät in der Schwermetall-Analytik (Aufschlußverfahren).* Berlin : Technische Universität, Fachgebiet Umweltchemie, Projektarbeit, 1994

**(Habel 1989)** HABEL, Joachim: *Der vergewaltigten Natur auf der Spur.* Homburg : Hagenberg, 1989

**(Haga 1994)** HAGA, Michael: *Schwermetallbelastung in Aue-Böden im Stadtgebiet von Halle/Saale : Horizontales und vertikales Migrationsverhalten im südlichen Landschaftsbereich.* Berlin : Technische Universität, Diplomarbeit, 1994

**(Hanel 1992)** HANEL, Elke ; VAN RÜTH, Petra: *Bodenprobenahme : Begleittext zur Diaserie.* Berlin : Technische Universität, Fachgebiet Umweltchemie, Seminararbeit, 1992

**(Hartge 1991)** HARTGE, Karl Heinrich ; HORN, Rainer: *Einführung in die Bodenphysik.* 2., überarb. und erw. Aufl. Stuttgart : Enke, 1981

**(Hartig 1974)** HARTIG, Rudolf: *Analytikum : Methoden der analytischen Chemie und ihre theoretischen Grundlagen.* Leipzig : VEB Deutscher Verlag für Grundstoffindustrie, 1974

**(Hartung 1987)** HARTUNG, J.: *Statistik : Lehr- und Handbuch der angewandten Statistik.* 6. Aufl. Oldenburg : Oldenburg, 1987

**(Heberle, 1992)** HEBERLE, Sigrun: *Untersuchung zur PAH-Belastung von Böden durch den Luftverkehr mit Hilfe der GC-MS-Kopplung.* Lübeck : Fachhochschule, Dipl., 1991

**(Heil 1991)** HESSISCHER APOTHEKERVERBAND E.V, (Hrsg.) ; HEIL, Günter ; WITTIG, Bernd: *Umweltanalytik in der Apotheke : Chemische und mikrobiologische Untersuchungen in Wasser und Boden.* Frankfurt/Main : OVI-Verlag, 1991

**(Hein 1992)** HEIN, Hubert ; SCHWEDT Georg: *Richt- und Grenzwerte : Wasser - Boden - Abfall - Chemikalien - Luft.* 3. Aufl. Würzburg :Vogel, 1992

**(Hein 1994)** HEIN, Hubert ; KUNZE, Wolfgang: *Umweltanalytik mit Spektrometrie und Chromatographie.* Weinheim : VCH, 1994

**(Heinrichs 1990)** HEINRICHS, H. ; HERRMANN, G.H.: *Praktikum der analytischen Geochemie.* Berlin : Springer, 1990

**(Hellmann 1982)** HELLMANN, Hubert: *Polycyklische aromatische Kohlenwasserstoffe in Acker- und Waldböden und ihr Beitrag zur Gewässerbelastung.* In: Deutsche Gewässerkundliche Mitteilungen 26, 1982, S. 68 - 69

**(Hewlett 1990)** HEWLETT-PACKARD (Hrsg.): *Buch der Umweltanalytik : Probenvorbereitung Chromatographische und spektroskopische Methoden Informationssysteme.* Bd. 1 Darmstadt : GIT, 1990

**(Hölting 1996)** HOELTING, B.: *Hydrogeologie : Einführung in die allgemeine und angewandte Hydrogeologie.* 5. überarb. und erw. Aufl. Stuttgart : Enke, 1996

**(Hoffmann 1981)** HOFFMANN, Georg ; SCHWEIGER, Paul: *Entnahme von Boden- und Pflanzenproben zur Untersuchung auf Schwermetalle.* In: Staub - Reinhaltung der Luft 41, 1981, S. 443 - 444

**(Hollemann/Wiberg 1985)** HOLLEMANN, A. F. ; WIBERG, E. ; WIBERG, N.: *Lehrbuch der anorganischen Chemie.* 91. - 100. Aufl. Berlin : de Gruyter, 1985

**(Hornburg 1989)** HORNBURG, V. ; BRÜMMER, G. W.: *Untersuchungen zur Mobilität und Verfügbarkeit von Schwermetallen.* In: Mitteilungen der Deutschen Bodenkundlichen Gesellschaft Nr. 59 (2), 1989, S. 727 - 732

**(Hornburg 1993)** HORNBURG, V. ; WELP. G. ; BRÜMMER, G. W.: *CaCl_2- und Na_4NO_3-extrahierbare Schwermetallgehalte in Böden - ein Methodenvergleich.* In: Mitteilungen der Deutschen Bodenkundlichen Gesellschaft 72, 1993, S. 373 - 376

**(Hummel 1987)** HUMMEL, H. E.: *Kleines Praktikum zur Umweltanalytik - Anleitungen zur Untersuchung organischer Schadstoffe mit ausgewählten chromatographischen und spektrometrischen Methoden.* Gießen : Institut für Phytopathologie und angewandte Zoologie der Justus-Liebig-Univ. Gießen, 1987

**(Hutzinger 1984)** HUTZINGER, O. (Hrsg.) ; ATLAS, E. ; FISHBEIN, L. ; GIAM, C.S. ; LEONARD, J. E.: *The Handbook of Environmental Chemistry.* Vol. 3 Part 3, Berlin : Springer, 1984

**(ISO/CD 10 381a)** Norm ISO/CD 10 381-1 10. Februar 1994. *Soil quality - Sampling - Part 1 : Guidance of the design of sampling programmes*

**(ISO/CD 10 381b)** Norm ISO/CD 10 381-2 10. Februar 1994. *Soil quality - Sampling - Part 2 : Guidance on sampling techniques*

**(ISO/CD 10 381c)** Norm ISO/CD 10 381-3 10. Februar 1994. *Soil quality - Sampling - Part 3 : Guidance on safty*

**(ISO/CD 10 381d)** Norm ISO/CD 10 381-4 10. Februar 1994. *Soil quality - Sampling - Part 4 : Guidance on the procedure for the investigation of natural, near-natural and cultivated sites*

**(ISO/CD 11 047.2)** Norm ISO/CD 11 047.2 Dezember 1992. *Soil quality - Determination of cadmium, chromium, copper, lead, manganese, nickel and zinc: Flame and electrothermal atomic absorption spectrophotometric methods*

**(ISO 11 465)** Norm ISO 11465 (E) Dezember 1993. *Soil quality : Determination of dry matter and water content on a mass basis : Gravimetric method*

**(ISO 11 466)** Norm ISO/DIS 11 466 März 1994. *Soil Quality - Extraction of trace metals soluble in aqua regia*

**(Jander/Blasius 1973)** JANDER, Gerhart ; BLASIUS, Ewald: *Einführung in das anorganisch-chemische Praktikum.* 9., überarb. Aufl. Stuttgart : S. Hirzel, 1973

(Janßen 1992) JANSSEN, Maike ; REICHEL, Almut: *Photometrie : Eine Einführung in die wunderbare Welt der Umweltanalytik : Begleittext zur Diaserie.* Berlin : Technische Universität, Fachgebiet Umweltchemie, Seminararbeit, 1992

(Joneck 1996) JONECK, M. ; PRINZ, R.: *Organische und anorganische Schadstoffe in straßennahen Böden unterschiedlich stark befahrener Verkehrswege in Bayern.* In: Wasser & Boden 48, 9, 1996, S. 49 - 54

(Karcher 1992) KARCHER, Silke: *Atomabsorptionsspektrometrie : Graphitrohrtechnik.* Berlin : Technische Universität, Fachgebiet Umweltchemie, Seminararbeit, 1992

(Katalyse 1985) KATALYSE-UMWELTGRUPPE: *Umwelt-Lexikon.* Köln : Kiepenheuer & Witsch, 1985

(Keizer 1993) KEIZER, M. G. ; VAKGROEP BODENKUNDEN PLANTEVOEDING: *Handleiding Praktikum : Bodemhygiene en Verontreiniging.* Wageningen, Niederlande : Landbouwuniversiteit, 1993

(Kemper 1983) KEMPER, F. H.: *Phthalsäuredialkylester : Pharmakologische und toxikologische Aspekte.* Frankfurt/Main : Verband Kunststofferzeugende Industrie e. V., 1983

(KFA Jülich 1991) SAUERBECK, D. ; LÜBBEN, S.: *Auswirkungen von Siedlungsabfällen auf Böden, Bodenorganismen und Pflanzen.* Jülich : Forschungszentrum Jülich GmbH, 1991 (BMFT-Verbundvorhaben FKZ 0339059, Berichte aus der Ökologischen Forschung, Bd. 6)

(Kloke 1985) KLOKE, Adolf: *Richtwerte und Grenzwerte zum Schutz des Bodens vor Überlastungen mit Schwermetallen.* In: BfLR 1985, S. 13- 24

(Kloke 1991) UMWELTBUNDESAMT (Hrsg.) ; KLOKE, Adolf ; BLUMENBACH, Dedo: *Wirkung von Bodenkontamination, Meßlatte für Arsen, Beryllium, Blei, Cadmium, Quecksilber, Selen.* Berlin : Umweltbundesamt, 1991 (Texte 54/91)

(Kloke 1993a) KLOKE, Adolf ; EIKMANN, Thomas: *Nutzungs- und schutzgutbezogenen Orientierungswerte für (Schad-) Stoffe in Böden : Eikmann-Kloke-Werte.* 2. überarb. u. erw. Fassung, In: Rosenkranz 1988, Kap. 3590

(Kloke 1993b) KLOKE, Adolf: *Orientierungsdaten für tolerierbare Gesamtgehalte einiger Elemente in Kulturböden : Richtwerte '80.* In: Rosenkranz 1988, Kap. 9300

(Klumbies 1993) KLUMBIES, Martin ; BORCHARDT, Ulrich: *Ernstfall Umwelt : Ein Leitfaden für Behörden und Betroffene.* Hilden : Verlag Deutsche Polizeiliteratur GmbH, 1993

(Koch 1974) KOCH, O. G. ; KOCH-DEDIC, G. A.: *Handbuch der Spurenanalyse : Die Anreicherung und Bestimmung von Spurenelementen unter Anwendung chemischer, physikalischer und mikrobiologischer Verfahren.* Teil 1, 2. Aufl. Berlin : Springer, 1974

(Koch 1991) KOCH, Rainer ; WAGNER, Burkhard. O.: *Umweltchemikalien : Physikalisch-chemische Daten, Toxizitäten, Grenz- und Richtwerte, Umweltverhalten.* 2. Aufl. Weinheim : VCH, 1991

(Koch 1995) KOCH, Rainer ; WAGNER, Burkhard. O.: : *Umweltchemikalien : Physikalisch-chemische Daten, Toxizität, Grenz- und Richtwerte, Umweltverhalten.* 3. Aufl. Weinheim : VCH, 1995

(König 1995) KÖNIG, Wilhelm ; KRÄMER, Friedrich: *Schwermetallbelastung von Böden und Kulturpflanzen in Nordrhein-Westfalen.* Münster-Hiltrup : Landwirtschaftsverlag GmbH, 1985 (Schriftenreihe der Landesanstalt für Ökologie, Landschaftsentwicklung und Forstplanung Nordrhein-Westfalen Band 10)

(Kördel 1990) FORSCHUNGSZENTRUM JÜLICH GmbH ; KÖRDEL, W. ; WAHLE, U.: *Pilotprojekt zur Entwicklung eines allgemeingültigen Analysenschemas für organische Chemikalien im Boden.* Jülich : Forschungszentrum, 1990

(Korte 1987) KORTE, Friedrich (Hrsg.) ; BAHADIR, M. (Mitarb.) ; KLEIN, W. (Mitarb.) ; LAY, J. P. (Mitarb.) ; PARLAR, H. (Mitarb.) ; SCHEUNERT, I. (Mitarb.): *Lehrbuch der ökologischen Chemie : Grundlage und Konzept für die ökologische Beurteilung von Chemikalien.* 2. Aufl. Stuttgart : Georg Thieme, 1987

(Koß 1993) KOSS, Volker: *Zur Modellierung der Metalladsorption im natürlichen Sediment-Grundwasser-System.* Berlin : Köster, 1993 (Wissenschaftliche Schriftenreihe Umwelttechnik ; Bd. 1) Zugleich: Berlin : Technische Universität, Habil.-Schr., 1993

**(Kühn 1994)** KÜHN ; BIRETT: *Merkblätter Gefährliche Arbeitsstoffe.* Landsberg : ecomed. - Losebl.-Ausg. Stand: 1994

**(Kümmel 1988)** KÜMMEL, Rolf ; PAPP, Sándor: *Umweltchemie : Eine Einführung.* Leipzig : Deutscher Verlag für Grundstoffindustrie, 1988

**(Kuntze 1986)** UMWELTBUNDESAMT (Hrsg.) ; KUNTZE, Herbert ; FOERSTER, Christine: *Zur Cadmium-Aufnahme von Pflanzen auf unterschiedlichen Böden.* Berlin : Umweltbundesamt, 1986 (Texte 29/86)

**(Kuntze 1988)** KUNTZE, Herbert ; ROESCHMANN, G. ; SCHWERDTFEGER, G.: *Bodenkunde.* Stuttgart : Ulmer UTB, 1988

**(Lange o. J.)** LANGE (Hrsg.): *Flammenphotometer.* Berlin : Dr. Lange, Bedienungsanleitung, o. J.

**(Lauterbach 1993)** LAUTERBACH, Frank ; ROWEHL, Jörg: *Atomabsorptionsspektrometrie : Stand und Entwicklung.* Berlin : Technische Universität, Fachgebiet Umweltchemie, Seminararbeit, 1993

**(LfU BW 1994)** LANDESANSTALT FÜR UMWELTSCHUTZ BADEN-WÜRTTEMBERG ; ROTH, Ludwig: *Grenzwerte : Kennzahlen zur Umweltbelastung in Deutschland und in der EG : Tabellenwerk.* Landsberg : ecomed. - Losebl.-Ausg. Stand: Mai 1994

**(LfU BY 1992)** BAYERISCHES LANDESAMT FÜR UMWELTSCHUTZ: *Polychlorierte Dioxine und Furane in der Umwelt : Meßergebnisse aus Bayern.* München : Bayerisches Landesamt für Umweltschutz, 1992

**(LMU 1994)** LUDWIG-MAXEMILIANS-UNIVERSITÄT: *Bodenkundliches Laborpraktikum.* Freising-Weihenstephan : Lehrstuhl für Bodenkunde und Standortslehre, 1994

**(LÖLF 1988)** LANDESANSTALT FÜR ÖKOLOGIE, LANDSCHAFTSENTWICKLUNG UND FORST-PLANUNG: *Mindestuntersuchungsprogramm Kulturboden zur Gefährdungsabschätzung von Altablagerungen und Altstandorten im Hinblick auf eine landwirtschaftliche oder gärtnerische Nutzung.* Recklinghausen : 1988

**(Lorber o. J.)** LORBER, Karl-Erich: *Luftchemie II : Schadstoffanalytik.* Berlin : Technische Universität Institut für Technischen Umweltschutz Fachgebiet Umweltchemie, o. J. (Vorlesungsskript)

**(Lorey 1993)** LOREY, Oliver: *Die Atomemissionsspektrometrie mit induktiv gekoppeltem Plasma (ICP-AES).* Berlin : Technische Universität, Fachgebiet Umweltchemie, Seminararbeit, 1993

**(LUA 1994)** LANDESUMWELTAMT NORDRHEIN-WESTFALEN: *Bestimmung von polyzyklischen aromatischen Kohlenwasserstoffen (PAK) in Bodenproben.* Essen : Landesumweltamt Nordrhein-Westfalen, Essen, 1994 (Merkblätter Nr. 1)

**(Mackay 1981)** MACKAY, Donald ; PATERSON, Sally: *Calculating fugacity.* In: Environmental Science & Technology 15, Nr. 9, 1981, S. 1006 - 1014

**(Mackensen 1982)** MACKENSEN, Manfred: *Deutsches Wörterbuch.* Herrsching : Pawlak, 1982

**(Marquis 1989)** MARQUIS, L.: *Schwermetalle und Waldsterben : Untersuchungen im Testgebiet Lägern.* Bern : Universität, Diss., 1989

**(Matter 1994)** MATTER, Lothar: *Lebensmittel- und Umweltanalytik anorganischer Spurenbestandteile : Tips, Tricks und Beispiele für die Praxis.* Weinheim : VCH, 1994

**(Meiwes o. J)** MEIWES, K.-J. ; KÖNIG, N. ; KHANNA, P. K. ; PRENZEL, J. ; ULRICH, B.: *Chemische Untersuchungsverfahren für Mineralböden, Auflagehumus und Wurzeln zur Charakterisierung und Bewertung der Versauerung in Waldböden.* Göttingen : Institut für Bodenkunde und Waldernährung der Universität Göttingen, o. J.

**(Merck 1991)** MERCK: *Merckoquant Schnelltest.* Berlin : Merck, 1991

**(Merck 1993)** MERCK: *Sicherheitsdatenblatt : Bariumchlorid-Dihydrat.* 1993

**(Merian 1984)** MERIAN, Ernest (Hrsg.): *Metalle in der Umwelt : Verteilung, Analytik und biologische Relevanz.* Weinheim : VCH, 1984

**(Meyer 1990)** MEYER, Veronika: *Praxis der Hochleistungs-Flüssigkeitschromatographie.* 6., durchges. Aufl. Frankfurt/Main : Otto Salle & Sauerländer, 1990

**(Milde 1986)** MILDE, Gerald ; LESCHBER, Reimar (Hrsg.): *Boden- und Grundwasserschutz.* Stuttgart : Fischer, 1986 (Schriftenreihe des Vereins für Wasser-, Boden- und Lufthygiene 64)

**(Millipore 1994)** MILLIPORE: *EnviroGard™Test Kits.* Produktinformation der Fa. Millipore, 1994

**(Moll 1993)** MOLL, W. ; WEGENER H.-R.: *Praktikum für Umweltanalytik - Anleitungen zur Untersuchung von Boden, Luft, Wasser und Siedlungsabfällen.* Gießen : Institut für Bodenkunde und Bodenerhaltung der Justus-Liebig-Universität Gießen, 1993

**(Müller 1980)** MÜLLER, G. ; DOMINIK, J. ; REUTHER, R. ; MALISCH, R. ; SCHULTE, E. ; ACKER, L.; IRION, G.: *Sedimentary Record of Environmental Pollution in the Western Baltic Sea.* In: Naturwissenschaften 67, 1980, S. 595 - 600

**(Myers 1985)** MYERS, Norman: *GAIA : Der Öko-Atlas unserer Erde.* Frankfurt/Main : Fischer, 1985

**(Naumer 1986)** NAUMER, Hans ; HELLER, Wolfgang: *Untersuchungsmethoden in der Chemie : Einführung in die moderne Analytik.* Stuttgart : Thieme, 1986

**(Naumer 1990)** NAUMER, Hans ; HELLER, Wolfgang: *Untersuchungsmethoden in der Chemie: Einführung in die moderne Analytik.* 2. Aufl. Stuttgart : Georg Thieme, 1990

**(Niederl. Liste 1988)** LEIDRAAD BODEMSANERING: *Niederländischer Leitfaden zur Bodenbewertung und Bodensanierung.* Teil 2, 4. Aufl. Den Haag, 1988; In: Rosenkranz 1988, Kap. 8935

**(N. N. 1993)** N. N.: *Praktikum der Pflanzenernährung.* Kiel : Institut für Pflanzenernährung & Bodenkunde der Christian-Albrechts-Universität Kiel, 1993

**(Ökologische Briefe 1994)** ÖKOLOGISCHE BRIEFE: *Globaler Bodenschutz : Kaum kritische Impulse.* In: Ökologische Briefe 29, 20. Juli 1994, S. 11

**(Ökologische Briefe 1995)** ÖKOLOGISCHE BRIEFE: *Fruchtbarkeit durch Umwelt-Östrogene gefährdet.* In: Ökologische Briefe 33, 16. August 1995, S. 8

**(Ökologische Briefe 1996)** ÖKOLOGISCHE BRIEFE: *Weltbank fordert bleifreies Benzin.* In: Ökologische Briefe 28, 10. Juli 1996, S. 5

**(Paetz 1994)** PAETZ, A.: *Stand der Arbeiten zur Harmonisierung von Untersuchungsmethoden und Beurteilungsmaßstäbe für den Bodenzustand und Bodenbelastungen in Deutschland und international.* Berlin : DIN, 1994, persönliche Mitteilung

**(Page 1982)** PAGE, A. L. ; MILLER, R. H. ; KEENEY, D. R.: *Methods of Soil Analysis : Chemical and Microbiological Properties.* Madison, Wisconsin USA : American Society of Agronomy, Part 2, 1982

**(Perkampus 1986)** PERKAMPUS, Prof. Dr. Heinz Helmut: *UV-VIS- Spektroskopie und ihre Anwendungen.* Anleitungen für die chemische Laboratoriumspraxis Bd. 21, Berlin : Springer, 1986

**(Preuschen 1988)** PREUSCHEN, Gerhard: *Das neue Bodenbuch : Ein Handbuch für Landwirte, Gärtner und alle, die die Natur lieben.* Frankfurt/Main : Fischer Taschenbuch, 1988

**(Preuß 1986)** PREUSS, A. ; ATTIG, R.: *Einfache Bestimmung leichtflüchtiger halogenierter oder aromatischer Kohlenwasserstoffe in Boden- und Schlammproben durch Dampfraum-Gas-Chromatographie.* In : Fresenius Zeitschrift für Analytische Chemie 325, 1986, S. 531 - 533

**(Prüeß 1994)** PRÜESS, Andreas: *Einstufung mobiler Spurenelemente in Böden.* In: Rosenkranz 1988, Kap. 3600

**(Rippen 1996)** Rippen G.: *Handbuch Umweltchemikalien : Stoffdaten, Prüfverfahren, Vorschriften.* Landsberg : ecomed. - Losebl.-Ausg. 35. Erg.-Lfg., Stand: Mai 1996

**(Riedel 1988)** RIEDEL, Erwin: *Allgemeine und Anorganische Chemie : Ein Lehrbuch für Studenten mit Nebenfach Chemie.* 4. Aufl. Berlin : Walter de Gruyter, 1988

**(Rosenkranz 1988)** ROSENKRANZ, Dietrich ; EINSELE, Gerhard ; HARRESS, Heinz M. (Hrsg.): *Bodenschutz - Ergänzendes Handbuch der Maßnahmen und Empfehlungen für Schutz, Pflege und Sanierung von Böden, Landschaft und Grundwasser.* Berlin : Erich Schmidt. - Losebl.-Ausg. 17. Erg.-Lfg., Stand: November 1994

**(Rump 1987)** RUMP, H. H. ; KRIST, H.: *Laborhandbuch für die Untersuchung von Wasser, Abwasser und Boden.* Weinheim : Verlagsgesellschaft, 1987

**(Sanwald 1988)** SANWALD, Imme ; THORBRIETZ, Petra: *Unser Boden - Unser Leben.* Rastatt : Verlag Arthur Moewig GmbH, 1988 (Moewig Bd. 3332)

**(Sasturain 1992)** SASTURAIN, Juan: *Ionen-Chromatographie für Prozeß- und Umweltanalytik in Verbindung mit chemometrischen Methoden.* Clausthal : Technische Universität, Mathematisch-Naturwissenschaftl. Fakultät, Diss., 1992

**(Schachtschabel 1971)** SCHACHTSCHABEL, P.: *Methodenvergleich zur pH-Bestimmung von Boden.* In: Zeitschrift für Pflanzenernährung und Bodenkunde 130, 1971, S. 37 - 43

**(Scheffer/Schachtschabel 1992)** SCHEFFER, Fritz ; SCHACHTSCHABEL, P.: *Lehrbuch der Bodenkunde.* 13. Aufl. Stuttgart : Enke, 1992

**(Schlichting 1966)** SCHLICHTING, E. ; BLUME, H.-P.: *Bodenkundliches Praktikum.* Hamburg : Parey, 1966

**(Schlichting 1986)** SCHLICHTING, Ernst: *Einführung in die Bodenkunde.* 2. Aufl. Hamburg : Parey, 1986 (Studientexte 58)

**(Schmeken 1993)** SCHMEKEN, Werner: *TA Abfall TA Siedlungsabfall : Textausgabe der Zweiten und der Dritten Allgemeinen Verwaltungsvorschrift zum Abfallgesetz mit einer erläuternden Einführung.* 3. Aufl. Köln : Deutscher Gemeindeverlag, 1993

**(Schofield 1955)** SCHOFIELD, W. K. ; TAYLOR, A. W.: *The Measurement of soil pH.* In: Soil Science Society American Proceedures 19, 1955, S. 164 - 167

**(Schomburg 1987)** SCHOMBURG, Gerhard: *Gaschromatographie : Grundlagen, Praxis, Kapillartechnik.* 2. Aufl. Weinheim : VCH, 1987

**(Schroeder 1984)** SCHROEDER, Dietrich: *Bodenkunde in Stichworten.* 4. Aufl. Kiel : Ferdinand Hirt, 1984

**(Schröder 1995)** SCHRÖDER, Thomas: Schriftliche Mitteilung : e-mail. Wageningen : 30. April 1995

**(Schwarzenbach 1993)** SCHWARZENBACH, René ; GSCHWEND, Philip ; IMBODEN, Dieter: *Environmental Organic Chemistry.* New York : John Wiley & Sons, 1993

**(Schwedt 1981)** SCHWEDT, Georg ; SCHNEPEL, Frank-M.: *Analytisch-chemisches Umweltpraktikum : Anleitungen zur Untersuchung von Luft, Wasser und Boden.* Stuttgart : Georg Thieme, 1981

**(Schwedt 1986)** SCHWEDT, Georg: *Chromatographische Trennmethoden : Theoretische Grundlagen, Techniken und analytische Anwendungen.* 2. Aufl. Stuttgart : Georg Thieme, 1986

**(Schwedt 1992)** SCHWEDT, Georg: *Taschenatlas der Analytik.* Stuttgart : Georg Thieme, 1992

**(Schwedt 1995)** SCHWEDT, Georg: *Analytische Chemie : Grundlagen, Methoden und Praxis.* Stuttgart : Georg Thieme, 1995

**(Slaby 1988)** SLABY, Peter: *Wir erforschen den Boden : Materialien für die Sekundarstufe.* Göttingen : Die Werkstatt, 1988

**(Shuman 1985)** SHUMAN, L. M.: *Fractionation Method for Soil Microelements.* In: Soil Science, 140 (1), 1985, S. 11 - 22

**(Singh 1988)** SINGH, J. P. ; KARWASRA, S. P. S. ; SINGH, M.: *Distribution and Forms of Copper, Iron, Manganese and Zinc in Calcareous Soils of India.* In: Soil Science, 146 (5), 1988, S. 359 - 366

**(Sontheimer 1980)** SONTHEIMER, Heinrich ; SPINDLER, Paul ; ROHMANN, Ulrich: *Wasserchemie für Ingenieure.* Frankfurt/Main : ZfGW-Verlag GmbH, 1980

**(Steiof 1995)** STEIOF, Martin: Persönliche Mitteilung. Berlin : 14. März 1995

**(Steubing 1992)** STEUBING, Lore; FANGMEIER, Andreas: *Pflanzenökologisches Praktikum.* Stuttgart : Eugen Ulmer UTB, 1992

**(Sticher 1993a)** STICHER, Hans: *Allgemeine Bodenkunde.* Zürich : Institut für Terrestrische Ökologie der Eidgenössischen Technischen Hochschule, 1993 (Skript)

**(Sticher 1993b)** STICHER, Hans: *Bodenchemie.* Zürich : Institut für Terrestrische Ökologie der Eidgenössischen Technischen Hochschule, 1993 (Skript)

**(Streit 1991)** STREIT, Bruno: *Lexikon Ökotoxikologie.* Weinheim : VCH, 1991

**(Tessier 1979)** TESSIER, A. ; CAMPBELL, P. G. C. ; BISSON, M.: *Sequential Extraction Procedure for the Speciation of Particulate Trace Metals.* In: Analytische Chemie, 51(2), 1979, S. 844 - 851

**(TUB 1991)** TECHNISCHE UNIVERSITÄT BERLIN: *Umwelttechnisches Praktikum.* Berlin : Institut für Technischen Umweltschutz, 1991 (Skript)

**(TUB 1994a)** TECHNISCHE UNIVERSITÄT BERLIN: *Umwelttechnisches Praktikum.* Berlin : Institut für Technischen Umweltschutz, 1994 (Skript)

**(TUB 1994b)** TECHNISCHE UNIVERSITÄT BERLIN: *Praktikum Wasserreinhaltung II.* Berlin : Institut für Technischen Umweltschutz, Fachgebiet Wasserreinhaltung, 1994 (Skript)

**(TUB 1996)** TECHNISCHE UNIVERSITÄT BERLIN: *Umwelttechnisches Praktikum.* Berlin : Institut für Technischen Umweltschutz,1996 (Skript)

**(UBA 1989)** UMWELTBUNDESAMT (Hrsg.) ; LEHRSTUHL FÜR HYDROLOGIE UNIVERSITÄT BAYREUTH: *Empfehlungen des Arbeitskreises Stadtböden der Deutschen Bodenkundlichen Gesellschaft für die Bodenkundliche Kartierung urban, gewerblich und industriell überformter Flächen (Stadtböden).* Berlin : Umweltbundesamt, 1989 (F+E-Vorhaben 89-056)

**(UBA 1992)** UMWELTBUNDESAMT (Hrsg.) ; LEHRSTUHL FÜR HYDROLOGIE UNIVERSITÄT BAYREUTH: *Vergleichende Untersuchungen zur Mobilität von Umweltchemikalien aus seuchenhygienischen unbedenklichen Klärschlämmen in unterschiedlich genutzten Ökosystemen.* Berlin : Umweltbundesamt, 1992 (F+E-Vorhaben 107 01 016/03)

**(UBA 1993)** UMWELTBUNDESAMT (Hrsg.): *Was Sie schon immer über Wasser und Umwelt wissen wollten.* Stuttgart : Kohlhammer, 1993

**(UBA 1994)** UMWELTBUNDESAMT (Hrsg.): *Daten zur Umwelt 1992/93.* Berlin : Erich Schmidt, 1994

**(VCI 1987)** VERBAND DER CHEMISCHEN INDUSTRIE E.V.: *Chemie und Umwelt : Boden.* Frankfurt/Main : VCI, 1987

**(VDI 3865a)** Norm VDI-Richtlinie 3865 Blatt 1  Oktober 1992. *Messen organischer Bodenverunreinigungen : Messen leichtflüchtiger halogenierter Kohlenwasserstoffe Meßplanung für Bodenluft-Untersuchungsverfahren*

**(VDI 3865b)** Norm VDI-Richtlinie 3865 Blatt 5 Entwurf Juli 1988. *Messen organischer Bodenverunreinigungen : Messen leichtflüchtiger halogenierter Kohlenwasserstoffe Meßplanung im Boden Head-space Analyse von Bodenproben*

**(VDI 38 414a)** Norm VDI-Richtlinie 38 414 Teil 1  November 1986. *Deutsche Einheitsverfahren zur Wasser-, Abwasser- und Schlammuntersuchung : Schlamm und Sedimente (Gruppe S) : Probenahme von Schlämmen (S 1)*

**(VDI 38 414b)** Norm VDI-Richtlinie 38 414 Teil 5  September 1981. *Deutsche Einheitsverfahren zur Wasser-, Abwasser- und Schlammuntersuchung : Schlamm und Sedimente (Gruppe S) : Bestimmung des pH-Wertes in Schlämmen und Sedimenten (S 5)*

**(VDI 1992a)** VDI (Veranst.): *Umweltmeßtechnik : Tagung mit fachbegleitender Geräteausstellung zu den Themen: Luft, Boden/Grundwasser, Oberflächengewässer.* Düsseldorf : VDI-Koordinierungsstelle Umwelttechnik, 1992. - Tagungsbericht (Kongress Leipzig 26.-28. Februar 1992)

**(VDLUFA 1983)** VERBAND DEUTSCHER LANDWIRTSCHAFTLICHER UNTERSUCHUNGS- UND FORSCHUNGSANSTALTEN (Hrsg.) ; VETTER, H. ; KOWALEWSKY, H. H. ; SÄLE, M.: *Cadmiumbelastung von Böden und Pflanzen in der Bundesrepublik Deutschland.* Darmstadt : VDLUFA-Verlag, 1983 (VDLUFA-Schriftenreihe, Heft 9)

**(VDLUFA 1986)**   VERBAND DEUTSCHER LANDWIRTSCHAFTLICHER UNTERSUCHUNGS- UND FORSCHUNGSANSTALTEN (Hrsg.) ; SCHOLL, W ; ELLINGHAUS, R. ; RIEP, P.: *Untersuchung von Klärschlamm- und Bodenproben auf den Gehalt an Schwermetallen und Nährstoffen lt. Klärschlammverordnung des Bundes vom 25. Juni 1982.* Darmstadt : VDLUFA-Verlag, 1986 (VDLUFA-Schriftenreihe, Heft 15)

**(VwV Anorganische Schadstoffe 1993)**   INNENMINISTERIUM DES LANDES BADEN-WÜRTTEMBERG: *Dritte Verwaltungsvorschrift des Umweltministeriums zum Bodenschutzgesetz über die Ermittlung von Gehalten anorganischer Schadstoffe im Boden (VwV Anorganischer Schadstoffe)* Gemeinsames Amtsblatt des Landes Baden-Württemberg Nr. 30, 29.09.1993, S. 1029 - 1036

**(VwV Bodenproben 1993)**   INNENMINISTERIUM DES LANDES BADEN-WÜRTTEMBERG: *Zweite Verwaltungsvorschrift des Umweltministeriums zum Bodenschutzgesetz über die Probenahme und -aufbereitung (VwV Bodenproben).* Gemeinsames Amtsblatt des Landes Baden-Württemberg Nr. 30, 29.09.1993, S. 1017 - 1028

**(Wachs 1988)**   WACHS, B.: *Gewässerrelevanz der gefährlichsten Schwermetalle.* In: Bayerische Landesanstalt für Wasserforschung (Hrsg.): Gefährliche Stoffe im Abwasser und Oberflächenwasser. München : Oldenbourg, 1988

**(Weber 1990)**   WEBER, Hans H.: *Altlasten : Erkennen - Bewerten - Sanieren.* Berlin : Springer, 1990

**(Welz 1983)**   WELZ, Bernhard: *Atomabsorptionsspektrometrie.* 3., überarb. Aufl. Weinheim : VCH, 1983

**(Wieland 1986)**   WIELAND, Dieter ; Bode, Peter M. ; DISKO, Rüdiger: *Grün kaputt : Landschaften und Gärten der Deutschen.* 8. Aufl. München : Raben, 1986

**(Winter 1985)**   WINTER, Rolf (Hrsg.): *Wie die neue Umweltkatastrophe noch zu verhindern ist : Rettet den Boden.* Hamburg : Gruner + Jahr, 1985 (Ein Stern-Report)

**(Winter 1996)**   WINTER, Mark: *Web Elements im Internet.* In: http://www2.shef.ac.uk/chemistry/web-elements/, University of Sheffield, Department of Chemistry, England 1996

**(Wintermeyer 1989)**   WINTERMEYER, Ursula: *Die Wurzeln der Chromatographie : Historischer Abriß von den Anfängen bis zur Dünnschicht-Chromatographie.* Darmstadt : GIT, 1989

**(Wollrab 1982)**   WOLLRAB, Adalbert: *Gaschromatographie.* Frankfurt/Main : Diesterweg Salle Sauerländer, 1982

**(Zeien & Brümmer 1988)**   ZEIEN, H. ; BRÜMMER, G. W.: *Analysenvorschrift zur Extraktion der "mobilen" und der "leichtnachlieferbaren" Schwermetalle.* Bonn : Institut für Bodenkunde der Universität Bonn, 1988

**(Zeien & Brümmer 1989)**   ZEIEN, H. ; BRÜMMER, G. W.: *Chemische Extraktionen zur Bestimmung von Schwermetallbindungsformen in Böden.* In: Mitteilungen der Deutschen Bodenkundlichen Gesellschaft. Nr. 59 (1), 1989, S. 505 - 509

**(Zeien & Brümmer 1991a)**   ZEIEN, H. ; BRÜMMER, G. W.: *Chemische Extraktionen zur Bestimmung der Bindungsformen von Schwermetallen in Böden.* In: KFA Jülich, 1991, S. 62 - 91

**(Zeien & Brümmer 1991b)**   ZEIEN, H. ; BRÜMMER, G. W.: *Ermittlung der Mobilität und Bindungsformen von Schwermetallen in Böden mittels sequentieller Extraktionen.* In: Mitteilungen der Deutschen Bodenkundlichen Gesellschaft Nr. 66, I, 1991, S. 439 - 442

**(Ziechmann 1990)**   ZIECHMANN, Wolfgang ; MÜLLER-WEGENER, Ulrich: *Bodenchemie.* Mannheim : BI-Wissenschaftsverlag, 1990

# Protokoll Probenahme und Feldversuche

<table>
<tr><td colspan="3">

**Probenahme:**      Datum: ..................     Uhrzeit: ........... Uhr<br>
Anlaß: ...........................................     Probenbeschriftung: ...................<br>
ProbenehmerInnen: ......................................................................<br>
Die Probe wurde übergeben am: ................... um ............ Uhr an ...................<br>
Bemerkungen: ...........................................................................

</td></tr>
<tr><td colspan="3">

**Wetterverhältnisse:**   am Entnahmetag      am Vortag            in der Woche vorher<br>
      Temperatur:   ........................   ........................   ........................<br>
      Niederschlag:   ........................   ........................   ........................<br>
Bemerkungen: ...........................................................................

</td></tr>
<tr><td colspan="3">

**Ort der Probenahme:**   Stadt: ...........................   Ortsteil: ...................<br>
Straße und Hausnummer: ..............................................................<br>
Lagebeschreibung: ...................................................................<br>
Probenahmefläche: ................... $m^2$      Höhe über N.N.: ................... m

</td></tr>
<tr><td colspan="3">

**Bodencharakterisierung:**   O Landboden            O Grundwasserboden<br>
                       O Unterwasserboden     O Moor<br>
O *anthropogener Boden:*   O ohne bodenfremde Anteile   O mit bodenfremden Anteilen<br>
Beschreibung der Oberfläche: ........................................................<br>
Beschreibung der Nutzung: ...........................................................<br>
Geruch: ...........................      Farbe: ..................................<br>
Bemerkungen: ...........................................................................

</td></tr>
<tr><td colspan="3">

**Beschreibung der Probenahme:**   Probenahmegerät: ...................................<br>
    Probenahmetiefe:   Probe 1: ................... m      Probe 2: ................... m<br>
    Art der Probe:   O Einzelprobe      O Mischprobe bestehend aus ...... Einzelproben<br>
Menge und Art der aussortierten Grobstoffe (Bodenskelett): ...........................<br>
Bemerkungen: ...........................................................................

</td></tr>
</table>

| **Feldversuche:** | Probe 0 - 5 cm | Probe 5 - 10 cm |
|---|---|---|
| pH-Wert: | ........................ | ........................ |
| Bodenfeuchte:   pF | ........................ | ........................ |
| verbal | ........................ | ........................ |
| Carbonatgehalt: in % | ........................ | ........................ |
| verbal | ........................ | ........................ |
| Bodenart (Fingerprobe) | ........................ | |
| Bemerkungen: | ........................ | ........................ |

**Lageskizze:** (der Probenahmepunkte)

# Protokoll Laborversuche

| pH-Wert | | Einheit | Probe 1 (0 - 5 cm) | Probe 2 (5 - 10 cm) | Probe 3 (5 - 10 cm) | Probe 4 (5 - 10 cm) |
|---|---|---|---|---|---|---|
| pH-Wert | - | gemessen | | | | |
| Mittelwert pH-Wert | - | berechnet | | | | |

| KAK: Flammenphoto-metrische Bestimmung | | Einheit | Standard 5 | Standard 4 | Standard 3 | Standard 2 | Standard 1 |
|---|---|---|---|---|---|---|---|
| Konzentration | mg/L | berechnet | | | | | |
| 1. Meßwert | Skt. | gemessen | | | | | |
| 2. Meßwert | Skt. | gemessen | | | | | |
| Mittelwert | Skt. | berechnet | | | | | |

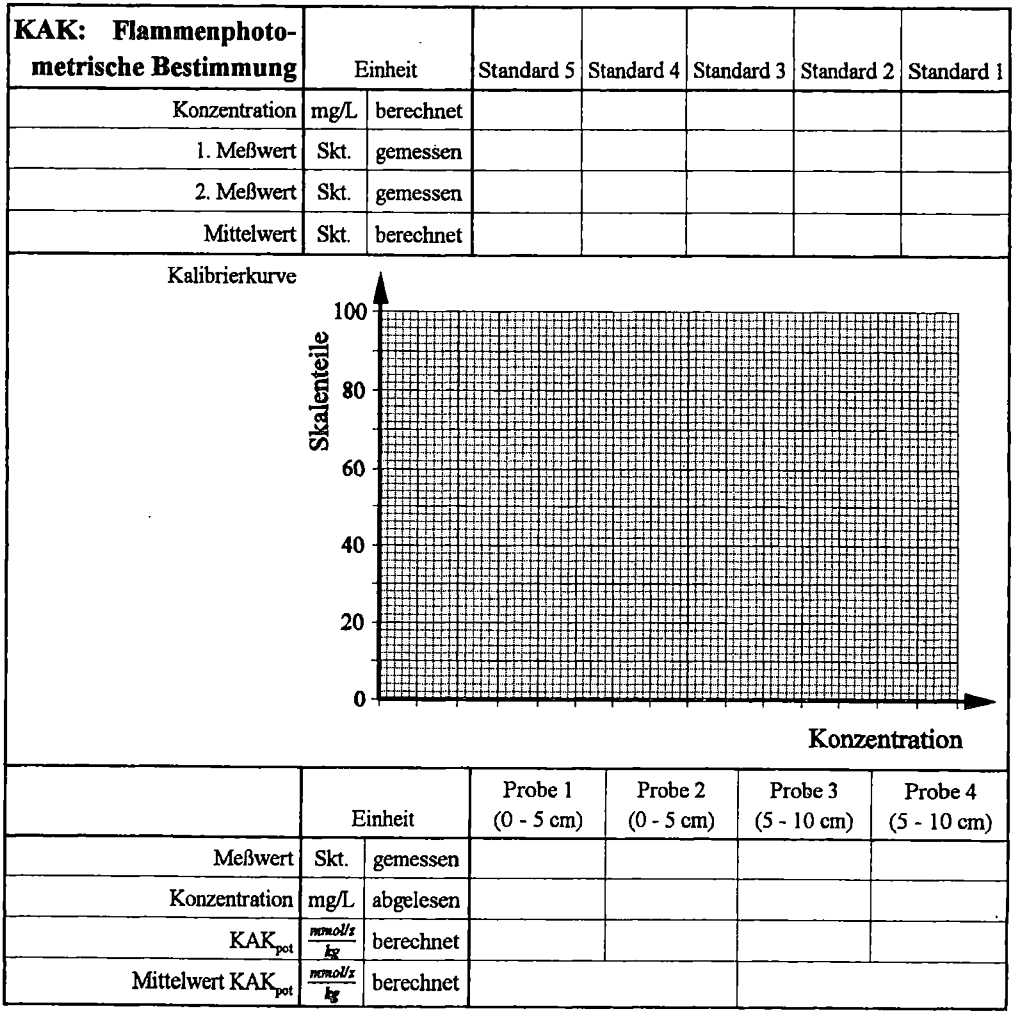


| | | Einheit | Probe 1 (0 - 5 cm) | Probe 2 (0 - 5 cm) | Probe 3 (5 - 10 cm) | Probe 4 (5 - 10 cm) |
|---|---|---|---|---|---|---|
| Meßwert | Skt. | gemessen | | | | |
| Konzentration | mg/L | abgelesen | | | | |
| $KAK_{pot}$ | $\frac{mmol/z}{kg}$ | berechnet | | | | |
| Mittelwert $KAK_{pot}$ | $\frac{mmol/z}{kg}$ | berechnet | | | | |

| KAK:    Gravimetrische Bestimmung | Einheit | | Probe 1 (0 - 5 cm) | Probe 2 (0 - 5 cm) | Probe 3 (5 - 10 cm) | Probe 4 (5 - 10 cm) |
|---|---|---|---|---|---|---|
| Filtergewicht | g | gemessen | | | | |
| Filtergewicht incl. $BaSO_4$ | g | gemessen | | | | |
| Masse des $BaSO_4$ | g | berechnet | | | | |
| Einwaage der Probe | g | gemessen | 5 | 5 | 5 | 5 |
| $KAK_{pot}$ | $\frac{mmol/z}{kg}$ | berechnet | | | | |
| Mittelwert $KAK_{pot}$ | $\frac{mmol/z}{kg}$ | berechnet | | | | |

| Wassergehalt | Einheit | | feldfrische Probe A (0 - 5 cm) | feldfrische Probe B (5 - 10 cm) | bei 40 °C getr. Probe C (0 - 5 cm) | bei 40 °C getr. Probe D (5 - 10 cm) |
|---|---|---|---|---|---|---|
| Gefäßgewicht | g | gemessen | | | | |
| Einwaage = $Probe_{feucht}$ + Gefäß | g | gemessen | | | | |
| Auswaage = $Probe_{trocken}$ + Gefäß | g | gemessen | | | | |
| Wassergehalt | % | berechnet | | | | |

| Humusgehalt | Einheit | | Probe C (0 - 5 cm) | Probe D (5 - 10 cm) |
|---|---|---|---|---|
| Gefäßgewicht | g | gemessen | siehe unter Gefäßgewicht bei Wassergehalt | |
| Einwaage = $Probe_{ungeglüht}$ + Gefäß | g | gemessen | siehe unter Auswaage bei Wassergehalt | |
| Auswaage = $Probe_{geglüht}$ + Gefäß | g | gemessen | | |
| Humusgehalt | % | berechnet | | |
| Humusgehalt | - | verbal | | |

# Protokoll Anorganik – Sequentielle Extraktion

| Fraktion | Arbeitsschritt | Blind-probe | Probe 1 (0 - 5 cm) | Probe 2 (0 - 5 cm) | Probe 3 (5-10 cm) | Probe 4 (5-10 cm) |
|---|---|---|---|---|---|---|
| | Einwaage des getr. Bodens | 0 g | 2 g | 2 g | 2 g | 2 g |
| **1.** | Zugabe von $NH_4NO_3$ | 50 mL | 50 mL | 50 mL | 50 mL | 50 mL |
| | Schüttelzeit | 100 min | 100 min | 100 min | 100 min | 100 min |
| **mobile** | Start um | Uhr | Uhr | Uhr | Uhr | Uhr |
| | Ende um | Uhr | Uhr | Uhr | Uhr | Uhr |
| | Zentrifugieren mit 3500 rpm | 8 min | 8 min | 8 min | 8 min | 8 min |
| | Start um | Uhr | Uhr | Uhr | Uhr | Uhr |
| | Ende um | Uhr | Uhr | Uhr | Uhr | Uhr |
| | Dekantieren und Filtrieren | | | | | |
| | Stabilisieren mit $HNO_3$ | 0,5 mL | 0,5 mL | 0,5 mL | 0,5 mL | 0,5 mL |
| | Spülen mit $H_2O_{dest}$ | 25 mL | 25 mL | 25 mL | 25 mL | 25 mL |
| | Zentrifugieren mit 3500 rpm | 8 min | 8 min | 8 min | 8 min | 8 min |
| | Start um | Uhr | Uhr | Uhr | Uhr | Uhr |
| | Ende um | Uhr | Uhr | Uhr | Uhr | Uhr |
| | Dekantieren und Verwerfen | | | | | |
| **2.** | Zugabe von $CH_3COONH_4$ | 50 mL | 50 mL | 50 mL | 50 mL | 50 mL |
| | Schüttelzeit | 100 min | 100 min | 100 min | 100 min | 100 min |
| **leicht** | Start um | Uhr | Uhr | Uhr | Uhr | Uhr |
| **nachliefer-** | Ende um | Uhr | Uhr | Uhr | Uhr | Uhr |
| **bare** | Zentrifugieren mit 3500 rpm | 8 min | 8 min | 8 min | 8 min | 8 min |
| | Start um | Uhr | Uhr | Uhr | Uhr | Uhr |
| | Ende um | Uhr | Uhr | Uhr | Uhr | Uhr |
| | Dekantieren und Filtrieren | | | | | |
| | Stabilisieren mit $HNO_3$ | 0,5 mL | 0,5 mL | 0,5 mL | 0,5 mL | 0,5 mL |
| | Spülen mit $H_2O_{dest}$ | 25 mL | 25 mL | 25 mL | 25 mL | 25 mL |
| | Zentrifugieren mit 3500 rpm | 8 min | 8 min | 8 min | 8 min | 8 min |
| | Start um | Uhr | Uhr | Uhr | Uhr | Uhr |
| | Ende um | Uhr | Uhr | Uhr | Uhr | Uhr |
| | Dekantieren und Verwerfen | | | | | |

| Fraktion | Arbeitsschritt | Blind-<br>probe | Probe 1<br>(0 - 5 cm) | Probe 2<br>(0 - 5 cm) | Probe 3<br>(5 - 10 cm) | Probe 4<br>(5 - 10 cm) |
|---|---|---|---|---|---|---|
| **3.**<br><br>**an**<br>**Mangan-**<br>**oxide**<br>**gebundene** | Z. v. $NH_2OH-HCl + CH_3COONH_4$ | 50 mL | 50 mL | 50 mL | 50 mL | 50 mL |
| | Schüttelzeit | 20 min | 20 min | 20 min | 20 min | 20 min |
| | Start um | Uhr | Uhr | Uhr | Uhr | Uhr |
| | Ende um | Uhr | Uhr | Uhr | Uhr | Uhr |
| | Zentrifugieren mit 3500 rpm | 8 min | 8 min | 8 min | 8 min | 8 min |
| | Start um | Uhr | Uhr | Uhr | Uhr | Uhr |
| | Ende um | Uhr | Uhr | Uhr | Uhr | Uhr |
| | Dekantieren und Filtrieren | | | | | |
| | Stabilisieren mit HCl | 0,5 mL | 0,5 mL | 0,5 mL | 0,5 mL | 0,5 mL |
| | Spülen mit $H_2O_{dest}$ | 25 mL | 25 mL | 25 mL | 25 mL | 25 mL |
| | Zentrifugieren mit 3500 rpm | 8 min | 8 min | 8 min | 8 min | 8 min |
| | Start um | Uhr | Uhr | Uhr | Uhr | Uhr |
| | Ende um | Uhr | Uhr | Uhr | Uhr | Uhr |
| | Dekantieren und Verwerfen | | | | | |
| **4.**<br><br>**an**<br>**organische**<br>**Substanz**<br>**gebundene** | Zugabe von $NH_4-EDTA$ | 50 mL | 50 mL | 50 mL | 50 mL | 50 mL |
| | Schüttelzeit | 45 min | 45 min | 45 min | 45 min | 45 min |
| | Start um | Uhr | Uhr | Uhr | Uhr | Uhr |
| | Ende um | Uhr | Uhr | Uhr | Uhr | Uhr |
| | Zentrifugieren mit 3500 rpm | 8 min | 8 min | 8 min | 8 min | 8 min |
| | Start um | Uhr | Uhr | Uhr | Uhr | Uhr |
| | Ende um | Uhr | Uhr | Uhr | Uhr | Uhr |
| | Dekantieren und Filtrieren | | | | | |

# Protokoll Anorganik – Kupfer-/Bleibestimmung (AAS)

| Probe | | Extinktion | | | | | | | |
|---|---|---|---|---|---|---|---|---|
| | | 1. mobile Fraktion | | 2. leicht nachlieferbare Fraktion | | 3. an Manganoxide gebundene Fraktion | | 4. an organische Substanz gebundene Fraktion | |
| | | Meßw. | Mittelw. | Meßw. | Mittelw. | Meßw. | Mittelw. | Meßw. | Mittelw. |
| **Nullwert** | Nullwert | | | | | | | | |
| | Nullwert | | | | | | | | |
| | Nullwert | | | | | | | | |
| **Probe 1** | Probe + Standard 0 | | | | | | | | |
| | Probe + Standard 0 | | | | | | | | |
| | Probe + Standard 0 | | | | | | | | |
| | Probe + Standard 1 | | | | | | | | |
| | Probe + Standard 1 | | | | | | | | |
| **0 - 5 cm** | Probe + Standard 1 | | | | | | | | |
| | Probe + Standard 2 | | | | | | | | |
| | Probe + Standard 2 | | | | | | | | |
| | Probe + Standard 2 | | | | | | | | |
| **Nullwert** | Nullwert | | | | | | | | |
| | Nullwert | | | | | | | | |
| | Nullwert | | | | | | | | |
| **Probe 2** | Probe + Standard 0 | | | | | | | | |
| | Probe + Standard 0 | | | | | | | | |
| | Probe + Standard 0 | | | | | | | | |
| | Probe + Standard 1 | | | | | | | | |
| | Probe + Standard 1 | | | | | | | | |
| **0 - 5 cm** | Probe + Standard 1 | | | | | | | | |
| | Probe + Standard 2 | | | | | | | | |
| | Probe + Standard 2 | | | | | | | | |
| | Probe + Standard 2 | | | | | | | | |
| **Nullwert** | Nullwert | | | | | | | | |
| | Nullwert | | | | | | | | |
| | Nullwert | | | | | | | | |
| **Probe 3** | Probe + Standard 0 | | | | | | | | |
| | Probe + Standard 0 | | | | | | | | |
| | Probe + Standard 0 | | | | | | | | |
| | Probe + Standard 1 | | | | | | | | |
| | Probe + Standard 1 | | | | | | | | |
| **5 - 10 cm** | Probe + Standard 1 | | | | | | | | |
| | Probe + Standard 2 | | | | | | | | |
| | Probe + Standard 2 | | | | | | | | |
| | Probe + Standard 2 | | | | | | | | |

| Probe | | Extinktion | | | | | | | |
|---|---|---|---|---|---|---|---|---|---|
| | | 1. mobile Fraktion | | 2. leicht nachlieferbare Fraktion | | 3. an Manganoxide gebundene Fraktion | | 4. an organische Substanz gebundene Fraktion | |
| | | Meßw. | Mittelw. | Meßw. | Mittelw. | Meßw. | Mittelw. | Meßw. | Mittelw. |
| **Nullwert** | Nullwert | | | | | | | | |
| | Nullwert | | | | | | | | |
| | Nullwert | | | | | | | | |
| **Probe 4** | Probe + Standard 0 | | | | | | | | |
| | Probe + Standard 0 | | | | | | | | |
| | Probe + Standard 0 | | | | | | | | |
| | Probe + Standard 1 | | | | | | | | |
| | Probe + Standard 1 | | | | | | | | |
| **5 – 10 cm** | Probe + Standard 1 | | | | | | | | |
| | Probe + Standard 2 | | | | | | | | |
| | Probe + Standard 2 | | | | | | | | |
| | Probe + Standard 2 | | | | | | | | |
| **Nullwert** | Nullwert | | | | | | | | |
| | Nullwert | | | | | | | | |
| | Nullwert | | | | | | | | |
| **Blind-probe** | Probe + Standard 0 | | | | | | | | |
| | Probe + Standard 0 | | | | | | | | |
| | Probe + Standard 0 | | | | | | | | |
| | Probe + Standard 1 | | | | | | | | |
| | Probe + Standard 1 | | | | | | | | |
| | Probe + Standard 1 | | | | | | | | |
| | Probe + Standard 2 | | | | | | | | |
| | Probe + Standard 2 | | | | | | | | |
| | Probe + Standard 2 | | | | | | | | |
| **Nullwert** | Nullwert | | | | | | | | |
| | Nullwert | | | | | | | | |
| | Nullwert | | | | | | | | |

 Mit etwas Glück, müssen Sie für diese Proben keine neue Standard-Addition und keine damit verbundene Nullwert-Bestimmung durchführen (s. Kap. 8.4.10).

| Standard | Konzentration C(Pb) bzw. C(Cu) des addierten Standards [µg/L] |
|---|---|
| Standard 0 | 0 |
| Standard 1 | |
| Standard 2 | |

Regressionsgerade nach Standard-Addition:

*Signal der Bleielektrode = B · C(Cu/Pb) + A*

### 1. Fraktion

B = __________

A = __________

r = __________

### 2. Fraktion

B = __________

A = __________

r = __________

### 3. Fraktion

B = __________

A = __________

r = __________

### 4. Fraktion

B = __________

A = __________

r = __________

| Probe | Kupfer-/Bleikonzentration in der Probenlösung [µg/L] | | | |
|---|---|---|---|---|
| | 1. mobile Fraktion | 2. leicht nachlieferbare Fraktion | 3. an Manganoxide gebundene Fraktion | 4. an organische Substanz gebundene Fraktion |
| Probe 1          (0 - 5 cm) | | | | |
| Probe 2          (0 - 5 cm) | | | | |
| Mittelwert    (0 - 5 cm) | | | | |
| Probe 3        (5 - 10 cm) | | | | |
| Probe 4        (5 - 10 cm) | | | | |
| Mittelwert  (5 - 10 cm) | | | | |
| Blindwert | | | | |

| Probe | Kupfer-/Bleigehalt im Boden [mg/kg] | | | |
|---|---|---|---|---|
| | 1. mobile Fraktion | 2. leicht nachlieferbare Fraktion | 3. an Manganoxide gebundene Fraktion | 4. an organische Substanz gebundene Fraktion |
| Probe 1          (0 - 5 cm) | | | | |
| Probe 2          (0 - 5 cm) | | | | |
| Mittelwert    (0 - 5 cm) | | | | |
| Probe 3        (5 - 10 cm) | | | | |
| Probe 4        (5 - 10 cm) | | | | |
| Mittelwert  (5 - 10 cm) | | | | |

# Protokoll Anorganik – Bleibestimmung (ISE)

## Einfache Kalibrierung

Regressionsgerade:

*Signal der Bleielektrode = B · C(Pb) + A*

B = _____________

A = _____________

r = _____________

### Signal der Bleielektrode

| Probe | 1. mobile Fraktion | | 2. leicht nachlieferbare Fraktion | | 3. an Mangan-oxide gebundene Fraktion | | 4. an organische Substanz gebunde-ne Fraktion | |
|---|---|---|---|---|---|---|---|---|
| | Einfache Kalibrierung | Standard-addition | Einfache Kalibrierung | Standard-addition | Einfache Kalibrierung | Standard-addition | Einfache Kalibrierung | Standard-addition |
| Probe 1    (0 - 5 cm) | | s. u. | | s. u. | | s. u. | | s. u. |
| Probe 2    (0 - 5 cm) | | | | | | | | |
| Probe 3    (5 - 10 cm) | | | | | | | | |
| Probe 4    (5 - 10 cm) | | | | | | | | |

### Bleikonzentration in der Probenlösung [µg/L]

| Probe | | | | | | | | |
|---|---|---|---|---|---|---|---|---|
| Probe 1    (0 - 5 cm) | | | | | | | | |
| Probe 2    (0 - 5 cm) | | | | | | | | |
| Probe 3    (5 - 10 cm) | | | | | | | | |
| Probe 4    (5 - 10 cm) | | | | | | | | |

### Bleigehalt im Boden [mg/kg]

| Probe | | | | | | | | |
|---|---|---|---|---|---|---|---|---|
| Probe 1    (0 - 5 cm) | | | | | | | | |
| Probe 2    (0 - 5 cm) | | | | | | | | |
| Mittelwert    (0 - 5 cm) | | | | | | | | |
| Probe 3    (5 - 10 cm) | | | | | | | | |
| Probe 4    (5 - 10 cm) | | | | | | | | |
| Mittelwert  (5 - 10 cm) | | | | | | | | |

## Standard-Addition

### Signal der Bleielektrode

| Probe | Konzentration C(Pb) des addier-ten Std. [µg/L] | 1. mobile Fraktion | 2. leicht nachlieferbare Fraktion | 3. an Mangan-oxide gebunde-ne Fraktion | 4. an organische Substanz gebun-dene Fraktion |
|---|---|---|---|---|---|
| Probe 1 + Std. 0 | 0 | | | | |
| Probe 1 + Std. 1 | | | | | |
| Probe 1 + Std. 2 | | | | | |

### Regressionsgeraden

| *Signal der Bleielektrode* *= B · C(Pb) + A* | B | | | | |
|---|---|---|---|---|---|
| | A | | | | |
| | r | | | | |

# Protokoll Organik – BTX-Bestimmung (GC)

| | | Benzol | Toluol | o-Xylol | m-Xylol | p-Xylol |
|---|---|---|---|---|---|---|
| | Injektionsvolumen [µL] | | | | | |
| **Messung** **der 5 BTX-** **Standard-** **lösungen** | Substanzkonzentration in der Standardlösung [mg/L] | | | | | |
| | Retentionszeit des internen Standards [s] | | | | | |
| | Peakfläche des internen Standards [mm²] | | | | | |
| | Retentionszeit der Substanz [s] | | | | | |
| | Peakfläche der Substanz [mm²] | | | | | |
| | Responsefaktor RF der Substanz [ng/mm²] | | | | | |
| **Messung** **der Probe 1** **(0 - 5 cm)** | Peakfläche des internen Standards [mm²] | | | | | |
| | Peakfläche der Substanz [mm²] | | | | | |
| | um den Einspritzfehler korrigierte Peakfläche der Substanz [mm²] | | | | | |
| | Konzentration der Substanz in der Probe [mg/L] | | | | | |
| | Gehalt im Boden [mg/kg] | | | | | |
| **Messung** **der Probe 2** **(5 - 10 cm)** | Peakfläche des internen Standards [mm²] | | | | | |
| | Peakfläche der Substanz [mm²] | | | | | |
| | um den Einspritzfehler korrigierte Peakfläche der Substanz [mm²] | | | | | |
| | Konzentration der Substanz in der Probe [mg/L] | | | | | |
| | Gehalt im Boden [mg/kg] | | | | | |
| **Blindwert-** **messung** | Peakfläche des internen Standards [mm²] | | | | | |
| | Peakfläche der Substanz [mm²] | | | | | |
| | um den Einspritzfehler korrigierte Peakfläche der Substanz [mm²] | | | | | |
| | Blindwert-Konzentration der Substanz [mg/L] | | | | | |

# Protokoll Organik – PAK-Bestimmung (HPLC)

| **Stoff**<br><br>(bitte dieses Protokoll für je-<br>den Stoff einmal kopieren) | O Flouranthen<br>O Benzo(b)flouranthen<br>O Benzo(ghi)perylen<br>O Benzo(a)pyren | O Benzo(k)flouranthen<br>O Indeno(1,2,3-cd)pyren<br><br>O ___________ |
|---|---|---|

| | **Mehrpunktkalibrierung** | | | | |
|---|---|---|---|---|---|
| | **Standard 1** | **Standard 2** | **Standard 3** | **Standard 4** | **Standard 5** |
| Retentionszeit der Substanz [s] | | | | | |
| Substanzkonz. in der Standardlsg. [µg/L] | | | | | |
| Injektionsvolumen [µL] | | | | | |
| eingespritze Masse der Substanz [ng] | | | | | |
| Peakfläche der Substanz [mm²] | | | | | |

Regressionsgerade nach Standard-Addition:

*Peakfläche = B · m(PAK) + A*

B = ___________

A = ___________

r = ___________

| | **Messung der Proben** | | | | |
|---|---|---|---|---|---|
| | **Probe 1**<br>(0 - 5 cm) | **Probe 2**<br>(0 - 5 cm) | **Probe 3**<br>(5 - 10 cm) | **Probe 4**<br>(5 - 10 cm) | **Blindwert** |
| Peakfläche der Substanz [mm²] | | | | | |
| Injektionsvolumen [µL] | | | | | |
| eingespritzte Masse der Substanz [ng] | | | | | |
| Substanzkonzentration in der Probe [mg/L] | | | | | |
| Gehalt im Boden [mg/kg] | | | | | |

# Anhang E: Material- und Chemikalienliste

Die von uns vorgeschlagenen Versuche können Sie – wie im Kap. 1.3 erwähnt – auch als Laborpraktikum an einer Bildungseinrichtung anbieten. In diesem Fall empfehlen wir Ihnen, im Labor ein Meßdatenheft auszulegen, das die Protokolle A bis D für jede Gruppe einmal enthält und so den Datenaustausch zwischen den Gruppen erleichtert.

## 4.2 Probenahme

| | |
|---|---|
| 1 | Pürckhauer-Bohrstock |
| 1 | Kunststoffhammer |
| 4 | Nägel und 20 m Schnur |
| 1 | Maßband |
| 2 | Porzellanschüsseln (zum Mischen der Einzelproben) |
| 1 Rolle | Alufolie (zum Abdecken der Porzellanschüssel) |
| 1 | Eßlöffel (zum Mischen und Abfüllen der Proben) |
| 2 | 1 L braune Glasflaschen mit Glasschliffstopfen (zum Abfüllen der beiden Mischproben (0 - 5 cm und 5 - 10 cm) ) |
| oder   2 | 1 L braune Glasflaschen mit Kunststoffdeckeln (zum Abfüllen der beiden Mischproben (0 - 5 cm und 5 - 10 cm) ) |
| etwas | Alufolie (zum Abdecken des Kunststoffdeckels) |
| ggf. 2 | Gefäße zum Sammeln des Bodenskeletts |
| 4 | Etiketten und ein wasserfester Stift (zum Beschriften) |
| 1 | Protokollblatt (Anhang A) |
| 1 | Klemmbrett und Kugelschreiber |
| 1 | Eimer oder Karton (für den Transport der Geräte und der Proben) |

## 5.1 Bodenart

| | |
|---|---|
| 1 | Spritzflasche mit Leitungswasser |

## 5.2 Bodenfeuchte

| | |
|---|---|
| 1 | Spritzflasche mit Leitungswasser |

## 5.3 pH-Wert-Bestimmung mit dem Hellige-pH-Meter

| | |
|---|---|
| 1 | Hellige-pH-Meter mit Indikatorlösung und Löffelchen |

## 5.4 Carbonatgehalt

| | |
|---|---|
| 2 | Uhrgläser |
| 1 | Tropfflaschen mit 10 - 15 %iger HCl (oder Pasteurpipette benutzen) |

Ansetzen der HCl-Lösung: Etwa 50 mL destilliertes Wasser in einem 100 mL Meßkolben vorlegen und vorsichtig 32 mL 37 %ige HCl zugeben. Anschließend langsam mit destilliertem Wasser bis zur Marke auffüllen.

## 6.1 Probenteilung

| | |
|---|---|
| 8 | Labortischpapiere |
| 1 | Spatel |
| 1 | Löffel |

|   |   |   |
|---|---|---|
| | 8 | Etiketten und ein wasserfester Stift (zum Beschriften) |
| | 8 | 0,5 L braune Glasflaschen mit Glasschliffstopfen (für die bei 40 °C getrockneten, die luftgetrockneten und die ungetrockneten Analysen- und Rückstellproben (je 0 - 5 cm und 5 - 10 cm)) |

oder {

| | 8 | 0,5 L braune Glasflaschen mit Kunststoffdeckeln (für die gleichen Analysen- und Rückstellproben wie oben) |
|---|---|---|
| | etwas | Alufolie (zum Abdecken des Kunststoffdeckels) |

## 6.2  Trocknen im Trockenschrank bei 40 °C

|   |   |
|---|---|
| 2 | große Porzellanschalen (⌀ 20 cm) |
| 1 | wasserfester Stift (zum Beschriften) |
| 1 | Spatel |
| 1 | Löffel |
| 1 | Analysenwaage |
| 1 | Trockenschrank (40 °C) |
| 1 | Exsikkator mit Trockenmittel |
| 4 | 0,5 L braune Glasflaschen mit Glasschliffstopfen (für die bei 40 °C getrockneten Analysen- und Rückstellproben (0 - 5 cm und 5 - 10 cm) ) |

oder {

|   |   |
|---|---|
| 4 | 0,5 L braune Glasflaschen mit Kunststoffdeckeln (für die bei 40 °C getrockneten Analysen- und Rückstellproben (0 - 5 cm und 5 - 10 cm) ) |
| etwas | Alufolie (zum Abdecken des Kunststoffdeckels) |

## 6.2  Lufttrocknung

|   |   |
|---|---|
| 2 | große Porzellanschalen (⌀ 20 cm) |
| 1 | wasserfester Stift (zum Beschriften) |
| 1 | Spatel |
| 1 | Löffel |
| 1 | Analysenwaage |
| 2 | 0,5 L braune Glasflaschen mit Glasschliffstopfen (für die luftgetrockneten Analysenproben (0 - 5 cm und 5 - 10 cm) ) |

oder {

|   |   |
|---|---|
| 2 | 0,5 L braune Glasflaschen mit Kunststoffdeckeln (für die luftgetrockneten Analysenproben (0 - 5 cm und 5 - 10 cm) ) |
| etwas | Alufolie (zum Abdecken des Kunststoffdeckels) |

## 6.3  Sieben

|   |   |
|---|---|
| 1 | 2 mm Edelstahl-Sieb mit Auffangbehälter |
| 1 | Spatel |
| ggf. 1 | Analysenwaage (zum Wiegen des Bodenskelettes) |

## 7.1  pH-Wert-Bestimmung mit einer Glaselektrode

|   |   |
|---|---|
| 100 mL | 0,01 M Calciumchlorid-Lösung |
| | Ansetzen der CaCl$_2$-Lösung: 1,47 g CaCl$_2$ · 2 H$_2$O p. a. in einen 1 L Meßkolben geben und in destilliertem Wasser lösen. Anschließend ebenfalls mit destilliertem Wasser bis zur Marke auffüllen. |
| 5 | Bechergläser (4 für die Proben, 1 für die KCl-Lösung) |
| 4 | Wägepapiere (zum Einwiegen der Proben) |

|        |   |
|--------|---|
| 1 | 25 mL Vollpipette (zum Zugeben der CaCl$_2$-Lösung) |
| 1 | Glasstab (zum Umrühren der CaCl$_2$-Bodensuspensionen) |
| 1 | pH-Elektrode mit Meßgerät |
| 1 | Stativ (zum Abstellen der pH-Elektrode) |
| etwas | KCl-Lösung (zum Aufbewahren der pH-Elektrode) |
| 3 | Standardpufferlösungen (pH 4,01; pH 6,87 und pH 9,18) |
| 1 | Spritzflasche destilliertes Wasser |
| mehrere | Zellstofftücher (zum Abtupfen der Elektrode) |
| 1 | Protokollblatt (Anhang B) |

## 7.2 Kationenaustauschkapazität – Versuchsteil Extraktion

**400 mL**  0,1 M BaCl$_2$-Triethanolamin-Lösung (Austauscherlösung)

<u>Ansetzen der Lösung:</u> 12,21 g BaCl$_2$ · 2 H$_2$O p. a. in einen 0,5 L Meßkolben geben und in ca. 250 mL destilliertem Wasser auflösen. 22,5 mL Triethanolamin (Schmelzpunkt 21 °C, d. h. zähflüssig) dazugeben und mit destilliertem Wasser auf einen Liter auffüllen. Mit 1 M HCl pH 8,2 möglichst exakt mit einem pH-Meter einstellen.

**80 mL**  0,1 M Bariumchlorid-Lösung

<u>Ansetzen der Lösung:</u> 2,44 g BaCl$_2$ · 2 H$_2$O p. a. in einen 0,1 L Meßkolben geben und in destilliertem Wasser lösen. Anschließend ebenfalls mit destilliertem Wasser bis zur Marke auffüllen.

**400 mL**  0,1 M Magnesiumchlorid-Lösung

<u>Ansetzen der Lösung:</u> 10,16 g MgCl$_2$ · 6 H$_2$O p. a. in einen 0,5 L Meßkolben geben und in destilliertem Wasser lösen. Anschließend ebenfalls mit destilliertem Wasser bis zur Marke auffüllen.

|        |   |
|--------|---|
| 200 mL | destilliertes Wasser |
| 4 | Wägepapiere (zum Einwiegen der Bodenprobe) |
| 1 | Spatel (zum Einwiegen der Bodenprobe) |
| 1 | Analysenwaage |
| 4 | 100 mL Zentrifugenröhrchen mit Deckel (passend zur Zentrifuge) |
| 4 | Bechergläser (zum Abstellen der Zentrifugenröhrchen) |
| 3 | Kippipetten 25 mL (für die Zugabe von destilliertem Wasser, Austauscherlösung und MgCl$_2$-Lösung) |
| 1 | Kippipette 10 mL (für die Zugabe von BaCl$_2$-Lösung) |
| 4 | Glasstäbe (zum Aufrühren des Bodensatzes) |
| 1 | Überkopfschüttler |
| 1 | Uhr |
| 1 | Spritzflasche mit destilliertem Wasser |
| 1 | Zentrifuge |
| ggf. viele | Pasteurpipetten (als Hilfe beim Dekantieren) |
| 1 | 1000 mL Erlenmeyerkolben (für bariumhaltige Abfälle) |
| 4 | 250 mL Erlenmeyerkolben mit Stopfen (zum Auffangen der ungereinigten Analysenlösung) |
| 4 | Schnellauftrichter, auch Analysentrichter genannt (s. Fußnote 48 im Kap. 7.2) |
| 1 | Ständer für 4 Schnellauftrichter |
| 8 | ungetrocknete runde <u>feinporige</u> Filterpapiere (zum Reinigen der Analysenlösung von Bodenpartikeln und zum Üben des Filtrierens mit dem Schnellauftrichter) |
| 4 | 250 mL Erlenmeyerkolben mit Stopfen (zum Auffangen der von Bodenpartikeln gereinigten Analysenlösung) |
| 1 | Protokollblatt (Anhang B) |

## 7.2 Kationenaustauschkapazität – Versuchsteil Flammenphotometrie

|  |  |
|---|---|
| 1 L | 0,15 M Magnesiumchlorid-Lösung<br>_Ansetzen MgCl$_2$ der Lösung:_ 30,50 g MgCl$_2$ · 6 H$_2$O p. a. in einen 1 L Meßkolben geben und in destilliertem Wasser lösen. Anschließend ebenfalls mit destilliertem Wasser bis zur Marke auffüllen. |
| 250 mL | Bariumchlorid-Stammlösung mit einer Barium-Konzentration von 10 g/L<br>_Ansetzen der Lösung:_ 4,45 g BaCl$_2$ · 2 H$_2$O in einen 250 mL Meßkolben geben und in der 0,15 M MgCl$_2$-Lösung lösen. Anschließend mit 0,15 M MgCl$_2$-Lösung bis zur Marke auffüllen. |
| 1 | Flammenphotometer mit Bariumfilter |
| 5 | 100 mL Meßkolben (zum Ansetzen der Verdünnungsreihe) |
| diverse | Pipetten mit Peleusbällen (zum Ansetzen der Verdünnungsreihe) |

## 7.2 Kationenaustauschkapazität – Versuchsteil Gravimetrie

|  |  |
|---|---|
| 4 | Heizplatten |
| 40 mL | 10 %ige H$_2$SO$_4$ |
| viele | Pasteurpipetten (zum Zugeben des H$_2$SO$_4$) |
| 4 | bei 105 °C getrocknete runde _feinporige_ Filterpapiere (zum Abfiltrieren des Barimsulfats – Diese Filterpapiere müssen bereits vor der Trocknung zweimal gefaltet werden. Sie müssen nach der Trocknung im Exsikkator aufbewahrt werden.) |
| 1 | Exsikkator mit Trockenmittel |
| 4 | Schnellauftrichter, auch Analysentrichter genannt (s. Fußnote 48 im Kap. 7.2) |
| 1 | Ständer für 4 Schnellauftrichter |
| 1 | Spritzflasche mit destilliertem Wasser |
| 20 mL | 3 %ige HCl |
| 4 | Porzellanschälchen (als Ablage für die Filterpapiere beim Trocknen) |
| 1 | Trockenschrank |

## 7.3 Wassergehalt

|  |  |
|---|---|
| 1 | Exsikkator mit Trockenmittel |
| 1 | Tiegelzange, Gummihandschuhe oder Schlauchfinger (s. Fußnote 60 im Kap. 7.3) |
| 4 | bei 105 °C getrocknete Porzellanschälchen |
| 1 | Spatel oder Löffel |
| 1 | Analysenwaage |
| 1 | Trockenschrank |
| 1 | wasserfesten Stift (zum Beschriften) |
| 1 | Protokollblatt (Anhang B) |

## 7.4 Humusgehalt

|  |  |
|---|---|
| 1 | Exsikkator mit Trockenmittel |
| 1 | Tiegelzange, Gummihandschuhe oder Schlauchfinger (s. Fußnote 60 im Kap. 7.3) |
| 4 | Porzellanschälchen |
| 1 | Analysenwaage |
| 1 | Muffelofen |
| 1 | wasserfesten Stift (zum Beschriften) |
| 1 | Protokollblatt (Anhang B) |

## 8.3.2  Sequentielle Extraktion

400 mL    1 M $NH_4NO_3$ p. a. (80,04 g/L)

400 mL    1 M $CH_3COONH_4$ p. a. (77,08 g/L) eingestellt mit
etwas    50 %iger Essigsäure auf pH 6,0

400 mL    0,1 M $NH_2OH$–HCl p. a. + 1 M $CH_3COONH_4$ p. a. ($NH_2OH$–HCl: 6,95 g/L und
$CH_3COONH_4$: 77,8 g/L) eingestellt mit
etwas    verdünnter HCl auf pH 6,0

400 mL    0,025 M $NH_4$–EDTA p. a. (EDTA: 7,31 g/L) eingestellt mit
etwas    verdünnter Ammoniaklösung (1 M) auf pH 4,6

<u>Ansetzen der vier Extraktionslösungen:</u>
Chemikalien analysengenau einwiegen; in ein 1 L Becherglas geben; etwa 0,7 L bidestilliertes Wasser dazuschütten; mit einem Glasstab gut umrühren; die jeweilige Säure mit einer Pasteurpipette zugeben, um den gewünschten pH-Wert einzustellen; die Lösung in einen 1000 mL Meßkolben überführen; das Becherglas zweimal mit etwa 100 mL destilliertem Wasser ausspülen; die Spüllösung in den Meßkolben geben; den Meßkolben mit destilliertem Wasser auf exakt 1000 mL auffüllen; die Extraktionslösung in eine braune 1 L Vorratsflasche überführen.
Es ist schwierig EDTA aufzulösen. Deshalb muß beim EDTA wie folgt vorgegangen werden. Zuerst etwa 700 mL bidestilliertes Wasser ins Becherglas schütten; dann die abgewogene Menge EDTA in kleinen Portionenen zugeben; nach jeder Zugabe gut umrühren bis das EDTA <u>vollständig aufgelöst</u> ist; bei Problemen Ultraschall verwenden; sonst wie oben.

|       |                                                                                              |
|------:|----------------------------------------------------------------------------------------------|
| 1     | Analysenwaage                                                                                |
| 5     | Löffel (zum Einwiegen der Proben)                                                            |
| 1     | Zentrifuge                                                                                    |
| 5     | säuregespülte 100 mL Zentrifugenröhrchen mit Deckel (passend zur Zentrifuge)                |
| 5     | kleine Korkringe (zum Abstsellen der Zentrifugenröhrchen)                                    |
| 4     | 50 mL Kippipetten (für die Extraktionsmittelzugabe – Pipetten beschriften)                   |
| 4     | 50 mL Vollpipetten mit Peleusball (für die Extraktionsmittelzugabe – Pipetten beschriften)  |
| 1     | Pipettenständer                                                                              |
| 1     | Überkopfschüttler mit mindestens 5 Probenhaltern                                            |
| 5     | Glastrichter passend zu den PE-Fläschchen (zum Filtrieren)                                   |
| 1     | Stativ mit 5 Halterungen (für die Trichter)                                                  |
| 20    | Faltenfilterpapiere (Fa. Schleicher und Schuell 595 ½; 12,5 cm Durchmesser)                 |
| 1     | 50 mL Becherglas (zum Auffangen der Filterspüllösung)                                       |
| 20    | säuregespülte 50 mL PE-Fläschchen (zum Auffangen der Filtrate)                              |
| 20    | Pasteur-Pipetten (zum Befeuchten der Faltenfilter)                                           |
| 2     | 0,5 mL Pipetten (zum Stabilisieren der Proben mit $HNO_3$ bzw HCl)                          |
| 5 mL  | konz. $HNO_3$ (zum Stabilisieren der Proben)                                                 |
| 2,5 mL| konz. HCl (zum Stabilisieren der Proben)                                                     |
| 1     | Abfallbehälter für flüssige Abfälle (1 L Erlenmeyerkolben)                                  |
| 1     | Abfallbehälter für feste Abfälle (z. B. für Filterpapiere)                                  |
| 1     | Spritzflasche mit bidestilliertem Wasser                                                     |
| 1     | Protokollblatt (Anhang C 1)                                                                  |

oder { die Zeilen "4 50 mL Kippipetten …" und "4 50 mL Vollpipetten …" und "1 Pipettenständer"

## 8.4.10  Kupfer- und Bleibestimmung (AAS)

|  |  |  |
|---|---|---|
| | 1 mL | Kupfer-Stammlösung (1000 mg Cu/L) |
| oder | 1 mL | Blei-Stammlösung (1000 mg Pb/L) |
| | 1,5 L | bidestilliertes Wasser (zum Ansetzen der verdünnten Kupfer- bzw. Bleilösung) |
| | diverse | Pipetten (zum Ansetzen der verdünnten Kupfer- bzw. Bleilösung) |
| | 1 | Peleusball |
| | 1 | Pipettenständer · |
| | diverse | Meßkolben (zum Ansetzen der verdünnten Kupfer- bzw. Bleilösung) |
| | 1 | Pasteurpipette (zum exakten Auffüllen der Meßkolben) |
| | 1 | AAS-Gerät mit Graphitrohr als Atomisierungseinheit |
| | viele | 50 mL Bechergläser (zum Ansetzen der Lösungen für die Standard-Addition) |
| | mehrere | Pipetten (zum Abmessen von 5 bzw. 10 mL der Proben, der verdünnten Kupfer- bzw. Bleilösung und des destillierten Wassers – Als Pipetten können Sie verwenden: Meßpipetten mit größerem Volumen, Vollpipetten, eine automatische Pipette oder eine Eppendorfpipette.) |
| | 1 | Protokollblatt (Anhang C 2) |

## 8.5  Blei-Analyse mit der ionenselektiven Elektrode

|  |  |
|---|---|
| 1 mL | Blei-Stammlösung (1000 mg Pb/L) |
| 1 L | bidestilliertes Wasser (zum Ansetzen der Blei-Kalibrierlösungen) |
| diverse | Pipetten (zum Ansetzen der Blei-Kalibrierlösungen) |
| diverse | Meßkolben (zum Ansetzen der Blei-Kalibrierlösungen) |
| 1 | Ionenselektive Blei-Elektrode mit Meßgerät |
| 1 | Referenzelektrode |
| 1 | Magnetrührer |
| 1 | Rührfisch und eine Rührfischangel |
| 1 | Spritzflasche mit destilliertem Wasser |
| mehrere | Zellstofftücher (zum Abtupfen der Elektroden) |
| 1 | Becherglas mit beispielsweise KCl-Lösung (zur Aufbewahrung der Blei- und der Referenzelektrode – s. Angaben des Elektodenherstellers) |
| 1 | großes Becherglas (zum Auffangen der Spül- und Abfallösungen) |
| 1 | Protokollblatt (Anhang C 3) |

## 9.4.6  BTX-Analyse (GC)

|  |  |  |
|---|---|---|
| | 20 mg | Monochlorbenzol |
| | 200 mL | Methylglykollösung mit internem Standard Monochlorbenzol (100 mg/L) <br> <u>Ansetzen der Methylglykollösung:</u> 100 mg Monochlorbenzol in einen 1000 mL Meßkolben einwiegen und mit Methylglykollösung (= 2-Methoxy-ethanol = Ethylenglykolmonomethylether) bis zur Marke auffüllen. |
| | je 1 mL | Benzol-, Toluol-, o-Xylol-, m-Xylol-, und p-Xylol-Stammlösung (100 mg/L) |
| | 1 | Analysenwaage |
| | 1 | Löffel oder Spatel |
| | 2 | Wägepapiere |
| | 2 | 100 mL Erlenmeyerkolben mit Glasschliffstopfen (für die Extraktion der Proben) |
| | 1 | 25 mL Vollpipette (zur Zugabe der Extraktionslösung zu den Bodenproben) |
| | 1 | Pipettenständer |
| evtl. { | 1 | Zeitschaltuhr |
| | 1 | Schütteltisch |

|        |   |
|--------|---|
| 1 | Gaschromatograph mit Gasversorgung, Headspace-Probenaufgabesystem, Trennsäule (s. Tabelle 9.9), Flammenionisations-Detektor und Schreiber |
| 100 mL | destilliertes Wasser |
| 1 | 5 mL Vollpipette (für das Einfüllen des Wassers in die Headspace-Probengefäße) |
| 8 | Headspace-Probengefäße (für 5 Einzelsubstanz-Standards, 2 Proben und 1 Blindwertprobe) |
| diverse | Pipetten (zum Ansetzen der BTX-Standardlösungen – Pipetten beschriften) |
| 1 | Peleusball |
| diverse | Meßkolben (zum Ansetzen der BTX-Standardlösungen) |
| 1 | Pasteurpipette (zum exakten Auffüllen der Meßkolben mit der Methylglykollösung) |
| 8 | 0,5 mL Vollpipetten (zum Überführen der BTX-Standardlösungen, der Probenlösungen und der Blindwertproben in die Headspace-Gefäße) |
| 1 | Uhr |
| 1 | Abfallbehälter |
| 1 | Protokollblatt (Anhang D 1) |

## 9.5.6 PAK-Analyse (HPLC)

|        |   |
|--------|---|
| je 10 mL | Stammlösung für jede der 6 zu analysierenden PAK-Einzelsubstanzen (Konzentration 100 mg/L) |
| 50 g | wasserfreies Natriumsulfat ($Na_2SO_4$) |
| 200 mL | Acetonitril |
| 1 L | Methanol |
| 1 | Analysenwaage |
| 4 | Wägepapiere |
| 2 | Spatel oder Löffel |
| 5 | Mörser und Pistill (Volumen etwa 200 mL) |
| 5 | kleine Porzellantiegel |
| 5 | Glasstäbe (zum Verreiben von Probe und Natriumsulfat) |
| 5 | 20 mL-Septum-Gläser (für die Extraktion der Bodenproben) |
| 1 | beheizbares Ultraschallbad |
| 1 | Zentrifuge |
| 5 | Einmal-Trennsäulen (0,5 g Silikagel, das mit Benzolsulfonsäure modifiziert ist – zum Reinigen der Bodenextrakte) |
| 2 | Pasteurpipetten (zur Zugabe des Acetonitril und des Methanol – Pipetten beschriften) |
| 5 | 1 mL Glasspritze |
| 5 | 5 mL Meßkolben (zum Auffangen des Elutats) |
| ggf. 1 | Kühlschrank (zur Aufbewahrung der Proben) |
| diverse | Pipetten (zum Ansetzen der Standardlösungen) |
| 1 | Peleusball |
| 1 | Pipettenständer |
| diverse | Meßkolben (zum Ansetzen der Standardlösungen) |
| 1 | Pasteurpipette (zum exakten Auffüllen der Meßkolben) |
| 1 | HPLC-Gerät mit Trennsäule (s. Tab. 9.12), Dosierschleife 10 µL und Fluoreszenz-Detektor |
| 1 | 20 µL HPLC-Spritze |
| 1 | Abfallbehälter |
| 1 | Protokollblatt (Anhang D 2) |

(Von: Peter Ruge. Aus: Rösler, Markus ; Rösler, Stefan: Aktionsbuch Naturschutz : Leitfaden für die Jugendarbeit. Stuttgart : Franckh-Kosmos, 1989, S. 20)

# Antworten

Bei der Entwicklung der Fragen und Antworten haben wir uns am Fragenkonzept nach Benjamin Bloom (s. Kap. 1.2) orientiert und das kognitive Niveau (K1 - K6) jeder einzelnen Frage ermittelt. Unsere Einschätzung haben wir am Anfang jeder Antwort in Klammern angegeben.

## 2 Einleitung

1. (K 2) Ein pauschales Rezept zur Bearbeitung potentieller Altlasten gibt es nicht. Jeder Altlastenfall weist spezifische Eigenheiten auf und muß gesondert untersucht und beurteilt werden. Das Vorgehen muß immer auf den Einzelfall abgestimmt werden.

2. (K 1) Analytische Bodenuntersuchungen sind nur ein Teilschritt unter vielen bei der Altlastensanierung. Sie sind jedoch an drei Stellen im Bearbeitungsablauf erforderlich: Zunächst als analytische Voruntersuchung, um zu entscheiden, ob es sich um eine Altlast handelt. Dann als analytische Detailuntersuchung, um Art, Lage und Umfang der Schadstoffe zu ermitteln und so die eigentliche Sanierung vorzubereiten. Schließlich als analytische Erfolgskontrolle, um nach der Sanierung den Erfolg zu überprüfen. (s. Abb. 2.1)

## 3 Arbeiten im Labor

1. (K 4) Arbeitshinweis (■)

Grund (→)

■ *im Labor stets einen langärmeligen Baumwollkittel anziehen*
→ Schutz der eigenen Kleidung und der Haut vor giftigen, ätzenden und reizenden Chemikalien, Schutz durch schwer entflammbares Material, synthetische Materialien würden mit der Haut verschmelzen

■ *lange Hose und geschlossene Schuhe tragen*
→ Schutz vor verschütteten Chemikalien und herunterfallenden Gegenständen

■ *Schutzbrille aufsetzen*
→ Augenschutz, insbesondere vor Chemikalienspritzern und Glassplittern (vor allem bei der Arbeit mit Unter- bzw. Überdruck)

■ *in den Laborräumen nicht essen, trinken oder rauchen*
→ Vergiftungsgefahr, Verwechselung von Chemikalienbehältern und Lebensmittelgefäßen, Brandgefahr

■ *Hände nach der Arbeit gründlich waschen*
→ Gesundheitsschutz

■ *Im Notfall: Erste Hilfe leisten und NotärztIn rufen*
→ Na logo?!

■ *sauber arbeiten, Verunreinigungen des Arbeitsplatzes sofort beseitigen*
→ Unfallgefahr, Güte des Ergebnisses, Kontamination des Labors

- *unbedingt den Kontakt von Chemikalien mit Haut, Augen und Schleimhäuten vermeiden, Handschuhe tragen, Schutzcreme verwenden* → Gesundheitsschutz (Handschuhe und Schutzcreme sind Hilfsmittel um diesen Kontakt zu vermeiden (s. Fußnoten 2 und 3 im Kapitel 3))
- *Flaschen, die mit Chemikalien gefüllt sind, in Eimern transportieren* → Hinfallen und Zerbrechen der Gefäße und die damit verbundene Freisetzung gefährlicher Chemikalien vermeiden
- *Reagenzien nie in Vorratsflaschen zurückschütten* → Reinheit der Chemikalien
- *konzentrierte Säuren unter ständigem Rühren langsam ins Wasser gießen, nicht umgekehrt* → Hitzeentwicklung und Spritzgefahr
- *Gefahrensymbole, Gefahrenbezeichnungen, R- und S-Sätze auf den Verpackungen beachten* → sicherer Umgang mit Chemikalien, Unfallvorsorge
- *jeden Abfall in den dafür vorgesehenen Abfallbehälter schütten* → getrennte Abfallentsorgung, Arbeitsschutz
- *Glasbruch und Glasabfälle in den Glasabfallbehälter legen* → Arbeitsschutz und Recycling
- *brennbare und giftige Abfälle nur unter dem Abzug umfüllen* → Vergiftungen und Verbrennungen, Brandgefahr
- *alle benutzten Geräte nach Gebrauch gründlich reinigen, Arbeitsplatz sauber hinterlassen* → Analysenqualität, Unfallgefahr, Schutz für andere

## 4 Probenahme

1a. (K 1) Die Grundgesamtheit ist die gesamte Untersuchungseinheit, über die eine Aussage getroffen werden soll. Unter einer Einzelprobe wird das Material verstanden, welches der Grundgesamtheit in einem einzigen Probenahmevorgang entnommen wird. Einzelproben sind nicht repräsentativ für die Grundgesamtheit. Eine repräsentative Mischprobe erhält man durch Vereinigen mehrerer Einzelproben.

1b. (K 2) Repräsentative Mischproben sind definitionsgemäß repräsentativ! In der Praxis hängt die Repräsentativität natürlich immer von der Güte der Probenahme ab.

2a. (K 1) Definitionsgemäß ist die repräsentative Probenahme das Gewinnen einer oder mehrer Mischproben, die die Grundgesamtheit repräsentieren.

2b. (K 2) Vor der eigentlichen Probenahme muß diese genau geplant werden. Parameter wie die Probenahmetiefe, die Anzahl der Einstiche, die Größe der Probenahmefläche, die Anordnung der Einstiche und der Zeitpunkt der Probenahme müssen festgelegt werden. Diese Parameter müssen in jedem Fall individuell gewählt werden. Dabei ist die Nutzung des Geländes und die Fragestellung der Untersuchung zu berücksichtigen. Ziel ist es, repräsentative Mischproben zu erhalten und systematische Fehler zu vermeiden (s. Fußnote 9 im Kap. 4.1). Dieses Ziel kollidiert mit der Minimierung des Zeitaufwandes. Bei der Durchführung der Probenahme muß der zuvor festgelegte Probenahmeplan möglichst genau eingehalten und Kontaminationen der Probe müssen vermieden werden.

3. (K4)  Vorteile:
- Der Pürckhauer-Bohrstock ist einfach und manuell bedienbar.
- Die Probenahme mit dem Bohrstock erfolgt schnell und kostengünstig.
- Der Pürckhauer-Bohrstock ist geeignet, um ein Bodenprofil aufzunehmen.

Nachteile:
- Allerdings können Proben nur aus Tiefen bis zu 1 m gezogen werden.
- Je nach Untergrund kann es z. T. sehr schwer sein, den Bohrstock 1 m tief einzuschlagen. Auch das anschließende Herausziehen kann Probleme bereiten.
- Das Einschlagen des Bohrstockes ist nicht ganz ungefährlich.

Der Pürckhauer-Bohrstock ist daher nicht für Fälle geeignet, bei denen Proben aus mehr als 1 m Tiefe genommen werden sollen, oder wenn der Untergrund steinig bzw. tonig ist. Ansonsten ist der Pürckhauer-Bohrstock ein gängiges Gerät für die Probenahme.

4a. (K 1) Die Beschriftung des Probenbehälters erfolgt mit einem wasserfesten Stift. Sie ist an der Außenseite des Gefäßes anzubringen oder zumindest so, daß sie von außen lesbar ist. Auf der Probe sind Angaben erforderlich, die eine eindeutige Identifizierung möglich machen. Das sind in der Regel folgende Angaben:

- ProbenehmerIn,
- Datum,
- Ort und Tiefe der Probenentnahme,
- Bezeichnung der Probe (z. B. fortlaufende Nummerierung)

4b. (K 3) Eine Probe läuft meist durch mehr als eine Hand. EineR entnimmt die Probe, ein zweiteR bereitet sie auf, ein dritteR analysiert sie und ein vierteR wertet das Ergebnis aus ... Die Proben müssen so beschriftet sein, daß jede MitarbeiterIn sie eindeutig identifizieren kann und eine Verwechslung ausgeschlossen ist.

5. (K 3) <u>Beispiel 1:</u> Die Wahl der Probenahmetiefen kann das Analysenergebnis beeinflussen. Angenommen, Sie wollen für einen Acker die Verteilung der Schwermetallgehalte in der Tiefe bestimmen. Ihr Forschungsbudget reicht nur zur Analyse von sechs verschiedenen Tiefen. Es macht wenig Sinn, den Boden in folgende Tiefen einzuteilen: 0 - 5 cm, 5 - 10 cm, 10 - 15 cm, 15 - 20 cm, 20 - 25 cm und 25 - 30 cm. Die Pflugtiefe liegt gewöhnlich bei ca. 30 cm. In dieser Schicht ist die Schadstoffverteilung aufgrund ihrer Durchmischung relativ homogen. Daher wären folgende Probenahmetiefen sinnvoller: 0 - 2 cm, 2 -10 cm, 10 - 25 cm, 25 - 35 cm, 35 - 45 cm und 45 - 60 cm.
<u>Beispiel 2:</u> Der Zeitpunkt der Probenahme kann das Analysenergebnis beeinflussen. Beispielsweise wird der ermittelte Wassergehalt davon abhängen, ob Sie vor oder kurz nach einem Schauer die Bodenprobe entnehmen.
<u>Beispiel 3:</u> Die Anordnung der Probenahmepunkte kann das Ergebnis beeinflussen. Angenommen, Sie sollen Proben in einem sehr feuchten Waldgebiet nehmen und Sie haben Ihre Gummistiefel vergessen. Sicher ist die Versuchung groß, die Proben nur in der Nähe des trockenen Weges zu nehmen. Dann können Sie aber das Analysenergebnis vergessen, da eine solche Probenahme nicht repräsentativ ist.

6. (K 3) <u>Beispiel 1:</u> Ziel einer Beprobung kann es sein, das Gefährdungspotential einer Mineralölaltlast auf das Grundwasser zu untersuchen. In diesem Fall reicht eine Beprobung bis 30 cm Tiefe nicht aus. Der Boden bis zum Grundwasserleiter muß untersucht werden. Zusätzlich müssen Grundwasserproben entnommen werden. Bei der Wahl der Probenahmestellen ist die Fließrichtung des Grundwassers zu berücksichtigen.
<u>Beispiel 2:</u> Ziel einer Beprobung kann es sein zu klären, ob eine Fläche landwirtschaftlich genutzt werden kann. Das Bundesvermögensamt will einen ehemaligen Militärstandort der russischen Armee verkaufen. Bauer Wurzelgrün aus Biohausen hat an einem Teil der Fläche Interesse. Er ist eifriger Spiegel-Leser und durch die vielen Altlastenskandale aufgeschreckt. Deshalb möchte er vorab wissen, ob auf dieser Fläche Landwirtschaft betrieben werden kann, oder ob es sich um eine gefährliche Altlast handelt. Es wird ein Raster von 10 x 10 m² über die gesamte Fläche gelegt. An jedem Schnittpunkt wird eine Einzelprobe entnommen. Jeweils 16 benachbarte Einzelproben werden zu einer Mischprobe vereinigt und auf verdächtige Schadstoffe analysiert. Gegebenenfalls werden Stellen mit höherer Schadstoffkonzentration genauer beprobt und analysiert.

# 5 Feldversuche
## 5.1 Bodenart

1. (K 2) Lehm ist die richtige Antwort: Lehm ist eine Mischung, die die Fraktionen Ton, Schluff und Sand in nennenswerten Anteilen enthält. Sehen Sie sich dazu auch das Dreiecksdiagramm (s. Abb. 5.2) an.

2. (K 1) Lehmiger Sand (lS). Dies können Sie dem Dreiecksdiagramm entnehmen (s. Abb. 5.2).

3. (K 4) Korngrößenverteilungen werden wegen ihres breiten Größenspektrums logarithmisch aufgetragen. 6,3 ist auf der logarithmischen Skala genau

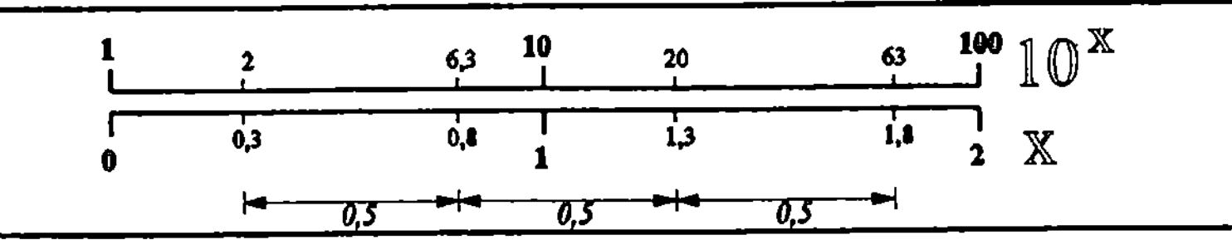


**Abb. 5.5.** Logarithmische Skala der Korngrößenverteilung

die "Mitte" zwischen 2 und 20. Mathematisch läßt sich dies wie in Abb. 5.5 dargestellt veranschaulichen. Die Differenz des Exponenten x von Stufe zu Stufe ist jeweils 0,5. Diese Aufteilung der Korngrößenfraktionen ist rein willkürlich und hätte auch anders definiert werden können.

4. (K 1) Die Schadstoffe reichern sich in der Regel in der feinsten Korngrößenfraktion an. Diese besitzt das größte Oberflächen/Massen-Verhältnis und verfügt daher über eine große spezifische Sorptionsfläche.

5. (K 4) Bei der Fingerprobe muß die BodenanalytikerIn spüren, wie sich der Boden anfühlt. Dieses "Anfühlen" ist hauptsächlich von der Körnung des Bodens (Korngrößenverteilung) und von seinem Wassergehalt abhängig. Wenn man also die Korngrößenverteilung unabhängig vom Wassergehalt bestimmen will, dann muß die Probe angefeuchtet werden. Alle zu untersuchenden Proben haben so annähernd den gleichen Wassergehalt.

## 5.2 Bodenfeuchte

1. (K 1) Wasser ist essentiell für das Leben. Sowohl die Pflanzen als auch die Bodenlebewesen benötigen es im ausgewogenen Verhältnis. Zu feuchter, aber auch zu trockener Boden schadet den Lebewesen – von Extremstandorten mit angepaßten Arten einmal abgesehen. Außerdem spielt Wasser eine große Rolle bei der Pedogenese (Gesteinsverwitterung und Bodenbildung). Darüberhinaus ist das Wasser das mit Abstand wichtigste Transportmedium der Schad- und Nährstoffe. Oberhalb des Grundwasserleiters (ungesättigter Bodenkörper) werden diese von der Bodenlösung aufgenommen und transportiert. Stoffe, die einmal in den Grundwasserleiter (gesättigter Bodenkörper) gelangt sind, können im Grundwasser über relativ weite Entfernungen transportiert werden.

2. (K 2) Die Feuchte ist eine verbale Skala (dürr bis nass). Der pF-Wert ist der dazugehörige Zahlenwert. Je größer der pF-Wert, d. h. je größer die Wasserspannung, desto geringer ist die Feuchte des Bodens. Anschaulich bedeutet dies: Je stärker das Wasser vom Boden festgehalten ("angesaugt") wird, desto weniger Wasser ist "spürbar": der Boden fühlt sich trocken an. pF und Feuchte sind also zueinander indirekt proportional (s. Abb. 5.3)

3. (K 3) Der Boden hat einen Wassergehalt von ca. 22 % Vol.-% (s. Abb. 5.3).

## 5.3 pH-Wert

1. (K 1) Feldmethoden zur Bestimmung des pH-Wertes sind:
- das Messen mit Indikatorstäbchen,
- tragbare pH-Elektroden und
- das Hellige-pH-Meter.

2. (K 5) Folgende Fehler können bei der pH-Wert-Bestimmung auftreten:
- ungenaues Ablesen der Farbstufen,
- unsaubere Untersuchungsschale und
- inhomogene Proben.

Die Meßgenauigkeit beträgt ± 0,5 pH-Einheiten. (Brucker 1976, S. 29)

## 5.4 Carbonatgehalt

1. (K 2) Gibt man zu destilliertem Wasser eine geringe Menge einer Säure oder Base, so ändert sich der pH-Wert sehr stark. Der pH-Wert von reinem Wasser ist gegenüber Verunreinigungen sehr empfindlich und deshalb leicht veränderlich. Im Gegensatz dazu besitzen Pufferlösungen einen stabilen pH-Wert, der sich auch bei Zugabe erheblicher Mengen von Säuren oder Basen nicht wesentlich ändert. Um die Protonen, die bei Zugabe einer Säure frei werden, abfangen zu können, muß die Pufferlösung eine Base enthalten. Damit der pH-Wert auch gegenüber Hydroxid-Ionen (OH⁻) unverändert bleibt, muß zusätzlich eine Säure in der Lösung vorhanden sein. Meist stellt man Pufferlösungen aus einer schwachen Säure und ihrem Alkalisalz her, also aus einer Säure und ihrer konjugierten Base. Je nach der gewählten Säure bzw. Base vermag die Lösung in einem ganz bestimmten pH-Bereich zu puffern. (Christen 1978, S. 211)

Ein Beispiel: Eine Lösung aus Essigsäure ($CH_3COOH$) und Natriumacetat ($CH_3COONa$ als konjugierte Base) stellt einen Puffer dar. Die schwache Essigsäure liegt praktisch undissoziiert vor. Das Natriumsalz dagegen zerfällt völlig in Acetat- und Natrium-Ionen. $H^+$-Ionen bzw. $OH^-$-Ionen, die dieser Lösung zugegeben werden, reagieren entsprechend der folgenden Gleichungen: $CH_3COO^- + H^+ \rightleftarrows CH_3COOH$ bzw. $CH_3COOH + OH^- \rightleftarrows CH_3COO^- + H_2O$. Auf diese Weise verändert sich der pH-Wert nur geringfügig. (Brockhaus 1989, Bd. 4 S. 134)

2a. (K 1)

$$CaCO_{3\ solid} \rightleftarrows Ca^{2+} + CO_3^{2-} \qquad [1]$$

$$CO_3^{2-} + H_3O^+ \rightleftarrows HCO_3^- + H_2O \qquad [2]$$

$$HCO_3^- + H_3O^+ \rightleftarrows CO_{2\ gelöst} + 2\,H_2O \qquad [3]$$

$$CO_{2\ gelöst} \rightleftarrows CO_2 \uparrow \qquad [4]$$

2b. (K 2) Die Theorie besagt: Gelangt saures, also $H_3O^+$-haltiges Wasser auf einen Boden, so wird $CO_3^{2-}$ unter Bildung von $HCO_3^-$ verbraucht [2]; $HCO_3^-$ wiederum reagiert mit $H_3O^+$-Ionen zu $CO_{2\ gelöst}$ [3]. Die positive Folge: Die säurebildenden $H_3O^+$-Ionen werden neutralisiert. Das oben beschriebene System [1] bis [4] ist ein Gleichgewichtssystem. Es wird von der Carbonatlöslichkeit [1] dominiert. Gemäß Gleichung [2] werden bei Einwirkung von Saurem Regen $CO_3^{2-}$-Ionen verbraucht. Im Boden vorhandenes $CaCO_3$ liefert $CO_3^{2-}$ nach – solange bis sich ein Gleichgewicht eingestellt hat [1]. Insgesamt bleibt der pH-Wert lange Zeit nahezu unverändert. Aus diesem Grund wird carbonathaltigen Böden eine Pufferfunktion zugesprochen.

2c. (K 3) Die "Becherglas-Theorie" ist sicherlich richtig. Die Realität ist jedoch viel komplexer. Es konnte festgestellt werden, daß selbst in carbonathaltigen Böden der pH-Wert tiefer ist, als die Theorie besagt. Dies liegt daran, daß sich das Gleichgewicht zwischen den $CO_3^{2-}$-Ionen in der Bodenlösung und dem festen $CaCO_3$ ([1]) langsamer einstellt, als dies für die geballte saure Fracht des Regens, die wir unseren Böden zumuten, nötig wäre. Außerdem wird das Gleichgewicht auch von anderen Substanzen beeinflußt. Die Natur spielt leider nicht immer so, wie wir uns das in der Theorie vorstellen oder wünschen.

3. (K 1) Vorteile: Der Carbonatgehalt kann schnell und einfach vor Ort ermittelt werden. Es sind keine aufwendigen Geräte notwendig.

Nachteile: Die Einschätzung der Blasenbildung verlangt viel Erfahrung und ist immer vom subjektiven Gefühl der BeobachterIn beeinflußt. Außerdem ist die $CO_2$-Entwicklung nicht nur vom Carbonatgehalt abhängig. Faktoren wie die Bodenart, die Porengrößenverteilung, der Wassergehalt, die Carbonatverteilung und die Art der Carbonatverbindungen beeinflussen das Ergebnis.

Diskussion: Die Methode ist geeignet, um im Feld erste Anhaltspunkte über den Carbonatgehalt zu liefern. Allerdings sollte sie nur von erfahrenen BodenkundlerInnen angewendet werden, denn sie erfordert viel Erfahrung. Die Bestimmung ist mit zahlreichen Fehlern behaftet. Deshalb muß im Labor eine weitere Analyse durchgeführt werden, wenn genaue Werte notwendig sind.

## 5.5 Schnelltests

1. (K -) Wir sind doch nicht doof! So eine Frage beantworten wir nicht!

2. (K 4) Gesamtgehalte sind im Feld kaum bestimmbar, weil ein Totalaufschluß viel zu aufwendig ist. Daher können nur die mobilen und leicht gebundenen Fraktionen ermittelt werden.

3. (K 2) Vorteile:
- Schnelltest können im Feld durchgeführt werden,
- die Ergebnisse liegen schnell vor und
- der Aufwand ist gering.

   Nachteile:
- geringe Empfindlichkeit, Richtigkeit und Genauigkeit (nur für Überblicksuntersuchungen geeignet) und
- in der Spurenanalytik bei Bodenproben nur bedingt einsetzbar.


## 6 Probenvorbehandlung

1. (K 3)

$$n = \frac{m_{Boden}}{m_{Kugel}} \qquad m_{Kugel} = V_{Kugel} \cdot \rho_B \qquad V_{Kugel} = \frac{4}{3} \cdot \pi \cdot r^3$$

$$n = \frac{m_{Boden}}{\rho_B \cdot V_{Kugel}} = \frac{2\ g}{2{,}65 \cdot 10^{-3} \frac{g}{mm^3} \cdot \frac{4}{3} \cdot \pi \cdot 1\ mm^3} \approx 180$$

$n$    Anzahl der Bodenpartikeln [-]

$m_{Boden}$    Masse des Bodens [2 g]

$m_{Kugel}$    Masse eines idealen Korns [g]

$V_{Kugel}$    Volumen eines idealen Korns [mm$^3$]

$\rho_B$    Dichte von Quarz als Richtgröße für die Dichte von Boden [2,65 g/cm$^3$]

$r$    Radius der idealen Körner [1 mm]

Daraus ergibt sich eine theoretische Anzahl $n$ an Bodenpartikeln von etwa 180.

2. (K 4) Zur Probenvorbehandlung gehören Mischen, Trocknen, Sieben, Teilen und Mahlen. Diese Schritte werden vor allen Bodenuntersuchungen weitgehend gleich durchgeführt. Allerdings sind bei einigen Parameter nicht alle Vorbehandlungsschritte notwendig. Die vorbehandelte Probe wird auf die verschiedenen Parameter analysiert. Für viele Versuche ist keine weitere Aufbereitung notwendig.

Manche Analyseverfahren erfordern dagegen eine weitere Probenaufbereitung. Sie muß speziell auf den zu untersuchenden Schadstoff und das Analysenverfahren abgestimmt sein. Zur Probenaufbereitung zählen z. B. die Extraktion, die Reinigung und die Anreicherung.

3. (K 1) Mischen
- weil Proben homogen und repräsentativ sein müssen;

   Trocknen
- weil Schadstoffgehalte auf die Trockensubstanz bezogen werden;
- weil feuchte Proben schlecht gesiebt und nicht gemahlt werden können;
- weil chemische u. biologische Prozesse in nassen Proben zu Veränderungen führen können;
- weil Extraktionen mit organischen Lösemitteln einfacher werden;

   Sieben
- weil die meisten Größen auf die Masse des trockenen Feinbodens (< 2 mm) bezogen sind;
- weil die Partikeln > 2 mm zu den meisten bodenrelevanten Größen keinen Beitrag leisten;

   Teilen
- weil eine Rückstellprobe benötigt wird; ·
- weil der gesamten Mischprobe Teilproben für die einzelnen Analysen entnommen werden müssen;

   Mahlen
- weil die Analysenproben damit homogener und repräsentativer werden (natürlich nicht repräsentativer als die Mischprobe);

- weil Extraktionen schneller und vollständiger ablaufen;
- weil die benötigten Probenvolumina kleiner werden.

4. (K 3) **Tabelle 6.2.** Notwendige Vorbehandlungsschritte bei verschiedenen Bestimmungen (Antwort)

| Probenvorbehandlung | | Wasser-gehalt | Korn-größen-verteilung | KAK | mikrobio-logische Aktivität | leicht flüchtige org. Verb. (ab 0 °C) | thermisch leicht zer-setzbare org. Verb. (ab 40 °C) | Schwerme-tallgesamt-gehalte (DIN 38 414 Teil 7) |
|---|---|---|---|---|---|---|---|---|
| Mischen | | x | x | x | x | x | x | x |
| Aussortieren von Grobstoffen | | x | | x | x | | x | x |
| Trocknen | Gefriertrocknung | | x | x | | | x | |
| | Lufttrocknung | | x | x | | | x | x |
| | mit Trockenmitteln | | | | | | x | |
| | Trockenschrank | | x | x | | | | x |
| Sieben (< 2 mm) | | | | x | | | x | x |
| Probenteilung | | x | x | x | x | x | x | x |
| Mahlen | | | | | | | x | X (0,1mm) |

# 7 Bodenkundliche Laborversuche
## 7.1 pH-Wert

1. (K 1) Faktoren, die den pH-Wert beeinflussen:
- das Ausgangsgestein,
- das Alter des Bodens,
- das Klima,
- der Carbonatgehalt des Bodens,
- die Düngung,
- der Niederschlag und das Bodenwasser,
- der Humusgehalt und die Humusform eines Bodens und
- die Lebewesen.

Faktoren, die der pH-Wert beeinflußt:
- die chemische Verwitterung,
- das Bodengefüge,
- den Wasser- und Lufthaushalt,
- die Verfügbarkeit an Pflanzennährstoffen,
- die Aktivität der Mikroorganismen und
- die Mobilität von giftigen Schwermetall- und Aluminiumionen.

2. (K 1) Die Bodenlösung im realen Boden enthält Ionen. Würde man <u>destilliertes Wasser</u> zugeben, um den pH-Wert zu messen, so würde dies nicht die realen Verhältnisse im Boden widerspiegeln. Zur Einstellung eines Gleichgewichtes würden Kationen (z. B. $Na^+$, $Ca^{2+}$), die an den Ionenaustauschern des Bodens (Tonminerale und Huminstoffe) gebunden sind, in Lösung gehen. Die frei gewordenen Stellen würden von $H^+$-Ionen besetzt werden. Damit würde die Konzentration der $H^+$-Ionen in der Bodenlösung absinken. Es würde ein zu hoher pH-Wert gemessen werden, weil bei der pH-Bestimmung nur die frei verfügbaren $H^+$-Ionen erfaßt werden. Dagegen verhindern die $Ca^{2+}$-Ionen aus der <u>$CaCl_2$-Lösung</u>, daß Ionen, die an den Ionenaustauschern des Bodens gebunden sind, in Lösung gehen und von $H^+$-Ionen ersetzt werden. Wichtig ist, daß die Konzentration der $CaCl_2$-Lösung weder zu hoch noch zu niedrig ist. Wäre die Konzentration der $CaCl_2$-Lösung zu groß, so würden die $Ca^{2+}$-Ionen andere Ionen von den Ionenaustauschern des Bodens verdrängen. Die Konzentration der verwendeten $CaCl_2$-Lösung ist so gewählt, daß sie die Verhältnisse in der realen Bodenlösung gut wiedergibt. Der Ergebnisse unter Verwendung einer $CaCl_2$-Lösung sind

besser reproduzierbar und liegen ca. 0,5 pH-Einheiten niedriger als mit destilliertem Wasser. Im übrigen braucht die pH-Elektrode eine gewisse Ionenstärke, um reproduzierbar zu messen.

3a. (K 3) 10 g einer trockenen Probe mit einem Restwassergehalt von 2 % enthalten 9,8 g Trockensubstanz. $x$ g Boden mit einem Wassergehalt von 80 % sollen die gleiche Menge Trockensubstanz von 9,8 g enthalten:

$$x \text{ g} \cdot 0,8 = 9,8 \text{ g} \qquad \Leftrightarrow \qquad x = 9,8 \text{ g} / 0,8 = 12,25 \text{ g}$$

Es müssen also 12,25 g eingewogen werden.

3b. (K 5) Ein exaktes Einwiegen auf 0,1 g ist nicht erforderlich, da die pH-Messung sowieso in einer wäßrigen Suspension stattfindet und die "Konzentration des Bodens" in der wäßrigen Lösung nur einen unwesentlichen Einfluß auf den pH-Wert hat.

4a. (K 3) Wenn es möglich wäre, die Spannung direkt an innerer und äußerer Quellschicht abzunehmen, so wäre der bautechnische Aufwand viel geringer. Das Diaphragma, die Cl⁻-Puffer-Lösung und die Ableitelektrode wären überflüssig. Die pH-Elektrode wäre leichter zu verstehen.

4b. (K 5) Wir wissen die Antwort auch nicht so genau, vermuten aber folgende Gründe:
- Die Ladung der hauchdünnen Quellschicht ist gering. Ein Kontakt zwischen Glas und Metall würde einen erheblichen Widerstand aufweisen. Eine Spannungsmessung wäre kaum möglich.
- Ein metallischer Leiter auf der Glasoberfläche behindert oder verhindert das Entstehen der Quellschicht. Außerdem können dann $H^+$-Ionen gar nicht erst in die Quellschicht gelangen, weil die Quellschicht durch den metallischen Leiter abgeschirmt wäre. Es kann sich kein Potential aufbauen.
- Theoretisch ist ein metallisches Gitternetz in der hauchdünnen Quellschicht denkbar, wenn auch bautechnisch schwierig umzusetzen. Während der Spannungsmessung würde dann allerdings aus den $H^+$-Ionen Wasserstoff ($H_2$) entstehen. Dieser Wasserstoff würde die Quellschicht zerstören.

5. (K 2) Die entionisierte Meßlösung und die Cl⁻-Puffer-Lösung (Elektrolyt) sind durch ein Diaphragma getrennt. In der entionisierten Meßlösung ist die Ionenkonzentration sehr gering. In der Cl⁻-Puffer-Lösung ist die Ionenkonzentration relativ hoch. Aus der Cl⁻-Puffer-Lösung diffundieren folglich An- und Kationen durch das Diaphragma in die Meßlösung. Anionen und Kationen wandern jedoch unterschiedlich schnell durch das Diaphragma. Deshalb tritt am Diaphragma eine Spannungsdifferenz, die sogenannte Diffusionsspannung, auf. Diese Diffusionsspannung sollte vernachlässigbar sein, ist jedoch bei entionisiertem Wasser relativ hoch und verfälscht damit die pH-Messung. Mißt man den pH-Wert mit einer pH-Elektrode in einem <u>nicht-entionisierten</u> Wasser, so wandern die Ionen sowohl aus der Meßlösung in die Cl⁻-Puffer-Lösung als auch umgekehrt. In diesem Fall heben sich die Diffusionseffekte gegenseitig mehr oder weniger auf. Die Diaphragmaspannung ist gering.

## 7.2 Kationenaustauschkapazität

1. (K 2) «Ich bin ein $Ca^{2+}$-Ion oder ein $K^+$-Ion und habe jahrelang im Meer gelebt ☺. Eines Tages brauste ein höllischer Sturm über das Wasser. Die Wellen tosten. Eine orkanartige Windböe riß den Wassertropfen, in dem ich mich gerade befand, in die Höhe. Nach einer langen Reise kamen wir über dem Festland an. Es wurde wärmer und der Tropfen kleiner, das Wasser verdunstete. Ich blieb mit vielen anderen Ionen zurück. Wir bildeten einen kleinen Salzkristall. Nach zwei herrlichen Ausflugstagen kam urplötzlich eine schweres Gewitter auf. Ein großer Wassertropfen traf uns und riß uns in die Tiefe. Mit voller Wucht knallten wir auf den Boden. Aua!! Das Wasser spülte uns in eine Pore des dunklen Bodens. Ich stieß an die Wand der Pore und wurde plötzlich mit großer Kraft festgehalten. "He, was soll das?!", schrie ich ☹. Das Tonmineral antwortete: "Ich bin heute furchtbar geladen und brauche jemanden, bei dem ich mich ausheulen und entladen kann." "Na gut", sagte ich und hörte mir all den Kummer des Tonminerals an. Als ich gerade anfangen wollte, das Tonmineral zu trösten, donnerte ein Magnesium-Ion auf meinen Kopf und stieß mich fort. Jetzt war ich wieder im Bodenwasser gelöst und konnte meine Reise durch den Boden fortsetzen. Schon bald spürte ich einen starken Sog und wurde durch eine Membran gezwängt. "Wo bin ich!!", fragte

ich das an mir vorbeitrudelnde Natrium-Ion. "Du bist in einer Pflanze. Gleich wirst Du aus dieser Wurzel durch den Stengel in die Blätter transportiert", antwortete das Natrium-Ion. "Dort wirst Du den ganzen Sommer verbringen. Im Herbst wird das Blatt zu Boden fallen, dann verrotten und Dich wieder freigeben. Dann kannst Du Deine Reise durch den Boden wieder von vorne beginnen." "Ich will aber zurück ins Meer", maulte ich. "Tja," sagte das Natrium-Ion, "daraus wird wohl so bald nichts werden. Dazu müßtest Du erst einmal ins Grundwasser gelangen, und von dort durch Bäche und Flüsse ins Meer. Das ist ein weiter Weg. Dummerweise kommst Du aber erst gar nicht ins Grundwasser. Huminstoffe und Tonminerale sind fast immer geladen und lassen Dich nicht so leicht entschwinden. Diese unverschämten Dinger krallen sich immer arme kleine Ionen, um ihre Spannung abzubauen." Und, da ich nicht gestorben bin, lebe ich noch heute im Boden wie vor tausend Jahren.»

2. (K 2) Ein Boden ohne Austauschkapazität ist nicht in der Lage, Spurenelemente, Nähr- und Schadstoffe zu binden. Im Bodenwasser gelöste Nähr- und Schadstoffe sind damit mobil und werden aus dem Boden ausgewaschen. Der Boden verarmt, und ein Pflanzenwachstum ist kaum möglich. Außerdem halten Böden ohne Austauschkapazität kaum Schadstoffe zurück. Die Schadstoffe gelangen direkt mit dem Bodenwasser ins Grundwasser.

3. (K 3)

$$KAK = \frac{C(Ba) \cdot V \cdot z}{M(Ba) \cdot m_{Probe}} = C(Ba) \cdot 0{,}2913 \; \frac{mmol/z}{kg}$$

$KAK$     Kationenaustauschkapazität [ $\frac{(mmol/z)}{kg}$ ]

$C(Ba)$    Bariumkonzentration in der Probenlösung, gemessen mit dem Flammenphotometer [mg/L]

$V$     Volumen der Probenlösung [0,1 L]

$M(Ba)$    Molmasse von Barium [137,33 mg/mmol]

$m_{Probe}$    Masse der eingewogenen trockenen Probe [0,005 kg]

$z$     Wertigkeit des Barium-Ions [2]

4a. (K 2) Nein, der Wassergehalt muß bei der Berechnung der KAK nicht berücksichtigt werden. Weder der Versuch noch die Definition der KAK haben etwas mit der feuchten Probe zu tun. Bei der KAK-Bestimmung wird trockener Feinboden eingewogen und auch die Berechnung der KAK bezieht sich auf den trockenen Feinboden.

4b. (K 3) Ja, wenn man feuchten Feinboden einwiegen würde, so müßte bei der Berechnung der KAK der Wassergehalt berücksichtigt werden. Die Formel müßte dann lauten:

$$KAK = \frac{m(BaSO_4) \cdot z \cdot 10^6}{M(BaSO_4) \cdot m_{feuchte\,Probe} \cdot (1 - \frac{W}{100})}$$

$KAK$     Kationenaustauschkapazität [ $\frac{(mmol/z)}{kg}$ ]

$m(BaSO_4)$    gravimetrisch bestimmte Bariumsulfatmasse [g]

$M(BaSO_4)$    Molmasse von Bariumsulfat [233,386 g/mol]

$m_{feuchte\,Probe}$    Masse der eingewogenen feuchten Probe [g]

$W$     Wassergehalt bezogen auf das trockene Probengewicht [%]

$z$     Wertigkeit des Barium-Ions [2]

$10^6$    Umrechnungsfaktor von mol/g auf mmol/kg

5. (K 3) Folgende Fehlerquellen beeinflussen die KAK-Bestimmung:
- ein Austrag von Bodenpartikeln beim Dekantieren,
- Verunreinigungen der Laborgeräte und Chemikalien und
- bei der gravimetrischen Ba-Bestimmung: die ungenaue gravimetrische Auswertung (unvollständige Fällung, Verluste von $BaSO_4$ beim Filtrieren, Ungenauigkeiten bei Wägung und Trocknung des $BaSO_4$ und des Filters).

6. (K 4) Ja, die Bestimmung der KAK ist auch mit Calcium möglich. Wichtig ist nur, daß alle Austauscherplätze mit dem gleichen Ion belegt werden. Calcium ist geeignet, wenn es anstelle von Barium im Überschuß zugegeben wird. Manche AutorInnen schlagen auch radioaktives Cäsium vor, weil dieses besonders leicht zu messen ist.

<u>Vorteil Calcium</u>: Aus der Sicht des Arbeits- und Umweltschutzes ist Calcium hervorragend geeignet, denn es ist nicht so giftig wie Barium.

<u>Nachteil Calcium</u>: Eine Bestimmung des S-Wertes / des Calciumgehaltes des Bodens ist nicht möglich.

7. (K 1) Die $KAK_{pot}$ ist bei sauren Böden immer größer als die $KAK_{eff}$; Die $KAK_{pot}$ ist bezogen auf einen pH-Wert von 8,2. Die $KAK_{eff}$ ist dagegen auf den aktuellen, sauren pH-Wert bezogen. Im sauren Bereich liegen relativ viele $H^+$-Ionen vor, die einen Teil der Austauscherstellen besetzen und damit die KAK – und zwar die $KAK_{eff}$ – verringern.

8. (K 2) Bei einem pH-Wert von 8,2 liegen relativ wenige $H^+$-Ionen in der Bodenlösung vor. Daher werden von ihnen praktisch keine Austauscherplätze blockiert. Deshalb stehen den bei der Bestimmung der $KAK_{pot}$ verwendeten $Ba^{2+}$-Ionen alle potentiellen Austauscherstellen zur Verfügung. Bei pH 3,1 wäre dagegen ein Teil der Austauscherplätze von den $H^+$-Ionen besetzt und für die $Ba^{2+}$-Ionen unerreichbar. Die maximale, also potentielle KAK kann bei pH 3,1 nicht bestimmt werden.

9. (K 3) **Tabelle 7.4.** Vor- und Nachteile der Methoden zur Bestimmung der KAK

|  | **Methylenblaumethode** | **N. N.** | **Mehlich** |
|---|---|---|---|
| Vorteile | ■ im Feld durchführbar,<br>■ einfaches Verfahren,<br>■ geringer Arbeitsaufwand | ■ hinreichend exakt,<br>■ die verschiedenen, am Austauscher gebundenen Ionen bestimmbar | ■ sehr genaues Ergebnis,<br>■ für wissenschaftliche Zwecke geeignet |
| Nachteile | ■ nur Bestimmung des T-Wertes,<br>■ begrenzte Genauigkeit | ■ Berechnung des T-Wertes aus S- und H-Wert zweifelhaft,<br>■ sehr hoher Arbeitsaufwand | ■ hoher gerätetechnischer Aufwand,<br>■ zeitaufwendiges Verfahren |

# 7.3 Wassergehalt

1. (K 1) Schadstoffgehalte im Boden werden i. d. R. auf die trockene Bodenmasse bezogen, um die Vergleichbarkeit mit anderen Böden zu gewährleisten. Zur Berechnung der Trockensubstanz muß deshalb der Wassergehalt der für die Analyse benutzten Probe bestimmt werden.

2. (K 4) Die 1 % freies Restwasser im Boden-Natriumsulfat-Gemisch brauchen bei der Berechung nicht berücksichtigt werden. Der Wassergehalt von 15 % schließt bereits den Restwassergehalt von 1 % mit ein. Die Definition für den Wassergehalt schreibt die Trockensubstanz als Bezugsgröße vor. Die Trockensubstanz wird mit Hilfe des Wassergehaltes von 15 % berechnet:

$$C_{Hg} = \frac{m_{Hg}}{m_{TS}} \; ; \quad m_{TS} = m_{feuchter\,Boden} \cdot (1 - \frac{W}{100}) \cdot A \; ; \quad A = \frac{m_{feuchter\,Boden}}{m_{Gemisch}} \; ; \quad m_{Gemisch} = m_{feuchter\,Boden} + m_{Trockenmittel}$$

$$C_{Hg} = \left( \frac{m_{Hg}}{m_{feuchter\,Boden} \cdot (1 - \frac{W}{100}) \cdot \frac{m_{feuchter\,Boden}}{m_{feuchter\,Boden} + m_{Trockenmittel}}} \right) = \left( \frac{10\ \mu g}{10\ g \cdot (1 - \frac{15}{100}) \cdot \frac{10\ g}{10\ g + 20\ g}} \right) = 3,5\ ppm$$

$C_{Hg}$    Gehalt des Quecksilbers im Boden [ppm]

$m_{Hg}$    Masse des Quecksilbers in der Analysenprobe [μg]

$m_{TS}$    Masse der Trockensubstanz in der Analysenprobe [g]

$m_{feuchter\,Boden}$    Masse der feuchten Analysenprobe [g]

$W$    Wassergehalt [%]

$A$    Anteil der feuchten Bodensubstanz im Boden-Natriumsulfat-Gemisch

$m_{Gemisch}$    Masse des Boden-Natriumsulfat-Gemisches [g]

$m_{Trockenmittel}$    Masse des verbrauchten Trockenmittels Natriumsulfat [g]

3. (K 2)

$$W_{Kompost} = \frac{m_f - m_t}{m_f} \cdot 100 \quad \rightarrow \quad m_{Wasser} = m_f - m_t = \frac{W_{Kompost}}{100} \cdot m_f = \frac{25}{100} \cdot 10 = 2{,}5 \text{ g}$$

$$W_{Boden} = \frac{m_f - m_t}{m_t} \cdot 100 \quad \rightarrow \quad m_{Wasser} = m_f - m_t = \frac{W_{Boden}}{100} \cdot m_t = \frac{W_{Boden}}{100} \cdot \frac{m_f}{\left(1 + \frac{W_{Boden}}{100}\right)} = \frac{10}{100} \cdot \frac{25}{1 + \frac{10}{100}} = 2{,}27 \text{ g}$$

$m_f$    Masse der feuchten Probe [g]

$m_t$    Masse der trockenen Probe [g]

$m_{Wasser}$    Masse des Wassers in der Probe [g]

$W_{Boden/Kompost}$    Wassergehalt des Bodens bzw. des Kompostes [%]

Der Kompost enthält mehr Wasser. Beachten Sie bei der Berechnung den Unterschied in der Definition des Wassergehaltes für Kompost bzw. Boden.


## 7.4 Humusgehalt

1. (K 2) "Humusreicher" Boden speichert Wasser besser als "humusarmer" Boden. Die Bildung von groben Poren und damit die Durchlüftung werden durch den Humusgehalt begünstigt. Auch der Wärmehaushalt des Bodens ist in einem "humusreichen" Boden besser, weil Huminstoffe dunkel gefärbt sind. Die Huminstoffe tragen deshalb im Frühjahr zu einer relativ schnellen Bodenerwärmung bei. Außerdem ist der Humus ein Nährstoffreservoir für Fauna und Flora. Er ist daher wichtig für die Fruchtbarkeit des Bodens. Darüberhinaus werden Schadstoffe in einem "humusreichen" Boden besser gebunden als in "humusarmem" Boden. Sie gelangen daher nicht so leicht ins Grundwasser.

2a. (K 5) Ja, 120 % können richtig sein. In der Literatur tauchen zwei verschiedene Definitionen für den Glühverlust auf. Bei der ersten Definition ist der Glühverlust auf die geglühte Probe bezogen, bei der zweiten Definition auf die ungeglühte Probe:

$$GV_{gegl.} = \frac{m_{ungegl.} - m_{gegl.}}{m_{gegl.}} \quad [1] \qquad GV_{ungegl.} = \frac{m_{ungegl.} - m_{gegl.}}{m_{ungegl.}} \quad [2]$$

$$GV_{gegl.} \overset{?}{>} 1 \quad \Leftrightarrow \quad GV_{gegl.} = \frac{m_{ungegl.} - m_{gegl.}}{m_{gegl.}} = \frac{m_{ungegl.}}{m_{gegl.}} - 1 > 1 \quad \Leftrightarrow \quad \frac{m_{ungegl.}}{m_{gegl.}} > 2$$

Wenn der Glühverlust auf die geglühte Probe bezogen wird (Formel [1]) und wenn $m_{ungegl.}$ mehr als doppelt so groß wie $m_{gegl.}$ ist, dann ist der Glühverlust > 100 %.

2b. (K 5) Laut DIN 38 414 Teil 3 soll die Formel [2] verwendet werden. Im Labor wurde jedoch vermutlich nicht der $GV_{ungegl.}$, sondern der $GV_{gegl.}$ berechnet. Zur Bestätigung dieser Vermutung sollte beim Labor nachgefragt werden, welche Formel zur Berechnung verwendet wurde. Der $GV_{gegl.}$ läßt sich in den $GV_{ungegl.}$ umrechnen. Es gilt:

$$GV_{gegl.} = 1{,}2 = \frac{m_{ungegl.} - m_{gegl.}}{m_{gegl.}} = \frac{\Delta m}{m_{ungegl.} - \Delta m} \quad \Leftrightarrow \quad \Delta m = \frac{1{,}2}{2{,}2} \cdot m_{ungegl.}$$

$$\rightarrow \quad GV_{ungegl.} = \frac{m_{ungegl.} - m_{gegl.}}{m_{ungegl.}} = \frac{\Delta m}{m_{ungegl.}} = \frac{\frac{1{,}2}{2{,}2} \cdot m_{ungegl.}}{m_{ungegl.}} = \frac{1{,}2}{2{,}2} = 0{,}\overline{54} = 55 \text{ \%}$$

$GV_{ungegl.}$    Glühverlust bezogen auf die ungeglühte Probe [%]

$GV_{gegl.}$    Glühverlust bezogen auf die geglühte Probe [%]

$m_{ungegl.}$    Masse der ungeglühten Probe [g]

$m_{gegl.}$    Masse der geglühten Probe [g]

$\Delta m = m_{ungegl.} - m_{gegl.}$    Massendifferenz zwischen geglühter und ungeglühter Probe [g]

Ein $GV_{ungegl}$ von 120 % entspricht also einem $GV_{gegl}$ von 55 %.

## 7.5 Weitere Parameter

1. (K 3) Der Aufgabenstellung läßt sich entnehmen, daß $PV = V_p/V_{Ges}$ ist. Im Exkurs "Porenvolumen" ist die Berechnung von $V_{Ges}$ angegeben. $\rho_B = 2{,}65$ g/cm$^3$. Damit ergibt sich eine Porosität $PV$ von 55 %.

$$PV = \frac{V_P}{V_{Ges}} = \frac{V_{Ges} - V_B}{V_{Ges}} = \frac{V_{Ges}}{V_{Ges}} - \frac{m_B}{V_{Ges} \cdot \rho_B} = 1 - \frac{\rho}{\rho_B} = 1 - \frac{1{,}2}{2{,}65} \approx 0{,}55 \approx 55\,\%$$

$PV$    Porosität [-]
$V_{Ges}$    Gesamtvolumen [L]
$V_P$    Porenvolumen im betrachteten Gesamtvolumen [L]
$V_B$    Volumen der Bodenpartikeln im betrachteten Gesamtvolumen [L]
$m_B$    Masse des Bodens im betrachteten Bodenkörper [g]
$\rho_B$    Dichte der Bodenpartikeln [2,65 g/cm$^3$]
$\rho$    Lagerungsdichte, d. h. Dichte des Bodenkörpers incl. Poren [g/cm$^3$]

2. (K 5) Im Exkurs "Porenvolumen" im Kap. 7.5 ist angegeben, in welchem Größenbereich der Porendurchmesser der Mittelporen liegt (0,2 - 10 µm). Aus Abb. 7.11 kann man ablesen, daß diese Porengrößen einer Wasserspannung (pF) zwischen 4,2 und 2,5 entsprechen. Mit Abb. 5.3 läßt sich in Abhängigkeit der Bodenart jeder Wasserspannung ein Wassergehalt zuordnen. Die Wassergehalte, die einer Wasserspannung zwischen 2,5 und 4,2 entsprechen, geben die Anteile der Mittelporen an. Wasserspannungen größer als 4,2 sind auf die Feinporen und Wasserspannungen kleiner als 2,5 sind auf die Grobporen zurückzuführen. Es müssen also die Differenzen zwischen den Wassergehalten, die einer Wasserspannung von 2,5 entsprechen, und den Wassergehalten, die einer Wasserspannung von 4,2 zugeordnet sind, gebildet werden. Die so berechneten Wassergehalte in Vol.-% können den Anteilen der Mittelporen in Vol.-% gleichgesetzt werden. Damit ergibt sich:

- Sandboden:    ca. 1,5 Vol.-% Mittelporen,
- Schluffboden:   ca. 21 Vol.-% Mittelporen,
- Tonboden:    ca. 14 Vol.-% Mittelporen.

3. (K 1) Aus der Korngrößenverteilung kann mit dem Dreiecksdiagramm die Bodenart ermittelt werden.

## 8 Anorganische Schadstoffe
## 8.1 Anorganische Schadstoffe im Boden

1a. (K 3) Als Schwermetalle bezeichnet man alle metallischen Elemente oberhalb einer bestimmten Dichte. Je nach Definition liegt die Grenze bei 4,5 g/cm$^3$, 5 g/cm$^3$ oder 5,6 g/cm$^3$. Selen hat eine Dichte von 4,8 g/cm$^3$, liegt also im Grenzbereich. Selen ist jedoch ein Halbleiter und wird daher gewöhnlich nicht zu den Schwermetallen gezählt.

1b. (K 4) Die Definition der Schwermetalle hat unseres Erachtens keinen tieferen Sinn. Die Bezeichnung bestimmter Metalle als "Schwermetall" ist völlig willkürlich. Es gibt weder eine biologische noch eine ökotoxikologische Begründung, die eine solche Definition rechtfertigt. Auch beim chemischen Reaktionsverhalten spielt die Masse der Elemente praktisch keine Rolle.

2. (K 3) Die Analytik von Schwermetallen ist im Prinzip für alle Metalle gleich. Kupfer haben wir ausgewählt, weil es toxikologisch weniger bedenklich ist als andere Schwermetalle (Arbeits- und Umweltschutz). Damit ist allerdings die Interpretation der Meßergebnisse nicht besonders spannend. Außerdem mußten wir bei unseren Laborversuchen feststellen, daß der Blindwert dieser Analyse sehr hoch ist. Die Ergebnisse haben deshalb nur eine bedingte

Aussagekraft. Daher schlagen wir Ihnen alternativ die Bestimmung von Blei vor. Blei ist umweltrelevant und dementsprechend können Sie in allen gängigen Grenzwertlisten Grenzwerte für Blei finden. Damit wird eine reale Gefährdungsabschätzung möglich. Entscheiden Sie selbst, welche Prioritäten Sie setzen wollen.

## 8.2 Bindungen der Schwermetalle

1. (K 1) <u>Adsorption:</u> Bei niedrigen Konzentrationen in der Bodenlösung werden Schwermetalle an der Oberfläche von Bodenpartikeln angelagert und auf diesem Wege festgelegt.

<u>Fällung:</u> Bei höheren Konzentrationen können schwerlösliche Schwermetallverbindungen ausfallen, wobei auch die Fällung in der Regel an einer Oberfläche stattfindet.

<u>Einbau:</u> Schwermetalle können im Gerüst von Silikaten, Tonmineralen, Huminstoffen und Ton-Humus-Komplexen eingebaut werden.

<u>Okklusion:</u> Schwermetalle können beim Kristallwachstum räumlich eingeschlossen werden, ohne eine direkte Verbindung mit dem Kristall einzugehen.

2. (K 2) »An die Redaktion von "Bodenkunde – top aktuell" – LeserInnenbrief zur Behauptung "..." in Ausgabe 3/96 auf S. 745: Ich bin überrascht, in Ihrem hochrenommierten Blatt eine solche Behauptung zu lesen. Sie sind doch sonst immer darum bemüht, der Vielschichtigkeit des komplexen Themas Boden gerecht zu werden. Soweit ich weiß, gehen Adsorption und Fällung fließend ineinander über.

Die "klassische Fällung" findet bei relativ hohen Konzentrationen statt. Es muß ein Fällungspartner vorhanden sein. Wenn das Löslichkeitsprodukt überschritten ist, fällt die entsprechende Verbindung aus. Diese Schulbuchvorstellung ist nur bedingt auf den Boden zu übertragen. Auch unterhalb des Löslichkeitsproduktes findet bereits eine Fällung, die sogenannte Oberflächenfällung, statt. Wie der Name schon andeutet, findet sie an der Oberfläche bereits vorhandener Kristalle statt. Metallkationen werden an der Oberfläche dieser Kristalle ionisch angelagert. Dieser Vorgang kann sowohl als Adsorption als auch als Fällung bezeichnet werden. Die "klassische Adsorption" ist eine Anlagerung an der Oberfläche der Bodenmatrix. Sie ist abhängig von der Anzahl der freien Austauscherplätze. Sie findet daher vorwiegend im Bereich niedriger Konzentrationen statt. Adsorption und Fällung sind also zwei Vorgänge, die fließend ineinander übergehen.

Meiner Meinung nach müßte es in Ihrem Artikel richtig heißen: "Die Schwermetallkonzentrationen im Boden sind häufig gering. Deshalb spielt die Fällung von Schwermetallen im Boden nur eine untergeordnete Rolle. Schadstoffe werden vorwiegend durch Adsorption immobilisiert."« (196 Wörter)

3. (K 4) **Tabelle 8.9.** Übersicht über die Schwermetall-Mobilisierung und -Festlegung im Boden

| Vorgang | Mobilisierung oder Festlegung? | Zustand des Metalls vorher | Zustand des Metalls nachher | wichtigste Einflüsse |
|---|---|---|---|---|
| Lösung | Mobilisierung | gefällt im Boden-körper | gelöst als $Me^{2+}$ in der Bodenlösung | ■ Konzentration von $Me^{2+}$ in der Bodenlösung ■ Konzentrationen seiner Fällungs- bzw. Mitfällung-partner in der Lösung (Löslichkeitsprodukte) |
| Fällung | Festlegung | gelöst als $Me^{2+}$ in der Bodenlösung | gefällt im Boden-körper | |
| Adsorption | Festlegung | gelöst als $Me^{2+}$ bzw. Me-Komplex in der Bodenlösung | adsorbiert an der Oberfläche eines Bodenbestandteils | ■ Oberfläche des Boden-körpers (KAK) ■ Konzentration von $Me^{2+}$ bzw. des Me-Komplexes in der Lösung |
| Desorption | Mobilisierung | adsorbiert an der Oberfläche eines Bo-denbestandteils | gelöst als $Me^{2+}$ bzw. Me-Komplex in der Bodenlösung | |

| Vorgang | Mobilisierung oder Festlegung? | Zustand des Metalls vorher | Zustand des Metalls nachher | wichtigste Einflüsse |
|---|---|---|---|---|
| Komplex-bildung | Veränderung der Konzentration von $Me^{2+}$ in der Lösung (dadurch erfolgt eine indirekte Beeinflussung aller anderen Vorgänge) | gelöst als $Me^{2+}$ in der Bodenlösung | gelöst als Me-Komplex in der Bodenlösung | ■ Konzentration von $Me^{2+}$ in der Lösung ■ Konzentration der Komplexbildner in der Lösung |
| Komplex-zerfall | | gelöst als Me-Komplex in der Bodenlösung | gelöst als $Me^{2+}$ in der Bodenlösung | |
| Entstehung der einzelnen Bodenbestandteile | Festlegung | gelöst als $Me^{2+}$ in der Bodenlösung (meist über den Zwischenschritt der Adsorption an der Oberfläche) | eingebaut im Inneren der oder okkludiert in den oder adsorbiert an den einzelnen Bodenbestandteilen | ■ Entstehungsgeschwindigkeit der Bodenmatrix ■ Konzentration von $Me^{2+}$ in der Bodenlösung |
| Verwitterung der einzelnen Bodenbestandteile | Mobilisierung | eingebaut im Inneren der oder okkludiert in den oder adsorbiert an den einzelnen Bodenbestandteilen | gelöst als $Me^{2+}$ in der Bodenlösung | ■ Verwitterungsgeschwindigkeit der Bodenmatrix ■ Gehalt des Metalls in den Bodenbestandteilen |
| Umbau | Der Umbau besteht aus den beiden Teilprozessen Entstehung und Verwitterung (s. o.). Beide Vorgänge finden in ähnlichem Umfang statt. | | | |
| Diffusion | Veränderung des Me-Gehaltes an der Oberfläche und im Inneren der Minerale. (dadurch erfolgt eine indirekte Beeinflussung aller anderen Vorgänge) | adsorbiert an der Oberfläche der Minerale | eingebaut im Inneren der Minerale | ■ Diffusionsgeschwindigkeit in den Mineralen ■ Me-Gehalt an der Oberfläche und im Inneren der Minerale |
| | | eingebaut im Inneren der Minerale | adsorbiert an der Oberfläche der Minerale | |

4a. (K 6) Bei dem vorliegenden Boden handelt es sich um einen Sandboden (s. Abb. 5.2). Der Boden ist mit einem Wassergehalt von 3 % als "frisch" bis "feucht" einzustufen (s. Abb. 5.3). Da es sich um einen Sandboden handelt, und der Wassergehalt bei "nur" 3 % liegt, herrschen vermutlich oxidierende Verhältnisse im Boden.

Der Boden ist "mäßig humos" (s. Tabelle 7.3), und nur 10 % des Feinbodens haben eine Korngröße < 2 µm (s. Abb. 5.1). Deshalb ist die Kationenaustauschkapazität des Bodens gering. Aus der Bodenart und dem Humusgehalt ergibt sich die (potentielle) KAK. Der Beitrag der Bodenart zur KAK beträgt etwa 45 $\frac{mmol/z}{kg}$ (s. Abb. 7.7). Der Beitrag des Humusgehaltes zur KAK beträgt ca. 70 $\frac{mmol/z}{kg}$ (s. Tabelle 7.1). Die errechnete Summe von 115 $\frac{mmol/z}{kg}$ stimmt verhältnismäßig gut mit dem experimentell ermittelten Wert von 100 $\frac{mmol/z}{kg}$ überein. [Für die Strebsamen, die den Exkurs "Potentielle und effektive Kationenaustauschkapazität" im Kap. 7.2 gelesen haben: Bodenchemisch ist die effektive KAK interessanter als die potentielle KAK. Die effektive KAK ist pH-abhängig und gibt an, wie groß die KAK bei dem im Boden herrschenden pH-Wert tatsächlich ist. Bei pH 4 ist der Beitrag des Humusgehaltes zur KAK mit dem Faktor 0,3 zu multiplizieren (s. Fußnote a zur Tabelle 7.1): 0,3 · 70 ~ 20. Somit ist die effektive KAK bei pH 4 mit 65 $\frac{mmol/z}{kg}$ nur etwa halb so groß wie die potentielle KAK.]

Der Carbonatgehalt ist mit 8 % verhältnismäßig hoch (s. Tabelle 5.2). Daher überrascht der niedrige pH-Wert von 4. Dieser scheinbare Widerspruch läßt sich damit erklären, daß die Carbonatverbindungen im Boden eine kleine reaktive Oberfläche besitzen. Daher ist die Pufferwirkung der Carbonate kinetisch gehemmt. Desweiteren kann aus diesem "Widerspruch" geschlossen werden, daß dieser Boden kein "natürlich saurer" Boden ist. Wenn der Boden "natürlich sauer" wäre, dann hätte der niedrige pH-Wert im Laufe der Zeit zu einer Auflösung der Carbonate geführt. Stattdessen muß der Boden rasch versauert sein. Dies deutet auf einen anthropogenen Säureeintrag hin. Alles in allem führt der niedrige pH-Wert zu einer hohen Mobilität der Schwermetalle. In Verbindung mit der geringen KAK ist der Grundwasserleiter in höchster Gefahr, da die Schwermetalle innerhalb kürzester Zeit durch den Sandboden in das Grundwasser gelangen können.

4b. (K 6) Bei dem vorliegenden Boden handelt es sich um einen Schluffboden (s. Abb. 5.2). Der Boden ist mit einem Humusgehalt von 20 % "anmoorig" (s. Tabelle 7.3). Er ist mit einem Wassergehalt von 25 % als "frisch" einzustufen (s. Abb. 5.3). Da es sich bei dem vorliegenden Boden um einen Schluffboden handelt, und der Wassergehalt bei "nur" 25 % liegt, herrschen vermutlich oxidierende Verhältnisse im Boden.

Aus der Bodenart und dem Humusgehalt ergibt sich die (potentielle) KAK. Der Beitrag der Bodenart zur KAK beträgt etwa 100 $\frac{mmol_c}{kg}$ (s. Abb. 7.7). Der Beitrag des Humusgehaltes zur KAK beträgt ca. 500 $\frac{mmol_c}{kg}$ (s. Tabelle 7.1). Die errechnete Summe von 600 $\frac{mmol_c}{kg}$ stimmt mit dem experimentell ermittelten Wert überein. Der Parameter Humusgehalt trägt also den größten Anteil zur ungewöhnlich hohen KAK des Bodens bei. [Wieder für die KennerInnen des Exkurses "Potentielle und effektive Kationenaustauschkapazität" im Kap. 7.2: Bodenchemisch ist die effektive KAK interessanter als die potentielle KAK. Die effektive KAK ist pH-abhängig und gibt an, wie groß die KAK bei dem im Boden herrschenden pH-Wert tatsächlich ist. Die potentielle KAK ist die KAK des Bodens bei pH 8,2. Für höhere pH-Werte nimmt die KAK nicht weiter zu. Daher sind die potentielle und die effektive KAK gleich groß. Eine pH-Wert-Korrektur ist nicht notwendig.]
Der Carbonatgehalt ist mit 11 % extrem hoch. Der Boden ist damit "carbonatreich" (s. Tabelle 5.2). Dies erklärt den pH-Wert von 9. Die Carbonate liegen vermutlich fein verteilt im Boden vor. Sie haben damit eine große reaktive Oberfläche und halten den pH-Wert über längere Zeit konstant. Der Boden hat also ein gutes Puffervermögen gegenüber eingetragenen Säuren. Es besteht kaum eine Gefahr, daß die Schwermetalle in nächster Zeit durch eine pH-Wert-Absenkung mobilisiert werden. Allerdings kann der hohe pH-Wert auf anderen Wegen zu einer Mobilisierung der Schwermetalle führen, nämlich durch die Bildung von Hydroxo-, Carbonato- und Schwermetall-Humus-Komplexen. Erstens ist der vorliegende Boden "humusreich", und damit sind große Mengen Huminsäuren vorhanden. Die Huminsäuren sind im Alkalischen löslich. Es bilden sich mit den Humin- und Fulvosäuren mobile Schwermetall-Humus-Komplexe. Zweitens ist der Carbonatgehalt des Bodens extrem hoch, und die Carbonate sind bei pH 9 stabil. Daher können sich mit den Schwermetallen mobile Carbonatokomplexe bilden. Drittens sind beim pH-Wert 9 große Mengen OH⁻-Ionen vorhanden. Es können sich mit den Schwermetallen mobile Hydroxokomplexe bilden.
Unseres Erachtens überwiegen die drei zuletzt beschriebenen Mobilisierungsmechanismen gegenüber der hohen KAK. Daher ist bei diesem Boden eine Grundwassergefährdung gegeben. Auch von einer landwirtschaftlichen Nutzung des Bodens sollte abgesehen werden.

4c. (K 6) Es handelt sich bei diesem Boden um einen Tonboden (s. Abb. 5.2). Ein pH-Wert von 7 ist boden-ökologisch unproblematisch. Der Carbonatgehalt liegt mit 5 % im mittleren Bereich (carbonathaltig) (s. Tabelle 5.2). Falls die Carbonate im Boden fein verteilt vorliegen und damit eine große reaktive Oberfläche haben, dann wird der pH-Wert auf längere Zeit konstant bleiben. Der Boden hat ein mäßiges bis gutes Puffervermögen gegenüber eingetragenen Säuren. Es besteht kaum eine Gefahr, daß die Schwermetalle in nächster Zeit durch eine pH-Wert-Absenkung mobilisiert werden.
Der Humusgehalt ist niedrig. Der Boden gilt als "schwach humos" (s. Tabelle 7.3). Dies ist einerseits ungünstig: Es fehlen immobile Huminstoffe und deren Sorptionsplätze. Andererseits ist es günstig: Es besteht nicht das Problem, daß sich mit Humin- und Fulvosäuren mobile Schwermetall-Humus-Komplexe bilden.
Aus der Bodenart und dem Humusgehalt ergibt sich die (potentielle) KAK. Der Beitrag der Bodenart zur KAK beträgt etwa 320 $\frac{mmol_c}{kg}$ (s. Abb. 7.7). Der Beitrag des Humusgehaltes zur KAK beträgt ca. 30 $\frac{mmol_c}{kg}$ (s. Tabelle 7.1). Die errechnete Summe von 350 $\frac{mmol_c}{kg}$ stimmt verhältnismäßig gut mit dem experimentell ermittelten Wert von 380 $\frac{mmol_c}{kg}$ überein. [Vergleiche Exkurs "Potentielle und effektive Kationenaustauschkapazität" im Kap. 7.2: Bodenchemisch ist die effektive KAK interessanter als die potentielle KAK. Die effektive KAK ist pH-abhängig und gibt an, wie groß die KAK bei dem im Boden herrschenden pH-Wert tatsächlich ist. Bei pH 7 ist der Beitrag des Humusgehaltes zur KAK mit dem Faktor 0,9 zu multiplizieren (s. Fußnote a zur Tabelle 7.1): $0{,}9 \cdot 30 = 27$. Der Unterschied von 3 $\frac{mmol_c}{kg}$ zwischen effektiver und potentieller KAK fällt dabei natürlich nicht ins Gewicht, es gilt:

$KAK_{eff} \approx KAK_{pot} \approx 350 \; \frac{mmol/z}{kg}$.] Die Parameter Bodenart trägt also den größten Anteil zur verhältnismäßig hohen KAK bei.

Bei Tonböden besteht die Gefahr, daß es zu Staunässe kommt. Der vorliegende Tonboden mit einem Wassergehalt von 52 % ist "feucht" bis "naß" (s. Abb. 5.3). Dies führt dazu, daß die Sauerstoffdiffusion aus der Atmosphäre fast vollständig unterbunden wird. Es stellen sich reduzierende Bedingungen im Boden ein. Die chemische Verwitterung der Oxide und Hydroxide wird stark beschleunigt. Die an den Oxiden und Hydroxiden gebundenen Schwermetallionen werden freigesetzt. Die Vermutung, daß in dem betrachteten Boden reduzierende Verhältnisse herrschen, sollte auf jeden Fall durch eine Untersuchung der Redoxverhältnisse überprüft werden. Wenn sich die Vermutung bestätigt, daß im Boden reduzierende Verhältnisse herrschen, so ist unbedingt Vorsicht geboten. Die Schwermetalle sind dann mobil. Allerdings ist die Wasserdurchlässigkeit eines rißfreien Tonbodens gering. Eine Verlagerung innerhalb des Bodens wird nur extrem langsam erfolgen. Die Mobilität der Schwermetalle wird auch durch die hohe KAK verringert. Eine kurzfristige Grundwassergefährdung ist unwahrscheinlich. Demgegenüber ist z. B. eine landwirtschaftliche Nutzung der Fläche weniger empfehlenswert, weil die Schwermetallaufnahme durch Pflanzen viel zu groß sein wird.

5a. (K 4) Aus den Versuchsergebnissen lassen sich die in Abb. 9.37 dargestellten Adsorptions-Isothermen zeichnen. Unter der Voraussetzung, daß aus den Schadstoffkonzentrationen im Grundwasser auf die Gehalte im Boden geschlossen werden kann, können aus dieser Graphik folgende Cadmium-Richtwerte abgelesen werden: Für Parabraunerde-Böden 2 mg/kg und für Podsol-Böden 0,2 mg/kg.

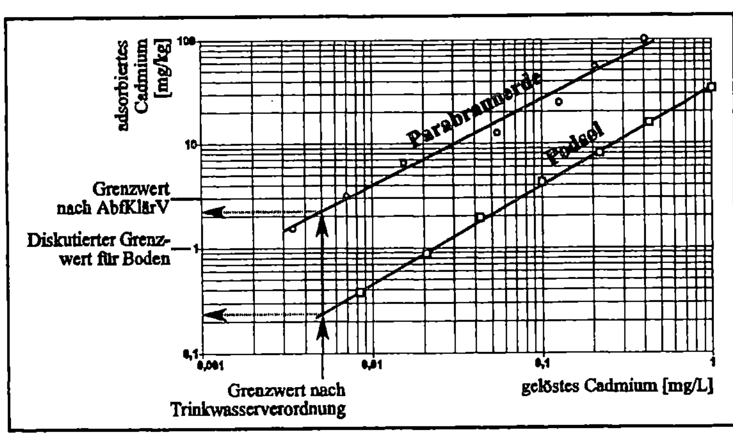


**Abb. 8.37.** Adsorptions-Isothermen für Cadmium

5b. (K 6) Der nach der Klärschlammverordnung gesetzlich festgelegte Cadmium-Grenzwert von 3 mg/kg ist zu hoch. Nicht einmal der zur Zeit diskutierte Cadmium-Grenzwert von 1 mg/kg ist für alle Bodentypen ausreichend (s. Beispiel Podsol). Die in Aufgabenteil a aus dem Trinkwassergrenzwert abgeleiteten Gehalte stellen Cadmium-Richtwerte für zwei Böden mit sehr unterschiedlichen Schwermetall"puffer"eigenschaften dar. Sie zeigen, daß die Belastbarkeit der Böden um den Faktor 10, bei Einbeziehung weiterer Bodentypen bis um den Faktor 100 variieren kann. Die Rechnung zeigt, daß es am besten wäre, keine pauschalen Grenzwerte anzugeben, sondern sie je nach Bodentyp festzulegen. In der Praxis sind verschiedene Grenzwerte leider schwierig zu handhaben. Für alle Böden ist ein einheitlicher Grenzwert erforderlich. Um sich auf der sicheren Seite zu bewegen, sollte der niedrigste der berechneten Richtwerte als Grenzwert angesetzt werden. (Scheffer/Schachtschabel 1993, S. 312)

.

## 8.3 Probenaufbereitung

1. (K 2) »Sehr geehrte Frau Bundesumweltministerin Merkel!

Die Grenzwerte der Klärschlammverordnung beruhen auf Schwermetall-Gesamtgehalten. Diese Grenzwertregelung ist meines Erachtens unglücklich gewählt. In der Klärschlammverordnung heißt es in § 3 (1): "Klärschlamm darf auf landwirtschaftlich oder gärtnerisch genutzten Böden nur so aufgebracht werden, daß das Wohl der Allgemeinheit nicht beeinträchtigt wird ..." Grenzwerte, die auf Schwermetall-Gesamtgehalten beruhen, werden diesem Anspruch nur unzureichend gerecht. Schwermetalle können im Boden ökologisch leicht verfügbar vorliegen. Sie können aber auch extrem fest an die Bodenbestandteile gebunden sein. Dann sind sie ökologisch ohne Bedeutung. Bodenkund-lerInnen teilen die im Boden vorliegenden Schwermetalle deshalb je nach deren Bindungsart und -stärke in verschiedene Fraktionen ein. Diese Fraktionen spiegeln die unterschiedliche Verfügbarkeit der Schwermetalle wider. Die Klärschlammverordnung schreibt für die Analyse den Totalaufschluß mit Königswasser vor. Dabei werden alle Fraktionen gemeinsam als Gesamtgehalt erfaßt. Die Grenzwerte der Klärschlammverordnung für diese Gesamt-gehalte beruhen anscheinend auf Erfahrungswerten, welcher Anteil der insgesamt im Boden vorliegenden Schwer-metalle mobil und damit ökologisch verfügbar ist. Die Grenzwerte sind so gewählt, daß sie bei Böden mit durch-schnittlicher Schadstoffverteilung einen ausreichenden Schutz bieten. Allerdings gibt es Böden, bei denen die Schwermetalle überwiegend in der mobilen Fraktion vorliegen. In diesen Fällen sind die Grenzwerte zu hoch. Sie bieten dann keinesfalls einen ausreichenden Schutz für das "Wohl der Allgemeinheit". Genauso gibt es Böden, bei denen die Schadstoffe überwiegend extrem fest gebunden sind. Die Grenzwerte sind dann übertrieben niedrig angesetzt. Es wäre daher weitaus sinnvoller, bei den Grenzwerten die ökologische Relevanz der entsprechenden Schadstofffraktionen zu berücksichtigen.

Die Erfassung der einzelnen Schwermetallfraktionen ist mit einer sogenannten sequentiellen Extraktion möglich. Bei der sequentiellen Extraktion nach Zeien & Brümmer werden die Schwermetalle in sieben verschiedene Fraktionen unterteilt. Diese Fraktionen werden nach ihrer ökologischen Bedeutung gewichtet (z. B. 1. Fraktion 100 %, 2. Fraktion 90 %, 3. Fraktion 40 %, 4. Fraktion 35 %, 5. - 7. Fraktion 5 %). D. h. die gemessenen Schwermetallgehalte der einzelnen Fraktionen werden mit den angegebenen Gewichtungen multipliziert und anschließend aufsummiert. Dies ergibt den ökologisch gewichteten Meßwert. Selbstverständlich muß bereits bei der Festlegung des Grenz-wertes die oben beispielhaft genannte Gewichtung berücksichtigt werden. Mit der sequentiellen Extraktion kann das Gefährdungspotential einer Klärschlammausbringung erheblich besser beurteilt werden als mit einem Totalaufschluß. Ich bitte Sie, sich für eine Novelle der Klärschlammverordnung, die die Schwermetallmobilität differenziert betrachtet, einzusetzen. Diese Problematik sollte auch bei der Diskussion um ein neues Bodenschutzgesetz berücksichtigt werden. Über eine Antwort zu meinem Anliegen würde ich mich sehr freuen.
Mit freundlichen Grüßen, xxx«

2. (K 2) Legende: "✗" steht für "falsch"; falsche Wörter sind ~~durchgestrichen~~; die Korrektur ist <u>unterstrichen</u>;
    "✔" steht für "richtig".

✗ <u>Es ist nicht möglich,</u> jedem Extraktionsmittel der sequentiellen Extraktion ~~läßt sich~~ genau eine Bindungsform ~~zuordnen~~ <u>zuzuordnen</u>.

✗ Die in schlecht kristallinen und gut kristallinen sowie in der ~~organisch gebundenen Fraktion~~ <u>Residualfraktion</u> festgelegten Schwermetallgehalte werden unter üblichen Umweltbedingungen und in überschaubaren Zeiträumen nicht freigesetzt und nicht von Pflanzen aufgenommen.

✗ Eine vollständige sequentielle Extraktion ist ~~nicht~~ <u>sehr</u> zeitaufwendig.

? Hä? Was ist los?

✔ Die parallele Extraktion dauert nicht so lange wie die sequentielle Extraktion.

✗ Ziel eines jeden Aufschlusses ist es, die ~~in der Probe vorhandenen Schwermetalle~~ <u>zu betrachtenden Schwer-</u><u>metallanteile</u> möglichst vollständig in den Extrakt zu überführen.

✗ Bei der parallelen Extraktion ~~wird~~ <u>schließt</u> jede Schwermetallfraktion ~~getrennt gemessen~~ <u>alle leichter gebundenen</u> <u>Schwermetalle mit ein</u>.

✗ Zur mobilen Fraktion zählen alle ~~in kurzer Zeit mobilisierbaren~~ <u>direkt pflanzenverfügbaren und verlagerbaren</u> Schwermetallanteile.

✗ In der anorganischen Analytik können <u>bei wenigen Analysenverfahren (z. B. RFA) auch</u> feste Proben ~~nicht~~ direkt verwendet werden.

✔ Bei Naßaufschlüssen wird häufig Energie zugeführt.

✗ Mit der sequentiellen Extraktion wird versucht, durch ~~abnehmende~~ <u>zunehmende</u> Stärke der Extraktionsmittel die Schwermetalle entsprechend ihrer Bindungsformen getrennt zu erfassen.

✔ Mit der parallelen Extraktion sollen Aussagen über die ökologische Verfügbarkeit der Schwermetalle getroffen werden.

✔ Naßaufschlüsse lassen sich in offene und geschlossene Aufschlußsysteme unterteilen.

✘ Dieses Buch ist noch besser als genial.

✘ Für ökologische Fragestellungen ist nicht nur der Gesamtgehalt von Schwermetallen im Boden äußerst interessant, sondern vielmehr die ökologische Verfügbarkeit.

3. (K 4) Vorteile:
- Es können verschieden stark gebundene Schwermetallanteile erfaßt werden.
- Die kurz-, mittel- und langfristige ökologische Verfügbarkeit von Schwermetallen kann abgeschätzt werden.
- Eine ökologische Bewertung der Schwermetallbelastung ist besser möglich als mit Totalaufschlüssen.
- Eine sequentielle Extraktion schafft neue Arbeitsplätze.

Nachteile:
- Die sequentielle Extraktion ist sehr zeitaufwendig. Eine vollständige sequentielle Extraktion zieht sich über mindestens 4 Tage hin.
- Der Chemikalien- und Energieverbrauch ist bei einer vollständigen sequentiellen Extraktion hoch.
- Durch die vielen Extraktionsschritte gibt es mehr Fehlerquellen und Kontaminationspfade als bei einem Totalaufschluß.
- Man erhält sechsmal mehr Proben als bei einem Totalaufschluß. Daher ist eine wesentlich größere Anzahl von Proben zu analysieren.
- Totalgehalte lassen sich durch Aufsummieren nur fehlerhaft ermitteln.
- Eine exakte Zuordnung der Bindungsformen zum jeweiligen Extraktionsmittel ist nicht möglich.

## 8.4 Atomabsorptionsspektrometrie (AAS)

1. (K 1)
- Für eine optimale Analyse wird bei der Graphitrohr-AAS ein sogenanntes Temperaturprogramm gefahren.
- Die automatische Probenaufgabe mit dem Autosampler macht das Arbeiten rationeller.
- Die absolute Nachweisgrenze gibt die kleinste Masse an, die mit der jeweiligen Atomisierungseinheit detektiert werden kann.
- Bei der AAS ist die Erzeugung von Atomen im energetischen Grundzustand der sensibelste Schritt der Analyse.
- Elektronen können nicht jedes beliebige Energieniveau annehmen, stattdessen gibt es bestimmte diskrete Energieniveaus, auf denen sich die Elektronen befinden können.
- Bei der Flammen-AAS ist das Signal zeitunabhängig.
- Atome haben die Eigenschaft, Lichtquanten definierter Energie aus einem Emissionsspektrum zu absorbieren. Es ergibt sich ein Absorptionsspektrum. Die durch Absorption der Lichtquanten fehlenden Spektrallinien werden Resonanzlinien genannt.
- Die Untergrundabsorption kann mit einem Deuterium-Untergrund-Kompensator, das Untergrundrauschen mit einem Zweistrahl-Wechsellicht-System eliminiert werden.

2. (K 1) Abbildung 8.20 zeigt den schematischen Aufbau eines AAS-Gerätes. In der Strahlungsquelle wird eine elementspezifische Strahlung erzeugt. In der Atomisierungseinheit wird die Probensubstanz in Atomdampf überführt. Es entstehen Atome im energetischen Grundzustand. Die elementspezifische Strahlung der Lichtquelle tritt durch den erzeugten Atomdampf hindurch. Die Atome im Grundzustand absorbieren einen Teil der Strahlungsenergie und gehen dabei in einen angeregten Zustand über. Abhängig von der Anzahl der Atome im Grundzustand und damit der Konzentration des gesuchten Elementes wird die einfallende Strahlung mehr oder weniger stark geschwächt. Die

angeregten Atome fallen innerhalb kurzer Zeit in den Grundzustand zurück. Sie strahlen dabei die zuvor absorbierte Energie in alle Richtungen ab. Die transmittierte Strahlung gelangt in den Monochromator. Dort wird eine Resonanzlinie herausgefiltert. Der Detektor registriert diese Strahlung. Gemessen wird die Intensitätsabnahme der transmittierten Strahlung gegenüber der von der Lichtquelle emittierten Strahlung. Die Extinktion wird in eine Konzentration umgerechnet und daraus auf den Schadstoffgehalt im Boden zurückgeschlossen.

3. (K -) Ein derartiges Gerät kostet ca. 100.000 DM.

4a. (K 2) Das Lambert-Beersche Gesetz beschreibt die Absorption einer Strahlung bei deren Durchgang durch ein Medium. Diese Absorption ist abhängig von der Länge der Absorptionsstrecke und der Konzentration des absorbierenden Stoffes. Bei konstanter Konzentration wird die Strahlungsintensität in jeder Schicht der gleichen Dicke um den gleichen Prozentsatz geschwächt. Dies gilt unabhängig von der Intensität der eingestrahlten Strahlung. Bei konstanter Absorptionsstrecke läßt sich aus der gemessenen Intensitätsabnahme die Konzentration des absorbierenden Stoffes bestimmen.

4b. (K 1) Die Linearität der Lichtschwächung gilt nur bei sehr niedriger Konzentration des absorbierenden Stoffes, also nur bei großen Verdünnungen. Außerdem gilt das Gesetz nur für monochromatische Strahlung.

5a. (K 3) Wir erklären die Begriffe an zwei unterschiedlichen Waagentypen: Bei einer mechanische Federwaage handelt es sich um ein Absolutverfahren zur Gewichtsbestimmung. Eine Feder dehnt sich je nach Gewicht mehr oder weniger stark aus. An einer einmalig geeichten Skala läßt sich direkt das Gewicht ablesen. Im Gegensatz dazu beruhen alte Marktwaagen auf einem Relativverfahren. Auf der einen Seite der Waage liegt die Ware mit unbekanntem Gewicht. Auf die andere Seite der Waage werden nach und nach geeichte Gewichtsstücke gelegt, bis sich ein Gleichgewicht eingestellt hat. Das Gewicht der Ware wird im Vergleich zu einer bekannten Masse ermittelt.

5b. (K 1) Der AAS liegt das Gesetz $E = \epsilon \cdot d \cdot C$ zugrunde. Die gemessene Extinktion $E$ ist also direkt proportional zur Konzentration $C$. Für eine direkte Bestimmung von $C$ aus $E$ müßten also der dekadische Extinktionskoeffizient $\epsilon$ und die Länge $d$ der Absorptionsstrecke bekannt sein. $d$ ist relativ leicht bestimmbar. $\epsilon$ ist aber von vielen Parametern abhängig, u. a. von der Wellenlänge. $\epsilon$ ist daher keine Gerätekonstante. Die Konzentration der Probe kann nur im Vergleich zu den Konzentrationen von Standards ermittelt werden.

6. (K 2) Nicht viel! Es wäre zwar praktisch, ein Gerät zu haben, bei dem man nicht andauernd die Lampe wechseln muß, aber ein solches Gerät könnte wohl kaum als AAS-Gerät bezeichnet werden. Ein AAS-Geräe mit einer "All-Element-Lampe" ließe sich vom Prinzip her mit einem Photometer mit Kontinuumsstrahler vergleichen: "All-Element-Lampen" würden Spektrallinien über das gesamte Spektrum abstrahlen. Die einzelnen Spektrallinien lägen so dicht beieinander, daß sie mit einem Monochromator nicht ausreichend gut getrennt werden könnten. Das Spektrum müßte schon fast als kontinuierliches Spektrum bezeichnet werden. Die niedrige Nachweisgrenze der AAS beruht jedoch auf dem elementspezifischen Spektrum ihrer Lampe. Eine Spektrallinie einer elementspezifischen Lampe ist wesentlich schmaler als der mit einem Monochromator auswählbare Wellenlängenbereich. Wie Abb. 8.21 zeigt, wird elementspezifische Strahlung prozentual wesentlich stärker absorbiert als kontinuierliche Strahlung. Dadurch wird eine deutlich niedrigere Nachweisgrenze erreicht. In der AAS können bestenfalls Mehrelementlampen mit bis zu drei Elementen eingesetzt werden. Dabei muß darauf geachtet werden, daß sich die Resonanzlinien dieser Elemente nicht überschneiden.

7. (K 4) **Tabelle 8.10.** Vergleich der vier Atomisierungsarten der AAS

| | **Flammen-AAS** | **Graphitrohr-AAS** | **Hydridsystem** | **Kaltdampf-Technik** |
|---|---|---|---|---|
| Anwendungsbereich | alle Elemente (außer C, N, O, S, Halogene und Edelgase) | alle Elemente (außer C, N, O, Halogene und Edelgase) | nur für hydridbildende Elemente (IV., V. u. VI. Hauptgruppe des PSE) | nur für Quecksilber (Hg) |
| Matrixabtrennung | keine eigentliche Matrixabtrennung, Matrix ist während der Messung gasförmig in der Flamme vorhanden | vor der Messung durch Beheizen des Graphitrohres und Herausspülen mit einem Argongasstrom | vor der Messung durch spezifische Hydridbildung und Zurückbleiben der Matrix im Reaktionsbehälter | vor der Messung durch spezifische Reduktion des Quecksilbers u. Zurückbleiben der Matrix im Reaktionsbehälter |
| Atomisierung | in der Flamme durch die hohen Flammentemperaturen | im Graphitrohr durch eine elektrische Widerstandsheizung | nach vorheriger Hydridbildung in einer geheizten Quarz-Küvette | Reduktion der Hg-Verbindungen zu atomarem Hg im Reaktionsgefäß |
| Messung | in einer Flamme | in einem Graphitrohr | in einer Quarz-Küvette | in einer Quarz-Küvette |
| relative Nachweisgrenze | 100 bis 1 µg/L | 1 bis 0,001 µg/L (hydridbildende Elemente: 1 bis 0,1 µg/L) | 1 bis 0,01 µg/L | 0,001 µg/L (Welz 1983, S. 82) |
| Signal | zeitunabhängig | zeitabhängig | zeitabhängig | zeitabhängig |
| Vorteile | ▪ kurze Analysenzeit | ▪ gute Matrixabtrennung ▪ Probe lange im Meßbereich ▪ Verwendung fester Proben bedingt möglich ▪ kleine Nachweisgrenze | ▪ sehr kurze Analysenzeit ▪ sehr gute Matrixabtrennung, keine Störungen ▪ Probe lange im Meßbereich ▪ große Probenvolumina ▪ kleine Nachweisgrenze ▪ verhältnismäßig billig | ▪ kurze Analysenzeit ▪ gute Matrixabtrennung ▪ Probe lange im Meßbereich ▪ kleine Nachweisgrenze ▪ für die Atomisierung keine Beheizung nötig |
| Nachteile | ▪ keine Matrixentfernung ▪ Probe kurz im Meßbereich ▪ Eigenemission der Flamme ▪ schwierige Auswahl des optimalen Brenngases | ▪ lange Analysenzeit ▪ Eigenemissionen des Graphitrohres | ▪ nur für die hydridbildenden Elemente | ▪ nur für Hg |

8. (K 5) Hohe Brenngeschwindigkeiten treten auf, wenn reiner Sauerstoff als Oxidans verwendet wird. Die Stärke von Sauerstoff/Wasserstoff-Flammen liegt im Erreichen hoher Temperaturen. Andererseits führt eine hohe Brenngeschwindigkeit zu einer ungenügenden Atomisierung. Außerdem verringert sich die absolute Konzentration des zu untersuchenden Elementes in der Flamme. Beides wirkt sich nachteilig auf die Nachweisgrenze aus. Die Brenngeschwindigkeit einer Acetylen/Lachgas-Flamme ist wesentlich geringer. Gleichzeitig bietet dieses Gemisch für viele Analysen ausreichend hohe Temperaturen. Brenngasgemische mit reinem Sauerstoff haben daher an Bedeutung verloren (Welz 1983, S. 37).

9. (K 1)    ▪ Das Graphitrohr muß vom Luftsauerstoff abgeschirmt werden, damit es bei den hohen Analysentemperaturen nicht verbrennt. Das Argon dient als "Schutzgas".

- Am Anfang des Temperaturprogrammes wird die Matrix in die Gasphase überführt. Diese abgetrennten Matrixbestandteile müssen aus dem Meßbereich entfernt werden. Der Argongasstrom wird als "Spülgas" benutzt.

10. (K 3) **Tabelle 8.11.** Fehlerquellen bei der AAS

| Problembeschreibung | Fehlerquelle | Abhilfe |
|---|---|---|
| Überlappung der ersten Cadmiumlinie mit der dritten Arsenlinie | spezifische spektrale Interferenz | ■ Messung bei einer anderen Resonanzlinie des Cadmiums (326,1 nm) |
| Cadmium in den gelben Spitzen | Verunreinigung durch Geräte | ■ Verwendung cadmiumfreier Spitzen |
| unterschiedliche Viskosität von der Probe und den Standards | physikalische Interferenz | ■ Verdünnen<br>■ Standard-Additionsmethode |
| Gefahr einer breitbandigen Absorption durch stark hitzebeständige Moleküle | unspezifische spektrale Interferenz (Untergrundabsorption) | ■ Deuterium-Untergrundkompensator<br>■ Zeeman-Effekt |
| Bildung von stabilen Schwermetall-Chlorid-Komplexen | chemische Interferenz | ■ höhere Atomisierungstemperatur (Prinzipiell richtig, stimmt aber bei Cd nicht: Man atomisiert bei 800 °C, damit NaCl noch nicht flüchtig ist (Welz 1983, S. 297).)<br>■ Zugabe eines Modifiers (z. B. Molybdän)<br>■ Standard-Additionsmethode |
| Bildung elektronenaffiner $C_2H_3^+$-Bruchstücke | Ionisationsinterferenz | ■ Zugabe leicht ionisierbarer Elemente (z. B. K, Cs)<br>■ niedrigere Temperatur wählen |
| Bildung von Arsencarbiden bei der Graphitrohr-AAS | andere Einflüsse (gerätetechnische Probleme) | ■ Verwendung der Hydrid-Technik<br>■ Benutzung eines beschichteten Rohres |
| Schwankungen der Lichtquelle, des Detektors und des Verstärkers | | ■ Zweistrahl-Wechsellicht-System |
| Eigenemissionen des Graphitrohres | | ■ Einstrahl-Wechsellicht-System |

11. (K 5) Der Sektorspiegel beim Zweistrahlgerät müßte durch einen anderen Sektorspiegel ersetzt werden. Dieser Sektorspiegel muß drei verschiedene, sich abwechselnde Flächen aufweisen:

- Eine Fläche muß den Strahl absorbieren (schwarze Fläche). Am Detektor treffen nur die Eigenemissionen des Graphitrohres bzw. der Flamme mit der Intensität $I_{Em}$ auf.

- Die zweite Fläche muß den Strahl ablenken (Spiegel). Dies ist der Vergleichsstrahl mit der Intensität $I_o$. Am Detektor treffen die Eigenemissionen der Flamme sowie die ungeschwächte und durch Schwankungen beeinflußte Lampenstrahlung auf.

- Die dritte Fläche muß den Strahl durchlassen (z. B. Glas). Dies ist der eigentliche Meßstrahl mit der Intensität $I_t$. Am Detektor treffen die Eigenemissionen der Flamme sowie die durch Absorption geschwächte und durch Schwankungen beeinflußte Lampenstrahlung auf.

Anschließend wird die Extinktion $E$ nach der nebenstehenden Formel berechnet. Auf diesem Weg können das Untergrundrauschen und die Eigenemissionen des Graphitrohres bzw. der Flamme eliminert werden.

$$E = \log \frac{I_o - I_{Em}}{I_t - I_{Em}}$$

12a. (K 3) Zur Wiederholung: Der Nullwert ist die gerätebedingte Extinktion, d. h. der Strahlungsanteil, der auch bei einer Konzentration Null absorbiert wird. Deshalb muß der Nullwert von allen anderen gemessenen Extinktionen (Standards, Blindwert und Proben) abgezogen werden.

Die Kalibriergerade wird mit einer linearen Regression (s. Kap. 10.2) berechnet. Dazu müssen folgende Wertepaare (x/y) in den Taschenrechner eingetippt werden: (0/0), (4/0,25), (8/0,38) und (12/0,61). Warum (0/0)? Da alle Extinktionen um den Nullwert vermindert wurden, kann die Extinktion einer Konzentration Null als exakt gleich Null angenommen werden. Die Kalibrierfunktion lautet damit: $E = 0{,}049 \cdot C + 0{,}016$. Der Regressionskoeffizient $r$ ist gleich 0,994; die Korrelation der vier Punkte ist also sehr gut.

Bei der Berechnung der Probenkonzentrationen muß auch noch der Blindwert abgezogen werden. Zur Erinnerung: Der Blindwert umfaßt alle Verunreinigungen, die während der Aufbereitung, z. B. durch Verunreinigungen der Reagenzien und der Laborgeräte, eingetragen wurden. Die vollständige Formel zur Berechnung der Probenkonzentrationen lautet also:

$$E - E_{Blind} = 0{,}049 \cdot C + 0{,}016 \qquad \leftrightarrow \qquad C = \frac{(E - E_{Blind}) - 0{,}016}{0{,}049}$$

Damit ergibt sich für Probe A eine Konzentration von $C_A = 10{,}5$ µg/L und für Probe B von $C_B = 5{,}4$ µg/L.

12b. (K 3) Wie im Aufgabenteil a muß der Nullwert von allen anderen gemessenen Extinktionen abgezogen werden. Die Kalibriergerade für Probe A wird mit einer linearen Regression (s. Kap. 10.2) berechnet. Am Punkt * in Abb. 8.32 herrscht die unbekannte Konzentration $C'_A$. Für die Regressionsrechnung wird dieser Punkt als "Konzentrationsnullpunkt" verwendet. Es müssen folgende Wertepaare (x/y) in den Taschenrechner eingetippt werden: (0/0,27), (5/0,52), und (10/0,68). Die Kalibrierfunktion für die Probe A lautet dann: $E = 0{,}041 \cdot C'_A + 0{,}285$. Der Regressionskoeffizient $r$ ist gleich 0,992; die Korrelation der drei Punkte ist also sehr gut.

Wie gesagt ist der Punkt * in der Abb. 8.32 der "Konzentrationsnullpunkt" für die Regressionsrechnung. Die unbekannte Konzentration $C'_A$ liegt daher im Negativen der Konzentrationsachse. Sie ergibt sich dadurch, daß die Extinktion $E$ gleich Null gesetzt wird:

$$C'_A = -\left(\frac{E - 0{,}285}{0{,}041}\right) = -\left(\frac{0 - 0{,}285}{0{,}041}\right) \approx 7{,}0 \ \mu g/L \qquad \maltese$$

Für die Berechnung der Konzentration $C'_B$ wird die eben berechnete Kalibriergerade der Probe A verwendet. Bei der Berechnung der Kalibriergerade wurde allerdings die Konzentration von * gleich 0 gesetzt. Die tatsächliche Konzentration am Punkt * ist gleich $0 + C'_A$ und an allen übrigen Punkten ebenfalls $x + C'_A$. $C'_B$ errechnet sich damit gemäß der folgenden Formel zu 16,1 µg/L:

$$C'_B = \frac{E - 0{,}285}{0{,}041} + C'_A = \frac{0{,}66 - 0{,}285}{0{,}041} + \frac{0{,}285}{0{,}041} = \frac{0{,}66}{0{,}041} \approx 16{,}1 \ \mu g/L$$

Bei der Berechnung der tatsächlichen Probenkonzentrationen muß nun noch der Blindwert berücksichtigt werden. Er wird mit einer eigenen Standard-Addition ermittelt. Mit der Regressionsrechnung ergibt sich für die Extinktion $E$: $E = 0{,}080 \cdot C_{Blind} + 0{,}113$ $(r = 0{,}997)$. Durch eine Umformung analog zu $\maltese$ berechnet sich die Konzentration der Blindwertlösung als $C_{Blind} \approx 1{,}4$ µg/L. Die tatsächlichen Probenkonzentrationen berechnen sich folgendermaßen: $C_A = C'_A - C_{Blind} \approx 5{,}5$ µg/L und $C_B = C'_B - C_{Blind} \approx 7{,}7$ µg/L.

12c. (K 1) Es wird angenommen, daß die Matrix der Probe B ungefähr der Matrix der Probe A entspricht. Außerdem liegen die Konzentrationen beider Proben im Bereich der Kalibrierung. Unter diesen Voraussetzungen muß nicht für jede Probe eine eigene, zeitaufwendige Standard-Addition durchgeführt werden. Die einmal ermittelte Kalibrierfunktion kann für ähnliche Proben verwendet werden.

13. (K 5) Bei der Berechnung müssen Einwaage, Wassergehalt der trockenen Probe und Blindwert berücksichtigt werden!

$$m_{Cu} = (C_{Cu,gem.} - C_{Blind,gem.}) \cdot V \qquad m_{Boden} = m_{Einwaage} \cdot (1 - W_{Probe})$$

$$C_{Cu} = \frac{m_{Cu}}{m_{Boden}} = \frac{(C_{Cu,gem.} - C_{Blind,gem.}) \cdot V}{m_{Einwaage} \cdot (1 - W_{Probe})}$$

$C_{Cu}$ — Kupfergehalt im Boden [µg/g = ppm]

$C_{Cu,gem.}$ — gemessene Kupferkonzentration in der Extraktionslösung, ermittelt mit dem AAS [µg/L]

$C_{Blind,gem.}$ — gemessene Kupferkonzentration in der Blindwertlösung, ermittelt mit dem AAS [µg/L]

$V$ — Volumen des zugegebenen Extraktionsmittels [0,05 L]

$m_{Einwaage}$ — Masse der eingewogenen trockenen Probe [2 g]

$m_{Cu}$ — Masse des Kupfers in der Probe [µg]

$m_{Boden}$ — Masse der Trockensubstanz in der (trockenen) Probe [g]

$W_{Probe}$ — Wassergehalt der trockenen Probe [-]

## 8.5 Ionenselektive Elektroden

1a. (K 2) Mit der $Pb^{2+}$-Konzentration einer Lösung sind alle gelösten Formen des $Pb^{2+}$ gemeint, d. h. sowohl die freien $Pb^{2+}$-Ionen als auch die $Pb^{2+}$-Komplexe. Die $Pb^{2+}$-Konzentration ist unabhängig von der Ionenstärke. Dagegen bedeutet die $Pb^{2+}$-Aktivität, auch wirksame Konzentration genannt, nur die Konzentration der freien $Pb^{2+}$-Ionen, nicht die der komplexierten $Pb^{2+}$-Ionen. Sie ist daher von der Ionenstärke der Lösung abhängig.

1b. (K 1) Die $Pb^{2+}$-Aktivität einer Lösung wird von der $Pb^{2+}$-Konzentration, Komplexbildnern und Salzen beeinflußt.

1c. (K 3) Direkte potentiometrische Messungen messen Aktivitäten. In der klassischen Analyse (Titration, Fällung) und bei der Elektrolyse werden Konzentrationen gemessen.

1d. (K 4) Konzentration und Aktivität sind annähernd gleich, wenn die Ionenstärke der Lösung gering ist ($< 0.001$[1]), und die Lösung keine nennenswerten Konzentrationen an Komplexbildnern enthält.

1e. (K 3) Mit der $Pb^{2+}$-Elektrode messen Sie nicht die $Pb^{2+}$-Konzentration einer Lösung, sondern deren $Pb^{2+}$-Aktivität. Wenn Sie jedoch darauf achten, daß die Effekte, die zum Unterschied zwischen Aktivität und Konzentration führen, bei Probe- und Kalibrierlösungen gleich sind, dann können Sie mit der $Pb^{2+}$-Elektrode auch die $Pb^{2+}$-Konzentration messen. Konkret bedeutet dies, daß bei Probe- und Kalibrierlösungen die Ionenstärke und die Konzentration von Komplexbildnern gleich sein sollten. Dies läßt sich beispielsweise durch eine Standard-Addition erreichen.

2. (K 1) Wenn ein PbS-Kristall in destilliertes Wasser fällt, läuft folgende Gleichgewichtsreaktion ab:

$$PbS \rightleftharpoons Pb^{2+} + S^{2-}$$

Demnach gilt:
$$C_{Pb^{2+}} = C_{S^{2-}}$$

Wird diese Gleichung in das Löslichkeitsprodukt ♣ eingesetzt, ergibt sich:

$$C_{Pb^{2+}} \cdot C_{Pb^{2+}} = 10^{-28}\ \frac{mol^2}{L^2}$$

$$\Leftrightarrow\quad C_{Pb^{2+}} = \sqrt{10^{-28}\ \frac{mol^2}{L^2}} = 10^{-14}\ \frac{mol}{L}$$

Bei der geringen Löslichkeit von PbS unterscheiden sich Aktivität und Konzentration praktisch nicht. Die $Pb^{2+}$-Konzentration beträgt $10^{-14}$ mol/L.

3. (K 4) Die stöchiometrische Zusammensetzung der Sulfide PbS und $Ag_2S$ ist unterschiedlich. Während PbS, $Pb^{2+}$ und $S^{2-}$ im Verhältnis 1 : 1 enthält, liegen $Ag^+$ und $S^{2-}$ im $Ag_2S$ im Verhältnis 2 : 1 vor. Daher berechnet sich beim PbS die $Pb^{2+}$-Konzentration aus der zweiten Wurzel des Löslichkeitsproduktes während sich beim $Ag_2S$ die $Ag^+$-Konzentration aus der dritten Wurzel des doppelten Löslichkeitsproduktes berechnet:

$$C_{Pb^{2+}} = \sqrt[2]{K_L(PbS)} \qquad C_{Ag^+} = \sqrt[3]{2 \cdot K_L(Ag_2S)}$$

| | |
|---|---|
| $C_{Pb^{2+}}$ | Konzentration der $Pb^{2+}$-Ionen in der Lösung [mol/L] |
| $C_{S^{2-}}$ | Konzentration der $S^{2-}$-Ionen in der Lösung [mol/L] |
| $C_{Ag^+}$ | Konzentration der $Ag^+$-Ionen in der Lösung [mol/L] |
| $K_L(PbS)$ | Löslichkeitsprodukt von PbS [mol²/L²] |
| $K_L(Ag_2S)$ | Löslichkeitsprodukt von $Ag_2S$ [mol³/L³] |

---

[1] Die Ionenstärke ist definitionsgemäß einheitenlos, wird jedoch häufig in mol/L angegeben.

## 9 Organische Schadstoffe
## 9.3 Grundlagen chromatographischer Trennverfahren

1. (K 4) Bei der Chromatographie besteht das Trennsystems immer aus einer stationären und einer mobilen Phase. Bei der Flüssig-Flüssig-Verteilung dagegen sind beide Phasen mobil. Dagegen ist das physikalisch-chemische Trennungsprinzip, das den beiden Verfahren zugrunde liegt, gleich.

2. (K 1) Je nachdem, ob die getrennten Substanzen das chromatographische System verlassen oder nicht, spricht man von einem äußeren bzw. einem inneren Chromatogramm. Bei allen Arten der Säulenchromatographie ist das Ergebnis ein äußeres Chromatogramm. Die Substanzen verlassen nach einer bestimmten Zeit die Säule und können von einem Detektor registriert werden. Dagegen liefert die Schichtchromatographie ein inneres Chromatogramm. Die Substanzen verbleiben nach dem Entwicklungsvorgang auf dem Spezialträger, ihre Identifizierung erfolgt über die zurückgelegten Strecken.

3. (K 2) Sie können entweder einen Kaffee trinken gehen oder das chromatographische System verändern! Wenn die Substanzen lange brauchen, bis sie das System verlassen, dann ist die Elutionskraft des Laufmittels zu gering. Gemäß der Eluotropen Reihe müssen Sie ein polareres Laufmittel als Aceton wählen, z. B. Ethanol (s. Tabelle 9.7). Das polarere Laufmittel verdrängt die an die stationäre Phase adsorbierten Substanzen besser und "schiebt" sie schneller durch die Säule. Achten Sie allerdings darauf, daß das Laufmittel nicht zu polar ist, sonst wird die Probe zu schnell durch die Säule gedrängt, und die einzelnen Substanzen werden nicht oder nur unzureichend voneinander getrennt.

4. (K 3) Während der Entwicklung eines Schichtchromatogramms muß die Luft in der Trennkammer immer mit dem Laufmittel gesättigt sein. Wenn die Trennkammern nicht luftdicht geschlossen ist, dann verdunstet ein Teil des Laufmittels von der Platte. Zusätzliches Laufmittel fließt von unten nach. Die Laufmittelfront entspricht nicht mehr dem zurückgelegten Weg, sondern bleibt dahinter zurück. Das Laufmittel erreicht das Ende der Platte später, als dies bei gesättigter Atmosphäre der Fall wäre. Folglich berechnen Sie einen zu großen $R_f$-Wert.


## 9.4 Gaschromatographie (GC)

1a. (K 2) Das Probengemisch enthält drei Substanzen. Der erste Peak ist vermutlich der Lösemittelpeak. Die Substanzen 2 und 3 sind leicht flüchtig. Sie verlassen die Säule relativ schnell. Leider werden die zwei Substanzen unter den gewählten Bedingungen nur schlecht voneinander getrennt, so daß die Peaks nicht auswertbar sind. Die gewählte Temperatur ist zu hoch. Die Substanz 4 wird relativ stark von der stationären Phase zurückgehalten. Für diese Substanz ist die Temperatur von 300 °C zu niedrig.

1b. (K 3) Beim nächsten Trennversuch sollte folgendes Temperaturprogramm ausprobiert werden:
- Isotherm bei 250 °C, bis die Substanzen 2 und 3 die Säule verlassen haben,
- Temperaturerhöhung bis auf 350 °C,
- Isotherm bei 350 °C, bis die Substanz 4 die Säule verlassen hat.

In Abhängigkeit vom Ergebnis muß das Temperaturprogramm weiter optimiert werden oder eine andere Trennsäule verwendet werden.

2a. (K 1)
$$m_{Benzol\ in\ Teilprobe} = A_{Benzol\ in\ Teilprobe} \cdot RF_{Benzol} = 300\ mm^2 \cdot 0{,}27\ \frac{ng}{mm^2} = 81\ ng$$

$m_{Benzol\ in\ Teilprobe}$  Masse von Benzol in der eingespritzten Teilprobe [ng]

$A_{Benzol\ in\ Teilprobe}$  entsprechende Peakfläche von Benzol [mm$^2$]

$RF_{Benzol}$  Responsefaktor von Benzol [ng/mm$^2$]

2b. (K 3)
$$m_{Benzol\ in\ Extr.Lsg.} = m_{Benzol\ in\ Teilprobe} \cdot \frac{100\ mL}{10\ \mu L} \cdot 100 = 81\ mg$$

$m_{Benzol\ in\ Teilprobe}$  Masse von Benzol in der eingespritzten Teilprobe [ng]

$m_{Benzol\ in\ Extr.Lsg.}$  Masse von Benzol in der Extraktionslösung [mg]

**3a.** (K 3) Mit den im Kap. 9.4.5 angegebenen Formeln läßt sich die Konzentration der Substanz D berechnen:

$$A_{D\,korr} = A_{D\,in\,Probe} \cdot \frac{A_{int.\,Std.\,in\,Stdlsg.}}{A_{int.\,Std.\,in\,Probe}} = 51\ mm^2 \cdot \frac{76,8\ mm^2}{86,7\ mm^2} = 45,2\ mm^2$$

$$C_{D\,in\,Probe} = \frac{m_{D\,in\,Probe}}{V_{Einspritz}} = \frac{1}{V_{Einspritz}} \cdot A_{D\,korr} \cdot RF_D = \frac{1}{V_{Einspritz}} \cdot A_{D\,korr} \cdot \frac{m_{D\,in\,Stdlsg.}}{A_{D\,in\,Stdlsg.}}$$

$$= \frac{1}{V_{Einspritz}} \cdot A_{D\,korr} \cdot \frac{V_{Einspritz} \cdot C_{D\,in\,Stdlsg.}}{A_{D\,in\,Stdlsg.}} = \frac{A_{D\,korr}}{A_{D\,in\,Stdlsg.}} \cdot C_{D\,in\,Stdlsg.} = \frac{45,2\ mm^2}{57,6\ mm^2} \cdot 100\ mg/L = 78,4\ mg/L$$

| | |
|---|---|
| $A_{D\,korr}$ | um den Einspritzfehler korrigierte Peakfläche der Substanz $D$ [mm²] |
| $A_{D\,in\,Probe}$ | Peakfläche der Substanz $D$ im Probenchromatogramm [mm²] |
| $A_{D\,in\,Stdlsg.}$ | Peakfläche der Substanz $D$ im Chromatogramm der Standardlösung [mm²] |
| $A_{int.\,Std.\,in\,Probe}$ | Peakfläche des internen Standards im Probenchromatogramm [mm²] |
| $A_{int.\,Std.\,in\,Stdlsg.}$ | Peakfläche des internen Standards im Chromatogramm der Standardlösung [mm²] |
| $C_{D\,in\,Probe}$ | Konzentration der Substanz $D$ in der Probe [mg/L] |
| $C_{D\,in\,Stdlsg.}$ | Konzentration der Substanz $D$ in der Standardlösung [mg/L] |
| $m_{D\,in\,Probe}$ | Masse der Substanz $D$ in der eingespritzten Teilprobe [ng] |
| $m_{D\,in\,Stdlsg.}$ | Masse der Substanz $D$ in der eingespritzten Standardlösung [ng] |
| $V_{Einspritz}$ | Einspritzvolumen [µL] |
| $RF_D$ | Responsefaktor der Substanz $D$ [ng/mm²] |

**3b.** (K 1)

$$C_{D\,in\,Probe} = \frac{45,3\ mm^2 \cdot 76,8\ mm^2}{77\ mm^2 \cdot 57,6\ mm^2} \cdot 100\ mg/L = 78,4\ mg/L$$

**3c.** (K 2) Die Methode des Internen Standards gleicht Dosierfehler des manuellen Einspritzens aus. Bei gaschromatographischen Messungen der gleichen Probe führen unterschiedliche Dosiervolumina zu verschiedenen Peakflächen. Die Volumenschwankungen machen sich allerdings sowohl bei den Peakflächen des internen Standards als auch bei den Peakflächen der Probenpeaks bemerkbar. Das Flächenverhältnis von $A_{Substanz}$ zu $A_{int.Std}$ bleibt immer konstant. Aus diesem Grund wurde im zweiten Durchlauf (3b) die gleiche Konzentration berechnet wie beim ersten (3a).

**4.** (K 4) Ja, das ist korrekt! Zum einen wird die Extraktionslösung im Headspace-Probengefäß mit einem zehnfachen Wasserüberschuß vermischt. Der Wassergehalt der Meßlösung liegt daher immer zwischen 90 und 95 %, ist also annähernd konstant. Darüberhinaus wird mit dem Methylglykol ein interner Standard zugegeben. Das Probenwasser verdünnt also nicht nur das Methylglykol bis auf maximal 50 Vol-%, sondern auch den internen Standard. Wertet man die Chromatogramme über das jeweilige Flächenverhältnisse zum internen Standard aus, so wird die Verdünnung bereits durch die verkleinerte Peakfläche des internen Standards ausgeglichen.

## 9.5 Hochdruckflüssigkeitschromatographie (HPLC)

**1.** (K 1) Eine Reversed-phase hat eine unpolare stationäre Phase. Die Aussage kann daher folgendermaßen umformuliert werden: "*Unpolare* Laufmittel eluieren die Substanzen schneller als *polare* Laufmittel. *Unpolare* Substanzen werden später eluiert als *polare*."

**2.** (K 3) Die Geschwindigkeit der mobilen Phase sollte konstant bleiben,

- damit die Retentionszeiten der Substanzen reproduzierbar sind und
- damit die Peakflächen zu den Substanzmengen proportional sind. Bei konzentrationsabhängigen Detektoren ist die Peakfläche nämlich von der Trägergas-/Laufmittelgeschwindigkeit abhängig. Wenn die Geschwindigkeit beim Standardchromatogramm größer oder kleiner ist als beim Probenchromatogramm, dann zeichnet der Schreiber für die gleiche Substanzmenge eine größere oder kleinere Peakfläche auf.

3. (K 3) Das Signal des Flammenionisationsdetektors ist abhängig von der Masse: Jedes Substanzmolekül wird nur einmal registriert, da die Kohlenwasserstoffe in der Flamme zerstört werden. Alle anderen Detektoren erzeugen ein konzentrationsabhängiges Signal. Beachten Sie, daß auch der Elektroneneinfang-Detektor ein von der Konzentration abhängiges Signal lie-

**Tabelle 9.13.** Abhängigkeit der Detektorsignale

| | massenabhängig | konzentrationsabhängig |
|---|---|---|
| Flammenionisations-Detektor | x | |
| Wärmeleitfähigkeits-Detektor | | x |
| Elektroneneinfang-Detektor | | x |
| UV-Detektor | | x |
| Fluoreszenz-Detektor | | x |
| Brechungsindex-Detektor | | x |

fert. Die gebildeten Ionen ($X^-$ und $N_2^+$) rekombinieren und stehen anschließend wieder für die Ionisation zur Verfügung stehen. Jedes Molekül kann daher mehrmals registriert werden, solange es sich in der Detektor-Küvette befindet.

4. (K 3) Falls die Substanzkonzentration in Ihrer Probe höher ist als die der am höchsten konzentrierten Kalibrierlösung, dann können Sie – um Arbeit zu sparen – die Probenlösung entsprechend verdünnen. Bei der Berechnung der Konzentration im Boden müssen Sie diese Verdünnung berücksichtigen.

5. (K 5) Die PAK-Moleküle besitzen ein ausgedehntes aromatisches π-Elektronensystem (Benzolringe). Die Elektronen sind innerhalb dieses Systems leicht beweglich. Trifft nun ein polares Molekül, wie z. B. Methanol, mit einem PAK-Molekül zusammen, dann werden die Elektronen innerhalb des π-Elektronensystems verschoben. Das PAK-Molekül wird polarisiert und erhält dadurch einen polaren Charakter (s. Abb. 8.5). Das polarisierte PAK-Molekül bildet Wasserstoffbrückenbindungen zum Methanol und löst sich daher in ihm. Unpolare gesättigte Kohlenwasserstoffe lösen sich dagegen nur schlecht in Methanol, weil sie nicht polarisiert werden können. (TUB 1996, S. HPLC 9)

# 10 Auswertung

1a. (K 2) Spieler A, B und C haben einen krummen Fuß bzw. einen Knick in der Optik. Wenn sie mitten auf das Tor zielen, dann schießen sie immer sechs Meter auf der rechten Seite vorbei. Da dieser Fehler bei jedem Schuß immer gleich auftritt, spricht man von einem **systematischen Fehler**. Weil diese Schützen jedes Mal genau sechs Meter am Tor vorbei schießen, ist die **Genauigkeit** ihrer Schüsse sehr groß. Das nützt aber nichts, denn leider ist die Richtigkeit, also die Trefferquote, gleich null. Nun zu den anderen Spielern: D, E und F sind sehr nervös. Wenn sie auf das Tor zielen, dann landet der Ball irgendwo: manchmal zehn Meter rechts vom Tor, manchmal zehn Meter links vom Tor und manchmal sogar mitten im Tor. Ihr Fehler ist bei jedem Schuß anders. Daher spricht man von einem **zufälligen Fehler**. Die Genauigkeit der Schüsse ist schlecht, allerdings liegt der "Mittelwert" der Schüsse von D, E und F im Tor, die **Richtigkeit** der Schüsse ist gut.

1b. (K 3) Unser Tip: Die Schützen G, H und I, die sowohl mit hoher Richtigkeit als auch mit hoher Genauigkeit schießen, sollten auf jeden Fall antreten. A, B und C sollten nicht schießen, weil sie immer vorbei schießen. Statt dessen sollte Rummenigge die Schützen auswählen, die mit einer hohen Richtigkeit schießen. Sie treffen zumindest hin und wieder auch ins Tor. Allerdings riskiert er dabei, den greifbar nahen WM-Titel zu verlieren. Am besten läßt Rummenigge doch die Schützen A, B und C antreten und gibt ihnen die Anweisung, genau auf den Fotografen sechs Meter links vom Tor zu zielen.

2. (K 1) Der Blindwert umfaßt alle Verunreinigungen, die während der Aufbereitung und der Analyse in die Probe eingetragen werden. Der Blindwert wird ermittelt, indem der gesamte Analysengang mit allen Chemikalien, aber ohne Probensubstanz, durchgeführt wird. Er muß bestimmt werden, weil sich trotz aller Vorsichtsmaßnahmen Kontaminationen der Probe nicht vermeiden lassen. Mit dem Blindwert kann der systematische Fehler einer Analyse rechnerisch korrigiert werden. Im Gegensatz dazu werden mit dem Nullwert gerätebedingte Extinktionen erfaßt, z. B.

der Strahlungsanteil bei der AAS-Analyse, der auch bei einer Konzentration Null ausgelöscht wird. Der Nullwert wird mit einer Messung von bidestilliertem Wasser ermittelt.

3. (K 5) **Tabelle 10.6.** Systematische Fehler bei der Schadstoffanalytik

| **Schritte** | **systematische Fehler** | **Abhilfemaßnahmen** |
|---|---|---|
| Probenahme | nicht-repräsentative Probe | ▪ bei der Planung der Probenahme genau überlegen, wie im konkreten Fall eine hohe Repräsentativität erreicht werden kann, und welche Probleme besonders beachtet werden müssen<br>▪ den Probenahmeplan genau einhalten |
| | Stoffeintrag | ▪ Probenahmegeräte gut reinigen |
| | Stoffaustrag | ▪ Probenahmegefäß randvoll auffüllen und gut verschließen |
| Probenaufbewahrung | Veränderungen der Probe | ▪ Probe gegebenenfalls konservieren<br>▪ Probe möglichst bald nach der Probenahme analysieren |
| | Stoffeintrag | ▪ bei der Auswahl des Gefäßmaterials berücksichtigen, welche Stoffe analysiert werden sollen<br>▪ Probe nicht offen an der Laborluft stehen lassen |
| | Stoffaustrag | |
| Probenvorbehandlung | nicht-repräsentative Teilung | ▪ Probe vor dem Teilen gut homogenisieren<br>▪ Diagonalverfahren, Riffelprobenteiler o. ä. anwenden |
| | Wägefehler | ▪ Wägeschälchen nur mit Gummihandschuhen anfassen (fettig Fingerabdrücke auf dem Schälchen vermeiden) |
| | Stoffaustrag | ▪ Trocknungstemperatur entsprechend dem zu analysierenden Stoff wählen |
| Probenaufbereitung | Stoffeintrag | ▪ Laborgeräte gut reinigen<br>▪ nur hochreine Reagenzien und bidestilliertes Wasser verwenden |
| | Stoffaustrag | ▪ vor der Probenfiltrierung die Filter zuerst mit bidestilliertem Wasser und anschließend mit der Probenlösung vorspülen<br>▪ Größe der Stoffein- und -austräge über den Blindwert ermitteln |
| | falsche Konzentration einer Extraktionslösung | ▪ Extraktionslösungen frisch, genau und besonders sorgfältig ansetzen |
| Analyse | falsche Konzentration einer Standardlösung | ▪ Standardlösungen frisch, genau und besonders sorgfältig ansetzen |
| | falsche Bestimmung der Trockenmasse | ▪ Wassergehalt der Analysenprobe exakt bestimmen |
| | Verschiebung des Geräte-Nullpunktes | ▪ Nullabgleich durchführen |

322    Anhang F: Antworten

4. (K 3) **Tabelle 10.7.** Rechenergebnisse zur Standard-Addition

| | Konzen-tration [µg/L] | Meßwert | | | | | | | | | Mittel-wert | Standard-abweichung $s_{\bar{x}}$ | Variations-koeffizient $VK_{\bar{x}}$ [%] |
|---|---|---|---|---|---|---|---|---|---|---|---|---|---|
| Standard 1 | 10 | 0,17 | | | 0,27 | | | 0,22 | | | 0,22 | --- | --- |
| Standard 2 | 20 | 0,28 | | | 0,33 | | | 0,23 | | | 0,28 | --- | --- |
| Standard 3 | 30 | 0,60 | | | 0,54 | | | 0,48 | | | 0,54 | --- | --- |
| Standard 4 | 40 | 0,63 | | | 0,05 | | | 0,59 | | | 0,61 | --- | --- |
| Probe | 29,2 | 0,49 | 0,52 | 0,45 | 0,47 | 0,46 | 0,42 | 0,48 | 0,46 | 0,51 | 0,471 | 0,0071 | 1,5 |
| | | 0,54 | 0,49 | 0,45 | 0,44 | 0,44 | 0,55 | 0,46 | 0,51 | 0,43 | | | |
| | | 0,47 | 0,39 | 0,47 | 0,49 | 0,42 | 0,46 | 0,48 | 0,50 | 0,47 | | | |

Der zweite Meßwert des vierten Standards ist ein Ausreißer. Er ist offensichtlich völlig falsch. Eigentlich müßte die gesamte Messung wiederholt werden. Wenn die Messung aber nicht wiederholt werden kann, wird der Ausreißer ersatzlos gestrichen. Mit einem Taschenrechner ergeben sich aus den Messungen der Standards die Regressionskoeffizienten $A = 0{,}022$ und $B = 0{,}0154$. Die Empfindlichkeit S beträgt wie der Regressionskoeffizient $B$ 0,0154. Die Kalibriergerade lautet demnach: $E = 0{,}0154 \cdot C + 0{,}022$ mit einem Regressionskoeffizienten $r$ von 0,982. Setzt man nun die mittlere Extinktion der Probe in die Kalibriergerade ein, dann errechnet sich daraus eine mittlere Probenkonzentration von $C_P = 29{,}2$ µg/L. Die Schwankungen um diese mittlere Probenkonzentration werden ausgedrückt durch die Standardabweichung $s_{\bar{x}} = VK_{\bar{x}} \cdot C_P = 1{,}5\,\% \cdot 29{,}2$ µg/L $= 0{,}44$ µg/L. Die gesuchte Probenkonzentration beträgt also $C_P = 29{,}2 \pm 2 \cdot 0{,}44$ µg/L $= 29{,}2 \pm 0{,}88$ µg/L mit einer statistischen Sicherheit von 95,5 % bzw. $C_P = 29{,}2 \pm 3 \cdot 0{,}44$ µg/L $= 29{,}2 \pm 1{,}32$ µg/L mit einer statistischen Sicherheit von 99,7 % (s. Fußnote 12 im Kap. 10.2).

5. (K 4) **Tabelle 10.8.** Vergleich zwischen Mindestuntersuchungsprogramm und Berliner Liste

| | **Mindestuntersuchungsprogramm Kulturboden** | **Eingreifwerte für Wasserschutzgebiete in der Berliner Liste** |
|---|---|---|
| Nutzungsart | landwirtschaftliche Fläche | Wasserschutzgebiet |
| Schutzgut | Mensch | Mensch |
| Aussagekraft des Grenzwertes | Untersuchungswert | Eingreifwert |
| untersuchte Gehalte | Gesamtgehalte | Gesamtgehalte |
| bei Grenzwert-Unterschreitung | Fläche uneingeschränkt nutzbar | keine Sanierung erforderlich |
| bei Grenzwert-Überschreitung | weitere Untersuchungen | Sanieren |

(Von: Peter Ruge. Aus: Rösler, Markus ; Rösler, Stefan: Aktionsbuch Naturschutz : Leitfaden für die Jugendarbeit. Stuttgart : Franckh-Kosmos, 1989, S. 148)

# Stichwortverzeichnis

# Springer-Verlag und Umwelt